"十三五"国家重点图书出版规划项目

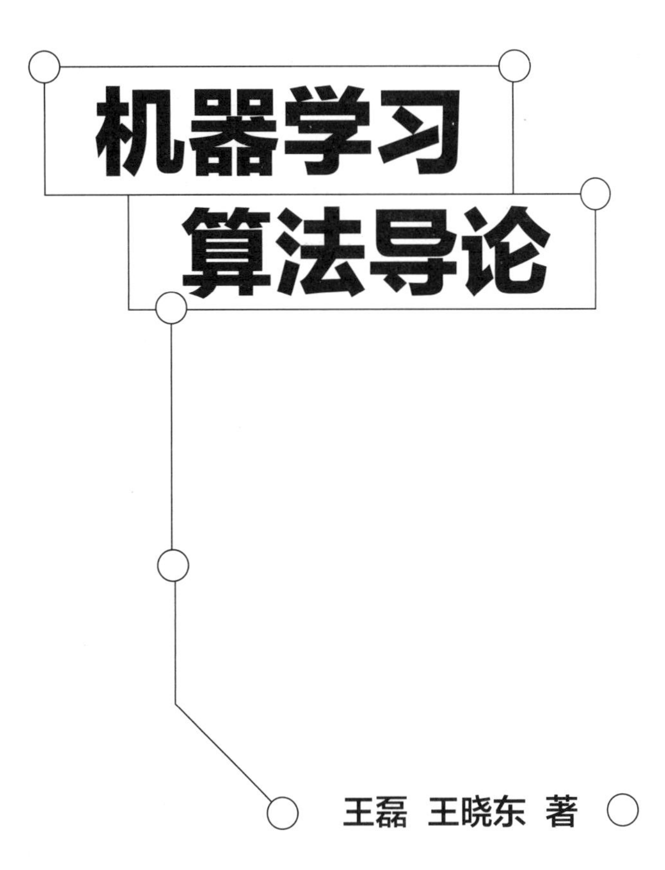

机器学习算法导论

王磊 王晓东 著

清华大学出版社
北京

内 容 简 介

本书全面讲述机器学习理论基础、算法实现及使用方法。第1章简要介绍机器学习及其算法；第2～9章主要介绍监督式学习算法，其中包括监督式学习算法基础、线性回归算法、机器学习中的搜索算法、Logistic回归算法、支持向量机算法、决策树、神经网络和深度学习；第10、11章着重介绍无监督学习算法，其中包括降维算法和聚类算法；第12章讲述强化学习的相关知识；附录提供了学习本书必备的数学基础知识和Python语言与机器学习工具库。

本书可作为计算机科学与技术、智能科学与技术等专业高年级本科生和研究生教材，也可供人工智能领域特别是机器学习方向从事研究、开发工作的科技人员参考。

图书在版编目(CIP)数据

机器学习算法导论/王磊，王晓东著. —北京：清华大学出版社，2019(2024.8重印)
ISBN 978-7-302-52456-4

Ⅰ. ①机… Ⅱ. ①王… ②王… Ⅲ. ①机器学习—算法 Ⅳ. ①TP181

中国版本图书馆CIP数据核字(2019)第043575号

责任编辑：张瑞庆　战晓雷
封面设计：常雪影
责任校对：焦丽丽
责任印制：曹婉颖

出版发行：清华大学出版社
网　　址：https://www.tup.com.cn，https://www.wqxuetang.com
地　　址：北京清华大学学研大厦A座　　**邮　　编**：100084
社 总 机：010-83470000　　**邮　　购**：010-62786544
投稿与读者服务：010-62776969，c-service@tup.tsinghua.edu.cn
质量反馈：010-62772015，zhiliang@tup.tsinghua.edu.cn
课件下载：https://www.tup.com.cn，010-62795954
印 装 者：三河市铭诚印务有限公司
经　　销：全国新华书店
开　　本：185mm×260mm　　**印　　张**：25　　**字　　数**：578千字
版　　次：2019年7月第1版　　**印　　次**：2024年8月第8次印刷
定　　价：59.90元

产品编号：079602-01

前 言

人类社会的发展经历了农耕社会、工业社会、信息社会，现在进入智能社会。在这漫长的发展进程中，人类不断从学习中积累知识，为人类文明打下了坚实的基础。学习是人与生俱来的最重要的一项能力，是人类智能(human intelligence)形成的必要条件。从20世纪90年代开始，互联网从根本上改变了人们的生活。进入21世纪后，人工智能以润物无声、潜移默化的方式深刻地改变着整个世界。与新一代人工智能相关的学科发展和技术创新正在引发链式突破，推动经济社会各领域从数字化、网络化向智能化方向加速跃升。发展智能科学与技术已经提升到国家战略高度。在这个迅猛发展的学科中，机器学习是发展最快的分支之一。图灵奖得主John E. Hopcroft教授认为，计算机科学发展到今天，机器学习是核心，它是使计算机具有智能的根本途径。机器学习的理论和实践涉及概率论、统计学、逼近论、凸分析、最优化理论、算法复杂度理论等多领域的交叉学科。除了有其自身的学科体系外，机器学习还有两个重要的辐射功能：一是为应用学科提供解决问题的方法与途径；二是为一些传统学科，如统计学、理论计算机科学、运筹优化等，找到新的研究问题。因此，大多数世界著名大学的计算机学科把机器学习列为人工智能的核心方向。

作为一门应用学科，机器学习的应用涵盖自然语言处理、图像识别以及一系列预测与决策问题。特别是其中的深度学习理论更是诸多高精尖人工智能技术的核心，它是AlphaGo计算机智能围棋博弈系统、无人驾驶汽车和工业界人工智能助理等新兴技术的灵魂。因此，掌握机器学习的理论与实践技术是学习现代人工智能科学最重要的一步。本书将介绍一系列经典的机器学习算法，既对这些算法进行理论分析，也结合具体应用介绍它们在Python和Tensorflow中的实现及使用方法。本书的第1章首先简要介绍机器学习及其算法。第2～9章主要介绍监督式学习算法，其中包括监督式学习算法基础、线性回归算法、机器学习中的搜索算法、Logistic回归算法、支持向量机算法、决策树、神经网络和深度学习。第10、11章着重介绍无监督学习算法，其中包括降维算法和聚类算法。第12章讲述强化学习的相关知识。除前两章外，各章内容均相对独立，读者可以根据自己的兴趣和需要选择阅读。根据课时安排情况，一个学期的本科生课程可以讲授除了第9章和第12章外的全部内容。研究生课程则可以讲授全部内容。

本书在内容的组织上力求从理论、抽象和设计三方面阐述机器学习理论基础、算法实现和具体应用技巧。在讲述机器学习算法核心知识的同时，着力培养读者的计算思维能力。计算思维是人类科学思维中以抽象化和自动化为特征，或者说以形式化、程序化和机械化为特征的思维形式。读者通过对本书的学习，应该能够从机器学习的理论基础和实际应用两个层面全面掌握其核心技术，同时使计算思维能力得到显著提高，对于整个课程讲述的机器学习算法核心知识能够做到知其然且知其所以然。在面临现实世界的真实挑战时，能够以算法的观点思考问题，应用数学知识设计高效、安全的解决方案，采用抽象和分解方法迎战浩大复杂的任务或设计巨大复杂的智能系统，从中体会计算机科学和人工智能技术带来的快乐和力量。书中除第1章外，每章都安排了与讲授内容密切相关的习题，这些习题分为两类：一类是理论分析题，其目的是帮助读者巩固复习本章内容，或引导读者扩展与本章内容相关的知识；另一类是算法实现题，其目的是培养读者的算法实践能力，通过这类习题，可以检验读者对本章主要内容的理解程度和对相关算法的具体应用能力。

作者由衷感谢汤芃、田俊、汤秉诚、罗锑等专家、同行和朋友对本书的巨大贡献。没有他们一如既往的无私帮助和支持，本书是不可能完成的。作者还要感谢本书的责任编辑张瑞庆编审，以及清华大学出版社负责本书编辑出版工作的全体人员，他们为本书的出版付出了大量辛勤劳动，他们以认真细致、一丝不苟的工作保证了本书的出版质量。本书的全部章节由王磊博士完成。王晓东教授对本书各章节的文字做了修改和润色。汤芃博士和田俊教授在百忙中认真审阅了全书，提出了许多宝贵的改进意见。在此，谨向每一位关心和支持本书编写工作的人士表示衷心的谢意。

读者可从 GitHub 网站的本书页面 https://github.com/wanglei18/machine_learning 下载本书的源代码、测试数据以及书中插图和源代码的彩色图片。

作者热忱欢迎同行专家和读者对本书提出宝贵意见，以使本书内容在使用过程中不断改进，日臻完善。

作　者

2019年5月

目 录

第1章 机器学习算法概述

2016年3月15日下午，举世瞩目的围棋人机大战在围棋世界冠军李世石与人工智能博弈软件AlphaGo之间展开第五局对战。最终李世石在万般无奈之下投子认输，这场旷世围棋人机大战以AlphaGo 4∶1胜出的结局落下了帷幕。此后，AlphaGo及其后继者AlphaZero一路高歌猛进，所向披靡，横扫世界围棋职业棋坛，一次又一次向人类展示出其超强的人工智能智力，而它的灵魂正是本书所关注的核心内容——机器学习算法。

从20世纪90年代开始，互联网改变了人们的生活。谷歌、亚马逊等互联网公司为信息全球化做出了重大的贡献。进入21世纪后，苹果智能手机iPhone的出现再一次带来了技术的革新。诸多App层出不穷，为人们的衣食住行带来了巨大的便利。下一轮创新的浪潮将来自何方？许多学者、工程师与企业家认为，人工智能将引领未来的潮流。

人工智能的概念是由以麦卡赛、明斯基、罗切斯特和香农等为首的一批科学家在1956年提出的。为什么一个已有60余年历史的学科又重新走进了人们视野的中心？回顾历史，每一次潮流的兴起都伴随着科技的创新。例如，互联网的兴起源于高速光缆的问世，手机App的繁荣源于智能手机的诞生。那么，又是什么新兴的技术突破为人工智能领域注入了新鲜的活力？可以说，人工智能的核心是机器学习，而机器学习的核心是算法。近年来，机器学习算法的研究屡屡取得重大成功，特别是深度学习算法，更是一次次地展示出无与伦比的威力。同样重要的是，GPU(图像处理器)的高速发展，使得大规模深度学习成为可能。所以，正是机器学习算法理论及相应硬件技术的突破使人工智能焕发新生。

谈到人工智能与机器学习，人们眼前会立刻浮现出诸多异彩纷呈的场景。在这些场景中，有无人驾驶汽车穿行于车水马龙，有智能机器人探索宇宙太空，有面部识别系统精确定位寻踪于茫茫人海，还有AlphaGo智能博弈软件与人类围棋世界冠军激战，如图1.1所示。

所有这些场景都源于机器学习带来的新一轮技术创新浪潮。十几年前，这些场景也许只出现在科幻影视作品中，而今天，人工智能的创新将它们变成了现实，并且彻底地改变了人们的生活。那么，是什么样的技术支持着这些精彩纷呈的应用？机器如何通过学习获取智能？人类在机器学习的过程中扮演了什么样的角色？机器学习算法与传统的计算机算法有什么区别与联系？相信读者一定会有许多这样的问题，这些也正是本书要一一回答的问题。本章将对机器学习领域加以概述，使读者对这一领域有一个全局性的认识。在后续的章节中，本书还将从理论与实践两个方面对机器学习及其算法理论进行深入的探讨。

图 1.1 机器学习场景

1.1 什么是机器学习

什么是机器学习？通俗地讲，机器学习是让智能体通过模拟或实现人类的学习行为来获取新的知识或技能，重新组织已有的知识结构，以不断改善自身智能。机器学习大师 Tom Mitchell 从技术层面给出了一个在业界广为引用的抽象定义①：给定任务 T、相关的经验 E 以及关于学习效果的度量 P，机器学习就是通过对经验 E 的学习来优化任务 T 完成效果的度量 P 的一个过程。

以下通过两个例子来具体阐述这个概念。在一个无人驾驶汽车系统中，机器学习的任务是根据路况确定驾驶方式。例如，遇到红灯应当刹车，遇到行人应当避让，等等。学习效果的度量可以是事故发生的概率。经验就是大量的人类驾驶数据。一般来说，训练一个无人驾驶汽车系统需要上百万公里且包含各种路况的人类驾驶数据。从这些数据中，机器学习算法能提取出在各种路况下人类的正确驾驶方式。然后，在无人驾驶的情况下，根据学习到的相应驾驶方式来操纵汽车。例如，如果路口亮起红灯，人类驾驶员就会刹车。机器学习算法提取出这一模式，从而能在传感器识别出红灯时发出刹车的指令。

再来看博弈系统的例子。在这个系统里机器学习的任务是根据对手的招数给出应招。其学习效果可以用软件的胜率来度量。学习的经验来自两个方面。首先是人类棋手的历史对局，也就是棋谱数据。从成千上万的棋谱数据中，机器学习算法提取出在以往类似盘面中

① 原文如下：A computer program is said to learn from experience E with respect to some class of tasks T and performance measure P, if its performance at tasks in T, as measured by P, improves with experience E.

胜率最高的应招，并结合自身的计算做出反应。其次，博弈系统也通过自身的实战对局来进行强化学习。例如，在某场对局中，如果人类战胜了软件，那么机器学习算法将把这场对局以较高权重加入其数据库中，从而避免在未来的对局中出现类似的错误。

从上面的两个例子可以看出，机器学习的原理与人类学习十分相似：对已知的经验信息加以提炼，以掌握完成某项任务的方法。在机器学习中，用于学习的经验数据称为训练数据，完成任务的方法称为模型。机器学习的核心就是针对给定任务，设计出以训练数据为其输入，以模型为其输出的算法（见图 1.2）。所以，有时人们也说，机器学习算法的职责是通过训练数据来训练模型。

图 1.2 机器学习算法工作原理

那么机器学习与人类学习的区别何在？换句话说，机器学习算法能完成哪些人类难以完成的任务？简单来说有以下两点。

第一，机器学习算法可以从海量数据中提取与任务相关的重要特征。例如，在虹膜识别技术中，机器学习算法能从众多医学数据以及生物特征中选取细丝、冠状、条纹、隐窝等细节特征，来区别任意两个不同的虹膜。而这样的任务往往令人类望而却步。

第二，机器学习算法可以自动地对模型进行调整，以适应不断变化的环境。例如，在房价预测系统中，机器学习算法能自动根据类似的小区的最新交易记录，对某小区的房价预测做出迅速调整。这样的反应速度往往非人力所能及。

然而，机器学习也并非无所不能。机器学习面临的第一个问题是：机器学习算法需要大量的训练数据来训练模型。在数据不足的情况下，机器学习算法往往会面临两个挑战。第一，训练数据的代表性不够好。这使得模型在面对完全陌生的任务场景时会“不知所措”。例如，如果在无人驾驶汽车算法的训练数据中没有包含雪天的行驶记录，那么经训练所得到的模型很可能无法在雪天给出正确的驾驶指令。第二，训练数据的一些特殊的特征可能将模型带入过度拟合的误区。过度拟合就是指算法过度解读训练数据，从而失去了模型的可推广性。在无人驾驶汽车的例子中，如果训练数据不足，例如只有两条数据：遇到红灯停车，遇到红色“停止”标志停车，在这种情况下，机器学习算法可能会从仅有的这两条数据中提炼出如下模型：前方出现红色物体则停车，这就是过度拟合。如何通过算法设计的技巧来克服上述困难，是本书后续章节中要探讨的重要内容。

机器学习面临的第二个问题是：目前它还没有在创造性的工作领域中取得成效。例如，艺术创作还主要依赖于人类的情感与思维，许多构造性的数学证明还无法由机器学习来完成，许多猜想性质的科学研究也仍然需要科学家的灵感与智慧。

最后需要指出的是，机器的智能终究是人类赋予的。机器学习的灵魂是算法，而算法的设计者是人类。正因如此,掌握机器学习的算法设计艺术是打开未来之门的钥匙。这也正是本书希望读者实现的目标。

1.2 机器学习的形式分类

通过 1.1 节中介绍的例子可以看到,机器学习问题种类繁多。本节要介绍一种常用的机器学习的学习形式的分类方法。机器学习最主要的两种形式是监督式学习与无监督学习。除此之外,还有一个介于两者之间的形式——强化学习。

1.2.1 监督式学习

监督式学习是最常见的一类机器学习的学习形式。在这一类机器学习的学习形式中,每一条训练数据都含有两部分信息:特征组与标签。一条训练数据中的特征组是对相应对象的特征的描述,而标签则是对象的一个属性。监督式学习的任务是根据对象的特征组对标签的取值进行预测。

手写数字识别是一个经典的监督式学习问题。这个问题的任务是识别各式各样的手写数字。图 1.3 是 20 张手写数字图片。

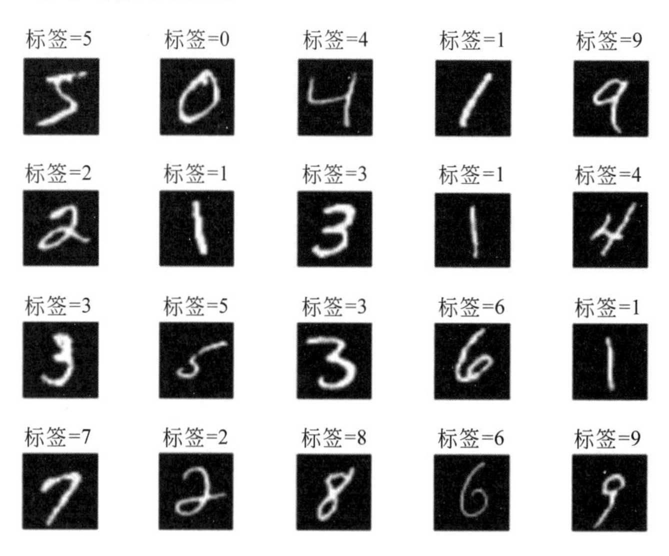

图 1.3 20 张手写数字图片

图 1.3 中的 20 张图片就是关于这个任务的 20 条训练数据。每一条训练数据都由特征组和标签组成。特征组是图片的像素灰度矩阵,标签是图片中的数字。

在监督式学习中,通常有两种获取标签值的方法。

第一种方法是人工标注。例如,在许多电影推荐系统中,一些用户在观影之后会给电影打分。如果该系统希望通过机器学习来更好地为用户推荐其他电影,这样的分数就可以作为训练数据的标签。除此之外，有些公司提供专业人工标注服务。如果某项任务需要持续稳定的人工标签，那么可以利用这些公司的资源。

第二种方法是数据自带标签。例如，点击率预测是搜索引擎技术中至关重要的一个问题。它直接关系到搜索结果的优劣。众所周知，搜索引擎的主要任务是返回与用户搜索关键字相关联的链接。图 1.4 是谷歌搜索引擎对“人工智能”这一搜索关键字返回的链接。

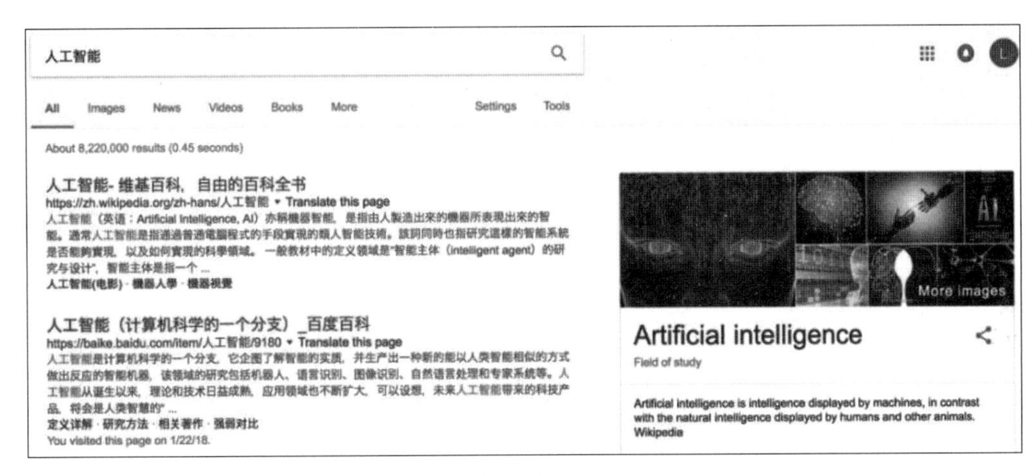

图 1.4　谷歌搜索引擎对“人工智能”返回的链接

显而易见，越有可能被用户点击的链接，应当被排在越高的位置。所以，机器学习在这里的任务就是预测每一个备选的链接被当前用户点击的概率。在任一时刻，每一次搜索都会返回给用户一系列的链接。其中的某些链接被点击了，但仍会有一些链接没有被用户点击，这些信息都会被完整无误地记录在搜索引擎的日志中。每一条日志一般都包含以下信息：搜索发起人、关键字、搜索引擎返回的一条链接以及用户是否点击了该链接。这些日志数据构成了点击率预测问题的训练数据。日志中的各类信息构成特征组，标签值则是 0 或者 1：如果一个链接被点击了，其标签值是 1；否则，其标签值就是 0。由此可见，这个例子里的训练数据具有自带标签，而不需要额外的人工标注。

根据训练数据所带标签值的特性，又可以将监督式学习分为两类。

1. 分类问题

如果标签只取有限个可能值，则称相应的监督式学习为分类问题。直观地说，每一个标签值代表一个类。在手写数字识别问题中，标签只取 0～9 这 10 个可能值，这是含有 10 个类别的分类问题。在点击率预测问题中，标签只取 0 和 1 两个可能值，这是含有两个类别的分类问题。称一个含有 k 个类别的分类问题为 k 元分类问题。

分类问题的任务又可以分为两种形式。第一种任务的形式是，要求对类别做出明确的预测。例如，在手写数字识别问题中，要求输出对给定图片中的数字的预测。这种任务形式就称为类别预测任务。第二种任务的形式是，要求计算出给定对象属于每一个类别的概率。例如，在点击率预测问题中，要求输出用户点击给定链接的概率。这种任务形式就称为概率预测任务。概率预测任务比类别预测任务要求更高,这是因为,一旦计算出了对象属于每一类别的概率,就可以将具有最大概率的那个类别作为该对象的类别预测。

2. 回归问题

如果标签是取值于某个区间的实数,则称相应的监督式学习为回归问题。在回归问题中,标签的值通常为连续值,从而其取值有无限种可能。房价预测是一个经典的回归问题,如图 1.5 所示。

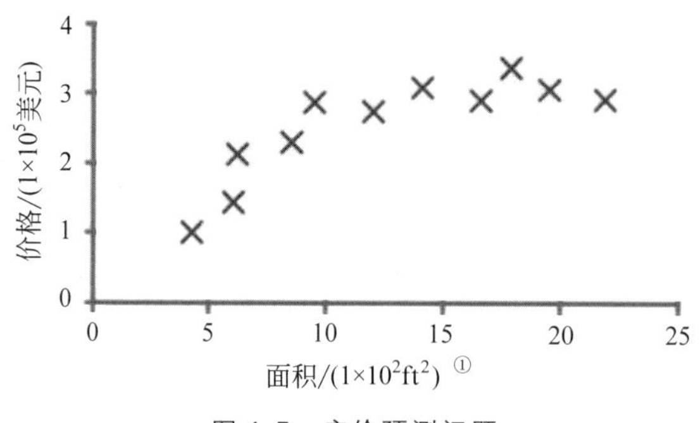

图 1.5 房价预测问题

在房价预测问题中,每一条训练数据都是某地区的一笔房屋交易记录。训练数据中含有诸如房屋面积、学区、与地铁站距离等特征,并且含有交易价格作为其标签值。由于交易价格取连续值,因此,房价预测问题是一个回归问题。

显然,在房价预测问题中,既无可能也无必要完全精确地预测出给定房屋的价格,而只要预测出的房屋价格能接近其真实价格即可。这恰是一般回归问题的目标:输出接近真实标签的预测。实际上,如果一个回归问题的模型在训练数据上的预测过于准确,那么出现过度拟合的可能性就很大。

在图 1.6 中,×表示训练数据标签值,曲线表示预测标签值。图 1.6(a)中的预测标签与训练数据的标签精确吻合。但是,可以想象这个预测函数的可推广性较差,因为它属于过度拟合。而图 1.6(b)中的预测函数在训练数据上虽然有一定的标签预测误差,但是它的可推广性较强。

最后应当指出,分类问题与回归问题是可以相互转化的。对于一个分类问题,可以将其转化为对给定对象所属类别的概率的预测。而概率是在[0,1]内的连续值,因此概率预测可以认为是一个回归问题。第 5 章介绍的 Logistic 回归就是一种利用回归方法求解分类问题的算法。而对于一个回归问题,可以通过标签值的区间化将其转化为一个分类标签。例如,根据用户的特征预测用户的年龄时,可以将年龄分段:0~18 岁为未成年段,19~45 岁为青年段,46~65 岁为中年段,66 岁及以上为老年段。由此,可以将年龄表示为取 4 个值的分类标签,其中每个值表示一个年龄段,因而可以应用分类问题的算法来预测用户所处年龄段,

① $1ft^2=0.092\ 903\ 04m^2$。

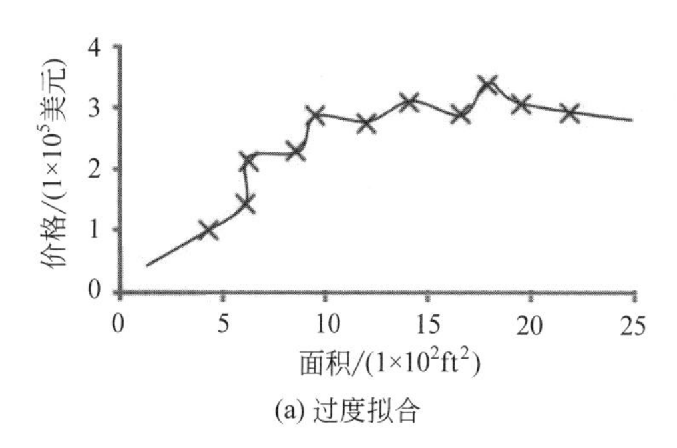

(a) 过度拟合

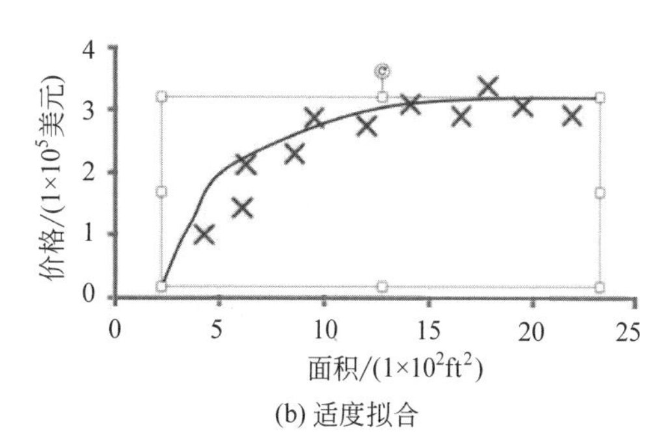

(b) 适度拟合

图 1.6　过度拟合与适度拟合

从而得到一个近似的年龄预测。

1.2.2　无监督学习

在无监督学习的形式下，训练数据不含标签。无监督学习问题的任务通常是对数据本身的模式识别与分类。例如，在手写数字识别问题中，忽略训练数据的标签，仅根据特征组将训练数据分类，这就是一个无监督学习问题。此时，机器学习算法也许仍然能把数据分为10类，且每一类中的图片都是相同的手写数字；但是，它无法输出各类图片中的具体数字，因为训练数据中并不包含此信息。

在众多无监督学习问题中，主要有两类问题具有广泛的实际应用：降维问题与聚类问题。

1. 降维问题

在机器学习问题中，每一条训练数据的特征组都可以用一个向量来表示。此向量的每一分量都对应对象的一个特征。在许多应用中，特征组的维度相当高，有时甚至达到以百万为数量级。在预测标签时，特征并非越多越好。众多的特征不仅增加了求解问题的复杂性和难度，而且在特征之间容易发生互相不独立的现象，这会给问题的求解带来麻烦。因此，对高维度的特征组进行低维近似，即用维度较低的向量来表示原始的高维特征，是降维问题的主要应用。

除此之外，人们对二维和三维空间能有较直观的理解。所以，降维问题的另一个应用就是数据可视化。将高维数据降到二维或三维，可以使人们对数据有直观的认识。例如，谷歌发布了开源的可视化工具 Embedding Projector，它的一个手写数字识别训练数据集 MNIST 的可视化结果如图 1.7 所示。

图 1.7　手写数字识别训练数据集 MNIST 的可视化结果

MNIST 是手写数字识别训练数据集。其中的每一条训练数据的特征组是图片的 28×28 的像素灰度矩阵，表示为一个 28×28＝784 维向量。Embedding Projector 将 784 维向量降为二维，从而可以清楚地在平面图上展示这些训练数据。从图 1.7 中可以看到，Embedding Projector 的降维功能保持了数据的基本特征，它将具有同样数字的图片成功地聚在一起。在降维的同时，尽可能多地保留数据的主要结构及其携带的信息是对算法的一个重大的挑战。

2. 聚类问题

聚类问题与监督式学习中的分类问题类似，目的都是将数据按模式归类。二者的区别是：聚类问题中的任务仅限于对未知分类的一批数据进行分类；而监督式学习中的分类问题是用已知分类的训练数据训练出一个能够预测数据类别的模型。

异常探测是一个经典的聚类问题。例如，图 1.8 是某银行信用卡消费记录数据。在图 1.8 中，聚类算法把交易数据点聚成两类。显而易见，包含点数较少的类为异常交易类，它可能来自信用卡被盗用的交易。这个例子只用了两个特征，就是用户的历史周消费额度以及本周消费额度。事实上，一个复杂的信用卡异常探测系统必然会有成百上千个不同的特征，很难一目了然地发现异常，因而必须应用聚类算法。

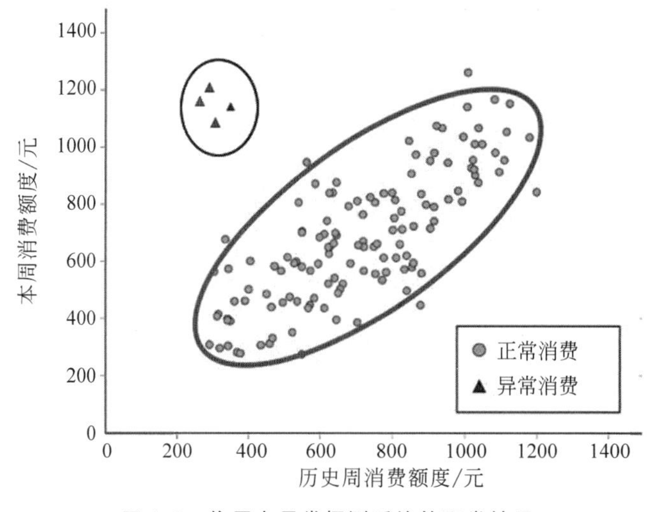

图 1.8　信用卡异常探测系统的聚类结果

还有一个容易理解的聚类问题的例子。在一个新闻门户网站中，每天有来自多个消息频道的各种文章与信息。如果希望为用户个性化地推送新闻，就需要了解每一个用户对哪一类文章感兴趣。一个可行的算法是将新闻类的文章聚类。然后，根据用户的历史浏览记录，推断该用户感兴趣的文章类别，从而为其推送该类别的文章。值得一提的是，有时也可以随机地选取一些用户从未浏览过的类别，进行尝试性推送，从而更好地了解用户的兴趣类别。

1.2.3　强化学习

强化学习是现代人工智能的重要课题。在博弈策略、无人驾驶汽车系统、机器人控制等诸多前沿人工智能领域中都能见到强化学习的身影。

强化学习的任务是：根据对环境的探索，制定应对环境变化的策略。它模拟了生物探索环境与积累经验的过程。例如，在训练海豚进行杂技表演的过程中，海豚每次成功地完成一组技术动作后都会获得食物奖励，而错误的动作则不会获得奖励。这样的经验与记忆引导海豚做出一个个精彩的杂技动作。这正是强化学习的思想。强化学习算法通过对正确的行动进行奖励，来摸索应对环境变化的最优策略。例如在博弈系统中，计算机控制的虚拟棋手每走出一步好棋，就会获得一定的奖励。而当虚拟棋手走错一步棋，导致局面落后时，它会受到惩罚，以避免其将来再犯类似的错误。又如，在虚拟环境中训练无人驾驶汽车系统模型时，如果模型所控制的无人驾驶汽车在虚拟环境中发生了事故，则相应的操作将受到惩罚，这种惩罚将引导系统掌握正确的驾驶方法。

强化学习是介于监督式学习和无监督学习之间的一类机器学习算法。一方面，强化学习没有一组带有标签的训练数据作为其输入，算法需要自发地探索环境来获得训练数据；另一方面，由于环境对每个行动能够提供反馈，所以可以认为，通过探索得到的训练数据是带有标签的。

1.3 机器学习算法综览

1.2 节介绍了各式各样的机器学习问题。下一步要关注的是解决这些问题的算法。不同特性的问题需要用不同的算法来解决。本书的目的就是系统地对机器学习算法的理论与实践做深入的介绍。在本节中，将对本书中要讲述的诸多机器学习算法做综合介绍。本书的第 2～9 章主要介绍监督式学习算法，第 10、11 章着重介绍无监督学习算法，第 12 章简要介绍强化学习的相关知识。以下对本书第 2～12 章的内容做提纲挈领的介绍。

1. 第 2～9 章：关于监督式学习

第 2 章介绍监督式学习的基本概念，其中包括特征、标签、模型、损失函数等重要概念的精确定义。除此之外，第 2 章将介绍监督式学习的一般性算法架构——经验损失最小化。本书中的所有监督式学习算法都是该架构在具体问题中的体现。过度拟合是经验损失最小化算法可能遇到的问题，因此，第 2 章还将介绍正则化算法。正则化算法是降低过度拟合概率的重要手段之一。

第 3 章讲述线性回归算法。线性回归算法是求解回归问题的一个经典的算法。如果观察到训练数据标签值与特征值之间呈近似线性的关系，线性回归算法就是一个合适的算法(图 1.9)。线性回归算法根据正规方程计算出一条均方误差最小的直线来拟合训练数据。均方误差是全体训练数据到该直线的纵向距离平方的平均值。为什么选用这样的方法来拟合？正规方程的原理又是什么？在第 3 章中将对这些问题做详细阐述。

线性回归算法的正规方程运用了均方误差的最优解的数学表达式，但绝大多数监督式学习算法的目标函数的最优解并不存在明确的数学解析表达式。因此，对这类目标函数，需要用更具一般性的算法来求解。搜索算法是最常用的监督式学习算法中目标函数的优化方

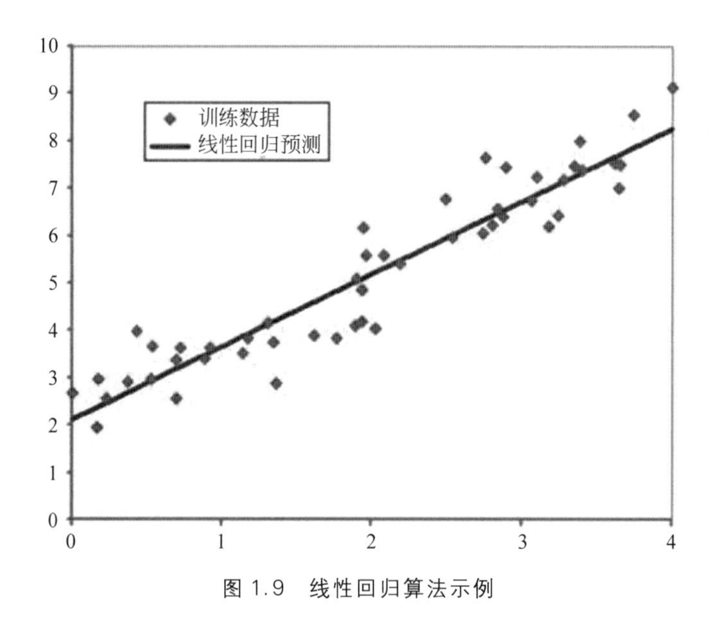

图 1.9 线性回归算法示例

法。第 4 章将全面、系统地讲述机器学习中的搜索算法，包括梯度下降算法、随机梯度下降算法、牛顿迭代算法以及坐标下降算法。

第 5 章介绍 Logistic 回归算法。这是一个将回归算法用于分类问题的典型例子。在 1.2 节曾提到过，分类问题可以转化为预测对象属于每一类别的概率。而对概率的预测可以认为是一个回归问题。由于概率值是 0～1 的一个实数，而线性回归模型并不能保证其输出必定在此范围内，因此，不宜直接采用线性回归模型来预测概率。如何才能保证回归算法的输出值为 0～1？这就是 Logistic 回归的核心思想。Logistic 回归算法将线性回归算法的输出作为如下 Sigmoid 函数的输入：

$$\sigma(t)=\frac{\mathrm{e}^t}{1+\mathrm{e}^t}$$

Sigmoid 函数的图形见图 1.10。由于 $0\leqslant\sigma(t)\leqslant 1,\forall t\in\mathbb{R}$，因此，Logistic 回归算法的输出值一定是在 0～1 的一个实数，因而可以将它作为概率的预测值。

事实上，还有很多种方式可以把线性回归的输出限制于 0～1。为什么偏要用 Sigmoid 函数呢？这是第 5 章中要讨论的问题。

第 6 章介绍另一个分类算法——支持向量机。这个算法最常见的应用是二元分类问题。在一个二元分类问题中，训练数据的标签只有 -1 与 $+1$ 两种取值。许多重要的机器学习应用都是二元分类问题。如果通过观察，发现带 -1 标签与 $+1$ 标签的训练数据可以用一条直线区分开，那么支持向量机就是一个合适的算法。通过训练，支持向量机算法将计算出一条直线的方程，使得带 -1 标签与 $+1$ 标签的训练数据分别居于该直线的两侧。

在这里，有一个非常关键的问题：能够区分正负标签的直线有无穷多条，究竟应该选取哪一条直线作为分离直线？这个问题的答案正是支持向量机算法的中心思想：选择一条最为“中立”的直线作为分离直线。更精确地讲，选取的直线应使得该直线到最近的标签为 -1

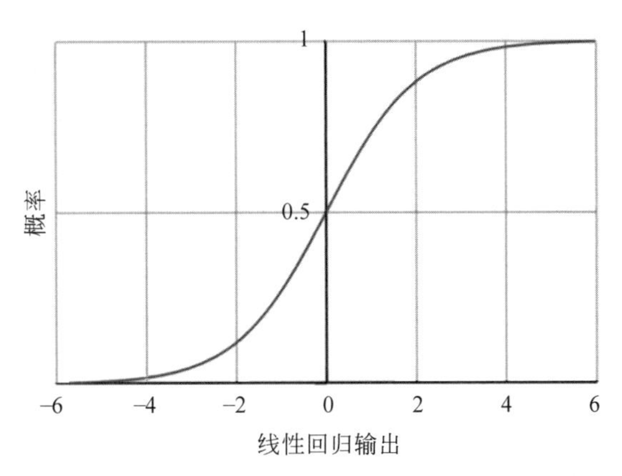

图 1.10　Sigmoid 函数

的点的距离与到最近的标签为+1的点的距离相等，如图1.11所示。那些到这条直线距离最近的点就称为支持向量，这就是该算法名字的来源。

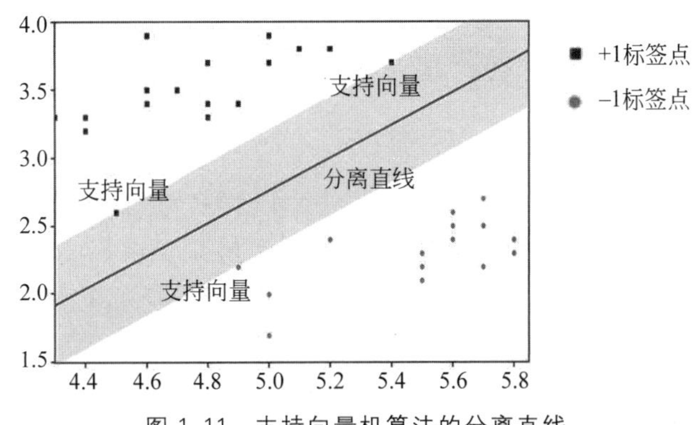

图 1.11　支持向量机算法的分离直线

如果在带−1标签与带+1标签的训练数据之间不存在任何直线边界，是否就不能使用支持向量机算法了？在第6章中要介绍一个机器学习的重要算法技巧——核方法。结合核方法，支持向量机算法可以处理不规则的边界计算问题。

线性回归、Logistic回归与支持向量机这3种算法有一个共同的特点，那就是它们都要求训练数据的特征取值是具有数量意义的数值特征。以房价预测为例，如果要使用线性回归算法，那么只能选用诸如房屋面积、与地铁站的距离等数值特征。然而，除了数值特征之外，还有一种常见的特征，被称为类别特征。例如，房屋的朝向是一个类别特征，房屋对应的学区也是一个类别特征。线性回归、Logistic回归和支持向量机等数值算法往往无法直接使用类别特征。那么，应该如何最好地使用类别特征？第7章中介绍的决策树算法是处理类别特征的最佳选择。

顾名思义，决策树具有树状结构。每个叶节点对应算法的一个输出。其他每个非叶节点对应一个特征。特征可以是类别特征，也可以是数值特征。决策树算法通过训练数据特征的阈值选择来决定输出决策树的结构。训练完成之后,在测试时,决策树模型将从根节点开始搜索,不断在每一节点处根据测试数据的特征的取值选择进入下一个子节点,直至到达一个叶节点为止,并且以该叶节点所带的值为模型的输出。图 1.12 是房价预测的决策树示例。

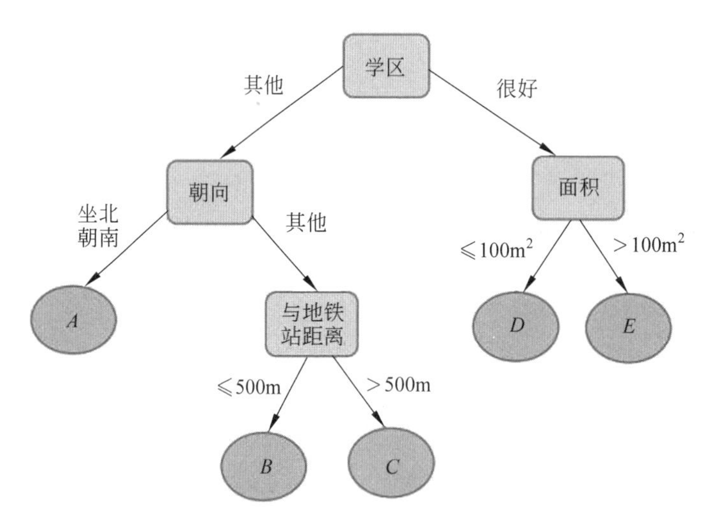

图 1.12　房价预测决策树示例

决策树算法既可以处理分类问题,也可以处理回归问题。那么,决策树算法是如何决定输出决策树的结构的?决策树与线性回归等算法相比孰优孰劣?在第 7 章中将回答这些问题。

第 8 章介绍神经网络。这是当前最前沿的深度学习算法研究的基础。神经网络算法的思想起源于对人类大脑运作方式的模拟。在神经科学中,普遍认为大脑是通过一个个神经元来层层传递信息的。而每一个神经元通过树突、胞体和轴突分别进行信息的输入、处理与输出。图 1.13 所示的神经网络模型就采用了类似的结构。

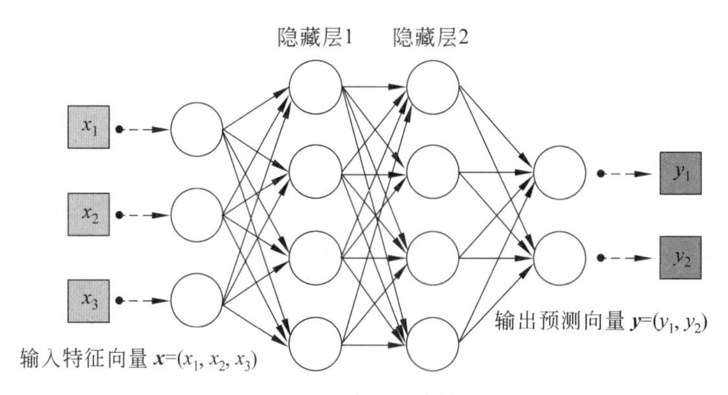

图 1.13　神经网络模型

网络中的每一个节点模拟一个神经元,并被组织为层状结构。第一层为输入层,用一个神经元来接收特征输入。输入层的神经元只负责将信息传入网络,而不做任何处理。输入层之后为隐藏层。网络中可以有一个或多个隐藏层。每一个隐藏层中的每一个神经元都与上一层中的所有神经元用边相连，这些边就是模拟神经。每条边具有一个权值，由算法计算得出。每一个隐藏层中的神经元都以上一层中所有神经元输出的加权和作为输入（权值为相连的边所带的权值），并对该输入做一定的处理；然后，输出处理过的数值作为下一层的输入。隐藏层的层数与每一个隐藏层中神经元的个数（各层可以有不同数量的神经元）都由算法设计者确定。最后一层是输出层，该层中神经元的个数视输出需求而定。如果是一个回归问题，就只需要一个输出神经元；但如果是一个分类问题，输出神经元的个数通常等于类别数，而每一个神经元的输出就是预测对象属于相应类别的概率。第 8 章将详细介绍神经网络的算法原理与实现。

第 9 章介绍深度学习。近年来，高性能计算芯片的飞速发展使得构建深层的复杂结构神经网络成为可能。第 9 章中介绍的卷积神经网络与循环神经网络是深度学习的两类最重要的算法。卷积神经网络模拟人类的视觉神经，适用于图片识别的相关任务。循环神经网络模拟人脑的记忆功能，适用于时间序列及自然语言的相关任务。

2. 第 10、11 章：关于无监督学习

第 10 章介绍降维算法。其中的代表性算法是主成分分析法，又称为 PCA（Principal Component Analysis）算法。主成分分析法通过线性映射将高维空间投影（又称为嵌入）到一个较低维空间中，并希望经过投影后的数据方差尽可能大。从直观上看，投影后数据的方差越大，数据所保留的信息量就越大。例如，在图 1.14 中，数据沿着向量 $\boldsymbol{v}$ 的投影方差最大，所以主成分分析法将数据沿向量 $\boldsymbol{v}$ 的投影作为数据的低维嵌入。

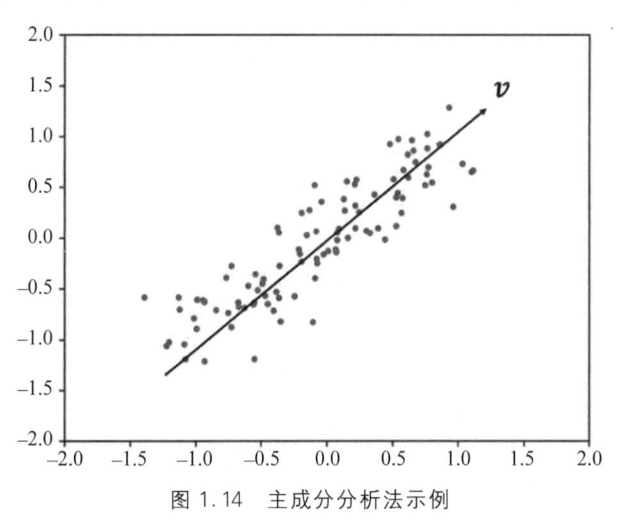

图 1.14　主成分分析法示例

除了主成分分析法之外，第 10 章还将介绍线性判别分析法、局部线性嵌入法和多维缩放算法等多个不同风格的降维算法。

第 11 章详细介绍聚类算法。其中的代表性算法是 k 均值算法。对一组空间中的点，k 均值算法选出 k 个中心，并根据指定的距离函数，将每一点分配到距离最近的中心，以此方

式将所有点聚成 k 个类，如图 1.15 所示。那么，应如何选出 k 个中心？这 k 个中心应当满足什么条件？这些问题将在第 11 章中得到回答。

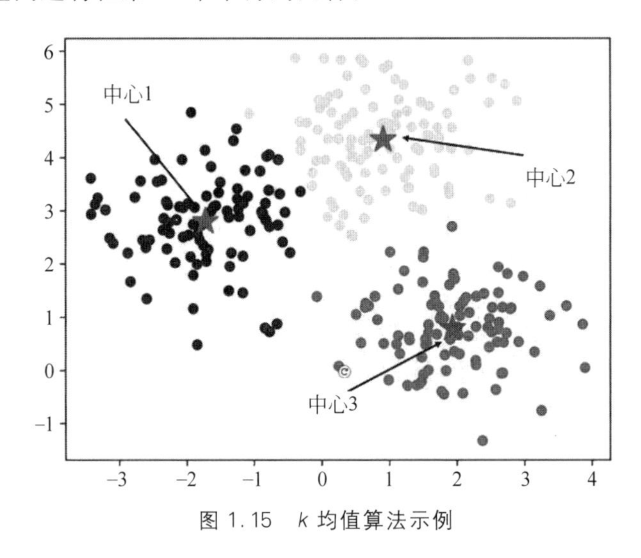

图 1.15　k 均值算法示例

除了 k 均值算法之外，在第 11 章中还将介绍合并聚类与 DBSCAN 算法。这是两个经典的聚类算法。

3. 第 12 章：关于强化学习

强化学习的任务形式分为两类。

第一类是有模型强化学习。在这类任务中，行动对环境的改变效果以及可能获得的奖惩是已知的。在这一假定下，算法可以在所有行动开始之前用动态规划算法预先计算出最优策略。第 12 章将介绍值迭代与策略迭代这两个典型的动态规划算法。

第二类任务是免模型强化学习。在这类任务中，行动对环境的改变效果以及可能获得的奖惩是未知的。算法必须通过自行探索来获得环境的信息以及行动的奖惩值。第 12 章将介绍两类免模型强化学习算法。第一类是时序差分型算法。这类算法通过对行动可能获得的奖惩建模来学习最优策略。其中的代表性算法是 Sarsa 算法、Q 学习算法和深度 Q 神经网络。深度 Q 神经网络是深度学习与强化学习相结合的产物。第二类免模型强化学习算法是策略梯度型算法。这类算法直接对策略建模。其中的代表性算法是 REINFORCE 算法和 Actor-Critic 算法。

机器学习是一门数学、统计学与计算机科学的交叉学科，所以，在介绍机器学习算法时需要用到许多基本的数学概念与结论。在附录 A 中汇总了本书涉及的数学与运筹学知识。其中包括线性代数、微积分与优化理论。Python 语言是机器学习算法实践的最佳选择之一，它集成了许多机器学习数据库与工具库。因此，本书采用 Python 语言来描述并实现书中所有的算法。在附录 B 中，对 Python 语言的基本语法做了入门性的介绍。有一定程序设计基础的读者可以通过附录 B 中对 Python 语言的介绍，快速掌握阅读本书必要的 Python 语言知识。此外，TensorFlow 是目前最为流行的神经网络算法实践平台。第 9 章的深度学习与第 12 章的强化学习都需要用到 TensorFlow。因此，在附录 B 中也对 TensorFlow 基本知识做了介绍。

尽管本书中介绍的绝大多数算法都已经集成在 Python 的机器学习工具库 Sklearn 中了（在附录 B 中具体介绍 Sklearn 工具库的使用方法），本书依然给出了这些算法的具体实现。这样做的目的是深入剖析这些算法，同时充分展示机器学习算法设计的计算思维方式，这种计算思维方式正是将来人工智能创新与实践的基石。

1.4 有关术语的约定

本书在介绍机器学习算法的基本概念以及算法思想和原理时，不可避免地会涉及数学、统计学与计算机科学等相关学科中的有关概念和术语。由于学科的差异性，有些相同或相近的概念和术语在不同学科中的内涵不尽相同，由此可能导致概念上的混淆。为此，本节对一些容易产生误解的概念和术语做出明确的约定。在本书中所有向量和矩阵都用黑斜体来表示。

1. 向量和数组

向量是线性代数中的基本概念。一个 n 维向量 $\boldsymbol{v}$ 由 n 个实数 $v_1, v_2, \cdots, v_n$ 构成，记作 $\boldsymbol{v}=(v_1, v_2, \cdots, v_n)$。用 $\mathbb{R}^n$ 表示全体 n 维实数向量。这里，向量 $\boldsymbol{v}$ 中的元素个数是 n，也称其维数为 n。因此，在数学中，元素个数是 n 的向量被称为一个 n 维向量。

在计算机科学中，与向量相关联的概念是数组。通常可以用计算机中的一个长度是 n 的一维数组，例如用 $a[0..n-1]$ 存储一个 n 维向量 $\boldsymbol{v}$，使得 $a[i]=v_{i+1}, 0 \leqslant i \leqslant n-1$。这里，数组 a 中元素个数是 n，也称其长度为 n。

在这两个关联的概念中，容易混淆的是向量和数组的维数、长度和下标。在数学中，由 n 个实数构成的向量是一个 n 维向量；而在计算机科学中，存储一个 n 维向量的数组是一个一维数组。不可混淆维数在这两个相关概念中的意义。

在数学中，一个 n 维向量 $\boldsymbol{v}$ 的长度通常指它在度量空间中的范数。例如，在欧几里得空间中，n 维向量 $\boldsymbol{v}$ 的长度是 $\sqrt{v_1^2+v_2^2+\cdots+v_n^2}$。而在计算机科学中，存储一个 n 维向量的一维数组有 n 个单元，因此也称其长度为 n。

在数学中，一个 n 维向量 $\boldsymbol{v}$ 的下标通常从 1 开始，到 n 结束。而在计算机科学中，存储一个 n 维向量的一维数组 a 的下标通常从 0 开始，到 $n-1$ 结束。

2. 矩阵和多维数组

数学中的矩阵再次与计算机科学中的数组相关联。在数学中，一个 $m \times n$ 矩阵 $\boldsymbol{A}$ 表示由 $m \times n$ 个实数排列成的 m 行 n 列的阵列：

$$\boldsymbol{A}=\begin{bmatrix} a_{11} & a_{12} & \cdots & a_{1n} \\ a_{21} & a_{22} & \cdots & a_{2n} \\ \vdots & \vdots & \ddots & \vdots \\ a_{m1} & a_{m2} & \cdots & a_{mn} \end{bmatrix}$$

上面的矩阵通常称为 m 行 n 列矩列，简称 $m\times n$ 矩阵。矩阵 $\boldsymbol{A}$ 的行下标从 1 开始，到 m 结束；列下标从 1 开始，到 n 结束。

一个 $n\times 1$ 的矩阵被称为列向量，而一个 $1\times n$ 的矩阵被称为行向量。按照约定，线性代数中的向量均为列向量。常用形式

$$\boldsymbol{v}=\begin{bmatrix} v_1 \\ v_2 \\ \vdots \\ v_n \end{bmatrix}$$

或者 $\boldsymbol{v}=(v_1,v_2,\cdots,v_n)^{\mathrm{T}}$ 强调 $\boldsymbol{v}$ 是一个列向量。

在计算机科学中，通常用一个二维数组 $a[0..m-1][0..n-1]$ 来存储矩阵 $\boldsymbol{A}$ 中的 $m\times n$ 个元素，即：$a[i-1][j-1]=a_{ij}$，$1\leqslant i\leqslant m$，$1\leqslant j\leqslant n$。二维数组 a 的行下标从 0 开始，到 $m-1$ 结束；列下标从 0 开始，到 $n-1$ 结束。本书遵循这种下标关联性约定。

3. 特征向量

在有关机器学习的英文文献中常用到两个专业术语——feature vector 和 eigenvector。这两个英文专业术语表达的内涵本来是很明确的，但翻译成中文都是“特征向量”，由此造成了一些混乱。为了避免由此产生的误解，在本书中用“特征组”来表达 feature vector 的术语内涵，而用“特征向量”来表达 eigenvector 的术语内涵。

小结

本章对机器学习算法做了概述，介绍了机器学习的基本概念以及机器学习按学习形式的分类，并对本书中讲述的诸多机器学习算法做了综合介绍。在后续各章中，将系统地对机器学习算法的理论与实践做深入的介绍。因此，本章内容是学习后续各章内容的基础和准备。

第 2 章　监督式学习算法基础

在第 1 章中通过一些具体例子介绍了机器学习的形式分类。机器学习的学习形式可分为两大类。一类是监督式学习,另一类是无监督学习。从本章开始直到第 9 章,将深入探讨监督式学习算法的理论与应用。

什么是特征与标签？什么是机器学习模型？如何训练模型来完成预测任务？什么是过度拟合？本章将回答这些机器学习算法中最基本的问题。

在 2.1 节中定义了包括特征、标签、损失函数及模型等贯穿全书的基本概念,并精确定义了监督式学习的任务与度量。2.2 节介绍针对监督式学习的经验损失最小化算法架构,该算法架构以最小化训练数据上的误差作为其模型训练的原则。本书中探讨的所有监督式学习算法都是经验损失最小化算法在具体问题中的表现。在 2.3 节中,通过一个实例来具体化监督式学习的基本概念及展示经验损失最小化算法架构的流程。由于实际应用中的训练数据往往会因各种限制而导致数据量不足,因此单纯优化训练数据上的经验损失可能导致过度拟合。2.4 节介绍通过一系列正则化技巧来降低过度拟合概率的算法。

2.1　监督式学习基本概念

监督式学习的主要任务是根据对象的特征来预测其标签。相应的学习算法需要对经验进行学习。因此,训练数据是监督式学习算法的一个重要组成部分。训练数据是随机抽取观测对象采集到的数据。这些数据简称为采样,也称为样本。每一条训练数据都含有特征与标签。例如,房价预测问题的训练数据是过去一年的房屋成交记录,它含有各种房屋的特征以及售价。通过对训练数据的学习,算法能够训练出一个模型来预测标签,并且根据给定的度量方法来检验模型预测的效果。

为了正式定义监督式学习,需要介绍以下几个基本要素：特征、标签、分布、模型与损失函数。下面逐一给出它们的正式定义。

具备特征的对象是机器学习问题的一个基本单位。每个对象可能有各种各样的特征，所以数学上用向量来表示全体对象特征。

定义 2.1(特征组) 在一个监督式学习问题中，将每个对象的 n 个特征构成的向量 $\boldsymbol{x}=(x_1,x_2,\cdots,x_n)\in\mathbb{R}^n$ 称为该对象的特征组。设 $X\subseteq\mathbb{R}^n$ 是特征组的所有可能取值构成的集合，称 X 为样本空间。

例如，在第1章介绍的房价预测问题中，预测的对象为某小区的房屋。每个房屋都有房屋面积、卧室数和房龄3个特征。这3个特征构成了每个房屋的特征组。如果某个房屋的面积为 100m^2，有两间卧室，房龄为15年，则该房屋的特征组 $\boldsymbol{x}=(100,2,15)$。

在第1章中已经通过例子介绍了标签的概念。监督式学习的每一条训练数据都带有标签。根据标签的不同形式，监督式学习又分为两类：回归问题与分类问题。一个含有 k 个类别的分类问题称为 k 元分类问题。

定义 2.2(标签) 在回归问题中，训练数据含有一个数值标签 $y\in\mathbb{R}$；在 k 元分类问题中，训练数据含有一个向量标签 $\boldsymbol{y}\in[0,1]^k$。设 Y 为全体可能的标签取值，称 Y 为标签空间。

为了解释定义2.2，首先探讨回归问题。回归问题的标签是对象的一个数值属性，所以可以用一个数值 $y\in\mathbb{R}$ 来表示标签。例如，在房价预测问题中，房屋交易价格是房屋的一个数值标签。

再来探讨分类问题。分类问题的标签表示对象的类别。在一个含有 k 个不同类别的分类问题中，每个对象的标签都可以表示为一个 k 维向量。如果该对象属于第 t 类，则标签向量的第 t 位的值是1，其余位的值是0。所以，标签的可能取值是全体 k 维0-1向量 $\{0,1\}^k$。例如，在第1章介绍的手写数字识别问题中，标签是一个10维向量。如果训练数据图片中是数字3，则标签为(0,0,0,1,0,0,0,0,0,0)。为了便于叙述，通常定义分类问题的标签空间为 $[0,1]^k$，即分量均属于[0,1]区间的 k 维向量全体。

对于分类问题，除了定义2.2中的向量标签的表示方法之外，有时也采用更加简洁的标签表示方式，即如果对象属于第 t 个类，则设标签值为 t。例如，在手写数字识别问题中，如果训练数据的对象是数字3，标签就赋值3。对于二元分类问题，还有另外两种常用的标签表示方法。第一种表示方法是用0和1分别表示两个不同的类别所对应的标签。第二种表示方法是用−1和+1分别表示两个不同类别所对应的标签。这些不同的标签表示方法实际上没有本质区别，可以根据需要选择一种能最大程度简化记号的标签表示法。

从以上描述可以看出，标签的形式灵活多样，既可以是数值形式，也可以是向量形式。在对监督式学习算法作一般性描述时，本书都将标签记作 $\boldsymbol{y}$，来强调标签的取值可能是向量；具体到某一问题中时，如果标签为数值，例如回归问题，则将标签记作 y，来强调标签是一个数值。

在监督式学习中，有两个重要的假设：

(1) 对象(或特征组)不是无规律出现，而是服从一定的概率分布。

(2) 给定对象的标签也不是无规律生成的，而是服从某个由对象特征组决定的概率分布。

这就需要对特征分布和标签分布做如下定义。

定义 2.3(特征分布) 设 X 为样本空间。监督式学习假定特征组是由一个 X 上的概率分布 D 生成的。称 D 为特征分布。用 $\boldsymbol{x} \sim D$ 表示 $\boldsymbol{x}$ 为依特征分布 D 的一个随机采样。

定义 2.4(标签分布) 设 Y 为标签空间。对任意的 $\boldsymbol{x} \in X$,监督式学习假定存在一个由 $\boldsymbol{x}$ 决定的 Y 上的概率分布 D_x,使得 $\boldsymbol{x}$ 对应的标签 $\boldsymbol{y}$ 服从 D_x。称 D_x 为特征组 $\boldsymbol{x}$ 的标签分布。用 $\boldsymbol{y} \sim D_x$ 表示 $\boldsymbol{y}$ 为依分布 D_x 随机生成的标签。

例如,在房价预测问题中,特征分布是正比于人口分布的。在人口越密集的区域,房屋交易越频繁,产生样本的概率也越高。对任意给定的房屋特征,房价也是一个随机变量。对一批十分相似的房屋,房价未必完全相同。它可能是以某个价格为期望的正态分布,这就是标签分布。当然在有的问题中,标签由特征唯一确定。例如,在手写数字识别问题中,大多数情况下标签值是唯一确定的。此时,标签分布退化为一个单点分布。

有了标签分布的概念,就可以严格定义监督式学习的任务了。前面曾将监督式学习的任务概要地描述为根据特征对标签做出预测。实际上可以更加精确地描述如下:对任意的特征组 $\boldsymbol{x} \in X$,如果将标签 $\boldsymbol{y}$ 看作分布为 D_x 的随机变量,则监督式学习算法的任务是预测 $\boldsymbol{y}$ 的期望值 $E_{y \sim D_x}[\boldsymbol{y}]$。无论是回归问题还是分类问题,都有 $E_{y \sim D_x}[\boldsymbol{y}] \in Y$,因此可以认为监督式学习的任务是计算从样本空间 X 到标签空间 Y 的映射。这样的映射就称为一个模型。

定义 2.5(模型) 设 X 为样本空间,Y 为标签空间,Φ 为全体 $X \to Y$ 的映射集合。称 Φ 为模型空间。任意模型空间中的映射 $h \in \Phi$ 都称为一个模型。

综合定义 2.1 至定义 2.5,可以对监督式学习任务正式定义如下。

定义 2.6(监督式学习任务) 在一个监督式学习问题中,给定样本空间 X、标签空间 Y、未知的特征分布 D 与标签分布 $\{D_x : \boldsymbol{x} \in X\}$,监督式学习任务是计算一个模型 $h: X \to Y$,并对任意特征组 $\boldsymbol{x}$,以 $h(\boldsymbol{x})$ 作为对标签期望值 $E_{y \sim D_x}[\boldsymbol{y}]$ 的预测。也将 $h(\boldsymbol{x})$ 简称为对 $\boldsymbol{x}$ 的标签的预测。

以下介绍对监督式学习算法效果的度量方法。用模型 h 对 $\boldsymbol{x}$ 的标签值做预测时,预测结果与真实情况可能存在误差。为了度量这个误差的大小,需要引入损失函数的定义。

定义 2.7(损失函数) 设 Y 为标签空间。损失函数是一个从 $Y \times Y$ 映射到正实数的函数 $l: Y \times Y \to \mathbb{R}^+$,并且要求其具备如下性质:对任意 $\boldsymbol{y} \in Y$,有

$$l(\boldsymbol{y}, \boldsymbol{y}) = 0 \tag{2.1}$$

在定义 2.7 中,损失函数有两个参数:第一个参数值表示标签的真实值,第二个参数表示标签的预测值。损失函数用于度量标签的真实值和预测值的误差。以下是常用的损失函数的例子。

例 2.1 0-1 损失函数

$$l(\boldsymbol{y}, \boldsymbol{z}) = \begin{cases} 0, & \text{如果 } \boldsymbol{z} = \boldsymbol{y} \\ 1, & \text{如果 } \boldsymbol{z} \neq \boldsymbol{y} \end{cases} \tag{2.2}$$

0-1 损失函数适用于分类问题。在式(2.2)中,$\boldsymbol{y}$ 表示标签真实值,$\boldsymbol{z}$ 表示标签预测值。预测值与真实值相同时,损失函数值为 0;否则,不论预测值与真实值相差多远,其损失值均

为 1。

例 2.2 平方损失函数

$$l(y,z)=(y-z)^2,\quad y,z\in\mathbb{R} \tag{2.3}$$

平方损失函数适用于回归问题。与式(2.2)的 0-1 损失函数不同,式(2.3)的平方损失函数值随着标签预测值与真实值的偏离增大而增大。

由于特征与标签均为随机变量,所以损失函数值也是一个随机变量。从理论上来说,损失函数的期望就是对模型效果的度量。

定义 2.8(期望损失) 给定样本空间 X、特征分布 D、标签分布 $\{D_{\boldsymbol{x}}:\boldsymbol{x}\in X\}$ 以及损失函数 l。对任意模型 h,定义

$$L_E(h)=E_{\boldsymbol{x}\sim D,\boldsymbol{y}\sim D_{\boldsymbol{x}}}[l(h(\boldsymbol{x}),\boldsymbol{y})] \tag{2.4}$$

为模型 h 的期望损失。

在实际应用中,由于特征分布 D 与标签分布 $\{D_{\boldsymbol{x}}:\boldsymbol{x}\in X\}$ 是未知的,所以无法直接计算期望损失。由此引入了测试数据的概念。

定义 2.9(测试数据与模型度量) 在一个监督式学习问题中,给定样本空间 X、标签空间 Y、未知的特征分布 D 与标签分布 $\{D_{\boldsymbol{x}}:\boldsymbol{x}\in X\}$。假定一个监督式学习算法输出模型 h。给定一组数据

$$T=\{(\boldsymbol{x}^{(1)},\boldsymbol{y}^{(1)}),(\boldsymbol{x}^{(2)},\boldsymbol{y}^{(2)}),\cdots,(\boldsymbol{x}^{(t)},\boldsymbol{y}^{(t)})\}$$

其中,$\boldsymbol{x}^{(1)},\boldsymbol{x}^{(2)},\cdots,\boldsymbol{x}^{(t)}\sim D$ 为 X 中 t 个依特征分布 D 的独立采样,并且对任意 $1\leqslant i\leqslant t$ 有 $\boldsymbol{y}^{(i)}\sim D_{\boldsymbol{x}^{(i)}}$。将 T 称为测试数据。用 h 在测试数据 T 上的平均损失

$$L_T(h)=\frac{1}{t}\sum_{i=1}^{t}l(h(\boldsymbol{x}^{(i)}),\boldsymbol{y}^{(i)}) \tag{2.5}$$

作为模型 h 效果的度量。

测试数据是用来模拟期望损失的。当测试数据的规模足够大时,概率论中的 Hoeffding 不等式(附录 A 的定理 A.4.5)保证了式(2.5)能够良好地近似期望损失。因此,计算模型在测试数据上的平均损失是监督式学习实践中普遍采用的模型度量法则。

2.2 经验损失最小化架构

根据监督式学习任务与度量的严格定义及其算法要求,本节介绍处理监督式学习问题的一般性算法架构——经验损失最小化。经验损失最小化架构又被称为 ERM 架构,ERM 是英文 Emperical Risk Minimization 的首字母缩写。

本书中介绍的全部监督式学习算法,包括线性回归算法、Logistic 回归算法、支持向量机算法、决策树算法、神经网络算法,都是经验损失最小化架构在具体问题中的表现。因此,理解经验损失最小化架构对本书的学习有总揽全局的意义。

在理想情况下,一个监督式学习算法应当选择期望损失最小的模型。但是,由于特征及标签分布未知,无法直接计算模型的期望损失。这时,可以采用与定义 2.9 类似的解决方

法，即按照特征与标签分布独立采样一组数据，并通过模型在这组数据上的平均损失来近似期望损失。将这样的一组数据称为训练数据。将模型在训练数据上的平均损失称为经验损失。

定义 2.10（训练数据与经验损失） 给定损失函数 l 以及一组数据

$$S=\{(\boldsymbol{x}^{(1)},\boldsymbol{y}^{(1)}),(\boldsymbol{x}^{(2)},\boldsymbol{y}^{(2)}),\cdots,(\boldsymbol{x}^{(m)},\boldsymbol{y}^{(m)})\}$$

其中，$\boldsymbol{x}^{(1)},\boldsymbol{x}^{(2)},\cdots,\boldsymbol{x}^{(m)}\sim D$ 为 X 中 m 个依特征分布 D 的独立采样，并且对任意 $1\leqslant i\leqslant m$ 有 $\boldsymbol{y}^{(i)}\sim D_{\boldsymbol{x}^{(i)}}$。将 S 称为训练数据。将 h 在 S 中所有数据的平均损失称为 h 的经验损失，用如下记号表示

$$L_S(h)=\frac{1}{m}\sum_{i=1}^{m}l(h(\boldsymbol{x}^{(i)}),\boldsymbol{y}^{(i)}) \tag{2.6}$$

当训练数据的规模足够大时，Hoeffding 不等式保证了经验损失能够良好地近似期望损失。因此，图 2.1 中描述的无约束经验损失最小化算法架构是一个十分自然的模型训练法则。

无约束经验损失最小化算法架构

给定样本空间 X、标签空间 Y、模型空间 Φ 和损失函数 $l:Y\times Y\rightarrow\mathbb{R}^{+}$。

输入：m 条训练数据 $S=\{(\boldsymbol{x}^{(1)},\boldsymbol{y}^{(1)}),(\boldsymbol{x}^{(2)},\boldsymbol{y}^{(2)}),\cdots,(\boldsymbol{x}^{(m)},\boldsymbol{y}^{(m)})\}$

输出模型：$h_S=\underset{h\in\Phi}{\operatorname{argmin}}\,L_S(h)$

图 2.1　无约束经验损失最小化算法架构

图 2.1 的这个简单的算法架构就称为无约束经验损失最小化算法架构。称其为“无约束”是因为模型的选择不受任何约束，它可以输出模型空间 Φ 中的任何模型。

无约束经验损失最小化算法的特点在于它精确地拟合了训练数据。实际上应用拉格朗日插值法可以构造一个多项式 $h_S(\boldsymbol{x})$，使得对任意 $1\leqslant i\leqslant m$，有 $h_S(\boldsymbol{x}^{(i)})=\boldsymbol{y}^{(i)}$。$h_S(\boldsymbol{x})$ 的系数有精确的数学表达式，并且可以高效地计算出来。由此可知，$h_S(\boldsymbol{x})$ 在 S 上的经验损失 $L_S(h)=0$。这就引出了一个机器学习中常发生的问题——过度拟合。下面通过一个简单的例子展示过度拟合的概念。

例 2.3 假定样本空间 $X=[-1,1]$，特征分布 D 为 X 上的均匀分布，标签空间 $Y=\mathbb{R}$，标签分布 $D_x=N(x,0.3)$ 是期望为 x 且标准差为 0.3 的正态分布。损失函数为例 2.2 中的平方损失函数。

考察包含 10 条数据的训练数据集合 S，如图 2.2(a)所示。在 S 上，无约束的经验损失最小化算法应用拉格朗日插值求得一个精确地拟合训练数据的多项式 h_S，如图 2.2(b)所示（其拟合模型的算法将在第 3 章的例 3.6 介绍）。

尽管训练数据得到精确拟合，但是再考察图 2.3 所示的 100 条测试数据点，可以看出 h_S 不再能完美地拟合所有测试数据了。

尽管这只是一个简单的例子，还是可以从中体会到什么是过度拟合及其对机器学习效果的影响。一般来说，当一个模型过多地拟合训练数据中的特例而影响了它的可推广性时，

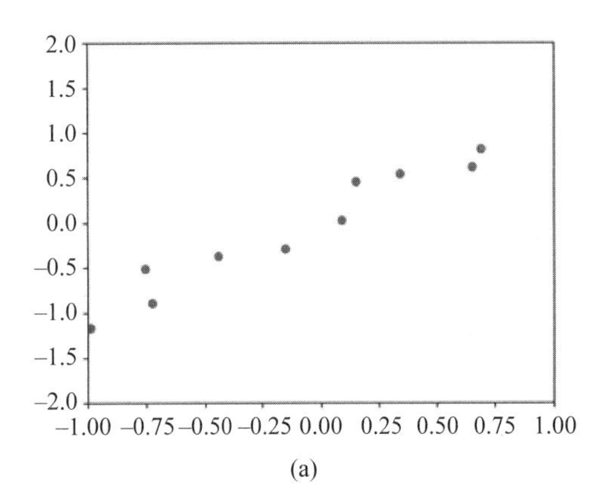

(a)

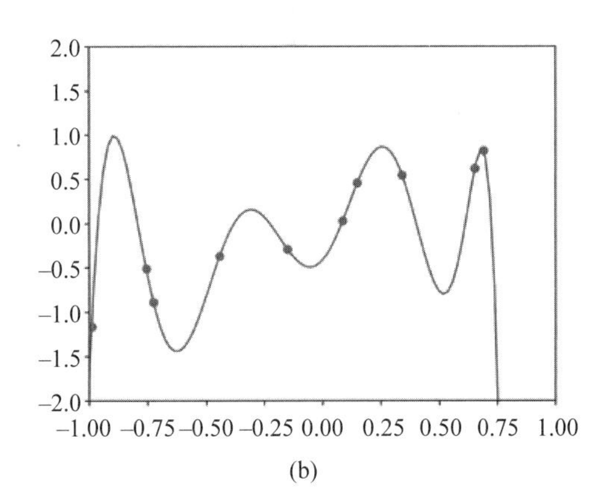

(b)

图 2.2　完美拟合训练数据的多项式h_S

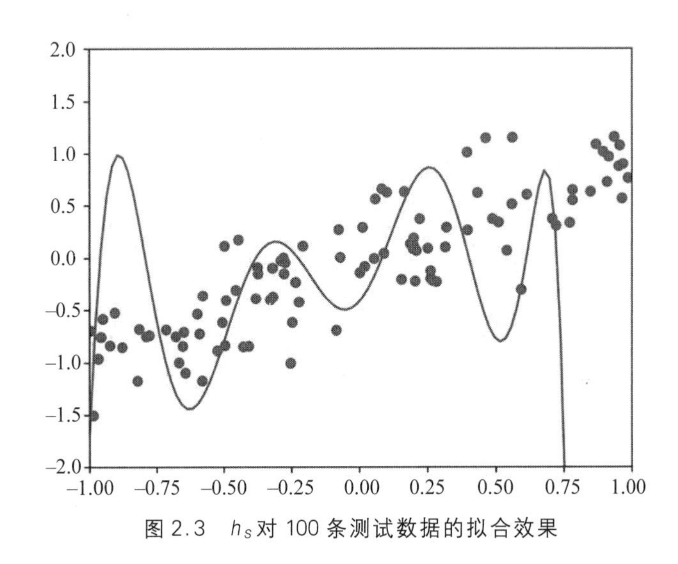

图 2.3　h_S对 100 条测试数据的拟合效果

就认为该模型是过度拟合的。

如何降低经验损失最小化算法过度拟合的概率是该算法的模型结构面临的严重挑战。从例 2.3 可以看到，如果对模型的结构不做任何假设而一味优化算法在训练数据上的损失，则无法避免过度拟合。由此引入了一个非常重要的概念——模型假设。通过对训练数据的观察以及对问题背景的理解，可以对模型的结构做出合理的假设，从而降低过度拟合。

例如，在例 2.3 中，从图 2.2(a)观察训练数据可以发现它们具有近似的线性结构，因而可以用一条直线来拟合训练数据。考察如下线性模型：$h(x)=x$。从图 2.4(a)可见，该线性模型没有精确地拟合训练数据，因此在训练数据上不是最优的。但是，用该线性模型 $h(x)$ 拟合图 2.3 中的 100 条测试数据时，其拟合效果与多项式 h_S 完全不同。从图 2.4(b)可以看到，这样的线性模型在测试数据上的损失要小于精确拟合训练数据的模型 h_S，因而使得更简单的线性模型反而具有更强的可推广性。

从上述例子可以得到如下启示：因为监督式学习假设标签是一个随机变量，所以取值

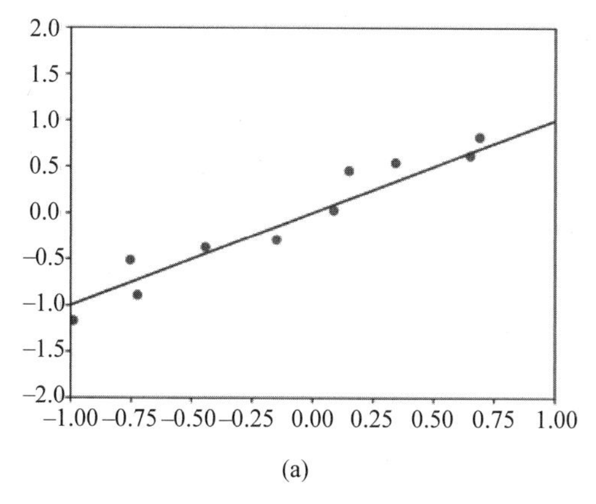

(a)

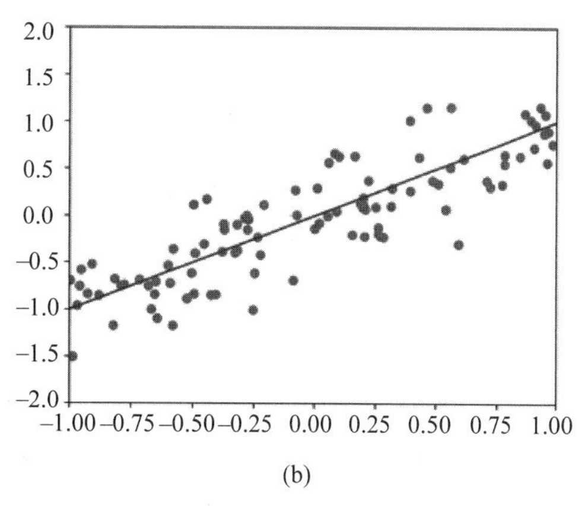

(b)

图 2.4　线性模型对训练数据与测试数据的拟合效果

总与期望有一定的偏差。由于模型预测的是标签的期望，所以无须与训练数据标签完全拟合。同时，标签不是无规律地出现的，而是服从某个未知的标签分布的，因此对标签分布或对模型结构做出恰当假设是一个合理的方法。合理选择模型假设是算法设计者经验的重要体现。

定义 2.11（模型假设）　模型空间 Φ 的任意一个子集 H 都称为一个模型假设。

一个带有模型假设的经验损失最小化算法的任务是计算在设定的模型假设中经验损失最小的那个模型，其算法架构如图 2.5 所示。

> **带模型假设的经验损失最小化算法架构**
> 给定样本空间 X、标签空间 Y 以及损失函数 $l: Y \times Y \to \mathbb{R}^+$。
> 取定模型假设 H。
> 输入：m 条训练数据 $S = \{(\boldsymbol{x}^{(1)}, \boldsymbol{y}^{(1)}), (\boldsymbol{x}^{(2)}, \boldsymbol{y}^{(2)}), \cdots, (\boldsymbol{x}^{(m)}, \boldsymbol{y}^{(m)})\}$
> 输出模型：$h_S = \text{argmin}_{h \in H} L_S(h)$

图 2.5　带模型假设的经验损失最小化算法架构

具有图 2.5 所描述的架构监督式学习算法就称为带模型假设的经验损失最小化算法。根据具体问题，选择具体的模型假设与损失函数，可得到相应的算法。

2.3　监督式学习与经验损失最小化实例

本节用经典的鸢尾花属种预测问题来具体化监督式学习的基本概念与经验损失最小化算法的基本流程。

鸢尾花数据集(Iris Dataset)是由美国的植物学家 Edgar Anderson 从加拿大加斯帕半岛上的成千上万鸢尾花中测量并提取的。这个数据集包含 150 个样本，分属于 3 个鸢尾花种：山鸢尾、变色鸢尾以及弗吉尼亚鸢尾。在该数据集中，每个样本包含 4 个特征：花萼长、花萼宽，花瓣长和花瓣宽。同时，每个样本有一个标签，表示这个样本的属种。表 2.1 是取自鸢尾花数据集的 5 个样本。

表 2.1　5 个鸢尾花样本

花萼长	花萼宽	花瓣长	花瓣宽	属种
5.1	3.5	1.4	0.2	山鸢尾
7.0	3.2	4.7	1.4	变色鸢尾
4.8	3.0	1.4	0.3	山鸢尾
6.4	2.8	5.6	2.1	弗吉尼亚鸢尾
6.2	3.0	4.9	1.8	弗吉尼亚鸢尾

英国统计学家 Ronald Fisher 在他的论文中提出了通过鸢尾花的上述 4 个植物特征来预测其属种的问题。为了便于直观展示算法的预测结果，此处考虑原问题的一个简化问题：山鸢尾预测问题。

山鸢尾问题是一个二元分类问题，其任务是仅利用花萼长与花萼宽这两个特征预测给定鸢尾花是否为山鸢尾。这个问题的样本空间为 $X=\mathbb{R}^2$。两个数值特征分别为花萼的长与宽。标签表示给定特征的鸢尾花是否为山鸢尾。在 2.1 节中提到过，二元分类问题的标签可以有灵活多样的形式。本节采用 $\{-1,+1\}$ 标签形式：如果对象是山鸢尾，则记标签为 $+1$；否则记为 -1。将带 $+1$ 标签的数据称为正采样，带 -1 标签的数据称为负采样。按照这样的记号，表 2.1 中的数据可以表示为：$\boldsymbol{x}^{(1)}=(1.4,0.2)$，$y^{(1)}=1$；$\boldsymbol{x}^{(2)}=(4.7,1.4)$，$y^{(2)}=-1$；$\boldsymbol{x}^{(3)}=(1.4,0.3)$，$y^{(3)}=1$；$\boldsymbol{x}^{(4)}=(5.6,2.1)$，$y^{(4)}=-1$；$\boldsymbol{x}^{(5)}=(4.9,1.8)$，$y^{(5)}=-1$。

从鸢尾花数据集中随机采样 90 条数据作为训练数据 S，并将余下的 60 条作为测试数据 T。要实现经验损失最小化，必须通过对训练数据的观察来选择合理的模型假设。图 2.6 是对 90 条训练数据分布特点的直观描述。

在图 2.6 中，左上角的样本点为正采样，即山鸢尾；右下角的样本点为负采样。可以看出，通过花萼长与宽这两个特征就能分离这两类采样，而且分离的方式不止一种。为了避免过度拟合，应当采取结构较为简单的模型进行分离。最简单的模型就是用一条直线来分离。

假定一条直线有如下方程：$\langle \boldsymbol{w},\boldsymbol{x}\rangle+b=0$。对平面上的一个点 $\boldsymbol{x}^*=(x_1^*,x_2^*)$，如果它位于直线上方，则 $\langle \boldsymbol{w},\boldsymbol{x}^*\rangle+b>0$；如果它位于直线下方，则 $\langle \boldsymbol{w},\boldsymbol{x}^*\rangle+b<0$；如果它恰巧位于直线上，则 $\langle \boldsymbol{w},\boldsymbol{x}^*\rangle+b=0$。

若方程为 $\langle \boldsymbol{w},\boldsymbol{x}\rangle+b=0$ 的直线能够分离训练数据中的正采样与负采样，则它一定满足如下条件：

$$y^{(i)}=\mathrm{Sign}(\langle \boldsymbol{w},\boldsymbol{x}^{(i)}\rangle+b),\quad i=1,2,\cdots,m \tag{2.7}$$

其中 Sign 是如下符号函数：

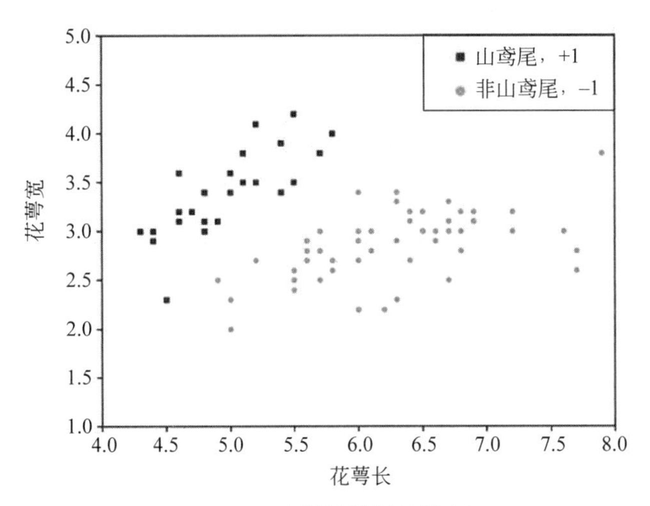

图 2.6　90 条训练数据的散点图

$$\text{Sign}(z)=\begin{cases}-1, & \text{如果 } z<0\\ 0, & \text{如果 } z=0\\ +1, & \text{如果 } z>0\end{cases} \tag{2.8}$$

基于式(2.7)可以提出如下的模型假设：取定 $\boldsymbol{w}=(w_1,w_2)\in\mathbb{R}^2$ 以及 $b\in\mathbb{R}$，定义

$$h_{\boldsymbol{w},b}(\boldsymbol{x})=\text{Sign}(\langle\boldsymbol{w},\boldsymbol{x}\rangle+b) \tag{2.9}$$

并定义模型假设为 $H=\{h_{\boldsymbol{w},b}:\boldsymbol{w}\in\mathbb{R}^2,b\in\mathbb{R}\}$。

由于本问题的目标是准确地区分正负采样，可以采用例 2.1 中的 0-1 损失函数。通过计算不难发现，模型 $h_{\boldsymbol{w},b}$ 在训练数据 $(\boldsymbol{x}^{(i)},y^{(i)})$ 上的 0-1 损失有式(2.10)中的形式：

$$l(h_{\boldsymbol{w},b}(\boldsymbol{x}^{(i)}),y^{(i)})=\frac{1-y^{(i)}\text{Sign}(\langle\boldsymbol{w},\boldsymbol{x}^{(i)}\rangle+b)}{2} \tag{2.10}$$

可见山鸢尾预测问题的经验损失最小化算法的目标应当为

$$\min_{\boldsymbol{w},b}\frac{1}{m}\sum_{i=1}^{m}\frac{1-y^{(i)}\text{Sign}(\langle\boldsymbol{w},\boldsymbol{x}^{(i)}\rangle+b)}{2} \tag{2.11}$$

式(2.11)等价于如下优化问题：

$$\max_{\boldsymbol{w},b}\frac{1}{m}\sum_{i=1}^{m}y^{(i)}\text{Sign}(\langle\boldsymbol{w},\boldsymbol{x}^{(i)}\rangle+b) \tag{2.12}$$

将一条能够准确分离正采样与负采样的直线称为分离直线。如果直线 $\langle\boldsymbol{w},\boldsymbol{x}\rangle+b$ 是一条分离直线，则式(2.12)达到最大值 1。由此可见，在山鸢尾识别问题中，经验损失最小化任务实际上就是计算训练数据的分离直线。

以下介绍的感知器算法是一个常用的寻找分离直线的算法。它的使用前提是正负采样确实可以被一条直线分离。感知器算法是一个贪心算法。初始时任意选取一条直线，然后不断地“感知”周围环境而调整直线的位置，直至成功地区分正采样与负采样。图 2.7 直观地演示了算法的运行过程。在图 2.7 中，初始直线位置在 L_0，N 是在其上方的一个负采样点。当算法感知到 N 点时，朝着该点调整直线的位置至 L_1。这时 N 依然位于 L_1 上方，因此算法继续调整直线的位置至 L_2。这时 N 点已经位于直线下方了，算法调整结束。

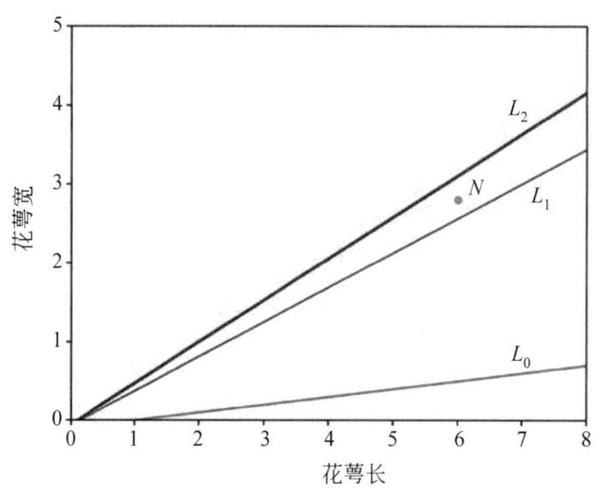

图 2.7　感知器算法运行过程

与图 2.7 的情况类似，如果在直线下方存在正采样点，则算法也将感知这个点并将直线朝着该点旋转，直至该点位于直线上方。在解析几何中，为了使得直线 $y=\langle \boldsymbol{w},\boldsymbol{x}\rangle+b$ 朝着点 $(\boldsymbol{x}^{(i)},y^{(i)})$ 转动，可以采用如下方法：

$$\boldsymbol{w} \leftarrow \boldsymbol{w}+y^{(i)}\ \boldsymbol{x}^{(i)} \tag{2.13}$$

$$b \leftarrow b+y^{(i)} \tag{2.14}$$

对感知器算法的完整描述见图 2.8。当感知到一个目标点 $(\boldsymbol{x}^{(i)},y^{(i)})$ 之后，感知器算法总是通过式(2.13)与式(2.14)将直线朝着该目标点调整，以期将该点移至直线另一侧。

感知器算法

```
w=(0,0),b=0, done=False
while not done:
  done=True
  for i=1,2,…,m:
     if y^(i) Sign(⟨w,x^(i)⟩+b) ≤ 0:
        w ← w+y^(i)x^(i)
        b ← b+y^(i)
        done=False
return w,b
```

图 2.8　感知器算法描述

一个需要回答的问题是感知器算法是否会终止。可以证明，如果正负采样是可以被一条分界线区分开的，则感知器算法在有限步后一定会终止。

图 2.9 中的算法是图 2.8 中感知器算法的具体实现。算法的第 3 行定义了一个 Perceptron 类,它提供两个成员函数:fit 与 predict。函数 fit 的功能是训练模型并存储训练得到的参数,而函数 predict 的功能则是用训练好的模型对给定数据进行预测。这种算法设计机制是 Sklearn 机器学习工具库中算法采用的机制。为了与该工具库一致,本书中的所有算法实现都基于上述机制。

machine_learning.lib.perceptron

```
 1  import numpy as np
 2
 3  class Perceptron:
 4      def fit(self, X, y):
 5          m, n=X.shape
 6          w=np.zeros((n,1))
 7          b=0
 8          done=False
 9          while not done:
10              done=True
11              for i in range(m):
12                  x=X[i].reshape(1,-1)
13                  if y[i] * (x.dot(w)+b)<=0:
14                      w=w+y[i] * x.T
15                      b=b+y[i]
16                      done=False
17          self.w=w
18          self.b=b
19
20      def predict(self, X):
21          return np.sign(X.dot(self.w)+self.b)
```

图 2.9 感知器算法实现

图 2.9 中算法的第 4～18 行实现 fit 函数。第 5 行获取训练数据 X 的形状。其中,用 m 表示训练数据的数目,用 n 表示特征的个数。在本例中有 $m=90, n=2$。第 6、7 行声明了向量 $\boldsymbol{w}=(w_1, w_2)$ 与浮点数 b,均初始化为 0,分别用于存储直线方程 $L: \langle \boldsymbol{w}, \boldsymbol{x} \rangle + b = 0$ 的系数与偏置项。第 8 行声明逻辑变量 done,并初始化为 False。从第 9 行开始,只要 done 的值为 False,就循环执行 10～16 行。第 10 行先将 done 的值设为 True,然后逐一扫描所有的训练数据点 $(\boldsymbol{x}^{(i)}, y^{(i)})$。如果 $y^{(i)}\text{Sign}(\langle \boldsymbol{w}, \boldsymbol{x}^{(i)} \rangle + b) \leqslant 0$,则按照式(2.13)和式(2.14)更新 $\boldsymbol{w}$ 与 b 的值,并将 done 的值改成 False。如果对所有训练数据都有 $y^{(i)}\text{Sign}(\langle \boldsymbol{w}, \boldsymbol{x}^{(i)} \rangle + b) > 0$,则 done 的值就不会被改成 False,从而结束循环。第 17、18 行保存训练所得参数 $\boldsymbol{w}$ 与 b。第 20 行实现 predict 函数。它的功能是按照式(2.9)对给定测试数据进行预测。

图 2.10 调用图 2.9 中的感知器算法来解决山鸢尾问题。图 2.10 中的算法还同时展示

了应用经验损失最小化来解决监督式学习问题的一般流程。这一流程大致分为两部分：第一部分是6～9行中的数据处理，第二部分是11～13行中的模型训练与测试。

```
1  import numpy as np
2  from sklearn import datasets
3  from sklearn.model_selection import train_test_split
4  from machine_learning.lib.perceptron import Perceptron
5
6  iris=datasets.load_iris()
7  X=iris["data"][:,(0,1)]
8  y=2*(iris["target"]==0).astype(np.int)-1
9  X_train, X_test, y_train, y_test=train_test_split(X, y, test_size=0.4,
   random_state=5)
10
11 model=Perceptron()
12 model.fit(X_train, y_train)
13 model.predict(X_test)
```

图2.10 调用感知器算法预测鸢尾花属性

首先需要导入一些工具库。在第1行导入NumPy工具库。第2行从Sklearn工具库的数据库中导入鸢尾花数据集。第3行导入Sklearn工具库的数据分离函数。第4行导入图2.9中的感知器算法Perceptron类。

第6～9行是数据处理部分。第6行读出鸢尾花数据，第7行选出花萼长与花萼宽这两个特征。第8行生成数据的标签。如果一株鸢尾花是山鸢尾，则生成标签+1；否则，生成−1。第9行将数据随机分成训练数据与测试数据两部分。这里用到工具库中的train_test_split函数，其功能就是将数据按指定比例随机分成两部分。在本例中，60%的数据作为训练数据，其余40%作为测试数据。由于数据是随机分离的，所以可以认为训练数据与测试数据均为独立的数据采样。

第11～13行是模型训练与测试部分。第11、12行调用图2.9中的算法通过fit函数进行模型训练，输入是训练数据。第13行通过predict函数进行模型测试。

图2.11是感知器算法输出的直线在训练数据中的表现。从图中可以看出它成功地分离了训练数据中的正采样与负采样。

模型虽然在训练数据上的预测是完全正确的，但还需要看其是否在测试数据上也有好的效果。即对模型效果的度量应当在测试数据上进行。在测试数据上的准确率才是对模型正确的度量。图2.12是模型在测试数据上的表现。从图中可见，由于直线过于偏向训练数据中的正采样，导致测试数据中的一个负采样错误地位于直线的上方。因此，该模型在测试数据上有误差，其准确率为59/60≈98.3%。

以上是应用经验损失最小化算法来解决监督式学习问题的基本流程。在这个例子中，经验损失最小化的表现形式就是寻找分离直线。在本书的后续章节中，根据不同的损失函数与模型假设，将看到不同形式的经验损失最小化算法。

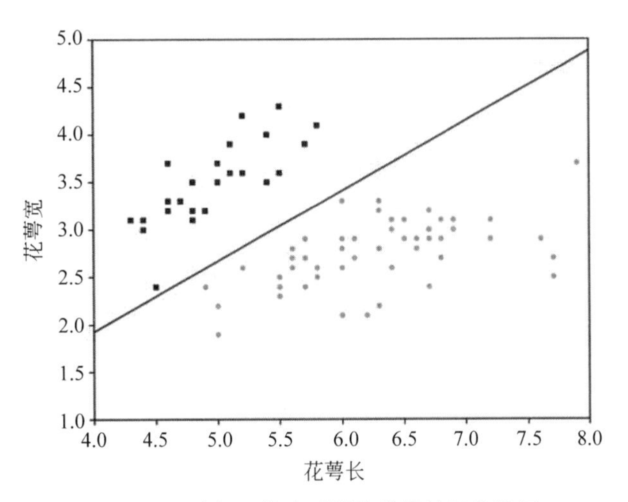

图 2.11　感知器算法对训练数据的区分效果

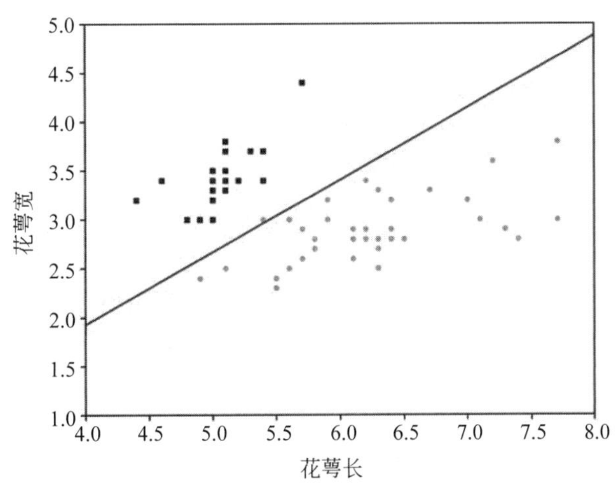

图 2.12　感知器算法对测试数据的区分效果

2.4　正则化算法

在经验损失最小化的过程中，合理选取模型假设是避免过度拟合的有效方法。当训练数据的规模足够大时，从理论上也可以保证算法能将过度拟合的概率控制在很小的范围。在实际应用中，对训练数据的规模往往是有限制的。在一些情况下，尽管选取了模型假设，还是很有可能发生过度拟合。面对这些情况，还有一些其他策略可以用于防止过度拟合。

为了做进一步的讨论，先介绍一个为物理学、化学、生物学等自然科学领域普遍接受的哲学思想。有趣的是，这一哲学思想再一次在机器学习领域展示出其智慧的光辉。

奥卡姆剃刀(Occam's Razor)**法则**：如无必要，勿增实体[1]。

这个著名的法则是由14世纪逻辑学家奥卡姆的威廉(William of Occam)提出的。其中的"剃刀"表示剃除不必要的因素。下面介绍奥卡姆剃刀法则在机器学习中的具体应用。

在机器学习问题中，模型往往可以用有限个实参数表示。下面的两个例子解释了模型的参数表示。

例 2.4 每个n元线性函数$h(\boldsymbol{x})=\langle \boldsymbol{w},\boldsymbol{x}\rangle+b,\boldsymbol{x}\in\mathbb{R}^n$都可以用$n+1$个实参数表示：$\boldsymbol{w}=(w_1,w_2,\cdots,w_n)$与$b$。

例 2.5 一个n元d次多项式模型h可以写成

$$h(x_1,x_2,\cdots,x_n)=\sum_{\substack{\alpha_1,\alpha_2,\cdots,\alpha_n\in\mathbb{Z}_{\geqslant 0}\\ \alpha_1+\alpha_2+\cdots+\alpha_n\leqslant d}} w_{\alpha_1,\alpha_2,\cdots,\alpha_n} x_1^{\alpha_1} x_2^{\alpha_2}\cdots x_n^{\alpha_n} \tag{2.15}$$

其中，$\alpha_1,\alpha_2,\cdots,\alpha_n$为$n$个总和不超过$d$的非负整数，$w_{\alpha_1,\alpha_2,\cdots,\alpha_n}$表示单项式$x_1^{\alpha_1}x_2^{\alpha_2}\cdots x_n^{\alpha_n}$的系数。因此$n$元$d$次多项式模型可以用$\binom{n+d}{n}$个实参数$\{w_{\alpha_1,\alpha_2,\cdots,\alpha_n}:\alpha_1,\alpha_2,\cdots,\alpha_n\in\mathbb{Z}_{\geqslant 0},\alpha_1+\alpha_2+\cdots+\alpha_n\leqslant d\}$表示。

在后续的表述中，总是用$h_{\boldsymbol{w}}$来表示由$\boldsymbol{w}=(w_1,w_2,\cdots,w_n)$这组参数表示的模型。因而可以将参数化模型假设$H$写成$H=\{h_{\boldsymbol{w}}:\boldsymbol{w}\in\mathbb{R}^n\}$。

在机器学习中，通常用参数向量$\boldsymbol{w}$的范数来量化模型$h_{\boldsymbol{w}}$的复杂度。L_1范数与L_2范数是两类最常用的范数定义。参数向量$\boldsymbol{w}$的L_1范数$|\boldsymbol{w}|$定义为$|\boldsymbol{w}|=|w_1|+|w_2|+\cdots+|w_n|$，$L_2$范数$\|\boldsymbol{w}\|$定义为$\|\boldsymbol{w}\|=\sqrt{w_1^2+w_2^2+\cdots+w_n^2}$。

在机器学习中普遍认为，参数$\boldsymbol{w}$的范数越小，模型就越简单。由奥卡姆剃刀法则可知，如果两个模型在训练数据上的经验损失接近，则应该选择参数范数较小的那一个。经验损失最小化算法中的正则化方法正是这一思想的体现。根据不同范数的选择，正则化方法也不同。下面分别介绍L_1正则化方法与L_2正则化方法。

首先来看L_1正则化方法的经验损失最小化算法，如图2.13所示。

> **L_1正则化方法的经验损失最小化算法**
> 参数化的模型假设$H=\{h_{\boldsymbol{w}}:\boldsymbol{w}\in\mathbb{R}^n\}$
> 输入：m条训练数据$S=\{(\boldsymbol{x}^{(1)},\boldsymbol{y}^{(1)}),(\boldsymbol{x}^{(2)},\boldsymbol{y}^{(2)}),\cdots,(\boldsymbol{x}^{(m)},\boldsymbol{y}^{(m)})\}$
> 计算优化问题的最优解$\boldsymbol{w}^*$：
> $$\min_{\boldsymbol{w}\in\mathbb{R}^n} L_S(h_{\boldsymbol{w}})+\lambda|\boldsymbol{w}|$$
> 输出：模型$h_{\boldsymbol{w}^*}$

图 2.13 L_1正则化方法的经验损失最小化算法

在图2.13的正则化目标函数$L_S(h_{\boldsymbol{w}})+\lambda|\boldsymbol{w}|$中，$\lambda|\boldsymbol{w}|$称为$L_1$正则化因子，$\lambda$称为$L_1$

[1] 拉丁文原文：Non sunt multiplicanda entia sine necessitate.

正则化系数。由此可见，L_1 正则化方法的目标函数就是在经验损失的基础上加入一个惩罚项 $\lambda|\boldsymbol{w}|$。这样做可以产生如下的效果：对于参数向量 $\boldsymbol{w}$，每一个非零参数 w_j 都给目标函数带来一个大小为 $\lambda|w_j|$ 的惩罚。因此，正则化的结果就是引导算法在 L_S 的取值接近的情况下选出 L_1 范数较小的那个模型。这正是奥卡姆剃刀法则的宗旨。

例 2.6 L_1 正则化系数与多项式模型。

对例 2.3 中的 10 条训练数据采用 L_1 正则化方法的经验损失最小化算法来拟合模型。根据图 2.2(a)的散点图，选定模型假设为全体次数不超过 10 的多项式：$H=\{p(x):p(x)=w_0+w_1x+w_2x^2+\cdots+w_{10}x^{10}\}$。在 L_1 正则化系数 λ 分别为 0.001、0.01、0.1、0.5 时，得到的模型如图 2.14 所示(其拟合模型的算法将在第 4 章中介绍)。

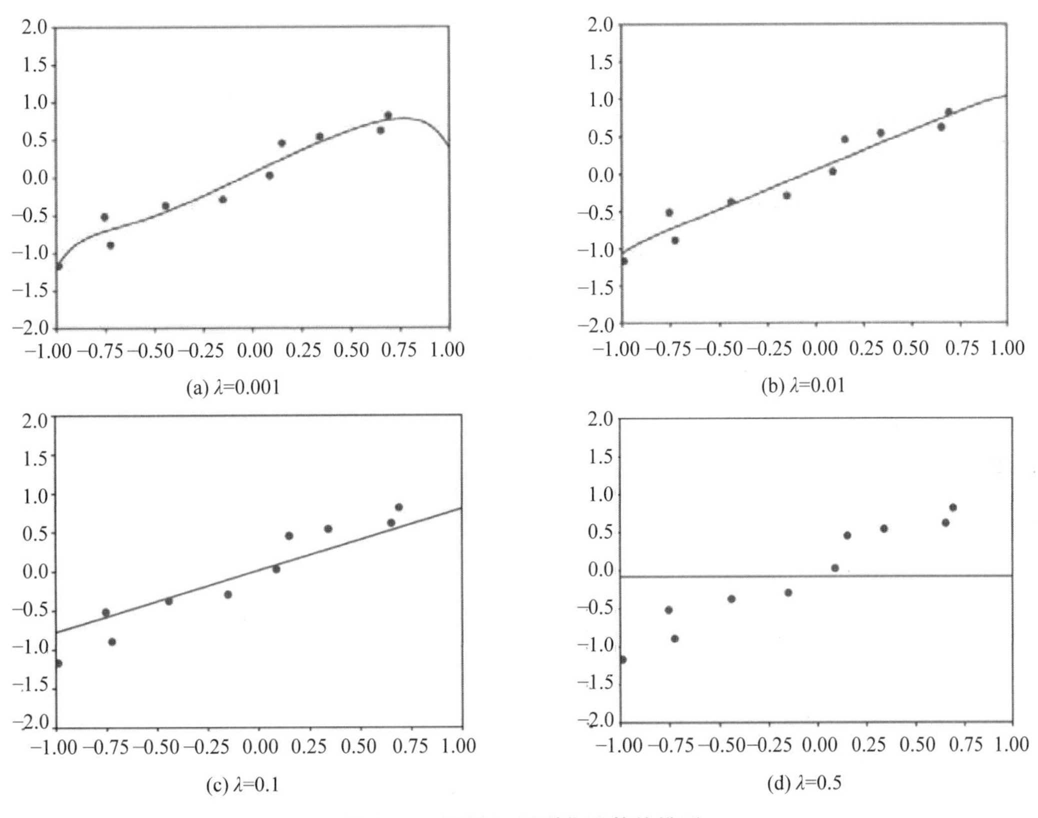

图 2.14 不同 L_1 正则化系数的模型

图 2.14 的结果显示，在正则化过程中，正则化系数 λ 控制正则化的强度。它的选取直接影响正则化的效果。如果 $\lambda=0$，即不做任何正则化，则经验损失最小化算法输出如图 2.2(b)所示的一元 10 次多项式模型。而考虑 L_1 正则化时，随着 λ 的值的增大，模型变得越来越简单。在图 2.14(c)中，当 $\lambda=0.1$ 时，正则化算法输出了一个线性模型。但是，随着 λ 的继续增大，算法输出的预测函数就过于简单，从而导致拟合不足，即输出模型在训练数据上的经验损失过大。图 2.14(d)中的正则化就导致了拟合不足，从而也会影响学习效果。

在机器学习应用中，一般没有一个公式可用于确定 λ 的合适取值。算法设计者通常需要通过实验来做出合适的选择。

L_1 正则化方法有许多优点，但它也有不足之处。L_1 正则化方法最显著的不足之处就是它使经验损失最小化算法求解的目标函数不可微。因为 L_1 正则化因子在 0 点显然不可微。目标函数的不可微点会造成算法的额外的计算负担。正因如此，L_2 正则化方法在一些情况下变得十分常用。

与 L_1 正则化方法类似，L_2 正则化方法采用的策略是在经验损失的基础上加入一个惩罚项 $\lambda\|\boldsymbol{w}\|^2$。对于参数向量 $\boldsymbol{w}$，每一个非零参数 w_j 都给目标函数带来一个大小为 λw_j^2 的惩罚。因此，L_2 正则化方法会引导算法在经验损失取值接近的情况下选出 L_2 范数较小的那个预测函数。图 2.15 描述了 L_2 正则化方法的经验损失最小化算法。

L_2 正则化方法的经验损失最小化算法

参数化的模型假设 $H=\{h_{\boldsymbol{w}}:\boldsymbol{w}\in\mathbb{R}^n\}$

输入：m 条训练数据 $S=\{(\boldsymbol{x}^{(1)},\boldsymbol{y}^{(1)}),(\boldsymbol{x}^{(2)},\boldsymbol{y}^{(2)}),\cdots,(\boldsymbol{x}^{(m)},\boldsymbol{y}^{(m)})\}$

计算优化问题的最优解 $\boldsymbol{w}^*$：

$$\min_{\boldsymbol{w}\in\mathbb{R}^n} L_S(h_{\boldsymbol{w}})+\lambda\|\boldsymbol{w}\|^2$$

输出：模型 $h_{\boldsymbol{w}^*}$

图 2.15　L_2 正则化方法的经验损失最小化算法

例 2.7　L_2 正则化系数与多项式模型。

对例 2.3 中的 10 条训练数据采用 L_2 正则化方法的经验损失最小化算法拟合模型。在 L_2 正则化系数 λ 分别为 0.01、0.1、10、100 时，得到的模型如图 2.16 所示（其拟合模型的算法将在第 3 章介绍）。

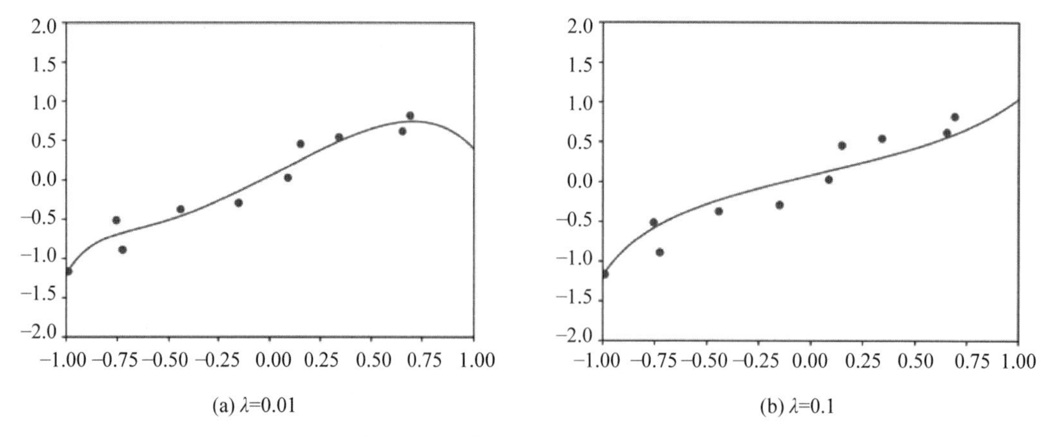

图 2.16　不同 L_2 正则化系数的模型

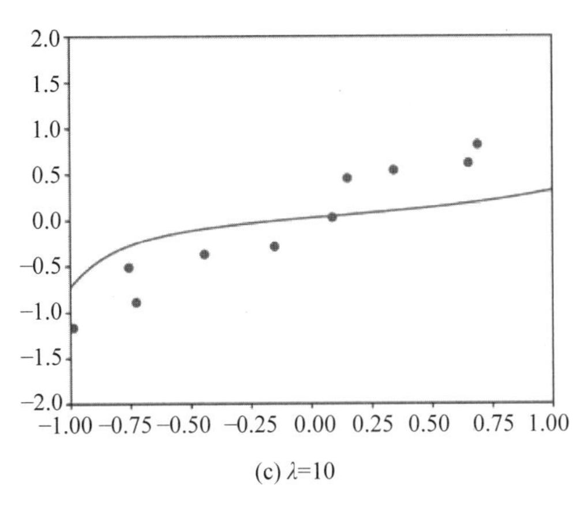

(c) λ=10

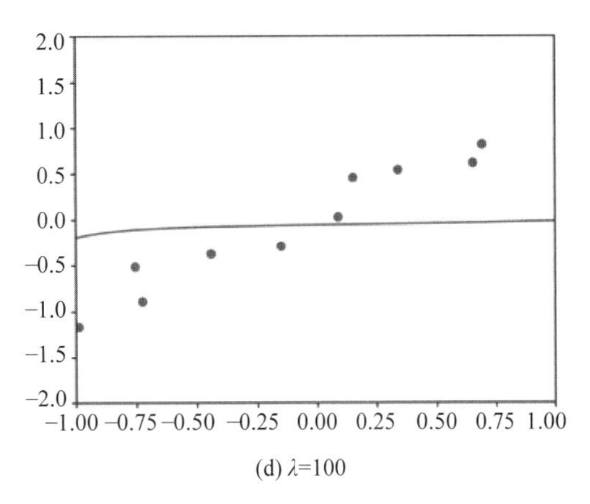

(d) λ=100

图 2.16 （续）

对比图 2.14，在图 2.16 中随着正则化强度的增大，L_2 正则化方法并没有像 L_1 正则化方法那样降低模型多项式的次数，而是输出越来越平滑的多项式模型。这正是 L_2 正则化方法与 L_1 正则化方法的本质区别。随着正则化强度的增大，L_1 正则化方法引导算法将参数分量逐个降为 0，而 L_2 正则化方法引导算法均匀地减小各参数分量。在例 2.6 中，L_1 正则化方法将多项式的高次项系数降为 0，从而导致了降低模型次数的效果。而 L_2 正则化方法均匀地减小模型多项式的各项系数，由此产生的效果是增加了模型的平滑度。

下面从理论上解释 L_1 正则化方法与 L_2 正则化方法的这一根本区别。在此之前，需要介绍正则化的一个等价定义。最原始的正则化思想是对参数范数进行约束。以 L_1 正则化方法为例，考察如下带约束的经验损失最小化算法：

$$\begin{gathered}\min L_S(h_{\boldsymbol{w}}) \\ \text{约束：} |\boldsymbol{w}| \leqslant R\end{gathered} \tag{2.16}$$

其中，R 是一个取定的常数。在式(2.16)的优化问题中，目标函数仍为经验损失，但是附带了一个约束条件：参数的 L_1 范数必须不超过常数 R。

式(2.16)是一个带约束的优化问题。根据带约束优化问题的对偶理论(见附录 A)，必定存在拉格朗日乘子 $\lambda > 0$，使得式(2.16)中的带约束优化问题与无约束优化问题

$$\min L_S(h_{\boldsymbol{w}}) + \lambda \mid \boldsymbol{w} \mid \tag{2.17}$$

有完全相同的最优解。因此，如果选取合适的正则化系数 λ，图 2.13 中的 L_1 正则化方法的经验损失最小化算法与式(2.16)中带约束的优化问题是等价的。

类似地，图 2.15 中的 L_2 正则化方法的经验损失最小化算法等价于如下带约束的优化问题：

$$\begin{gathered}\min L_S(h_{\boldsymbol{w}}) \\ \text{约束：} \|\boldsymbol{w}\|^2 \leqslant R^2\end{gathered} \tag{2.18}$$

对比式(2.16)与式(2.18)的约束条件，在二维情形可以直观地看到它们的区别。

图 2.17(a)是式(2.16)中的约束条件对应的区域。图 2.17(b)是式(2.18)中的约束条

件对应的区域。从图 2.17 中可以看到，一般情况形下，L_1 正则化方法的经验损失最小化算法的可行解区域为多面体，而 L_2 正则化方法的经验损失最小化算法的可行解区域为球体。在优化理论中，如果限制区域是多面体，则目标函数的最优解往往在多面体的顶点处达到；而如果区域是球体，则球面上的点均有可能是最优解。在 L_1 正则化方法的经验损失最小化算法所对应的多面体中，顶点均为某些分量为 0 的点。这就是 L_1 正则化方法引导经验损失最小化算法将参数分量降为 0 的根本原因。

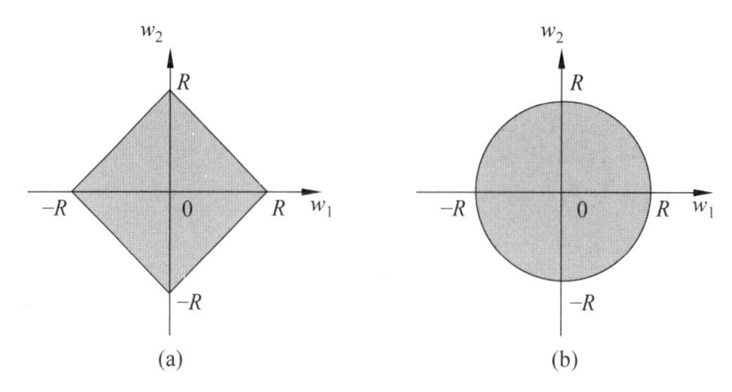

图 2.17　L_1 与 L_2 正则化方法的经验损失最小化算法的可行解区域

在实际应用中，L_1 正则化方法的经验损失最小化算法与 L_2 正则化方法的经验损失最小化算法各有其适合的应用场合。L_1 正则化方法的经验损失最小化算法多用于特征选择，而 L_2 正则化方法的经验损失最小化算法则多用于增加模型稳定性。正则化方法的经验损失最小化算法是一类启发式算法，一般情况下其效果并没有理论上的保证。但是，由于奥卡姆剃刀法则的作用，正则化方法的经验损失最小化算法在实际应用中大大降低了过度拟合的概率，因此得到了机器学习工作者的普遍认同。

在机器学习中，也将带有正则化方法的经验损失最小化算法称为结构损失最小化算法。每一个经验损失最小化算法都可以通过正则化方法转化成结构损失最小化算法。在第 3 章中将以线性回归算法为例具体介绍正则化方法。在其后各章中都只介绍经验损失的优化方法，不再对其正则化方法做专门叙述。

小结

本章对监督式学习的基本概念做了详细介绍，包括特征、标签、模型与损失函数等贯穿全书的重要概念。随后介绍了经验损失最小化这个一般性的监督式学习算法架构。选定损失函数以及模型假设，用经验损失最小化算法选出模型假设中在训练数据上平均损失最小的模型。根据概率论知识，当训练数据的规模足够大时，平均损失能够良好地近似期望损失。本书中的所有监督式学习算法，包括线性回归、Logistic 回归、支持向量机、决策树、神经网络等算法均为经验损失最小化算法在相应问题中的具体表现。

本章还通过鸢尾花属种预测问题展示了经验损失最小化算法的实现流程。在该问题中，最小化经验损失等价于寻找分离直线，而感知器算法正是一个寻找分离直线的几何算法。因此，在这个例子中，感知器算法就是经验误差最小化算法的具体表现。

本章最后介绍了过度拟合的概念以及处理过度拟合的常用策略——正则化算法。在后续各章中的每一个监督式学习算法都可以进行正则化，因此在本章中做了统一介绍。本章探讨了两类不同的正则化方法：L_1 正则化方法与 L_2 正则化方法，并根据带约束优化问题中的对偶理论揭示了两者的本质区别。第 3 章将具体结合线性回归算法来介绍正则化方法的实现与应用。

习题

2.1 本章中介绍了鸢尾花属种预测问题。实际上完整的鸢尾花属种预测问题是一个三元分类问题。它的任务是根据一株鸢尾花的花萼长、花萼宽、花瓣长、花瓣宽这 4 个特征来预测鸢尾花的属种。它可能是山鸢尾、变色鸢尾与弗吉尼亚鸢尾中的一种。表 2.1 是 5 条数据样本，请描述这 5 条数据对应的特征与标签。

2.2 考察平面上的 3 个点：(0,1)、(1,1) 与 (2,3)。

(1) 请计算一个能够完美拟合这 3 个点的 2 次多项式。

(2) 在线性模型假设 $H=\{h_{\boldsymbol{w}}(\boldsymbol{x})=\boldsymbol{wx}+b:\boldsymbol{w}\in\mathbb{R},b\in\mathbb{R}\}$ 中，假定损失函数为例 2.2 中的平方损失函数，请写出在训练数据 $S=\{(0,1),(1,1),(2,3)\}$ 上的经验损失最小化算法的目标函数，并计算出最优的线性模型参数值。

2.3 证明式(2.15)所示的 n 元 d 次多项式模型

$$H_{n,d}=\left\{h(x_1,x_2,\cdots,x_n)=\sum_{\substack{\alpha_1,\alpha_2,\cdots,\alpha_n\in\mathbb{Z}_{\geqslant 0}\\ \alpha_1+\alpha_2+\cdots+\alpha_n\leqslant d}} w_{\alpha_1,\alpha_2,\cdots,\alpha_n} x_1^{\alpha_1}x_2^{\alpha_2}\cdots x_n^{\alpha_n}\right\}$$

可以用 $\binom{n+d}{n}$ 个实参数来表示。

2.4 考察优化问题

$$\min_{w_1,w_2\in\mathbb{R}}(w_1-w_2-1)^2$$

请写出它的以 $\lambda=2$ 为系数的 L_2 正则化算法的目标函数，并计算该目标函数的最优解。

2.5 经验损失与期望损失。

在一个监督式学习问题中，给定取值在 [0,1] 区间内的损失函数 l 以及训练数据 $S=\{(\boldsymbol{x}^{(1)},\boldsymbol{y}^{(1)}),(\boldsymbol{x}^{(2)},\boldsymbol{y}^{(2)}),\cdots,(\boldsymbol{x}^{(m)},\boldsymbol{y}^{(m)})\}$。请用 Hoeffding 不等式(附录 A 的定理 A.4.5)证明如下结论：对任意 $\varepsilon,\delta>0$，当训练数据的个数 m 满足

$$m>\left\lceil\frac{\log\frac{2}{\delta}}{2\varepsilon^2}\right\rceil$$

对任意模型 h 有 $\Pr(|L_S(h)-L_D(h)|>\varepsilon)\leqslant\delta$。这一结论说明，当训练数据的规模足够大时，经验损失是期望损失的良好近似。

注：本书若无特殊说明，所有对数均以 2 为底。

2.6 矩形分类问题。

在矩形分类问题中，样本空间是 $\mathbb{R}^2$，即全体平面上的点 $\boldsymbol{x}=(x_1,x_2)$。标签由如下的矩形函数 $f_{A,B,C,D}:\mathbb{R}^2\rightarrow\{0,1\}$ 给出：

$$f_{A,B,C,D}(x_1,x_2)=\begin{cases}1, & A\leqslant x_1\leqslant B \text{ 并且 } C\leqslant x_2\leqslant D\\ -1, & \text{其余情况}\end{cases}$$

可以看到，在矩形 $\{(x_1,x_2):A\leqslant x_1\leqslant B \text{ 并且 } C\leqslant x_2\leqslant D\}$ 内部的点带有 $+1$ 标签，其余的点带有 -1 标签，如图 2.18 所示。

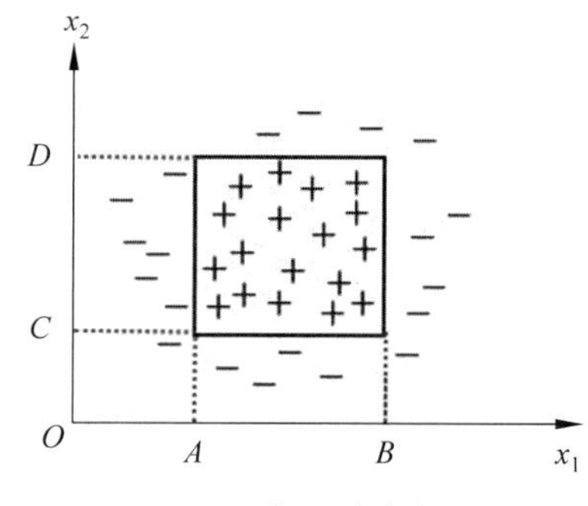

图 2.18 矩形分类问题

任意一个矩形函数都可以用 4 个实参数 A、B、C、D 表示。取定 0-1 损失函数，并取定模型假设 $H=\{f_{A,B,C,D}:A\leqslant B,C\leqslant D\}$ 为全体矩形函数。

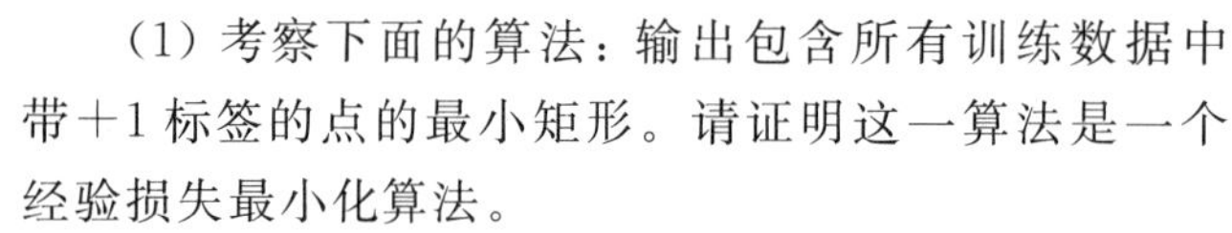

(1) 考察下面的算法：输出包含所有训练数据中带 $+1$ 标签的点的最小矩形。请证明这一算法是一个经验损失最小化算法。

(2) 试证明：当训练数据规模 $m\geqslant\dfrac{4\log(4\delta)}{\varepsilon}$ 时，上面(1)中的算法以至少 $1-\delta$ 的概率输出一个期望损失不超过 ε 的模型。

(3) 请将前两小题的结论推广到一般的 d 维空间。

2.7 感知器算法的有限性。

本题要求分步证明：如果正负采样可以被一条直线分离，则感知器算法在有限步后一定会终止。给定训练数据 $S=\{(\boldsymbol{x}^{(1)},y^{(1)}),(\boldsymbol{x}^{(2)},y^{(2)}),\cdots,(\boldsymbol{x}^{(m)},y^{(m)})\}$。设 $y=\langle\boldsymbol{w}^*,\boldsymbol{x}\rangle+b$ 是一条分离直线，并设感知器算法的第 t 步得到的直线方程为 $y=\langle\boldsymbol{w}^{(t)},\boldsymbol{x}\rangle+b^{(t)}$。

(1) 请证明 $\langle\boldsymbol{w}^*,\boldsymbol{w}^{(t+1)}\rangle\geqslant\langle\boldsymbol{w}^*,\boldsymbol{w}^{(t)}\rangle+1$。

(2) 请根据(1)中的结论证明 $\langle\boldsymbol{w}^*,\boldsymbol{w}^{(t+1)}\rangle\geqslant t$。

(3) 设 $R=\max\limits_{1\leqslant i\leqslant m}\|\boldsymbol{x}^{(i)}\|$，请证明 $\|\boldsymbol{w}^{(t+1)}\|^2\leqslant\|\boldsymbol{w}^{(t)}\|^2+R^2$。

(4) 请根据(3)中的结论证明 $\|\boldsymbol{w}^{(t+1)}\|\leqslant\sqrt{t}R$。

(5) 设感知器算法运行到第 T 步，请结合以上结论，证明

$$\frac{\langle\boldsymbol{w}^*,\boldsymbol{w}^{(T+1)}\rangle}{\|\boldsymbol{w}^*\|\|\boldsymbol{w}^{(T+1)}\|}\geqslant\frac{\sqrt{T}}{\|\boldsymbol{w}^*\|R}$$

(6) 请根据上述(5)中的结论，利用柯西不等式证明 $T\leqslant\|\boldsymbol{w}^*\|^2R^2$。换句话说，感知器算法在 $\|\boldsymbol{w}^*\|^2R^2$ 步之后必然停止。

2.8 墨渍分类问题。

在平面上有两摊墨渍，它们的颜色分别是黄色与蓝色。墨渍分类问题的任务是根据点的坐标判断其染上的墨渍的颜色。

墨渍分类问题的数据集已经集成在 Sklearn 的数据库中。数据集的每条数据都是平面

上的一个点。特征组为该点的坐标。标签为该点被染成的颜色，0 表示黄色，1 表示蓝色。图 2.19 是 100 条数据采样。

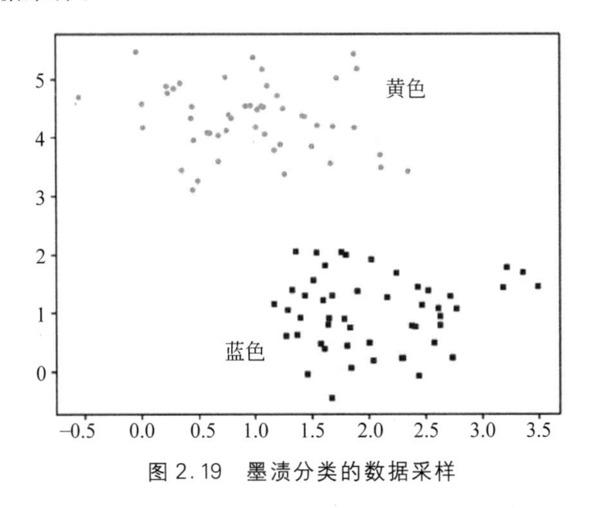

图 2.19　墨渍分类的数据采样

图 2.20 是获取数据与观察数据的程序。请基于图 2.20 中的程序，用感知器算法来解决墨渍分类问题。

```
1  from sklearn.datasets.samples_generator import make_blobs
2  import matplotlib.pyplot as plt
3
4  X, y=make_blobs(n_samples=100, centers=2, n_features=2,
5                  cluster_std=0.6, random_state=0)
6
7  plt.plot(X[:, 0][y==1], X[:, 1][y==1], "bs", ms=3)
8  plt.plot(X[:, 0][y==0], X[:, 1][y==0], "yo", ms=3)
9  plt.show()
```

图 2.20　获取与观察墨渍分类数据的程序

第 3 章　线性回归算法

线性回归算法是解决监督式学习中回归问题的重要算法。它是模型假设为线性模型的经验损失最小化算法。第 2 章已经对一般的经验损失最小化算法架构做了介绍，本章将在此基础上详细介绍线性回归算法的相关知识。

为什么线性回归算法要选择均方误差作为目标函数？什么是正规方程？如何将线性回归算法推广应用到非线性问题上？正则化方法会怎样影响线性回归的结果？这些都是本章要解决的问题。对这些问题的深刻理解有助于在算法层面准确把握线性回归的实质，并在实际应用中灵活选用恰到好处的回归模型与算法。

3.1 节对线性回归做入门性介绍，并阐述线性回归算法中目标函数的几何与统计意义。3.2 节讲述线性回归的优化算法——正规方程算法。3.3 节介绍多项式回归，它是线性回归在非线性数据上的推广。3.4 节介绍岭回归、Lasso 回归与弹性网回归，它们是线性回归的正则化算法实现。3.5 节介绍线性回归的特征选择算法，涵盖了逐步回归与分段回归这两类算法。

3.1　线性回归基本概念

在许多实际问题中，对象的特征组与其标签之间存在一定的关系。例如，在第 1 章的房价预测问题中，一个地区的房价与该地区的地理位置、人口数、居民收入等诸多特征有着密切的关系。在监督式学习中，这种关系就称为回归关系。如果特征与标签之间的关系是近似线性的，就可以用一个线性模型来拟合这种回归关系。用线性模型来拟合特征组与标签之间回归关系的方法就称为线性回归。

机器学习中将一个形如

$$h_{\boldsymbol{w},b}(\boldsymbol{x})=\langle \boldsymbol{w},\boldsymbol{x}\rangle+b \tag{3.1}$$

的 $\mathbb{R}^n\to\mathbb{R}$ 的函数称为一个线性模型。式(3.1)中，$\boldsymbol{w},\boldsymbol{x}\in\mathbb{R}^n$ 均为 n 维向量，$b\in\mathbb{R}$ 为偏置项。

$\langle \boldsymbol{w},\boldsymbol{x}\rangle$ 表示 $\boldsymbol{w}$ 与 $\boldsymbol{x}$ 的内积。当 $n=1$ 时，线性模型表示一条直线；当 $n=2$ 时，表示一个平面；当 $n\geqslant 3$ 时，表示 n 维空间中的超平面。

在监督式学习中，将求解线性回归模型中参数的问题称为线性回归问题。例如，用式(3.1)的线性模型来拟合房价与地理位置、人口数、居民收入等特征的关系。求解出恰当的参数 $\boldsymbol{w}$ 和 b，使得式(3.1)的线性模型可以用来合理地预测房价，这就是一个具体的线性回归问题。求解线性回归问题的算法统称为线性回归算法。

在一般情况下，线性回归算法实际上是一个经验损失最小化算法。其模型假设为线性模型，损失函数为平方损失函数。依照例 2.2 中平方损失函数的定义，关于数据 $(\boldsymbol{x},y)$，模型 h 的平方损失为 $(h(\boldsymbol{x})-y)^2$。图 3.1 给出了线性回归算法的描述。

线性回归算法

样本空间 $\mathcal{X}\subseteq\mathbb{R}^n$

输入：m 条训练数据 $S=\{(\boldsymbol{x}^{(1)},y^{(1)}),(\boldsymbol{x}^{(2)},y^{(2)}),\cdots,(\boldsymbol{x}^{(m)},y^{(m)})\}$

输出：线性模型 $h_{\boldsymbol{w}^*,b^*}(\boldsymbol{x})=\langle\boldsymbol{w}^*,\boldsymbol{x}\rangle+b^*$，使得 $\boldsymbol{w}^*$、b^* 为优化问题

$$\min_{\boldsymbol{w}\in\mathbb{R}^n,b\in\mathbb{R}}\frac{1}{m}\sum_{i=1}^{m}(\langle\boldsymbol{w},\boldsymbol{x}^{(i)}\rangle+b-y^{(i)})^2$$

的最优解

图 3.1　线性回归算法描述

定义 3.1（均方误差）　将图 3.1 中的线性回归目标函数

$$\frac{1}{m}\sum_{i=1}^{m}(\langle\boldsymbol{w},\boldsymbol{x}^{(i)}\rangle+b-y^{(i)})^2 \tag{3.2}$$

称为均方误差。

首先解释均方误差的几何意义。为此沿用第 2 章中例 2.3 的问题。在该问题中，设样本空间为 $\mathcal{X}=[-1,1]$，特征分布 $\mathcal{D}$ 为 $\mathcal{X}$ 上的均匀分布。设对任意给定 $x\in\mathcal{X}$，标签分布 $\mathcal{D}_x=N(x,0.3)$ 是期望为 x 且标准差为 0.3 的正态分布。图 3.2 是 100 条训练数据采样的散点图。

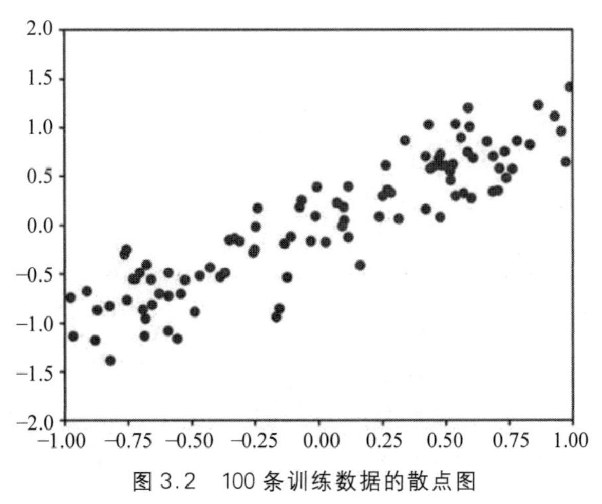

图 3.2　100 条训练数据的散点图

在几何学中,将一个点 P 与一条直线 L 之间纵向距离 d 的平方称为直线 L 对 P 点的拟合误差。P 到 L 的纵向距离为 P 在 L 上沿纵轴方向的投影点 Q 与 P 之间的距离,如图 3.3 所示。

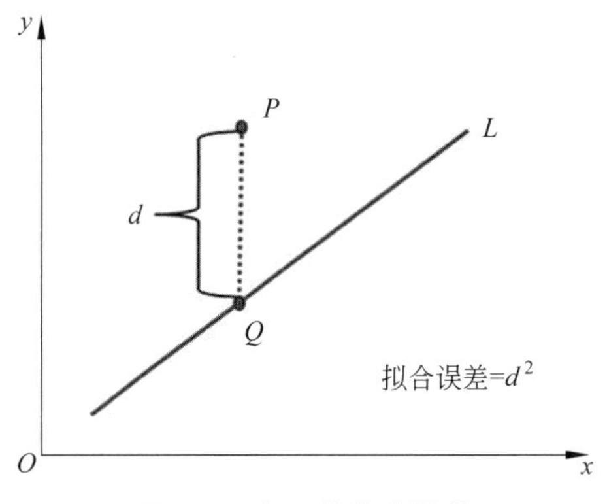

图 3.3　点 P 的拟合误差

一个点的拟合误差越小,表明该点越靠近直线。因此,如果要在图 3.2 中用一条直线拟合全部散点,则具有最小的平均拟合误差的直线能最大程度地拟合散点的分布趋势。线性回归算法就是寻找满足散点的平均拟合误差最小的那条直线。

设 $(x^{(1)},y^{(1)}),(x^{(2)},y^{(2)}),\cdots,(x^{(m)},y^{(m)})$ 为训练数据点,且要寻找的直线的方程为 $y=wx+b$。训练数据点 $(x^{(i)},y^{(i)})$ 到 L 的纵向距离为 $d=|wx^{(i)}+b-y^{(i)}|$,因而拟合误差为 $(wx^{(i)}+b-y^{(i)})^2$。这 m 条训练数据点的平均拟合误差正是式(3.2)所定义的均方误差。这就是均方误差的几何意义。通过优化均方误差,线性回归算法可以得到图 3.4 所示的直线。图 3.4 显示出大多数的散点是靠近直线的,说明该直线很好地拟合了散点的分布趋势。

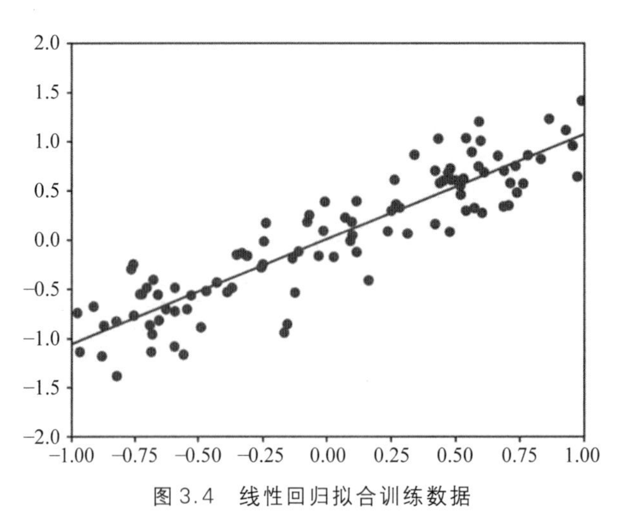

图 3.4　线性回归拟合训练数据

接下来分析均方误差的统计意义。在此之前,先介绍一个统计学的重要思想——最大似然原则。在概率统计中，最大似然原则适用于如下场合：基于一组随机变量取值采样，从一族参数化的概率分布中选取一个最有可能产生该组采样的概率分布。具体来说，设 $P = \{p_{\boldsymbol{w}}:\boldsymbol{w} \in \mathbb{R}^n\}$ 是一族参数化的概率分布。其中，每一个参数值 $\boldsymbol{w}$ 都对应于一个概率分布函数 $p_{\boldsymbol{w}}$。设 Y 是一个随机变量，并且已知存在 $\boldsymbol{w}^*$ 使得 Y 的概率分布为 $p_{\boldsymbol{w}^*}$，但是 $\boldsymbol{w}^*$ 的值是未知的。在随机取得 Y 的 m 个独立采样 $y^{(1)}, y^{(2)}, \cdots, y^{(m)}$ 后，要根据这 m 个采样推断 $\boldsymbol{w}^*$ 的值。

定义 3.2（似然函数） 给定随机变量 Y，定义

$$\text{Like}(\boldsymbol{w} \mid y^{(1)}, y^{(2)}, \cdots, y^{(m)}) = \prod_{i=1}^{m} p_{\boldsymbol{w}}(Y = y^{(i)}) \tag{3.3}$$

为 Y 的 m 个独立采样恰为 $y^{(1)}, y^{(2)}, \cdots, y^{(m)}$ 的概率，称其为概率分布 $p_{\boldsymbol{w}}$ 关于 $y^{(1)}, y^{(2)}, \cdots, y^{(m)}$ 的似然函数。

以下是概率统计中的最大似然原则：如果 $y^{(1)}, y^{(2)}, \cdots, y^{(m)}$ 为 Y 的 m 个独立采样，而 $\boldsymbol{w}^*$ 是使得似然函数最大化的一组参数，即

$$\boldsymbol{w}^* = \underset{\boldsymbol{w} \in \mathbb{R}^n}{\operatorname{argmax}} \text{Like}(\boldsymbol{w} \mid y^{(1)}, y^{(2)}, \cdots, y^{(m)}) \tag{3.4}$$

则可以断定 Y 的概率分布是 $p_{\boldsymbol{w}^*}$。

例 3.1 给定一枚正反面质地可能不同的硬币。设 Y 为如下的随机变量：若抛出硬币正面朝上，则 $Y = 1$；否则，$Y = 0$。设 $P = \{p_w : 0 \leqslant w \leqslant 1\}$ 是一族参数化的概率分布，其中 $p_w(Y = 1) = w$。设抛出 3 次硬币。如果 3 次抛硬币的结果分别为正、正、反，则似然函数为

$$\text{Like}(w \mid \text{正正反}) = w^2(1 - w) \tag{3.5}$$

通过对式(3.5)求导可以算出，取 $w^* = 2/3$ 时，似然函数的值达到最大。根据最大似然原则，可以推断硬币出现正面的概率为 2/3。

第 2 章的定义 2.6 给出了监督式学习任务的完整定义。对任意样本 $\boldsymbol{x}$，都可以认为其标签 y 是一个分布为 $D_{\boldsymbol{x}}$ 的随机变量。监督式学习的模型是预测该随机变量的期望 $E_{y \sim D_{\boldsymbol{x}}}[y]$。在线性回归中，有一个对标签分布的基本假设。也就是说，对任意样本 $\boldsymbol{x}$，标签分布 $D_{\boldsymbol{x}}$ 都是一个正态分布。因此，如果模型 $h_{\boldsymbol{w},b}(\boldsymbol{x}) = \langle \boldsymbol{w}, \boldsymbol{x} \rangle + b$ 为标签的期望，则 $D_{\boldsymbol{x}} = N(h_{\boldsymbol{w},b}(x), \sigma)$，其中标准差 σ 为一个常数。为了简化记号，不妨假设 $\sigma = 1$。所以，标签分布属于参数化的概率分布族

$$P = \{N(h_{\boldsymbol{w},b}(\boldsymbol{x}), 1) : \boldsymbol{w} \in \mathbb{R}^n, b \in \mathbb{R}\} \tag{3.6}$$

从而可用最大似然原则来推断标签分布对应的参数。

根据定义 3.2，参数为 $\boldsymbol{w}$、b 的分布 $N(h_{\boldsymbol{w},b}(\boldsymbol{x}), \sigma)$ 对 $y^{(1)}, y^{(2)}, \cdots, y^{(m)}$ 的似然函数为

$$\text{Like}(\boldsymbol{w}, b \mid y^{(1)}, y^{(2)}, \cdots, y^{(m)}) = \prod_{i=1}^{m} \frac{1}{\sqrt{2\pi}} \mathrm{e}^{-\left(h_{\boldsymbol{w},b}\left(\boldsymbol{x}^{(i)}\right) - y^{(i)}\right)^2} \tag{3.7}$$

式(3.7)中的似然函数与均方误差之间有以下的关系：

$$\underset{\boldsymbol{w},b}{\operatorname{argmax}} \text{Like}(\boldsymbol{w}, b \mid y^{(1)}, y^{(2)}, \cdots, y^{(m)}) = \underset{\boldsymbol{w},b}{\operatorname{argmin}} \frac{1}{m} \sum_{i=1}^{m} (h_{\boldsymbol{w},b}(\boldsymbol{x}^{(i)}) - y^{(i)})^2 \tag{3.8}$$

式(3.8)可推导如下：对式(3.7)的似然函数取对数，可将乘积转化为更简单的和式，即

$$\log \text{Like}(\boldsymbol{w},b \mid y^{(1)},y^{(2)},\cdots,y^{(m)}) = m\log\frac{1}{\sqrt{2\pi}} - \sum_{i=1}^{m}(h_{\boldsymbol{w},b}(\boldsymbol{x}^{(i)}) - y^{(i)})^2 \tag{3.9}$$

最大化似然函数等价于最大化似然函数的对数，即最大化式(3.9)等式的右端。这等价于最小化

$$\frac{1}{m}\sum_{i=1}^{m}(h_{\boldsymbol{w},b}(\boldsymbol{x}^{(i)}) - y^{(i)})^2$$

这恰为均方误差。由此说明了均方误差的统计学意义。

为了简化算法描述中的记号，将线性回归中的 n 维向量 $\boldsymbol{x}$ 的首位之前增补一个常数 1，使其成为一个 $n+1$ 维向量 $\tilde{\boldsymbol{x}}$，即 $\tilde{\boldsymbol{x}}=(1,\boldsymbol{x})$。对 $\boldsymbol{w}\in\mathbb{R}^n, b\in\mathbb{R}$，如果记 $\tilde{\boldsymbol{w}}=(b,\boldsymbol{w})\in\mathbb{R}^{n+1}$，则 $h_{\boldsymbol{w},b}(\boldsymbol{x})=\langle\boldsymbol{w},\boldsymbol{x}\rangle+b=\langle\tilde{\boldsymbol{w}},\tilde{\boldsymbol{x}}\rangle$。因此，可将线性模型表达为如下"齐次"形式：

$$H=\{h_{\tilde{\boldsymbol{w}}}(\tilde{\boldsymbol{x}})=\langle\tilde{\boldsymbol{w}},\tilde{\boldsymbol{x}}\rangle : \tilde{\boldsymbol{w}}\in\mathbb{R}^{n+1}\} \tag{3.10}$$

在本章中，如没有特别说明，线性回归中的样本均为首位为 1 的向量，并用 n 表示样本的维数，即 n 等于实际特征数加 1，从而模型假设为 n 元齐次线性函数。由此可以将经过记号简化的线性回归问题表述如图 3.5 所示。

> **线性回归算法(简化记号)**
> 样本空间 $X\subseteq\mathbb{R}^n$，每个样本 $\boldsymbol{x}\in X$ 首位是 1
> 输入：m 条训练数据 $S=\{(\boldsymbol{x}^{(1)},y^{(1)}),(\boldsymbol{x}^{(2)},y^{(2)}),\cdots,(\boldsymbol{x}^{(m)},y^{(m)})\}$
> 输出：线性模型 $h(\boldsymbol{x})=\langle\boldsymbol{w}^*,\boldsymbol{x}\rangle$，使得 $\boldsymbol{w}^*$ 为优化问题
> $$\min_{\boldsymbol{w}\in\mathbb{R}^n}\frac{1}{m}\sum_{i=1}^{m}(\langle\boldsymbol{w},\boldsymbol{x}^{(i)}\rangle - y^{(i)})^2$$
> 的最优解

图 3.5　简化记号的线性回归算法

由于均方误差是线性回归问题的目标函数，因此均方误差本身就可以作为算法效果的度量。均方误差越小，建立的预测模型拟合效果越好。但是，判断均方误差的大小尚缺少一个对比的标尺，因而它不适用于直观判断建立的预测模型的拟合效果。例如，对图 3.2 的数据，用线性回归拟合直线方程时，得到的均方误差是 0.09。由于不能判断这个数字是否较小，因此难以判断模型的拟合效果。为了能够直观度量模型效果，需要为均方误差设定标尺。由此引出决定系数的概念。决定系数是一个判断预测模型拟合效果的重要指标，它的定义如下。

定义 3.3(决定系数)　设 $\bar{y}=\frac{1}{m}\sum_{i=1}^{m}y^{(i)}$ 为训练数据标签平均值，定义

$$R^2 = 1-\frac{\sum_{i=1}^{m}(h(\boldsymbol{x}^{(i)})-y^{(i)})^2}{\sum_{i=1}^{m}(\bar{y}-y^{(i)})^2} \tag{3.11}$$

为模型 h 的决定系数。

从式(3.11)可知，在决定系数中，

$$\frac{1}{m}\sum_{i=1}^{m}(\bar{y}-y^{(i)})^2 \tag{3.12}$$

可用作均方误差的标尺。以下叙述以式(3.12)作为均方误差标尺的依据。

图3.6中的平均值模型 h_{avg} 以训练数据中标签的平均值作为任意样本的标签预测，式(3.12)是平均值模型的均方误差。

> **平均值模型**
> 输入：m 条训练数据 $S=\{(\boldsymbol{x}^{(1)},y^{(1)}),(\boldsymbol{x}^{(2)},y^{(2)}),\cdots,(\boldsymbol{x}^{(m)},y^{(m)})\}$
> 输出：计算 $\bar{y}=\frac{1}{m}\sum_{i=1}^{m}y^{(i)}$，输出常数模型 h_{avg}，其中 $h_{\mathrm{avg}}(\boldsymbol{x})=\bar{y}, \forall\, \boldsymbol{x}\in X$

图3.6　平均值模型

根据概率论中的Hoeffding不等式，当训练数据的数量 m 足够大时，h_{avg} 的输出近似于 $E_{x\sim D}[E_{\boldsymbol{y}\sim D_{\boldsymbol{x}}}[y]]$。但实际上是需要对给定的特征 $\boldsymbol{x}$ 预测相应的 $E_{\boldsymbol{y}\sim D_{\boldsymbol{x}}}[y]$。平均值模型 h_{avg} 虽然具有一定的预测能力，但由于它只利用了训练数据的标签而忽略了特征，其预测能力是有限的，因此可以将平均值模型 h_{avg} 的均方误差作为其他模型拟合效果度量的参考标尺。如果一个模型的均方误差接近 h_{avg} 的均方误差，那么这个模型的拟合效果就不甚理想。此时，$R^2\approx 0$。如果一个模型的均方误差远小于 h_{avg} 的均方误差，那么这个模型的拟合效果就比较理想。此时，$R^2\approx 1$。由此可见，决定系数 R^2 的取值直观地反映了模型的拟合效果。R^2 值越接近1，模型的拟合效果越好。

在后续的线性回归算法实践中，都同时以均方误差和决定系数 R^2 来度量模型的拟合效果。

3.2　线性回归优化算法

本节介绍线性回归的优化算法——正规方程算法。正规方程算法也称为最小二乘法。正规方程算法的理论依据是凸优化理论(见附录A)。

定理3.1　线性回归的均方误差

$$F(\boldsymbol{w})=\frac{1}{m}\sum_{i=1}^{m}(\langle\boldsymbol{w},\boldsymbol{x}^{(i)}\rangle-y^{(i)})^2 \tag{3.13}$$

是一个关于 $\boldsymbol{w}$ 的可微凸函数，从而线性回归问题是一个凸优化问题。

证明：在式(3.13)中，线性函数 $\langle\boldsymbol{w},\boldsymbol{x}^{(i)}\rangle-y^{(i)}$ 是关于 $\boldsymbol{w}$ 的凸函数。因为二次函数为递增凸函数，所以根据复合函数的凸性判定法则(附录A引理A.3.3)可知，$(\langle\boldsymbol{w},\boldsymbol{x}^{(i)}\rangle-y^{(i)})^2$ 也是一个凸函数。从而均方误差是凸函数。

由于线性回归是凸优化问题，因此线性回归有唯一最优值(附录A定理A.3.4)。根据最优解的判定准则：$\boldsymbol{w}\in\mathbb{R}^n$ 最小化均方误差 $F(\boldsymbol{w})$ 的充分必要条件为梯度 $\nabla F(\boldsymbol{w})=\boldsymbol{0}$(附录

A 定理 A.3.6)。由此可知,正规方程算法就是最优解判定准则在线性回归中的具体实现。

在描述正规方程之前,首先介绍有关术语。设在一个线性回归问题中有 m 条训练数据 $S=\{(\boldsymbol{x}^{(1)},y^{(1)}),(\boldsymbol{x}^{(2)},y^{(2)}),\cdots,(\boldsymbol{x}^{(m)},y^{(m)})\}$。其中,每一个 $\boldsymbol{x}^{(i)}$ 均为 n 维向量,且首位为 1。定义 $\boldsymbol{X}$ 与 $\boldsymbol{y}$ 为如下矩阵:

$$\boldsymbol{X}=\begin{bmatrix}\boldsymbol{x}^{(1)\mathrm{T}}\\ \boldsymbol{x}^{(2)\mathrm{T}}\\ \vdots\\ \boldsymbol{x}^{(m)\mathrm{T}}\end{bmatrix},\quad \boldsymbol{y}=\begin{bmatrix}y^{(1)}\\ y^{(2)}\\ \vdots\\ y^{(m)}\end{bmatrix}$$

可见,$\boldsymbol{X}$ 是一个 $m\times n$ 矩阵,$\boldsymbol{y}$ 是一个 $m\times 1$ 列向量。$\boldsymbol{X}$ 称为特征矩阵,$\boldsymbol{y}$ 称为标签向量。基于这个定义,线性回归算法的目标函数等价于

$$\min_{w\in\mathbb{R}^n} F(\boldsymbol{w})=\|\boldsymbol{X}\boldsymbol{w}-\boldsymbol{y}\|^2 \tag{3.14}$$

在式(3.14)的目标函数中,$\boldsymbol{w}$ 为 $n\times 1$ 列向量,$\boldsymbol{X}\boldsymbol{w}$ 为矩阵乘积。由于 $\boldsymbol{X}$ 是一个 $m\times n$ 矩阵,所以 $\boldsymbol{X}\boldsymbol{w}$ 是一个 $m\times 1$ 列向量。因而,$\boldsymbol{X}\boldsymbol{w}-\boldsymbol{y}$ 也是一个 $m\times 1$ 列向量。目标函数 $F(\boldsymbol{w})$ 为该列向量的 L_2 范数平方。

定理 3.2 设 $\boldsymbol{X}^{\mathrm{T}}\boldsymbol{X}$ 为可逆矩阵,则式(3.14)有唯一最优解

$$\boldsymbol{w}^*=(\boldsymbol{X}^{\mathrm{T}}\boldsymbol{X})^{-1}\boldsymbol{X}^{\mathrm{T}}\boldsymbol{y} \tag{3.15}$$

证明:由于 $\nabla F(\boldsymbol{w})=2\boldsymbol{X}^{\mathrm{T}}\boldsymbol{X}\boldsymbol{w}-2\boldsymbol{X}^{\mathrm{T}}\boldsymbol{y}$,所以 $\boldsymbol{w}^*$ 为最优解当且仅当 $\boldsymbol{w}^*$ 满足如下的方程:

$$2\boldsymbol{X}^{\mathrm{T}}\boldsymbol{X}\boldsymbol{w}-2\boldsymbol{X}^{\mathrm{T}}\boldsymbol{y}=\boldsymbol{0} \tag{3.16}$$

方程(3.16)也称为正规方程。在 $\boldsymbol{X}^{\mathrm{T}}\boldsymbol{X}$ 可逆时,该方程有唯一解 $\boldsymbol{w}^*=(\boldsymbol{X}^{\mathrm{T}}\boldsymbol{X})^{-1}\boldsymbol{X}^{\mathrm{T}}\boldsymbol{y}$。

正规方程算法的实现如图 3.7 所示。在图 3.7 中,第 3 行定义类 LinearRegression。在 LinearRegression 类中,第 4、5 行实现模型训练的成员函数 fit。其中,利用式(3.15)计算最优解,并作为经过训练的模型参数保存在类的成员 $\boldsymbol{w}$ 中。第 7、8 行实现模型预测的成员函数 predict。它用经过训练的模型参数 $\boldsymbol{w}$ 对给定特征矩阵进行预测。

最后,为了得到对算法效果的度量,实现了计算均方误差的 mean_squared_error 函数和计算决定系数的 r2_score 函数。它们分别依据式(3.2)与式(3.11)来计算。

```
machine_learning.lib.linear_regression
1  import numpy as np
2
3  class LinearRegression:
4      def fit(self, X, y):
5          self.w=np.linalg.inv(X.T.dot(X)).dot(X.T).dot(y)
6
```

图 3.7 线性回归的正规方程算法

```
 7      def predict(self, X):
 8          return X.dot(self.w)
 9
10  def mean_squared_error(y_true, y_pred):
11      return np.average((y_true - y_pred)**2, axis=0)
12
13  def r2_score(y_true, y_pred):
14      numerator=(y_true - y_pred)**2
15      denominator=(y_true - np.average(y_true, axis=0))**2
16      return 1-numerator.sum(axis=0)/denominator.sum(axis=0))
```

图 3.7 （续）

例 3.2 散点的直线拟合。

图 3.8 是应用图 3.7 中的正规方程算法求解图 3.2 中散点的直线拟合问题的算法。在图 3.8 中，第 4～7 行的函数用于生成服从特征与标签分布的采样。第 9～12 行的 process_features 函数用于处理特征。它目前的功能是对特征组增补常数 1 来简化记号。第 14 行的随机种子取值为 0。由此读者可以重构本例中的数据。第 15～18 行分别生成 100 条训练数据与测试数据，并调用 process_features 函数对特征进行处理。第 20～22 行利用图 3.7 中实现的 LinearRegression 训练与测试模型。最后，在第 23～25 行计算并打印模型在测试数据上的均方误差与决定系数。运行图 3.8 中的程序，可以得到其输出结果为 mse = 0.09，r2 = 0.75。

```
 1  import numpy as np
 2  import machine_learning.lib.linear_regression as lib
 3
 4  def generate_samples(m):
 5      X=2*(np.random.rand(m, 1) - 0.5)
 6      y=X+np.random.normal(0, 0.3, (m, 1))
 7      return X, y
 8
 9  def process_features(X):
10      m, n=X.shape
11      X=np.c_[np.ones((m, 1)), X]
12      return X
13
14  np.random.seed(0)
15  X_train, y_train=generate_samples(100)
16  X_train=process_features(X_train)
```

图 3.8 散点的直线拟合

```
17  X_test, y_test=generate_samples(100)
18  X_test=process_features(X_test)
19
20  model=lib.LinearRegression()
21  model.fit(X_train, y_train)
22  y_pred=model.predict(X_test)
23  mse=lib.mean_squared_error(y_test, y_pred)
24  r2=lib.r2_score(y_test, y_pred)
25  print("mse={} and r2={}".format(mse, r2))
```

图 3.8 (续)

线性回归算法应用于大规模数据时,往往还需要考虑许多实际细节。下面通过房价预测这一实际问题来看线性回归的具体应用。

例 3.3 房价预测问题。

一个地区的房价与该地区的地理位置、人口数、居民收入等诸多特征有着密切的关系。房价预测问题是要根据给定小区的特征预测该小区房价的中位数,这是一个经典的回归问题。在 Sklearn 工具库中集成了房价预测问题的数据 california_housing,可以直接使用。california_housing 数据集中的每条数据都包含 9 个变量:人均收入(MedInc)、房龄(HouseAge)、房间数(AveRooms)、卧室数(AveBedrooms)、小区人口数(Population)、房屋居住人数(AveOccup)、小区经度(Longitude)、小区纬度(Latitude)和房价中位数(Median_house_value)。其中,房价中位数是标签,其余的 8 个变量均为特征。表 3.1 是 california_housing 中的数据采样。

表 3.1 california_housing 中的数据采样

序号	MedInc	HouseAge	AveRooms	AveBedrooms	Population	AveOccup	Latitude	Longitude	Median_house_value
1	4.5625	46	4.8	1.02	1872	833	37.97	−122.59	275 200
2	10.7326	11	8.5	1.1	1947	641	37.30	−122.06	500 001
3	2.3159	13	4.1	1.04	3094	1091	33.16	−117.20	91 600
4	1.6352	46	5.4	1.1	871	347	39.51	−121.56	53 100
5	5.8491	36	6.6	1.04	1911	631	33.79	−118.09	247 300

显然,可以将房价预测问题看作一个线性回归问题,并尝试用线性回归算法求解。利用图 3.7 的算法建立房价预测的线性模型。具体的流程如图 3.9 所示。

在图 3.9 中,第 14 行导入 Sklearn 工具库中的 california_housing 数据集。特征矩阵存储在 data 中,标签存储在 target 中。在第 17 行中,选取 20%的数据作为测试数据,其余 80%作为训练数据。

```
1  import numpy as np
2  from sklearn.model_selection import train_test_split
3  from sklearn.datasets import fetch_california_housing
4  from sklearn.preprocessing import StandardScaler
5  import machine_learning.lib.linear_regression as lib
6
7  def process_features(X):
8      scaler=StandardScaler()
9      X=scaler.fit_transform(X)
10     m,n=X.shape
11     X=np.c_[np.ones((m,1)), X]
12     return X
13
14 housing=fetch_california_housing()
15 X=housing.data
16 y=housing.target.reshape(-1,1)
17 X_train, X_test, y_train, y_test=train_test_split(X, y, test_size=0.2,
                                                       random_state=0)
18 X_train=process_features(X_train)
19 X_test=process_features(X_test)
20
21 model=lib.LinearRegression()
22 model.fit(X_train, y_train)
23 y_pred=model.predict(X_test)
24 mse=lib.mean_squared_error(y_test, y_pred)
25 r2=lib.r2_score(y_test, y_pred)
26 print("mse={} and r2={}".format(mse, r2))
```

图 3.9 房价预测问题的线性回归算法

第 18、19 行调用第 7～12 行中的 process_features 函数来处理特征。在这个例子中，特征处理主要包含两步。

第一步是对特征进行标准化。特征标准化是线性回归算法在实际应用中的重要步骤。在一个实际的回归问题中，特征组的各分量往往处于不同的量级。例如，表 3.1 中的人口(Population)与卧室数(AvgBedrooms) 这两个特征分量的量级是不同的。由于线性回归模型是各特征分量的加权和，如果两个特征量级不同，则量级较大的特征将主导模型的训练，从而可能忽视与标签更为相关的量级较小的特征分量。这将导致模型过度拟合量级较大的特征。因此，当特征组的各分量处于相同量级时，线性回归算法的效果最好。这就是特征标准化的目的。

给定 m 条训练数据 $\boldsymbol{x}^{(1)},\boldsymbol{x}^{(2)},\cdots,\boldsymbol{x}^{(m)}\in\mathbb{R}^n$，对特征的每一个分量 $j(1\leqslant j\leqslant n)$，计算其均值与方差：

$$\mu_j = \frac{1}{m}\sum_{i=1}^{m} x_j^{(i)} \tag{3.17}$$

$$\sigma_j = \frac{1}{m}\sum_{i=1}^{m} (x_j^{(i)} - \mu_j)^2 \tag{3.18}$$

为了消除特征的量级差别对模型训练的影响，可对 $x_j^{(i)}(1 \leqslant i \leqslant m, 1 \leqslant j \leqslant n)$做以下变换：

$$x_j^{(i)} \leftarrow \frac{x_j^{(i)} - \mu_j}{\sqrt{\sigma_j}} \tag{3.19}$$

式(3.19)的变换也称为数据的标准化。

设$\tilde{\boldsymbol{x}}^{(i)}$为 $\boldsymbol{x}^{(i)}$ 的标准化向量。则 $\tilde{\boldsymbol{x}}^{(1)}, \tilde{\boldsymbol{x}}^{(2)}, \cdots, \tilde{\boldsymbol{x}}^{(m)}$ 的各分量$\tilde{x}_j^{(i)}(1 \leqslant j \leqslant n)$的均值都为 0，方差都为 1。

$$\frac{1}{m}\sum_{i=1}^{m} \tilde{x}_j^{(i)} = 0 \tag{3.20}$$

$$\frac{1}{m}\sum_{i=1}^{m} \tilde{x}_j^{(i)2} = 1 \tag{3.21}$$

特征组经过标准化之后，其各分量均处于同一量级，从而最利于线性回归算法。

图 3.9 中的第 8、9 行调用 Sklearn 工具库中提供的标准化方法 StandardScaler 对特征进行标准化。

经过对特征进行标准化处理后，特征处理的第二步是对特征组首位增补常数 1 以简化记号。值得指出的一个细节是：这一步必须在标准化之后实施，否则特征矩阵 $\boldsymbol{X}$ 的首列(常数 1)将被标准化为全 0 列，给正规方程求解算法带来困难。

第 21、22 行训练模型，第 23 行对模型进行测试。

运行图 3.9 所示的程序，得到如下结果：mse=0.52，r2=0.59。从决定系数大于 50%来看，模型的拟合效果还是比较理想的。

最后探讨正规方程算法的局限性。首先，只有当 $\boldsymbol{X}^{\mathrm{T}}\boldsymbol{X}$ 可逆时，定理 3.2 的结论才成立。从而正规方程才有形式简单的解 $(\boldsymbol{X}^{\mathrm{T}}\boldsymbol{X})^{-1}\boldsymbol{X}^{\mathrm{T}}\boldsymbol{y}$。通常有两种情况可能导致 $\boldsymbol{X}^{\mathrm{T}}\boldsymbol{X}$ 不可逆。第一种情况是所选各特征之间相互不独立。如果特征相互不独立，则矩阵 $\boldsymbol{X}$ 的各列线性相关，导致它的列秩 $\mathrm{rank}^{\mathrm{C}}(\boldsymbol{X}) < n$。根据线性代数中矩阵秩的理论(附录 A 定理 A.1.5)，当 $\mathrm{rank}^{\mathrm{C}}(\boldsymbol{X}) < n$ 时，$\mathrm{rank}(\boldsymbol{X}^{\mathrm{T}}\boldsymbol{X}) = \min\{\mathrm{rank}^{\mathrm{C}}(\boldsymbol{X}), \mathrm{rank}^{\mathrm{R}}(\boldsymbol{X})\} < n$。这就意味着 $\boldsymbol{X}^{\mathrm{T}}\boldsymbol{X}$ 不可逆。第二种情况是训练数据的个数 m 小于特征个数 n。如果训练数据的个数 m 小于特征个数 n，则有 $\mathrm{rank}^{\mathrm{R}}(X) \leqslant m < n$。由此可知，$\mathrm{rank}(\boldsymbol{X}^{\mathrm{T}}\boldsymbol{X}) < n$，即 $\boldsymbol{X}^{\mathrm{T}}\boldsymbol{X}$ 是不可逆的。

当上述两种情况之一发生时，定理 3.2 的结论不成立。此时，解正规方程的算法就需要涉及广义逆矩阵等较为复杂的线性代数方法，而且最优解也没有较简单的形式了。这是正规方程算法的一个局限性。正规方程算法的另一个局限性是它的时间复杂度。在含有 n 个特征的线性回归算法中，$\boldsymbol{X}^{\mathrm{T}}\boldsymbol{X}$ 是一个 n 阶方阵。正规方程算法需要对 $\boldsymbol{X}^{\mathrm{T}}\boldsymbol{X}$ 求逆。对 n 阶方阵求逆算法的时间复杂度为 $O(n^3)$。因此，求解正规方程算法的时间复杂度也是 $O(n^3)$。这样的算法效率对于解特征较多的回归问题是无法接受的。正是基于以上两个原因，正规方程算法并不是解决所有线性回归问题的万能钥匙。第 4 章中将介绍随机梯度下降算法，该算法能较大程度地弥补正规方程算法的不足之处。

3.3 多项式回归

在例 3.3 的房价预测问题中，用一个线性回归模型来拟合房屋特征及房价之间的关系。考虑采用线性模型假设的一个前提是标签与特征之间呈现近似线性关系。然而，在有些实际问题中，标签与特征的关系并非线性的，而是呈多项式关系。在这种情形下，标签与特征之间的关系就称为多项式关系。当标签与特征之间呈近似多项式关系时，可以使用线性回归的一个变形——多项式回归来拟合标签与特征的关系。

假设在一个回归问题中，训练数据中只含有一个特征，并且标签与该特征之间呈现如图 3.10(a)所示的关系。从图中可以清晰地看出标签与特征之间并不存在线性关系。随着特征值的增大，标签值经历了先下降后上升的过程，呈现出一元二次多项式的变动趋势。如果要用一个模型来拟合标签与特征的关系，可以考虑采用次数不超过 2 的一元多项式模型。设 $H=\{h_{\boldsymbol{w}}(x)=w_0+w_1x+w_2x^2: \boldsymbol{w}=(w_0,w_1,w_2)\in\mathbb{R}^3\}$。采用均方误差，以 H 为模型假设的经验损失最小化算法输出一个模型 $h(x)=0.94-1.96x+0.98x^2$。从图 3.10(b)可见，该多项式模型很好地拟合了图 3.10(a)中的训练数据。

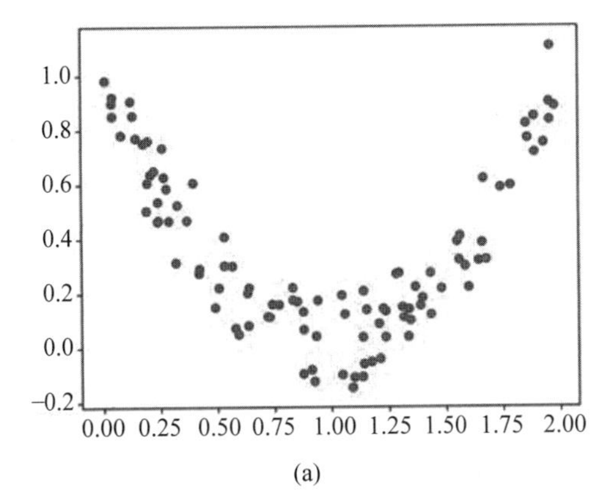

(a)

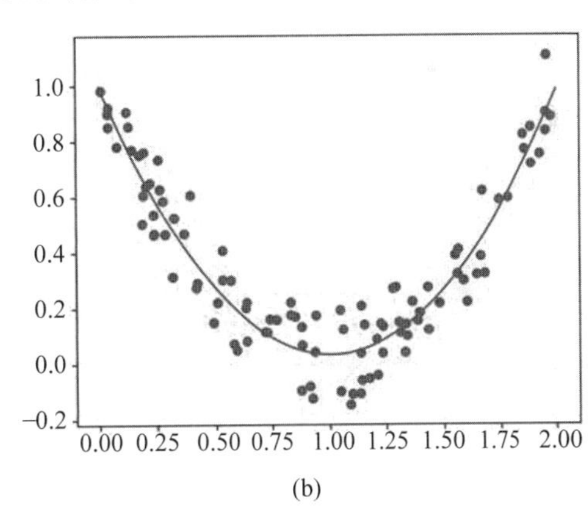

(b)

图 3.10 多项式模型拟合

从这个例子可以看到，尽管训练数据中只有一个特征 x，但是如果将 1、x、x^2 均看作特征，则一元二次多项式模型 $h_{\boldsymbol{w}}(x)=w_0+w_1x+w_2x^2$ 也可以看作标签关于这 3 个特征的线性模型，从而可以直接应用所有线性回归算法的理论与实现。这就是多项式回归算法的基本思想。

将上述分析推广到一般情况，考虑 n 元 d 次多项式模型假设：

$$H_{n,d}=\left\{h(x_1,x_2,\cdots,x_n)=\sum_{\substack{\alpha_1,\alpha_2,\cdots,\alpha_n\in\mathbb{Z}_{\geqslant 0}\\ \alpha_1+\alpha_2+\cdots+\alpha_n\leqslant d}} w_{\alpha_1,\alpha_2,\cdots,\alpha_n} x_1^{\alpha_1} x_2^{\alpha_2}\cdots x_n^{\alpha_n}\right\}$$

在第2章的例2.5中已经看到，一个n元d次多项式含有$\binom{n+d}{n}$个单项式。如果将每一个单项式$x_1^{\alpha_1} x_2^{\alpha_2}\cdots x_n^{\alpha_n}$看成一个特征，则一个$n$元$d$次多项式模型可以看成一个$\binom{n+d}{n}$元线性模型。

定义 3.4(**多项式回归**)　在一个回归问题中，设$X\subseteq\mathbb{R}^n$为样本空间。将特征$\boldsymbol{x}=(x_1,x_2,\cdots,x_n)$转化为向量

$$\tilde{\boldsymbol{x}}=(x_1^{\alpha_1} x_2^{\alpha_2}\cdots x_n^{\alpha_n})_{\substack{\alpha_1,\alpha_2,\cdots,\alpha_n\in\mathbb{Z}_{\geqslant 0}\\ \alpha_1+\alpha_2+\cdots+\alpha_n\leqslant d}}$$

的过程称为特征的d次多项式化，将$\tilde{\boldsymbol{x}}$称为d次多项式特征，将针对多项式特征的线性回归称为多项式回归。

例 3.4　考察一维样本空间$X\subseteq\mathbb{R}$。一个特征x可以被3次多项式化为多项式特征$\tilde{\boldsymbol{x}}=(1,x,x^2,x^3)$。

例 3.5　考察二维样本空间$X\subseteq\mathbb{R}^2$。一个特征$\boldsymbol{x}=(x_1,x_2)$可以被3次多项式化为$\binom{2+3}{2}=10$维多项式特征$\tilde{\boldsymbol{x}}=(1,x_1,x_2,x_1x_2,x_1^2,x_2^2,x_1x_2^2,x_1^2x_2,x_1^3,x_2^3)$。

根据定义3.4，一旦建立了多项式特征，多项式回归就是线性回归，从而可以应用线性回归的所有理论，包括正规方程算法进行求解。下面通过图3.10中的例子展示如何建立多项式回归模型，相应的算法描述见图3.11。

```
1  import numpy as np
2  from sklearn.preprocessing import PolynomialFeatures
3  from machine_learning.lib.linear_regression import LinearRegression
4  import matplotlib.pyplot as plt
5
6  def generate_samples(m):
7      X=2 * np.random.rand(m, 1)
8      y=X**2-2 * X+1+np.random.normal(0, 0.1, (m, 1))
9      return X, y
10
11 np.random.seed(0)
12 X, y=generate_samples(100)
13 poly=PolynomialFeatures(degree=2)
```

图3.11　多项式回归模型的算法描述

```
14  X_poly=poly.fit_transform(X)
15  model=LinearRegression()
16  model.fit(X_poly, y)
17
18  plt.scatter(X, y)
19  W=np.linspace(0, 2, 300).reshape(300, 1)
20  W_poly=poly.fit_transform(W)
21  u=model.predict(W_poly)
22  plt.plot(W, u)
23  plt.show()
```

图 3.11 （续）

在图 3.11 中，第 6～9 行实现了 generate_samples 函数来生成数据。在这个例子中，特征分布是区间 [0,2] 的均匀分布。对于给定特征 x，标签分布为 $D_x = N((x-1)^2, 0.1)$。这是一个以 $(x-1)^2$ 为期望且以 0.1 为标准差的正态分布。第 12 行调用 generate_samples 函数生成了 100 条训练数据。

第 13、14 行是多项式回归的关键部分——特征的多项式化。在 Sklearn 工具库中实现了 PolynomialFeatures 类。它的功能就是将原始特征转化为指定次数的多项式特征。由于这一实现十分简单，这里就直接调用工具库中的类，而不展开讨论具体的算法实现了。在第 13 行中声明了一个 PolynomialFeatures 实例 poly，并指定多项式次数为 2 次。第 14 行用 fit_transform 函数将特征 2 次多项式化。随后在第 15、16 行调用图 3.7 中的正规方程算法对多项式特征进行线性回归模型训练。

第 18～23 行绘制模型图像。第 18 行绘制训练数据散点。第 19 行在区间 [0,2] 以等距离取出 300 个点，并在第 20 行将它们多项式化。第 21 行用训练好的模型对这 300 个点进行标签预测。第 22 行用 Pyplot 工具库的 plot 函数将这 300 个点的标签值连线，以构成模型的函数图像。运行图 3.11 中的算法可得到图 3.10(b)中的模型。

例 3.6 第 2 章的例 2.3 用一个 10 次多项式精确地拟合了平面上的 10 个点，见图 2.2。图中的多项式模型 h_S 正是由多项式回归算法计算出来的。

图 3.12 中用多项式回归算法生成图 2.2 中的 10 次多项式。第 6～9 行实现生成数据的函数 generate_samples。第 6 行中的函数参数 m 为需要生成的数据个数。第 7 行按照均匀分布生成 [−1,1] 的 m 个点。第 8 行生成相应的标签。标签分布 $D_x = N(x, 0.3)$ 是期望为 x 且标准差为 0.3 的正态分布。第 12 行调用 generate_samples 函数生成 10 个数据点。第 13、14 行将特征 10 次多项式化。第 15、16 行训练多项式回归模型。第 18～24 行用与图 3.11 所示的算法中类似的方法绘制模型的图像。运行图 3.12 中的算法可得到图 2.2 中精确拟合训练数据的 10 次多项式。

```
1  import numpy as np
2  from sklearn.preprocessing import PolynomialFeatures
3  from machine_learning.lib.linear_regression import LinearRegression
4  import matplotlib.pyplot as plt
5
6  def generate_samples(m):
7      X=2 * (np.random.rand(m, 1) -0.5)
8      y=X+np.random.normal(0, 0.3, (m,1))
9      return X, y
10
11 np.random.seed(100)
12 X, y=generate_samples(10)
13 poly=PolynomialFeatures(degree=10)
14 X_poly=poly.fit_transform(X)
15 model=LinearRegression()
16 model.fit(X_poly, y)
17
18 plt.axis([-1, 1, -2, 2])
19 plt.scatter(X, y)
20 W=np.linspace(-1, 1, 100).reshape(100, 1)
21 W_poly=poly.fit_transform(W)
22 u=model.predict(W_poly)
23 plt.plot(W, u)
24 plt.show()
```

图 3.12　用多项式回归算法拟合例 2.3 的数据

3.4　线性回归的正则化算法

线性回归算法是一个经验损失最小化算法，因此在有些情况下也会出现过度拟合。特别是在应用多项式回归算法时，过度拟合的现象更加常见。第 2 章中介绍的正则化方法是目前最为常用的经验损失最小化算法的强化算法，用以降低其过度拟合概率。本节介绍正则化在线性回归中的具体实现。

定义 3.5（岭回归）　线性回归的 L_2 正则化

$$\min_{w \in \mathbb{R}^n} F(w) = \frac{1}{m}\|Xw - y\|^2 + \lambda\|w\|^2 \tag{3.22}$$

称为岭回归，其中 $\lambda(\lambda > 0)$ 为正则化系数。

特征个数过多与训练数据不足通常是过度拟合的两大原因。当特征个数 n 大于训练数据个数 m 时，$\boldsymbol{X}^{\mathrm{T}}\boldsymbol{X}$ 是不可逆的。因此，在线性回归中，过度拟合往往伴随着 $\boldsymbol{X}^{\mathrm{T}}\boldsymbol{X}$ 不可逆。

而当 $\boldsymbol{X}^{\mathrm{T}}\boldsymbol{X}$ 不可逆时，均方误差的函数图像会呈现山岭状。

例 3.7 设 $\boldsymbol{X}=[1,0]$。易知，$\boldsymbol{X}^{\mathrm{T}}\boldsymbol{X}=\begin{bmatrix}1 & 0\\0 & 0\end{bmatrix}$ 不可逆。此时，均方误差为 $F(w_1,w_2)=w_1^2$。它有图 3.13 所示的类似山岭的图像。

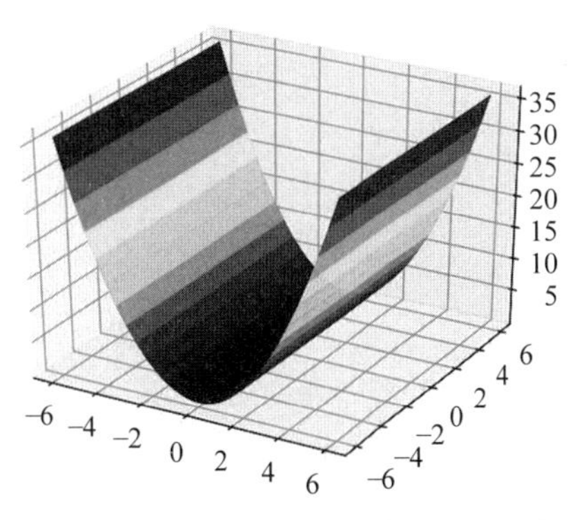

图 3.13 $F(w_1,w_2)=w_1^2$ 的三维图像

对于这类山岭状的函数，可以定义如下。

定义 3.6（严格凸函数与岭函数） 设 F 为一个凸函数。如果对任意 $\boldsymbol{u},\boldsymbol{v}\in\mathbb{R}^n$，以及任意 $0<\alpha<1$，有

$$F(\alpha\boldsymbol{u}+(1-\alpha)\boldsymbol{v})<\alpha F(\boldsymbol{u})+(1-\alpha)F(\boldsymbol{v}) \tag{3.23}$$

则称 F 为一个严格凸函数，否则称 F 为一个岭函数。

根据定义 3.6，严格凸函数必为凸函数，但是凸函数未必是严格凸函数。严格凸性的一个判定准则是，F 为严格凸函数当且仅当 F 的 Hessian 方阵 $\nabla^2F(\boldsymbol{w})\succ 0$。符号 $\succ$ 表示严格正定，即 $\nabla^2F(\boldsymbol{w})$ 的所有特征根均为正实数（附录 A 定理 A.3.9）。

根据这个判别准则，如果一个函数是严格凸函数，则它在任何局部区域都不是线性的，否则函数在该局部就不满足式(3.23)。如果一个函数具有局部线性区域，则其图像将呈现如图 3.13 所示的山岭状，这也是将非严格凸函数称为岭函数的原因。

定理 3.3 岭回归的目标函数

$$F(\boldsymbol{w})=\frac{1}{m}\|\boldsymbol{X}\boldsymbol{w}-\boldsymbol{y}\|^2+\lambda\|\boldsymbol{w}\|^2$$

是一个严格凸函数。由此可知，岭回归有唯一的最优解 $\boldsymbol{w}^*$，且 $\boldsymbol{X}^{\mathrm{T}}\boldsymbol{X}+m\lambda\boldsymbol{I}$ 可逆，从而

$$\boldsymbol{w}^*=(\boldsymbol{X}^{\mathrm{T}}\boldsymbol{X}+m\lambda\boldsymbol{I})^{-1}\boldsymbol{X}^{\mathrm{T}}\boldsymbol{y} \tag{3.24}$$

证明：首先计算 F 的 Hessian 方阵：

$$\nabla^2F(\boldsymbol{w})=2m\boldsymbol{X}^{\mathrm{T}}\boldsymbol{X}+2\lambda\boldsymbol{I}$$

由于 $2m\boldsymbol{X}^{\mathrm{T}}\boldsymbol{X}$ 是一个半正定方阵，$2\lambda\boldsymbol{I}$ 是一个严格正定方阵，因此有 $\nabla^2F(\boldsymbol{w})\succ 0$。因此，$F(\boldsymbol{w})$ 是一个严格凸函数。

因为 $F(\boldsymbol{w})$ 是一个严格凸函数，由严格凸函数的性质（附录 A 定理 A.3.7）可知，岭回归有唯一最优解 $\boldsymbol{w}^*$。再根据凸函数最优解条件（附 A 定理 A.3.6）可得 $\boldsymbol{w}^*$ 应当满足 $\nabla F(\boldsymbol{w}^*)=\boldsymbol{0}$，即满足如下正规方程：

$$\boldsymbol{X}^{\mathrm{T}}(\boldsymbol{X}\boldsymbol{w}^*-\boldsymbol{y})+m\lambda\boldsymbol{w}^*=\boldsymbol{0}$$

因为 $\boldsymbol{X}^{\mathrm{T}}\boldsymbol{X}+m\lambda\boldsymbol{I}\succ 0$，所以 $\boldsymbol{X}^{\mathrm{T}}\boldsymbol{X}+m\lambda\boldsymbol{I}$ 可逆。由此可见，上述正规方程有唯一解 $\boldsymbol{w}^*=(\boldsymbol{X}^{\mathrm{T}}\boldsymbol{X}+m\lambda\boldsymbol{I})^{-1}\boldsymbol{X}^{\mathrm{T}}\boldsymbol{y}$。

例 3.8 考察对例 3.7 中目标函数的正则化系数为 0.5 的 L_2 正则化：$F(w_1,w_2)=w_1^2+0.5w_1^2+0.5w_2^2$。$F(w_1,w_2)$ 的函数图像如图 3.14 所示。

从图 3.14 可以看出，正则化消除了图 3.13 中狭长的山岭。

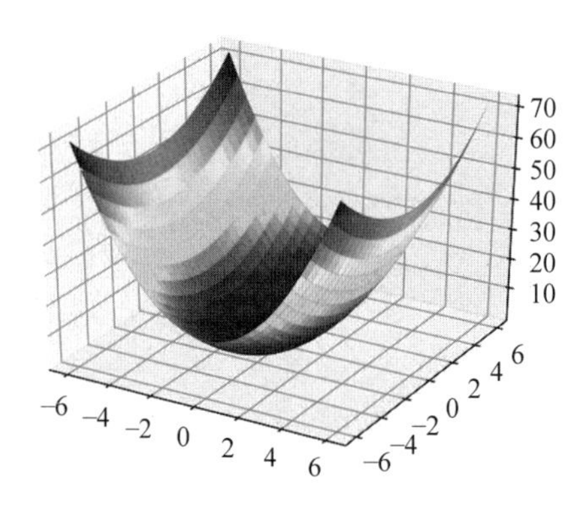

图 3.14　例 3.7 目标函数正则化的三维图像

根据定理 3.3 的结论，即使均方误差 $\|\boldsymbol{X}\boldsymbol{w}-\boldsymbol{y}\|^2/m$ 不是严格凸函数，经 L_2 正则化后的目标函数 $F(\boldsymbol{w})=\|\boldsymbol{X}\boldsymbol{w}-\boldsymbol{y}\|^2/m+\lambda\|\boldsymbol{w}\|^2$ 依然是严格凸函数。所以，当均方误差为岭函数时，通常采用岭回归进行线性模型训练。岭回归的英文术语是 ridge regression，其中 ridge 的意思即为山岭，这就是岭回归名字的由来。

根据定理 3.3，可以修改图 3.7 中的算法来实现岭回归。在图 3.15 的算法中实现了类 RidgeRegression。第 4、5 行是构造函数，传入正则化系数 λ。随后，第 7～10 行实现了式(3.24)中岭回归最优解的公式。第 12、13 行与普通线性回归相同，用训练得到的线性模型进行预测。

machine_learning.lib.ridge_regression

```
1  import numpy as np
2
3  class RidgeRegression:
4      def __init__(self, Lambda):
5          self.Lambda=Lambda
6
7      def fit(self, X, y):
8          m, n=X.shape
9          r=m * np.diag(self.Lambda * np.ones(n))
10         self.w=np.linalg.inv(X.T.dot(X)+r).dot(X.T).dot(y)
11
12     def predict(self, X):
13         return X.dot(self.w)
```

图 3.15　岭回归算法

例 3.9　L_2 正则化的模型拟合。

第 2 章的例 2.7 展示了 L_2 正则化的效果。图 2.16 中的(a)、(b)、(c)、(d)分别是正则化系数 λ 为 0.01、0.1、10、100 时的 L_2 正则化经验损失最小化算法所得到的模型。在本例中介绍建立图 2.16(a)模型的算法。只须修改图 3.16 中的 λ 值，就可以分别建立图 2.16 中的(b)、(c)和(d)的模型。

在例 2.7 中，特征分布是区间$[-1,1]$上的均匀分布。特征 x 的标签分布是正态分布 $N(x,0.3)$。模型假设为一元十次多项式模型。此处考虑的是对该模型假设的 L_2 正则化。正则化系数为 $\lambda=0.01$。

在图 3.16 中，结合了多项式回归与岭回归来实现这样的模型训练，并生成图 2.16(a)。第 6～9 行按照特征与标签分布生成数据。第 12 行生成 10 条数据。第 13、14 行将特征 10 次多项式化。第 15、16 行训练正则化系数等于 0.01 的岭回归模型。第 18～24 行用类似于图 3.11 中的作图方法输出图形。运行图 3.16 中的算法就可以得到图 2.16(a)。

```
1  import numpy as np
2  from sklearn.preprocessing import PolynomialFeatures
3  import matplotlib.pyplot as plt
4  from machine_learning.lib.ridge_regression import RidgeRegression
5
6  def generate_samples(m):
7      X=2 * (np.random.rand(m, 1) -0.5)
8      y=X+np.random.normal(0, 0.3, (m, 1))
9      return X, y
10
11 np.random.seed(100)
12 X, y=generate_samples(10)
13 poly=PolynomialFeatures(degree=10)
14 X_poly=poly.fit_transform(X)
15 model=RidgeRegression(Lambda=0.01)
16 model.fit(X_poly, y)
17
18 plt.axis([-1, 1, -2, 2])
19 plt.scatter(X, y)
20 W=np.linspace(-1, 1, 100).reshape(100, 1)
21 W_poly=poly.fit_transform(W)
22 u=model.predict(W_poly)
23 plt.plot(W, u)
24 plt.show()
```

图 3.16　多项式模型和岭回归模型

例 3.10　正则化系数与决定系数的关系。

在例 2.7 中已经看到，正则化系数的大小控制着正则化的强度。如果正则化系数过小，模型可能过度拟合；而如果正则化系数过大，则模型可能拟合不足。本例对例 2.7 的特征和标签分布拟合岭回归模型，并绘制模型的正则化系数与决定系数之间的关系图。相应的程序如图 3.17 所示。

```
1  import numpy as np
2  from sklearn.preprocessing import PolynomialFeatures
3  import matplotlib.pyplot as plt
4  import machine_learning.lib.linear_regression as lib
5  from machine_learning.lib.ridge_regression import RidgeRegression
6
7  def generate_samples(m):
8      X=2*(np.random.rand(m, 1) -0.5)
9      y=X+np.random.normal(0, 0.3, (m,1))
10     return X, y
11
12 np.random.seed(100)
13 poly=PolynomialFeatures(degree=10)
14 X_train, y_train=generate_samples(30)
15 X_train=poly.fit_transform(X_train)
16 X_test, y_test=generate_samples(100)
17 X_test=poly.fit_transform(X_test)
18
19 Lambdas, train_r2s, test_r2s=[], [], []
20 for i in range(1, 200):
21     Lambda=0.01*i
22     Lambdas.append(Lambda)
23     ridge=RidgeRegression(Lambda)
24     ridge.fit(X_train, y_train)
25     y_train_pred=ridge.predict(X_train)
26     y_test_pred=ridge.predict(X_test)
27     train_r2s.append(lib.r2_score(y_train, y_train_pred))
28     test_r2s.append(lib.r2_score(y_test, y_test_pred))
29
30 plt.figure(0)
31 plt.plot(Lambdas, train_r2s)
32 plt.figure(1)
33 plt.plot(Lambdas, test_r2s)
34 plt.show()
```

图 3.17 拟合岭回归模型

在图 3.17 中,第 12～17 行生成 30 条训练数据与 100 条测试数据,并将特征 10 次多项式化。在第 19～28 行中,分别取正则化系数 λ 为 0.01,0.02,…,2.00 来计算岭回归模型在训练数据与测试数据上的决定系数值。第 30～34 行分别绘制正则化系数与模型的训练数据和测试数据的决定系数的关系图。

运行图 3.17 中的程序可得到正则化系数与决定系数的关系，如图 3.18 所示。

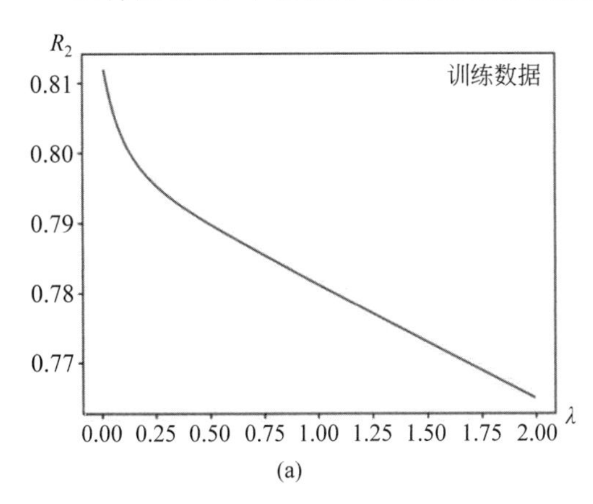

(a)

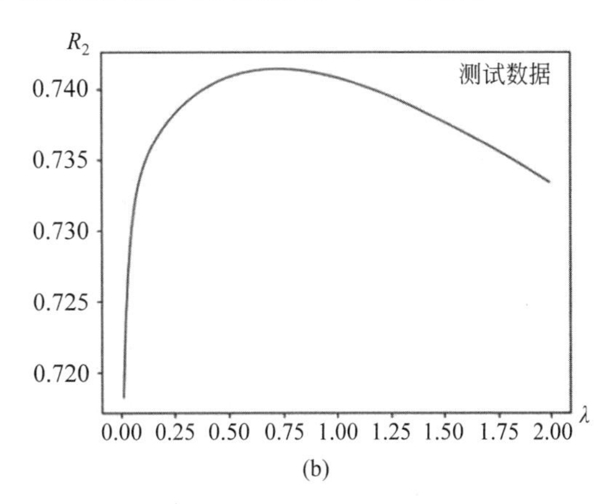

(b)

图 3.18 正则化系数与决定系数的关系

图 3.18(a)描述了正则化系数与模型在训练数据上的决定系数之间的关系。从图中可以看出，随着正则化系数的增大，模型在训练数据上的决定系数单调下降。从数学的角度看，这样的趋势是必然的。因为随着正则化系数的增大，岭回归的目标函数越来越偏离训练数据的均方误差，因而求得的岭回归的最优解在训练数据上的决定系数就会越来越小。

图 3.18(b)描述了正则化系数与模型在测试数据上的决定系数之间的关系。从图中可以看出，随着正则化系数的增加，模型在测试数据上的决定系数逐渐增大；在到达一个最高点之后，决定系数又开始逐渐减小。产生这个现象的原因是：随着正则化系数的增大，模型过度拟合的程度随之降低，导致决定系数在测试数据上的增大；然而随着正则化系数继续增大，模型又出现了拟合不足，因而决定系数又开始逐渐减小。

通常情况下，正则化算法都具有图 3.18 所示的趋势。绘制算法的趋势图，并选择能使测试数据上误差最小的正则化系数，是设计正则化算法可采用的一般策略。在这个例子中，从图 3.18 中可以看出，应当选取正则化系数 $\lambda \approx 0.6$。按此策略选取的正则化系数是过度拟合与拟合不足之间良好的平衡。

作为本节的结尾，下面简要介绍两类线性回归的正则化算法——Lasso 回归与弹性网回归。

定义 3.7(Lasso 回归) 线性回归的 L_1 正则化

$$\min_{\boldsymbol{w}\in\mathbb{R}^n} F(\boldsymbol{w}) = \frac{1}{m}\|\boldsymbol{X}\boldsymbol{w}-\boldsymbol{y}\|^2 + \lambda|\boldsymbol{w}| \tag{3.25}$$

称为 Lasso 回归，其中 $\lambda(\lambda>)0$ 为正则化系数。

Lasso 是英文 Least Absolute Shrinkage and Selection Operator 的首字母缩写。由于 Lasso 是一个 L_1 正则化算法，它具备第 2 章中的 L_1 正则化算法的普遍性质：随着正则化强度的增大，Lasso 回归引导算法将参数分量逐个降为 0。例 2.6 就是基于模型假设为一元十次多项式的 Lasso 回归。

岭回归是线性回归的 L_2 正则化。它同样具备所有 L_2 正则化算法的普遍性质：随着正则化系数的增大，岭回归引导算法均匀地减小各个参数分量。正如第 2 章所述，两种正则化方法各有其优缺点及应用场合。岭回归能使参数值得到控制而不至于对某一特征过度拟合。而 Lasso 回归的强项在于其特征选择功能，它自然地引导算法将非本质特征的参数降为 0。一个能够兼顾以上二者之长的方法是弹性网回归，其定义如下。

定义 3.8（弹性网回归） 取定常数 $\lambda > 0$ 与 $0 \leqslant r \leqslant 1$，称如下优化问题

$$\min_{w \in \mathbb{R}^n} F(\boldsymbol{w}) = \frac{1}{m} \| \boldsymbol{X}\boldsymbol{w} - \boldsymbol{y} \|^2 + r\lambda \, |\boldsymbol{w}| + (1-r)\lambda \, \|\boldsymbol{w}\|^2 \tag{3.26}$$

为一个弹性网回归。其中，λ 为正则化系数，r 为弹性系数。

在式(3.26)的弹性网回归的目标函数中，正则化部分是参数的 L_1 范数与 L_2 范数的凸组合。弹性网回归算法是一个启发式算法。当弹性系数 r 选择得恰当时，弹性网回归可以同时具有岭回归与 Lasso 回归的优势，是一个非常实用的线性回归正则化方法。

Lasso 回归与弹性网回归的目标函数都是不可微的，因而不能使用本章的正规方程算法求解。对不可微目标函数的求解可以用第 4 章的次梯度下降算法或者坐标下降算法。这些算法是处理不可微目标函数的重要方法。Lasso 回归与弹性网回归的具体解法将在第 4 章中详细介绍。

3.5 线性回归的特征选择算法

监督式学习算法的任务是拟合多个特征与标签的关系。模型中含有哪些特征通常需要根据专业知识和经验来确定。在实际应用中，可能并不是所有特征都与标签的取值有关联。模型中如果包含了与标签无关联的特征，不仅会增加数据规模和计算量，还会影响模型对标签的预测效果。此外，在模型的训练过程中，如果训练数据的规模较小，则与标签无关联的特征还会提高模型过度拟合的概率。在定义 3.7 中介绍的 Lasso 回归是具有特征选择功能的一个正则化方法。它剔除了与标签无关联的特征，这也是该方法能降低过度拟合概率的根本原因。

特征选择是监督式学习算法的一个重要组成部分。本节中就以线性回归为例介绍两种常用的特征选择算法思想——逐步回归与分段回归。这两种特征选择算法的思想可以用于任何一个监督式学习算法。后续章节中就不再对特征选择做专门叙述了。

逐步回归是一个贪心算法。它的运行效率较高，但有时会做出次优的特征选择。分段回归是一个迭代搜索算法。它的运行效率较低，但其选择的结果通常是较优的。逐步回归与分段回归各有其特点及适用场合。

3.5.1 逐步回归

逐步回归算法采用贪心策略来选择特征。在逐步回归算法中，根据均方误差来判断一个特征与标签是否有关联。如果一个特征被引入模型后能显著地减小模型的均方误差，则

认为该特征与标签有关联；否则，认为该特征与标签无关联。

逐步回归还有多种不同的特征选择方法。向前逐步回归是最简单的一种特征选择方法。在向前逐步回归算法的初始阶段，先选定第一个特征，然后重复执行以下几个步骤。首先计算只使用当前选定特征的线性回归的均方误差，然后逐一考察尚未被选取的特征，找出能在最大程度上降低均方误差的那一个特征。如果该特征在统计意义上显著地降低了均方误差，就将该特征选入模型。重复循环这个过程直至没有能够被继续选中的特征为止。在算法运行的过程中，不断往模型中添加新的特征，但并不移除模型中已有的特征，因而称其为向前逐步回归。为了严格描述向前逐步回归算法，需要做一些术语准备。

定义 3.9 设向量 $\boldsymbol{x} \in \mathbb{R}^n$。给定集合 $A \subseteq \{1,2,\cdots,n\}$，定义 $\boldsymbol{x}_A = (x_j)_{j\in A}$ 为由 $\boldsymbol{x}$ 中下标属于 A 的分量构成的向量。

定义 3.10 设 $\boldsymbol{X}$ 为一个 $m \times n$ 矩阵。给定集合 $A \subseteq \{1,2,\cdots,n\}$，定义 $\boldsymbol{X}_A = (X_{ij})_{1\leqslant i\leqslant m, j\in A}$ 为由 $\boldsymbol{X}$ 中下标属于 A 的列构成的矩阵。

基于以上定义，可以给出向前逐步回归算法的完整描述，如图 3.19 所示。在算法中，用 A 记录选中的特征，用 C 记录备选特征。在每一次循环中，首先对当前已经被选中的特征集合 A 解线性回归问题，并获得最优的均方误差 mse_A。然后对 C 中的每一个备选特征 j，计算在 A 中加入了特征 j 的线性回归的最优均方误差值 $\text{mse}_{A\cup j}$。从 $\text{mse}_{A\cup j}$ 中找出最小者 $\text{mse}_{A\cup j^*}$，并判断其是否在统计意义上显著地减小了均方误差。如果是，则将所对应的特征 j^* 选入模型；否则，终止循环。

向前逐步回归算法

StepwiseRegression$(\boldsymbol{X}, \boldsymbol{y})$：

　$A = \{1\}, C = \{2,3,\cdots,n\}$

　for $i = 2,3,\cdots,n$：

$$\text{mse}_A = \min_{\boldsymbol{w}\in\mathbb{R}^{|A|}} \frac{1}{m} \|\boldsymbol{X}_A \boldsymbol{w} - \boldsymbol{y}\|^2$$

　　for $j \in C$：

$$\text{mse}_{A\cup j} = \min_{\boldsymbol{w}\in\mathbb{R}^{|A|+1}} \frac{1}{m} \|\boldsymbol{X}_{A\cup j} \boldsymbol{w} - \boldsymbol{y}\|^2$$

　　$j^* = \underset{j\in C}{\text{argmin}}\ \text{mse}_{A\cup j}$

　　if $\text{mse}_A / \text{mse}_{A\cup j^*}$ pass F test：

　　　$A \leftarrow A \cup j^*$

　　　$C \leftarrow C \setminus j^*$

　　else：

　　　break

　return A

图 3.19　向前逐步回归算法描述

在向前逐步回归算法中，采用 F 检验来判断均方误差的减小是否具有统计显著性。给定两个均方误差 mse_1 与 mse_2，不妨设 $\text{mse}_1 > \text{mse}_2$。用 F 检验来计算 $\text{mse}_1 > \text{mse}_2$ 的置信度 p。置信度 p 是在重新采样训练数据并对其重复图 3.19 中算法时再次出现 $\text{mse}_1 > \text{mse}_2$ 的概率。如果置信度 $p>95\%$,则认为 $mse_1>mse_2$ 这一结论具有统计显著性,成功通过 F 检验。

图 3.20 是图 3.19 中算法的具体实现。算法的第 4 行定义了 StepwiseRegression 为逐步回归算法类。其主体是第 20~37 行的特征选择函数 forward_selection。第 13~18 行实现 F 检验。F 检验需要用到 mse_A、mse_{min} 和训练数据数 m 的信息。第 17 行根据这 3 个信息计算出置信度 p_value。第 18 行判断 p_value 的值是否不低于 95%,并返回测试结果。

```
machine_learning.lib.stepwise_regression
 1  import numpy as np
 2  from scipy.stats import f
 3
 4  class StepwiseRegression:
 5      def fit(self, X, y):
 6          return np.linalg.inv(X.T.dot(X)).dot(X.T).dot(y)
 7
 8      def compute_mse(self, X, y):
 9          w=self.fit(X,y)
10          r=y -X.dot(w)
11          return r.T.dot(r)
12
13      def f_test(self, mse_A, mse_min, m):
14          if mse_min>mse_A:
15              return False
16          F=mse_A/mse_min
17          p_value=f.cdf(F, m, m)
18          return p_value>0.95
19
20    def forward_selection(self, X, y):
21          m,n=X.shape
22          A, C=[0], [i for i in range(1,n)]
23          while len(C)>0:
24              MSE_A=self.compute_mse(X[:, A], y)
25              MSE_min, j_min=float("inf"), -1
26              j_min=-1
27              for j in C:
28                  MSE_j=self.compute_mse(X[:, A+[j]], y)
29                  if MSE_j<MSE_min:
30                      MSE_min, j_min=MSE_j, j
31              if self.f_test(MSE_A, MSE_min, m):
32                  A.append(j_min)
```

图 3.20　向前逐步回归算法实现

```
33                C.remove(j_min)
34            else:
35                break
36        self.w=self.fit(X[:, A], y)
37        self.A=A
38
39    def predict(self, X):
40        return X[:, self.A].dot(self.w)
```

图 3.20 （续）

例 3.11 向前逐步回归与过度拟合。

特征选择与正则化有紧密的联系。在例 3.9 中，当 $\lambda=0.01$ 时，10 次多项式模型出现了过度拟合。原始特征 x 经过 10 次多项式化后成为 $(1,x,x^2,\cdots,x^{10})$，相当于有 11 个特征。如果采用逐步回归对其进行特征选择，则可以避免或减轻过度拟合。应用图 3.20 的向前逐步回归算法对例 3.9 的训练数据进行特征选择，相应的程序见图 3.21。

```
1  import numpy as np
2  from sklearn.preprocessing import PolynomialFeatures
3  from machine_learning.lib.stepwise_regression import StepwiseRegression
4
5  def generate_samples(m):
6      X=2 * (np.random.rand(m, 1) -0.5)
7      y=X+np.random.normal(0, 0.3, (m,1))
8      return X, y
9
10 np.random.seed(100)
11 X, y=generate_samples(10)
12 poly=PolynomialFeatures(degree=10)
13 X_poly=poly.fit_transform(X)
14 model=StepwiseRegression()
15 model.forward_selection(X_poly, y)
16 print(model.A, model.w)
```

图 3.21 应用向前逐步回归算法进行特征选择的程序

运行图 3.21 的程序后，输出的模型为 $h(x)=0.05+1.09x$。该模型中只有常数项和 x 的一次项，x 的高次项均由于不能显著降低均方误差而落选。图 3.21 所示的模型拟合训练数据的效果如图 3.22 所示。

向前逐步回归算法的优点是实现简单，运行速度快。然而，向前逐步回归算法的缺点也十分明显，它是一个贪心算法，做出的选择可能是次优的。

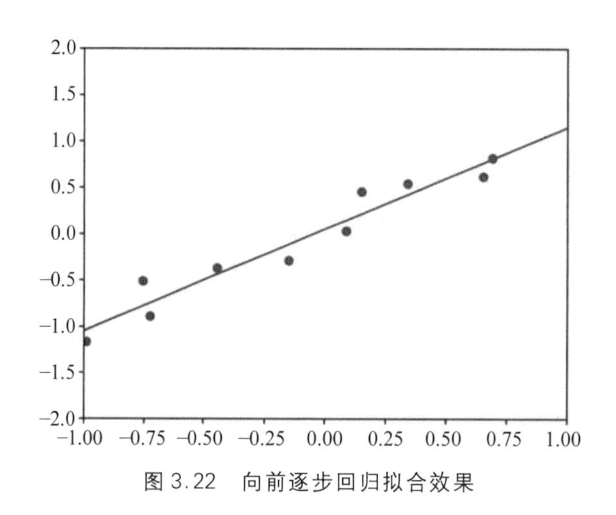

图 3.22　向前逐步回归拟合效果

例 3.12　向前逐步回归算法的次优性。

设样本空间 $X=[0,1]^3$，即特征组为各分量属于区间 $[0,1]$ 的三维向量。特征分布为均匀分布。对给定的 $\boldsymbol{x}=(x_0,x_1,x_2)$，标签值分布 $D_{\boldsymbol{x}}=N(x_1+2x_2,0.1)$是以 x_1+2x_2 为期望且标准差为 0.1 的正态分布。因此，参数 $\boldsymbol{w}=(0,1,2)$对应的线性模型 $h(x)=x_1+2x_2$ 是均方误差最小的模型。从特征选择的角度看，x_1 与 x_2 应当被选中，而且对应的参数应当分别为 $w_1=1$ 与 $w_2=2$。然而，对于图 3.23 中的训练数据，相应的向前逐步回归算法的运行结果为 $\boldsymbol{w}=(1.48,0,0)$。这与最优模型的参数(0,1,2)完全不同。

```
1  import numpy as np
2  from machine_learning.lib.stepwise_regression import StepwiseRegression
3
4  X=np.array(
5       [[ 0.06,0.34,0.03]
6       ,[ 0.44,0.76,0.28]
7       ,[ 0.86,0.44,0.20]
8       ,[ 0.26,0.09,0.25]])
9  y=np.array([[ 0.42], [ 1.32 ], [ 0.84], [ 0.61]])
10
11 model=StepwiseRegression()
12 model.forward_selection(X, y)
13 print(model.A, model.w)
```

图 3.23　向前逐步回归得到次优解

深入探究其原因，在图 3.20 中算法的第 1 步循环中，$A=\{0\}$，对应的模型均方误差 $\mathrm{mse}_A=0.79$。加入特征 x_1 的模型均方误差 $\mathrm{mse}_{A\cup 1}=0.17$。加入特征 x_2 的模型均方误差 $\mathrm{mse}_{A\cup 2}=0.25$。这二者均未通过 F 检验。因此，算法认为添加特征 x_1 或 x_2 不能使模型的均方误差有统计意义上的显著降低，从而在模型中仅选择了特征 x_0。这种选择显然不是最优的，这也说明了贪心选择策略的不足之处。

针对例 3.12 中的问题，可以考虑采用另一种逐步回归算法——向后逐步回归算法。这一算法采用的策略是：初始时将所有特征选入模型，然后逐步剔除不能显著降低均方误差的特征。向后逐步回归算法可以成功地解决例 3.12 遇到的问题。但是，向后逐步回归也是一个贪心算法，所以它依然可能做出次优的特征选择。除此之外，在当前选定的特征已经过度拟合，从而具有较小的均方误差时，向后逐步回归算法将无法继续从模型中剔除与标签无关的特征。

除了向后逐步回归算法，还有各种采用其他特征选择方式的逐步回归算法。例如，对向前逐步回归算法进行以下的修改：在每一步添加特征进入模型之前，先检验模型中是否存在可以被剔除的特征；还可考虑每次搜索都加入一组特征而不仅仅是一个特征；等等。尽管形式多样，但是归根结底，逐步回归算法因其属于一类贪心算法，从而存在一定的局限性。本节主要通过向前逐步回归算法来展示逐步回归的思想。其他类型的逐步回归算法可以举一反三，触类旁通。

3.5.2 分段回归

分段回归算法的主要思想是避免采取逐步回归算法的贪心选择所产生的缺点。分段回归算法通过局部微量调整与特征对应的参数来同时考虑所有与标签有关联的特征。

为了阐述分段回归的思想，首先定义向量之间的相关性。

定义 3.11（相关系数） 设 $\boldsymbol{u},\boldsymbol{v}\in\mathbb{R}^n$，定义

$$\operatorname{corr}(\boldsymbol{u},\boldsymbol{v})=\frac{\langle\boldsymbol{u},\boldsymbol{v}\rangle}{\|\boldsymbol{u}\|\,\|\boldsymbol{v}\|} \tag{3.27}$$

为 $\boldsymbol{u}$、$\boldsymbol{v}$ 之间的相关系数。

根据解析几何知识可知，$\operatorname{corr}(\boldsymbol{u},\boldsymbol{v})$是向量 $\boldsymbol{u}$、$\boldsymbol{v}$ 之间夹角的余弦值。如果两个向量相互垂直，则认为这两个向量是不相关的，此时有 $\operatorname{corr}(\boldsymbol{u},\boldsymbol{v})=0$。当 $\boldsymbol{u},\boldsymbol{v}$ 的夹角为锐角时，称 $\boldsymbol{u}$、$\boldsymbol{v}$ 之间正相关；$\boldsymbol{u},\boldsymbol{v}$ 的夹角越小，它们之间的相关性就越强；当 $\boldsymbol{u}$、$\boldsymbol{v}$ 的夹角为 0 时，两个向量完全重合，相关度达到正向最大，此时有 $\operatorname{corr}(\boldsymbol{u},\boldsymbol{v})=1$。当 $\boldsymbol{u}$、$\boldsymbol{v}$ 的夹角呈钝角时，称 $\boldsymbol{u}$、$\boldsymbol{v}$ 之间负相关；$\boldsymbol{u}$、$\boldsymbol{v}$ 的夹角越大，相关性也越大；当两者夹角为 180°时，两个向量互为反向，相关度达到负向最大，此时有 $\operatorname{corr}(\boldsymbol{u},\boldsymbol{v})=-1$。综上所述，相关系数 $\operatorname{corr}(\boldsymbol{u},\boldsymbol{v})$ 是一个取值在 $[-1,1]$区间内的实数。相关系数的绝对值越大，表示 $\boldsymbol{u}$、$\boldsymbol{v}$ 之间的相关性越强。当 $\operatorname{corr}(\boldsymbol{u},\boldsymbol{v})\neq 0$ 时，根据其符号判定 $\boldsymbol{u}$、$\boldsymbol{v}$ 之间是正相关还是负相关。

分段回归算法是一个搜索算法。具体算法描述见图 3.24。除了特征 $\boldsymbol{X}$ 与标签 $\boldsymbol{y}$ 之外，分段回归算法还需要指定两个参数——循环次数 N 和学习速率 η，分别用于控制搜索的步数与步长。算法设定初始参数向量 $\boldsymbol{w}=(0,0,\cdots,0)\in\mathbb{R}^n$。随后，进行 N 轮循环，逐步更新参数向量。在每一轮循环中，算法首先计算当前参数对应模型的预测误差 $\boldsymbol{r}=\boldsymbol{y}-\boldsymbol{X}\boldsymbol{w}$。然后找出与 $\boldsymbol{r}$ 的相关系数绝对值最高的特征 j^*。如果特征 j^* 与 $\boldsymbol{r}$ 正相关，则将参数沿着特征 j^* 的

方向按指定步长前进一小步；否则，向特征 j^* 的反方向前进一小步，步长为 η。

分段回归算法

StagewiseRegression($\boldsymbol{X},\boldsymbol{y},N,\eta$)：

　　$\boldsymbol{w}=(0,0,\cdots,0),t=0$

　　while $t<N$：

　　　　$\boldsymbol{r}=\boldsymbol{y}-\boldsymbol{X}\boldsymbol{w}$

　　　　$j^*=\underset{1\leqslant j\leqslant n}{\operatorname{argmax}}|\operatorname{corr}(\boldsymbol{X}_j,\boldsymbol{r})|$

　　　　$\boldsymbol{w}\leftarrow\boldsymbol{w}+\eta\cdot\operatorname{sign}(\operatorname{corr}(\boldsymbol{X}_{j^*},\boldsymbol{r}))\cdot\boldsymbol{X}_{j^*}$

　　　　$t\leftarrow t+1$

　　return $\boldsymbol{w}$

图 3.24　分段回归算法描述

从直观上看，模型加入了与当前预测误差相关性最高的特征，因而能最大程度地降低均方误差。在这方面，分段回归算法与逐步回归算法是一致的。但与逐步回归算法不同的是，分段回归算法的每一步并不直接选定一个特征，而是朝着该特征的方向（或反方向）探索一小步。如果存在一组相关的特征，且它们与预测误差的相关性非常接近，则分段回归算法将均匀地逐步探索每一个特征。最终的效果是沿着所有相关特征的角平分线前进，而不是按照贪心策略选中其中某一个特征。

图 3.25 是分段回归的算法实现。第 4～18 行的 feature_selection 函数是算法的主体。第 6 行计算一个含有 n 个分量的列向量 norms。该列向量的第 j 个分量是特征矩阵 $\boldsymbol{X}$ 的第 j 列 $\boldsymbol{X}_j$ 的 L_2 范数。在计算特征与预测误差相关性时要用到 norms 的值。在此处预先计算好该值，以避免在循环中重复计算。第 7～9 行初始化 $\boldsymbol{w}$ 和 t 的值，并同时初始化预测误差值为 $\boldsymbol{y}$。

从第 10 行开始 N 轮循环。在每一轮循环中，第 11 行按照式(3.27)计算每一个特征与预测误差的相关系数，第 12 行计算相关系数绝对值最大的特征 $j_{\max}$，第 13 行计算需要对 $\boldsymbol{w}$ 作出的调整 delta，第 14 行调整 $\boldsymbol{w}$，第 15 行调整相应的预测误差值。

machine_learning.lib.stagewise_regression

```
1  import numpy as np
2
3  class StagewiseRegression:
4      def feature_selection(self, X, y, N, eta):
5          m, n=X.shape
6          norms=np.linalg.norm(X, 2, axis=0).reshape(-1, 1)
7          w=np.zeros(n)
8          t=0
```

图 3.25　分段回归算法实现

```
 9          r=y
10          while t<N:
11              c=X.T.dot(r)/norms
12              j_max=np.argmax(abs(c))
13              delta=eta * np.sign(c[j_max])
14              w[j_max]=w[j_max]+delta
15              r=r-delta * X[:, j_max].reshape(-1,1)
16              t=t+1
17          self.w=w
18          return w
19
20      def predict(self, X):
21          return X.dot(self.w)
```

图 3.25 （续）

例 3.13 分段回归算法的最优解。

在例 3.12 中，逐步回归算法的贪心选择性质导致其做出了次优特征选择。采用分段回归算法可以解决这一问题。在同样的数据上运行分段回归算法，得到的参数估计结果为$\boldsymbol{w}=(0,0.9,1.9)$。这个结果十分接近最优解。在图 3.26 中，清晰地展示了分段回归算法的搜索过程。图 3.26 中的 x、y、z 轴分别表示 w_0、w_1、w_2 的值，图中的折线是分段回归算法的搜索轨迹。

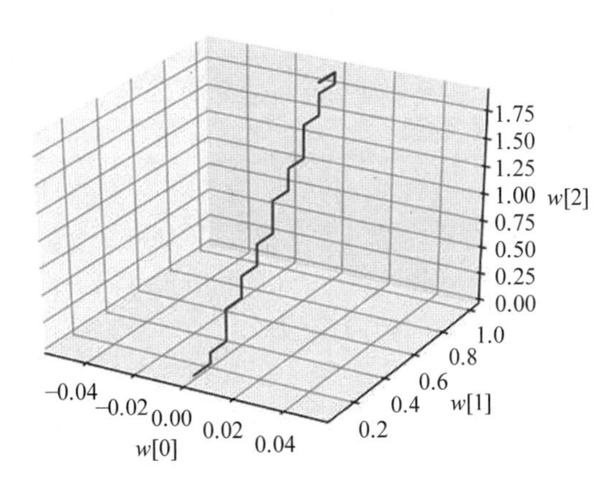

图 3.26 分段回归算法的搜索轨迹

从图 3.26 可以看到，在整个搜索过程中，w_0 的值始终为 0。算法轮流增长 w_1 与 w_2 的值，直至到达其最终解 $\boldsymbol{w}=(0,0.9,1.9)$。

与逐步回归算法相比，分段回归算法的主要优点是避免了采用贪心选择策略。但是，分段回归算法还存在两个缺点。第一个缺点是分段回归算法可能需要大量的迭代搜索时间，因而导致其运行效率较低。第二个缺点是分段回归算法有时显得过于保守，从而使其降低过度拟合的效果减弱。总而言之,这两类特征选择算法各有千秋,从理论上也难断定孰优孰劣。在实际应用中,可根据具体情况选用合适的特征选择算法。通常情况下,能最大程度地降低过度拟合的特征选择算法就是合适的算法。通过实验来选取合适的特征选择算法是线性回归实践中的一个重要手段。

小结

本章对监督式学习中的线性回归算法做了详细的介绍,深入解答了本章开头提出的关于线性回归算法的一系列综合性问题。首先在 3.1 节对线性回归的基本概念以及度量方式做了完整的介绍。在此基础上,通过应用最大似然原则,阐述了均方误差的统计意义。在 3.2 节重点讨论了线性回归问题的正规方程解法。正规方程解法是凸优化最优解判定准则在线性回归算法中的具体表现。在 3.3 节介绍了多项式回归算法。它是线性回归算法在非线性数据上的拓展。多项式回归算法的本质依然是线性回归。在 3.4 节中讨论了岭回归、Lasso 回归与弹性网回归,这是第 2 章中的正则化算法在线性回归算法中的具体体现。在 3.5 节讲述了线性回归中的特征选择算法。与正则化算法类似,特征选择的目的是处理过度拟合问题。这也是奥卡姆剃刀法则的另一种体现。3.4 节与 3.5 节讲述的算法思想都不局限于线性回归,它们可以应用于任何经验损失最小化算法。

习题

3.1 假设 Y 是一个在区间 $[a,b]$ 均匀分布的随机变量,且 a、b 的值未知。现观察到 Y 的 m 个采样 $y^{(1)},y^{(2)},\cdots,y^{(m)}$。请用最大似然原则来估计 a 和 b 的值。

3.2 假设有平面上有 3 个点:(−1.0,−1.2)、(0.0,1.0)和(1.0,2.8)。请描述相应的正规方程,并通过求解正规方程来计算关于这 3 个点的最佳直线拟合。

3.3 假设在一个回归问题中的样本是一个三维向量 $\boldsymbol{x}=(x_1,x_2,x_3)$。请对向量 $\boldsymbol{x}$ 进行 2 次多项式化,并描述相应的多项式回归模型。

3.4 $\boldsymbol{r}=(2,1)$ 是平面上的一个向量。设有以下的 5 个向量:$\boldsymbol{x}_1=(3,0)$,$\boldsymbol{x}_2=(-1,-1)$,$\boldsymbol{x}_3=(0,2)$,$\boldsymbol{x}_4=(-1,-2)$,$\boldsymbol{x}_5=(-1,2)$,其中的哪些向量与 $\boldsymbol{r}$ 相互独立?哪一个向量与 $\boldsymbol{r}$ 最相关?

3.5 糖尿病预测。

糖尿病数据集是 Sklearn 提供的一个标准数据集。它从 442 例糖尿病患者的资料中选取了 10 个特征——年龄、性别、体重、血压和 6 个血清测量值,以及这些患者在一年后疾病发展的病情量化值。糖尿病预测问题的任务是根据上述 10 个特征预测病情量化值。图 3.27 是读取糖尿病数据集的程序,其中 load_diabetes 函数返回特征矩阵 $\boldsymbol{X}$ 与标签向量 $\boldsymbol{y}$。

```
1  from sklearn.datasets import load_diabetes
2
3  X, y=load_diabetes(return_X_y=True)
```

图 3.27 读取糖尿病数据集的程序

请用线性回归算法来完成糖尿病预测任务。

3.6 带权重的线性回归算法。

在有些机器学习问题中，不同的数据有不同的价值。例如，在房价预测问题中，模型在位于黄金地段的小区上预测得准确将带来更大的价值。也就是说，在线性回归问题中，设训练数据集是

$$S=\{(\boldsymbol{x}^{(1)},y^{(1)},v^{(1)}),(\boldsymbol{x}^{(2)},y^{(2)},v^{(2)}),\cdots,(\boldsymbol{x}^{(m)},y^{(m)},v^{(m)})\}$$

其中，$v^{(i)}\in\mathbb{R}$为数据$(\boldsymbol{x}^{(i)},y^{(i)})$的价值。此时算法的求解目标是输出线性模型$h_w(\boldsymbol{x})$来优化如下带权重的均方误差：

$$\frac{1}{m}\sum_{i=1}^{m}v^{(i)}(h_w(\boldsymbol{x}^{(i)})-y^{(i)})^2 \tag{3.28}$$

请推广线性回归的正规方程算法，求解式(3.28)所表示的带权重的线性回归问题。

3.7 RANSAC 算法。

在机器学习应用中，训练数据可能存在异常值。对线性回归问题而言，一小部分异常值有可能会误导模型的预测。图 3.28(a)中的 5 个异常数据点影响了线性回归的整体拟合效果。事实上，图 3.28(b)才是较为理想的拟合。

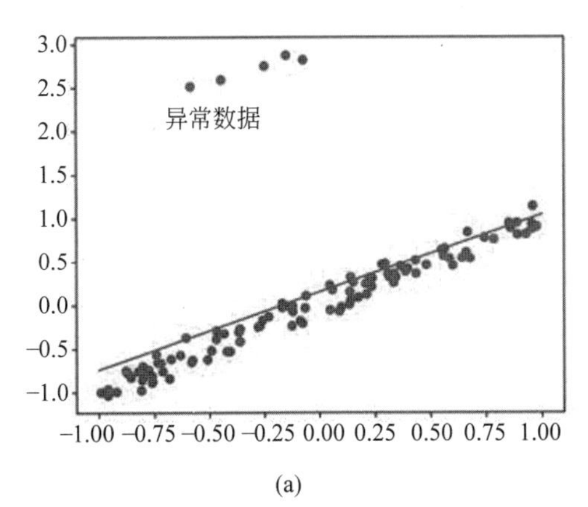

(a)

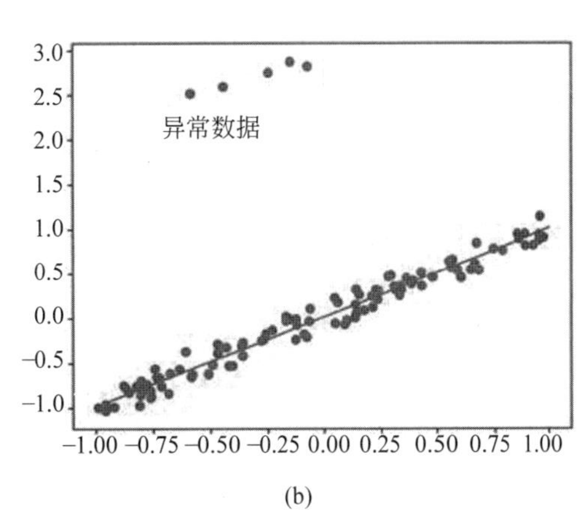

(b)

图 3.28 异常数据对线性回归的影响

RANSAC 算法是能够排除异常数据干扰的一个回归算法。它的英文全称是 Random Sample Consensus，意为随机采样一致。RANSAC 算法也是一个基于线性回归思想的算法。该算法需要 3 个参数：N、d 和 k。该算法通过 N 轮循环来生成 N 个模型 $h_1,h_2,\cdots,h_N$，并从中选出整体均方误差最小的一个作为算法的模型输出。在第 t 轮循环中，算法从训练数据 S 中随机地选出一个子集 S_t。首先，用线性回归算法计算出一个模型 h_t 来拟合 S_t 中的数据。然后，用 B_t 表示 S 中所有与模型预测值的误差不超过 d 的点。如果 B_t 中有超过 k 个

点，则算法再用一次线性回归计算出一个模型来拟合 B_t 中的数据，并将本轮循环获得的模型更新为 h_t。

请根据上面所描述的算法思想来实现 RANSAC 算法，并对图 3.28 展示的数据用该算法来排除异常数据的干扰。图 3.28 展示的数据可由图 3.29 中的程序生成。

```
1  import numpy as np
2
3  def generate_samples(m, k):
4      X_normal=2*(np.random.rand(m, 1)-0.5)
5      y_normal=X_normal+np.random.normal(0, 0.1, (m,1))
6      X_outlier=2*(np.random.rand(k, 1)-0.5)
7      y_outlier=X_outlier+np.random.normal(3, 0.1, (k,1))
8      X=np.concatenate((X_normal, X_outlier), axis=0)
9      y=np.concatenate((y_normal, y_outlier), axis=0)
10     return X, y
11
12 np.random.seed(0)
13 X, y=generate_samples(100, 5)
```

图 3.29　生成异常数据的程序

3.8　向后逐步回归算法。

向后逐步回归算法是与向前逐步回归算法不同的另一个常用的特征选择算法。该算法在初始阶段就将所有特征选入模型，然后逐步剔除不能显著降低均方误差的特征，直至不能继续剔除为止。请实现向后逐步回归算法，并将该算法用于拟合例 3.12 的数据。

3.9　向量值线性回归算法。

在图 3.1 描述的线性回归算法中，标签 $y\in\mathbb{R}$ 是一个实数。实际上，线性回归可以推广到标签为实向量的情形。在一个回归问题中，假设样本空间 $X\subseteq\mathbb{R}^n$，标签空间 $Y\subseteq\mathbb{R}^k$。将如下形式的模型称为一个广义线性模型：

$$h_{\boldsymbol{W}}(\boldsymbol{x})=\boldsymbol{x}^{\mathrm{T}}\boldsymbol{W}+\boldsymbol{b} \tag{3.29}$$

在式(3.29)中，特征组 $\boldsymbol{x}$ 是 $n\times1$ 列向量，$\boldsymbol{W}$ 是 $n\times k$ 矩阵，$\boldsymbol{b}$ 是 $k\times1$ 列向量。可见模型 $h_{\boldsymbol{W}}$ 是一个从 $\mathbb{R}^n$ 到 $\mathbb{R}^k$ 的映射。矩阵 $\boldsymbol{W}$ 是 $h_{\boldsymbol{W}}$ 的参数。

给定训练数据 $S=\{(\boldsymbol{x}^{(1)},\boldsymbol{y}^{(1)}),(\boldsymbol{x}^{(2)},\boldsymbol{y}^{(2)}),\cdots,(\boldsymbol{x}^{(m)},\boldsymbol{y}^{(m)})\}$。其中 $\boldsymbol{x}^{(i)}\in\mathbb{R}^n$，$\boldsymbol{y}^{(i)}\in\mathbb{R}^k$。基于式(3.28)中的广义线性模型，可以定义如下广义均方误差：

$$\frac{1}{m}\sum_{i=1}^{m}\left\|h_{\boldsymbol{W}}(\boldsymbol{x}^{(i)})-\boldsymbol{y}^{(i)}\right\|^2 \tag{3.30}$$

向量值线性回归算法的任务是最小化式(3.30)中的广义均方误差。请推广正规方程算法，用于求解向量值线性回归问题。

3.10　下半脸预测问题。

下半脸预测问题的任务是根据一个人的上半脸图像预测其下半脸的模样。图 3.30 是一个下半脸预测的例子。图 3.30(a)是一个真实的人脸图像。而图 3.30(b)中的人脸的下半部分是模型做出的预测。

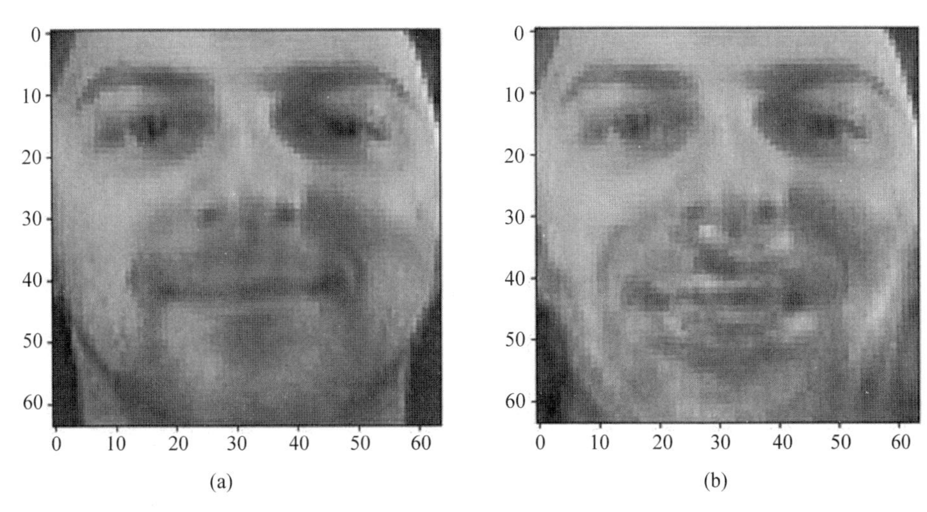

图 3.30 人脸的下半脸图像预测

人脸的下半脸预测问题的数据来自 1992—1994 年间剑桥 AT&T 实验室摄取的 400 张人脸图片。它已经被集成在 Sklearn 的数据库中了。图 3.31 中的程序是数据获取的方法。第 3 行导入读取数据的函数 fetch_olivetti_faces。第 5 行用这一函数读取 400 张人脸图片。第 6 行将图片存于数组 images 中。第 7、8 行取出第一张人脸图片并显示该图片。每一张图片都是一个 64×64 的像素灰度值矩阵。第 10 行将矩阵变换成向量的形式。第 12、13 行分别将图片的上半部分设为特征,下半部分设成标签。

```
1  import numpy as np
2  import matplotlib.pyplot as plt
3  from sklearn.datasets import fetch_olivetti_faces
4
5  data=fetch_olivetti_faces()
6  images=data.images
7  plt.imshow(images[0])
8  plt.show()
9
10 data=images.reshape((len(data.images), -1))
11 n_pixels=data.shape[1]
12 X=data[:, :(n_pixels+1) // 2]
13 y=data[:, n_pixels // 2:]
```

图 3.31 读取人脸图片数据的程序

请用习题 3.9 中的向量值线性回归算法训练广义线性模型,以完成下半脸预测任务。

第4章　机器学习中的搜索算法

本章介绍机器学习中的优化搜索算法。机器学习中的许多问题最终都可归结为一个明确的最优化问题。因此，机器学习中的许多算法不可避免地用到最优化理论中的成熟、高效的算法。线性回归与岭回归问题的最优解都有精确的数学解析表达式，因而可以用正规方程算法求解。然而，除此之外的绝大多数机器学习算法的最优解都没有精确的数学表达式。在这种情况下，需要用到最优化理论中更具一般性的优化算法。在机器学习中，优化搜索算法是最为常用的一般性优化算法。

搜索算法通常具有如下的基本算法结构：从可行区域中任意初始点开始搜索。在每个搜索点的局部可行区域中寻找一个能使目标函数值下降的方向并沿该方向移动至下一可行点。按此方式循环迭代，直至无法继续移动为止。此时输出搜索结束时所在的可行点。由于从最终输出的可行点出发无法再找到一个能局部降低目标函数的下一个可行点，因而算法输出的解必定是一个局部最优解。对于凸优化问题而言，局部最优解一定也是全局最优解，所以算法必定能输出最优解。而在非凸优化问题中，当局部最优值接近全局最优时，算法也能输出一个近似最优解。

本章介绍4类搜索算法。4.1节介绍梯度下降算法与次梯度下降算法。梯度下降算法是最基本的优化搜索算法。它在每一步都朝着目标函数梯度的反方向前进。而次梯度下降算法是梯度下降算法在目标函数不可微时的推广。4.2节介绍随机梯度下降算法。该算法是梯度下降算法在数据规模较大的机器学习问题中的改进算法，它大幅度地降低了求解的计算时间复杂度。4.3节介绍牛顿迭代算法。该算法的原始功能是计算函数的零点。由于优化问题可以转化为计算目标函数梯度的零点，因此，牛顿迭代算法就有了用武之地。收敛速度较快是牛顿迭代算法较其他搜索算法的优势所在。4.4节介绍坐标下降算法。该算法采用贪心策略，逐次对每一分量优化目标函数值，直至对任一分量都无法继续优化时为止。由于坐标下降算法比较简单，且易于实现，因此，许多机器学习算法都是基于坐标下降算法的思想设计的。

4.1 梯度下降算法与次梯度下降算法

梯度下降算法是解决优化问题的重要方法之一。该算法的思路可概括为：假定目标函数可微，算法从空间中任一给定初始点开始进行指定轮数的搜索，在每一轮搜索中都计算目标函数在当前点的梯度，并沿着与梯度相反的方向按照一定步长移动到下一可行点。图4.1是一个经历了15步的梯度下降算法的运行过程。由于该算法在每一点处的移动方向都为梯度的反方向，因而将其称为梯度下降算法。

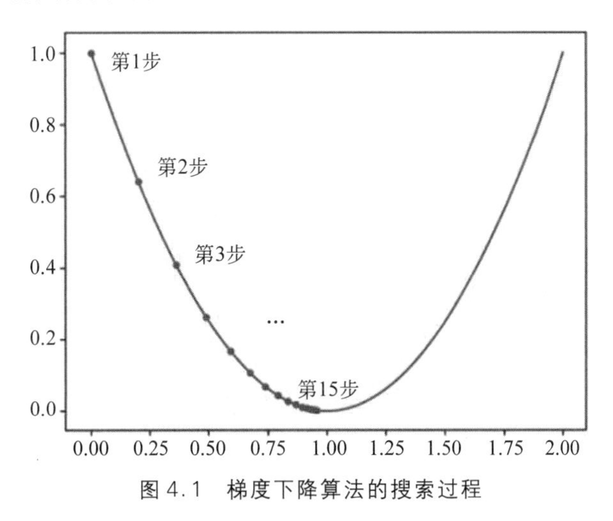

图4.1 梯度下降算法的搜索过程

图4.2给出了梯度下降算法的描述。图4.2中算法的任务是如下无约束优化问题：

$$\min_{w \in \mathbb{R}^n} F(\boldsymbol{w})$$

其中，目标函数 F 是一个可微的 n 元实函数。该算法包含两个参数，一个是搜索的轮数 N，另一个是搜索的步长 $\eta(\eta>0)$。初始时，设定 $\boldsymbol{w}$ 为全0向量。随后进行 N 轮循环，在每轮循环中都沿 $\nabla F(\boldsymbol{w})$ 的反方向前进一小步，步长为 η：

$$\boldsymbol{w} \leftarrow \boldsymbol{w} - \eta \nabla F(\boldsymbol{w}) \tag{4.1}$$

将 η 称为学习速率。

```
梯度下降算法
w = 0
for t = 1,2,…,N:
    w ← w − η ∇F(w)
return w
```

图4.2 梯度下降算法

接下来分析梯度下降算法的收敛原理。在任意一点 $\boldsymbol{w}$，根据多元函数泰勒展开公式，对

任意 $\boldsymbol{u}$ 有

$$F(\boldsymbol{u})=F(\boldsymbol{w})+\langle\nabla F(\boldsymbol{w}),\boldsymbol{u}-\boldsymbol{w}\rangle+\frac{1}{2}(\boldsymbol{u}-\boldsymbol{w})^{\mathrm{T}}\nabla^{2}F(\boldsymbol{w})(\boldsymbol{u}-\boldsymbol{w})+\cdots$$

取 $\boldsymbol{u}=\boldsymbol{w}-\eta\nabla F(\boldsymbol{w})$，并代入上式，可以得到

$$F(\boldsymbol{u})=F(\boldsymbol{w})-\eta\|\nabla F(\boldsymbol{w})\|^{2}+o(\eta) \tag{4.2}$$

其中，$o(\eta)$为低阶项，在 η 足够小的时候可以忽略不计。从式(4.2)可以看出，只要 $\nabla F(\boldsymbol{w})\neq\boldsymbol{0}$，就有 $F(\boldsymbol{u})<F(\boldsymbol{w})$。这就说明，目标函数值沿梯度反方向局部下降，这正是梯度下降算法能收敛到局部最优值的原理。

例 4.1 考察图 4.1 中的目标函数 $F(w)=(w-1)^2$。容易看出，当 $w=1$ 时 F 达到其最小值。图 4.3 用梯度下降算法验证了这一事实。在第 1 行定义梯度下降的搜索轮数为 20，学习速率 $\eta=0.1$。第 3 行开始 20 轮循环。在循环的每一步都沿着梯度反方向以步长 η 更新 w 的值，此处 $\nabla F(w)=2(w-1)$。运行图 4.3 中的算法得到 $w=0.996$，它十分接近最优解。

```
1  N, eta=20, 0.1
2  w=0
3  for t in range(N):
4      w=w-eta*2*(w-1)
5  print(w)
```

图 4.3 目标函数$(w-1)^2$的梯度下降算法

例 4.2 线性回归问题的梯度下降算法。

正规方程算法是求解线性回归问题的重要算法。但由于正规方程算法需要计算特征方阵 $\boldsymbol{X}^{\mathrm{T}}\boldsymbol{X}$ 的逆，因而当特征个数非常多时，求解正规方程的计算量较大，从而导致求解时间较长。因此，对于有较多特征的线性回归问题，梯度下降算法是更实用的求解方法。

用梯度下降算法求解线性回归问题时，设定目标函数为均方误差 $F(\boldsymbol{w})=\|\boldsymbol{X}\boldsymbol{w}-\boldsymbol{Y}\|^2/m$。$F(\boldsymbol{w})$ 的梯度为

$$\nabla F(\boldsymbol{w})=\frac{2}{m}\boldsymbol{X}^{\mathrm{T}}(\boldsymbol{X}\boldsymbol{w}-\boldsymbol{y}) \tag{4.3}$$

图 4.4 是线性回归问题的梯度下降算法实现。在该算法中，第 6 行将模型参数 $\boldsymbol{w}$ 初始化为 $\boldsymbol{0}$。第 7 行开始 N 轮循环。在循环的每一步中，第 8 行计算当前模型的预测误差 $\boldsymbol{X}\boldsymbol{w}-\boldsymbol{y}$，第 9 行按照式(4.3)计算梯度，第 10 行按照式(4.1)执行梯度下降搜索。

```
machine_learning.lib.linear_regression_gd
1  import numpy as np
2
```

图 4.4 线性回归问题的梯度下降算法

```
3  class LinearRegression:
4      def fit(self, X, y, eta, N):
5          m, n=X.shape
6          w=np.zeros((n,1))
7          for t in range(N):
8              e=X.dot(w) -y
9              g=2*X.T.dot(e) / m
10             w=w-eta*g
11         self.w=w
12
13     def predict(self, X):
14         return X.dot(self.w)
```

图 4.4 （续）

图 4.2 中的梯度下降算法要求目标函数可微。当目标函数不可微时，需要将梯度的概念推广到次梯度。

定义 4.1（次梯度） 设 $F:\mathbb{R}^n \to \mathbb{R}$ 为一个 n 元函数。如果 $\boldsymbol{w},\boldsymbol{v} \in \mathbb{R}^n$ 满足如下的性质：

$$F(\boldsymbol{u}) \geqslant F(\boldsymbol{w}) + \langle \boldsymbol{v}, \boldsymbol{u} - \boldsymbol{w} \rangle, \quad \forall\, \boldsymbol{u} \in \mathbb{R}^n \tag{4.4}$$

则称 $\boldsymbol{v}$ 是 F 在 $\boldsymbol{w}$ 处的一个次梯度。称集合 $\partial F(\boldsymbol{w}) = \{\boldsymbol{v} \in \mathbb{R}^n : \boldsymbol{v}$ 为 F 在 $\boldsymbol{w}$ 处的次梯度$\}$为 F 在 $\boldsymbol{w}$ 处的次梯度集。

图 4.5 是对定义 4.1 的直观的解释。取定 $w, v \in \mathbb{R}$，定义一条斜率为 v 且过 $F(w)$ 点的直线 $L(u) = F(w) + \langle v, u - w \rangle$。如果 F 的图像完全位于直线 L 上方，如图 4.5(a)所示，则斜率 v 为 F 的一个次梯度。所有这样的斜率的集合就是 F 在 w 处的次梯度集 $\partial F(w)$，如图 4.5(b)所示。

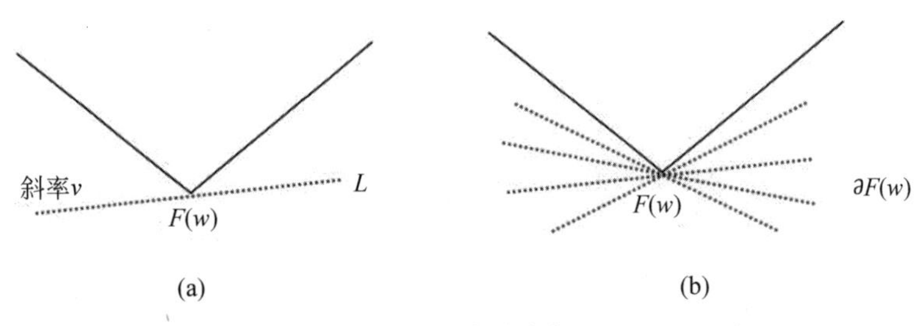

图 4.5 次梯度集

当目标函数是凸函数时，次梯度是梯度在不可微情形的自然推广。在可微的情形下，次梯度就是梯度。

定理 4.1 如果 $F:\mathbb{R}^n \to \mathbb{R}$ 是一个凸函数，且在 $\boldsymbol{w}$ 处可微，则 $\partial F(\boldsymbol{w}) = \{\nabla F(\boldsymbol{w})\}$。

证明：首先考虑 $n=1$ 的情形。在 $n=1$ 时，$\nabla F(w) = F'(w)$。也就是说，对任意的 $v \in \partial F(w)$，要证明 $v = F'(w)$。

对任意的 $u > w$，根据式(4.4)有 $F(u) \geqslant F(w) + v(u - w)$，因此有

$$\frac{F(u)-F(w)}{u-w} \geqslant v \tag{4.5}$$

在式(4.5)中取右极限 $u \to w^+$，得到 $F'_+(w) \geqslant v$。

另一方面，对任意的 $u<w$，根据式(4.4)有 $F(u) \geqslant F(w)+v(u-w)$。由于 $u-w<0$，因而将 $F(w)$ 移至不等号左边并在两边同时除以 $u-w$ 之后，得到

$$\frac{F(u)-F(w)}{u-w} \leqslant v \tag{4.6}$$

在式(4.6)中取左极限 $u \to w^-$，得到 $F'_-(w) \leqslant v$。因为 F 在 w 处可微，所以 $F'_-(w)=F'_+(w)=F'(w)$。由此可知 $v=F'(w)$。

对于一般 $n>1$ 的情形，只需对每一分量进行证明，即可得到定理 4.1 的结论。

例 4.3 L_1 范数函数的次梯度。

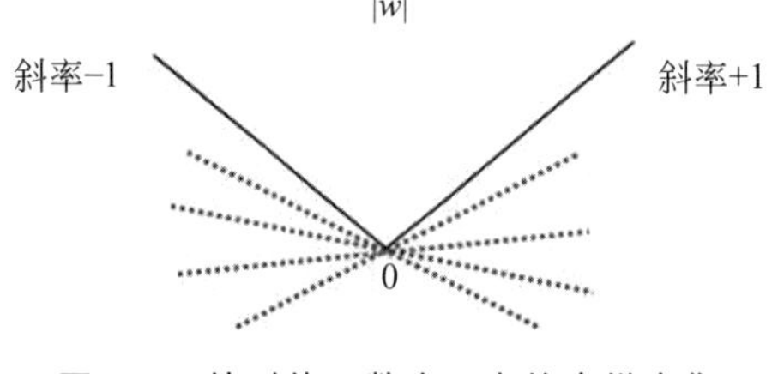

图 4.6 绝对值函数在 0 点的次梯度集

首先考虑一维情形，即绝对值函数 $|\cdot|:\mathbb{R}\to\mathbb{R}^+$。绝对值函数在 0 点不可微，而在其他各点均可微。根据定理 4.1，当 $w>0$ 时，有 $\partial|w|=\{1\}$；当 $w<0$ 时，有 $\partial|w|=\{-1\}$；对于 $w=0$ 的情形，从图 4.6 可以直观地看到，绝对值函数的图像位于任意斜率在 $[-1,1]$ 的过 0 点的直线上方。因此，当 $w=0$ 时，$\partial|w|=[-1,1]$。

上述结论可以推广到高维情形。考虑 n 维向量的 L_1 范数函数。对于 $\boldsymbol{w}=(w_1,w_2,\cdots,w_n)\in\mathbb{R}^n$，$\boldsymbol{v}=(v_1,v_2,\cdots,v_n)\in\partial|\boldsymbol{w}|$ 当且仅当对任意 $1\leqslant i\leqslant n$，有

$$v_i \in \begin{cases} \{1\}, & \text{如果 } w_i>0 \\ [-1,1], & \text{如果 } w_i=0 \\ \{-1\}, & \text{如果 } w_i<0 \end{cases} \tag{4.7}$$

将图 4.2 算法中的梯度 $\nabla F(w)$ 换成次梯度 $\partial F(\boldsymbol{w})$，就可得到梯度下降算法在目标函数不可微情形的推广。目标函数不可微时的梯度下降算法也称为次梯度下降算法。图 4.7 给出了次梯度下降算法的描述。该算法在搜索的每一步都任取一个次梯度方向来更新参数 $\boldsymbol{w}$ 的值。

次梯度下降算法

$\boldsymbol{w}=\boldsymbol{0}$, $\boldsymbol{w}_{\text{sum}}=\boldsymbol{0}$

for $t=1,2,\cdots,N$:

  randomly pick $\boldsymbol{v}\in\partial F(\boldsymbol{w})$

  $\boldsymbol{w}\leftarrow\boldsymbol{w}-\eta\boldsymbol{v}$

  $\boldsymbol{w}_{\text{sum}}\leftarrow\boldsymbol{w}_{\text{sum}}+\boldsymbol{w}$

return $\bar{\boldsymbol{w}}=\boldsymbol{w}_{\text{sum}}/N$

图 4.7 次梯度下降算法

与图4.2中的梯度下降算法相比，次梯度下降算法具有如下特征。首先，算法在每轮循环中任取一个次梯度的方向作为搜索方向。具体取到哪一个次梯度并不重要。其次，次梯度下降算法输出所有搜索点的平均值，而不是算法终止时所在的点。这是因为次梯度下降并不能保证每一次循环都严格降低目标函数值。因此，算法终止时的解不一定是整个搜索过程中使目标函数值达到最小的点。显然，算法输出平均值是一个稳定性更强的策略。

例 4.4 Lasso 回归优化算法。

次梯度下降算法的一个重要的应用是求解 Lasso 回归问题。第3章的定义3.7给出了 Lasso 回归的定义。按照式(3.25)，Lasso 回归问题的目标函数为 $\min\limits_{w\in\mathbb{R}^n} F(\boldsymbol{w})=\|\boldsymbol{X}\boldsymbol{w}-\boldsymbol{y}\|^2/m+\lambda|\boldsymbol{w}|$。

Lasso 回归优化算法是线性回归问题的 L_1 正则化算法。在例4.3中展示了 L_1 正则化项 $\lambda|\boldsymbol{w}|$ 不是处处可微的。因此，次梯度下降算法是适用于求解 Lasso 回归问题的优化算法。在计算 Lasso 回归问题目标函数的次梯度 $\partial F(\boldsymbol{w})$ 时，只需分别计算均方误差 $\|\boldsymbol{X}\boldsymbol{w}-\boldsymbol{y}\|^2 m$ 以及正则化项 $\lambda|\boldsymbol{w}|$ 的次梯度即可。

根据例4.3，取 $\boldsymbol{u}=\text{Sign}(\boldsymbol{w})$，即对任意 $1\leqslant i\leqslant n$，有

$$u_i=\begin{cases}1, & \text{如果 } w_i>0\\ 0, & \text{如果 } w_i=0\\ -1, & \text{如果 } w_i<0\end{cases} \tag{4.8}$$

则 $\boldsymbol{u}\in\partial|\boldsymbol{w}|$。又因为均方误差 $\|\boldsymbol{X}\boldsymbol{w}-\boldsymbol{y}\|^2/m$ 是可微函数，它的次梯度即为梯度 $2\boldsymbol{X}^{\mathrm{T}}(\boldsymbol{X}\boldsymbol{w}-\boldsymbol{y})/m$。因此，Lasso 回归问题目标函数的一个次梯度为

$$\frac{2}{m}\boldsymbol{X}^{\mathrm{T}}(\boldsymbol{X}\boldsymbol{w}-\boldsymbol{y})+\lambda\boldsymbol{u}\in\partial F(\boldsymbol{w}) \tag{4.9}$$

基于式(4.9)，得到次梯度下降算法在 Lasso 回归问题中的具体实现，如图4.8所示。在图4.8的算法中声明了 Lasso 类。第4行的构造函数传入指定的正则化系数 λ 的值。第7行定义模型训练的 fit 函数。除了特征 $\boldsymbol{X}$ 与标签 $\boldsymbol{y}$ 之外，还传入学习速率 η 和搜索步数 N。第12行开始 N 轮循环。在每一轮循环中，第12、13行实现式(4.9)，第14行更新 $\boldsymbol{w}$ 的值，第15行累加 $\boldsymbol{w}$ 的值，第16行计算循环过程中 $\boldsymbol{w}$ 的平均值。

```
machine_learning.lib.lasso
 1  import numpy as np
 2
 3  class Lasso:
 4        def __init__(self, Lambda=1):
 5            self.Lambda=Lambda
 6
 7        def fit(self, X, y, eta=0.1, N=1000):
 8            m,n=X.shape
```

图4.8 Lasso 回归问题的次梯度下降算法

```
 9          w=np.zeros((n,1))
10          self.w=w
11          for t in range(N):
12              e=X.dot(w)-y
13              v=2*X.T.dot(e)/m+self.Lambda*np.sign(w)
14              w=w-eta*v
15              self.w+=w
16          self.w/=N
17
18      def predict(self, X):
19          return X.dot(self.w)
```

图 4.8 （续）

例 4.5 用 Lasso 回归拟合多项式模型。

在第 2 章的例 2.6 中，展示了 4 个 L_1 正则化模型。通过对多项式模型用 Lasso 回归可以得到图 2.14 所示的模型。这里具体展示 $\lambda=0.001$ 时的拟合模型以及绘制图 2.14(a)的算法，见图 4.9。通过修改程序中的 λ 值为 0.01、0.1 和 0.5，就可以得到图 2.14 的(b)、(c)和(d)。

在图 4.9 中，第 11～16 行生成数据并调用图 4.8 中的 Lasso 回归问题的次梯度下降算法训练多项式模型。第 18～24 行绘制模型图像。

```
 1  import numpy as np
 2  from sklearn.preprocessing import PolynomialFeatures
 3  import matplotlib.pyplot as plt
 4  from machine_learning.lib.lasso import Lasso
 5
 6  def generate_samples(m):
 7      X=2*(np.random.rand(m, 1)-0.5)
 8      y=X+np.random.normal(0, 0.3, (m, 1))
 9      return X, y
10
11  np.random.seed(100)
12  X, y=generate_samples(10)
13  poly=PolynomialFeatures(degree=10)
14  X_poly=poly.fit_transform(X)
15  model=Lasso(Lambda=0.001)
16  model.fit(X_poly, y, eta=0.01, N=50000)
17
```

图 4.9 用 Lasso 回归拟合多项式模型的程序

```
18  plt.axis([-1, 1, -2, 2])
19  plt.scatter(X, y)
20  W=np.linspace(-1, 1, 100).reshape(100, 1)
21  W_poly=poly.fit_transform(W)
22  u=model.predict(W_poly)
23  plt.plot(W, u)
24  plt.show()
```

图 4.9 （续）

4.2 随机梯度下降算法

在经验损失最小化算法中，目标函数有如下形式：

$$\min_{w\in\mathbb{R}^n} F(\boldsymbol{w}) = \frac{1}{m}\sum_{i=1}^{m} l(h_w(\boldsymbol{x}^{(i)}), \boldsymbol{y}^{(i)}) \tag{4.10}$$

其中，$l(h_w(\boldsymbol{x}^{(i)}), \boldsymbol{y}^{(i)})$是模型$h_w$在训练数据$(\boldsymbol{x}^{(i)}, \boldsymbol{y}^{(i)})$上的经验损失。在用梯度下降算法求解式(4.10)中的无约束优化问题时，需要计算 F 的梯度。根据梯度的线性性质，有

$$\nabla F(\boldsymbol{w}) = \frac{1}{m}\sum_{i=1}^{m} \nabla l(h_w(\boldsymbol{x}^{(i)}), \boldsymbol{y}^{(i)}) \tag{4.11}$$

因此，为了计算 $\nabla F(\boldsymbol{w})$，需要先对每一条训练数据 $(\boldsymbol{x}^{(i)}, \boldsymbol{y}^{(i)})$ 计算经验损失的梯度 $\nabla l(h_w(\boldsymbol{x}^{(i)}), \boldsymbol{y}^{(i)})$，再对这些梯度取平均值。当训练数据规模较大时，这是一个非常耗时的计算。

随机梯度下降算法是梯度下降法的一种改进算法。随机梯度下降算法在每次迭代时可以从所有训练数据中取一个采样来估计目标函数梯度，因而它能够大幅度地降低算法的时间复杂度。随机梯度下降算法适用于训练数据规模较大的场合。

从 $\nabla F(\boldsymbol{w})$ 的表达式可以看出，如果随机地从 S 中选取一条训练数据 $(\boldsymbol{x}^{(i)}, \boldsymbol{y}^{(i)})$，则 $\nabla l(h_w(\boldsymbol{x}^{(i)}), \boldsymbol{y}^{(i)})$ 的期望值恰为 $\nabla F(\boldsymbol{w})$，即

$$\nabla F(\boldsymbol{w}) = E_{(\boldsymbol{x}^{(i)}, \boldsymbol{y}^{(i)})\sim S}[\nabla l(h_w(\boldsymbol{x}^{(i)}), \boldsymbol{y}^{(i)})]$$

因此，当 m 很大时，可以认为随机选取的一条训练数据$(\boldsymbol{x}^{(i)}, \boldsymbol{y}^{(i)})$满足$\nabla l(h_w(\boldsymbol{x}^{(i)}), \boldsymbol{y}^{(i)}) \approx \nabla F(\boldsymbol{w})$。这就是随机梯度下降算法的核心思想。

图 4.10 是随机梯度下降算法的描述。图中算法的目标是最小化式(4.10)中的目标函数 F。算法的输入是一组训练数据 $S = \{(\boldsymbol{x}^{(1)}, \boldsymbol{y}^{(1)}), (\boldsymbol{x}^{(2)}, \boldsymbol{y}^{(2)}), \cdots, (\boldsymbol{x}^{(m)}, \boldsymbol{y}^{(m)})\}$。算法需要的参数是搜索步数 N 以及用于计算学习速率的参数 η_0 与 η_1。算法循环执行 N 轮搜索。在每一轮循环 t 中，随机选取一条训练数据$(\boldsymbol{x}^{(i)}, \boldsymbol{y}^{(i)})$，并计算当前模型在$(\boldsymbol{x}^{(i)}, \boldsymbol{y}^{(i)})$上的经验损失的梯度 $\nabla l(h_w(\boldsymbol{x}^{(i)}), \boldsymbol{y}^{(i)})$。随后，算法沿梯度 $\nabla l(h_w(\boldsymbol{x}^{(i)}), \boldsymbol{y}^{(i)})$ 的反方向调整 $\boldsymbol{w}$ 的值，步长为

$$\eta_t=\frac{\eta_0}{\eta_1+t} \tag{4.12}$$

其中，η_0 与 η_1 是两个算法参数。从式(4.12)可以看出，步长随着搜索轮数的增加而减小。因此，算法搜索越接近最优解，搜索的步长就越小，以确保不会跳过最优解。最后，算法输出所有搜索点的平均值以增强其结果的稳定性。

随机梯度下降算法

$\boldsymbol{w}=\boldsymbol{0}, \boldsymbol{w}_{\text{sum}}=\boldsymbol{0}$

for $t=1,2,\cdots,N$:

  Sample $(\boldsymbol{x}^{(i)}, \boldsymbol{y}^{(i)})\sim S$

  $\eta_t=\dfrac{\eta_0}{\eta_1+t}$

  $\boldsymbol{w}\leftarrow\boldsymbol{w}-\eta_t\nabla l(h_{\boldsymbol{w}}(\boldsymbol{x}^{(i)}), \boldsymbol{y}^{(i)})$

  $\boldsymbol{w}_{\text{sum}}\leftarrow\boldsymbol{w}_{\text{sum}}+\boldsymbol{w}$

return $\bar{\boldsymbol{w}}=\boldsymbol{w}_{\text{sum}}/N$

图 4.10　随机梯度下降算法

例 4.6　线性回归问题的随机梯度下降算法。

随机梯度下降算法求解线性回归问题时，模型 h_w 在训练数据 $(\boldsymbol{x}^{(i)}, \boldsymbol{y}^{(i)})$ 上的损失为 $l(h_w(\boldsymbol{x}^{(i)}), y^{(i)})=(\langle\boldsymbol{w}, \boldsymbol{x}^{(i)}\rangle-y^{(i)})^2$。由此可知：

$$\nabla l(h_w(\boldsymbol{x}^{(i)}), y^{(i)})=2(\langle\boldsymbol{w}, \boldsymbol{x}^{(i)}\rangle-y^{(i)})\cdot\boldsymbol{x}^{(i)} \tag{4.13}$$

根据式(4.13)，可以得到图 4.10 中随机梯度下降算法在线性回归问题中的具体应用，如图 4.11 所示。

machine_learning.lib.linear_regression_sgd

```
 1  import numpy as np
 2
 3  class LinearRegression:
 4      def fit(self, X, y, eta_0=10, eta_1=50, N=3000):
 5          m, n=X.shape
 6          w=np.zeros((n,1))
 7          self.w=w
 8          for t in range(N):
 9              i=np.random.randint(m)
10              x=X[i].reshape(1,-1)
11              e=x.dot(w)-y[i]
12              g=2*e*x.T
13              w=w-eta_0*g/(t+eta_1)
14              self.w+=w
```

图 4.11　线性回归问题的随机梯度下降算法

```
15          self.w /=N
16
17      def predict(self, X):
18          return X.dot(self.w)
```

图 4.11 （续）

图 4.12 用图 4.11 中线性回归的随机梯度下降算法来求解房价预测问题。在这个例子中，使用随机梯度下降算法时必须对特征进行标准化与限界处理。见图 4.12 的第 11～14 行。如果没有这两个步骤，运行算法可能会遇到两个问题：第一个问题是算法在运行过程中的一些中间计算结果可能会超出浮点数上界，第二个问题是算法可能不收敛。

```
1  import numpy as np
2  from sklearn.datasets import fetch_california_housing
3  from sklearn.preprocessing import StandardScaler
4  from sklearn.preprocessing import MinMaxScaler
5  from sklearn.model_selection import train_test_split
6  from machine_learning.lib.linear_regression_sgd import LinearRegression
7  from sklearn.metrics import mean_squared_error
8  from sklearn.metrics import r2_score
9
10 def process_features(X):
11     scaler=StandardScaler()
12     X=scaler.fit_transform(X)
13     scaler=MinMaxScaler(feature_range=(-1,1))
14     X=scaler.fit_transform(X)
15     m,n=X.shape
16     X=np.c_[np.ones((m, 1)), X]
17     return X
18
19 housing=fetch_california_housing()
20 X=housing.data
21 y=housing.target.reshape(-1,1)
22 X_train, X_test, y_train, y_test=train_test_split(X, y, test_size=0.2,
   random_state=0)
23 X_train=process_features(X_train)
24 X_test=process_features(X_test)
25
26 model=LinearRegression()
```

图 4.12 房价预测问题的随机梯度下降算法

```
27  model.fit(X_train, y_train, eta_0=10, eta_1=50, K=1000)
28  y_pred=model.predict(X_test)
29  mse=mean_squared_error(y_test, y_pred)
30  r2=r2_score(y_test, y_pred)
31  print("mse={}, r2={}".format(mse, score))
```

图 4.12 (续)

运行图 4.12 中的程序得到的结果为：mse＝0.59，r2＝0.57。这个结果与第 3 章中的例 3.3 用正规方程算法得到的解十分接近。

例 4.7 梯度下降算法与随机梯度下降算法效果对比。

本例通过 Sklearn 工具库中的 make_regression 函数来随机生成一个线性回归问题。在图 4.13 的程序中，第 2 行导入 make_regression 函数。第 6 行调用该函数生成 100 条训练数据，其中指定的数据规模是 100。数据含有两个特征。标签服从正态分布，标准差是 0.1，偏置项是 0。第 8 行将标签变形成算法所需的列向量格式。第 10～12 行用图 4.4 中的梯度下降算法来训练线性模型，并拟合生成的数据 $\boldsymbol{X}$、$\boldsymbol{y}$。第 14～16 行用图 4.11 中的随机梯度下降算法来训练模型。

```
1   import numpy as np
2   from sklearn.datasets import make_regression
3   import machine_learning.lib.linear_regression_gd as gd
4   import machine_learning.lib.linear_regression_sgd as sgd
5
6   X, y=make_regression(n_samples=100, n_features=2, noise=0.1, bias=0,
    random_state=0)
8   y=y.reshape(-1,1)
9
10  model=gd.LinearRegression()
11  model.fit(X, y, eta=0.01, N=3000)
12  print(model.w)
13
14  model=sgd.LinearRegression()
15  model.fit(X, y, eta_0=10, eta_1=50, N=3000)
16  print(model.w)
```

图 4.13 对比梯度下降算法与随机梯度下降算法效果的程序

运行图 4.13 中的程序，可以看到这两个算法得到的模型完全一致，它们输出的模型参数都是 $\boldsymbol{w}$=(29.2,96.2)。然而，深入剖析算法运行过程，就会发现两个算法的明显区别。图 4.14 是两个算法的收敛过程比较。从图 4.14(a)显示的梯度下降算法的收敛过程可以看出，算法每一步都在朝着最优解的方向前进。而图 4.14(b)显示的随机梯度下降算法的收敛过程就不同了，虽然该算法的整体方向也是朝着最优解前进，但是收敛过程比梯度下降算法要曲折得多。

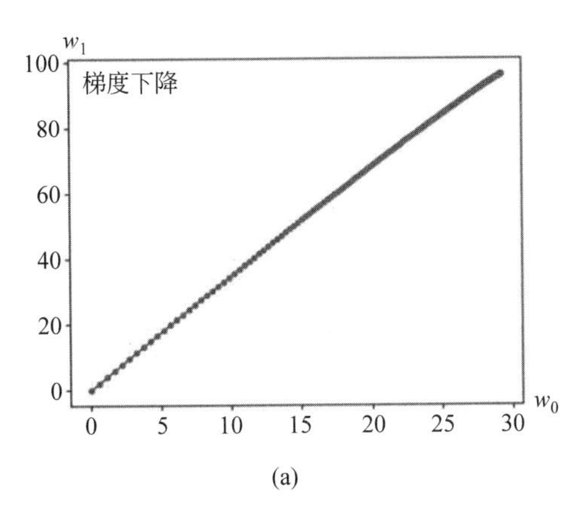

(a)

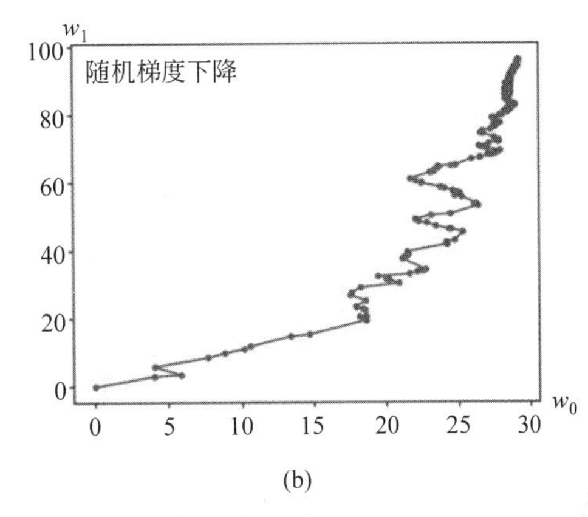

(b)

图 4.14　梯度下降算法与随机梯度下降算法收敛过程对比

与梯度下降算法相比，随机梯度下降算法的优势在于其时间复杂度。可以看到，计算 $\nabla F(\boldsymbol{w})$ 的时间复杂度是计算 $\nabla l(h_w(\boldsymbol{x}^{(i)}),\boldsymbol{y}^{(i)})$ 的 m 倍。由此可见，梯度下降算法的每一次循环耗时均为随机梯度下降算法的 m 倍。在二者的循环次数相同的情况下，随机梯度下降算法耗时是梯度下降的 $1/m$。此外，随机梯度下降算法的时间复杂度与训练数据的规模 m 无关。这意味着无论训练数据的规模有多大，都不会影响随机梯度下降算法的效率。

虽然随机梯度下降算法在时间复杂度上优于梯度下降算法，但与梯度下降算法相比，它也存在两点不足。首先是在训练数据规模较小的问题中，随机梯度下降算法的时间复杂度优势并不明显，而其稳定性却不如梯度下降算法，多次运行随机梯度下降算法有可能会得出完全不同的结果。其次是随机梯度下降算法从初始到算法收敛所需的步数较多。由于在随机梯度下降算法中并不能保证每个循环都能降低目标函数的值，所以随机梯度下降算法的收敛速度比梯度下降算法慢。尽管随机梯度下降算法的每一次循环比梯度下降算法耗时少，但它可能需要更多的循环次数才能收敛。

明确了梯度下降算法与随机梯度下降算法各自的特点，在实际应用中就应当根据待求解问题的特性及要求选择合适的优化算法。通常，如果数据规模不大，梯度下降算法较为合适；而在数据规模较大的情况下，随机梯度下降算法是更好的选择。

通过以上对梯度下降算法与随机梯度下降算法的对比，由此产生的一个问题是：能否设计一个折中的算法以兼具二者之长。对于这个问题，一个可能的算法是：取定一个常数 B，在随机梯度下降的过程中，每次随机选取 B 条训练数据并沿着这 B 条数据上的经验损失梯度的反方向更新参数值。这个算法在时间复杂度上优于梯度下降算法，且在稳定性上优于随机梯度下降算法，兼具二者之长。这个算法被称为小批量梯度下降算法。

图 4.15 是小批量梯度下降算法的完整描述。其中，随机选取的每批数据的个数 B 是算法的一个参数。在每一轮循环中，算法都随机选取 B 条训练数据 $(\boldsymbol{x}^{(i_1)},\boldsymbol{y}^{(i_1)}),(\boldsymbol{x}^{(i_2)},\boldsymbol{y}^{(i_2)}),\cdots,$

$(\boldsymbol{x}^{(i_B)}, \boldsymbol{y}^{(i_B)})$。在这 B 条数据上经验损失的梯度为

$$\frac{1}{B}\sum_{r=1}^{B} \nabla l(h_{\boldsymbol{w}}(\boldsymbol{x}^{(i_r)}), \boldsymbol{y}^{(i_r)}) \tag{4.14}$$

算法沿着式(4.14)中梯度的反方向调整 $\boldsymbol{w}$ 的值。

小批量梯度下降算法

$\boldsymbol{w} = \boldsymbol{0}, \boldsymbol{w}_{\text{sum}} = \boldsymbol{0}$

for $t = 1, 2, \cdots, N$:

  Sample $(\boldsymbol{x}^{(i_1)}, \boldsymbol{y}^{(i_1)}), (\boldsymbol{x}^{(i_2)}, \boldsymbol{y}^{(i_2)}), \cdots, (\boldsymbol{x}^{(i_B)}, \boldsymbol{y}^{(i_B)}) \sim S$

  $\eta_t = \dfrac{\eta_0}{\eta_1 + t}$

  $\boldsymbol{w} \leftarrow \boldsymbol{w} - \eta_t \dfrac{1}{B}\sum_{r=1}^{B} \nabla l(h_{\boldsymbol{w}}(\boldsymbol{x}^{(i_r)}), \boldsymbol{y}^{(i_r)})$

  $\boldsymbol{w}_{\text{sum}} \leftarrow \boldsymbol{w}_{\text{sum}} + \boldsymbol{w}$

return $\bar{\boldsymbol{w}} = \boldsymbol{w}_{\text{sum}} / N$

图 4.15 小批量梯度下降算法

例 4.8 线性回归问题的小批量梯度下降算法。

图 4.16 是线性回归问题的小批量梯度下降算法实现。算法在第 9～11 行随机选出 B 条训练数据。第 12～14 行计算选出的 B 条数据上的经验损失梯度，并更新 $\boldsymbol{w}$ 的值。对比图 4.16 与图 4.4、图 4.11 可以看出，线性回归问题的小批量梯度下降算法是梯度下降算法与随机梯度下降算法结合的产物。

machine_learning.lib.linear_regression_mbgd

```
1  import numpy as np
2
3  class LinearRegression:
4      def fit(self, X, y, eta_0=10, eta_1=50, N=3000, B=10):
5          m, n=X.shape
6          w=np.zeros((n,1))
7          self.w=w
8          for t in range(N):
9              batch=np.random.randint(low=0, high=m, size=B)
10             X_batch=X[batch].reshape(B,-1)
11             y_batch=y[batch].reshape(B,-1)
12             e=X_batch.dot(w)-y_batch
13             g=2*X_batch.T.dot(e)/B
14             w=w-eta_0*g/(t+eta_1)
15             self.w+=w
```

图 4.16 线性回归问题的小批量梯度下降算法

```
16          self.w/=N
17
18      def predict(self, X):
19          return X.dot(self.w)
```

图 4.16 （续）

以上介绍的随机梯度下降算法是针对经验损失最小化算法的目标函数。该算法也很容易推广到带有 L_2 正则化因子的目标函数中。一个带有 L_2 正则化因子的目标函数可以表达为如下形式：

$$\frac{1}{m}\sum_{i=1}^{m} l(h_w(\boldsymbol{x}^{(i)}),\boldsymbol{y}^{(i)})+\lambda\|\boldsymbol{w}\|^2=\frac{1}{m}\sum_{i=1}^{m}[l(h_w(\boldsymbol{x}^{(i)}),\boldsymbol{y}^{(i)})+\lambda\|\boldsymbol{w}\|^2] \tag{4.15}$$

在一条训练数据 $(\boldsymbol{x}^{(i)},\boldsymbol{y}^{(i)})$ 上，式(4.15)中的目标函数损失为 $l(h_w(\boldsymbol{x}^{(i)}),\boldsymbol{y}^{(i)})+\lambda\|\boldsymbol{w}\|^2$。从而该损失的梯度有如下形式：

$$\nabla(l(h_w(\boldsymbol{x}^{(i)}),\boldsymbol{y}^{(i)})+\lambda\|\boldsymbol{w}\|^2)=\nabla l(h_w(\boldsymbol{x}^{(i)}),\boldsymbol{y}^{(i)})+2\lambda\boldsymbol{w} \tag{4.16}$$

由此可见，只需将图 4.10 中 $\boldsymbol{w}$ 的更新公式改为

$$\boldsymbol{w}\leftarrow\boldsymbol{w}-\eta_t(\nabla l(h_w(\boldsymbol{x}^{(i)}),\boldsymbol{y}^{(i)})+2\lambda\boldsymbol{w}) \tag{4.17}$$

即可得到 L_2 正则化的经验损失最小化目标函数的随机梯度下降算法。

再来看 L_1 正则化的经验损失最小化目标函数：

$$\frac{1}{m}\sum_{i=1}^{m} l(h_w(\boldsymbol{x}^{(i)}),\boldsymbol{y}^{(i)})+\lambda|\boldsymbol{w}|=\frac{1}{m}\sum_{i=1}^{m}[l(h_w(\boldsymbol{x}^{(i)}),\boldsymbol{y}^{(i)})+\lambda|\boldsymbol{w}|] \tag{4.18}$$

式(4.18)中的目标函数不可微，需要用次梯度来代替梯度。在式(4.8)中已经论证了 $\boldsymbol{u}=\text{Sign}(\boldsymbol{w})$ 是 $|\boldsymbol{w}|$ 的一个次梯度，因此只需将图 4.10 中 $\boldsymbol{w}$ 的更新公式改为

$$\boldsymbol{w}\leftarrow\boldsymbol{w}-\eta_t(\nabla l(h_w(\boldsymbol{x}^{(i)}),\boldsymbol{y}^{(i)})+2\lambda\text{Sign}(\boldsymbol{w})) \tag{4.19}$$

即可得到 L_1 正则化的经验损失最小化目标函数的随机梯度下降算法。

与上述将随机梯度下降算法推广到带有正则化因子的情形相同，小批量梯度下降算法也可以推广到带有正则化因子的目标函数中，在此不再赘述。

4.3 牛顿迭代算法

牛顿迭代算法是一个经典的优化算法。许多机器学习算法的优化部分都可以用牛顿迭代算法来实现。与梯度下降算法相比，牛顿迭代算法的优点是其迭代步数较少。其缺点是需要计算目标函数的 Hessian 方阵，当模型中的特征数较大时，可能面临计算时间复杂性的挑战。

牛顿迭代法的原始应用是计算一元函数的 0 点。即对于给定函数 $f:\mathbb{R}\rightarrow\mathbb{R}$，求 $w^*\in\mathbb{R}$ 使得 $f(w^*)=0$。牛顿迭代法的思想如下：在 $\mathbb{R}$中任意一点 u 处，对函数 f 做泰勒展开，得到

$$f(w)=f(u)+f'(u)(w-u)+o(w-u) \tag{4.20}$$

其中，$o(w-u)$ 为关于 w-u 的低阶项，即

$$\lim_{w\to u}\frac{o(w-u)}{w-u}=0$$

假定 w^* 为函数 f 的 0 点，即 $f(w^*)=0$。将 $w=w^*$ 代入式(4.20)就得到

$$w^*=u-\frac{f(u)}{f'(u)}-o(w^*-u) \tag{4.21}$$

如果令 $v=u-\frac{f(u)}{f'(u)}$，则 v 与 w^* 的差仅为低阶项 $o(w^*-u)$。随后，再用 v 取代 u 并重复上述操作，直至找到一个足够接近 0 的点。这就是牛顿迭代法求解函数 0 点的基本思想。

图 4.17 描述了求解 $f(w)=0$ 的牛顿迭代算法。该算法的参数 ε 用于控制解的精度。只要函数值 $|f(w)|>\varepsilon$，就按照式(4.22)不断地迭代更新 w 的值。

$$w\leftarrow w-\frac{f(w)}{f'(w)} \tag{4.22}$$

求函数 0 点的牛顿迭代算法

$w=0$

while $|f(w)|>\varepsilon$:

$\quad w\leftarrow w-\frac{f(w)}{f'(w)}$

return w

图 4.17　求解函数 0 点的牛顿迭代算法

例 4.9　考察函数 $f(w)=w^2$。图 4.18 实现了用牛顿迭代算法来求 $f(w)$ 的 0 点。算法在第 9 行将 w 的初始值设为 1.5。从第 10 行开始，只要 $|f(w)|>\varepsilon$，就不断按照式(4.22)更新 w 的值。由于 $f'(w)=2w$，因此第 13 行就是式(4.22)的具体实现。

```
1  import numpy as np
2  import matplotlib.pyplot as plt
3
4  def f(w):
5      return w**2
6
7  x, y=[], []
8  epsilon=0.01
9  w=-1.5
10 while abs(f(w))>epsilon:
```

图 4.18　求解 $f(w)=w^2$ 的 0 点的程序

```
11        x.append(w)
12        y.append(f(w))
13        w=w-f(w)/(2*w)
14  print(w)
```

图 4.18 （续）

图 4.19 展示了图 4.18 中算法的计算过程。从图中可见，牛顿迭代算法迅速地收敛到近似 0 点。此外，从图中还可以看到牛顿迭代算法的几何意义：在每一步迭代中，计算函数在当前点的切线与横轴的交点并将其作为下一步搜索的点。

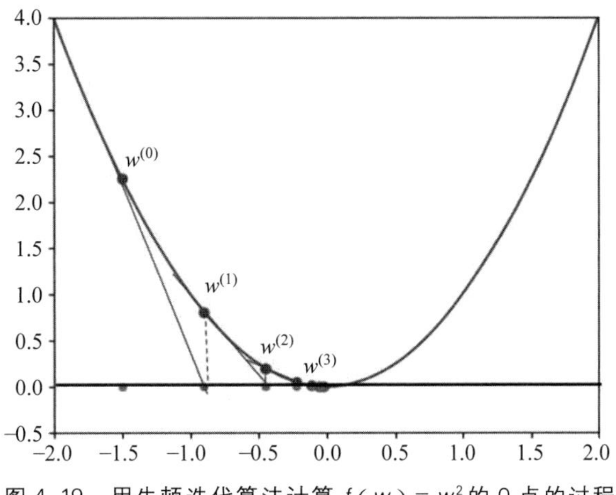

图 4.19 用牛顿迭代算法计算 $f(w)=w^2$ 的 0 点的过程

由于计算一元函数的最小值可以转化为寻找这个函数导数的 0 点，所以牛顿迭代算法可以用来求解优化问题。基于这一思想，图 4.20 是用牛顿迭代算法求解一元目标函数最小值的算法描述。设 $F:\mathbb{R}\rightarrow\mathbb{R}$ 为一个二阶可微的一元函数。算法的目标是计算 $\min_{w\in\mathbb{R}} F(w)$。为此只需计算导函数 $F'(w)$ 的 0 点。在式(4.22)中令 $f(w)=F'(w)$，即可获得如下的 w 值更新公式：

$$w \leftarrow w-\frac{F'(w)}{F''(w)} \tag{4.23}$$

一元优化问题的牛顿迭代算法

$w=0$

while $F'(w)>\varepsilon$：

$$w \leftarrow w-\frac{F'(w)}{F''(w)}$$

return w

图 4.20 一元优化问题的牛顿迭代算法

例 4.10 考察 $F(w)=w^2-w+1$。图 4.21 中的算法用于计算 $F(w)$ 的最小值。该算法第 4 行中的函数 dF 是 F 的导数 $F'(w)=2w-1$。由于 $F''(w)=2$，第 10 行即为式(4.23)的具体实现。运行图 4.21 中的算法，可得到最优解 $w=0.5$。

```
1   def F(w):
2       return w**2-w+1
3
4   def dF(w):
5       return 2*w-1
6
7   epsilon=0.01
8   w=0
9   while abs(dF(w))>epsilon:
10      w=w-dF(w)/2
11  print(w)
```

图 4.21 计算 w^2-w+1 的最小值

一元函数的导数在高维空间中对应于多元函数的梯度。相应的二阶导数对应于 Hessian 方阵。由此容易想到，图 4.20 中的算法可以推广到多元优化问题。图 4.22 是多元优化问题的牛顿迭代算法描述。给定函数 $F:\mathbb{R}^n\to\mathbb{R}$ 为二阶可微的 n 元函数，算法的目标是计算 $\min\limits_{\boldsymbol{w}\in\mathbb{R}^n}F(\boldsymbol{w})$。分别将式(4.23)中的一阶导数和二阶导数替换为梯度 $\nabla F(\boldsymbol{w})$ 和 Hessian 方阵 $\nabla^2F(\boldsymbol{w})$，得到如下的 $\boldsymbol{w}$ 值更新公式：

$$\boldsymbol{w}\leftarrow\boldsymbol{w}-\nabla^2F(\boldsymbol{w})^{-1}\nabla F(\boldsymbol{w}) \tag{4.24}$$

多元优化问题的牛顿迭代算法
$\boldsymbol{w}=\boldsymbol{0}$
while $\|\nabla F(\boldsymbol{w})\|>\varepsilon$:
    $\boldsymbol{w}\leftarrow\boldsymbol{w}-\nabla^2F(\boldsymbol{w})^{-1}\nabla F(\boldsymbol{w})$
return $\boldsymbol{w}$

图 4.22 多元优化问题的牛顿迭代算法

例 4.11 线性回归问题的牛顿迭代算法。

在有 n 个样本特征的线性回归问题中，目标函数为均方误差 $F(\boldsymbol{w})=\|\boldsymbol{X}\boldsymbol{w}-\boldsymbol{Y}\|^2$。采用牛顿迭代算法求解相应的优化问题。选取 $\boldsymbol{w}$ 的初始值为 0，则有 $\nabla F(\boldsymbol{0})=-2\boldsymbol{X}^{\mathrm{T}}\boldsymbol{y}$，且 $\nabla^2F(\boldsymbol{0})=2\boldsymbol{X}^{\mathrm{T}}\boldsymbol{X}$。按照式(4.24)更新参数 $\boldsymbol{w}$，可以得到

$$\boldsymbol{w}=-\nabla^2F(\boldsymbol{0})^{-1}\nabla F(\boldsymbol{0})=(\boldsymbol{X}^{\mathrm{T}}\boldsymbol{X})^{-1}\boldsymbol{X}^{\mathrm{T}}\boldsymbol{y}$$

这个表达式说明：如果将 $\boldsymbol{w}$ 的初始值选为 0，则牛顿迭代算法只需一步就收敛了。而且，用牛顿迭代算法得到的解 $\boldsymbol{w}$ 就是正规方程的解。

根据例 4.11 的结论，可以认为正规方程算法是牛顿迭代算法在线性回归中的具体

应用。

4.4 坐标下降算法

坐标下降算法是另一类十分常用的机器学习优化搜索算法。在 Sklearn 工具库中，许多重要的机器学习算法都提供用坐标下降算法求解的选择，例如 Lasso 回归与支持向量机等。坐标下降算法有两个最为重要且优于梯度下降算法的应用场合。第一个场合是梯度不存在或梯度函数较为复杂而难于计算。此时，坐标下降算法是一个比梯度下降类算法更为简便且易于实现的算法。Lasso 回归就是一个这样的例子。第二个场合是需要求解带约束的优化问题。梯度下降类算法都是针对无约束的优化问题，而坐标下降算法可以用来求解带约束的优化问题。支持向量机的对偶优化问题就是一个这样的例子。

坐标下降算法是一个迭代搜索算法。在搜索过程中的每一步，该算法都选取一个要调整的坐标分量，且固定参数的其他各分量的值。然后，沿着选取的分量的坐标轴方向移动到该方向上目标函数值最小的那个点。如此循环使用不同的坐标轴方向，直至沿任何一个坐标轴移动都无法降低目标函数值为止。

例 4.12 考察二元目标函数 $F(\boldsymbol{w}) = w_1^2 + w_2^2$。设求解目标的可行区域为单位正方形 $W = [0,1] \times [0,1] \subseteq \mathbb{R}^2$。图 4.23 展示出函数 $F(\boldsymbol{w})$ 的等高线图。在该图中，目标函数在每条弧线上的取值均相等。函数值从右上角到左下角依次递减。

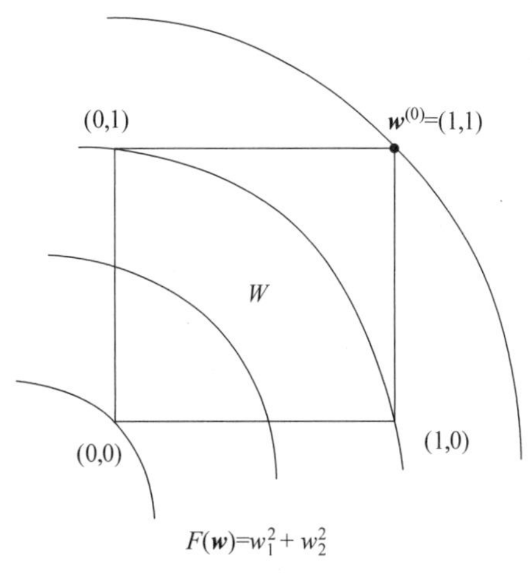

图 4.23 $F(\boldsymbol{w}) = w_1^2 + w_2^2$ 的等高线图

设算法取初始值 $\boldsymbol{w}^{(0)} = (1,1)$。坐标下降算法首先选取坐标分量 w_1，同时将坐标分量 w_2 的值固定为 $w_2^{(0)} = 1$。此时，从图 4.24 可以看到，沿 w_1 坐标轴方向移动至 $(0,1)$，将最大程度地降低目标函数的值。因此，坐标下降算法移动至 $\boldsymbol{w}^{(1)} = (0,1)$。接下来轮到坐标分量 w_2。此时，算法固定 $w_1^{(1)} = 0$。沿 w_2 坐标轴方向移动至 $(0,0)$，将最大程度地降低目标函数值。因此，算法移动至 $\boldsymbol{w}^{(2)} = (0,0)$。

接下来，算法发现，无论沿任何坐标方向移动，都将增大目标函数值。至此，算法终止。显然，在这个简单的例子中，坐标下降算法成功地找到了最优解。

例 4.12 的简单问题直观地展示了坐标下降算法的搜索过程。接下来，对于一般的问题描述坐标下降算法。在此之前，需要定义有关的向量记号如下。给定 $\boldsymbol{w} \in \mathbb{R}^n$，对任意 $1 \leqslant j \leqslant n$，定义 $\boldsymbol{w}_{-j} = (w_1, w_2, \cdots, w_{j-1}, w_{j+1}, \cdots, w_n)$ 为 $\boldsymbol{w}$ 中除第 j 个分量外的其他各分量构成的向量。对任意 $u \in \mathbb{R}$，定义 $(u, \boldsymbol{w}_{-j}) = (w_1, w_2, \cdots, w_{j-1}, u, w_{j+1}, \cdots, w_n)$ 为将 $\boldsymbol{w}$ 的 j 个分量换成 u 所构成的向量。

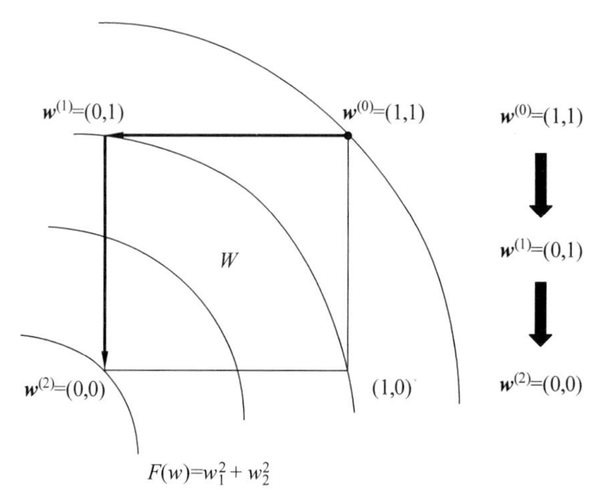

图 4.24　坐标下降算法的搜索过程

设优化问题的目标函数为 $F:\mathbb{R}^n \to \mathbb{R}$。求解的可行域为 $W \subseteq \mathbb{R}^n$。坐标下降算法的任务是求解一个带约束的优化问题 $\min_{w\in W} F(\boldsymbol{w})$。取定初始值 $\boldsymbol{w}=\boldsymbol{0}$。然后，坐标下降算法开始其迭代循环。算法依次按照 $w_1, w_2, \cdots, w_n$ 的坐标顺序优化相应坐标轴方向上的目标函数值。假定当前的参数为 $\boldsymbol{w}$。对取定坐标分量 $j(1 \leqslant j \leqslant n)$，坐标下降算法固定除 w_j 外的其他坐标分量的值，然后沿着第 j 个坐标方向移动，寻找能最大限度地减小目标函数值的 w_j^*，即

$$w_j^* = \operatorname*{argmin}_{u\in\mathbb{R},(u,\boldsymbol{w}_{-j})\in W} F(u,\boldsymbol{w}_{-j}) \tag{4.25}$$

并将下一轮搜索的参数值更新为 $\boldsymbol{w} \leftarrow (w_j^*, \boldsymbol{w}_{-j})$。从上述算法描述中可以看出，如果式(4.25)中的单变量优化问题较易求解，则坐标下降算法在此情况下就具有优势。

坐标下降算法的详细描述如图 4.25 所示。设 $F:\mathbb{R}^n \to \mathbb{R}$是一个 n 元函数。坐标下降算法的任务是 $\min_{w\in W} F(\boldsymbol{w})$，其中 $W \subseteq \mathbb{R}^n$ 为可行域。

坐标下降算法

$\boldsymbol{w} = \boldsymbol{0}$

for $t = 1, 2, \cdots, N$:

　　$j = t \bmod n$

　　$w_j^* = \operatorname*{argmin}_{u\in\mathbb{R},(u,\boldsymbol{w}_{-j})\in W} F(u,\boldsymbol{w}_{-j})$

　　$\boldsymbol{w} \leftarrow (w_j^*, \boldsymbol{w}_{-j})$

return $\boldsymbol{w}$

图 4.25　坐标下降算法

容易看出，在坐标下降算法的每一步循环中都有 $F(w_j^*, \boldsymbol{w}_{-j}) \leqslant F(w_j, \boldsymbol{w}_{-j}) = F(\boldsymbol{w})$。这说明，坐标下降算法的每一次循环都确实使目标函数值下降了。

例 4.13 Lasso 回归问题的坐标下降算法。

在 Lasso 回归问题中，目标函数为

$$F(\boldsymbol{w}) = \sum_{i=1}^{m} (\langle \boldsymbol{w}, \boldsymbol{x}^{(i)} \rangle - y^{(i)})^2/m + \lambda |\boldsymbol{w}|$$

可行区域为 $W = \mathbb{R}^n$。在实现坐标下降算法时，需要对任意坐标方向 $j(1 \leqslant j \leqslant n)$ 计算相应的单变量优化问题：

$$w_j^* = \underset{u \in \mathbb{R}}{\operatorname{argmin}} F(u, \boldsymbol{w}_{-j}) \tag{4.26}$$

如果用 $f(u)$表示单变量函数 $F(u, \boldsymbol{w}_{-j})$，则可以将 $f(u)$写成如下形式：

$$f(u) = \frac{1}{m}\sum_{i=1}^{m} (u x_j^{(i)} + \langle \boldsymbol{w}_{-j}, \boldsymbol{x}_{-j}^{(i)} \rangle - y^{(i)})^2 + \lambda | u | + \lambda | \boldsymbol{w}_{-j} |$$

为了简化记号，令 $e_j^{(i)} = \langle \boldsymbol{w}_{-j}, \boldsymbol{x}_{-j}^{(i)} \rangle - y^{(i)}$，则

$$f(u) = \frac{1}{m}\sum_{i=1}^{m} (u x_j^{(i)} + e_j^{(i)})^2 + \lambda |u| + \lambda |\boldsymbol{w}_{-j}| \tag{4.27}$$

式(4.27)定义的 $f(u)$ 是一个凸函数，但它在 0 点不可微。可微凸函数的最优解有简明的判定准则(附录 A 引理 A.3.5)。推论 4.2 将这个判定准则推广到目标函数不可微的情形。

推论 4.2 设 $f: \mathbb{R} \rightarrow \mathbb{R}$为一个凸函数。$f(u^*) = \min\limits_{u \in \mathbb{R}} f(u)$ 的充分必要条件为 $0 \in \partial f(u^*)$。其中，$\partial f(u^*)$ 为 f 在 u^* 的次梯度集合。

在式(4.27)中，根据推论 4.2，如果定义

$$\alpha_j = \frac{2}{m}\sum_{i=1}^{m} (x_j^{(i)})^2, \quad \beta_j = \frac{2}{m}\sum_{i=1}^{m} x_j^{(i)} e_j^{(i)} \tag{4.28}$$

则次梯度 $\partial f(u)$ 有如下形式：

$$\partial f(u) = \begin{cases} \{\alpha_j u + \beta_j + \lambda\}, & \text{如果 } u > 0 \\ [\beta_j - \lambda, \beta_j + \lambda], & \text{如果 } u = 0 \\ \{\alpha_j u + \beta_j - \lambda\}, & \text{如果 } u < 0 \end{cases} \tag{4.29}$$

如果要求 $0 \in \partial f(u^*)$，则 u^* 必须满足一定的条件。首先可以注意到，根据式(4.28)中 α_j 的定义，必然有 $\alpha_j > 0$。接下来对 β_j 做分类讨论。

- 当 $\beta_j < -\lambda$ 时，如果 $u^* < 0$，则唯一的次梯度 $\alpha_j u^* + \beta_j - \lambda < 0$；如果 $u^* = 0$，则任意次梯度都属于区间 $[\beta_j - \lambda, \beta_j + \lambda]$，从而均小于 0。由此可知，唯一的可能性是 $u^* > 0$。当 $u^* > 0$ 时，f 有唯一的次梯度 $\alpha_j u^* + \beta_j + \lambda$。因此，如果要求 $0 \in \partial f(u^*)$，则 u^* 应满足如下条件：

$$\begin{cases} \alpha_j u^* + \beta_j + \lambda = 0 \\ u^* > 0 \end{cases}$$

满足上述条件的唯一解是 $u^* = -\dfrac{\beta_j + \lambda}{\alpha_j}$。

- 当 $\beta_j > \lambda$ 时，可以类似地得到，如果要求 $0 \in \partial f(u^*)$，则 u^* 应满足如下条件：

$$\begin{cases} \alpha_j u^* + \beta_j - \lambda = 0 \\ u^* < 0 \end{cases}$$

由此可得 $u^* = -\frac{\beta_j - \lambda}{\alpha_j}$。

- 当 $-\lambda \leqslant \beta_j \leqslant \lambda$ 时，如果 $u^* < 0$，则唯一的次梯度 $\alpha_j u^* + \beta_j - \lambda < 0$；如果 $u^* > 0$，则唯一的次梯度 $\alpha_j u^* + \beta_j + \lambda > 0$。因此，只有当 $u^* = 0$ 时，$0 \in \partial f(u^*) = [\beta_j - \lambda, \beta_j + \lambda]$。

综合上述分类讨论，可以得到如下结论：如果要求 $0 \in \partial f(u^*)$，则有

$$u^* = \begin{cases} -\frac{\beta_j + \lambda}{\alpha_j}, & \text{如果 } \beta_j < -\lambda \\ 0, & \text{如果 } -\lambda \leqslant \beta_j \leqslant \lambda \\ -\frac{\beta_j - \lambda}{\alpha_j}, & \text{如果 } \beta_j > \lambda \end{cases} \tag{4.30}$$

定义 4.2(柔和阈值函数) 对于给定的 $t \in \mathbb{R}^+$，称函数 $S_t: \mathbb{R} \to \mathbb{R}$

$$S_t(x) = \begin{cases} x - t, & \text{如果 } x > t \\ 0, & \text{如果 } -t \leqslant x \leqslant t \\ x + t, & \text{如果 } x < -t \end{cases} \tag{4.31}$$

为一个以 t 为阈值的柔和阈值函数。

采用式(4.31)的柔和阈值函数，可以重新描述最优解的条件。如果 $0 \in \partial f(u^*)$，则 $u^* = S_{\lambda/\alpha_j}(-\beta_j/\alpha_j)$。根据上述分析，在 Lasso 回归问题的坐标下降算法的每一次循环中，应当取

$$w_j^* = \underset{u \in \mathbb{R}}{\operatorname{argmin}}\, F(u, \boldsymbol{w}_{-j}) = S_{\lambda/\alpha_j}(-\beta_j/\alpha_j) \tag{4.32}$$

图 4.26 是 Lasso 回归问题的坐标下降算法实现。该算法的第 7～13 行实现柔和阈值函数。第 17 行对所有 j 统一计算式(4.28)中的 α_j。在第 19 行开始的循环中依次处理每一分量。其中，第 20 行在第 t 次循环中处理分量 $j = t\%n$，第 21 行将 w 的第 j 个分量设为 0 来模拟 $\boldsymbol{w}_{-j}$，第 22 行对所有 i 统一计算 $e_j^{(i)}$，第 23 行计算式(4.28)中的 β_j，第 24 行利用柔和阈值函数计算式(4.32)。

machine_learning.lib.lasso_cd

```
1  import numpy as np
2
3  class Lasso:
4      def __init__(self, Lambda=1):
5          self.Lambda=Lambda
6
7      def soft_threshold(self, t, x):
8          if x>t:
9              return x-t
```

图 4.26 Lasso 回归问题的坐标下降算法

```
10            elif x>=-t:
11                return 0
12            else:
13                return x+t
14
15        def fit(self, X, y, N=1000):
16            m,n=X.shape
17            alpha=2 * np.sum(X**2, axis=0)/m
18            w=np.zeros(n)
19            for t in range(N):
20                j=t%n
21                w[j]=0
22                e_j=X.dot(w.reshape(-1,1))-y
23                beta_j=2 * X[:, j].dot(e_j)/m
24                w[j]=self.soft_threshold(self.Lambda/alpha[j],
                  -beta_j/alpha[j])
25            self.w=w
26
27        def predict(self, X):
28            return X.dot(self.w.reshape(-1,1))
```

图 4.26 （续）

在图 4.26 所示的算法中，式(4.26)中的单变量优化问题有形式简明的最优解。因此，对于 Lasso 回归问题而言，坐标下降算法是一个合适的优化算法。坐标下降算法的另一个应用场合是带约束优化问题。在 6.2 节的支持向量机的 SMO 算法中，将详细阐述坐标下降算法在带约束优化问题中的应用。

小结

取定模型假设与损失函数之后，经验损失最小化算法将一个监督式学习问题转化为相应的优化问题。本章介绍了在机器学习中最常用的 4 类优化算法。

梯度下降算法是最经典的优化算法。它的原理直观，而且当目标函数梯度有明确表达式时，梯度下降算法的实现也十分简单。梯度下降算法还可以推广为能处理不可微目标函数的次梯度下降算法。梯度下降算法的缺点是每次更新参数值时需要计算所有训练数据上的经验损失，这是一个耗时的过程。随机梯度下降算法由此应运而生。该算法每次随机选取一条训练数据，并计算该数据上的经验损失梯度。当数据规模足够大时，在随机选取的数据上的经验损失梯度可以良好地近似整体经验损失梯度，因此可以节省大量不必要的计算时间。然而，当数据量不足时，随机梯度下降算法的稳定性不如梯度下降算法，因而在许多实际应用中，往往采取小批量梯度下降算法作为二者的折衷。

除了以上所说的梯度类搜索算法之外，本章还介绍了牛顿迭代算法和坐标下降算法。这两类算法都将在后续章节中展现出它们的威力。

习题

4.1 考察一元目标函数 $F(w)=w^2-w+1$。设初始值 $w=0$。请给出梯度下降算法在最小化该目标函数 F 时的搜索轨迹。

4.2 考察一元目标函数 $F(w)=(w-1)^2$。设初始值 $w=0$。请给出牛顿迭代算法在最小化该目标函数 F 时的搜索轨迹。

4.3 请证明以下次梯度的性质。设 F、G、R 是 n 元实函数。

(1) 如果 $F(\boldsymbol{w})=\lambda G(\boldsymbol{w}), \forall \boldsymbol{w}\in\mathbb{R}^n$，则 $\partial F(\boldsymbol{w})=\{\lambda v: v\in\partial G(\boldsymbol{w})\}$。

(2) 如果 $F(\boldsymbol{w})=G(\boldsymbol{w})+R(\boldsymbol{w}), \forall \boldsymbol{w}\in\mathbb{R}^n$，则$\partial F(\boldsymbol{w})=\{v+\boldsymbol{u}:\boldsymbol{v}\in\partial G(\boldsymbol{w}),\boldsymbol{u}\in\partial R(\boldsymbol{w})\}$。

4.4 试述如何用次梯度来代替梯度，将随机梯度下降算法与小批量梯度下降算法推广到目标函数不可微的情形。对 Lasso 回归问题，如何用上述推广的随机梯度下降算法与小批量梯度下降算法求解?

4.5 本章中关注的是最小化问题。然而，梯度下降算法也可以用于最大值的计算问题。有时也称计算最大值的梯度下降算法为梯度上升算法。设 $F:\mathbb{R}^n\to\mathbb{R}$是一个 n 元函数。请描述关于计算最大值 $\max F(\boldsymbol{w})$的梯度下降算法以及相应的次梯度下降算法。

4.6 感知器算法与次梯度下降。

在第 2 章中学习了感知器算法。感知器算法的目标函数为

$$\max_{\boldsymbol{w},b}\frac{1}{m}\sum_{i=1}^{m} y^{(i)}\operatorname{Sign}(\langle\boldsymbol{w},\boldsymbol{x}^{(i)}\rangle+b)$$

这个目标函数是一个非处处可微的函数。请说明如何用次梯度下降算法来优化感知器算法的目标函数。

4.7 弹性网回归算法。

弹性网回归算法是线性回归问题的一种正则化算法。它结合了 L_1 正则化与 L_2 正则化两种方法。它的目标函数为

$$\min_{\boldsymbol{w}\in\mathbb{R}^n}F(\boldsymbol{w})=\frac{1}{m}\|\boldsymbol{X}\boldsymbol{w}-\boldsymbol{y}\|^2+r\lambda\,|\boldsymbol{w}|+(1-r)\lambda\,\|\boldsymbol{w}\|^2$$

其中，$\lambda\geqslant 0$ 是正则化因子。$0\leqslant r\leqslant 1$ 是弹性系数。请用坐标下降算法来优化感知器算法中的目标函数。

4.8 鲁棒回归算法。

第 3 章的习题 3.7 中的 RANSAC 算法是一个能够对抗小量异常数据干扰的回归算法。鲁棒回归算法是另一个这样的算法。其原理是，当预测值与真实标签相差较大时，采用绝对值损失，而绝对值损失受到异常数据的干扰较小。具体来说，鲁棒回归算法的模型假设是线

性模型。损失函数是如下定义的 Hubber 损失：

$$l(y,z)=\begin{cases}(y-z)^2, & |y-z|<\varepsilon \\ 2\varepsilon|y-z|-\varepsilon^2, & |y-z|\geqslant\varepsilon\end{cases}$$

其中，$\varepsilon(\varepsilon>0)$ 是一个常数。图 4.27 是当 $\varepsilon=0.5$ 时的 Hubber 损失的图像。

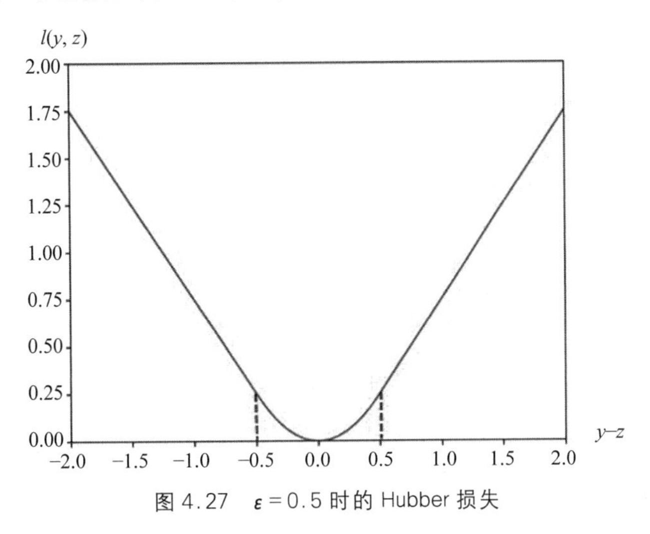

图 4.27 $\varepsilon=0.5$ 时的 Hubber 损失

请用次梯度下降算法实现鲁棒回归算法，并应用于习题 3.7 的数据上。

4.9 梯度下降算法的收敛速度。

设 $F:\mathbb{R}^n\rightarrow\mathbb{R}$是一个 n 元凸函数。假设 F 的 Hessian 方阵 ∇^2F 满足条件 $\alpha\boldsymbol{I}\leqslant\nabla^2F\leqslant\beta\boldsymbol{I}$。即，方阵 $\nabla^2F-\alpha\boldsymbol{I}$ 与 $\beta\boldsymbol{I}-\nabla^2F$ 均半正定。

(1) 请证明：对任意的 $w,u\in\mathbb{R}^n$，有

$$F(\boldsymbol{u})\geqslant F(\boldsymbol{w})+\nabla F(\boldsymbol{w})^{\mathrm{T}}(\boldsymbol{u}-\boldsymbol{w})+\frac{\alpha}{2}\|\boldsymbol{u}-\boldsymbol{w}\|^2 \tag{4.33}$$

$$F(\boldsymbol{u})\leqslant F(\boldsymbol{w})+\nabla F(\boldsymbol{w})^{\mathrm{T}}(\boldsymbol{u}-\boldsymbol{w})+\frac{\beta}{2}\|\boldsymbol{u}-\boldsymbol{w}\|^2 \tag{4.34}$$

(2) 采用梯度下降算法计算函数 F 的最小值。取定学习速率为 $\eta=1/\beta$。设算法在第 t 步搜索到的点为 $\boldsymbol{w}^{(t)}$。根据梯度下降算法原理有 $\boldsymbol{w}^{(t+1)}=\boldsymbol{w}^{(t)}-\eta\nabla F(\boldsymbol{w}^{(t)})$。请利用式(4.34)证明如下结论：

$$F(\boldsymbol{w}^{(t+1)})\leqslant F(\boldsymbol{w}^{(t)})-\frac{1}{2\beta}\|\nabla F(\boldsymbol{w}^{(t)})\|^2 \tag{4.35}$$

(3) 设 $f^*=\min F(\boldsymbol{w})$是 F 的最小值。请利用式(4.33)证明，对任意的 $\boldsymbol{w}^{(t)}$，都有

$$f^*\geqslant F(\boldsymbol{w}^{(t)})-\frac{1}{2\alpha}\|\nabla F(\boldsymbol{w}^{(t)})\|^2 \tag{4.36}$$

(4) 请结合式(4.35)与式(4.36)证明，对任意的 $\varepsilon>0$，当

$$t>\frac{\log((F(\boldsymbol{w}^{(0)})-f^*)/\varepsilon)}{\log(\beta/(\beta-\alpha))}$$

时，有 $F(\boldsymbol{w}^{(t)})-f^*<\varepsilon$。此时，称梯度下降算法收敛了。

第 5 章　Logistic 回归算法

回归问题与分类问题是最重要的两类监督式学习问题。第 3 章中的线性回归算法是用于解决回归问题的重要方法,但它并不直接适用于分类问题。本章介绍的 Logistic 回归算法就是针对分类问题的一个重要算法。

Logistic 回归算法是模型假设为 Sigmoid 函数的经验损失最小化算法。在第 4 章中介绍了求解经验损失最小化问题的优化搜索算法。本章将在此基础上详细介绍 Logistic 回归算法的相关知识。5.1 节对 Logistic 回归做入门性的介绍,并阐述 Logistic 回归目标函数与模型假设的统计意义。5.2 节介绍 Logistic 回归优化算法。包括第 4 章中随机梯度下降算法与牛顿迭代算法在 Logistic 回归问题中的具体实现。5.3 节介绍一般分类问题的度量方法,着重介绍准确率、精确率与召回率这 3 个机器学习中的重要概念。5.4 节介绍 Softmax 回归算法。它是 Logistic 回归算法在多元分类问题中的推广。

5.1　Logistic 回归基本概念

在实际应用中,经常会遇到根据特征对事物进行分类的问题。例如,在第 2 章中介绍的鸢尾花种类预测问题。这个问题要根据花萼长、花萼宽、花瓣长以及花瓣宽这 4 个特征,来预测相应的鸢尾花是属于山鸢尾、变色鸢尾或弗吉尼亚鸢尾这 3 类中的哪一类。可见鸢尾花预测问题是一个分类问题。由于鸢尾花有 3 个种类,因此这个分类问题是一个三元分类问题。

在分类问题中,每一个样本都有一个标签,用于表示这个样本所属的类别。定义 2.2 给出了在 k 元分类问题中标签的一般设定方式。即,每个对象的标签是一个 k 维向量。如果该对象属于第 i 类,则标签向量的第 i 位的值是 1,其余位的值是 0。例如,在鸢尾花分类问题中,标签是一个三维向量。如果是山鸢尾,则标签为 $\boldsymbol{y}=(1,0,0)$;如果是变色鸢尾,则 $\boldsymbol{y}=(0,1,0)$,如果是弗吉尼亚鸢尾,则 $\boldsymbol{y}=(0,0,1)$。

在一个 k 元分类问题中，设 $X \subseteq \mathbb{R}^n$ 为样本空间，$Y \subseteq [0,1]^k$ 为标签空间。对任一样本 $\boldsymbol{x} \in X$，记 D_x 为 $\boldsymbol{x}$ 的标签分布。监督式学习的任务是对给定的样本 $\boldsymbol{x}$ 预测 $E_{\boldsymbol{y}\sim D_{\boldsymbol{x}}}[\boldsymbol{y}]$。

设 $\boldsymbol{y} = (y_1, y_2, \cdots, y_k)$，则 $E_{\boldsymbol{y}\sim D_{\boldsymbol{x}}}[\boldsymbol{y}] = (E_{\boldsymbol{y}\sim D_{\boldsymbol{x}}}[y_1], E_{\boldsymbol{y}\sim D_{\boldsymbol{x}}}[y_2], \cdots, E_{\boldsymbol{y}\sim D_{\boldsymbol{x}}}[y_k])$。对期望向量 $E_{\boldsymbol{y}\sim D_{\boldsymbol{x}}}[\boldsymbol{y}]$ 中的第 i 个分量 $E_{\boldsymbol{y}\sim D_{\boldsymbol{x}}}[y_i](i = 1,2,\cdots,k)$，有

$$E_{\boldsymbol{y}\sim D_{\boldsymbol{x}}}[y_i] = \Pr(y_i = 0) \times 0 + \Pr(y_i = 1) \times 1 = \Pr(y_i = 1) \tag{5.1}$$

因此，$E_{\boldsymbol{y}\sim D_{\boldsymbol{x}}}[\boldsymbol{y}]$ 的第 i 个分量为对象属于第 i 个类别的概率。由此可见，分类问题的监督式学习算法的任务是对给定的特征组 $\boldsymbol{x}$ 预测对象属于每一个类别的概率。

对于二元分类问题，除了定义 2.2 中给出的标签的设定方式外，还有另外一种简化数学记号的 0-1 标签形式，即分别以 0 和 1 表示二元分类问题中的两个类别。在本章中，均按此方式给标签赋值。按照这样的标签表示方式，二元分类问题的监督式学习算法的任务是对给定的样本特征组 $\boldsymbol{x}$ 预测 $\Pr(y=0)$ 与 $\Pr(y=1)$。由于标签 y 只有 0 和 1 两种可能的取值，所以必然有

$$\Pr(y = 0) + \Pr(y = 1) = 1 \tag{5.2}$$

因此，可以进一步简化监督式学习算法的任务为对给定的样本特征组 x 预测 $\Pr(y = 1)$。而 $\Pr(y = 0)$ 可以由 $1 - \Pr(y = 1)$ 得到。

如果将概率看成一个数值属性，则二元分类问题的概率预测就转化成一个回归问题。按此思路，最简单的方法是直接采用特征组的线性回归模型来预测概率。但这个方法面临的问题是预测的结果可能会超出区间[0,1]。由于预测的对象是一个概率，所以[0,1]以外的预测值都是不符合要求的。

为了能够根据特征组 $\boldsymbol{x}$ 来预测 $\Pr(y = 1)$，需要寻找一个连续函数，它既能表达特征组 $\boldsymbol{x}$ 与概率 $\Pr(y = 1)$ 之间的依存关系，又能保证在特征变动时对应的函数值不超出区间[0,1]。Sigmoid 函数就是满足这种要求的函数，其表达式为

$$\text{Sigmoid}(t) = \frac{1}{1 + \mathrm{e}^{-t}}, \quad t \in \mathbb{R} \tag{5.3}$$

显然，当 $t \to -\infty$ 时，$\text{Sigmoid}(t) \to 0$；当 $t \to +\infty$ 时，$\text{Sigmoid}(t) \to 1$。即，对任意 $t \in \mathbb{R}$，Sigmoid 函数的取值都不超出区间[0,1]。函数的图像如图 5.1 所示。

用 Sigmoid 函数描述特征组 $\boldsymbol{x}$ 与概率 $\Pr(y=1)$ 之间关系的模型就是 Logistic 模型。

定义 5.1（Logistic 模型） 取定特征组 $\boldsymbol{x} \in \mathbb{R}^n$，称模型

$$h_{\boldsymbol{w}}(\boldsymbol{x}) = \text{Sigmoid}(\langle \boldsymbol{w}, \boldsymbol{x} \rangle) = \frac{1}{1 + \mathrm{e}^{-\langle \boldsymbol{w}, \boldsymbol{x} \rangle}} \tag{5.4}$$

为一个 Logistic 模型，其中 $\boldsymbol{w} \in \mathbb{R}^n$ 为模型的参数。

在定义 5.1 中依然沿用第 3 章中的记号简化，即，设每个特征组 $\boldsymbol{x}$ 的首位总是 1，这样可以统一表示线性模型中的系数与偏置项。

根据 Sigmoid 函数的性质可知，式(5.4)中的函数 $h_{\boldsymbol{w}}(\boldsymbol{x})$ 取值在[0,1]区间内，因而可以将其作为对 $\Pr(y=1)$ 的预测值。给定样本特征组 $\boldsymbol{x}$ 及其标签 y，采用 Logistic 模型 $h_{\boldsymbol{w}}$ 描述特征组 $\boldsymbol{x}$ 与概率 $\Pr(y=1)$ 之间的关系。其中，$h_{\boldsymbol{w}}$ 预测 $\boldsymbol{x}$ 的标签为 1 的概率为

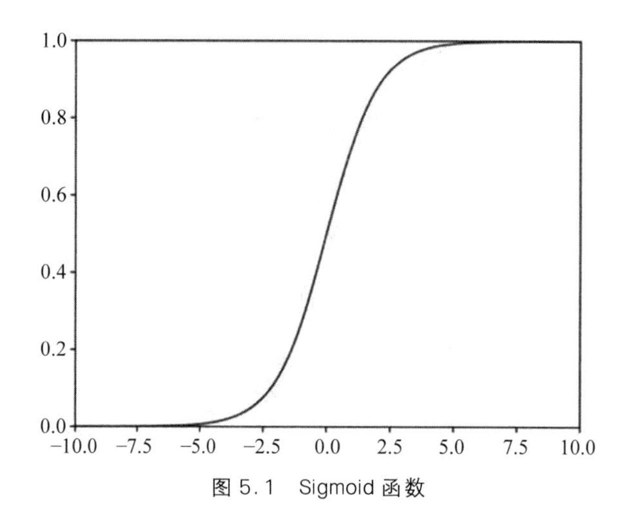

图 5.1　Sigmoid 函数

$$h_w(x)=\frac{1}{1+\mathrm{e}^{-\langle \boldsymbol{w},\boldsymbol{x}\rangle}}$$

而它预测标签为 0 的概率为

$$1-h_w(x)=\frac{\mathrm{e}^{-\langle \boldsymbol{w},\boldsymbol{x}\rangle}}{1+\mathrm{e}^{-\langle \boldsymbol{w},\boldsymbol{x}\rangle}}=\frac{1}{1+\mathrm{e}^{\langle \boldsymbol{w},\boldsymbol{x}\rangle}} \tag{5.5}$$

为了描述 Logistic 回归算法,还需指明损失函数。

定义 5.2(对数损失函数)　对任意 $\boldsymbol{y}=(y_1,y_2,\cdots,y_k)$,$\boldsymbol{z}=(z_1,z_2,\cdots,z_k)\in[0,1]^k$,对数损失函数定义为

$$l(\boldsymbol{y},\boldsymbol{z})=-\sum_{t=1}^{k} y_t\log z_t \tag{5.6}$$

在一个二元分类问题中,Logistic 回归算法就是以式(5.4)的 Logistic 模型为模型假设,且以式(5.6)的对数损失为损失函数的经验损失最小化算法。

注意到在式(5.6)的对数损失函数中,标签采用的是 k 元分类问题的向量标签的形式。对于二元分类问题,如果标签是采取 0-1 标签的形式,则式(5.6)的对数损失函数可以表示为

$$l(y,h_w(\boldsymbol{x}))=-y\log h_w(\boldsymbol{x})-(1-y)\log(1-h_w(\boldsymbol{x})) \tag{5.7}$$

给定一条训练数据 $(\boldsymbol{x},y)$,$\boldsymbol{x}\in\mathbb{R}^n$,$y\in\{0,1\}$。$h_w$ 为 Logistic 模型。将式(5.4)和式(5.5)代入式(5.7),得到模型 h_w 在 $(\boldsymbol{x},y)$ 上的对数损失函数为

$$l(y,h_w(\boldsymbol{x}))=-y\log\frac{1}{1+\mathrm{e}^{-\langle \boldsymbol{w},\boldsymbol{x}\rangle}}-(1-y)\log\frac{1}{1+\mathrm{e}^{\langle \boldsymbol{w},\boldsymbol{x}\rangle}} \tag{5.8}$$

式(5.8)还可以进一步简化为

$$l(y,h_w(\boldsymbol{x}))=y\log(1+\mathrm{e}^{-\langle \boldsymbol{w},\boldsymbol{x}\rangle})+(1-y)\log(1+\mathrm{e}^{\langle \boldsymbol{w},\boldsymbol{x}\rangle}) \tag{5.9}$$

Logistic 回归算法的目标函数是由式(5.9)定义的损失函数在训练数据上的经验损失。相应的算法描述见图 5.2。

Logistic 回归算法

输入：m 条训练数据 $S=\{(\boldsymbol{x}^{(1)},y^{(1)}),(\boldsymbol{x}^{(2)},y^{(2)}),\cdots,(\boldsymbol{x}^{(m)},y^{(m)})\}$

输出：Logistic 模型 $h_{\boldsymbol{w}^*}(\boldsymbol{x})=\dfrac{1}{1+\mathrm{e}^{-\langle \boldsymbol{w}^*,\boldsymbol{x}\rangle}}$，使得 $\boldsymbol{w}^*\in\mathbb{R}^n$ 为如下优化问题的最优解

$$\min_{\boldsymbol{w}\in\mathbb{R}^n}\frac{1}{m}\sum_{i=1}^{m}\left[y^{(i)}\log(1+\mathrm{e}^{-\langle \boldsymbol{w},\boldsymbol{x}^{(i)}\rangle})+(1-y^{(i)})\log(1+\mathrm{e}^{\langle \boldsymbol{w},\boldsymbol{x}^{(i)}\rangle})\right]$$

图 5.2　Logistic 回归算法描述

定义 5.3（交叉熵）　式(5.10)中的 Logistic 回归问题的目标函数称为交叉熵

$$\frac{1}{m}\sum_{i=1}^{m}\left[y^{(i)}\log(1+\mathrm{e}^{-\langle \boldsymbol{w},\boldsymbol{x}^{(i)}\rangle})+(1-y^{(i)})\log(1+\mathrm{e}^{\langle \boldsymbol{w},\boldsymbol{x}^{(i)}\rangle})\right] \tag{5.10}$$

在线性回归算法中的一个基本假设是，标签分布是以模型预测值为期望的正态分布。因此，可以根据正态分布的似然函数推导出其均方误差。交叉熵的统计意义同样可以用最大似然原则来阐述。与线性回归算法类似，Logistic 回归算法中也有一个关于标签分布的基本假设，即标签分布是伯努利分布。给定 Logistic 模型 $h_{\boldsymbol{w}}$ 及特征样本 $\boldsymbol{x}$，Logistic 回归假设标签分布 $D_{\boldsymbol{x}}=\mathrm{Bernoulli}(h_{\boldsymbol{w}}(\boldsymbol{x}))$是以 $h_{\boldsymbol{w}}(\boldsymbol{x})$为期望的伯努利分布。如果用 Y 表示标签随机变量，则 Y 的分布有如下参数化的形式

$$p_{\boldsymbol{w}}(Y=y)=\begin{cases}h_{\boldsymbol{w}}(\boldsymbol{x}), & \text{如果 } y=1\\ 1-h_{\boldsymbol{w}}(\boldsymbol{x}), & \text{如果 } y=0\end{cases} \tag{5.11}$$

式(5.11)等价于

$$p_{\boldsymbol{w}}(Y=y)=h_{\boldsymbol{w}}(\boldsymbol{x})^{y}(1-h_{\boldsymbol{w}}(\boldsymbol{x}))^{1-y} \tag{5.12}$$

因此，给定训练数据$(\boldsymbol{x}^{(1)},y^{(1)}),(\boldsymbol{x}^{(2)},y^{(2)}),\cdots,(\boldsymbol{x}^{(m)},y^{(m)})$，Logistic 模型 $h_{\boldsymbol{w}}$ 的似然函数为

$$\begin{aligned}\mathrm{Like}(\boldsymbol{w}\mid y^{(1)},y^{(2)},\cdots,y^{(m)})&=\prod_{i=1}^{m}p_{\boldsymbol{w}}(Y=y^{(i)})\\&=\prod_{i=1}^{m}h_{\boldsymbol{w}}(\boldsymbol{x}^{(i)})^{y^{(i)}}(1-h_{\boldsymbol{w}}(\boldsymbol{x}^{(i)}))^{1-y^{(i)}}\end{aligned} \tag{5.13}$$

与线性回归中的处理方法类似，最大化似然函数等价于最大化似然函数的对数。对式(5.13)取对数，得到

$$\sum_{i=1}^{m}\left[y^{(i)}\log h_{\boldsymbol{w}}(\boldsymbol{x}^{(i)})+(1-y^{(i)})\log(1-h_{\boldsymbol{w}}(\boldsymbol{x}^{(i)}))\right] \tag{5.14}$$

对式(5.14)取负号，再乘以常数 $1/m$，即得交叉熵。因此，最大化式(5.14)等价于最小化交叉熵。这就是交叉熵的统计意义。

图 5.2 算法的任务是预测样本属于某个类别的概率。这种形式的预测任务称为概率预测任务。在有些实际问题中，需要算法给出样本所属类别的判断。例如，在第 2 章介绍的鸢尾花问题中，算法的任务是输出给定鸢尾花的属种。这种形式的预测任务就称为类别预测任务。对于类别预测任务，常用的策略是定义一个从概率值映射到标签值的函数，以便在概率预测任务的基础上进一步做出类别的判断。这类函数称为分类函数。

定义 5.4(最大概率分类函数) 在一个 k 元分类问题中,给定概率预测模型 h,即 $h(\boldsymbol{x})=(h_1(\boldsymbol{x}),h_2(\boldsymbol{x}),\cdots,h_k(\boldsymbol{x}))\in[0,1]^k$。其中,$h_i(\boldsymbol{x})$ 为样本 $\boldsymbol{x}$ 属于第 i 个类别的概率。关于模型 h 的最大概率分类函数为

$$\mathrm{MaxProb}_h(\boldsymbol{x})=\underset{1\leqslant i\leqslant k}{\operatorname{argmax}}\ h_i(\boldsymbol{x}) \tag{5.15}$$

式(5.15)的最大概率分类函数是最常用的分类函数。顾名思义,最大概率分类函数输出具有最大的模型预测概率所对应的类别,并将其作为样本的类别预测。

在二元分类问题中,阈值分类函数是另外一类常用的分类函数。

定义 5.5(阈值分类函数) 在一个二元分类问题中,设标签在$\{0,1\}$中取值。给定概率预测模型 h,即 $h(\boldsymbol{x})$ 表示特征组 $\boldsymbol{x}$ 的标签为 1 的概率。关于模型 h 的以 t 为阈值的阈值分类函数为

$$T_{h,t}(\boldsymbol{x})=\begin{cases}1, & \text{如果 } h(\boldsymbol{x})\geqslant t\\ 0, & \text{如果 } h(\boldsymbol{x})<t\end{cases} \tag{5.16}$$

根据定义 5.5,当模型预测标签为 1 的概率高于取定阈值时,阈值分类函数预测标签为 1,否则预测标签为 0。显然,在二元分类问题中,最大概率分类函数就是阈值为 0.5 的阈值分类函数。

分类函数的概念将概率预测任务转化为类别预测任务。因而可以认为,分类问题的本质依然是概率预测,而类别预测则是概率预测的一个自然延伸。

本节最后阐述 Sigmoid 函数的统计意义,并揭示 Logistic 回归与线性回归的深层次联系。明确这一联系对于模型假设的选取有着指导性意义。在此之前,需要先介绍概率论的相关知识。

定义 5.6(指数分布族) 称具有如下形式的密度函数的概率分布全体为指数分布族:

$$f_{\eta,a,b,T}(y)=b(y)e^{\eta T(y)-a(\eta)},\quad y\in\mathbb{R} \tag{5.17}$$

其中,$a,b,T:\mathbb{R}\to\mathbb{R}$为一元实函数,$\eta\in\mathbb{R}$称为自然参数,$a(\eta)$ 称为对数正规化子,$b(y)$称为底层观测,$T(y)$称为充分统计量。

在定义 5.6 中,每一个指数分布族中的概率分布都可以用参数 η、$a(\eta)$、$b(y)$和 $T(y)$所表示的式(5.17)唯一表示。

例 5.1 设 $D=N(\mu,\sigma)$是一个期望为 μ、标准差为 σ 的正态分布。不妨设 $\sigma=1$。由此可知,D 的密度函数为

$$f(y)=\frac{1}{\sqrt{2\pi}}\mathrm{e}^{-(y-\mu)^2/2} \tag{5.18}$$

若在式(5.17)中取如下参数:

$$\eta=\mu \tag{5.19}$$

$$a(\eta)=\eta^2/2 \tag{5.20}$$

$$b(y)=\frac{1}{\sqrt{2\pi}}\mathrm{e}^{-y^2/2} \tag{5.21}$$

$$T(y)=y \tag{5.22}$$

则可以验证式(5.18)中的 $f(y)$恰为式(5.17)中的 $f_{\eta,b,a}(y)$。可见,正态分布属于指数分布族。且由式(5.19)可知,自然参数 η 恰为正态分布的期望μ。在线性回归中,假定 μ 是 $\boldsymbol{x}$ 的线性函数,于是自然参数 η 是特征 $\boldsymbol{x}$ 的线性函数。

例 5.2 设 $D=\text{Bernoulli}(p)$为以 p 为期望的伯努利分布。相应地,D 的密度函数如下:

$$f(y)=\begin{cases}p, & \text{如果 } y=1\\ 1-p, & \text{如果 } y=0\end{cases}$$

若在式(5.17)中取如下参数:

$$\eta=\log\frac{p}{1-p} \tag{5.23}$$

$$a(\eta)=\log(1+\mathrm{e}^{\eta}) \tag{5.24}$$

$$b(y)=1 \tag{5.25}$$

$$T(y)=y \tag{5.26}$$

则可以验证,对任意 $y\in\{0,1\}$,$f(y)$恰为式(5.17)中的 $f_{\eta,b,a}(y)$。可见,伯努利分布属于指数分布族。

例 5.2 揭示了 Sigmoid 函数的统计意义。从式(5.23)可推导出

$$p=\frac{1}{1+\mathrm{e}^{-\eta}} \tag{5.27}$$

显然,式(5.27)的右端就是 Sigmoid 函数。即,一个伯努利分布的期望 p 是自然参数 η 的 Sigmoid 函数。

如果假设自然参数 η 是特征 $\boldsymbol{x}$ 的线性函数,即,$\eta=\langle\boldsymbol{w},\boldsymbol{x}\rangle$,则根据式(5.27),有

$$p=\frac{1}{1+\mathrm{e}^{-\langle\boldsymbol{w},\boldsymbol{x}\rangle}} \tag{5.28}$$

式(5.28)恰为 Logistic 模型。

从式(5.19)和式(5.28)可知,线性回归与 Logistic 回归对自然参数有相同的假设。即,给定特征组 $\boldsymbol{x}$,自然参数 η 为 $\boldsymbol{x}$ 的线性函数。由于监督式学习中的模型预测的是标签分布的期望,所以对线性回归而言,标签分布的期望为 $\eta=\langle\boldsymbol{w},\boldsymbol{x}\rangle$。这是一个线性模型。对 Logistic 回归而言,标签分布的期望为 $\frac{1}{1+\mathrm{e}^{-\eta}}=\frac{1}{1+\mathrm{e}^{-\langle\boldsymbol{w},\boldsymbol{x}\rangle}}$。这就是 Logistic 模型。因此,指数分布族和对自然参数的线性假设是 Logistic 回归与线性回归的深层次联系。

通过上述对 Logistic 回归与线性回归的深层次联系的分析,可以总结出模型假设的选取原则:如果假设标签分布 D_x 是某个指数分布族中的概率分布,则可以将 D_x 的期望 $E_{y\sim D_x}[y]$ 写成自然参数 η 的函数 $h(\eta)$。设自然参数 $\eta=\langle\boldsymbol{w},\boldsymbol{x}\rangle$ 为特征组 $\boldsymbol{x}$ 的线性函数,就可以得到模型假设 $h_w(\boldsymbol{x})=h(\eta)=h(\langle\boldsymbol{w},\boldsymbol{x}\rangle)$。这一原则可以帮助机器学习算法设计者根据对标签分布灵活多样的假设来选择相应的模型,而不局限于线性函数或者 Sigmoid 函数。

5.2 Logistic 回归优化算法

本节介绍求解 Logistic 回归问题的优化算法。首先用梯度下降与随机梯度下降算法求解 Logistic 回归问题。然后，介绍牛顿迭代算法在 Logistic 回归问题中的应用。这 3 类算法都是常用的求解 Logistic 回归问题的优化算法。

梯度下降算法的收敛性与正确性是由目标函数的凸性保证的。因此，首先证明 Logistic 回归的目标函数，即交叉熵，是一个凸函数。

定理 5.1 式(5.10)中的交叉熵是一个凸函数。

证明：只需对每一条训练数据 $(\boldsymbol{x},y)$ 证明 $y\log(1+\mathrm{e}^{-\langle \boldsymbol{w},\boldsymbol{x}\rangle})+(1-y)\log(1+\mathrm{e}^{\langle \boldsymbol{w},\boldsymbol{x}\rangle})$ 为凸函数。由于 $y\in\{0,1\}$，问题可以进一步简化为：证明 $\log(1+\mathrm{e}^{-\langle \boldsymbol{w},\boldsymbol{x}\rangle})$ 与 $\log(1+\mathrm{e}^{\langle \boldsymbol{w},\boldsymbol{x}\rangle})$ 均为凸函数。由于 $-\langle \boldsymbol{w},\boldsymbol{x}\rangle$ 与 $\langle \boldsymbol{w},\boldsymbol{x}\rangle$ 均为线性函数，所以它们均为凸函数。因此，根据凸函数的性质(附录 A 引理 A.3.3)，只要证明一元函数 $f(t)=\log(1+\mathrm{e}^t)$ 是单调递增凸函数即可。由于

$$f'(t)=\frac{\mathrm{e}^t}{1+\mathrm{e}^t}>0$$

$$f''(t)=\frac{\mathrm{e}^t}{(1+\mathrm{e}^t)^2}>0$$

这就证明了 $f(t)=\log(1+\mathrm{e}^t)$ 确实是一个单调递增凸函数。

定理 5.1 保证了交叉熵的凸性，从而保证了梯度下降算法适用于求解 Logistic 回归问题。为了清晰地描述梯度下降算法，还需要计算交叉熵的梯度。

设 $(\boldsymbol{x},y)\in\{(\boldsymbol{x}^{(1)},y^{(1)}),(\boldsymbol{x}^{(2)},y^{(2)}),\cdots,(\boldsymbol{x}^{(m)},y^{(m)})\}$ 为任意取定的一条训练数据。根据式(5.9)有

$$\begin{aligned}\nabla l(y,h_{\boldsymbol{w}}(\boldsymbol{x}))&=-y\boldsymbol{x}\frac{\mathrm{e}^{-\langle \boldsymbol{w},\boldsymbol{x}\rangle}}{1+\mathrm{e}^{-\langle \boldsymbol{w},\boldsymbol{x}\rangle}}+(1-y)\boldsymbol{x}\frac{\mathrm{e}^{\langle \boldsymbol{w},\boldsymbol{x}\rangle}}{1+\mathrm{e}^{\langle \boldsymbol{w},\boldsymbol{x}\rangle}}\\&=\boldsymbol{x}\left(\frac{1}{1+\mathrm{e}^{-\langle \boldsymbol{w},\boldsymbol{x}\rangle}}-y\right)=\boldsymbol{x}(h_{\boldsymbol{w}}(\boldsymbol{x})-y)\end{aligned}\tag{5.29}$$

用 $F(\boldsymbol{w})$ 表示式(5.10)中的交叉熵。根据梯度的线性特性可知

$$\nabla F(\boldsymbol{w})=\frac{1}{m}\sum_{i=1}^{m}\boldsymbol{x}^{(i)}(h_{\boldsymbol{w}}(\boldsymbol{x}^{(i)})-y^{(i)})\tag{5.30}$$

沿用第 3 章中的记号，$\boldsymbol{X}$ 和 $\boldsymbol{y}$ 分别为如下 $m\times n$ 矩阵和 $m\times 1$ 列向量：

$$\boldsymbol{X}=\begin{bmatrix}\boldsymbol{x}^{(1)\mathrm{T}}\\\boldsymbol{x}^{(2)\mathrm{T}}\\\vdots\\\boldsymbol{x}^{(m)\mathrm{T}}\end{bmatrix},\quad \boldsymbol{y}=\begin{bmatrix}y^{(1)}\\y^{(2)}\\\vdots\\y^{(m)}\end{bmatrix}$$

并用 $\boldsymbol{h}_{\boldsymbol{w}}(\boldsymbol{X})$ 表示如下 $m\times 1$ 列向量：

$$\boldsymbol{h}_w(\boldsymbol{X}) = \begin{bmatrix} h_w(\boldsymbol{x}^{(1)}) \\ h_w(\boldsymbol{x}^{(2)}) \\ \vdots \\ h_w(\boldsymbol{x}^{(m)}) \end{bmatrix}$$

用上述记号，可以将式(5.30)重新写成

$$\nabla F(\boldsymbol{w}) = \frac{1}{m}\boldsymbol{X}^{\mathrm{T}}(\boldsymbol{h}_w(\boldsymbol{X}) - \boldsymbol{y}) \tag{5.31}$$

图5.3是 *Logistic* 回归问题的梯度下降算法实现。算法中第3、4行实现了 *Sigmoid* 函数。第6～21行实现了 *LogisticRegression* 类。第7行声明的 *fit* 函数中需要两个参数：学习速率 η 与搜索轮数 N。第10行开始 N 轮搜索，第12行实现了式(5.31)，第13行进行梯度下降搜索，并更新 w。

第16、17行实现了 *predict_ proba* 函数，它用训练好的 *Logistic* 模型来完成概率预测任务。第19～21行实现了 *predict* 函数，它在概率预测的基础上，用阈值等于0.5的阈值分类函数(或者说是最大概率分类函数)来完成类别预测任务。

```
machine_learning.lib.logistic_regression_gd
 1  import numpy as np
 2
 3  def sigmoid(scores):
 4      return 1/(1+np.exp(-scores))
 5
 6  class LogisticRegression:
 7      def fit(self, X, y, eta=0.1, N=1000):
 8          m, n=X.shape
 9          w=np.zeros((n,1))
10          for t in range(N):
11              h=sigmoid(X.dot(w))
12              g=1.0/m * X.T.dot(h-y)
13              w=w-eta * g
14          self.w=w
15
16      def predict_proba(self, X):
17          return sigmoid(X.dot(self.w))
18
19      def predict(self, X):
20          proba=self.predict_proba(X)
21          return (proba>=0.5).astype(np.int)
```

图5.3 Logistic回归问题的梯度下降算法

对分类问题的Logistic回归模型的预测效果有多种度量方法。其中，最基本的度量方

法是使用式(5.10)中的交叉熵。图 5.4 中的 cross_entropy 函数就是交叉熵的具体实现。

```
machine_learning.lib.metrics
1  import numpy as np
2
3  def cross_entropy(y_true, y_pred):
4      return np.average(-y_true * np.log(y_pred)-(1-y_true) * np.log(1-y_pred))
```

图 5.4　计算交叉熵的函数

例 5.3　山鸢尾识别问题。

第 2 章中介绍过 Sklearn 数据库中的鸢尾花数据集。数据集中每一条数据对应一株鸢尾花,且含有花萼长、花萼宽、花瓣长以及花瓣宽 4 个特征。每条数据中还含有一个表示鸢尾花属种的标签。数据集中的鸢尾花共有 3 个不同的属种:山鸢尾、变色鸢尾以及弗吉尼亚鸢尾。

山鸢尾识别问题是根据鸢尾花的 4 个特征预测其是否为山鸢尾。仍使用鸢尾花数据集。保留每株鸢尾花的 4 个特征,但对每株鸢尾花的标签作了变动。如果鸢尾花的属种是山鸢尾,则标签值为 1,否则标签值为 0。因此,山鸢尾识别问题就成为一个二元分类问题。其标签形式为 0-1 标签。

图 5.5 中的算法用图 5.3 中的梯度下降算法实现的 Logistic 回归算法来求解山鸢尾识别问题。算法中第 4、5 行分别导入图 5.3 中的 Logistic 回归算法与图 5.4 中的交叉熵函数。第 7～10 行的 process_features 函数对特征组首位增补常数 1,以简化记号。第 12～17 行将 Sklearn 数据库中的鸢尾花数据集读出,并随机分为训练数据与测试数据两部分。其中,第 14 行将标签变换成 0-1 标签形式。在第 20 行的模型训练中,选择学习速率 $\eta=0.1$ 及搜索步数 $N=50000$。第 22、23 行计算并打印模型交叉熵的值。运行图 5.5 中的程序,得到的交叉熵值为 0.018。

```
1   import numpy as np
2   from sklearn import datasets
3   from sklearn.model_selection import train_test_split
4   from machine_learning.lib.logistic_regression_gd import LogisticRegression
5   import machine_learning.lib.classification_metrics as metrics
6
7   def process_features(X):
8       m, n=X.shape
9       X=np.c_[np.ones((m, 1)), X]
10      return X
11
```

图 5.5　山鸢尾识别问题的 Logistic 回归算法

```
12  iris=datasets.load_iris()
13  X=iris["data"]
14  y=(iris["target"]==2).astype(np.int).reshape(-1,1)
15  X_train, X_test, y_train, y_test=train_test_split(X, y, test_size=0.2,
                                                       random_state=0)
16  X_train=process_features(X_train)
17  X_test=process_features(X_test)
18
19  model=LogisticRegression()
20  model.fit(X_train, y_train, eta=0.1, N=50000)
21  proba=model.predict_proba(X_test)
22  entropy=metrics.cross_entropy(y_test, proba)
23  print("cross entropy={}".format(entropy))
```

图 5.5 （续）

除了梯度下降算法之外，还可以用随机梯度下降算法来完成 Logistic 回归。随机梯度下降算法在每一步循环中随机选取一条训练数据，并以该训练数据上的经验损失梯度来更新参数值。式(5.29)给出了每一条训练数据的经验损失梯度的计算方法。由此得到图 5.6 所示的求解 Logistic 回归问题的随机梯度下降算法。

```
machine_learning.lib.logistic_regression_sgd
 1  import numpy as np
 2
 3  def sigmoid(scores):
 4      return 1/(1+np.exp(-scores))
 5
 6  class LogisticRegression:
 7      def fit(self, X, y, eta_0=10, eta_1=50, N=1000):
 8          m, n=X.shape
 9          w=np.zeros((n,1))
10          self.w=w
11          for t in range(N):
12              i=np.random.randint(m)
13              x=X[i].reshape(1,-1)
14              pred=sigmoid(x.dot(w))
15              g=x.T * (pred-y[i])
16              w=w-eta_0/(t+eta_1) * g
17              self.w+=w
18          self.w/=N
```

图 5.6　Logistic 回归问题的随机梯度下降算法

```
19
20    def predict_proba(self, X):
21        return sigmoid(X.dot(self.w))
22
23    def predict(self, X):
24        proba=self.predict_proba(X)
25        return(proba>=0.5).astype(np.int)
```

图 5.6 （续）

例 5.4 数字 6 识别问题。

第 1 章对手写数字识别问题做过一个简单的描述。它的数据集 MNIST 是美国国家标准与技术研究所收集的不同人手写数字的图片。MNIST 数据集中共有 70 000 张数字 0～9 的图片。每一张图片对应于该图片的 784 个像素。图片的每一个像素值由 0、1 之间的灰度值表示。灰度值越大，颜色就越深。因此，在手写数字识别问题中，每一张图片对应于一个 784 维特征组。特征组的每一个分量是在区间[0,1]中取值的小数。每一张图片都带有一个标签。标签值就是该图片中的数字。手写数字识别问题是一个十元分类问题。它的任务是根据图片灰度特征来预测图片标签值。

数字 6 识别问题是手写数字问题的简化版本。在数字 6 识别问题中，依然采用 MNIST 数据集，即每张图片的特征组仍为 784 维像素灰度值向量。但每张图片的标签与手写数字问题不同。数字 6 识别问题的标签在{0,1}中取值。如果图片中的数字是 6，则标签值为 1，否则标签值为 0。数字 6 识别问题的任务是根据图片特征预测图片标签值是否为 6。因此，数字 6 识别问题是一个二元分类问题。可以考虑 Logistic 回归算法。

图 5.7 中的程序调用图 5.6 的 Logistic 回归算法建立预测模型。第 6 行从数据库中导出 MNIST 数据集。其中，设定 one_hot 参数值为 False，从而取出的数据标签属于{0,1,…,9}。第 7、8 行取出训练数据与测试数据。第 9、10 行将训练数据与测试数据的标签转换成 0-1 标签形式：如果原始标签值为 6，则生成标签 1，否则生成标签 0。第 12 行调用图 5.6 中的 Logistic 回归算法。第 13 行用 3000 步梯度下降搜索来训练模型。运行图 5.7 中的程序，得到交叉熵的值为 0.06。

```
1  import numpy as np
2  from tensorflow.examples.tutorials.mnist import input_data
3  from machine_learning.lib.logistic_regression_sgd import LogisticRegression
4  import machine_learning.lib.classification_metrics as metrics
5
6  mnist=input_data.read_data_sets("MNIST_data/", one_hot=False)
7  X_train, y_train=mnist.train.images, mnist.train.labels
```

图 5.7 数字 6 识别问题的 Logistic 回归算法

```
 8  X_test, y_test=mnist.test.images, mnist.test.labels
 9  y_train=(y_train==6).astype(np.int).reshape(-1,1)
10  y_test=(y_test==6).astype(np.int).reshape(-1,1)
11
12  model=LogisticRegression()
13  model.fit(X_train, y_train, eta_0=10, eta_1=50, N=3000)
14  proba=model.predict_proba(X_test)
15  entropy=metrics.cross_entropy(y_test, proba)
16  print("cross entropy={}".format(entropy))
```

图 5.7 （续）

在第 4 章的例 4.11 中曾将牛顿迭代算法应用于求解线性回归问题。作为一个经典的优化算法，牛顿迭代算法同样也可用于求解 Logistic 回归问题。首先，推导出交叉熵的 Hessian 方阵。按照式(5.29)，对任意训练数据$(\boldsymbol{x},y)$，有

$$\nabla^2 l(y,h_w(\boldsymbol{x}))=\boldsymbol{x}\frac{\mathrm{e}^{-\langle \boldsymbol{w},\boldsymbol{x}\rangle}}{(1+\mathrm{e}^{-\langle \boldsymbol{w},\boldsymbol{x}\rangle})^2}\boldsymbol{x}^{\mathrm{T}}=\boldsymbol{x}h_w(\boldsymbol{x})(1-h_w(\boldsymbol{x}))\boldsymbol{x}^{\mathrm{T}} \tag{5.32}$$

所以，根据 Hessian 方阵的线性特性，有

$$\nabla^2 F(\boldsymbol{w})=\frac{1}{m}\sum_{i=1}^{m}\boldsymbol{x}^{(i)}h_w(\boldsymbol{x}^{(i)})(1-h_w(\boldsymbol{x}^{(i)}))\boldsymbol{x}^{(i)\mathrm{T}} \tag{5.33}$$

用矩阵记号可以将式(5.33)中的 Hessian 方阵表达为

$$\nabla^2 F(\boldsymbol{w})=\frac{1}{m}\boldsymbol{X}^{\mathrm{T}}\mathrm{Diag}_{1\leqslant i\leqslant m}(h_w(\boldsymbol{x}^{(i)})(1-h_w(\boldsymbol{x}^{(i)})))\boldsymbol{X} \tag{5.34}$$

其中

$$\mathrm{Diag}_{1\leqslant i\leqslant m}(h_w(\boldsymbol{x}^{(i)})(1-h_w(\boldsymbol{x}^{(i)}))) \tag{5.35}$$

是一个 $m\times m$ 对角矩阵。它的第 i 个对角线元素为 $h_w(\boldsymbol{x}^{(i)})(1-h_w(\boldsymbol{x}^{(i)}))$。

基于式(5.34)中交叉熵的 Hessian 方阵，用牛顿迭代算法实现的 Logistic 回归算法如图 5.8 所示。在图 5.8 的算法中，第 14、15 行用式(5.34)计算 Hessian 方阵。第 16 行计算 $\nabla^2 F(\boldsymbol{w}^{(t)})^{-1}\nabla F(\boldsymbol{w}^{(t)})$，并用其更新参数值 $\boldsymbol{w}$。

```
machine_learning.lib.logistic_regression_nt
 1  import numpy as np
 2
 3  def sigmoid(scores):
 4      return 1/(1+np.exp(-scores))
 5
 6  class LogisticRegression:
 7      def fit(self, X, y, N=1000):
```

图 5.8 用牛顿迭代算法实现的 Logistic 回归算法

```
8          m, n=X.shape
9          w=np.zeros((n,1))
10         for t in range(N):
11             pred=sigmoid(X.dot(w))
12             g=1.0/m * X.T.dot(pred-y)
13             pred=pred.reshape(-1)
14             D=np.diag(pred * (1-pred))
15             H=1.0/m * (X.T.dot(D)).dot(X)
16             w=w-np.linalg.inv(H).dot(g)
17         self.w=w
18
19     def predict_proba(self, X):
20         return sigmoid(X.dot(self.w))
21
22     def predict(self, X):
23         proba=self.predict_proba(X)
24         return(proba>=0.5).astype(np.int)
```

图 5.8 (续)

与梯度下降类算法相比，牛顿迭代算法的优点在于其迭代步数较少。图 5.9 是在山鸢尾识别问题中分别使用牛顿迭代算法与随机梯度下降算法的迭代情况对比。图中横轴为搜索步数，纵轴为对应步数的交叉熵的值。从图 5.9(a)中可看到，牛顿迭代算法在 8 步之后就收敛到了较小的交叉熵。而图 5.9(b)中的随机梯度下降算法需将近 50 000 步才能收敛到与前者相近的交叉熵。

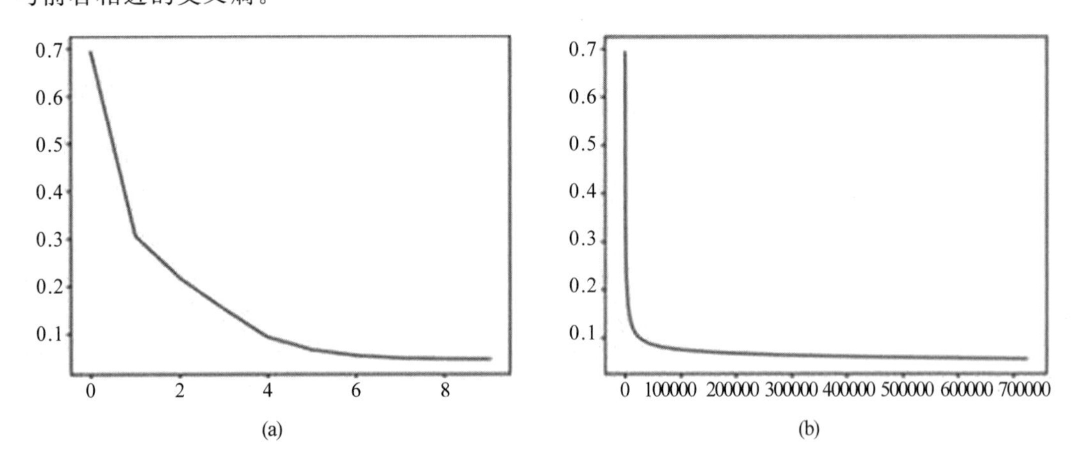

图 5.9 山鸢尾识别问题的牛顿迭代算法与随机梯度下降算法的迭代情况对比

牛顿迭代算法的缺点是计算时间复杂性高。这是因为，算法中涉及对 Hessian 矩阵的计算及求逆。Hessian 矩阵是一个 n 阶方阵，其中 n 为特征个数。牛顿迭代算法的时间复杂

度是 $O(Kn^3)$，其中 K 为算法收敛所需的迭代步数。尽管算法收敛所需的迭代步数较少，但在特征数较多时，牛顿迭代算法的每一步都十分耗时。因而，牛顿迭代算法总体运行速度相当缓慢。例如，数字 6 识别问题中的特征数为 784，牛顿迭代算法对此问题几乎无法求解，其耗时远远高于梯度下降算法与随机梯度下降算法。

5.3 分类问题的度量

在 5.2 节介绍分类问题的求解算法时，都采用交叉熵来度量优化算法的效果。从交叉熵的统计意义可知，它只是一个相对的度量。因此，交叉熵可以用于对比不同算法的效果，但它不适用于判断单个算法的预测效果。例如，在例 5.3 的山鸢尾识别问题中，Logistic 回归算法获得了 0.018 的交叉熵。单纯从这一数字不易判断算法的效果。因此，本节介绍分类问题算法的几个更加直观的度量方法。

5.3.1 准确率

准确率是用于评价算法预测效果的简单度量方法，它适用于度量类别预测任务的算法效果。准确率的大小描述了算法对类别预测的准确性高低。用一个将逻辑条件值转化为整数值的示性函数来计算算法的类别预测准确率。

定义 5.7(示性函数) 示性函数 $1\{\}:\{\text{True},\text{False}\}\rightarrow\{0,1\}$定义为

$$1\{\text{True}\}=1$$
$$1\{\text{False}\}=0$$

示性函数将逻辑真映射成整数 1，将逻辑假映射成整数 0。在类别预测时，通过对示性函数值求和，可以得到算法准确预测的样本数。

定义 5.8(准确率) 在二元分类问题中，给定一组数据：

$$T=\{(\boldsymbol{x}^{(1)},y^{(1)}),(\boldsymbol{x}^{(2)},y^{(2)}),\cdots,(\boldsymbol{x}^{(m)},y^{(m)})\}$$

模型 h 在数据 T 上的准确率定义为

$$\text{Accuracy}_T(h)=\frac{\sum_{i=1}^{m}1\{h(\boldsymbol{x}^{(i)})=y^{(i)}\}}{m} \tag{5.36}$$

在式(5.36)中，如果模型 h 对第 i 条数据预测准确，即预测值 $h(\boldsymbol{x}^{(i)})$与真实值$y^{(i)}$相等，则示性函数值 $1\{h(\boldsymbol{x}^{(i)})=y^{(i)}\}=1$；否则，$1\{h(\boldsymbol{x}^{(i)})=y^{(i)}\}=0$。准确率的直观意义十分明确：模型在 T 中的预测值与真实值相符的比例即为准确率。图 5.13 是计算准确率的算法。

例 5.5 数字 6 识别的准确率。

在例 5.4 中建立了数字 6 识别的 Logistic 回归预测模型。现将图 5.10 中 accuracy_score 函数用于计算该模型的预测准确率，如图 5.11 所示。运行图 5.11 的程序，得到 Logistic 回归算法应用于数字 6 识别的准确率为 98%。

```
machine_learning.lib.metrics
 1  import numpy as np
 2
 3  def accuracy_score(y_true, y_pred):
 4      correct=(y_pred==y_true).astype(np.int)
 5      return np.average(correct)
```

图 5.10 计算准确率的算法

```
 1  import numpy as np
 2  from tensorflow.examples.tutorials.mnist import input_data
 3  from machine_learning.lib.logistic_regression_sgd import LogisticRegression
 4  import machine_learning.lib.classification_metrics as metrics
 5
 6  mnist=input_data.read_data_sets("MNIST_data/", one_hot=False)
 7  X_train, y_train=mnist.train.images, mnist.train.labels
 8  X_test, y_test=mnist.test.images, mnist.test.labels
 9  y_train=(y_train==6).astype(np.int).reshape(-1,1)
10  y_test=(y_test==6).astype(np.int).reshape(-1,1)
11
12  model=LogisticRegression()
13  model.fit(X_train, y_train, eta_0=10, eta_1=50, N=3000)
14  y_pred=model.predict(X_test)
15  accuracy=metrics.accuracy_score(y_test, y_pred)
16  print("accuracy={}".format(accuracy))
```

图 5.11 用 Logistic 回归算法计算识别数字 6 的准确率的程序

用准确率来度量算法效果的优点是形式简单。其不足之处是容易受数据中的标签分布的影响。例如，在数字 6 识别问题中，考虑如下平凡的算法：对任意特征组都预测标签为 0。由于接近 90%的数据对应的标签确实为 0，即 90%的图片上的数字不是 6，所以上述平凡算法的准确率将达到 90%！这说明，在一个二元分类问题中，准确率受数据标签为 0 与 1 的比例的干扰较大。只有在数据标签为 0 与 1 的比例接近的情况下，准确率才是一个有效的算法度量。

5.3.2 精确率与召回率

对于二元分类问题的类别预测任务，度量算法的效果除了用准确率之外，还有另外两个重要的方法：精确率与召回率。

在一个二元分类问题中，给定样本的特征组 $\boldsymbol{x}$ 及其标签 $y\in\{0,1\}$。将标签为 1 的样本称为正采样，标签为 0 的样本称为负采样。设 $h(\boldsymbol{x})\in\{0,1\}$ 为模型 h 对样本的标签预测。将

$h(\boldsymbol{x})=1$ 称为正预测，$h(\boldsymbol{x})=0$ 称为负预测。

- 如果 $y=1$ 且 $h(\boldsymbol{x})=1$，则称该预测为真正(true positive)。
- 如果 $y=0$ 且 $h(\boldsymbol{x})=1$，则称该预测为假正(false positive)。
- 如果 $y=0$ 且 $h(\boldsymbol{x})=0$，则称该预测为真负(true negative)。
- 如果 $y=1$ 且 $h(\boldsymbol{x})=0$，则称该预测为假负(false negative)。

定义 5.9(精确率与召回率) 在一个二元分类问题中，给定一组数据：

$$T=\{(\boldsymbol{x}^{(1)},y^{(1)}),(\boldsymbol{x}^{(2)},y^{(2)}),\cdots,(\boldsymbol{x}^{(m)},y^{(m)})\}$$

用 TP、FP、TN、FN 分别表示模型 h 在数据集 T 中的真正、假正、真负、假负的预测个数，则模型 h 在数据集 T 上的精确率$\text{Precision}_T(h)$和召回率$\text{Recall}_T(h)$分别为

$$\text{Precision}_T(h)=\frac{\text{TP}}{\text{TP}+\text{FP}} \tag{5.37}$$

$$\text{Recall}_T(h)=\frac{\text{TP}}{\text{TP}+\text{FN}} \tag{5.38}$$

精确率的英文名是 precision，又称为查准率。在式(5.37)中，分子是真正预测数，分母是真正预测数与假正预测数之和，即模型 h 给出正预测的总个数。由此可知，精确率是在预测标签为 1 的样本中实际标签是 1 的比例。

召回率的英文名是 recall①，又称为查全率。在式(5.38)中，分子是真正预测数，分母是真正预测数与假负预测数之和，即数据集 T 中正采样的总个数。由此可知，召回率是在正采样中能被模型甄别出的比例。

图 5.12 的算法是精确率与召回率计算的实现。算法中第 3～9 行计算精确率。第 4 行计算真正预测数。设有 m 条数据。其中，$\boldsymbol{y}\in\{0,1\}^m$ 是真实标签，$\boldsymbol{z}\in\{0,1\}^m$ 是预测标签。第 i 条数据的标签预测 z_i 是一个真正预测的充分且必要条件是 $z_i y_i=1$。所以，有

$$\text{TP}=\sum_{i=1}^{m} z_i y_i \tag{5.39}$$

算法中第 4 行实现的正是式(5.39)。与式(5.39)类似，可得

$$\text{FP}=\sum_{i=1}^{m} z_i(1-y_i) \tag{5.40}$$

$$\text{FN}=\sum_{i=1}^{m} (1-z_i)y_i \tag{5.41}$$

算法中第 5 行按照式(5.40)计算假正预测数。第 9 行按照式(5.37)计算精确率。

第 11～17 行计算召回率。第 13 行按照式(5.41)计算假负预测数。第 17 行根据式(5.38)计算召回率。

① 英文 recall 是一个多义词，除字面的“召回”意思之外，还有“记住”与“识别”的意思。召回率的命名源于信息检索(information retrieval)，原意是让算法扫描一组猫和狗的图片，将算法成功记住狗的图片的比例称为 recall。

```
machine_learning.lib.metrics
 1  import numpy as np
 2
 3  def precision_score(y, z):
 4      TP=(z * y).sum()
 5      FP=(z * (1 -y)).sum()
 6      if TP+FP==0:
 7          return 1.0
 8      else:
 9          return TP/(TP+FP)
10
11  def recall_score(y, z):
12      TP=(z * y).sum()
13      FN=((1-z) * y).sum()
14      if TP+FN==0:
15          return 1
16      else:
17          return TP/(TP+FN)
```

图 5.12 计算精确率与召回率的程序

例 5.6 数字 6 识别问题的精确率与召回率。

在例 5.4 中对数字 6 识别问题已作了详细的描述。图 5.7 中的算法训练出一个模型 h 来预测每一张图片表示数字 6 的概率。图 5.13 是 MNIST 数据集的 10 个采样。按从左到右的顺序，h 预测采样的数字是 6 的概率分别在 $[0,0.1)$，$[0.1,0.2)$，…，$[0.9,1)$ 范围中，即 h 预测图片数字是 6 的概率从左向右越来越大。

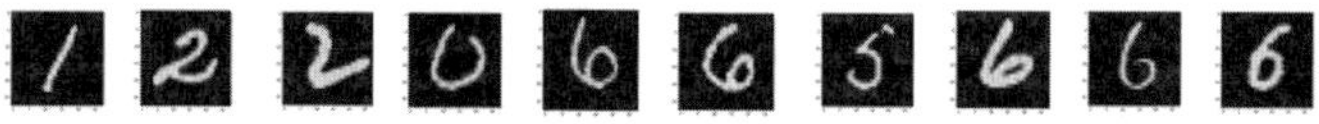

图 5.13 MNIST 数据集的 10 个采样

考虑以阈值分类函数 $T_{h,t}$ $(t=0,0.1,0.2,\cdots,0.9)$ 对图 5.13 的 10 个采样作类别预测。如果 h 预测图片上数字是 6 的概率值不小于 t，则 $T_{h,t}$ 预测标签为 1；否则，预测标签为 0。

显然，取 $t=0$ 时，$T_{h,0}$ 预测所有 10 张图片均为数字 6。此时，所有数字是 6 的图片均被甄别出了，因而 $T_{h,0}$ 的召回率为 100%。但由于只有 5 张图片确实是数字 6，因而 $T_{h,0}$ 的精确率仅为 50%。

如果取 $t=0.5$，$T_{h,0.5}$ 预测从左向右的第 1～5 张图片不是数字 6，而第 6～10 张图片是数字 6，如图 5.14 所示。此时，在 5 张数字 6 的图片中，$T_{h,0.5}$ 查出了 4 张，召回率是 80%。在 5 张预测为数字 6 的图片中，有 4 张确实是 6，因而精确率是 80%。

如果取 $t=0.8$，$T_{h,0.8}$ 预测最后两张图片是数字 6，其余均不是，如图 5.15 所示。此时，$T_{h,0.8}$ 的召回率是 40%，精确率是 100%。

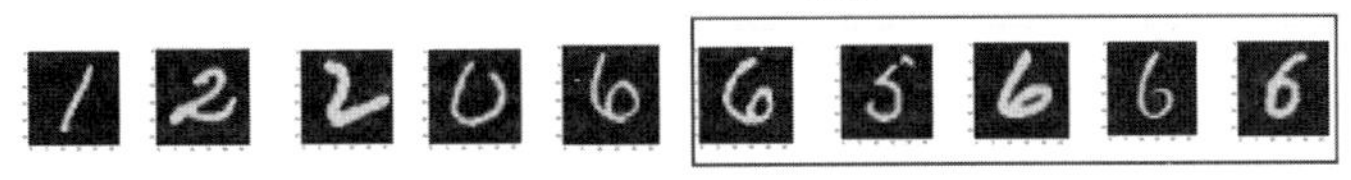

图 5.14　$T_{h,0.5}$ 的预测结果

$T_{h,0.8}$ 预测是数字6

图 5.15　$T_{h,0.8}$ 的预测结果

从例 5.6 可以直观地理解召回率与精确率的意义。如果一个算法的预测能力好，则在被该算法预测是数字 6 的图片中，预测正确的图片应该占有较大比例；同时，在所有是数字 6 的图片中，预测正确的图片也应该占有较大比例。然而，精确率和召回率是相互影响又相互制约的。通常，一个算法的召回率越高，则精确率就越低，反之亦然。图 5.16 是例 5.4 的数字 6 识别问题中的精确率与召回率之间的关系图，图中横轴是阈值 t。可以看出，随着阈值的增长，算法的精确率逐渐升高，但是召回率却逐渐降低。

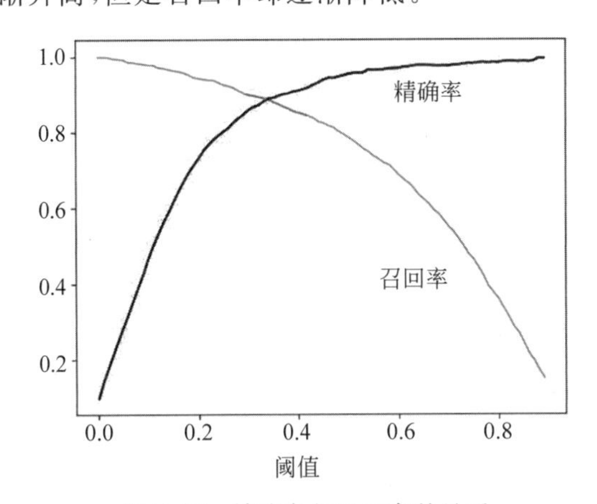

图 5.16　精确率与召回率的关系

召回率和精确率反映了算法效果的两个不同方面。单一依靠精确率或者召回率并不能较全面地评价一个算法的效果。一般情况下，算法的精确率与召回率是不可兼得的。在要求两者都高的情况下，通常是选择两者的综合作为算法效果的度量。调和平均值 F_1 就是召回率和精确率的一个综合指标。

定义 5.10（调和平均值）　定义模型 h 的精确率与召回率的调和平均值为

$$F_1(h)=\frac{1}{\dfrac{1}{\text{Precision}(h)}+\dfrac{1}{\text{Recall}(h)}} \tag{5.42}$$

用 F_1 作为算法效果的度量指标时，由于它平衡了精确率和召回率的影响，因而能较为全面地评价一个算法的效果。

需要注意的是，在两种情况下不应当以 F_1 的值来度量算法的效果。第一种情况是分类问题的假真预测可能会带来严重的后果。例如，对飞机零部件合格性进行预测，任何假真预测（即将不合格零件预测为合格的）都可能带来灾难。在这种情况下，要以精确率作为度量来评价算法。第二种情况是分类问题的假负预测可能会带来严重后果。例如，对不及时治疗就有较差预后的疾病作早期筛查，任何假负预测（即将疾病患者预测为健康的）都可能错过患者的最佳治疗时机。在这种情况下，要以召回率作为度量。

5.3.3 ROC 曲线及 AUC 度量

ROC 是英文 Receiver Operating Characteristic 的首字母缩写，意为接收器工作特性。其概念源于信号探测理论。在二元分类问题中，ROC 曲线下的面积 AUC（Area Under Curve）可用于度量概率预测任务求解算法的效果。

在一个二元分类问题中，给定一组数据 $T=\{(\boldsymbol{x}^{(1)},y^{(1)}),(\boldsymbol{x}^{(2)},y^{(2)}),\cdots,(\boldsymbol{x}^{(m)},y^{(m)})\}$，并给定概率预测模型 h。用 TP(t)、FP(t)、TN(t)、FN(t)分别表示以 t 为阈值的阈值分类函数 $T_{h,t}(x)$在数据集 T 上的真正、假正、真负、假负预测数。将 TPR(t)=TP(t)/(TP(t)+FN(t))称为真正率，将 FPR(t)=FP(t)/(FP(t)+TN(t))称为假正率。

定义 5.11（ROC 曲线） 以假正率为横坐标，以真正率为纵坐标构成的二维空间称为 ROC 空间。给定二元分类问题的概率预测模型 h 和阈值 $t\in[0,1]$。将阈值分类函数 $T_{h,t}(x)$的坐标（TPR(t)，FPR(t)）都画在 ROC 空间里，就构成模型 h 的 ROC 曲线。

例 5.7 数字 6 识别问题的 ROC 曲线。

考虑图 5.7 中的 Logistic 回归问题的随机梯度下降算法。在求解数字 6 识别问题时，分别取搜索步数 N 为 10、50、100、1000，得到相应的 4 个模型。利用图 5.17 中的算法绘制这 4 个模型的 ROC 曲线，如图 5.18 所示。

```
1  import numpy as np
2  import matplotlib.pyplot as plt
3  def threshold(t, proba):
4      return (proba> =t).astype(np.int)
5  def plot_roc_curve(proba, y):
6      fpr, tpr =[], []
7      for i in range(100):
8          z =threshold(0.01 * i, proba)
9          tp = (y * z).sum()
```

图 5.17 绘制 ROC 曲线

```
10          fp = ((1 - y) * z).sum()
11          tn = ((1 - y) * (1 - z)).sum()
12          fn = (y * (1 - z)).sum()
13          fpr.append(1.0 * fp / (fp + tn))
14          tpr.append(1.0 * tp / (tp + fn))
15      plt.plot(fpr, tpr)
16      plt.show()
```

图 5.17 （续）

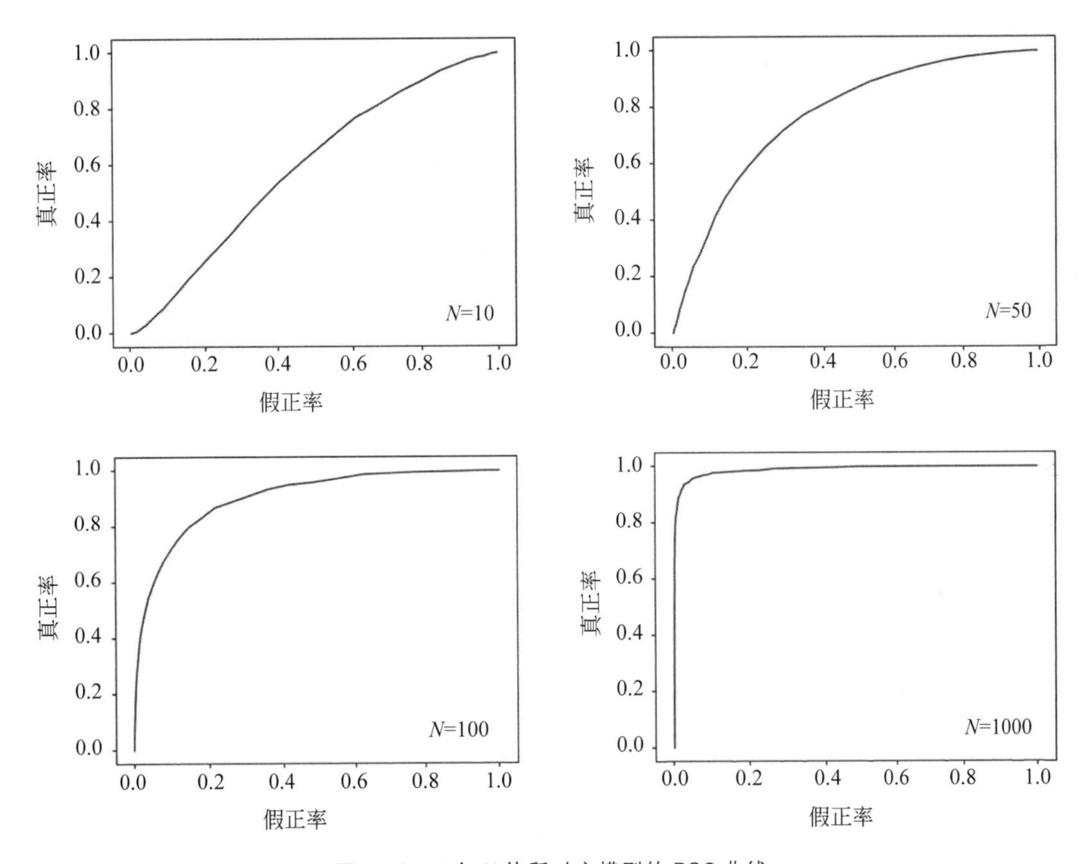

图 5.18 4 个 N 值所对应模型的 ROC 曲线

从图 5.18 中可以看出，随着 N 值增大，ROC 曲线的形状从近似一条直线开始变化，其左上角区域的曲率不断增大，逐渐呈现出左上角近似于直角的曲线。搜索步数 N 值越大，得到的预测模型精确度也越高。因此，图 5.18 说明，模型的概率预测越精确，ROC 曲线就越“弯曲”，即，ROC 曲线的形状反映出概率预测模型的预测效果。从图 5.18 中观察到的这个现象与数学原理相符。这是因为，用降低阈值来增大真正率的代价是同时增大了假正率。

如果模型预测不精确，则假正率的增长将近似正比与于真正率的增长，从而对应的 ROC 曲线就比较“平直”；而如果模型预测精确，即正负标签对应的概率两极分化，则在真正率增长的同时不会给假正率带来太大的变化，从而对应的 ROC 曲线就比较“弯曲”。

从图 5.18 中还可以直观地看到，随着曲线越来越“弯曲”，曲线下方的面积也越来越大。因此，可以将 ROC 曲线下方的面积 AUC 作为曲线“变曲”程度的有效度量。

定义 5.12（AUC 测度） 在二元分类问题中，给定一组数据 T。设 h 为一个概率预测模型。定义 h 在数据 T 上的 AUC 测度值$\mathrm{AUC}_T(h)$为平面上正方形区域$[0,1]\times[0,1]$中模型 h 的 ROC 曲线下方区域的面积。

例 5.8 数字 6 识别问题的 AUC 测度。

在例 5.7 中，绘制了搜索步数 N 为 10、50、100、1000 时得到的 4 个模型的 ROC 曲线。分别计算它们的 AUC 测度，如图 5.19 所示。

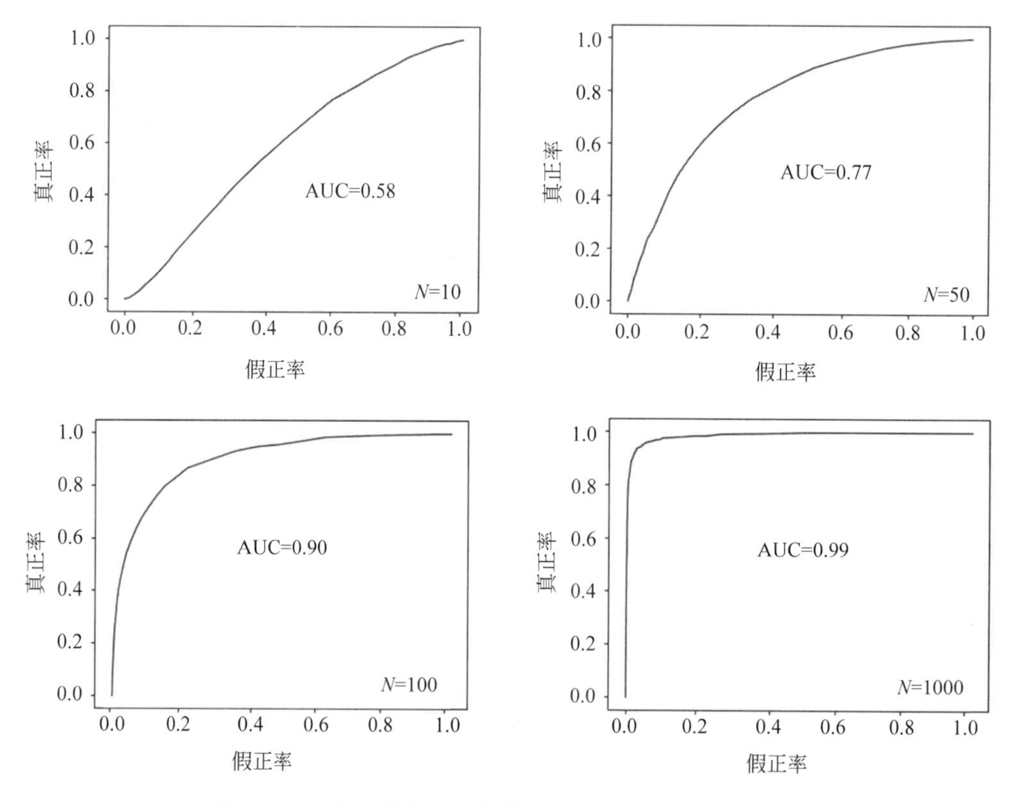

图 5.19 4 个 N 值所对应的模型的 ROC 曲线的 AUC 测度

从图 5.19 可以看出，ROC 曲线越“弯曲”，AUC 测度值就越大。由此可见，AUC 测度是评价算法求解的概率预测模型的有效度量。

5.4 Softmax 回归

Logistic 回归模型适用于求解二元分类问题。本节介绍的 Softmax 回归模型是 Logistic 回归模型的推广,它适用于求解 k 元分类问题。

5.4.1 Softmax 回归基本概念

许多实际的分类问题都是 k 元分类问题。例如,手写数字识别问题是一个十元分类问题。鸢尾花问题是一个三元分类问题。在 k 元分类问题中,标签是一个 k 维 0-1 向量,相应的监督式学习模型预测的是给定的对象属于每一个类的概率,因此预测模型输出的是 k 个概率值。

一般情况下,可以采用 Softmax 回归建立 k 元分类的预测模型,其定义如下。

定义 5.13(Softmax 模型) 给定一个 $n \times k$ 矩阵:

$$\boldsymbol{W} = (\boldsymbol{w}_1, \boldsymbol{w}_2, \cdots, \boldsymbol{w}_k)$$

其中,每个 $\boldsymbol{w}_j \in \mathbb{R}^n$ 为 $n \times 1$ 列向量($1 \leqslant j \leqslant k$)。Softmax 模型 $\boldsymbol{h}_{\boldsymbol{W}}: \mathbb{R}^n \to \mathbb{R}^k$ 为

$$\boldsymbol{h}_{\boldsymbol{W}}(\boldsymbol{x}) = \left(\frac{\mathrm{e}^{\langle \boldsymbol{w}_1, \boldsymbol{x} \rangle}}{\sum_{t=1}^{k} \mathrm{e}^{\langle \boldsymbol{w}_t, \boldsymbol{x} \rangle}}, \frac{\mathrm{e}^{\langle \boldsymbol{w}_2, \boldsymbol{x} \rangle}}{\sum_{t=1}^{k} \mathrm{e}^{\langle \boldsymbol{w}_t, \boldsymbol{x} \rangle}}, \cdots, \frac{\mathrm{e}^{\langle \boldsymbol{w}_k, \boldsymbol{x} \rangle}}{\sum_{t=1}^{k} \mathrm{e}^{\langle \boldsymbol{w}_t, \boldsymbol{x} \rangle}} \right) \tag{5.43}$$

在定义 5.13 中,$\boldsymbol{h}_{\boldsymbol{W}}(\boldsymbol{x})$是一个 k 维向量,用 $h_{\boldsymbol{w}_j}(\boldsymbol{x})$表示 $\boldsymbol{h}_{\boldsymbol{W}}(\boldsymbol{x})$的第 j 个分量。它是模型预测 $\boldsymbol{x}$ 属于第 j 个类的概率,即

$$\Pr(\boldsymbol{x}\text{ 属于类 } j) = h_{\boldsymbol{w}_j}(\boldsymbol{x}) = \frac{\mathrm{e}^{\langle \boldsymbol{w}_j, \boldsymbol{x} \rangle}}{\sum_{t=1}^{k} \mathrm{e}^{\langle \boldsymbol{w}_t, \boldsymbol{x} \rangle}} \tag{5.44}$$

式(5.44)中的 $h_{\boldsymbol{w}_j}(\boldsymbol{x})$取值属于$[0,1]$区间,因而是一个合法的概率值,并且有

$$\sum_{j=1}^{k} \frac{\mathrm{e}^{\langle \boldsymbol{w}_j, \boldsymbol{x} \rangle}}{\sum_{t=1}^{k} \mathrm{e}^{\langle \boldsymbol{w}_t, \boldsymbol{x} \rangle}} = 1 \tag{5.45}$$

式(5.45)说明$\boldsymbol{h}_{\boldsymbol{W}}(\boldsymbol{x})$是一个合法的概率分布。

注意到,在 $k = 2$ 时,

$$\boldsymbol{h}_{\boldsymbol{W}}(\boldsymbol{x}) = \left(\frac{\mathrm{e}^{\langle \boldsymbol{w}_1, \boldsymbol{x} \rangle}}{\mathrm{e}^{\langle \boldsymbol{w}_1, \boldsymbol{x} \rangle} + \mathrm{e}^{\langle \boldsymbol{w}_2, \boldsymbol{x} \rangle}}, \frac{\mathrm{e}^{\langle \boldsymbol{w}_2, \boldsymbol{x} \rangle}}{\mathrm{e}^{\langle \boldsymbol{w}_1, \boldsymbol{x} \rangle} + \mathrm{e}^{\langle \boldsymbol{w}_2, \boldsymbol{x} \rangle}} \right)$$

如果设 $\boldsymbol{w} = \boldsymbol{w}_2 - \boldsymbol{w}_1$,则预测 $\boldsymbol{x}$ 的标签为 1 的概率模型就是 Logistic 模型:

$$\frac{\mathrm{e}^{\langle \boldsymbol{w}_2, \boldsymbol{x} \rangle}}{\mathrm{e}^{\langle \boldsymbol{w}_1, \boldsymbol{x} \rangle} + \mathrm{e}^{\langle \boldsymbol{w}_2, \boldsymbol{x} \rangle}} = \frac{1}{1 + \mathrm{e}^{-\langle \boldsymbol{w}_2 - \boldsymbol{w}_1, \boldsymbol{x} \rangle}} = \mathrm{Sigmoid}(\langle \boldsymbol{w}, \boldsymbol{x} \rangle)$$

这也说明,Softmax 模型是 Logistic 模型在 $k > 2$ 情形的推广。

Softmax 回归以 Softmax 模型作为模型假设。可以用最大似然原理导出其目标函数。

给定训练数据 $(\boldsymbol{x}^{(1)},\boldsymbol{y}^{(1)}),(\boldsymbol{x}^{(2)},\boldsymbol{y}^{(2)}),\cdots,(\boldsymbol{x}^{(m)},\boldsymbol{y}^{(m)})$。设 $\boldsymbol{x}^{(i)}$ 属于j_i类。Softmax 模型 $h_{\boldsymbol{W}}$ 的似然函数为

$$\text{Like}(\boldsymbol{W} \mid \boldsymbol{y}^{(1)},\boldsymbol{y}^{(2)},\cdots,\boldsymbol{y}^{(m)})=\prod_{i=1}^{m} p_{\boldsymbol{W}}(\boldsymbol{Y}=\boldsymbol{y}^{(i)})=\prod_{i=1}^{m} h_{\boldsymbol{w}_{j_i}}(\boldsymbol{x}^{(i)}) \tag{5.46}$$

对式(5.46)取对数，得到

$$\log \text{Like}(\boldsymbol{W} \mid \boldsymbol{y}^{(1)},\boldsymbol{y}^{(2)},\cdots,\boldsymbol{y}^{(m)})=\sum_{i=1}^{m}\log h_{\boldsymbol{w}_{j_i}}(\boldsymbol{x}^{(i)}) \tag{5.47}$$

由于 $\boldsymbol{x}^{(i)}$ 属于j_i类，因此，相应的标签向量 $\boldsymbol{y}^{(i)}$ 在其第 j_i 个分量上取值是 1，在其余分量上取值均是 0。因此，式(5.47)又可以表达为

$$\log \text{Like}(\boldsymbol{W} \mid \boldsymbol{y}^{(1)},\boldsymbol{y}^{(2)},\cdots,\boldsymbol{y}^{(m)})=\sum_{i=1}^{m}\langle \boldsymbol{y}^{(i)},\log h_{\boldsymbol{W}}(\boldsymbol{x}^{(i)})\rangle \tag{5.48}$$

对式(5.48)的等式右边项取负号并乘以常数 $1/m$，即得到 Softmax 回归的目标函数。

定义 5.14(k 元交叉熵) 给定 $n\times k$ 矩阵 $\boldsymbol{W}=(\boldsymbol{w}_1,\boldsymbol{w}_2,\cdots,\boldsymbol{w}_k)$，定义 Softmax 回归的目标函数为模型 $h_W(\boldsymbol{x})=(h_{\boldsymbol{w}_1}(\boldsymbol{x}),h_{\boldsymbol{w}_2}(\boldsymbol{x}),\cdots,h_{\boldsymbol{w}_k}(\boldsymbol{x}))$的 k 元交叉熵。其表达式为

$$-\frac{1}{m}\sum_{i=1}^{m}\langle \boldsymbol{y}^{(i)},\log h_{\boldsymbol{W}}(\boldsymbol{x}^{(i)})\rangle \tag{5.49}$$

式(5.10)给出的是二元交叉熵的表达式，它采用 0-1 标签形式。对于二元分类问题，式(5.49)中采用 0-1 向量的标签形式。事实上，这两个表达式子在二元分类问题中是等价的。只是为了便于表述，采取了不同的标签形式。

基于定义 5.14，Softmax 回归算法是一个以 Softmax 函数为模型假设，且以 k 元交叉熵为目标函数的经验损失最小化算法。图 5.20 是 Softmax 回归算法描述。

Softmax 回归算法

输入：m 条训练数据 $S=\{(\boldsymbol{x}^{(1)},\boldsymbol{y}^{(1)}),(\boldsymbol{x}^{(2)},\boldsymbol{y}^{(2)}),\cdots,(\boldsymbol{x}^{(m)},\boldsymbol{y}^{(m)})\}$

输出：Softmax 模型 $h_{W^*}(\boldsymbol{x})$，使得$\boldsymbol{W}^*=(\boldsymbol{w}_1^*,\boldsymbol{w}_2^*,\cdots,\boldsymbol{w}_k^*)$为如下优化问题的最优解

$$\min_{W^*\in\mathbb{R}^{n\times k}} F(W)=-\frac{1}{m}\sum_{i=1}^{m}\langle y^{(i)},\log h_W(x^{(i)})\rangle$$

图 5.20 Softmax 回归算法描述

5.4.2 Softmax 回归优化算法

在多分类问题的 Softmax 回归算法中，通过最小化式(5.49)中定义的 k 元交叉熵来求解预测模型的参数。由于 k 元交叉熵是一个凸函数，因而可以用梯度下降算法以及随机梯度下降算法来优化 Softmax 回归算法。为此需要计算 k 元交叉熵的梯度。

设$(\boldsymbol{x},\boldsymbol{y})$为任意取定的一条训练数据。用 j 表示 $\boldsymbol{x}$ 所属的类，则模型在$(\boldsymbol{x},\boldsymbol{y})$上的经验损失为

$$l(\boldsymbol{y},\boldsymbol{h}_W(\boldsymbol{x}))=-\log h_{w_j}(\boldsymbol{x})=-\log\frac{e^{\langle w_j,x\rangle}}{\sum_{t=1}^{k}e^{\langle w_t,x\rangle}} \tag{5.50}$$

首先，根据链式法则计算 $l(\boldsymbol{y},\boldsymbol{h}_W(\boldsymbol{x}))$ 关于 $\boldsymbol{w}_j$ 的偏导数：

$$\frac{\partial l(\boldsymbol{y},\boldsymbol{h}_W(\boldsymbol{x}))}{\partial \boldsymbol{w}_j}=-\frac{\sum_{t=1}^{k}e^{\langle w_t,x\rangle}}{e^{\langle w_j,x\rangle}}\cdot\frac{\boldsymbol{x}\,e^{\langle w_j,x\rangle}\sum_{t=1}^{k}e^{\langle w_t,x\rangle}-\boldsymbol{x}\,e^{2\langle w_j,x\rangle}}{\left(\sum_{t=1}^{k}e^{\langle w_t,x\rangle}\right)^2}=\boldsymbol{x}(h_{w_j}(\boldsymbol{x})-1) \tag{5.51}$$

对任意 $r\neq j$ 有

$$\frac{\partial l(\boldsymbol{y},\boldsymbol{h}_W(\boldsymbol{x}))}{\partial \boldsymbol{w}_r}=\frac{\sum_{t=1}^{k}e^{\langle w_t,x\rangle}}{e^{\langle w_j,x\rangle}}\cdot\frac{\boldsymbol{x}\,e^{\langle w_j,x\rangle}\,e^{\langle w_r,x\rangle}}{\left(\sum_{t=1}^{k}e^{\langle w_t,x\rangle}\right)^2}=\boldsymbol{x}\,h_{w_r}(\boldsymbol{x}) \tag{5.52}$$

结合式(5.51)与式(5.52)可得

$$\nabla l(\boldsymbol{y},\boldsymbol{h}_W(\boldsymbol{x}))=\boldsymbol{x}\,(\boldsymbol{h}_W(\boldsymbol{x})-\boldsymbol{y})^{\mathrm{T}} \tag{5.53}$$

由此，根据梯度的线性特性可知

$$\nabla F(\boldsymbol{W})=\frac{1}{m}\sum_{i=1}^{m}\boldsymbol{x}^{(i)}\,(h_W(\boldsymbol{x}^{(i)})-\boldsymbol{y}^{(i)})^{\mathrm{T}} \tag{5.54}$$

注意到每个 $\boldsymbol{y}^{(i)}$ 为 $k\times 1$ 列向量，令 $\boldsymbol{X}$ 与 $\boldsymbol{y}$ 分别为如下 $m\times n$ 矩阵和 $m\times k$ 矩阵：

$$\boldsymbol{X}=\begin{bmatrix}\boldsymbol{x}^{(1)\mathrm{T}}\\ \boldsymbol{x}^{(2)\mathrm{T}}\\ \vdots\\ \boldsymbol{x}^{(m)\mathrm{T}}\end{bmatrix},\quad \boldsymbol{y}=\begin{bmatrix}\boldsymbol{y}^{(1)\mathrm{T}}\\ \boldsymbol{y}^{(2)\mathrm{T}}\\ \vdots\\ \boldsymbol{y}^{(m)\mathrm{T}}\end{bmatrix}$$

并用 $\boldsymbol{h}_W(\boldsymbol{X})$ 表示如下 $m\times k$ 矩阵：

$$\boldsymbol{h}_W(\boldsymbol{X})=\begin{bmatrix}h_W(\boldsymbol{x}^{(1)})^{\mathrm{T}}\\ h_W(\boldsymbol{x}^{(2)})^{\mathrm{T}}\\ \vdots\\ h_W(\boldsymbol{x}^{(m)})^{\mathrm{T}}\end{bmatrix}$$

用上述矩阵记号，可以将式(5.54)重新表达为如下更加紧凑的形式：

$$\nabla F(\boldsymbol{W})=\frac{1}{m}\boldsymbol{X}^{\mathrm{T}}(\boldsymbol{h}_W(\boldsymbol{X})-\boldsymbol{y}) \tag{5.55}$$

图 5.21 中的算法是用梯度下降算法实现的 Softmax 回归算法。在该算法中，第 3～8 行实现了 Softmax 函数。第 10～26 行实现了 SoftmaxRegression 类。第 11～19 行基于式(5.55)用梯度下降算法训练 Softmax 模型。第 21、22 行实现了概率预测函数 predict_proba。第 24～26 行用最大概率分类函数实现了类别预测函数 predict。

```
machine_learning.lib.softmax_regression_gd
 1  import numpy as np
 2
 3  def softmax(scores):
 4      e=np.exp(scores)
 5      s=e.sum(axis=1)
 6      for i in range(len(s)):
 7          e[i]/=s[i]
 8      return e
 9
10  class SoftmaxRegression:
11      def fit(self, X, y, eta=0.1, N=5000):
12          m, n=X.shape
13          m, k=y.shape
14          w=np.zeros(n * k).reshape(n,k)
15          for t in range(N):
16              proba=softmax(X.dot(w))
17              g=X.T.dot(proba-y)/m
18              w=w-eta * g
19          self.w=w
20
21      def predict_proba(self, X):
22          return softmax(X.dot(self.w))
23
24      def predict(self, X):
25          proba=self.predict_proba(X)
26          return np.argmax(proba, axis=1)
```

图 5.21　Softmax 回归的梯度下降算法

例 5.9　鸢尾花预测问题。

例 5.3 中的山鸢尾预测问题是鸢尾花预测问题的简化版本。完整的鸢尾花预测问题的任务是根据花萼长、花萼宽、花瓣长以及花瓣宽 4 个特征预测鸢尾花的属种。鸢尾花数据集中的样本属种有山鸢尾、变色鸢尾以及弗吉尼亚鸢尾 3 种。可见，鸢尾花问题是一个三元分类问题。

图 5.22 中的程序调用图 5.21 中的 Softmax 回归算法求解鸢尾花问题。在图 5.22 中，第 16～23 行生成并处理鸢尾花数据。其中，第 22、23 行运用 Sklearn 工具库中的 OneHotEncoder 将标签转化为三维 0-1 向量的形式。第 25～29 行训练并测试 Softmax 模型。运行图 5.22 中的程序，可以得到 Softmax 模型对这个鸢尾花问题的预测准确率为 100%。

```
1  import numpy as np
2  from sklearn import datasets
3  from sklearn.preprocessing import MinMaxScaler
4  from sklearn.preprocessing import OneHotEncoder
5  from sklearn.model_selection import train_test_split
6  from machine_learning.lib.softmax_regression_gd import SoftmaxRegression
7  from machine_learning.lib.classification_metrics import accuracy_score
8
9  def process_features(X):
10     scaler=MinMaxScaler(feature_range=(0,1))
11     X=scaler.fit_transform(1.0 * X)
12     m, n=X.shape
13     X=np.c_[np.ones((m, 1)), X]
14     return X
15
16 iris=datasets.load_iris()
17 X=iris["data"]
18 y=iris["target"]
19 X_train, X_test, y_train, y_test=train_test_split(X, y, test_size=0.2)
20 X_train=process_features(X_train)
21 X_test=process_features(X_test)
22 encoder=OneHotEncoder()
23 y_train=encoder.fit_transform(y_train.reshape(-1,1)).toarray()
24
25 model=SoftmaxRegression()
26 model.fit(X_train, y_train)
27 y_pred=model.predict(X_test)
28 accuracy=accuracy_score(y_test, y_pred)
29 print("accuracy={}".format(accuracy))
```

图 5.22　鸢尾花问题的梯度下降算法

在数据规模较大时，梯度下降算法的运行速度较为缓慢。因此，可以改用更高效的随机梯度下降算法。基于式(5.53)，可以通过修改图 5.21 中的算法，得到用随机梯度下降算法实现的 Softmax 回归算法，如图 5.23 所示。

```
machine_learning.lib.softmax_regression_sgd
1  import numpy as np
2
3  def softmax(scores):
```

图 5.23　用随机梯度下降算法实现的 Softmax 回归算法

```
4       e=np.exp(scores)
5       s=e.sum(axis=1)
6       for i in range(len(s)):
7           e[i]/=s[i]
8       return e
9
10  class SoftmaxRegression:
11      def fit(self, X, y, eta_0=50, eta_1=100, N=1000):
12          m, n=X.shape
13          m, k=y.shape
14          w=np.zeros(n * k).reshape(n,k)
15          self.w=w
16          for t in range(N):
17              i=np.random.randint(m)
18              x=X[i].reshape(1,-1)
19              proba=softmax(x.dot(w))
20              g=x.T.dot(proba -y[i])
21              w=w -eta_0/(t+eta_1) * g
22              self.w+=w
23          self.w/=N
24
25      def predict_proba(self, X):
26          return softmax(X.dot(self.w))
27
28      def predict(self, X):
29          proba=self.predict_proba(X)
30          return np.argmax(proba, axis=1)
```

图 5.23 （续）

例 5.10 手写数字识别问题。

例 5.4 中描述了手写数字识别问题。在手写数字识别问题中，每一张图片有 784 个特征和一个表示图片中的数字的标签。概率预测任务是预测图片中每个 0～9 中数字出现的概率。类别预测任务是输出 0～9 的一个数，作为对相应图片所表示的数字的预测。

图 5.24 中的程序调用图 5.23 中 Softmax 回归问题的随机梯度下降算法来完成手写数字识别问题。运行图 5.24 的程序之后，可以得到 accuracy＝0.89。这说明，在这个手写数字识别问题中，Softmax 回归模型对类别预测的准确率达到 89％。

```
1  import numpy as np
2  from tensorflow.examples.tutorials.mnist import input_data
3  from machine_learning.lib.softmax_regression_sgd import SoftmaxRegression
4  from machine_learning.lib.classification_metrics import accuracy_score
5
6  mnist=input_data.read_data_sets("MNIST_data/", one_hot=True)
7  X_train, y_train=mnist.train.images, mnist.train.labels
8  X_test, y_test=mnist.test.images, mnist.test.labels
9
10 model=SoftmaxRegression()
11 model.fit(X_train, y_train, eta_0=50, eta_1=100, N=100000)
12 proba=model.predict_proba(X_test)
13 accuracy= accuracy_score (np.argmax(y_test, axis=1), np.argmax(proba,
                        axis=1))
14 print("accuracy={}".format(accuracy))
```

图 5.24 手写数字识别问题的随机梯度下降算法

5.4.3 Softmax 模型与指数分布族

当 $k=2$ 时，Softmax 模型就是 Logistic 模型。因此，Softmax 模型是 Logistic 模型在 k 元分类问题中的推广。与 Logistic 模型相同，Softmax 模型也具有统计意义。在本节中详细介绍 Softmax 模型的统计意义。

首先介绍多项分布的概念。简单地讲，多项分布刻画的是独立投掷一个不均匀的 k 面骰子时投掷 n 次骰子所出现的各个不同结果的概率。具体地讲，给定一个 k 面骰子，假定投掷这一骰子出现第 i 面的概率为 $p_i(i=1,2,\cdots,k)$。在独立地投掷 n 次骰子的事件中，用 $f(y_1,y_2,\cdots,y_k)$ 表示最终结果中第 i 面出现 y_i 次的概率 $(i=1,2,\cdots,k)$。根据组合数学与概率论知识可以计算出

$$f(y_1,y_2,\cdots,y_k)=\frac{n!}{y_1!y_2!\cdots y_k!}p_1^{y_1}p_2^{y_2}\cdots p_k^{y_k} \tag{5.56}$$

由于总共投掷了 n 次骰子，所以，$y_1,y_2,\cdots,y_k$ 应当满足 $y_1+y_2+\cdots+y_k=n$。因此，式(5.56)又可以写成

$$f(y_1,y_2,\cdots,y_k)=\frac{n!}{y_1!y_2!\cdots y_k!}p_1^{y_1}p_2^{y_2}\cdots p_{k-1}^{y_{k-1}}p_k^{n-(y_1+y_2+\cdots+y_{k-1})} \tag{5.57}$$

定义 5.15(多项分布) 取定 n、k，设 $S=\{\boldsymbol{y}=(y_1,y_2,\cdots,y_k):y_1+y_2+\cdots+y_k=n\}$ 为样本空间。如果 S 上概率分布 D 的密度函数具有式(5.57)中的形式，则称 D 为一个参数为 $n,k,p_1,p_2,\cdots,p_k$ 的多项分布，并记为 $D=\mathrm{Multi}(n,k,p_1,p_2,\cdots,p_k)$。

根据定义 5.15，多项分布是一个 k 维向量空间中的概率分布，所以它的期望值也是一个 k 维向量。经过简单计算不难得到引理 5.2。

引理 5.2 对于分布 $D=\text{Multi}(n,k,p_1,p_2,\cdots,p_k)$，有 $E_{y\sim D}[y]=(np_1,np_2,\cdots,np_k)$。

Softmax 回归模型有一个基本假设，即标签分布 D_x 是一个 $n=1$ 的多项分布。换句话说，给定特征组 $\boldsymbol{x}$，假定存在 $p_1,p_2,\cdots,p_k$，使得 $D_x=\text{Multi}(1,k,p_1,p_2,\cdots,p_k)$。

为了确定 $p_1,p_2,\cdots,p_k$ 的具体形式，需要将定义 5.6 中的指数分布族推广到 k 维空间。

定义 5.16（k 维指数分布族） 取定整数 k，具有如下形式的密度函数的概率分布全体称为 k 维指数分布族：

$$f_{\boldsymbol{\eta},a,b,\boldsymbol{T}}(\boldsymbol{y})=b(\boldsymbol{y})\mathrm{e}^{\langle\boldsymbol{\eta},\boldsymbol{T}(y)\rangle-a(\boldsymbol{\eta})} \tag{5.58}$$

其中，$a,b:\mathbb{R}^k\to\mathbb{R}$，且 $y\in\mathbb{R}^k$。$\boldsymbol{T}:\mathbb{R}^k\to\mathbb{R}^k$ 为一个 k 元向量值函数。$\boldsymbol{\eta}\in\mathbb{R}^k$ 称为自然参数。

当 $k=1$ 时，定义 5.16 即为定义 5.6 中的指数分布族。可以注意到，在 k 维情形下的自然参数是一个 k 维向量。

设 $D=\text{Multi}(n,k,p_1,p_2,\cdots,p_k)$，则 D 的密度函数有式(5.57)中的形式。对其做代数变换可得

$$\begin{aligned}f(\boldsymbol{y})&=\frac{n!}{y_1!y_2!\cdots y_k!}\mathrm{e}^{\sum_{t=1}^{k-1}y_t\log p_t+\left(1-\sum_{t=1}^{k-1}y_t\right)\log p_k}\\&=\frac{n!}{y_1!y_2!\cdots y_k!}\mathrm{e}^{\sum_{t=1}^{k}y_t\log\frac{p_t}{p_k}+\log p_k}\end{aligned} \tag{5.59}$$

在式(5.59)中取

$$\boldsymbol{\eta}=\left(\log\frac{p_1}{p_k},\log\frac{p_2}{p_k},\cdots,\log\frac{p_k}{p_k}\right) \tag{5.60}$$

$$a(\boldsymbol{\eta})=-\log p_k \tag{5.61}$$

$$b(\boldsymbol{y})=\frac{n!}{y_1!y_2!\cdots y_k!} \tag{5.62}$$

$$\boldsymbol{T}(\boldsymbol{y})=y \tag{5.63}$$

则有，$f(\boldsymbol{y})=b(\boldsymbol{y})\mathrm{e}^{\langle\boldsymbol{\eta},\boldsymbol{T}(\boldsymbol{y})\rangle-a(\boldsymbol{\eta})}$。这说明，多项分布是指数分布族的一员。

设 $\boldsymbol{\eta}=(\eta_1,\eta_2,\cdots,\eta_k)$。根据式(5.60)可以解出

$$p_k=\frac{1}{1+\sum_{t=1}^{k-1}\mathrm{e}^{\eta_t}} \tag{5.64}$$

$$p_j=\frac{\mathrm{e}^{\eta_j}}{1+\sum_{t=1}^{k-1}\mathrm{e}^{\eta_t}},\quad\forall 1\leqslant j\leqslant k-1 \tag{5.65}$$

这就是概率 $p_1,p_2,\cdots p_k$ 与自然参数 $\boldsymbol{\eta}=(\eta_1,\eta_2,\cdots,\eta_k)$之间的关系。

设 Softmax 回归问题用模型 $\boldsymbol{h}$ 来预测标签分布的期望值。根据引理 5.2 有

$$\boldsymbol{h}(\boldsymbol{x})=(p_1,p_2,\cdots,p_k) \tag{5.66}$$

Logistic 回归模型与线性回归模型的一个共同点是：它们都设自然参数是特征的线性函数。在 Softmax 回归模型中，对于 $\boldsymbol{w}_1,\boldsymbol{w}_2,\cdots,\boldsymbol{w}_k\in\mathbb{R}^n$，同样可以设

$$\eta_j = \langle \boldsymbol{w}_j - \boldsymbol{w}_k, \boldsymbol{x} \rangle, \quad j = 1,2,\cdots,k \tag{5.67}$$

将式(5.67)代入式(5.64)与(5.65)可得

$$p_j = \frac{\mathrm{e}^{\langle \boldsymbol{w}_j, \boldsymbol{x} \rangle}}{\sum_{t=1}^{k} \mathrm{e}^{\langle \boldsymbol{w}_t, \boldsymbol{x} \rangle}}, \quad j = 1,2,\cdots,k \tag{5.68}$$

将式(5.68)代入式(5.66)就得到

$$\boldsymbol{h}(\boldsymbol{x}) = \left(\frac{\mathrm{e}^{\langle \boldsymbol{w}_1, \boldsymbol{x} \rangle}}{\sum_{t=1}^{k} \mathrm{e}^{\langle \boldsymbol{w}_t, \boldsymbol{x} \rangle}}, \frac{\mathrm{e}^{\langle \boldsymbol{w}_2, \boldsymbol{x} \rangle}}{\sum_{t=1}^{k} \mathrm{e}^{\langle \boldsymbol{w}_t, \boldsymbol{x} \rangle}}, \cdots, \frac{\mathrm{e}^{\langle \boldsymbol{w}_k, \boldsymbol{x} \rangle}}{\sum_{t=1}^{k} \mathrm{e}^{\langle \boldsymbol{w}_t, \boldsymbol{x} \rangle}} \right) \tag{5.69}$$

由此可见,从多项分布可以推导出 Softmax 模型。这也就是 Softmax 模型的统计意义。

小结

Logistic 回归算法是解决二元分类问题的最基本的监督式学习算法之一。Logisitic 回归算法的思想是用 Sigmoid 函数将线性预测限界于区间[0,1],并将其作为对标签概率的预测。本章通过指数分布族阐述了选择 Sigmoid 函数的根本原因,从而揭示出 Logistic 回归算法与线性回归算法的深层次联系。

由于 Logistic 回归问题的最优解没有直接的数学表达式,所以需要用在第 4 章中介绍的搜索算法来求解。本章中介绍了 Logistic 回归问题的梯度下降算法、随机梯度下降算法以及牛顿迭代算法。这 3 类算法各有其优势。在实际应用中,可以根据需要选用合适的算法。

分类问题预测效果的度量是机器学习中的重要课题。本章首先介绍了最常用的准确率度量方式,同时指出了用准确率度量的不足之处。然后进一步介绍了实际应用中常见的精确率、召回率、ROC 曲线和 AUC 测度等一系列分类问题预测效果的度量方式。

最后,本章介绍了一般的 k 元分类问题的求解算法——Softmax 回归算法。Softmax 回归算法是 Logistic 回归算法在 k 元分类问题中的推广。Softmax 回归算法也是第 8 章中的神经网络分类算法的基础。

习题

5.1 设样本空间 $X = \mathbb{R}^n$。标签采用 0-1 标签形式。设 h_w 是一个 Logistic 回归模型。请分别描述被 h_w 的最大概率分类函数归入类 0 与类 1 的区域。

5.2 二元分类问题的标签形式是灵活多样的。式(5.10)中的交叉熵采用了 0-1 标签形式。$\{-1,+1\}$是另一种常用的标签形式。请描述基于$\{-1,+1\}$标签形式的交叉熵表达式。

5.3 Logistic 回归算法是一个经验损失最小化算法。因此，可以对其进行正则化。请描述 Logistic 回归算法的 L_1 正则化与 L_2 正则化算法的目标函数，并用梯度下降算法实现 Logistic 回归算法的 L_1 正则化与 L_2 正则化。

5.4 在第 3 章中介绍的逐步回归算法是线性回归的特征选择算法。它的基本思想是，逐步引入能够显著降低均方误差的特征。同一思想也可以用于 Logistic 回归算法。请实现关于 Logistic 回归问题的逐步 Logistic 回归算法。

5.5 设有 8 条标签属于{0,1}的数据。它们的标签组成的向量为(1,1,1,1,0,0,0,0)。设模型 h 对这 8 条数据的标签预测为(1,0,1,1,0,1,1,0)。请计算模型 h 的准确率、精确率与召回率。

5.6 乳腺癌预测问题。

乳腺癌预测问题的任务是：根据患者的病理特征，预测患者的乳腺肿瘤是良性还是恶性。数据集来自 Sklearn 工具库中的乳腺癌数据集。该数据集包含 569 例乳腺肿瘤病例。每一条病例含有患者的 30 个病例特征以及该患者的肿瘤是良性还是恶性的结果。

图 5.25 中的程序导入乳腺癌数据集，并生成特征矩阵与标签矩阵。请基于图 5.25，用 Logistic 回归算法完成乳腺癌预测问题。完成预测后，还需要计算模型的准确率、精确率与召回率。最后，绘制出 ROC 曲线，并计算 AUC 测度。

```
1  from sklearn.datasets import load_breast_cancer
2  X, y=load_breast_cancel(return_X_y=True)
```

图 5.25　导入乳腺癌数据集并生成特征矩阵与标签矩阵的程序

5.7 红酒产地预测问题。

红酒产地预测问题的任务是：根据红酒的各项指标，鉴定红酒的产地。数据来自 Sklearn 工具库中的红酒数据集。该数据集中包含来自 3 个不同产地的 178 瓶红酒。每一条数据表示一瓶红酒，其中记录了 13 种指标作为特征，例如酒的颜色、蒸馏度、酸碱度、花青素浓度等，同时还记录了红酒的产地作为标签。

图 5.26 中的程序导入红酒数据集，并生成特征矩阵与标签矩阵。请基于图 5.26，用 Softmax 回归算法完成红酒产地预测问题。

```
1  from sklearn.datasets import load_wine
2  X, y=load_wine(return_X_y=True)
```

图 5.26　导入红酒数据集并生成特征矩阵与标签矩阵的程序

5.8 Logistic 回归模型的校准性。

在一个采用 0-1 标签形式的二元分类问题中，给定模型 h。对任意样本 $\boldsymbol{x}$，$h(\boldsymbol{x})$表示 $\boldsymbol{x}$ 的标签为 1 的概率。取定一组训练数据 $S=\{(\boldsymbol{x}^{(1)},y^{(1)}),(\boldsymbol{x}^{(2)},y^{(2)}),\cdots,(\boldsymbol{x}^{(m)},y^{(m)})\}$。其中，$\boldsymbol{x}^{(i)}\in\mathbb{R}^n$，$y^{(i)}\in\{0,1\}$。如果模型 h 满足如下性质：

$$\frac{1}{m}\sum_{i=1}^{m}h(\boldsymbol{x}^{(i)})=\frac{1}{m}\sum_{i=1}^{m}y^{(i)} \tag{5.70}$$

则称 h 是一个校准的模型。这是因为，如果式(5.70)成立，则模型对标签为 1 的概率预测恰等于标签为 1 的频率。

校准特性是使得许多实际应用都采用 Logistic 回归算法的一个重要因素。试证明，Logistic 回归模型满足式(5.70)中的校准特性。

5.9 泊松回归问题。

(1) 泊松分布用于描述单位时间内某随机事件发生次数的概率分布。取定样本空间 $S=\{0,1,2,\cdots\}$为全体非负整数。一个以 $\lambda>0$ 为参数的泊松分布 Poisson(λ)具有如下形式的密度函数：

$$f(y)=\frac{\mathrm{e}^{-\lambda}\lambda^{y}}{y!},\quad y\in S$$

试证明泊松分布 Poisson(λ)是指数分布族中的一员，并请给出对数正规化子 $a(\eta)$、底层观测 $b(y)$以及充分统计量 $T(y)$的具体形式。

(2) 在一个回归问题中，如果标签值取整数值，并且表示某类事件发生的次数，就称该回归问题是一个计数回归问题。一个典型的例子是预测客服中心可能接到的电话次数。在计数回归问题中，往往设标签分布是泊松分布。基于这个假设的回归算法被称为泊松回归算法。请按照指数分布族原则推导出泊松回归的模型形式。

(3) 请按照最大似然原则推导出泊松回归问题的目标函数。

第6章　支持向量机算法

在第5章中介绍了 Logistic 回归算法。它是处理二元分类问题的有效方法。本章要介绍另外一类二元分类问题的监督式学习算法——支持向量机算法。

支持向量机算法与 Logistic 回归算法在任务形式和算法原理方面是有区别的。Logistic 回归算法的思想源于对标签分布的统计假设。它可以处理二元分类问题的概率预测任务，从而可以自然地延伸到类别预测任务形式。而支持向量机的思想源于解析几何，它只能处理类别预测任务。如果单从任务形式上来看，Logistic 回归算法要强于支持向量机算法。然而，支持向量机算法突出的长处在于它对非线性数据有很强的处理能力。当二元分类问题的正负采样不能被任何直线分离时，支持向量机算法可以启用灵活多样的核方法将数据投影到高维空间，从而可用高维空间中的超平面来分离数据，这是 Logistic 回归算法无法做到的。在这种情况下，支持向量机算法就是一个比 Logistic 回归算法更适用的算法。

本章的6.1节介绍支持向量机的基本概念，主要内容包括它的解析几何思想起源以及优化形式的演变；除此之外，还包括支持向量机的对偶优化问题。基于对偶思想，在6.2节中介绍支持向量机的 SMO 算法。6.3节与6.4节分别介绍核方法与软间隔支持向量机算法，它们都是支持向量机算法在训练数据不可分离情形的推广。

6.1　支持向量机基本概念

支持向量机是应用于二元分类问题中的一种监督式学习方法。在处理二元分类问题时，要寻找一个将两类事物相分离的超平面。通常会有很多个满足此条件的超平面。支持向量机算法的目标是构造能正确划分训练数据集并且与要分离的两类采样有最大几何间隔的分离超平面。具有这个特征的分离超平面不仅能完美地区分训练数据，而且对测试数据也有较好的分类预测能力。

6.1.1 支持向量机思想起源

在第 2 章的 2.3 节曾介绍过山鸢尾预测问题。这个问题是基于鸢尾花数据集，以鸢尾花花萼的长与宽作为特征，来预测给定鸢尾花是否为山鸢尾。如果一株鸢尾花是山鸢尾，则对应的标签取值＋1，为一个正采样；否则，对应的标签取值－1，为一个负采样。从图 2.6 所示的山鸢尾的训练数据分布来看，其正负采样可以被一条直线分离。能够分离正负采样的直线就称为分离直线。对于此类二元分类问题，常用算法的思想是：通过训练数据学习，找出一条分离直线，并用这条分离直线对测试数据进行类别预测。如果给定测试数据位于直线上方，则预测其标签为＋1，否则预测其标签为－1。

对图 2.6 所示的山鸢尾的训练数据，感知器算法成功地找出了一条正负采样分离直线。从图 6.1(a)可以看到，该直线基本上分离了训练数据。但是，由于这条分离直线过于靠近训练数据中的负采样点，因而在图 6.1(b)中的测试数据上未能完全正确地分离正负采样，测试数据中的一个负采样错误地位于直线的上方。

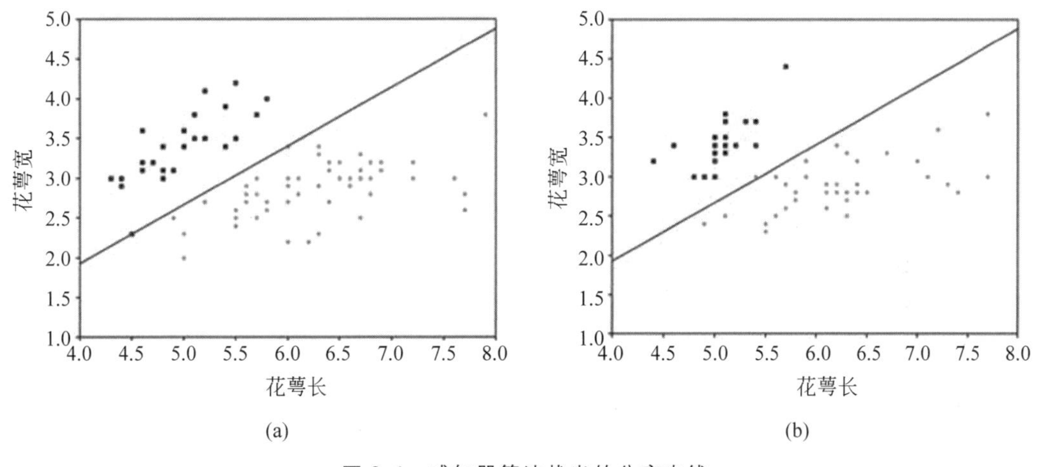

图 6.1　感知器算法找出的分离直线

图 6.2(a)中显示的是用支持向量机算法计算出的一条直线(算法见例 6.1)。该直线成功地分离了山鸢尾训练数据的正负采样。如果选择图 6.2(a)中的这条直线作为两类采样的分离直线，则这条分离直线在测试数据上会有更好的表现，如图 6.2(b)所示。

结合图 6.1 与图 6.2 可知，在有多条可能的分离直线时，如何选择分离直线是至关重要的。按照不同的选择原则所选出的分离直线会有不同的预测结果。

图 2.8 给出了感知器算法的描述。感知器算法不断迭代搜索，直至发现一条分离直线，并立即输出此直线。由此可见，尽管可能存在多条分离直线，感知器算法也只选出它最先感知到的那一条直线。而支持向量机算法却是有选择地计算出一条拓展性最强的分离直线。与图 6.1(a)中的分离直线相比，图 6.2(a)中的分离直线增大了与负采样间的几何间隔。这样的分离直线具有良好的拓展性，因而对测试数据也有较好的分类预测能力。

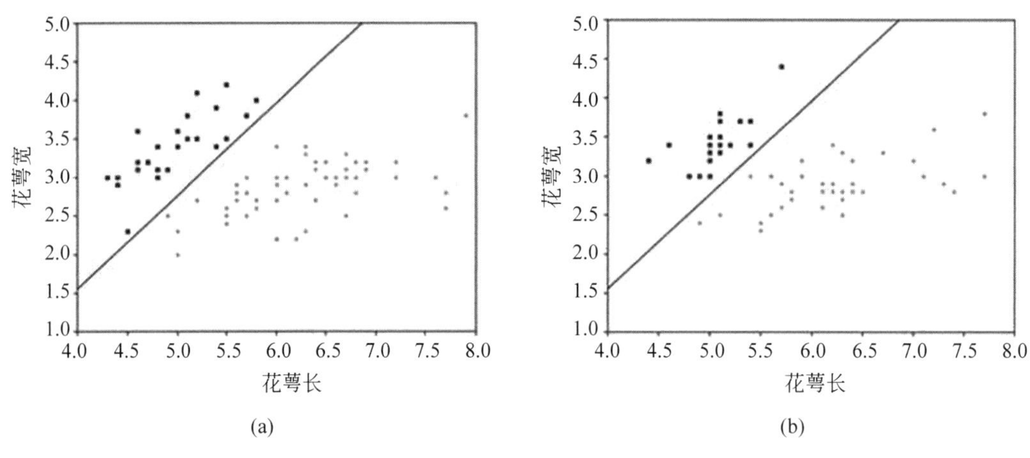

图 6.2　支持向量机算法找出的分离直线

简而言之，支持向量机算法的核心理念是计算一条最为中立的分离直线。该直线既不偏向训练数据中的正采样，也不偏向负采样。以下介绍上述思想在支持向量机算法中的具体体现。首先要具体量化一条分离直线的中立性。这种量化是通过间隔的概念来体现的。

引理 6.1　设 $L:\langle \boldsymbol{w},\boldsymbol{x}\rangle+b=0$ 为平面上的一条直线。$\boldsymbol{x}^*$ 为平面上的一点。点 $\boldsymbol{x}^*$ 到直线 L 的距离为

$$d(\boldsymbol{x}^*,L)=\frac{|\langle \boldsymbol{w},\boldsymbol{x}^*\rangle+b|}{\|\boldsymbol{w}\|} \tag{6.1}$$

在一个含有两个特征的二元分类问题中，设

$$S=\{(\boldsymbol{x}^{(1)},y^{(1)}),(\boldsymbol{x}^{(2)},y^{(2)}),\cdots,(\boldsymbol{x}^{(m)},y^{(m)})\}$$

为训练数据。其中，对任意的 $1\leqslant i\leqslant m$，$\boldsymbol{x}^{(i)}\in\mathbb{R}^2$ 为样本特征组，$y^{(i)}\in\{-1,+1\}$ 为标签。

定义 6.1（间隔与支持向量）　给定训练数据 S，设直线 $L:\langle \boldsymbol{w},\boldsymbol{x}\rangle+b=0$ 是训练数据 $S=\{(\boldsymbol{x}^{(1)},y^{(1)}),(\boldsymbol{x}^{(2)},y^{(2)}),\cdots,(\boldsymbol{x}^{(m)},y^{(m)})\}$ 的一条分离直线。则 L 与训练数据 S 的间隔定义为

$$\delta_S(\boldsymbol{w},b)=\min_{1\leqslant i\leqslant m} d(\boldsymbol{x}^{(i)},L) \tag{6.2}$$

将 S 中到直线的距离恰等于 $\delta_S(\boldsymbol{w},b)$ 的点称为 L 在 S 中的支持向量。

概括来说，一条分离直线的支持向量就是训练数据中与该直线最接近的点（可能有多个）。支持向量与直线之间的距离称为间隔。图 6.3 直观地解释了支持向量与间隔的概念。图 6.3(a)中的点 P_1 是直线 L_1 在训练数据中的支持向量。它与 L_1 之间的距离 δ 即为 L_1 与训练数据的间隔。图 6.3(b)中的直线 L_2 有 3 个支持向量 P_1、P_2 与 P_3，它们与 L_2 的距离相等。该公共距离值 δ 即为 L_2 与训练数据的间隔。

由式(6.2)定义的间隔是对分离直线中立性的具体量化。如果 L 是所有分离直线中与训练数据间隔最大的那一条分离直线，则 L 的支持向量中一定既有正采样又有负采样。也就是说，L 到最近的正采样的距离等于其到最近的负采样的距离。因此，L 是一条中立的分

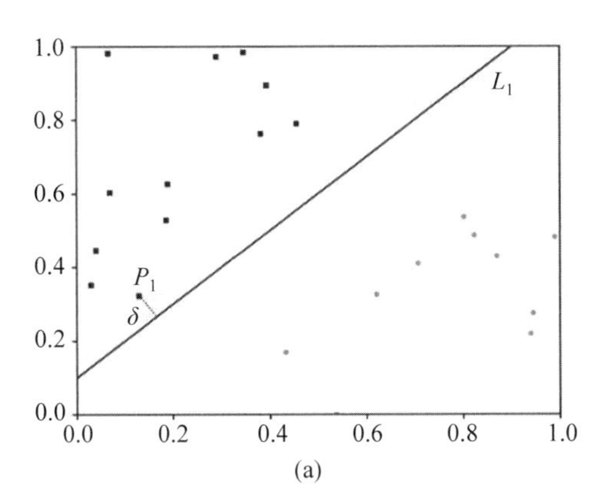

(a)

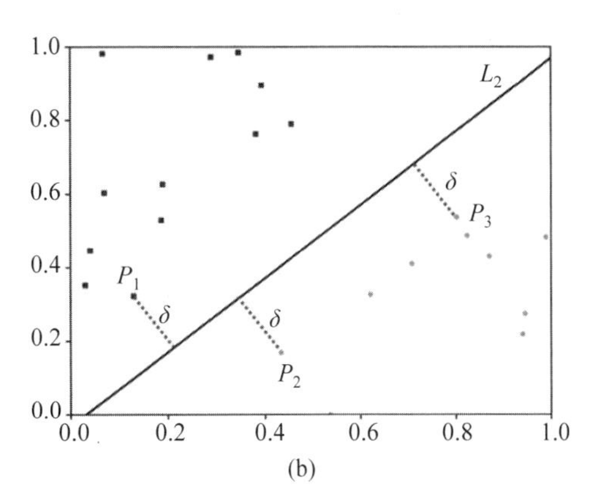

(b)

图 6.3　支持向量与间隔

离直线。由此可知，寻找最中立的分离直线就等价于寻找间隔最大的分离直线。这就是支持向量机的核心思想在算法设计层面的具体表现。

设直线 L:$\langle \boldsymbol{w},\boldsymbol{x}\rangle + b = 0$ 是训练数据 $S=\{(\boldsymbol{x}^{(1)},y^{(1)}),(\boldsymbol{x}^{(2)},y^{(2)}),\cdots,(\boldsymbol{x}^{(m)},y^{(m)})\}$的一条分离直线，则对任意 $1 \leqslant i \leqslant m$，有 $y^{(i)} = \mathrm{Sign}(\langle \boldsymbol{w},\boldsymbol{x}^{(i)}\rangle + b)$。因此，可以将式(6.1)中的距离公式表达为如下的形式：

$$d(\boldsymbol{x}^{(i)},L) = \frac{y^{(i)}(\langle \boldsymbol{w},\boldsymbol{x}^{(i)}\rangle + b)}{\|\boldsymbol{w}\|} \tag{6.3}$$

由此，可将式(6.2)写成

$$\delta_S(\boldsymbol{w},b) = \min_{1\leqslant i\leqslant m} \frac{y^{(i)}(\langle \boldsymbol{w},\boldsymbol{x}^{(i)}\rangle + b)}{\|\boldsymbol{w}\|} \tag{6.4}$$

支持向量机算法的求解目标是如下的优化问题：

$$\max_{w\in\mathbb{R}^2,b\in\mathbb{R}} \delta_S(\boldsymbol{w},b) \tag{6.5}$$

在训练数据可分离的前提下，式(6.5)的最优解就是间隔最大的分离直线。

推导式(6.5)中目标函数的思路可以自然地推广到 n 维空间。二维空间中的直线对应于 n 维空间中的超平面①。在一个二元分类问题中，设样本空间 $X \subseteq \mathbb{R}^n$，并设训练数据 $S=\{(\boldsymbol{x}^{(1)},y^{(1)}),(\boldsymbol{x}^{(2)},y^{(2)}),\cdots,(\boldsymbol{x}^{(m)},y^{(m)})\}$中存在分离平面。可知，支持向量机算法的任务是计算

$$\max_{w\in\mathbb{R}^n,b\in\mathbb{R}} \delta_S(\boldsymbol{w},b) = \max_{w\in\mathbb{R}^n,b\in\mathbb{R}} \left\{\min_{1\leqslant i\leqslant m} \frac{y^{(i)}(\langle \boldsymbol{w},\boldsymbol{x}^{(i)}\rangle + b)}{\|\boldsymbol{w}\|}\right\} \tag{6.6}$$

6.1.2　支持向量机的凸优化描述

支持向量机算法的求解目标是优化式(6.6)中的目标函数，即最大化间隔。这实际上是一个无约束的非凸优化问题。为了便于设计优化算法，可以将其转换为与之等价的带约束

① 在不失准确性的前提下，以后均将超平面称为平面。

的凸优化问题。

取定一组参数 $\boldsymbol{w}$、b，考察如下只有 γ 一个变量的带约束优化问题：

$$\max_{\gamma\in\mathbb{R}} \gamma$$
$$\text{约束：} \frac{y^{(i)}(\langle \boldsymbol{w}, \boldsymbol{x}^{(i)}\rangle + b)}{\|\boldsymbol{w}\|} \geqslant \gamma, \quad i = 1,2,\cdots,m \tag{6.7}$$

引理 6.2 设 γ^* 为式(6.7)的最优解，则 $\gamma^* = \delta_S(\boldsymbol{w},b)$。

证明：因为 γ^* 为式(6.7)的最优解，所以它首先必须是一个可行解。于是 γ^* 一定满足式(6.7)中的所有约束条件，即 γ^* 不超过任何一个 $y^{(i)}(\langle \boldsymbol{w}, \boldsymbol{x}^{(i)}\rangle + b)/\|\boldsymbol{w}\|, i = 1,2,\cdots,m$。由此可知：

$$\gamma^* \leqslant \min_{1\leqslant i\leqslant m} \frac{y^{(i)}(\langle \boldsymbol{w}, \boldsymbol{x}^{(i)}\rangle + b)}{\|\boldsymbol{w}\|} = \delta_S(\boldsymbol{w},b)$$

另一方面，根据$\delta_S(\boldsymbol{w},b)$的定义知，$\gamma=\delta_S(\boldsymbol{w},b)$一定是式(6.7)的可行解。但由于 γ^* 是最优解，所以必然有 $\gamma^* \geqslant \gamma = \delta_S(\boldsymbol{w},b)$。结合以上两方面可得 $\gamma^* = \delta_S(\boldsymbol{w},b)$。

上述变换是优化算法设计中的一个常用技巧。通过这一变换，进一步将式(6.6)表示为如下的优化问题：

$$\max_{\boldsymbol{w},b,\gamma} \gamma$$
$$\text{约束：} \frac{y^{(i)}(\langle \boldsymbol{w}, \boldsymbol{x}^{(i)}\rangle + b)}{\|\boldsymbol{w}\|} \geqslant \gamma, \quad i = 1,2,\cdots,m \tag{6.8}$$

由此变换，式(6.6)中形式较为复杂的目标函数就转化成式(6.8)中简单的目标函数。如此变换的代价是在原来的无约束的优化问题中引入了约束条件。可以注意到，约束条件中的函数 $y^{(i)}(\langle \boldsymbol{w}, \boldsymbol{x}^{(i)}\rangle + b)/\|\boldsymbol{w}\|$ 并不是关于 $\boldsymbol{w}$ 的凸函数，因此还要继续简化式(6.8)的约束条件。

已知训练数据是可分离的，因此，在式(6.8)的最优解 $\boldsymbol{w}^*$、b^*、γ^* 中，必有 $\gamma^* > 0$。从而可以在式(6.8)中增加一个约束条件 $\gamma > 0$，得到式(6.9)：

$$\max_{\boldsymbol{w},b,\gamma} \gamma$$
$$\text{约束：} \frac{y^{(i)}(\langle \boldsymbol{w}, \boldsymbol{x}^{(i)}\rangle + b)}{\|\boldsymbol{w}\|} \geqslant \gamma, \quad i = 1,2,\cdots,m \tag{6.9}$$
$$\gamma > 0$$

式(6.8)与式(6.9)有完全相同的最优解。虽然式(6.9)比式(6.8)增加了一个约束条件，但是它却更有利于对约束条件作进一步的简化。增加了 $\gamma > 0$ 的约束条件之后，就可以将式(6.9)改写为如下形式：

$$\max_{\boldsymbol{w},b,\gamma} \gamma$$
$$\text{约束：} \frac{y^{(i)}(\langle \boldsymbol{w}, \boldsymbol{x}^{(i)}\rangle + b)}{\gamma\|\boldsymbol{w}\|} \geqslant 1, \quad i = 1,2,\cdots,m \tag{6.10}$$
$$\gamma > 0$$

做变量代换：

$$w' = \frac{w}{\gamma \| w \|}, \quad b' = \frac{b}{\gamma \| w \|} \tag{6.11}$$

则可以将式(6.10)表达为

$$\begin{aligned} & \max_{w', b', \gamma} \gamma \\ & 约束：y^{(i)}(\langle w', x^{(i)} \rangle + b') \geqslant 1, \quad i = 1,2,\cdots,m \\ & \gamma > 0 \end{aligned} \tag{6.12}$$

显而易见，式(6.12)进一步简化了约束条件。

在凸优化问题中，约束条件中不允许有严格不等式。由于 $\gamma > 0$ 是一个严格不等式约束条件，因此式(6.12)仍不是一个凸优化问题。为此，还需要通过 L_2 范数变换来改变约束条件。

根据式(6.11)有

$$\gamma w' = \frac{w}{\| w \|} \tag{6.13}$$

由于 $w/\| w \|$ 的 L_2 范数恰等于1，所以在式(6.13)等号两端取 L_2 范数就得到 $\gamma \| w' \| = 1$。即

$$\gamma = \frac{1}{\| w' \|} \tag{6.14}$$

式(6.14)蕴涵了条件 $\gamma > 0$，从而可以将式(6.12)表示成

$$\begin{aligned} & \max_{w', b'} \frac{1}{\| w' \|} \\ & 约束：y^{(i)}(\langle w', x^{(i)} \rangle + b') \geqslant 1, \quad i = 1,2,\cdots,m \end{aligned} \tag{6.15}$$

与式 (6.15)等价的形式为

$$\begin{aligned} & \min_{w, b} \frac{1}{2} \| w \|^2 \\ & 约束：y^{(i)}(\langle w, x^{(i)} \rangle + b) \geqslant 1, \quad i = 1,2,\cdots,m \end{aligned} \tag{6.16}$$

经过上述一系列的变换，支持向量机算法的优化目标就由式(6.6)的间隔最大化问题转化为与之等价的式(6.16)中的标准凸优化问题。综上所述，可以得到与式(6.16)相应的支持向量机算法，如图 6.4 所示。

支持向量机算法

输入：m 条训练数据 $S = \{(x^{(1)}, y^{(1)}), (x^{(2)}, y^{(2)}), \cdots, (x^{(m)}, y^{(m)})\}$

前提：训练数据中正负采样存在分离平面

模型假设：$H = \{h_{w,b} : h_{w,b}(x) = \text{Sign}(\langle w, x \rangle + b)\}$

计算如下优化问题的最优解 w^*, b^*：

$$\begin{aligned} & \min_{w, b} \frac{1}{2} \| w \|^2 \\ & 约束：y^{(i)}(\langle w, x^{(i)} \rangle + b) \geqslant 1, \quad i = 1,2,\cdots,m \end{aligned}$$

输出模型 h_{w^*, b^*}

图 6.4　支持向量机算法描述

6.1.3 支持向量机的对偶

在 6.1.2 节中,支持向量机算法从其原始定义的无约束优化问题转化为式(6.16)中的一个带约束的凸优化问题。对偶理论是本章中 SMO 算法和核方法的理论基础,它也是支持向量机算法的最大特色之一。对偶理论涉及一些基础数学知识(附录 A)。

凸优化问题中对偶理论的基本思想是用拉格朗日乘子将原始问题的约束条件移至目标函数。具体到式(6.16)中,设 λ_i 为约束 $y^{(i)}(\langle \boldsymbol{w},\boldsymbol{x}^{(i)}\rangle+b)\geqslant 1$ 对应的朗格朗日乘子,则式(6.16)的拉格朗日函数为

$$L(\boldsymbol{w},b,\boldsymbol{\lambda})=\frac{1}{2}\|\boldsymbol{w}\|^2+\sum_{i=1}^{m}\lambda_i(1-y^{(i)}(\langle \boldsymbol{w},\boldsymbol{x}^{(i)}\rangle+b)) \tag{6.17}$$

设 $G(\boldsymbol{\lambda})$ 是式(6.16)的对偶函数,即

$$G(\boldsymbol{\lambda})=\min_{\boldsymbol{w},b}L(\boldsymbol{w},b,\boldsymbol{\lambda}) \tag{6.18}$$

要计算 $G(\boldsymbol{\lambda})$ 的具体表达式,需要进一步将式(6.17)重新组合如下:

$$L(\boldsymbol{w},b,\boldsymbol{\lambda})=\frac{1}{2}\|\boldsymbol{w}\|^2-\sum_{i=1}^{m}\lambda_i y^{(i)}\langle \boldsymbol{w},\boldsymbol{x}^{(i)}\rangle-\left(\sum_{i=1}^{m}\lambda_i y^{(i)}\right)b+\sum_{i=1}^{m}\lambda_i \tag{6.19}$$

式(6.18)表达的是一个无约束凸优化问题。它的最优解 $\boldsymbol{w}^*$、b^* 必须满足

$$\nabla_{\boldsymbol{w}}L(\boldsymbol{w}^*,b^*,\boldsymbol{\lambda})=\boldsymbol{w}^*-\sum_{i=1}^{m}\lambda_i y^{(i)}\boldsymbol{x}^{(i)}=\boldsymbol{0} \tag{6.20}$$

$$\nabla_b L(\boldsymbol{w}^*,b^*,\boldsymbol{\lambda})=\sum_{i=1}^{m}\lambda_i y^{(i)}=0 \tag{6.21}$$

仅当式(6.21)成立时,$G(\boldsymbol{\lambda})$的值才是有限的。事实上,式(6.19)中 b 的系数恰为 $\sum_{i=1}^{m}\lambda_i y^{(i)}$。若 $\sum_{i=1}^{m}\lambda_i y^{(i)}\neq 0$,不妨设 $\sum_{i=1}^{m}\lambda_i y^{(i)}>0$,则 $\lim_{b\to+\infty}L(\boldsymbol{w},b,\boldsymbol{\lambda})=-\infty$。可见,此时 $G(\boldsymbol{\lambda})=-\infty$。

假设式(6.21)成立。此时 $G(\boldsymbol{\lambda})=L(\boldsymbol{w}^*,b^*,\boldsymbol{\lambda})$。从式(6.20)可知 $\boldsymbol{w}^*=\sum_{i=1}^{m}\lambda_i y^{(i)}\boldsymbol{x}^{(i)}$。将此式代入式(6.19),并结合式(6.21)得到

$$G(\boldsymbol{\lambda})=\begin{cases}-\infty, & \text{如果}\sum_{i=1}^{m}\lambda_i y^{(i)}\neq 0\\ \sum_{i=1}^{m}\lambda_i-\frac{1}{2}\sum_{i,j=1}^{m}\lambda_i\lambda_j y^{(i)}y^{(j)}\langle \boldsymbol{x}^{(i)},\boldsymbol{x}^{(j)}\rangle, & \text{如果}\sum_{i=1}^{m}\lambda_i y^{(i)}=0\end{cases} \tag{6.22}$$

式(6.16)中凸优化问题的对偶问题(附录 A 定义 A.3.8)是

$$\max_{\boldsymbol{\lambda}\geqslant 0}G(\boldsymbol{\lambda}) \tag{6.23}$$

由此可见,在式(6.23)表示的对偶问题中,不必考虑那些使得 $\sum_{i=1}^{m}\lambda_i y^{(i)}\neq 0$ 的拉格朗日乘子 $\boldsymbol{\lambda}$。事实上,这样的乘子的对偶函数值 $G(\boldsymbol{\lambda})=-\infty$,从而它不可能是式(6.23)的最优解。因此,可以将对偶问题写成如下形式:

$$\max G(\boldsymbol{\lambda}) = \sum_{i=1}^{m} \lambda_i - \frac{1}{2}\sum_{i,j=1}^{m} \lambda_i \lambda_j y^{(i)} y^{(j)} \langle \boldsymbol{x}^{(i)}, x^{(j)} \rangle$$

$$\text{约束：} \sum_{i=1}^{m} \lambda_i y^{(i)} = 0 \tag{6.24}$$

$$\lambda_i \geqslant 0, \quad i = 1,2,\cdots,m$$

KKT 条件是对偶理论的重要组成部分(附录 A 定理 A.3.13)。它是联系原始最优解与对偶最优解之间的纽带。用 KKT 条件就可以通过对偶问题的解来间接地求解原始问题。式(6.16)中的原始问题与式(6.24)中的对偶问题的 KKT 条件是凸优化 KKT 条件的直接推论。

推论 6.3 设 $\boldsymbol{w}^*$、b^* 为式(6.16)的一组解，$\boldsymbol{\lambda}^*$ 为式(6.24)的一组解，则它们均为最优解的充分必要条件如下：

$$\boldsymbol{w}^* = \sum_{i=1}^{m} \lambda_i^* y^{(i)} \boldsymbol{x}^{(i)} \tag{6.25}$$

$$\lambda_i^* (1 - y^{(i)} (\langle \boldsymbol{w}^*, \boldsymbol{x}^{(i)} \rangle + b^*)) = 0, \quad \forall 1 \leqslant i \leqslant m \tag{6.26}$$

推论 6.3 中的式(6.25)和式(6.26)分别是 KKT 条件中的稳定性条件和互补松弛条件。式(6.26)的意义如下：如果 $\lambda_i^* > 0$，则必然有

$$y^{(i)} (\langle \boldsymbol{w}^*, \boldsymbol{x}^{(i)} \rangle + b^*) = 1 \tag{6.27}$$

这表明，$\boldsymbol{x}^{(i)}$ 是一个支持向量。又由于 $y^{(i)} \in \{-1, +1\}$，因此，在式(6.27)的等式两端同时乘以 $y^{(i)}$，并移项可得

$$b^* = y^{(i)} - \langle \boldsymbol{w}^*, \boldsymbol{x}^{(i)} \rangle \tag{6.28}$$

再结合式(6.25)，就可以得到

$$b^* = y^{(i)} - \sum_{t=1}^{m} \lambda_t^* y^{(t)} \langle \boldsymbol{x}^{(t)}, \boldsymbol{x}^{(i)} \rangle \tag{6.29}$$

根据以上的推导，可以得出如下结论：设已经求得对偶最优解 $\boldsymbol{\lambda}^*$，则由式(6.25)和式(6.29)就可以得到原始问题的最优解 $\boldsymbol{w}^*$、b^*。换句话说，为了求解式(6.16)表示的支持向量机的原始优化问题，只需要求出式(6.24)中的对偶问题的最优解 $\boldsymbol{\lambda}^*$ 即可。由此可见，求解带约束的凸优化问题就转化为求解它的对偶问题。

从式(6.25)可以看到：最优解 $\boldsymbol{w}^* = \sum_{i=1}^{m} \lambda_i^* y^{(i)} \boldsymbol{x}^{(i)}$ 是训练数据特征组的线性组合。设 $\lambda_{i_1}, \lambda_{i_2}, \cdots, \lambda_{i_k} \neq 0$，则 $\boldsymbol{w}^*$ 就是支持向量 $\boldsymbol{x}^{(i_1)}, \boldsymbol{x}^{(i_2)}, \cdots, \boldsymbol{x}^{(i_k)}$ 的线性组合。所以，支持向量机算法的求解目标实际上是寻找间隔最大的分离平面的支持向量 $\boldsymbol{x}^{(i_1)}, \boldsymbol{x}^{(i_2)}, \cdots, \boldsymbol{x}^{(i_k)}$ 以及它们对应的系数 $\lambda_{i_1}, \lambda_{i_2}, \cdots, \lambda_{i_k}$。这就是称该算法为支持向量机算法的缘由。

6.2 支持向量机优化算法

应用对偶理论，支持向量机算法的求解目标最终转化为求解式(6.24)的对偶问题。SMO 算法是求解式(6.24)的一个高效的优化算法。SMO 是英文 Sequntial Minimal

Optimization 的首字母缩写，意为序列最小优化。它是坐标下降算法在支持向量机对偶问题中的具体实现。

由于式(6.24)是一个带约束的优化问题，因而不能直接用梯度下降算法求解，而应当采用坐标下降算法。坐标下降算法在搜索过程中的每一步都选取一个坐标分量。然后，单方面调整该变量的值，使得目标函数在其余变量固定的前提下达到最优化。持续此搜索过程，直至无法继续改进目标函数值时为止。然而，式(6.24)中的 m 个变量 $\lambda_1,\lambda_2,\cdots,\lambda_m$ 并不是独立存在的，它们经由式(6.21)中的约束条件紧密相连。如果固定 $\lambda_1,\lambda_2,\cdots,\lambda_m$ 中的 $m-1$ 个变量，不妨设为 $\lambda_2,\lambda_3,\cdots,\lambda_m$，则 λ_1 的取值也将由式(6.21)唯一确定。因此，坐标下降算法不能直接用于求解式(6.24)表示的问题。必须对坐标下降算法做一定的修改。

SMO 算法的核心思想就是对坐标下降算法做如下修改：每一次选取两个变量(而不是一个)进行调整。在每一轮搜索中选取两个变量 λ_i 与 λ_j，并固定其他变量的取值。由于只固定了 $m-2$ 个变量，λ_j 的取值就有了多种可能。一旦计算出 λ_j 的最优取值，λ_i 的取值也就可以由式(6.21)推算出。

上述思想可以具体描述如下：设当前变量值为 $\lambda_1^*,\lambda_2^*,\cdots,\lambda_m^*$，为了便于叙述，不妨设算法选取的变量为 λ_1 与 λ_2，并且设 $y^{(1)}=y^{(2)}=1$。暂且先在此假设下推导出 λ_2 的最优取值的公式。然后，可将此思路推广到在一般情况下确定最优值的公式。

设 λ_1 与 λ_2 的当前取值分别为 λ_1^* 与 λ_2^*。固定其余变量的值：$\lambda_3=\lambda_3^*,\lambda_4=\lambda_4^*,\cdots,\lambda_m=\lambda_m^*$。考察 λ_1 和 λ_2 应当满足的条件。在 $\lambda_3=\lambda_3^*,\lambda_4=\lambda_4^*,\cdots,\lambda_m=\lambda_m^*$ 以及 $y^{(1)}=y^{(2)}=1$ 的情况下，要使式(6.21)得到满足，则有 $\lambda_1+\lambda_2=-\sum_{t=3}^{m}\lambda_t^*y^{(t)}=\lambda_1^*+\lambda_2^*$。为了简化数学记号，定义 $H=\lambda_1^*+\lambda_2^*$。由此，$\lambda_1$ 和 λ_2 应当满足条件 $\lambda_1+\lambda_2=H$。由于 λ_1 和 λ_2 还必须满足非负性条件，即 $\lambda_1\geqslant 0,\lambda_2\geqslant 0$，所以有

$$\begin{cases}0\leqslant\lambda_2\leqslant H\\ \lambda_1=H-\lambda_2\end{cases}\tag{6.30}$$

坐标下降算法的任务就是选取一组满足式(6.30)且使目标函数值最大的 λ_1 和 λ_2。

进一步简化记号，设 $g(\lambda_1,\lambda_2)=G(\lambda_1,\lambda_2,\lambda_3^*,\lambda_4^*,\cdots,\lambda_m^*)$ 为坐标下降算法当前的目标函数，并设

$$K_{i,j}=\langle\boldsymbol{x}_i,\boldsymbol{x}_j\rangle,\quad R_1=\sum_{t=3}^{m}\lambda_t^*y^{(t)}K_{t,1},\quad R_2=\sum_{t=3}^{m}\lambda_t^*y^{(t)}K_{t,2}$$

可以注意到，对任意 i、j，都有 $K_{i,j}=K_{j,i}$。应用以上的简化记号，将 $g(\lambda_1,\lambda_2)$ 展开可得

$$\begin{aligned}g(\lambda_1,\lambda_2)=&\lambda_1+\lambda_2+\sum_{t=3}^{m}\lambda_t^*-\lambda_1\lambda_2K_{1,2}-\frac{1}{2}\lambda_1^2K_{1,1}\\&-\frac{1}{2}\lambda_2^2K_{1,2}-\lambda_1R_1-\lambda_2R_2\end{aligned}\tag{6.31}$$

由于 $\lambda_1=H-\lambda_2$，因而，可将 $g(\lambda_1,\lambda_2)$ 表示为关于 λ_2 的一元二次函数 $f(\lambda_2)$：

$$f(\lambda_2)=H+\sum_{t=3}^{m}\lambda_t^*-(H-\lambda_2)\lambda_2K_{1,2}-\frac{1}{2}(H-\lambda_2)^2K_{1,1}-\frac{1}{2}\lambda_2^2K_{1,2}$$

$$-(H-\lambda_2)R_1-\lambda_2 R_2 \tag{6.32}$$

显而易见，最大化 $g(\lambda_1,\lambda_2)$实际上就是求式(6.32)中一元二次函数的最大值。解方程 $f'(\lambda_2)=0$ 可得

$$\lambda_2=\frac{R_2-R_1+HK_{1,2}-HK_{1,1}}{2K_{1,2}-K_{1,1}-K_{2,2}} \tag{6.33}$$

如果对任意的 $i=1,2,\cdots,m$，记

$$E_i=\sum_{t=1}^{m}\lambda_t^* y^{(t)} K_{t,i}-y^{(i)} \tag{6.34}$$

则有 $R_2=E_2-\lambda_2^* K_{2,2}-\lambda_1^* K_{2,1}+1$，且 $R_1=E_1-\lambda_2^* K_{2,1}-\lambda_1^* K_{1,1}+1$。因此有

$$\begin{aligned}R_2-R_1+HK_{1,2}-HK_{1,1}&=E_2-E_1-\lambda_2^*K_{2,2}-\lambda_1^*K_{2,1}+\lambda_2^*K_{2,1}+\lambda_1^*K_{1,1}+HK_{1,2}-HK_{1,1}\\&=E_2-E_1+(H-\lambda_1^*)K_{1,2}-(H-\lambda_1^*)K_{1,1}-\lambda_2^*K_{2,2}+\lambda_2^*K_{1,2}\end{aligned}$$

根据式 (6.30) 可知，$H-\lambda_1^*=\lambda_2^*$。由此可知，

$$R_2-R_1+HK_{1,2}-HK_{1,1}=E_2-E_1+(2K_{1,2}-K_{1,1}-K_{2,2})\lambda_2^* \tag{6.35}$$

结合式(6.33)与式(6.35)，得到方程 $f'(\lambda_2)=0$ 的解为

$$\lambda_2=\lambda_2^*+\frac{E_2-E_1}{2K_{1,2}-K_{1,1}-K_{2,2}} \tag{6.36}$$

最后由约束条件 $0\leqslant\lambda_2\leqslant H$，可以得知 $f(\lambda_2)$的最优解为

$$\lambda_2=\max\left\{0,\min\left\{\lambda_2^*+\frac{E_2-E_1}{2K_{1,2}-K_{1,1}-K_{2,2}},H\right\}\right\} \tag{6.37}$$

此时取 $\lambda_1=H-\lambda_2$，这组 λ_1 和 λ_2 的值就能最大化 $g(\lambda_1,\lambda_2)=G(\lambda_1,\lambda_2,\lambda_3^*,\lambda_4^*,\cdots,\lambda_m^*)$。这也是坐标下降算法在固定 $\lambda_3^*,\lambda_4^*,\cdots,\lambda_m^*$ 的值时应当取定的 λ_1 和 λ_2 的值。

上述结果是在假设 $y^{(1)}=y^{(2)}=1$ 的前提下推导得出的。下面将这个推导思路推广到一般情况。在坐标下降算法的每一步中，设当前变量值为 $\lambda_1^*,\lambda_2^*,\cdots,\lambda_m^*$。选取两个变量 λ_i 与 λ_j，并固定其他变量的值。与式(6.30)的推导类似，可以得出 λ_j 满足如下约束条件：

$$\begin{cases}0\leqslant\lambda_j\leqslant\lambda_i^*+\lambda_j^*, & \text{如果 } y^{(i)}=y^{(j)}\\ \lambda_j\geqslant\max\{0,\lambda_j^*-\lambda_i^*\}, & \text{如果 } y^{(i)}\neq y^{(j)}\end{cases} \tag{6.38}$$

换句话说，如果定义

$$H_{i,j}=\begin{cases}\lambda_i^*+\lambda_j^*, & \text{如果 } y^{(i)}=y^{(j)}\\ +\infty, & \text{如果 } y^{(i)}\neq y^{(j)}\end{cases} \tag{6.39}$$

$$L_{i,j}=\begin{cases}0, & \text{如果 } y^{(i)}=y^{(j)}\\ \max\{0,\lambda_j^*-\lambda_i^*\}, & \text{如果 } y^{(i)}\neq y^{(j)}\end{cases} \tag{6.40}$$

则 λ_j 应当满足 $L_{i,j}\leqslant\lambda_j\leqslant H_{i,j}$。

与式(6.37)的推导类似，算法在当前搜索中应当将 λ_j 取值为

$$\lambda_j=\max\left\{L_{i,j},\min\left\{\lambda_j^*+\frac{E_j-E_i}{2K_{i,j}-K_{i,i}-K_{j,j}},H_{i,j}\right\}\right\} \tag{6.41}$$

其中，$K_{i,j}=\langle x_i,x_j\rangle$，$E_i$ 和 E_j 由式(6.34)定义。

由式(6.41)得到 λ_j 的值后，就可以根据式(6.21)确定 λ_i 的值了。记 $\delta_j=\lambda_j-\lambda_j^*$ 为算法

在当前搜索中对变量 λ_j 的调整量。由于要求 $\lambda_i y^{(i)} + \lambda_j y^{(j)} = \lambda_i^* y^{(i)} + \lambda_j^* y^{(j)}$，因此有

$$\lambda_i = \lambda_i^* - y^{(i)} y^{(j)} \delta_j \tag{6.42}$$

由式(6.41)和式(6.42)确定的 λ_i 和 λ_j 能使式(6.24)的目标函数达到其最大值。因此，这也是坐标下降算法在固定其他 $m-2$ 个变量时应当取定的 λ_i 和 λ_j 的值。这就是 SMO 算法。

图 6.5 是 SMO 算法的完整描述。给定 m 条可分离的训练数据 $S = \{(\boldsymbol{x}^{(1)}, y^{(1)}), (\boldsymbol{x}^{(2)}, y^{(2)}), \cdots, (\boldsymbol{x}^{(m)}, y^{(m)})\}$。SMO 算法的目标是优化式(6.24)，并根据相应的对偶最优解 λ 计算出式(6.16)中原始问题的最优解 $\boldsymbol{w}$、b。SMO 算法有一个输入参数 N，表示坐标下降算法搜索的轮数。在每一轮搜索中，依次循环地选取分量 i 与 j。对任意一组 i 与 j，首先按照式(6.41)和式(6.42)更新 λ_i 与 λ_j 的取值，然后更新原始变量 b 的值。根据式(6.29)，如果更新之后的 λ_i 不为 0，则

$$b = y^{(i)} - \sum_{t=1}^{m} \lambda_t y^{(t)} K_{t,i} \tag{6.43}$$

同样，如果更新之后的 λ_j 不为 0，则

$$b = y^{(j)} - \sum_{t=1}^{m} \lambda_t y^{(t)} K_{t,j} \tag{6.44}$$

因此，算法首先检验 λ_i 是否大于 0。如果 λ_i 大于 0，则按照式(6.43)更新 b 的值。随后检验 λ_j 是否大于 0，如果是，则按照式(6.44)更新 b 的值。因为调整过的 λ_i 与 λ_j 不可能同时大于 0，所以检验次序并不重要。

算法最后按照式(6.25)计算原始变量 $\boldsymbol{w}$ 的值，并输出模型 $h(\boldsymbol{x}) = \text{Sign}(\langle \boldsymbol{w}, \boldsymbol{x} \rangle + b)$。

SMO 算法

$\boldsymbol{\lambda} = \boldsymbol{0}$, $b = 0$

for each i, j: $K_{i,j} = \langle \boldsymbol{x}^{(i)}, \boldsymbol{x}^{(j)} \rangle$

for $r = 1, 2, \cdots, N$:

  for $i = 1, 2, \cdots, m$:

    for $j = 1, 2, \cdots, m$:

$$\delta_j = \max\left\{ L_{i,j},\ \min\left\{ \lambda_j + \frac{E_j - E_i}{2K_{i,j} - K_{i,i} - K_{j,j}}, H_{i,j} \right\} \right\} - \lambda_j$$

      $\lambda_j \leftarrow \lambda_j + \delta_j$

      $\lambda_i \leftarrow \lambda_i - y^{(i)} y^{(j)} \delta_j$

      if $\lambda_i > 0$:

$$b = y^{(i)} - \sum_{t=1}^{m} \lambda_t y^{(t)} K_{t,i}$$

      else if $\lambda_j > 0$:

$$b = y^{(j)} - \sum_{t=1}^{m} \lambda_t y^{(t)} K_{t,j}$$

图 6.5　SMO 算法描述

$$w = \sum_{i=1}^{m} \lambda_i y^{(i)} x^{(i)}$$

return $h(x) = \text{Sign}(\langle w, x \rangle + b)$

图 6.5 （续）

图 6.6 是支持向量机的 SMO 算法的实现。第 3 行定义了支持向量机类 SVM。第 48～51 行中的 fit 函数是算法训练模型的成员函数。首先，第 49 行计算方阵 $\boldsymbol{K}$，其中 $K_{i,j} = \langle \boldsymbol{x}^{(i)}, \boldsymbol{x}^{(j)} \rangle$；然后，第 50 行调用在第 16～46 行中定义的 smo 函数来计算式(6.24)的最优解 $\boldsymbol{\lambda}$ 以及式(6.16)的最优解中的 b 值；最后，第 51 行按照式(6.25)计算式(6.16)的最优解中的 $\boldsymbol{w}$ 值。

第 16～46 行给出了 SMO 算法。第 18 行初始化 $\boldsymbol{\lambda}$ 的值。第 20 行开始 N 轮坐标下降搜索。在每一轮搜索中，依次循环地选取分量 i 与 j，对每一组选出的分量 i 与 j，在第 23 行计算式(6.41)中的分母 $D_{i,j} = 2K_{i,j} - K_{i,i} - K_{j,j}$。在第 24 行中判断：如果分母 $D_{i,j}$ 十分接近 0，则跳过该循环。第 26、27 行按照式(6.34)计算 E_i 和 E_j。第 28～38 行按照式(6.41)计算 λ_j 的取值以及调整量 δ_j 的值。其中，第 29 行调用了在第 4～8 行依照式(6.39)定义的 get_H 函数来计算 $H_{i,j}$，第 30 行调用了在第 10～14 行依照式(6.40)定义的 get_L 函数来计算 $L_{i,j}$。第 39～40 行按照式(6.42)计算 λ_i 的取值。第 41～44 行按照式(6.43)与式(6.44)来维护 b 的值。在第 53、54 行的 predict 成员函数中，用最终得出的 $\boldsymbol{w}$ 与 b 建立模型 $h_{\boldsymbol{w},b}(\boldsymbol{x}) = \text{Sign}(\langle \boldsymbol{w}, \boldsymbol{x} \rangle + b)$，并以此对测试数据进行预测。

machine_learning.lib.svm_smo

```
1  import numpy as np
2
3  class SVM:
4      def get_H(self, Lambda, i, j, y):
5          if y[i]==y[j]:
6              return Lambda[i]+Lambda[j]
7          else:
8              return float("inf")
9
10     def get_L(self, Lambda, i, j, y):
11         if y[i]==y[j]:
12             return 0.0
13         else:
14             return max(0, Lambda[j]-Lambda[i])
15
```

图 6.6 支持向量机的 SMO 算法

```
16      def smo(self, X, y, K, N):
17          m, n=X.shape
18          Lambda=np.zeros((m,1))
19          epsilon=1e-6
20          for r in range(N):
21              for i in range(m):
22                  for j in range(m):
23                      D_ij=2*K[i][j]-K[i][i]-K[j][j]
24                      if abs(D_ij)<epsilon:
25                          continue
26                      E_i=K[:, i].dot(Lambda*y)-y[i]
27                      E_j=K[:, j].dot(Lambda*y)-y[j]
28                      delta_j=y[j]*(E_j-E_i)/D_ij
29                      H_ij=self.get_H(Lambda, i, j, y)
30                      L_ij=self.get_L(Lambda, i, j, y)
31                      if Lambda[j]+delta_j>H_ij:
32                          delta_j=H_ij-Lambda[j]
33                          Lambda[j]=H_ij
34                      elif Lambda[j]+delta_j<L_ij:
35                          delta_j=L_ij-Lambda[j]
36                          Lambda[j]=L_ij
37                      else:
38                          Lambda[j]+=delta_j
39                      delta_i=-y[i]*y[j]*delta_j
40                      Lambda[i]+=delta_i
41                      if Lambda[i]>epsilon:
42                          b=y[i]-K[:, i].dot(Lambda*y)
43                      elif Lambda[j]>epsilon:
44                          b=y[j]-K[:, j].dot(Lambda*y)
45          self.Lambda=Lambda
46          self.b=b
47
48      def fit(self, X, y, N=10):
49          K=X.dot(X.T)
50          self.smo(X, y, K, N)
51          self.w=X.T.dot(self.Lambda*y)
52
53      def predict(self, X):
54          return np.sign(X.dot(self.w)+self.b)
```

图 6.6 （续）

例 6.1 山鸢尾预测问题的支持向量机算法。

对图 2.6 所示的山鸢尾的训练数据，采用支持向量机算法来计算正负采样的分离直线，并将该直线用于对测试数据的正负采样分离。相应的程序见图 6.7。运行图 6.7 的程序后，输出的图形见图 6.2。支持向量机在训练数据上计算出的一条直线，不仅完全分离了训练数据的正负采样(图 6.2 (a))，而且还完全分离了山鸢尾测试数据的正负采样(图 6.2 (b))。

```
1  import numpy as np
2  from sklearn import datasets
3  from sklearn.model_selection import train_test_split
4  from machine_learning.lib.svm_smo import SVM
5  import matplotlib.pyplot as plt
6
7  def plot_figure(X, y, model):
8      z=np.linspace(4, 8, 200)
9      w=model.w
10   b=model.b
11   L=-w[0]/w[1] * z-b / w[1]
12   plt.plot(X[:, 0][y[:, 0]==1], X[:, 1][y[:, 0]==1], "bs")
13   plt.plot(X[:, 0][y[:, 0]==-1], X[:, 1][y[:, 0]==-1], "yo")
14   plt.plot(z, L)
15   plt.show()
16
17 iris=datasets.load_iris()
18 X=iris["data"][:, (0,1)]
19 y=2 * (iris["target"]==0).astype(np.int).reshape(-1,1) -1
20 X_train, X_test, y_train, y_test=train_test_split(X, y, test_size=0.4,
                                                   random_state=5)
21
22 model=SVM()
23 model.fit(X_train, y_train, N=10)
24 plot_figure(X_train, y_train, model)
25 plot_figure(X_test, y_test, model)
```

图 6.7 山鸢尾预测问题的支持向量机算法

以上所述就是 SMO 算法的基本内容。需要指出的一个 SMO 算法的特性是：SMO 算法只涉及特征的内积 $K_{i,j}=\langle \boldsymbol{x}^{(i)},\boldsymbol{x}^{(j)}\rangle$，并不涉及特征本身。SMO 算法的这个特性是 6.3 节中将要介绍的核方法的基础。

6.3 核方法

在本章的前两节中，始终假定训练数据中的正采样与负采样之间存在分离平面。如果训练数据不满足这个可分离条件，则式(6.16)的凸优化问题没有可行解，因而也就无从谈起对偶理论与优化算法。因此，存在分离平面这个条件在很大程度上限制了支持向量机算法的应用。当正负采样之间不存在分离平面时，需要对支持向量机算法作进一步改进。核方法与软间隔支持向量机算法都属于改进的支持向量机算法。本节介绍核方法，6.4 节再介绍软间隔支持向量机算法。

核方法起源于如下的思想：即使正负采样之间不存在分离平面，它们以某种方式在高维空间中的投影也有可能被某个平面所分离。此时，可以用支持向量机算法计算高维空间中的这个分离平面。然后，将该平面嵌入原空间，得到原空间中正负采样之间的一个非线性边界。

例 6.2 考察图 6.8 中的训练数据。从图中可以看到，正采样与负采样之间不存在任何分离直线。此时，不能直接使用支持向量机算法。

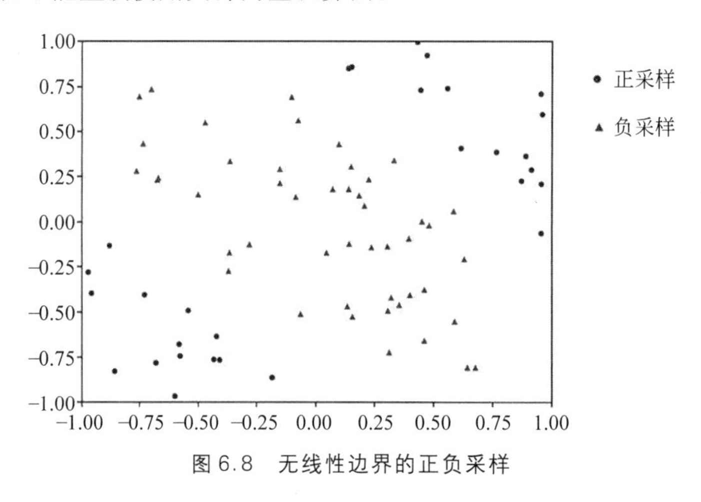

图 6.8 无线性边界的正负采样

然而，存在如下多项式化投影 $\phi(\phi:\mathbb{R}^2 \to \mathbb{R}^3)$：

$$\phi(x_1, x_2) = (x_1^2, x_2^2, x_1 x_2)$$

用 ϕ 将图 6.8 中的训练数据投影到三维空间中，见图 6.9。在图中可以看到，正负采样的投影之间存在分离平面。

有了这个投影变换，就可以对图 6.9 中变换后的数据用支持向量机算法找到如图 6.10(a)所示的分离平面。然后，再将该分离平面嵌入二维空间，就能得到图 6.10(b)中所示的非线性(椭圆)边界。

例 6.2 展示了处理非线性边界的一个基本方法，即，借助于高维空间来分离正负采样。这与第 3 章中的多项式回归的思想类似。在定义 3.4 中介绍了特征组的 d 次多项式化的概

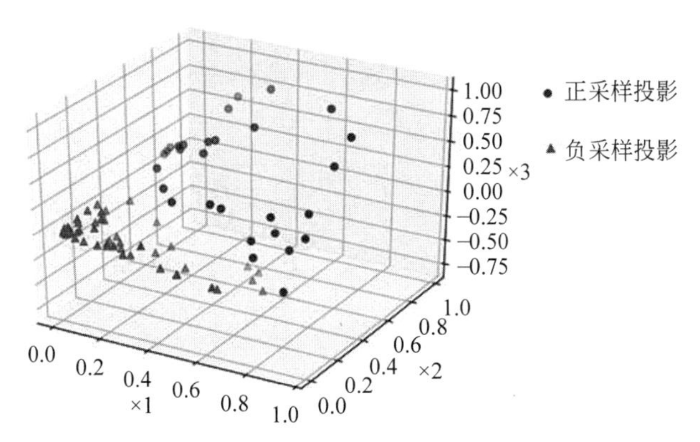

图 6.9　图 6.8 中的训练数据在三维空间的投影

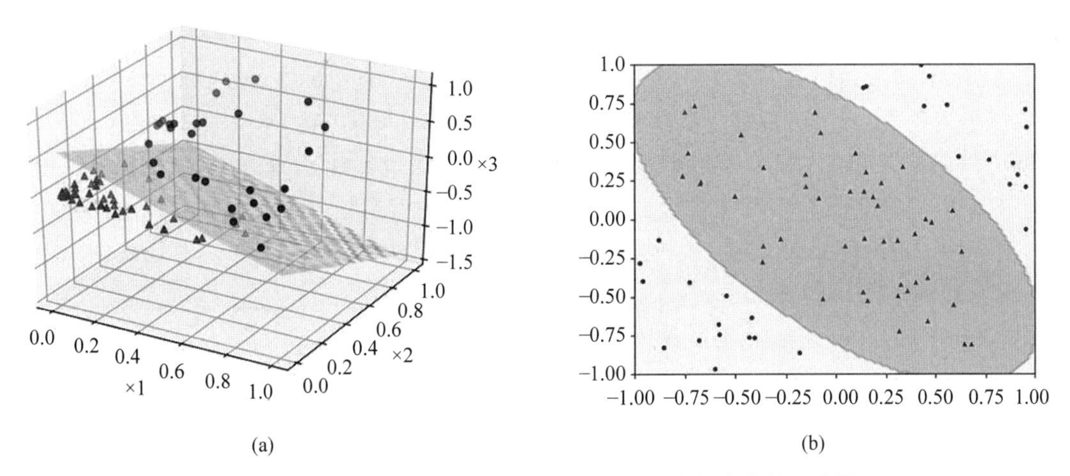

图 6.10　三维空间中的分离平面及其在二维空间中的椭圆边界

念。将特征多项式化，实际上是一种向高维空间的投影方式。d 次多项式化可将一个 n 维特征组 $\boldsymbol{x}=(x_1,x_2,\cdots,x_n)$ 投影为 $N=\binom{n+d}{n}=O(n^d)$ 维空间中的一点：

$$\widetilde{\boldsymbol{x}} = (x_1^{\alpha_1}\ x_2^{\alpha_2}\cdots\ x_n^{\alpha_n})_{\alpha_1+\alpha_2+\cdots+\alpha_n\leqslant d} \tag{6.45}$$

存储这样的高维向量，需占用大量内存空间，而且优化算法的时间复杂度也大幅度增加。因此，特征多项式化的代价是算法复杂性的增加。

核方法关注的对象是一类特殊的高维投影。它能使支持向量机算法在高维空间中依然有较低的时间与空间复杂度。满足要求的投影 ϕ 有如下特点：对任意两个 n 维向量 $\boldsymbol{x}$ 和 $\boldsymbol{z}$，它们投影的内积 $\langle\phi(\boldsymbol{x}),\phi(\boldsymbol{z})\rangle$ 有高效的计算方法。

例 6.3　对例 6.2 中的多项式化投影作如下修改：

$$\phi(x_1,x_2)=(x_1^2,x_2^2,\sqrt{2}\,x_1\,x_2)$$

则对任意 $\boldsymbol{x}=(x_1,x_2)$ 与 $\boldsymbol{z}=(z_1,z_2)$，有

$$\langle\phi(\boldsymbol{x}),\phi(\boldsymbol{z})\rangle=\langle\boldsymbol{x},\boldsymbol{z}\rangle^2$$

由此可见,为了计算$\langle\phi(\boldsymbol{x}),\phi(\boldsymbol{z})\rangle$,只需计算$\langle\boldsymbol{x},\boldsymbol{z}\rangle$而不必关注$\phi(\boldsymbol{x})$与$\phi(\boldsymbol{z})$的取值。

例 6.4 将例 6.3 中的投影推广到一般情形。考察投影$\phi:\mathbb{R}^2\rightarrow\mathbb{R}^{d+1}$:

$$\phi(x_1,x_2)=\left[x_1^d,\sqrt{d}\,x_1^{d-1}\,x_2,\sqrt{\binom{d}{2}}\,x_1^{d-2}\,x_2^2,\cdots,\sqrt{\binom{d}{i}}\,x_1^i\,x_2^{d-i},\cdots,x_2^d\right]$$

对任意$\boldsymbol{x}=(x_1,x_2)$与$\boldsymbol{z}=(z_1,z_2)$,有

$$\langle\phi(\boldsymbol{x}),\phi(\boldsymbol{z})\rangle=\langle\boldsymbol{x},\boldsymbol{z}\rangle^d$$

由此可见,要计算$\langle\phi(\boldsymbol{x}),\phi(\boldsymbol{z})\rangle$,只要计算$\langle\boldsymbol{x},\boldsymbol{z}\rangle$的$d$次方。根据算法理论,该运算的时间复杂度为$O(\log d)$,且无须存储$\phi(\boldsymbol{x})$与$\phi(\boldsymbol{z})$的值。

SMO 算法只涉及计算特征组的内积$K_{i,j}=\langle\boldsymbol{x}^{(i)},\boldsymbol{x}^{(j)}\rangle$,而并不涉及特征组本身。此外,根据式(6.25),支持向量机模型$h(\boldsymbol{x})=\text{Sign}(\langle\boldsymbol{w}^*,\boldsymbol{x}\rangle+b^*)$还可以表示为

$$h(\boldsymbol{x})=\text{Sign}\left(\sum_{i=1}^{m}\lambda_i^*\,y^{(i)}\langle\boldsymbol{x}^{(i)},\boldsymbol{x}\rangle+b^*\right)$$

由于$h(\boldsymbol{x})$的表达式也只与内积$\langle\boldsymbol{x}^{(i)},\boldsymbol{x}\rangle$有关,而不涉及特征组本身,因此,即使投影变换$\phi$将特征组转化成为高维特征,支持向量机算法也不需要具体使用投影$\phi(\boldsymbol{x})$的信息,而只需通过内积计算就可完成模型训练和预测。只要对任意向量$\boldsymbol{x}$和$\boldsymbol{z}$,能高效计算其投影内积$\langle\phi(\boldsymbol{x}),\phi(\boldsymbol{z})\rangle$,算法就有较低的时间与空间复杂度。以上就是核方法的中心思想。

定义 6.2(核函数) 设$\phi:\mathbb{R}^n\rightarrow\mathbb{R}^N$为$n$维空间到$N$维空间的投影。对任意的$\boldsymbol{x},\boldsymbol{z}\in\mathbb{R}^n$,定义投影$\phi$的核函数为

$$K_\phi(\boldsymbol{x},\boldsymbol{z})=\langle\phi(\boldsymbol{x}),\phi(\boldsymbol{z})\rangle \tag{6.46}$$

基于核函数思想,可以改进 SMO 算法来实现高维投影的核方法。由于 SMO 算法只涉及内积计算,可以修改图 6.5 中的算法,得到带核函数的 SMO 算法,如图 6.11 所示。

带核函数的 SMO 算法

$\boldsymbol{\lambda}=\boldsymbol{0}$

for each i,j : $K_{i,j}=K_\phi(\boldsymbol{x}^{(i)},\boldsymbol{x}^{(j)})$

for $r=1,2,\cdots,N$:

　　for $i=1,2,\cdots,m$:

　　　　for $j=1,2,\cdots,m$:

$$\delta_j=\max\left\{L_{i,j},\ \min\left\{\lambda_j+\frac{E_j-E_i}{2K_{i,j}-K_{i,i}-K_{j,j}},H_{i,j}\right\}\right\}-\lambda_j$$

$\lambda_j\leftarrow\lambda_j+\delta_j$

$\lambda_i\leftarrow\lambda_i-y^{(i)}\,y^{(j)}\,\delta_j$

if $\lambda_i>0$:

$$b=y^{(i)}-\sum_{t=1}^{m}\lambda_t\,y^{(t)}\,K_{t,i}$$

else if $\lambda_j>0$:

图 6.11 带核函数的 SMO 算法描述

$$b = y^{(j)} - \sum_{t=1}^{m} \lambda_t \, y^{(t)} \, K_{t,j}$$

$$\text{return } h(\boldsymbol{x}) = \text{Sign}\left(\sum_{t=1}^{m} \lambda_t \, y^{(t)} \, K_{\phi}(\boldsymbol{x}^{(t)}, \boldsymbol{x}) + b \right)$$

图 6.11 （续）

一个值得指出的区别是，此时无法用核函数来计算原始变量 $\boldsymbol{w}$ 了。因此，需要用式(6.47)中的模型形式作为支持向量机算法的输出：

$$h(\boldsymbol{x}) = \text{Sign}\left(\sum_{t=1}^{m} \lambda_t \, y^{(t)} \, K_{\phi}(\boldsymbol{x}^{(t)}, \boldsymbol{x}) + b \right) \tag{6.47}$$

图 6.12 是图 6.11 中算法的实现。算法实现了 KernelSVM 类。带核函数的 SMO 算法与原始的 SMO 算法的区别仅在于它们对矩阵 $\boldsymbol{K}$ 的计算方式不同。图 6.12 中的 KernelSVM 继承了图 6.6 中的 SVM 类，从而可以重用 SVM 类中的 smo 函数。第 5 行由 KernelSVM 的构造函数传入指定的核函数 kernel。

machine_learning.lib.kernel_svm

```
 1  import numpy as np
 2  from machine_learning.lib.svm_smo import SVM
 3
 4  class KernelSVM(SVM):
 5      def __init__(self, kernel=None):
 6          self.kernel=kernel
 7
 8      def get_K(self, X_1, X_2):
 9          if self.kernel==None:
10              return X_1.dot(X_2.T)
11          m1, m2=len(X_1), len(X_2)
12          K=np.zeros((m1, m2))
13          for i in range(m1):
14              for j in range(m2):
15                  K[i][j]=self.kernel(X_1[i], X_2[j])
16          return K
17
18      def fit(self, X, y, N=10):
19          K=self.get_K(X, X)
20          self.smo(X, y, K, N)
21          self.X_train=X
22          self.y_train=y
```

图 6.12　带核函数的 SMO 算法

```
23
24      def predict(self, X):
25          K=self.get_K(X, self.X_train)
26          return np.sign(K.dot(self.Lambda * self.y_train)+self.b)
```

图 6.12 （续）

在第 18～22 行实现的 fit 函数中训练带核函数的支持向量机模型。首先，第 19 行调用第 8～16 行中定义的 get_K 函数来计算矩阵 $\boldsymbol{K}$；然后，第 20 行调用基类的 smo 函数来计算 λ 与 b；最后，由于在式(6.47)的模型中需要用到训练数据的信息，所以在第 21、22 行中分别将 $\boldsymbol{X}$、$\boldsymbol{y}$ 保存在类的成员 $\boldsymbol{X}_{\text{train}}$ 和 $\boldsymbol{y}_{\text{train}}$ 中。第 24～26 行实现了 predict 函数，其功能是按照式(6.47)对测试数据进行预测。

支持向量机核函数的选择对于算法的实现以及算法的效果都有着至关重要的作用。通常，有多种可以选用的核函数。多项式核函数和高斯核函数是最常用的两个核函数。

定义 6.3(多项式核函数) 设 $\boldsymbol{x},\boldsymbol{z} \in \mathbb{R}^n$，将如下形式的函数

$$K(\boldsymbol{x},\boldsymbol{z}) = (\langle \boldsymbol{x},\boldsymbol{z} \rangle + 1)^d \tag{6.48}$$

称为多项式核函数，其中 d 为常数。

多项式核函数对应的投影变换是多项式投影 $\phi:\mathbb{R}^n \to \mathbb{R}^N$：

$$\phi(x_1, x_2, \cdots, x_n) = (c_{\alpha_1,\alpha_2,\cdots,\alpha_n} x_1^{\alpha_1} x_2^{\alpha_2} \cdots x_n^{\alpha_n})_{\alpha_1+\alpha_2+\cdots+\alpha_n \leqslant d} \tag{6.49}$$

式(6.49)的等号右端是一个 $N = \binom{n+d}{n}$ 维向量。它的每个分量表示一个次数不超过 d 的单项式 $c_{\alpha_1,\alpha_2,\cdots,\alpha_n} x_1^{\alpha_1} x_2^{\alpha_2} \cdots x_n^{\alpha_n}$。其中，$c_{\alpha_1,\alpha_2,\cdots,\alpha_n}$ 是该单项式的系数，其表达式为

$$c_{\alpha_1,\alpha_2,\cdots,\alpha_n} = \sqrt{\frac{d!}{\alpha_1!\alpha_2!\cdots\alpha_n!(d-\alpha_1-\alpha_2-\cdots-\alpha_n)!}} \tag{6.50}$$

对任意向量 $\boldsymbol{x},\boldsymbol{z} \in \mathbb{R}^n$，由式(6.49)定义的多项式投影 ϕ 的核函数满足

$$\langle \phi(\boldsymbol{x}), \phi(\boldsymbol{z}) \rangle = (\langle \boldsymbol{x},\boldsymbol{z} \rangle + 1)^d$$

比较式(6.45)与式(6.49)，二者只相差一个常数系数 $c_{\alpha_1,\alpha_2,\cdots,\alpha_n}$。从训练线性模型的角度来说，二者并无本质区别。然而，式(6.49)中的投影将大幅度缩减核函数计算的空间需求及时间复杂度。存储式(6.45)中的多项式化特征需要 $O(N) = O(n^d)$ 的内存空间，计算多项式特征的值的时间复杂度为 $O(N) = O(n^d)$；而计算式(6.48)的多项式核函数的时间复杂度仅为 $O(n + \log d)$，空间复杂度为 $O(n)$。两者的效率相差很大，这就是核方法的优势所在。

定义 6.4(高斯核函数) 设 $\boldsymbol{x},\boldsymbol{z} \in \mathbb{R}^n$，将如下形式的函数

$$K(\boldsymbol{x},\boldsymbol{z}) = \mathrm{e}^{-\frac{\|\boldsymbol{x}-\boldsymbol{z}\|^2}{2\sigma^2}} \tag{6.51}$$

称为高斯核函数，其中 σ 为常数。

高斯核函数也被称为 RBF(Radial Base Function，径向基函数)核函数。高斯核函数对应的投影变换是 n 维空间向无限维空间的投影。以 $n=1$ 且 $\sigma=1$ 的情形为例，考察如下投

影 $\phi:\mathbb{R}\to\mathbb{R}^{\infty}$：

$$\phi(x)=\left(1,\mathrm{e}^{-\frac{x^2}{2}}x,\frac{1}{\sqrt{2}}\mathrm{e}^{-\frac{x^2}{2}}x^2,\frac{1}{\sqrt{6}}\mathrm{e}^{-\frac{x^2}{2}}x^3,\cdots,\frac{1}{\sqrt{i!}}\mathrm{e}^{-\frac{x^2}{2}}x^i,\cdots\right)$$

对任意的 $\boldsymbol{x},\boldsymbol{z}\in\mathbb{R}$，此投影变换 ϕ 满足

$$\begin{aligned}\langle\phi(\boldsymbol{x}),\phi(\boldsymbol{z})\rangle &= \sum_{i=0}^{\infty}\left(\frac{1}{\sqrt{i!}}\mathrm{e}^{-\frac{x^2}{2}}x^i\right)\left(\frac{1}{\sqrt{i!}}\mathrm{e}^{-\frac{z^2}{2}}z^i\right)\\ &= \mathrm{e}^{-\frac{x^2+z^2}{2}}\sum_{i=0}^{\infty}\frac{1}{i!}(xz)^i=\mathrm{e}^{-\frac{x^2+z^2}{2}}\mathrm{e}^{xz}=\mathrm{e}^{-\frac{\|x-z\|^2}{2}}\end{aligned}\tag{6.52}$$

其中，对式(6.52)推导需要用到泰勒级数 $\mathrm{e}^{xz}=\sum_{i=0}^{\infty}\frac{1}{i!}(xz)^i$。

例 6.5 变色鸢尾识别问题。

变色鸢尾识别问题的任务是根据鸢尾花的花瓣长与花瓣宽来识别给定鸢尾花是否为变色鸢尾。仍然使用 Sklearn 数据库中的鸢尾花数据集。仅对每株鸢尾花的标签作了变动：如果鸢尾花的种属是变色鸢尾，则标签值为+1，否则标签值为−1。

图 6.13 是变色鸢尾训练数据中正采样与负采样的分布情况。从图中可以看到，正采样与负采样之间不存在分离直线。

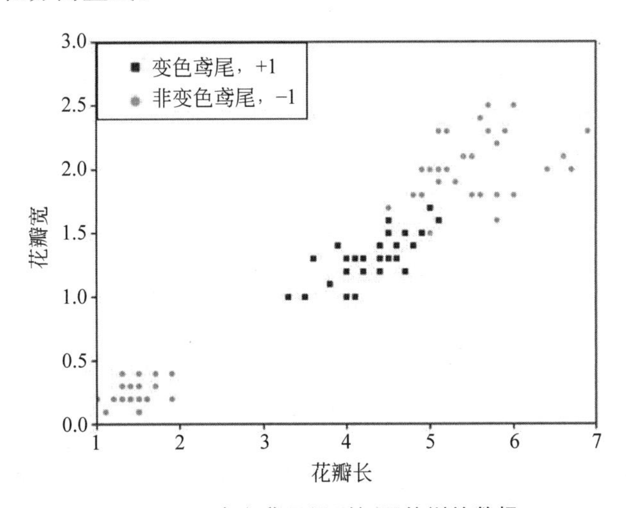

图 6.13 变色鸢尾识别问题的训练数据

图 6.14 中的程序调用图 6.12 中带核函数的 SMO 算法求解变色鸢尾识别问题。第 7～9 行实现高斯核函数。第 11～14 行处理数据。第 15、16 行调用 KernelSVM 训练模型。第 18～26 行用 Pyplot 作图工具绘制模型预测边界。

运行图 6.14 中的程序，可得到如图 6.15 中的结果。在图 6.15 中可以看到，核方法准确地计算出了一个区分训练数据中正采样与负采样的非线性边界。

```
1  import numpy as np
2  from sklearn import datasets
3  from sklearn.model_selection import train_test_split
4  import matplotlib.pyplot as plt
5  from machine_learning.lib.kernel_svm import KernelSVM
6
7  def rbf_kernel(x1, x2):
8      sigma=1.0
9      return np.exp(-np.linalg.norm(x1-x2, 2) ** 2/sigma)
10
11 iris=datasets.load_iris()
12 X=iris["data"][:,(2,3)]
13 y=2 * (iris["target"]==1).astype(np.int).reshape(-1,1) -1
14 X_train, X_test, y_train, y_test=train_test_split(X, y, test_size=0.4,
                                                     random_state=5)
15 model=KernelSVM(kernel=rbf_kernel)
16 model.fit(X_train, y_train)
17
18 x0s=np.linspace(1, 7, 100)
19 x1s=np.linspace(0, 3, 100)
20 x0, x1=np.meshgrid(x0s, x1s)
21 W=np.c_[x0.ravel(), x1.ravel()]
22 u=model.predict(W).reshape(x0.shape)
23 plt.plot(X_train[:, 0][y_train[:, 0]==1] , X_train[:, 1][y_train[:, 0]==1], "bs")
24 plt.plot(X_train[:, 0][y_train[:, 0]==-1], X_train[:, 1][y_train[:, 0]==-1], "yo")
25 plt.contourf(x0, x1, u, alpha=0.2)
26 plt.show()
```

图 6.14　变色鸢尾预测问题的核方法

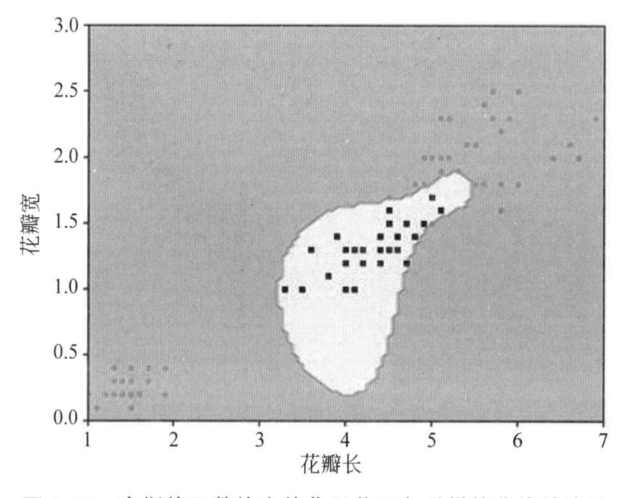

图 6.15　高斯核函数输出的鸢尾花正负采样的非线性边界

在实际应用中，如果多项式核函数与高斯核函数都无法满足需求，则必须自行设计合适的核函数。从式(6.51)和式(6.52)可以看出，即使一个核函数的形式十分简单，与其对应的投影依然可能较复杂。如果必须先设计投影，再推导出相应的核函数，则需要较高的构造技巧。因此，更常见的核函数的设计方法是直接设计核函数本身，而不关注其对应的投影方式。然而，并不是任何函数都可以作为核函数。恰当的核函数必须满足一定的条件。

设 K_ϕ 是一个核函数，即 $K_\phi(\boldsymbol{x},\boldsymbol{z})=\langle\phi(\boldsymbol{x}),\phi(\boldsymbol{z})\rangle$。其中，$\phi(\boldsymbol{x})=(\phi_1(\boldsymbol{x}),\phi_2(\boldsymbol{x}),\cdots,\phi_N(\boldsymbol{x}))$ 是将 $\boldsymbol{x}$ 向高维空间中的投影。对任意取定的 m 个特征组 $\boldsymbol{x}^{(1)},\boldsymbol{x}^{(2)},\cdots,\boldsymbol{x}^{(m)}$，定义 $m\times m$ 矩阵 $\boldsymbol{K}=(K_{ij})_{1\leqslant i,j\leqslant m}$。其中，$K_{ij}=K_\phi(\boldsymbol{x}^{(i)},\boldsymbol{x}^{(j)})$。将 $\boldsymbol{K}$ 称为 $\boldsymbol{x}^{(1)},\boldsymbol{x}^{(2)},\cdots,\boldsymbol{x}^{(m)}$ 的核矩阵。依此记号，对任意向量 $\boldsymbol{z}$，有

$$\begin{aligned}\boldsymbol{z}^{\mathrm{T}}\boldsymbol{K}\boldsymbol{z}&=\sum_{i,j}z_iK_{ij}z_j=\sum_{i,j}z_i\langle\phi(\boldsymbol{x}^{(i)}),\phi(\boldsymbol{x}^{(j)})\rangle z_j\\&=\sum_{i,j}z_i\Big(\sum_{t=1}^{N}\phi_t(\boldsymbol{x}^{(i)})\phi_t(\boldsymbol{x}^{(j)})\Big)z_j\\&=\sum_{t=1}^{N}\Big(\sum_{i=1}^{m}z_i\phi_t(\boldsymbol{x}^{(i)})\Big)^2\geqslant 0\end{aligned}\tag{6.53}$$

这说明，$\boldsymbol{K}$ 是一个半正定矩阵。因此，一个函数是核函数的一个必要条件是任意 m 个向量的核矩阵为半正定矩阵。实际上，这也是一个函数是核函数的充分条件。

定理 6.4 一个函数 K 是某个特征投影的核函数的充分且必要条件是，它对任意 m 个向量 $\boldsymbol{x}^{(1)},\boldsymbol{x}^{(2)},\cdots,\boldsymbol{x}^{(m)}$ 定义的核矩阵 $(K_{ij})_{1\leqslant i,j\leqslant m}$ 为半正定矩阵，其中 $K_{ij}=K(\boldsymbol{x}^{(i)},\boldsymbol{x}^{(j)})$。

满足定理 6.4 中的条件的函数才可能成为合法的核函数。定理 6.4 是构造核函数时必须遵循的理论依据，也是必须遵守的重要法则。

6.4 软间隔支持向量机

除了核方法之外，软间隔支持向量机是另一类处理非线性边界的支持向量机算法改进。与术语软间隔相对应的是硬间隔。6.1 节中介绍的支持向量机算法又称为硬间隔支持向量机算法。在本节中，首先介绍软间隔支持向量机的基本思想与优化算法。然后介绍 Hinge 损失函数，并从 Hinge 损失的角度来诠释软间隔支持向量机算法。

6.4.1 软间隔支持向量机基本概念

在硬间隔支持向量机算法中，训练数据的可分离性反映为约束条件 $y^{(i)}(\langle\boldsymbol{w},\boldsymbol{x}^{(i)}\rangle+b)\geqslant 1$。软间隔支持向量机算法的思想是：放宽这组约束条件，并将其以惩罚项的形式反映在目标函数中。具体来说，软间隔支持向量机的任务是求解以下优化问题：

$$\min_{\boldsymbol{w},b,\xi}\frac{1}{2}\|\boldsymbol{w}\|^2+C\sum_{i=1}^{m}\xi_i$$

$$\text{约束：}y^{(i)}(\langle\boldsymbol{w},\boldsymbol{x}^{(i)}\rangle+b)\geqslant 1-\xi_i,\quad i=1,2,\cdots,m$$

$$\xi_i \geqslant 0, \quad i = 1,2,\cdots,m \tag{6.54}$$

在式(6.54)所描述的优化问题中,式(6.16)中的约束条件被放宽了,即,对任意 i 都只要求 $y^{(i)}(\langle \boldsymbol{w},\boldsymbol{x}^{(i)}\rangle + b) \geqslant 1 - \xi_i$,而不再要求 $y^{(i)}(\langle \boldsymbol{w},\boldsymbol{x}^{(i)}\rangle + b) \geqslant 1$。与之相对应的是式(6.54)的目标函数中增加了一个惩罚项 $C\sum_{i=1}^{m}\xi_i$。式(6.54)中的 ξ_i 是分离的误差量。ξ_i 越大,惩罚值就越大($i=1,2,\cdots,m$)。$C(C>0)$是算法的一个参数,用以控制惩罚的强度。如果将 C 取为 $+\infty$,则软间隔支持向量机算法就是硬间隔支持向量机算法。

如果存在训练数据的分离平面,则软间隔支持向量机与硬间隔支持向量机将计算出相同的分离边界。但是,如果训练数据不存在分离平面,则硬间隔支持向量机无法运行,而软间隔支持向量机依然能计算出一个近似地分离训练数据中正负采样的线性边界。

为了求解软间隔支持向量机的优化问题,首先刻画式(6.54)的对偶问题。由于其推导思路与步骤均与6.2节中的推导类似,因而在此仅指出不同之处。设 $\lambda_i \geqslant 0$ 与 $\beta_i \geqslant 0$ 分别是约束条件 $y^{(i)}(\langle \boldsymbol{w},\boldsymbol{x}^{(i)}\rangle + b) \geqslant 1-\xi_i$ 与约束条件 $\xi_i \geqslant 0$ 相对应的拉格朗日乘子,则式(6.54)的拉格朗日函数有如下形式:

$$\begin{aligned} L(\boldsymbol{w},b,\boldsymbol{\xi},\boldsymbol{\lambda},\boldsymbol{\beta}) = \frac{1}{2}\|\boldsymbol{w}\|^2 + \sum_{i=1}^{m}(C-\lambda_i-\beta_i)\xi_i - \sum_{i=1}^{m}\lambda_i y^{(i)}\langle \boldsymbol{w},\boldsymbol{x}^{(i)}\rangle \\ -\left(\sum_{i=1}^{m}\lambda_i y^{(i)}\right)b + \sum_{i=1}^{m}\lambda_i \end{aligned} \tag{6.55}$$

由此可以得出对偶函数 $G(\boldsymbol{\lambda},\boldsymbol{\beta}) = \min\limits_{w,b,\xi} L(\boldsymbol{w},b,\boldsymbol{\xi},\boldsymbol{\lambda},\boldsymbol{\beta})$ 的公式:

$$G(\boldsymbol{\lambda},\boldsymbol{\beta}) = \begin{cases} -\infty, & \text{如果} \sum_{i=1}^{m}\lambda_i y^{(i)} \neq 0 \text{ 或 } C-\lambda_i-\beta_i<0 \\ \sum_{i=1}^{m}\lambda_i - \frac{1}{2}\sum_{i,j=1}^{m}\lambda_i\lambda_j y^{(i)} y^{(j)}\langle \boldsymbol{x}^{(i)},\boldsymbol{x}^{(j)}\rangle, & \text{否则} \end{cases}$$

根据上述对偶函数的形式,可以写出式(6.54)的对偶问题如下:

$$\begin{aligned} &\max G(\boldsymbol{\lambda},\boldsymbol{\beta}) = \sum_{i=1}^{m}\lambda_i - \frac{1}{2}\sum_{i,j=1}^{m}\lambda_i\lambda_j y^{(i)} y^{(j)}\langle \boldsymbol{x}^{(i)},\boldsymbol{x}^{(j)}\rangle \\ &\text{约束:} \sum_{i=1}^{m}\lambda_i y^{(i)} = 0 \\ &\quad C-\lambda_i-\beta_i \geqslant 0, \quad i=1,2,\cdots,m \\ &\quad \lambda_i \geqslant 0, \quad i=1,2,\cdots,m \\ &\quad \beta_i \geqslant 0, \quad i=1,2,\cdots,m \end{aligned} \tag{6.56}$$

式(6.56)还可以进一步简化。由约束条件 $C-\lambda_i-\beta_i \geqslant 0$ 知,$\beta_i \leqslant C-\lambda_i$。再由约束条件 $\beta_i \geqslant 0$ 知,$\lambda_i \leqslant C$。于是式(6.56)可以改写为

$$\max G(\boldsymbol{\lambda},\boldsymbol{\beta}) = \sum_{i=1}^{m}\lambda_i - \frac{1}{2}\sum_{i,j=1}^{m}\lambda_i\lambda_j y^{(i)} y^{(j)}\langle \boldsymbol{x}^{(i)},\boldsymbol{x}^{(j)}\rangle$$

$$\text{约束}: \sum_{i=1}^{m} \lambda_i y^{(i)} = 0$$
$$0 \leqslant \lambda_i \leqslant C, \quad i = 1,2,\cdots,m \tag{6.57}$$

式(6.57)就是软间隔支持向量机的对偶问题。借助于KKT条件，可以用式(6.57)中对偶问题的解来间接地求解式(6.54)中的原始问题。设 $\boldsymbol{w}^*$、b^*、$\boldsymbol{\xi}^*$ 是式(6.54)中的原始问题的一组可行解，$\boldsymbol{\lambda}^*$ 是式(6.57)中的对偶问题的一组可行解，则它们均为最优解的KKT条件如下：

$$\boldsymbol{w}^* = \sum_{i=1}^{m} \lambda_i^* y^{(i)} \boldsymbol{x}^{(i)} \tag{6.58}$$

$$\lambda_i^* (1 - y^{(i)}(\langle \boldsymbol{w}^*, \boldsymbol{x}^{(i)} \rangle + b^*)) = 0 \tag{6.59}$$

$$(C - \lambda_i^*)\xi_i^* = 0 \tag{6.60}$$

上述KKT条件比6.2节中硬间隔支持向量机算法的KKT条件多了一个表达式，即式(6.60)。该式的意义如下：如果 $\lambda_i^* < C$，则 $\xi_i^* = 0$，即 $y^{(i)}(\langle \boldsymbol{w}^*, \boldsymbol{x}^{(i)} \rangle + b^*) \geqslant 1$。这表示训练数据点 $\boldsymbol{x}^{(i)}$ 被正确地分离了。因此，如果训练数据 $\boldsymbol{x}^{(i)}$ 没有被软间隔支持向量机算法正确地分离，与之对应的对偶变量 λ_i^* 必然满足 $\lambda_i^* = C$。

6.4.2 软间隔支持向量机优化算法

由于式(6.57)与式(6.24)有类似的结构，因而可以通过修改图6.6的SMO算法来求解式(6.57)中的优化问题。

式(6.57)与式(6.24)的唯一区别在于，式(6.57)中有一个额外的条件 $\lambda_i \leqslant C$。所以，只需调整SMO算法中对 λ_j 搜索的上界 $H_{i,j}$ 与下界 $L_{i,j}$ 即可。具体来看，在SMO算法的每一步中，设当前变量值为 $\lambda_1^*, \lambda_2^*, \cdots, \lambda_m^*$。选取两个变量 λ_i 与 λ_j 并固定其他变量值。由于 $\lambda_i y^{(i)} + \lambda_j y^{(j)} = \lambda_i^* y^{(i)} + \lambda_j^* y^{(j)}$，且必须保证 $0 \leqslant \lambda_i \leqslant C$。所以，$\lambda_j$ 要满足如下约束：如果 $y^{(i)} = y^{(j)}$，则 $\max\{0, \lambda_i^* + \lambda_j^* - C\} \leqslant \lambda_j \leqslant \min\{C, \lambda_i^* + \lambda_j^*\}$；如果 $y^{(i)} \neq y^{(j)}$，则 $\max\{0, \lambda_j^* - \lambda_i^*\} \leqslant \lambda_j \leqslant \min\{C, C + \lambda_j^* - \lambda_i^*\}$。因此，可以定义

$$H_{i,j} = \begin{cases} \min\{C, \lambda_i^* + \lambda_j^*\}, & \text{如果 } y^{(i)} = y^{(j)} \\ \min\{C, C + \lambda_j^* - \lambda_i^*\}, & \text{如果 } y^{(i)} \neq y^{(j)} \end{cases} \tag{6.61}$$

$$L_{i,j} = \begin{cases} \max\{0, \lambda_i^* + \lambda_j^* - C\}, & \text{如果 } y^{(i)} = y^{(j)} \\ \max\{0, \lambda_j^* - \lambda_i^*\}, & \text{如果 } y^{(i)} \neq y^{(j)} \end{cases} \tag{6.62}$$

也就是说，λ_j 应当满足 $L_{i,j} \leqslant \lambda_j \leqslant H_{i,j}$。

如此定义 $H_{i,j}$ 与 $L_{i,j}$ 之后，软间隔支持向量机的SMO算法的其他所有步骤都与图6.6中的算法完全相同，在此不再赘述。

图6.16是软间隔支持向量机算法的实现。第3行定义的SoftSVM类继承了SVM类，因此，只需重写get_H和get_L函数即可。第7～12行按照式(6.61)重写了get_H函数。第14～18行按照式(6.62)重写了get_L函数。

```
machine_learning.lib.soft_svm_smo
1  from machine_learning.lib.svm_smo import SVM
2
3  class SoftSVM(SVM):
4      def __init__(self, C=1000):
5          self.C=C
6
7      def get_H(self, Lambda, i, j, y):
8          C=self.C
9          if y[i] ==y[j]:
10             return min(C, Lambda[i]+Lambda[j])
11         else:
12             return min(C, C+Lambda[j]-Lambda[i])
13
14     def get_L(self, Lambda, i, j, y):
15         if y[i]==y[j]:
16             return max(0, Lambda[i]+Lambda[j]-self.C)
17         else:
18             return max(0, Lambda[j]-Lambda[i])
```

图 6.16　软间隔支持向量机算法

例 6.6　弗吉尼亚鸢尾识别问题。

仍然采用 Sklearn 数据库中的鸢尾花数据集。本例考虑弗吉尼亚鸢尾识别问题。这个问题的任务是根据鸢尾花的花瓣长与花瓣宽判断其是否为弗吉尼亚鸢尾。如果鸢尾花的属种是弗吉尼亚鸢尾，则标签值为+1，否则标签值为−1。弗吉尼亚鸢尾识别问题的训练数据分布如图 6.17 所示。

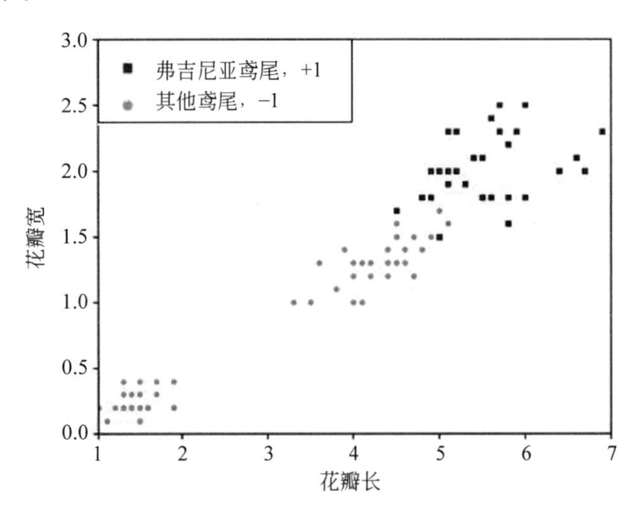

图 6.17　弗吉尼亚鸢尾识别问题的训练数据分布

从图中可见，训练数据的正采样与负采样之间不存在分离直线。考虑采用软间隔支持向量机算法求解弗吉尼亚鸢尾识别问题。图 6.18 中的程序是用图 6.16 中的软间隔支持向量机算法来计算一个近似的分离直线。

```
1  import numpy as np
2  from sklearn import datasets
3  from sklearn.model_selection import train_test_split
4  from machine_learning.lib.soft_svm_smo import SoftSVM
5  from sklearn.metrics import accuracy_score
6  import matplotlib.pyplot as plt
7
8  iris=datasets.load_iris()
9  X=iris["data"][:, (2, 3)]
10 y=2 * (iris["target"]==2).astype(np.int).reshape(-1,1) -1
11 X_train, X_test, y_train, y_test=train_test_split(X, y, test_size=0.4,
                                                        random_state=5)
12
13 model=SoftSVM(C=5.0)
14 model.fit(X_train, y_train)
15 y_pred=model.predict(X_test)
16 accuracy=accuracy_score(y_test, y_pred)
17 print("accuracy={}".format(accuracy))
```

图 6.18　弗吉尼亚鸢尾识别的软间隔支持向量机算法

运行图 6.18 的程序，得到软间隔支持向量机算法对弗吉尼亚鸢尾识别的预测准确率达到了 95%。图 6.19 是算法输出的近似分离直线。

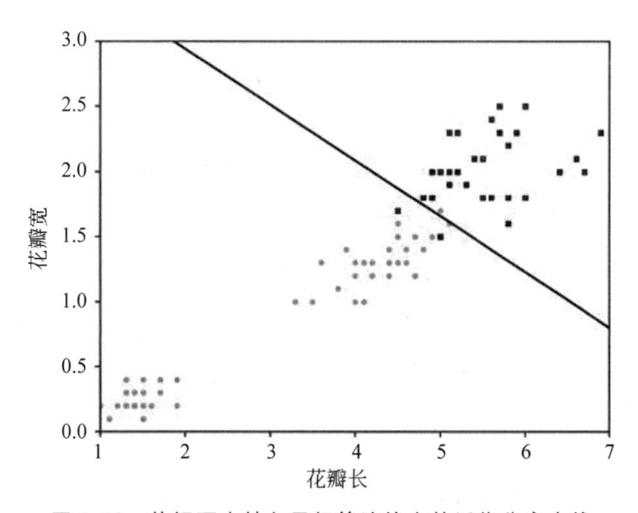

图 6.19　软间隔支持向量机算法输出的近似分离直线

6.4.3 Hinge 损失与软间隔支持向量机

本节从另一个角度来诠释软间隔支持向量机。借此来介绍软间隔支持向量机的次梯度下降优化算法。次梯度下降算法是除 SMO 算法之外的另一种常用的软间隔支持向量机优化算法。

观察式(6.54)的约束条件 $y^{(i)}(\langle \boldsymbol{w},\boldsymbol{x}^{(i)}\rangle+b)\geqslant 1-\xi_i$。经过移项后得到 $\xi_i\geqslant 1-y^{(i)}(\langle \boldsymbol{w},\boldsymbol{x}^{(i)}\rangle+b)$。结合式(6.54)的另一个约束条件 $\xi_i\geqslant 0$，可以得到

$$\xi_i\geqslant \max\{0,1-y^{(i)}(\langle \boldsymbol{w},\boldsymbol{x}^{(i)}\rangle+b)\} \tag{6.63}$$

从式(6.54)的目标函数 $\frac{1}{2}\|\boldsymbol{w}\|^2+C\sum_{i=1}^{m}\xi_i$ 可以看到：ξ_i 的值越小，则目标函数值就越小。因此，对任意取定的 $\boldsymbol{w}$、b，式(6.63)中的 ξ_i 的值应当是

$$\xi_i=\max\{0,1-y^{(i)}(\langle \boldsymbol{w},\boldsymbol{x}^{(i)}\rangle+b)\} \tag{6.64}$$

因此，可将式(6.54)表达为如下的无约束优化问题：

$$\min_{\boldsymbol{w},b}\frac{1}{2}\|\boldsymbol{w}\|^2+C\sum_{i=1}^{m}\max\{0,1-y^{(i)}(\langle \boldsymbol{w},\boldsymbol{x}^{(i)}\rangle+b)\} \tag{6.65}$$

式(6.65)与 L_2 正则化的目标函数十分相似。实际上，式(6.65)中的 $\max\{0,1-y^{(i)}(\langle \boldsymbol{w},\boldsymbol{x}^{(i)}\rangle+b)\}$ 就是 Hinge 损失。

定义 6.5(Hinge 损失) 将如下形式的函数 $l:\{-1,1\}\times\mathbb{R}\to\mathbb{R}$

$$l(y,z)=\max\{0,1-yz\} \tag{6.66}$$

称为 Hinge 损失。

Hinge 损失函数度量的是标签取值为$\{-1,+1\}$的二元分类问题的模型预测误差。Hinge 损失有两个参数：第一个参数是一个在$\{-1,+1\}$中取值的标签值 y，第二个参数是一个取值为实数的预测值 z。当标签值 $y=1$ 时，$l(y,z)=\max\{0,1-z\}$，即，当预测值 $z\geqslant 1$ 时没有损失，否则 Hinge 损失随着预测值的减小而线性地增大。在标签 $y=-1$ 时，$l(y,z)=\max\{0,1+z\}$，即，当预测值 $z\leqslant -1$ 时没有损失，否则 Hinge 损失随着预测值的增大而线性地增大。

基于定义 6.5 来重新审视式(6.65)。将式(6.65)的目标函数除以 mC，可以得到与其等价的优化问题：

$$\min_{\boldsymbol{w},b}\frac{1}{m}\sum_{i=1}^{m}\max\{0,1-y^{(i)}(\langle \boldsymbol{w},\boldsymbol{x}^{(i)}\rangle+b)\}+\frac{1}{2mC}\|\boldsymbol{w}\|^2 \tag{6.67}$$

式(6.67)是模型假设为线性模型 $h_{\boldsymbol{w},b}(\boldsymbol{x})=\langle \boldsymbol{w},\boldsymbol{x}\rangle+b$ 且损失函数为 Hinge 损失的经验损失最小化算法的 L_2 正则化。其正则化系数为 $1/(2mC)$。

根据以上推导，可以得到软间隔支持向量机除了 SMO 算法之外的另一种优化算法。由于 Hinge 损失函数是凸函数，所以式(6.67)是一个无约束的凸优化问题。Hinge 损失并不是处处可微的。可以用第 4 章介绍的次梯度下降算法来求解式(6.67)。

在次梯度下降算法中，需要计算式(6.67)中目标函数的次梯度。对任意一条训练数据

$(\boldsymbol{x},y)$，损失函数为 $l(y,h(\boldsymbol{x}))=\max\{0,1-y(\langle\boldsymbol{w},\boldsymbol{x}\rangle+b)\}$。考虑如下向量：

$$\boldsymbol{v}_w=-1\{y(\langle\boldsymbol{w},\boldsymbol{x}\rangle+b)<1\}\cdot y\boldsymbol{x} \tag{6.68}$$

$$v_b=-1\{y(\langle\boldsymbol{w},\boldsymbol{x}\rangle+b)<1\}\cdot y \tag{6.69}$$

其中，$1\{\cdot\}$为定义 5.7 中的示性函数。不难看出，$\boldsymbol{v}_w$ 与 v_b 分别为损失函数 l 关于 $\boldsymbol{w}$ 与 b 的次梯度。

图 6.20 是软间隔支持向量机的次梯度下降算法的实现。第 13、14 行是图中算法的关键部分。第 13 行基于式(6.68)来计算式(6.67)的目标函数关于 $\boldsymbol{w}$ 的次梯度，这是由每一条训练数据上的 Hinge 损失的次梯度加上正则化项的次梯度 $\boldsymbol{w}/(mC)$组成的。第 14 行基于式(6.69)计算目标函数关于 b 的次梯度。

machine_learning.lib.soft_svm_gd

```
1   import numpy as np
2
3   class SoftSVM:
4       def __init__(self, C=1000):
5           self.C=C
6
7       def fit(self, X, y, eta=0.01, N=5000):
8           m, n=X.shape
9           w, b=np.zeros((n,1)), 0
10          for r in range(N):
11              s=(X.dot(w)+b)*y
12              e=(s<1).astype(np.int).reshape(-1,1)
13              g_w=-1/m*X.T.dot(y*e)+1/(m*self.C)*w
14              g_b=-1/m*(y*e).sum()
15              w=w-eta*g_w
16              b=b-eta*g_b
17          self.w=w
18          self.b=b
19
20      def predict(self, X):
21          return np.sign(X.dot(self.w)+self.b)
```

图 6.20 软间隔支持向量机的次梯度下降算法

小结

支持向量机算法是常用的二元分类问题的监督式学习算法之一。当训练数据中的正负采样之间存在分离平面时，支持向量机算法的思想是寻找一个间隔最大的分离平面。这样的间隔最大的分离平面最为中立。因此，算法出现过度拟合的概率最小。本章还通过一系列的变换将计算最大间隔分离平面的任务描述为式(6.16)中带约束的凸优化问题。

对偶理论是支持向量机算法的一大特色。式(6.24)中的优化问题是式(6.16)的对偶问题。支持向量机的SMO优化算法先对式(6.24)中的对偶问题用坐标下降算法求解，然后用KKT条件间接地获得式(6.16)的最优解。更为重要的是，在整个求解过程中，SMO算法都只需涉及两个特征组的内积计算，而无须关注单个特征组本身的信息。支持向量机的这一特性使得核方法的应用成为可能。

使用支持向量机算法有一个前提条件，即训练数据中的正采样与负采样之间存在分离平面。这一前提条件可能限制支持向量机在许多实际数据中的应用。核方法的思想是：将数据投影到高维空间，使得投影后的数据存在分离平面，从而可以在高维空间中用支持向量机算法计算出一个高维平面，然后再投影回原空间，生成原数据正负采样的一个非线性边界。核方法关注的投影方式必须满足一个条件，即存在计算投影后数据内积的高效算法。对满足这一条件的投影进行变换，并结合SMO算法只涉及内积计算的特性，就能在高维空间中高效地运行支持向量机算法。

在数据不可分离的情形下，软间隔支持向量机算法是除核方法之外的另一个支持向量机的改进算法。软间隔支持向量机算法允许违反分离条件，但其将违反条件的程度作为目标函数中的一个惩罚项。通过修改SMO算法可以实现软间隔支持向量机的优化。本章的最后还从另一个角度来诠释软间隔支持向量机，揭示出它是模型假设为线性模型、损失函数为Hinge损失的经验损失最小化算法的L_2正则化。由此，可以应用次梯度下降优化算法来求解无约束优化问题。次梯度下降是除SMO算法之外另一种常用的软间隔支持向量机优化算法。

习题

6.1 考察平面上的6个数据采样：

$$\begin{aligned}
\boldsymbol{x}^{(1)} &= (-1,0), & y^{(1)} &= +1 \\
\boldsymbol{x}^{(2)} &= (-1,1), & y^{(2)} &= +1 \\
\boldsymbol{x}^{(3)} &= (0,1), & y^{(3)} &= +1 \\
\boldsymbol{x}^{(4)} &= (1,0), & y^{(4)} &= -1 \\
\boldsymbol{x}^{(5)} &= (1,-1), & y^{(5)} &= -1 \\
\boldsymbol{x}^{(6)} &= (-1,0), & y^{(6)} &= -1
\end{aligned}$$

请计算这6个数据采样的最大间隔分离平面，并指出相应的支持向量。

6.2 设S是一组训练数据，且正负采样之间存在分离平面。设L是一个间隔最大的分离平面。请证明L的支持向量中一定既有正采样又有负采样。

6.3 类别预测的置信度。

Logistic 回归算法基于概率预测来完成类别预测任务。从而可以用概率来表示类别预测的置信度：样本属于某类别的概率预测值越大，则将其归为该类别的置信度就越高。然而，支持向量机直接完成类别预测任务，并不进行概率预测。那么，应当如何表示支持向量机算法的类别预测置信度呢？一个常用的方法是通过样本与分离平面之间的距离来表示置信度：距离越大，置信度就越高。请在图 6.6 的支持向量机算法中增加一个函数 predict_confidence 来完成对置信度的计算。

6.4 One-versus-All 方法。

One-versus-All 方法是一种用二元分类问题的算法来求解 k 元分类问题的重要手段。设 A 是一个二元分类问题算法。对于一个给定的 k 元分类问题，设其标签类别为 $1,2,\cdots,k$。对每一个 $1\leqslant i\leqslant k$，考虑如下二元分类问题：如果样本的类别等于 i，则生成标签 $+1$，否则生成标签 -1。对如此定义的一个二元分类问题，用算法 A 训练出一个模型 h_i：对任意一个样本 $\boldsymbol{x}$，$h_i(\boldsymbol{x})$ 表示 $\boldsymbol{x}$ 属于类别 i 的概率（或者说置信度）。依此方法可以得到 k 个模型 h_1，$h_2,\cdots,h_k$。对一个样本 $\boldsymbol{x}$，One-versus-All 方法预测 $\boldsymbol{x}$ 所属的类别为

$$\underset{1\leqslant i\leqslant k}{\operatorname{argmax}}\, h_i(\boldsymbol{x})$$

请结合习题 6.3，实现 One-versus-All 方法，从而将支持向量机算法拓展到 k 元分类问题中。

6.5 设 $K_1(\boldsymbol{x},\boldsymbol{z})$ 和 $K_2(\boldsymbol{x},\boldsymbol{z})$ 是两个核函数，$\alpha>0$ 是一个正实数。请证明

(1) $K(\boldsymbol{x},\boldsymbol{z})=K_1(\boldsymbol{x},\boldsymbol{z})+K_2(\boldsymbol{x},\boldsymbol{z})$ 也是一个核函数。

(2) $K(\boldsymbol{x},\boldsymbol{z})=\alpha K_1(\boldsymbol{x},\boldsymbol{z})$ 也是一个核函数。

(3) $K(\boldsymbol{x},\boldsymbol{z})=K_1(\boldsymbol{x},\boldsymbol{z})K_2(\boldsymbol{x},\boldsymbol{z})$ 也是一个核函数。

6.6 图 6.20 实现了软间隔支持向量机的次梯度下降算法。请修改图 6.20 中的算法以实现软间隔支持向量机的随机梯度下降算法。

6.7 图 6.16 是软间隔支持向量机的 SMO 算法。由于该算法只涉及内积计算，所以核方法也可以用到软间隔支持向量机中。请修改图 6.16 中的算法以实现软间隔支持向量机的核方法。

6.8 第 2 章介绍过感知器算法。在感知器算法中，如果发现一个负采样 $(\boldsymbol{x}^{(i)},y^{(i)})$ 位于当前直线 $\langle\boldsymbol{w},\boldsymbol{x}\rangle+b$ 的上方，则以如下的方式更新模型参数：

$$\boldsymbol{w}\leftarrow\boldsymbol{w}+y^{(i)}\boldsymbol{x}^{(i)}$$

$$b\leftarrow b+y^{(i)}$$

类似地，当发现一个正采样位于当前直线的下方时，也以用上述方式更新参数值。请问，应当如何将核方法运用到感知器算法中？请描述并实现感知器算法的核方法。

6.9 国际政治家面部识别。

在 Sklearn 的数据库中集成了一组由 7 位国际政治家 Ariel Sharon、Colin Powell、Donald Rumsfeld、George Bush、Gerhard Schroder、Hugo Chavez 和 Tony Blair 的面部组成

的图片集。图 6.21 是 4 幅图片采样，从左到右分别为 Gerhard Schroder、George Bush、Colin Powell 和 Tony Blair。

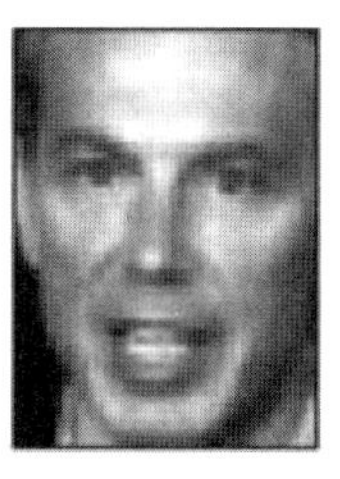

图 6.21 Sklearn 数据库中的政治家面部图片采样

在 Sklearn 数据集中有 1288 条数据。每条数据的特征组是一个 1850 维的向量。数据表示的是一个 50×37 的图片像素灰度矩阵。标签是一个 0～6 的整数，分别表示 7 位政治家。

图 6.22 是获取与观察数据的程序。第 2 行导入获取数据的函数 fetch_lfw_people。第 5 行调用该函数读取数据。第 6 行打印 target_names，从而可以获得标签与人名的对应关系，例如标签 3 对应 George Bush。第 7、8 行分别获取特征与标签。第 10～12 行打印出一张图片。

```
1  import numpy as np
2  from sklearn.datasets import fetch_lfw_people
3  import matplotlib.pyplot as plt
4
5  lfw_people=fetch_lfw_people(min_faces_per_person=70, resize=0.4)
6  print(lfw_people.target_names)
7  X=lfw_people.data
8  y=lfw_people.target
9
10 m, h, w=lfw_people.images.shape
11 plt.imshow(X[0].reshape(h, w))
12 plt.show()
```

图 6.22 获取面部数据

基于这一数据集，请对每一位政治家完成如下任务：给定一张图片，预测图片中的人物是否为这位政治家。

6.10 支持向量机与回归问题。

本章中介绍的软间隔支持向量机算法是分类问题算法。然而，也可以将其拓展到回归问题中。在一个回归问题中，设 $S=\{(\boldsymbol{x}^{(1)},y^{(1)}),(\boldsymbol{x}^{(2)},y^{(2)}),\cdots,(\boldsymbol{x}^{(m)},y^{(m)})\}$ 为 m 条训练数据。回归问题的支持向量机模型假设为线性模型 $h_{\boldsymbol{w}}(\boldsymbol{x})=\langle \boldsymbol{w},\boldsymbol{x}\rangle+b$，任务是计算如下问题

的最优解 $\boldsymbol{w}^*$、b^*：

$$
\begin{aligned}
&\min_{\boldsymbol{w},b,\boldsymbol{\xi},\boldsymbol{\eta}} \frac{1}{2}\|\boldsymbol{w}\|^2 + C\sum_{i=1}^{m}(\xi_i+\eta_i) \\
\text{约束：}&\langle \boldsymbol{w},\boldsymbol{x}^{(i)}\rangle + b - y^{(i)} \leqslant \xi_i, \quad i=1,2,\cdots,m \\
&y^{(i)} - \langle \boldsymbol{w},\boldsymbol{x}^{(i)}\rangle - b \leqslant \eta_i, \quad i=1,2,\cdots,m \\
&\xi_i \geqslant 0, \quad i=1,2,\cdots,m \\
&\eta_i \geqslant 0, \quad i=1,2,\cdots,m
\end{aligned}
\tag{6.70}
$$

(1) 请描述式(6.70)中优化问题的对偶问题，并设计求解对偶问题的坐标下降算法。

(2) 请设计直接优化式(6.70)的梯度下降算法。

第7章　决　策　树

本章介绍决策树及其衍生算法。决策是人们从事各项活动时普遍存在的一种择优手段。在实际生活中,每个人几乎每时每刻都在进行决策。决策树是直观表达决策问题的一种树状图。人们常常有意识或无意识地用这种树状结构进行决策。例如,对明天做什么进行决策:要加班完成工作,还是去打篮球,或者看电影。决策首先取决于今天能否顺利地完成工作。如果今天不能完成工作,则选择加班完成工作。如果今天顺利地完成了工作,接下来就要视明天的天气情况而定:如果下雨,则选择看电影;如果不下雨,选择打篮球。

上述例子的决策树中只有两个特征:工作是否完成以及明天天气的晴雨。然而,在许多大型的机器学习问题中,往往会涉及众多特征。面对如此多的特征,如何选择与决策效果最相关的特征?应当用什么样的数据结构来表示决策树模型?这是本章将要回答的基本问题。

本章7.1节介绍决策树基本概念,包括决策树适用场景、基本模型假设以及目标函数。7.2节和7.3节介绍CART算法及其实现和应用。从计算复杂性理论的角度可以证明,寻找最优决策树是一个NP难的问题。所以,CART算法是一个采用贪心策略的近似算法。尽管CART算法是一个近似算法,它在实际应用中的效果仍然是十分理想的。随后,引入集成算法的概念。7.4节与7.5节分别介绍随机森林算法与梯度提升决策树回归算法这两类经典的集成算法模型。

7.1　决策树的基本概念

在第3章介绍了线性回归算法,它是求解线性回归问题的重要算法。当标签与特征之间呈现线性关系时,线性回归算法是拟合标签与特征之间线性关系的最合适的算法。在有些情况下,即使标签与特征之间的关系是非线性的,也可以对数据做特征变换后用线性回归算法求解。例如,多项式回归算法就是一个例子。然而,线性回归算法并不是解决所有回归

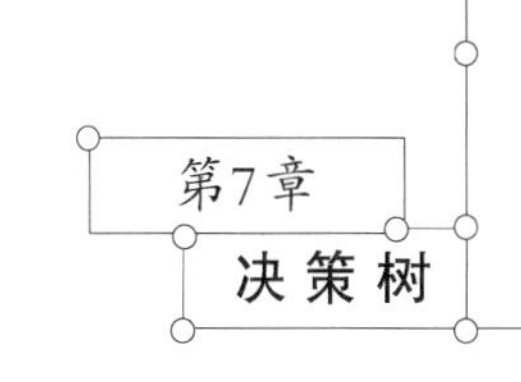

问题的万能钥匙。当标签分布是非连续型分布时，线性回归算法就无能为力了。

例 7.1 考察如下的回归问题：样本空间 $X=[-1,1]\subseteq\mathbb{R}$。对任一样本特征 x，相应的标签 y 服从正态分布 $D_x=N(f(x),1)$。其中，正态分布的期望是以下分段函数：

$$f(x)=\begin{cases}-1, & x<0\\ 1, & 0\leqslant x\leqslant 0.5\\ 0, & x>0.5\end{cases}$$

取上述分布的 50 个数据采样作为训练数据，训练数据的分布如图 7.1(a)所示。对此训练数据应用线性回归算法进行拟合，求解得出的直线如图 7.1(b)所示。从图 7.1(b)可以看到，对此问题用线性回归算法拟合的效果并不理想。

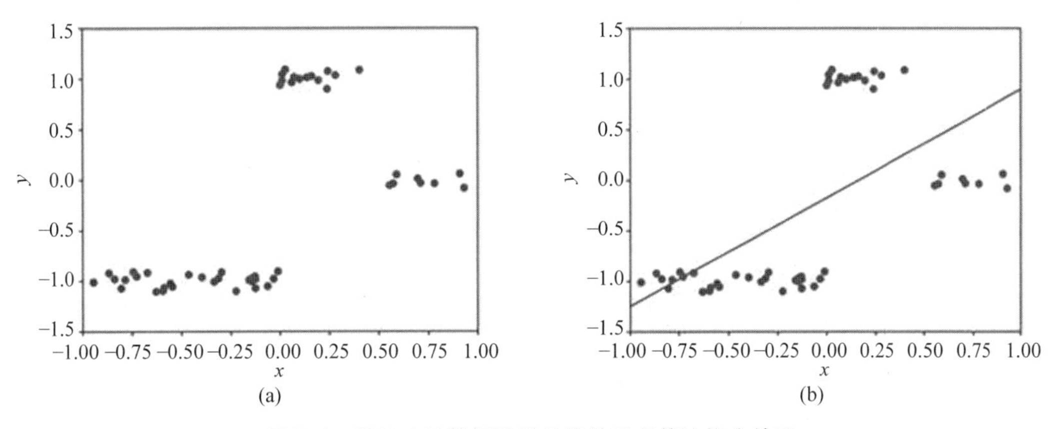

图 7.1 例 7.1 的数据采样及线性回归算法拟合效果

虽然例 7.1 只是一个简单的例子，但是它揭示出线性回归算法的一个应用局限性。线性回归的模型假设决定了模型预测必须是特征的连续函数。在标签期望不是特征的连续函数的情况下，线性回归算法就无法获得数据之间关系的良好拟合。而这类情形恰给决策树算法提供了用武之地。

简而言之，决策树模型按照样本特征将样本空间分成一些局部区域，并对每一个区域指定一个统一的标签预测。任给一个数据样本，决策树将根据此样本的特征判断它所属的区域，并将该区域的指定标签预测值作为对这个数据样本的标签预测。

决策树模型采用二叉树数据结构。在具体描述决策树模型之前，先简要地回顾二叉树数据结构的概念。在一棵二叉树中，一个节点的类型或者是叶节点，或者是中间节点，二者必居其一。每一个中间节点都含有指向它的左儿子节点与右儿子节点的指针。而一个叶节点则既没有左儿子节点，也没有右儿子节点。给定二叉树的根节点，可以通过每个节点中指向其儿子节点的指针递归地遍历整棵二叉树。由此可见，一棵二叉树可以被它的根节点唯一地表示。图 7.2 是二叉树结构的直观表示。

在决策树中，每个中间节点用于存储一个特征下标 j 以及一个阈值 θ。每个叶节点存储一个指定的预测值 p。给定一个数据样本，并设 $\boldsymbol{x}=(x_1,x_2,\cdots,x_n)$ 为样本的特征组。决策

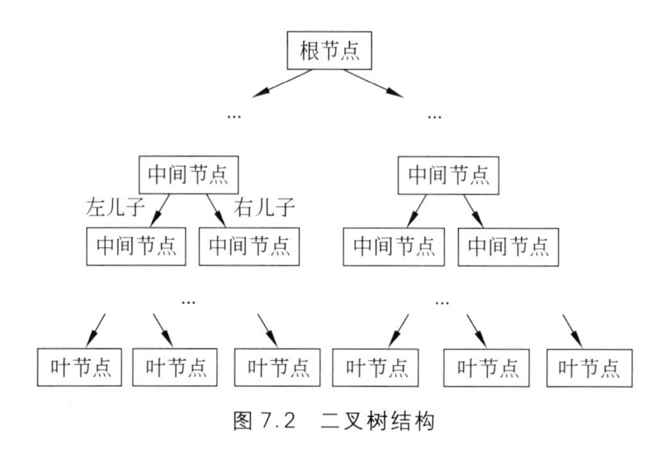

图 7.2　二叉树结构

树从根节点开始向下搜索。在每一个中间节点处，设该节点中存储的特征下标为 j，阈值为 θ。如果 $x_j \leqslant \theta$，则进入以该节点的左儿子节点为根的左子树；否则进入以该节点的右儿子节点为根的右子树(见图 7.3(a))。按此方法不断向下移动搜索，直至到达决策树的一个叶节点。决策树模型用该叶节点中存储的预测值 p 作为模型输出(见图 7.3(b))。

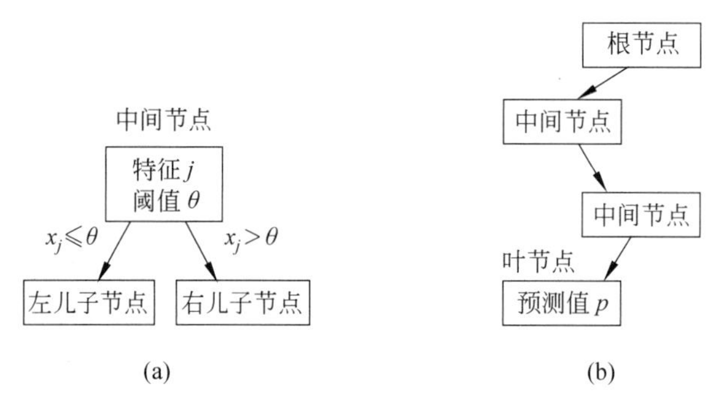

图 7.3　决策树及搜索步骤

图 7.4 是上述过程的精确描述。Node 是节点数据结构。在一个节点中可以存储特征下标、阈值、标签预测值以及左右儿子节点指针等信息。在一个决策树模型中，可以对决策树的任意子树递归地计算给定样本的标签预测。

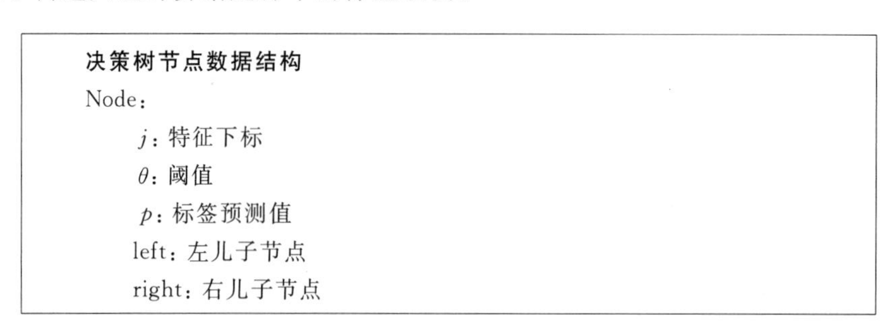
决策树节点数据结构

Node：

　　j：特征下标

　　θ：阈值

　　p：标签预测值

　　left：左儿子节点

　　right：右儿子节点

图 7.4　决策树模型

决策树模型的递归算法

```
T(node,x):
    if node.left=NULL and node.right=NULL:
        return node.p
    else:
        j = node.j
        if x_j ≤ node.θ:
            return T(node.left,x)
        else:
            return T(node.right,x)
```

决策树模型

$h(\boldsymbol{x}) = T(\text{root},\boldsymbol{x})$

图 7.4 （续）

具体来说，设 h 是一个决策树模型。其决策树 T 的根节点是 root。图 7.4 中的函数 $T(\text{node},x)$ 递归地计算决策树 T 的以 node 为根节点的子树中样本 x 的标签预测值。首先，算法判断 node 是否为一个叶节点，即，节点 node 是否既无左儿子节点也无右儿子节点。如果 node 是叶节点，则返回该节点中存储的标签预测值；否则，根据特征下标、阈值及样本特征 $\boldsymbol{x}$ 的值来决定对左子树或右子树做递归搜索。最后，定义 $h(\boldsymbol{x})=T(\text{root},\boldsymbol{x})$，即，将从决策树 T 的根节点 root 开始搜索的结果作为样本 $\boldsymbol{x}$ 的标签预测。

图 7.1 说明，当标签期望不是特征的连续函数时，线性回归算法不能很好地拟合特征和标签的关系。可以采用决策树模型对例 7.1 的数据进行拟合。图 7.5(a)是基于图 7.1(a)的数据构建的一棵决策树。图 7.5(b)展示出用该决策树模型拟合的效果。对比图 7.1(b)，可以看到，对于这个具体的回归问题例子而言，决策树模型优于线性回归模型。

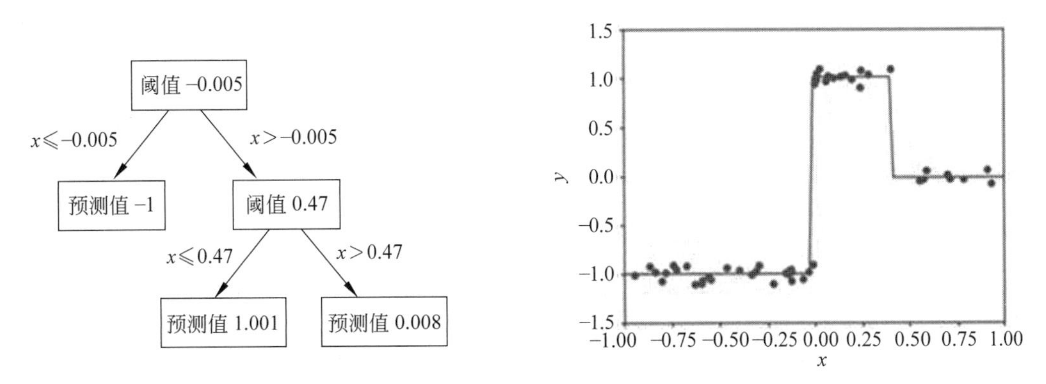

图 7.5 例 7.1 问题的决策树模型及其拟合效果

在回归问题中，决策树回归算法是一个以决策树模型为模型假设，均方误差为目标函数的经验损失最小化算法，见图 7.6。

决策树回归算法

输入：m 条训练数据 $S=\{(\boldsymbol{x}^{(1)},y^{(1)}),(\boldsymbol{x}^{(2)},y^{(2)}),\cdots,(\boldsymbol{x}^{(m)},y^{(m)})\}$

模型假设：$H_{\text{tree}}=\{h(\boldsymbol{x}):h$ 为决策树模型$\}$

$$\min_{h\in H_{\text{tree}}}\frac{1}{m}\sum_{i=1}^{m}(h(\boldsymbol{x}^{(i)})-y^{(i)})^2$$

图 7.6　决策树回归算法描述

在一棵决策树中，从根节点到每一个叶节点都有一条唯一的路径。将路径上的边数定义为路径的长度。决策树中从根节点出发的最大路径长度称为该决策树的深度。例如，在图 7.5(a)中，从根节点到 3 个叶节点的路径长度从左到右分别是 1、2、2。因此，该决策树的深度是 2。

如果对深度不做限制，决策树可以完美地拟合任何给定的训练数据。例如，在例 7.1 中，如果用一棵深度为 8 的决策树来拟合数据，将得到如图 7.7 所示的拟合结果。从图中可见，这是典型的过度拟合。

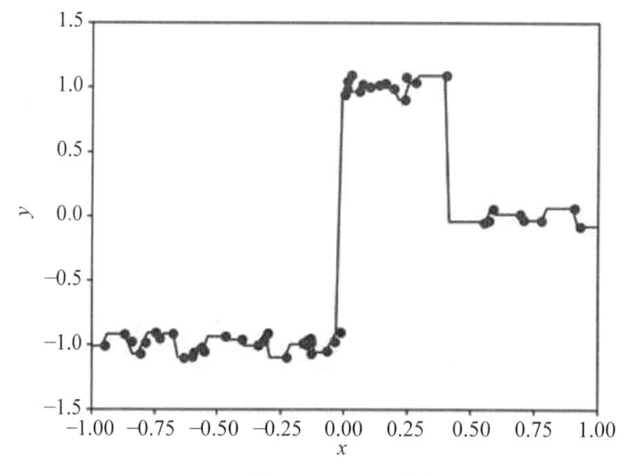

图 7.7　例 7.1 问题的过度拟合

为了防止出现过度拟合，决策树回归算法必须对决策树模型的深度做出限制。与线性回归算法不同，决策树回归算法无法进行正则化。所以，深度限制是决策树回归算法避免过度拟合的主要的手段。其算法如图 7.8 所示。

决策树回归算法(带深度限制)

输入：m 条训练数据 $S=\{(\boldsymbol{x}^{(1)},y^{(1)}),(\boldsymbol{x}^{(2)},y^{(2)}),\cdots,(\boldsymbol{x}^{(m)},y^{(m)})\}$

模型假设：$H_{\text{tree}}^{d}=\{h(\boldsymbol{x}):h$ 为深度不超过 d 的决策树$\}$

$$\min_{h\in H_{\text{tree}}^{d}}\frac{1}{m}\sum_{i=1}^{m}(h(\boldsymbol{x}^{(i)})-y^{(i)})^2$$

图 7.8　限制深度的决策树回归算法描述

例 7.2 假设样本空间 $X=[0,2\pi)$。对任意特征 $x\in X$，标签 y 服从正态分布 $D_x=N(\sin x,0.1)$。取 x 和 y 的 100 条数据采样作为训练数据。训练数据的分布如图 7.9(a)所示。

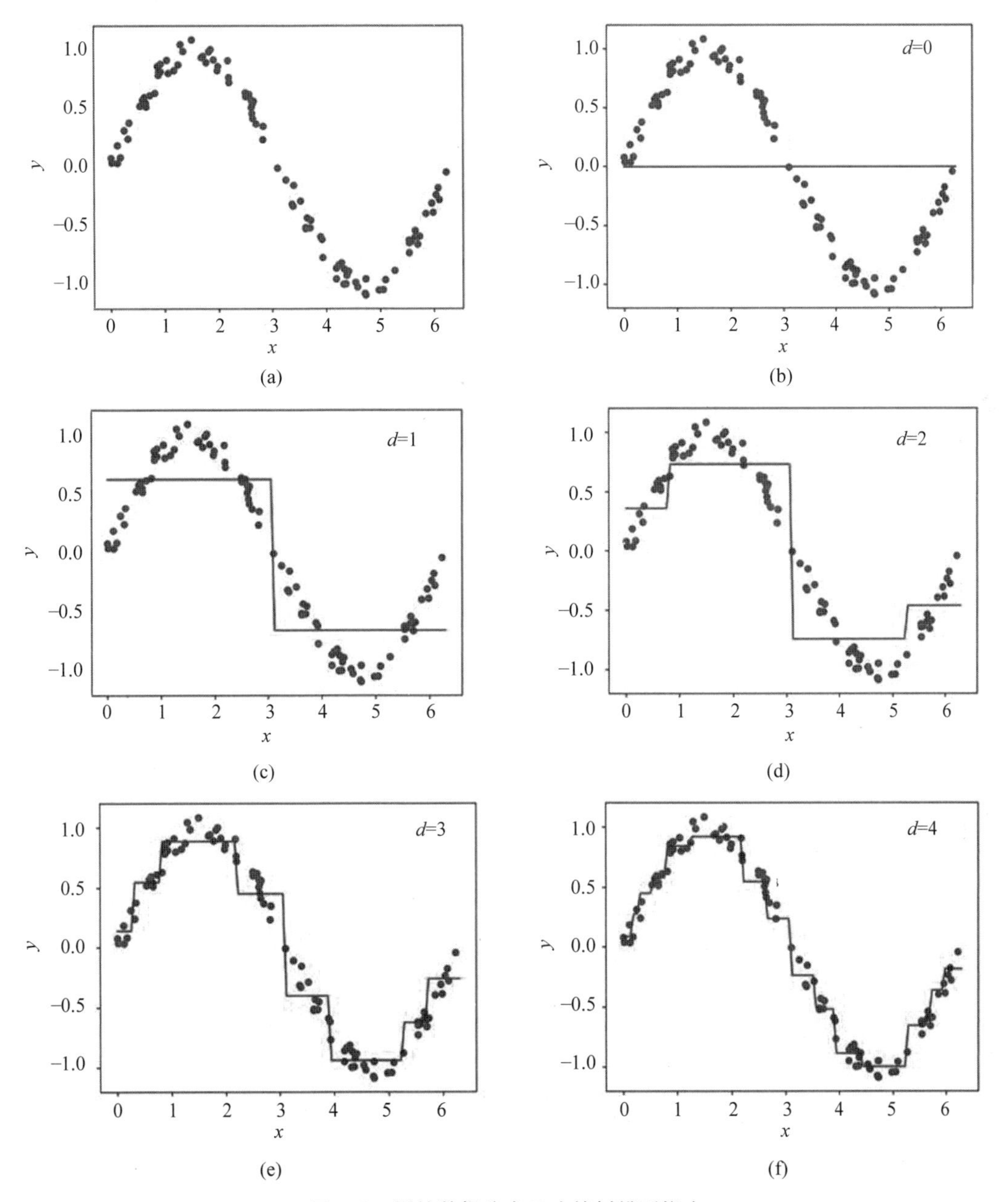

图 7.9 训练数据分布及决策树模型拟合

图 7.9(b)展示的是深度为 0 的决策树模型。它只用一个常数来拟合训练数据。图 7.9(c)～(f)展示的分别是深度为 1～4 的决策树模型。从图 7.9 可以看到，随着深度的增加，模型的复杂度越来越高，且其拟合的效果也逐渐增强。

决策树模型不仅可以应用于回归问题，还可以应用于分类问题。在第 5 章中介绍的 Logistic 回归算法是处理二元分类问题的常用算法。Softmax 回归算法则是 Logistic 回归算法在一般的 k 元分类问题中的推广。与线性回归算法类似，Logistic 回归算法与 Softmax 回归算法也不是解决分类问题的万能钥匙。以 Logistic 回归算法为例，它的模型假设决定了它在正采样与负采样可以用线性边界分离时效果最佳。尽管可以用特征变换来处理非线性边界的情形，用 Logistic 回归算法的前提依然是正采样与负采样的分布区域为连续区域，否则用 Logistic 回归算法来预测的效果就不理想。

例 7.3 变色鸢尾识别问题的预测任务是，根据花萼的长与宽预测给定鸢尾花是否为变色鸢尾。图 7.10(a)是这个问题的训练数据。变色鸢尾为正采样，否则为负采样。从图 7.10(a)中可以看到，负采样的分布并不是一个连续区域。对此训练数据采用 Logistic 回归算法。结果显示 Logistic 回归模型对负采样的预测准确率非常低(见图 7.10(b))。

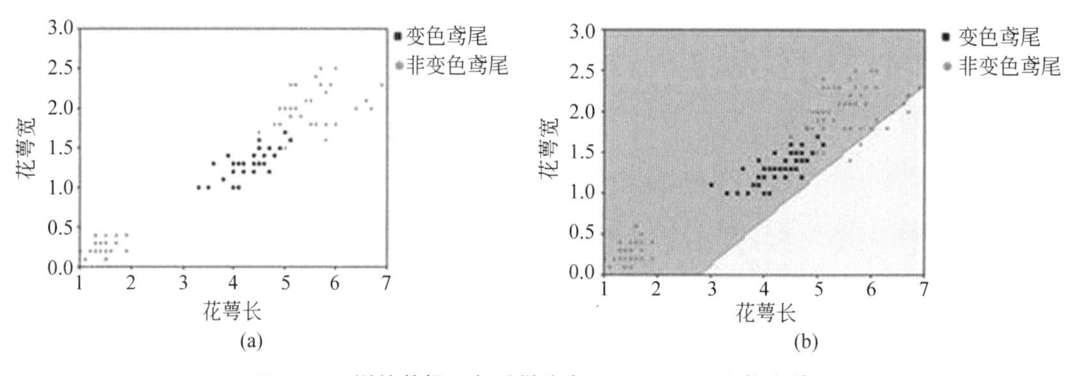

图 7.10 训练数据正负采样分布及 Logistic 回归拟合效果

当正采样或负采样的分布不是一个整体的连续区域，而是由多个局部区域构成时，决策树模型是较 Logistic 回归模型更加适用的模型。从图 7.4 中对决策树模型的描述容易看出，它也可以用于解决分类问题，只需将图 7.4 中的决策树节点数据结构中的预测值 p 设为概率向量即可。

在一个分类问题中，决策树分类算法是一个以决策树模型为模型假设、以交叉熵为目标函数的经验损失最小化算法。图 7.11 是针对分类问题概率预测任务的决策树分类算法。该算法采用的是 0-1 向量标签形式。决策树模型的输出是一个 k 维概率向量。向量的第 t

决策树分类算法(带深度限制)

任务：k 元分类问题的概率预测任务

输入：m 条训练数据 $S=\{(\boldsymbol{x}^{(1)},y^{(1)}),(\boldsymbol{x}^{(2)},y^{(2)}),\cdots,(\boldsymbol{x}^{(m)},y^{(m)})\}$

模型假设：$H_{\text{tree}}^{d}=\{h(\boldsymbol{x}):h$ 为深度不超过 d 的决策树$\}$

$$\min_{h\in H_{\text{tree}}^{d}} -\frac{1}{m}\sum_{i=1}^{m}\langle \boldsymbol{y}^{(i)},\log h(\boldsymbol{x}^{(i)})\rangle$$

图 7.11 针对分类问题概率预测任务的决策树分类算法

位表示样本属于类别 t 的概率。根据定义 5.14，决策树模型 h 的交叉熵为

$$-\frac{1}{m}\sum_{i=1}^{m}\langle \boldsymbol{y}^{(i)}, \log h(\boldsymbol{x}^{(i)})\rangle \tag{7.1}$$

决策树分类算法的目标函数就是式(7.1)中的交叉熵。

图 7.12 是基于图 7.10(a)中的数据构建的一个概率预测问题的决策树模型。其中，特征 x_0 是花萼长，特征 x_1 是花萼宽。对应于非变色鸢尾样本的标签是(1,0)。对应于变色鸢尾样本的标签是(0,1)。图 7.12 中的决策树模型可以用文字描述如下：给定一株鸢尾花样本，如果花萼长不超过 1.9，则一定不是变色鸢尾。在花萼长大于 1.9 的前提下，如果花萼宽大于 1.7，则一定不是变色鸢尾；如果花萼宽不超过 1.7，则又分为两种情况：如果花萼长不超过 5.2，则一定不是变色鸢尾，否则可以 94%的概率确定它是变色鸢尾。

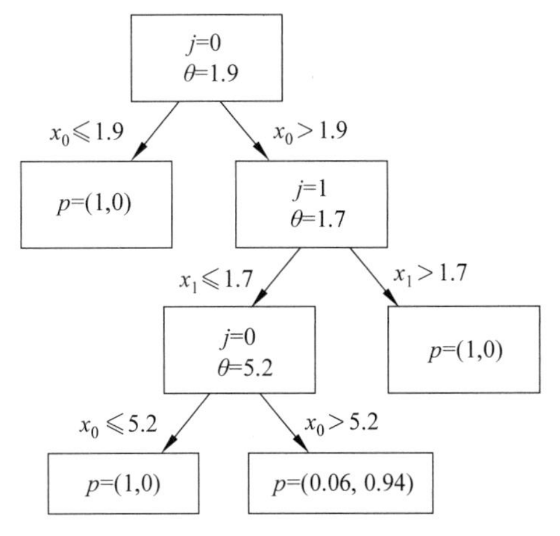

图 7.12　变色鸢尾识别问题的决策树

针对类别预测任务形式，与 Logistic 回归算法和 Softmax 回归算法类似，决策树算法先完成概率预测任务，然后通过最大概率分类函数做出对类别的预测。例如，图 7.13 是对

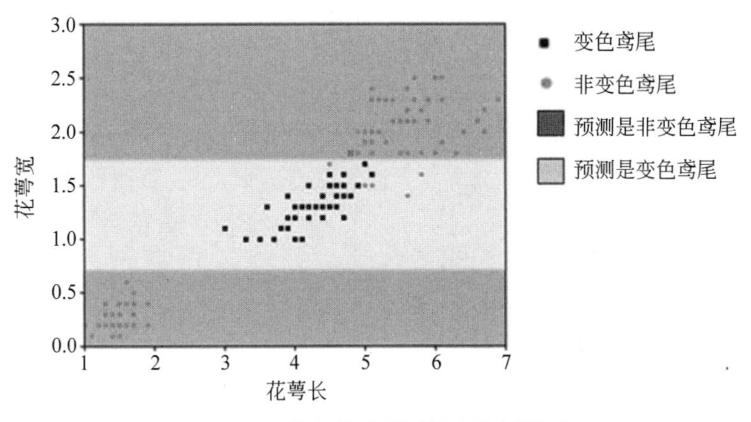

图 7.13　变色鸢尾预测的决策树模型

图 7.12 中的模型用最大概率分类函数得到的例 7.3 中数据的类别预测结果。与图 7.10(b)的预测结果比较,决策树模型在变色鸢尾识别问题中有明显的优势。

从这个例子可看到,当训练数据的分类边界是非线性的,且能够用矩形来划分特征空间时,决策树是求解分类问题的一个合适的算法。

7.2 决策树优化算法

本节介绍决策树的优化算法。尽管都是经验损失最小化算法,决策树算法与线性回归算法仍然是不同的,它不是一个凸优化算法。在算法复杂性理论中已经证明,计算最优决策树的问题是一个 NP 完全(NP-complete)的问题。目前没有任何已知的高效算法能够精确地计算出最优决策树。因而,只能寻求在可用资源有限的情况下能最大程度地近似最优解的高效近似算法。本节将要介绍的 CART 算法就是一个这样的近似算法。

CART 是英文 Classification And Regression Trees 的首字母缩写,意为分类与回归树。它既可以优化决策树回归,也可以优化决策树分类,而且可以用统一的方式来实现。

7.2.1 决策树回归问题的 CART 算法

决策树回归算法如图 7.8 所示。针对图 7.8 中的优化问题,CART 算法生成一棵指定深度的决策树,并用贪心策略来搜索近似最优均方误差。以下通过一些简单情形来展示 CART 算法的基本思想。

给定训练数据 S,首先,考虑模型假设为 H_{tree}^{0} 时图 7.8 中的优化问题,即,如何生成一棵深度为 0 的决策树来优化均方误差。深度为 0 的决策树只有一个节点,它既是根节点,也是叶节点。用 h_p 表示叶节点预测值为 p 的深度为 0 的决策树模型。用 $\text{MSE}(p)$ 表示 h_p 在 S 上的均方误差,则有

$$\text{MSE}(p)=\frac{1}{|S|}\sum_{(\boldsymbol{x},y)\in S}(y-p)^2 \tag{7.2}$$

要计算式(7.2)的最小可能值,只需对 p 求导并计算使得导数为 0 的 p。容易算出

$$p=\frac{1}{|S|}\sum_{(\boldsymbol{x},y)\in S}y \tag{7.3}$$

此即 S 中数据标签的平均值。

为了简化记号,将 S 中数据标签的平均值记为

$$\text{Avg}(S)=\frac{1}{|S|}\sum_{(\boldsymbol{x},y)\in S}y \tag{7.4}$$

将 S 中数据标签的方差记为

$$\text{Var}(S)=\frac{1}{|S|}\sum_{(\boldsymbol{x},y)\in S}(\text{Avg}(S)-y)^2 \tag{7.5}$$

基于上述记号,式(7.3)可以表示为 $p=\text{Avg}(S)$。此时,式(7.2)就与式(7.5)相同。由此可以得到结论:当模型假设为 H_{tree}^{0} 时,图 7.8 中的优化问题的最优解为 $h_{\text{Avg}(S)}$。训练这一

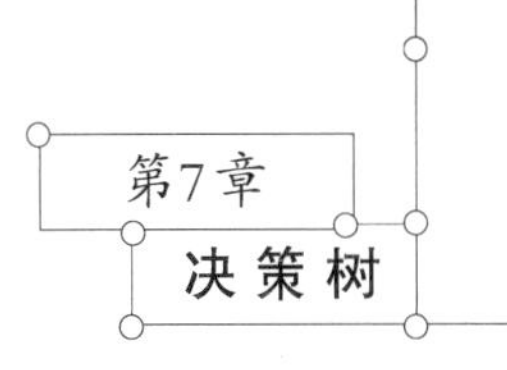

模型需耗时 $O(m)$。其中，m 为训练数据的个数。

再来考察当模型假设为 H_{tree}^1 时图 7.8 中的均方误差优化问题，即，如何生成一棵深度为 1 的决策树来优化均方误差。深度为 1 的决策树中有一个根节点和两个叶节点。因此，每一棵这样的决策树可以由 4 个参数决定：根节点中的特征 j、阈值 θ 以及两个叶节点中的预测值 p_{L} 和 p_{R}。用 $h_{j,\theta,p_{\text{L}},p_{\text{R}}}$ 表示这个决策树模型，用 $\text{MSE}(j,\theta,p_{\text{L}},p_{\text{R}})$ 表示 $h_{j,\theta,p_{\text{L}},p_{\text{R}}}$ 在 S 上的均方误差，则图 7.8 中的优化问题的目标函数为

$$\min_{j,\theta,p_{\text{L}},p_{\text{R}}} \text{MSE}(j,\theta,p_{\text{L}},p_{\text{R}}) \tag{7.6}$$

对给定的特征 j 与阈值 θ，定义

$$\text{MSE}(j,\theta) = \min_{p_{\text{L}},p_{\text{R}}} \text{MSE}(j,\theta,p_{\text{L}},p_{\text{R}}) \tag{7.7}$$

则式(7.6)又可以表达为

$$\min_{j,\theta} \text{MSE}(j,\theta) \tag{7.8}$$

取定特征 j 与阈值 θ，S 被分成了两部分：$S_{\text{L}} = \{(\boldsymbol{x},y) \in S : x_j \leqslant \theta\}$ 和 $S_{\text{R}} = \{(\boldsymbol{x},y) \in S : x_j > \theta\}$。因此，可以将 $\text{MSE}(j,\theta,p_{\text{L}},p_{\text{R}})$ 表示为

$$\text{MSE}(j,\theta,p_{\text{L}},p_{\text{R}}) = \frac{1}{|S|}\left(\sum_{(\boldsymbol{x},y)\in S_{\text{L}}} (y-p_{\text{L}})^2 + \sum_{(\boldsymbol{x},y)\in S_{\text{R}}} (y-p_{\text{R}})^2\right) \tag{7.9}$$

对式(7.9)中的 p_{L} 与 p_{R} 分别求偏导数。求解出使偏导数为 0 的 p_{L} 与 p_{R} 分别为

$$p_{\text{L}} = \text{Avg}(S_{\text{L}}) = \frac{1}{|S_{\text{L}}|}\sum_{(\boldsymbol{x},y)\in S_{\text{L}}} y, \quad p_{\text{R}} = \text{Avg}(S_{\text{R}}) = \frac{1}{|S_{\text{R}}|}\sum_{(\boldsymbol{x},y)\in S_{\text{R}}} y \tag{7.10}$$

这就是使式(7.9)达到最小值的 p_{L} 与 p_{R}。将它们代回式(7.9)就得到

$$\text{MSE}(j,\theta) = \frac{|S_{\text{L}}|}{|S|}\text{Var}(S_{\text{L}}) + \frac{|S_{\text{R}}|}{|S|}\text{Var}(S_{\text{R}}) \tag{7.11}$$

基于上述分析，可以描述优化算法如下：遍历所有可能的特征 j 及阈值 θ，并对每一组 j 和 θ，用式(7.11)计算 $\text{MSE}(j,\theta)$。选出 $\text{MSE}(j,\theta)$ 值最小的一组 j 和 θ，生成根节点。再用式(7.10)来计算两个叶节点的预测值，如图 7.14 所示。

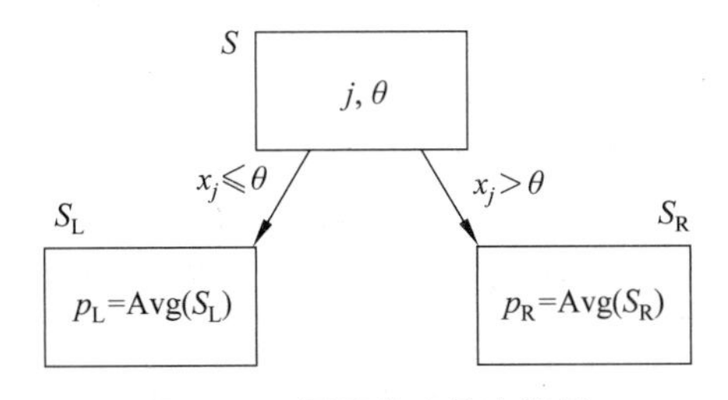

图 7.14　深度为 1 的决策树

设 $|S| = m$。任一特征 j 最多有 m 种不同的取值。因此，阈值 θ 也最多有 m 种不同的取值。在上述优化算法中，对每一个取定的特征 j 及阈值 θ，计算 $\text{MSE}(j,\theta)$ 需耗时 $O(m)$。如果特征数为 n，则算法的计算时间复杂度是 $O(nm^2)$。

以上的优化算法是针对模型假设分别为 H_{tree}^0 与 H_{tree}^1 的决策树来设计的。CART 算法

是上述两个模型假设下的决策树算法在深度 $d>1$ 时的推广。算法的描述见图 7.15。在图 7.15 的算法中，GenerateTree(S,d)递归地生成基于训练数据 S 的深度为 d 的决策树，其返回值是该决策树的根节点。算法描述中用到了图 7.4 中的决策树节点数据结构。

```
决策树回归问题的 CART 算法
GenerateTree(S,d):
  root=new node
  if d=0 or |S|<2:
      root.p=Avg(S)
  else:
      for j=1,2,…,n:
          for θ in {x_j : x ∈ S}:
              S_L(j,θ)={(x,y)∈S: x_j≤θ}
              S_R(j,θ)={(x,y)∈S: x_j>θ}
              MSE(j,θ)=|S_L(j,θ)|/|S| Var(S_L(j,θ)) + |S_R((j,θ)|/|S| Var(S_R(j,θ))
      j*,θ_j* =argmin_{j,θ} MSE(j,θ)
      root.j=j*
      root.θ=θ*
      root.left=GenerateTree(S_L(j*,θ*),d-1)
      root.right=GenerateTree(S_R(j*,θ*),d-1)
return root
```

图 7.15　决策树回归问题的 CART 算法

该算法首先生成一个节点 root，作为决策树的根节点。如果指定的深度值为 0，则 CART 算法就是基于 H_{tree}^0 模型假设的经验误差优化算法。此时，CART 算法将预测值 root.p 设为 Avg(S)。

当指定深度 $d>0$ 时，算法对 S 中的数据进行一次划分，以降低均方误差。这恰是基于 H_{tree}^1 模型假设的经验误差优化算法：遍历所有的特征 j 及阈值 θ，对每一组 j 和 θ 都用式(7.11)来计算 MSE(j,θ)。使 MSE(j,θ)值达到最小的一组 j^* 和 θ^* 存储于 root.j 和 root.θ。然后，递归地生成基于训练数据 $S_{\mathrm{L}}(j^*,\theta^*)$的深度为 $d-1$ 的决策树和基于训练数据 $S_{\mathrm{R}}(j^*,\theta^*)$的深度为 $d-1$ 的决策树，并将它们的根节点分别作为 root 的左儿子节点与右儿子节点。最后，返回 root。

图 7.15 中的算法在每一次划分数据时都只考虑将当前的数据分为两部分的局部最优分法，而并不考虑当前虽然是次优的，但在未来的递归划分中可能是全局最优的划分。由此可见，CART 算法是一个贪心算法。

7.2.2　决策树分类问题的 CART 算法

决策树用于求解分类问题时，相应的 CART 算法与决策树回归算法有完全相同的思想和结构，唯一的区别在于划分数据的准则不同。以下依然以模型假设 H_{tree}^0 与 H_{tree}^1 为例介绍决策树分类问题的CART算法。

首先将记号 Avg(S)拓展到分类问题中，并且引入熵的概念。在一个 k 元分类问题中，每条训练数据的标签 $\boldsymbol{y} \in \{0,1\}^k$ 是一个 k 维0-1向量。给定训练数据 S，依然用式(7.4)的方式定义 S 中数据的标签平均值 Avg(S)。与回归问题不同的是，此时 Avg(S)是一个 k 维向量，而不是一个实数。Avg(S)的每一个分量都在[0,1]区间取值，表示 S 中对应的这一类出现的频率，即

$$\text{Avg}(S)_i = \frac{\sum_{(x,y)\in S} y_i}{|S|}, \quad i = 1,2,\cdots,k \tag{7.12}$$

定义 S 的熵为

$$\text{Entropy}(S) = -\langle \text{Avg}(S), \log \text{Avg}(S) \rangle \tag{7.13}$$

其中，$\log \text{Avg}(S) = (\log \text{Avg}(S)_1, \log \text{Avg}(S)_2, \cdots, \log \text{Avg}(S)_k)$。

考察模型假设为 H_{tree}^0 时图7.11中的决策树分类优化问题。用 $h_{\boldsymbol{p}}$ 表示叶节点预测值为 $\boldsymbol{p}$ 的深度为0的决策树模型。其中 $\boldsymbol{p}$ 是每一个分量都在[0,1]区间取值的 k 维向量。它表示给定特征的样本属于每一个类别的概率预测值。目标函数是交叉熵：

$$\text{CE}(\boldsymbol{p}) = -\frac{1}{|S|}\sum_{(\boldsymbol{x},\boldsymbol{y})\in S}\sum_{i=1}^{k} y_i \log p_i = -\sum_{i=1}^{k}\left(\log p_i \cdot \frac{\sum_{(\boldsymbol{x},\boldsymbol{y})\in S} y_i}{|S|}\right)$$

根据式(7.12)，有

$$\text{CE}(\boldsymbol{p}) = -\sum_{i=1}^{k} \log p_i \cdot \text{Avg}(S)_i \tag{7.14}$$

对式(7.14)求其最优解 $p_i (i=1,2,\cdots,k)$ 的问题，实际上是一个带约束 $\sum_{i=1}^{k} p_i - 1 = 0$ 的优化问题。此问题的拉格朗日函数为

$$L(p_i,\lambda) = -\sum_{i=1}^{k}(\log p_i \,\text{Avg}(S)_i) + \lambda\left(\sum_{i=1}^{k} p_i - 1\right)$$

根据KKT条件，最优解必须满足

$$0 = \frac{\partial L(p_i,\lambda)}{\partial p_i} = -\frac{\text{Avg}(S)_i}{p_i} + \lambda, \quad i = 1,2,\cdots,k$$

因此有

$$p_i = \frac{\text{Avg}(S)_i}{\lambda}, \quad i = 1,2,\cdots,k$$

由于 $\sum_{i=1}^{k} p_i = 1$，且 S 中标签在各类的频率之和 $\sum_{i=1}^{k} \text{Avg}(S)_i = 1$，因而

$$1 = \sum_{i=1}^{k} p_i = \sum_{i=1}^{k} \frac{\text{Avg}(S)_i}{\lambda} = \frac{1}{\lambda}$$

由此可得 $\lambda = 1$。从而，对任意 i 都有 $p_i = \text{Avg}(S)_i$，即，$\boldsymbol{p} = \text{Avg}(S)$ 是使 $\text{CE}(\boldsymbol{p})$ 达到最小值

的概率预测向量。将 $\boldsymbol{p}=\text{Avg}(S)$代入式(7.14)，可以得到

$$\text{CE}(\text{Avg}(S))=\text{Entropy}(S) \tag{7.15}$$

由此可见，当模型假设为 H_{tree}^0 时，图 7.11 中的优化问题的最优解为 $h_{\text{Avg}(S)}$，且最优的交叉熵等于 Entropy(S)。训练这一模型需耗时 $O(m)$。其中，m 为训练数据的个数。

再来看模型假设为 H_{tree}^1 时图 7.11 中决策树分类优化问题。深度为 1 的决策树有一个根节点和两个叶节点。与回归决策树的思路类似，将深度为 1 的分类决策树模型表示成 $h_{j,\theta,\boldsymbol{p}_{\text{L}},\boldsymbol{p}_{\text{R}}}$。其中，$\boldsymbol{p}_{\text{L}}$ 和 $\boldsymbol{p}_{\text{R}}$ 都是 k 维向量。用 $\text{CE}(j,\theta,\boldsymbol{p}_{\text{L}},\boldsymbol{p}_{\text{R}})$表示 $h_{j,\theta,\boldsymbol{p}_{\text{L}},\boldsymbol{p}_{\text{R}}}$ 在 S 上的交叉熵，并且定义

$$\text{CE}(j,\theta)=\min_{\boldsymbol{p}_{\text{L}},\boldsymbol{p}_{\text{R}}}\text{CE}(j,\theta,\boldsymbol{p}_{\text{L}},\boldsymbol{p}_{\text{R}}) \tag{7.16}$$

因此，只要计算出 $\text{CE}(j,\theta)$，就可以通过遍历特征 j 与阈值 θ 来寻找最优决策树。

采取与回归决策树类似的方法计算 $\text{CE}(j,\theta)$。即，取定特征 j 与阈值 θ，将 S 分为两部分：$S_{\text{L}}=\{(\boldsymbol{x},\boldsymbol{y})\in S: x_j\leqslant\theta\}$ 和$S_{\text{R}}=\{(\boldsymbol{x},\boldsymbol{y})\in S: x_j>\theta\}$，将交叉熵 $\text{CE}(j,\theta,\boldsymbol{p}_{\text{L}},\boldsymbol{p}_{\text{R}})$表示为

$$\text{CE}(j,\theta,\boldsymbol{p}_{\text{L}},\boldsymbol{p}_{\text{R}})=-\frac{1}{|S|}\left(\sum_{(\boldsymbol{x},\boldsymbol{y})\in S_{\text{L}}}\langle\boldsymbol{y},\log\boldsymbol{p}_{\text{L}}\rangle+\sum_{(\boldsymbol{x},\boldsymbol{y})\in S_{\text{R}}}\langle\boldsymbol{y},\log\boldsymbol{p}_{\text{R}}\rangle\right)$$

与式(7.14)类似，可以将 $\text{CE}(j,\theta,\boldsymbol{p}_{\text{L}},\boldsymbol{p}_{\text{R}})$ 表示为

$$\text{CE}(j,\theta,\boldsymbol{p}_{\text{L}},\boldsymbol{p}_{\text{R}})=-\frac{|S_{\text{L}}|}{|S|}\langle\text{Avg}(S_{\text{L}}),\log\boldsymbol{p}_{\text{L}}\rangle-\frac{|S_{\text{R}}|}{|S|}\langle\text{Avg}(S_{\text{R}}),\log\boldsymbol{p}_{\text{R}}\rangle \tag{7.17}$$

同样用拉格朗日函数及 KKT 条件计算出使式(7.17)达到最小的 $\boldsymbol{p}_{\text{L}}$ 与$\boldsymbol{p}_{\text{R}}$

$$\boldsymbol{p}_{\text{L}}=\text{Avg}(S_{\text{L}}),\quad \boldsymbol{p}_{\text{R}}=\text{Avg}(S_{\text{R}}) \tag{7.18}$$

将式(7.18)中的 $\boldsymbol{p}_{\text{L}}$ 与 $\boldsymbol{p}_{\text{R}}$ 代入式(7.17)，得到

$$\text{CE}(j,\theta)=\frac{|S_{\text{L}}|}{|S|}\text{Entropy}(S_{\text{L}})+\frac{|S_{\text{R}}|}{|S|}\text{Entropy}(S_{\text{R}}) \tag{7.19}$$

遍历所有可能的特征 j 及阈值 θ，并对每一组 j 和 θ 用式(7.19)计算 $\text{CE}(j,\theta)$。用使得 $\text{CE}(j,\theta)$ 达到最小值的那一组j 和θ 生成根节点。再用式(7.18)计算两个叶节点的预测值，就能得到最优的深度为 1 的决策树模型。

与决策树回归算法类似，模型假设为 H_{tree}^0 与 H_{tree}^1 的决策树分类算法可以推广到深度 $d>1$ 的情形。通过将图 7.15 中的回归算法的数据划分准则由方差改为熵，且将均方误差改为交叉熵，即可得到深度 $d>1$ 的决策树分类算法。图 7.16 是对决策树分类问题的 CART 算法的详细描述。

决策树分类问题的 CART 算法

```
GenerateTree (S,d):
  root=new node
  if d = 0 or |S|< 2:
      root.p=Avg(S)
```

图 7.16　决策树分类问题的 CART 算法

```
    else:
      for j = 1,2,…,n:
          for θ in {x_j : x ∈ S}:
              S_L(j,θ) = {(x,y) ∈ S: x_j ≤ θ}
              S_R(j,θ) = {(x,y) ∈ S: x_j > θ}
              CE(j,θ) = |S_L(j,θ)|/|S| Entropy(S_L(j,θ)) + |S_R(j,θ)|/|S| Entropy(S_R(j,θ))
      j*,θ_j* = argmin_{j,θ} CE(j,θ)
      root.j = j*
      root.θ = θ*
      root.left = GenerateTree(S_L(j*,θ*),d-1)
      root.right = GenerateTree(S_R(j*,θ*),d-1)
return root
```

图 7.16 （续）

7.3 CART 算法实现及应用

比较图 7.15 与图 7.16 中的算法可以看出，决策树回归问题与决策树分类问题的 CART 算法的结构完全相同。它们的不同之处只是各自采用的数据划分准则有所区别。决策树回归算法用方差值来划分数据，而决策树分类算法则用交叉熵值来划分数据。如果能设计一个分值函数，使其在决策树回归问题中表示方差，而在决策树分类问题中表示熵，则这两个算法的实现方式就完全相同。基于这个思想，可以设计一个统一的 CART 算法：以决策树算法的基类来提取图 7.15 与图 7.16 中算法的公共结构，并在基类的构造函数中传入指定的分值函数。如果是回归问题，则分值函数是方差；如果是分类问题，则分值函数就是熵。

7.3.1 决策树 CART 算法基类

决策树节点的数据结构中要存储特征 j、阈值 θ、叶节点预测值 $\boldsymbol{p}$ 及左右儿子节点指针。图 7.17 中的类 Node 是图 7.4 中定义的决策树节点数据结构的具体实现。

```
machine_learning.lib.tree_node
1  class Node:
2      j=None
3      theta=None
4      p=None
5      left=None
6      right=None
```

图 7.17 决策树节点数据结构

图 7.18 是决策树 CART 算法的基类 DecisionTreeBase 的实现。类中有 4 个成员：root、max_depth、get_score 和 feature_sample_rate。

- root 记录所生成的决策树的根节点，由根节点可唯一地表示这棵决策树。
- max_depth 记录 CART 算法中决策树模型的深度限制，由构造函数指定。
- get_score 是分值函数的指针，由构造函数传入。传入方差则实现决策树回归问题的 CART 算法，传入熵则实现决策树分类问题的 CART 算法。
- feature_sample_rate 是[0,1]区间内的一个数，由构造函数指定。在每次划分数据时，feature_sample_rate 使得算法可以随机选取相应比例的特征进行遍历，而不必遍历全部特征。这个功能在 7.4 节的随机森林算法中会用到，而在决策树算法中并不需要它。因此，在决策树回归问题和分类问题的算法中，都将 feature_sample_rate 的默认值设为 1。

在图 7.18 中，第 56 行的 fit 函数是 CART 算法的入口。在 fit 函数中，调用第 43～54 行中定义的 generate_tree 函数生成一棵深度不超过 max_depth 的决策树，并将根节点存于成员 root 中。如果将 get_score 分别取为方差和熵，generate_tree 函数的原型就是图 7.15 和图 7.16 中的算法。

generate_tree 函数有 4 个输入参数：$\boldsymbol{X}$、$\boldsymbol{y}$、idx 和 d。其中，$\boldsymbol{X}$ 和 $\boldsymbol{y}$ 分别是全体训练数据的特征组与标签。idx 是一个下标集合。generate_tree 函数用下标在 idx 中的训练数据递归地生成一棵深度不超过 d 的决策树，并返回生成的决策树的根节点。第 44 行生成一个节点 r，作为要建立的决策树的根节点。第 45 行判断深度 d 是否等于 0 或当前是否只有 1 条训练数据。如果是，则不再继续划分数据，此时 r 就是一个叶节点；然后，第 46 行计算下标在 idx 中的训练数据标签的平均值，并将其作为 r 中的预测值。如果不是，继续划分数据。第 48 行调用第 24～41 行中的 find_best_split 函数，采用贪心策略来寻找最优数据划分。

在 find_best_split 函数中，第 28 行调用第 19～22 行中的函数 get_random_features，按比例 feature_sample_rate 随机选取一组特征，并在第 29 行开始遍历这些选出的特征。对每一个特征 j，在第 30 行对下标在 idx 中的所有训练数据计算出特征 j 的不同取值，并将它们作为备选的阈值 θ。第 31 行遍历所有阈值 θ。对每一组取定的 j 和 θ，在第 32 行调用第 10～17 行中定义的 split_data 函数，将数据按照特征 j 的取值是否大于阈值 θ 分成两部分，它们的下标分别在 idx1 和 idx2 中。第 33、34 行中的判断用于确保划分的两部分都不是空集。随后，在第 35 行中，对每一部分数据用指定的 get_score 函数计算其分值。在第 36、37 行中，计算出两部分的分值的加权和，并以此作为当前划分的目标函数值。在回归算法中，这个目标函数值正是式(7.11)的结果；在分类算法中，这个目标函数值就是式(7.19)的结果。find_best_split 函数返回所有可行划分中目标函数值最小的一组划分。

在 generate_tree 函数中，第 48 行用 score 表示最优划分的目标函数值。第 49 行计算不做数据划分时得到的目标函数值 current_score。如果 score 小于 current_score，则数据划分可以带来益处。此时，在第 52 行记录这一划分的信息。最后，在第 53 行递归地生成当前节点的左儿子节点与右儿子节点。它们分别对应于划分出的两部分数据。

machine_learning.lib.decision_tree_base

```
1   import numpy as np
2   from machine_learning.lib.tree_node import Node
3
4   class DecisionTreeBase:
5       def __init__(self, max_depth, get_score, feature_sample_rate=1.0):
6           self.max_depth=max_depth
7           self.get_score=get_score
8           self. feature_sample_rate=feature_sample_rate
9
10      def split_data(self, j, theta, X, idx):
11          idx1, idx2=list(), list()
12          for i in idx:
13              if X[i][j]<=theta:
14                  idx1.append(i)
15              else:
16                  idx2.append(i)
17          return idx1, idx2
18
19      def get_random_features(self, n):
20          shuffled=np.random.permutation(n)
21          size=int(self.feature_sample_rate * n)
22          return shuffled[:size]
23
24      def find_best_split(self, X, y, idx):
25          m, n=X.shape
26          best_score, best_j, best_theta=float("inf"), -1, float("inf")
27          best_idx1, best_idx2=list(), list()
28          selected_j=self.get_random_features(n)
29          for j in selected_j:
30              thetas=set([x[j] for x in X])
31              for theta in thetas:
32                  idx1, idx2=self.split_data(j, theta, X, idx)
33                  if min(len(idx1), len(idx2))==0:
34                      continue
35                  score1, score2=self.get_score(y, idx1), self.get_score(y, idx2)
36                  w=1.0 * len(idx1)/len(idx)
37                  score=w * score1+ (1-w) * score2
38                  if score<best_score:
39                      best_score, best_j, best_theta=score, j, theta
```

图 7.18　决策树 CART 算法的基类

```
40                          best_idx1, best_idx2=idx1, idx2
41              return best_j, best_theta, best_idx1, best_idx2, best_score
42
43          def generate_tree(self, X, y, idx, d):
44              r=Node()
45              if d==0 or len(idx)==1:
46                  r.p=np.average(y[idx], axis=0)
47                  return r
48              j, theta, idx1, idx2, score=self.find_best_split(X, y, idx)
49              current_score=self.get_score(y, idx)
50              if score>=current_score:
51                  return r
52              r.j, r.theta=j, theta
53              r.left, r.right=self.generate_tree(X, y, idx1, d-1), self.generate_tree
                (X, y, idx2, d-1)
54              return r
55
56          def fit(self, X, y):
57              self.root=self.generate_tree(X, y, range(len(X)), self.max_depth)
58
59          def get_prediction(self, r, x):
60              if r.left==None and r.right ==None:
61                  return r.p
62              if x[r.j]<=r.theta:
63                  return self.get_prediction(r.left, x)
64              else:
65                  return self.get_prediction(r.right, x)
66
67          def predict(self, X):
68              y=list()
69              for i in range(len(X)):
70                  y.append(self.get_prediction(self.root, X[i]))
71              return np.array(y)
```

图 7.18 （续）

在算法的最后定义了 predict 函数，并对每一条测试数据调用第 59～65 行中的 get_prediction 函数来完成预测。对每一条数据，get_ prediction 是用递归方式来实现的。即，根据特征的取值从根节点开始向下移动，直至到达一个叶节点，并返回该叶节点的预测值作为对该数据的预测。

定义了决策树 CART 算法的基类后，决策树回归问题与分类问题的 CART 算法只需继承基类并指定相应的 get_score 分值函数即可。

7.3.2 决策树回归问题的 CART 算法的实现及应用

基于决策树 CART 算法的基类,可以具体描述决策树回归问题的 CART 算法的实现。在图 7.19 所示的决策树回归问题的 CART 算法中,第 4~6 行实现的是对下标属于集合 idx 的数据计算标签的方差。在第 8 行定义决策树回归算法 DecisionTreeRegressor,它继承了图 7.18 中的基类。第 12 行传入 feature_sample_rate,其默认值为 1。第 13 行将 get_var 传入基类的构造函数。

machine_learning.lib.decision_tree_regressor

```
 1  import numpy as np
 2  from machine_learning.lib.decision_tree_base import DecisionTreeBase
 3
 4  def get_var(y, idx):
 5      y_avg=np.average(y[idx]) * np.ones(len(idx))
 6      return np.linalg.norm(y_avg - y[idx], 2) ** 2/len(idx)
 7
 8  class DecisionTreeRegressor(DecisionTreeBase):
 9      def __init__(self, max_depth=0, feature_sample_rate=1.0):
10          super().__init__(
11              max_depth=max_depth,
12              feature_sample_rate=feature_sample_rate,
13              get_score=get_var)
```

图 7.19 基于 CART 算法基类的决策树回归算法

例 7.4 共享单车问题①。

共享单车系统为人们的出行提供了极大的便利。人们可以从一个地点租车,并于另一地点还车。一个共享单车系统每天都会产生大量的租车数据。数据中包括出行时间、出发地、目的地等信息。共享单车问题的任务是根据租车数据预测每个共享单车服务点的单车需求量,从而提前准备需储备的单车数量。

在这个问题中,每一条数据有 8 个特征:钟点(hour)、季节(season)、是否为节假日(holiday)、是否为周末(wkday)、天气状况(weather)、气温(temp)、湿度(hum)和风速(wdspd)。数据的标签是单车的需求量(count)。表 7.1 是部分训练数据的样本。

在本例中,有一些特征的值没有数值意义。它们只表示特征的某种状态或属性。例如,从表 7.1 可以看到,季节(season)这个特征取值 1、2、3 或 4,分别表示春、夏、秋、冬这 4 个季

① 本例数据来自 Kaggle 竞赛官方网站 https://www.kaggle.com/c/bike-sharing-demand,数据文件名是 bike.csv。也可从 GitHub 网站的本书页面 https://github.com/wanglei18/machine_learning 下载。

表 7.1　共享单车问题的部分训练数据样本

hour	season	holiday	wkday	weather	temp	hum	wdspd	count
21	4	0	0	1	4.84	56	0.00	95
10	3	0	0	2	8.28	74	6.13	249
23	4	0	1	1	5.25	81	16.99	95
5	2	0	1	2	13.47	65	15.67	28
20	1	1	0	1	10.15	92	8.50	57

节。尽管季节特征的取值是数字，但它们并没有数值意义，只是表示 4 个不同季节的符号。这类特征就称为类别特征。还有一类特征是数值特征，它们的取值有数值意义，通常是某个区间内的实数或自然数。例如，温度就是一个数值特征。在一个含有类别特征的问题中，标签与类别特征之间的关系往往并不是整体的连续关系，而是由多个局部关系构成的。例如，要知道季节与需求量的关系，必须将数据按季节的 4 个值分组，分别计算每组的平均需求量(见图 7.20)。从图 7.20 中可以看到，共享单车的需求量依季节的不同而变化。在春天时需求较低，在秋天时需求较高。

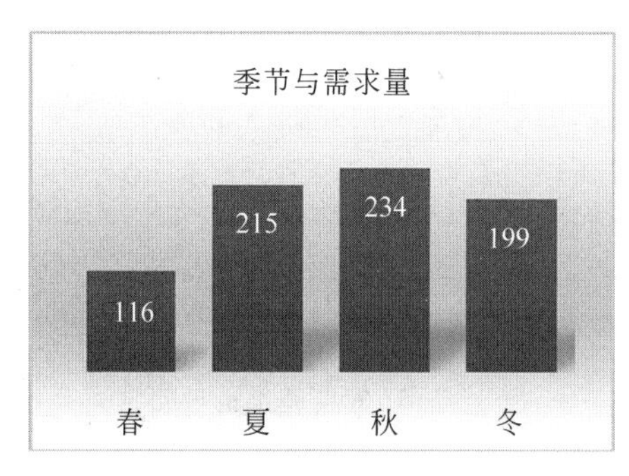

图 7.20　4 个季节的共享单车需求量

由于标签与类别特征之间不是连续的关系，因此，线性回归等算法通常不适用于含有大量类别特征的问题。对于含有较多类别特征的问题，可以采用决策树算法。它是处理类别特征的有效算法。在本例的共享单车的需求量问题中，有钟点、季节、是否为节假日以及是否为周末这 4 个类别特征，可以考虑选用决策树算法。图 7.21 中的程序用图 7.19 中的决策树回归算法训练一棵深度不超过 2 的决策树，并用来预测单车需求量。

```
1  import numpy as np
2  import pandas as pd
3  from sklearn.model_selection import train_test_split
4  from machine_learning.lib.decision_tree_regressor import DecisionTreeRegressor
```

图 7.21　共享单车需求量问题的决策树回归算法

```
5     from sklearn.metrics import r2_score
6
7   def get_data():
8       df=pd.read_csv("./bike.csv")
9       df.datetime=df.datetime.apply(pd.to_datetime)
10      df['hour']=df.datetime.apply(lambda x: x.hour)
11      y=df['count'].values
12      df.drop(['datetime','casual','registered','count'], 1, inplace=True)
13      X=df.values
14      return X, y
15
16  X, y=get_data()
17  X_train, X_test, y_train, y_test=train_test_split(X, y, test_size=0.5, random_
                                                        state=0)
18  model=DecisionTreeRegressor(max_depth=2)
19  model.fit(X_train, y_train)
20  y_pred=model.predict(X_test)
21  print('r2={}'.format(get_r2(y_test, y_pred)))
```

图 7.21 （续）

图 7.21 中的第 7～14 行是标准的数据处理函数 get_data。假定训练数据 bike.csv 保存于当前目录，在第 8 行中用 Pandas 的 csv 文件读取功能将数据读入内存并存储成一个 DataFrame 数据结构。在原数据文件中，钟点(hour)是字符串格式的时间特征。为了计算方便，需将其转变为数值格式的钟点特征。第 10 行以值 0～23 对应一天中的 24 个小时。第 11 行取出需求量作为标签。

在图 7.21 中的第 16 行，调用 get_data 函数读取并处理数据。第 17 行进行训练数据与测试数据的分离。第 18、19 行调用图 7.19 中的决策树回归算法训练模型，指定深度不超过 2。第 20、21 行测试模型，并计算模型在测试数据上的决定系数值。

运行图 7.21 中的程序，可以得到如图 7.22 所示的简单的决策树模型。这棵决策树中出现了两个特征：特征 0 是钟点，特征 1 是季节。这是共享单车问题中最重要的两个特征。图 7.22 中的决策树模型可以用文字描述如下：如果钟点在 5 点以前，则预测需求量为 25；如果钟点在 5 点到 6 点之间，则预测需求量为 74；如果钟点在 6 点以后，则还要看季节，如果是在春季，则预测需求量为 152，在其余季节就预测需求量为 290。

这个简单模型在测试数据上的决定系数是 0.39。如果逐渐增加决策树的深度，模型的决定系数也会随之逐渐增大。当深度到达一定程度之后，决定系数就不再增加了。通过绘制深度与决定系数的关系图，可以直观地判断最好的模型预测效果所对应的决策树深度。图 7.23 是模型在共享单车问题的测试数据上的决定系数与深度之间的关系图。从图中可以看到，深度为 8 的决策树模型的预测效果最好。

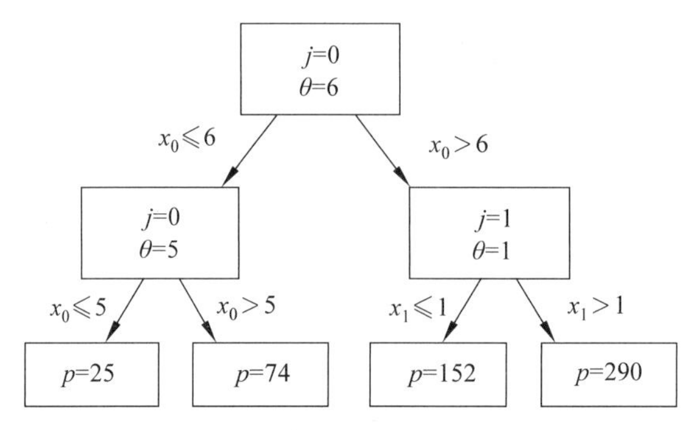

图 7.22　共享单车需求量问题的决策树模型

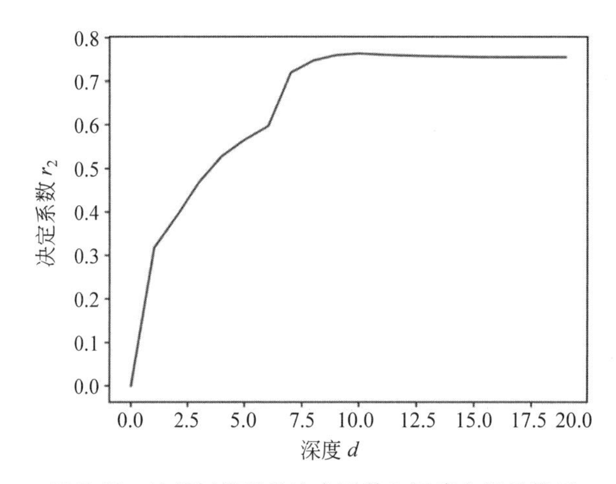

图 7.23　决策树模型的决定系数与深度之间的关系

据此，在图 7.21 中的程序中，取深度为 8。运行该程序后，就得到一个深度为 8 的决策树模型。该模型在测试数据上的决定系数是 0.77。值得一提的是，如果用线性回归算法来求解共享单车问题，所得到线性模型在测试数据上的决定系数只能达到 0.19，远不如决策树算法的效果。

7.3.3　决策树分类问题的 CART 算法的实现及应用

将熵作为分值函数传入基类，就得到决策树分类算法的实现。在图 7.24 的第 9～20 行实现了一个由基类派生出的 DecisionTreeClassifier 类。在它的构造函数中，第 13 行将熵函数传入基类。熵的定义如式(7.13)所示，在第 4～7 行中实现。其中，为了避免计算 0 的对数，第 7 行在取对数时加了一个小随机项。第 15～16 行的 predict_ proba 函数的功能是完成概率预测任务。在第 16 行中直接调用基类的 predict 函数，并输出一个概率向量来表示样本属于每一个类别的概率。第 18～20 行的 predict 函数通过最大概率分类函数将概率预测的结果转化为类别预测。

```
machine_learning.lib.decision_tree_classifier
 1  import numpy as np
 2  from machine_learning.lib.decision_tree_base import DecisionTreeBase
 3
 4  def get_entropy(y, idx):
 5      _, k=y.shape
 6      p=np.average(y[idx], axis=0)
 7      return -np.log(p+0.001*np.random.rand(k)).dot(p.T)
 8
 9  class DecisionTreeClassifier(DecisionTreeBase):
10      def __init__(self, max_depth=0, feature_sample_rate=1.0):
11          super().__init__(max_depth=max_depth,
12              feature_sample_rate=feature_sample_rate,
13              get_score=get_entropy)
14
15      def predict_proba(self, X):
16          return super().predict(X)
17
18      def predict(self, X):
19          proba=self.predict_proba(X)
20          return np.argmax(proba, axis=1)
```

图 7.24　基于 CART 算法基类的决策树分类算法

例 7.5　语音识别问题[①]。

语音识别是机器学习的重要应用场景。本例考察一个简单的语音识别问题：根据一段语音的特征，判断发声者的性别。在这个问题中，每条训练数据含有 21 个刻画声音特点的变量，例如音域(IQR)、音频(meanfun)、熵谱(sp. ent)等。数据还含有一个性别标签，表示声音来自男性还是女性。

这是一个二元分类问题。图 7.25 中的程序训练一棵深度为 5 的决策树来推断发声者的性别。程序的第 8～13 行为数据读取函数 get_data。将数据 voice. csv 下载至当前目录之后，在第 9 行用 Pandas 将数据读入内存；第 10 行将性别标签由字符串形式转换为 0-1 标签形式，0 表示女声，1 表示男声；第 11、12 行将标签从数据中去除，并将余下的变量作为特征。第 15 行调用 get_data 函数来读取数据。第 17、18 行运用 OneHotEncoder 将标签转化为向量形式。第 19、20 行调用图 7.24 中的决策树分类算法训练模型。

① 本例数据来自 Kaggle 竞赛网站 https://www. kaggle. com/primaryobjects/voicegender，数据文件是 voice. csv。也可从 GitHub 网站的本书页面 https://github. com/wanglei18/machine_learning 下载。

```
1  import numpy as np
2  import pandas as pd
3  from sklearn.model_selection import train_test_split
4  from sklearn.metrics import accuracy_score
5  from sklearn.preprocessing import OneHotEncoder
6  from machine_learninglib.decision_tree_classifier import DecisionTreeClassifier
7
8  def get_data():
9      df=pd.read_csv("./voice.csv")
10     y=(df['label'].values=='male').astype(np.int)
11     df.drop(['label'], 1, inplace=True)
12     X=df.values
13     return X, y.reshape(-1,1)
14
15  X, y=get_data()
16  X_train, X_test, y_train, y_test=train_test_split(X, y, test_size=0.5,
                                                     random_state=0)
17  encoder=OneHotEncoder()
18  y_train=encoder.fit_transform(y_train).toarray()
19  model=DecisionTreeClassifier(max_depth=5)
20  model.fit(X_train, y_train)
21  y_pred=model.predict(X_test)
22  accuracy=accuracy_score(y_test, y_pred)
23  print("accuracy={}".format(accuracy))
```

图 7.25 发声者性别判断问题的决策树算法

运行图 7.25 的程序后，得到一个深度为 5 的决策树模型。该模型在测试数据上的预测准确率为 96.5%。值得指出的是，对于这个问题，在同样的训练数据上，应用 Logistic 回归算法得到的模型在相同的测试数据上只有 90.5%的预测准确率。由此可以看到，在这个实例中，决策树分类算法的预测效果显著地优于 Logistic 回归算法。

7.4 集成学习算法

所谓集成学习，就是要训练出完成同一任务的多个不同的子模型，并综合这些子模型的预测结果做出最终的预测。集成学习中的每一个子模型都称为一个弱模型。对多个弱模型的综合就称为集成模型。弱模型的选择可以是灵活多样的，它们既可以源于不同的机器学习算法，也可以源于同一算法，但采用不同的训练数据或者不同的特征选择。综合各弱模型预测结果的方式也可以灵活多样，可以对它们的预测取平均值，也可以取众数，还可以将一个弱模型的输出作为另一个弱模型的输入。

所有具备上述特性的算法都属于集成学习的范畴。通过集成学习,可以源源不断地将现有模型组合进来完成复杂的任务。正所谓"众人拾柴火焰高",集成学习的效果往往优于单个弱模型。目前许多优秀的机器学习算法都是集成学习算法。

集成学习算法可以大致分为两类:自助算法(bootstrap)和提升算法(boosting)。本节通过随机森林算法来介绍自助算法的基本思想。7.5 节将通过梯度提升决策树来介绍提升算法。

7.4.1 随机森林分类算法

随机森林是一个自助算法。其基本思想是:通过对训练数据的重复采样,来生成多个原训练数据的子集;然后,针对每一个子集训练一个弱模型;最后,综合这些弱模型的预测结果作为最终的预测值。

首先来看分类问题的类别预测任务形式。针对类别预测,随机森林分类算法通过对训练数据的采样来产生原训练数据的一系列子集。然后,对每一个子集训练出一棵决策树,构成一片森林。随机森林算法用投票的方式来做出预测:任给一条测试数据,随机森林算法让森林中的每一棵树都来预测其标签所属的类别,同时在每一棵树的预测类别上投一票。最后,选出得票率最高的类别作为该森林的类别预测。

由此可见,随机森林分类算法是一个包含多棵决策树的分类器。其输出的类别是由森林中的所有决策树输出类别的众数来确定的。此算法基本思想的依据是:虽然森林中的每一棵树都有一定的预测错误的概率,但是它们同时都出错的概率却是较低的。

例 7.6 假定有 n 个独立的模型。它们都能预测抛一枚硬币的结果是正面朝上还是反面朝上,并且预测准确率都是 60%。考虑如下的集成算法:如果 n 个模型中有超过半数是预测正面,则算法预测正面,否则算法预测反面。如此,集成算法预测正确的概率是

$$P=\sum_{i=\frac{n}{2}+1}^{n}\binom{n}{i}\times 0.6^{i}\times(1-0.6)^{n-i}$$

当 $n=41$ 时,用上式可计算出集成算法预测正确的概率为

$$P=\sum_{i=21}^{41}\binom{41}{i}\times 0.6^{i}\times(1-0.6)^{41-i}=0.9035$$

相比于单一模型,集成算法显著地提高了预测准确率。事实上,只要 $n\geqslant 41$,集成算法的预测准确率都高于 90%。

在例 7.6 中有一个十分重要的条件,即各弱模型之间相互独立。在随机森林算法中,这个条件就是指决策树相互独立。由于生成决策树的数据子集取自同一训练数据集,因此,这些数据子集具有相同的分布。这使得算法生成的决策树都比较相似,也就导致生成的决策树相互不独立。为了增加森林中决策树之间完全相互独立的可能性,随机森林算法在训练每一棵决策树时需要增加以下的额外步骤:在 CART 算法中做每一次数据划分时,随机地选取一部分特征进行遍历,而不是遍历全部特征。引入了这一层随机性之后,多次运行 CART 算法训练出的决策树可能有相异的结构。由此可以增加模型之间的完全相互独立的可能性。

在图 7.18 中的决策树 CART 算法的基类中，有一个参数 feature_sample_rate。它是[0,1]区间内的一个数，由构造函数指定。在每次数据划分时，feature_sample_rate 使得算法可以随机选取相应比例的特征进行遍历，而不用遍历全部特征。图 7.26 中就是用这一参数实现的随机森林分类算法。

```
machine_learning.lib.random_forest_classifier
 1  import numpy as np
 2  from machine_learning.lib.decision_tree_classifier import DecisionTreeClassifier
 3
 4  class RandomForestClassifier:
 5      def __init__(self, num_trees,max_depth, feature_sample_rate,
 6              data_sample_rate, random_state=0):
 7          self.max_depth, self.num_trees=max_depth, num_trees
 8          self.feature_sample_rate=feature_sample_rate
 9          self.data_sample_rate=data_sample_rate
10          self.trees=[]
11          np.random.seed(random_state)
12
13      def get_data_samples(self, X, y):
14          shuffled_indices=np.random.permutation(len(X))
15          size=int(self.data_sample_rate * len(X))
16          selected_indices=shuffled_indices[:size]
17          return X[selected_indices], y[selected_indices]
18
19      def fit(self, X, y):
20          for t in range(self.num_trees):
21              X_t, y_t=self.get_data_samples(X, y)
22              model=DecisionTreeClassifier(
23                  max_depth=self.max_depth,
24                  feature_sample_rate=self.feature_sample_rate)
25              model.fit(X_t, y_t)
26              self.trees.append(model)
27
28      def predict(self, X):
29          y=[]
30          for i in range(len(X)):
31              preds=[np.asscalar(tree.predict(X[i].reshape(1,-1))) for tree in
                        self.trees]
32              y.append(max(set(preds), key=preds.count))
33          return np.array(y)
```

图 7.26　随机森林分类算法

在图 7.26 中，第 5～11 行是类 RandomForestClassifier 的构造函数。类中有如下成员：

(1) num_trees 和 max_depth。它们决定森林中树的棵数以及每棵树的最大深度。

(2) feature_sample_rate。它是[0,1]之间的一个数。在 CART 算法做每一次的数据划分时，按 feature_sample_rate 的比例随机选取一部分特征进行遍历。

(3) data_sample_rate。这也是[0,1]之间的一个数，用于决定训练每棵树时对数据采样的比例。

(4) trees。这是一个数组，用于记录森林中的决策树。

图 7.26 中的第 19～26 行定义的 fit 函数是随机森林算法的主体。随机森林算法要生成 num_trees 棵决策树。在第 20～26 行的每一次循环中，第 21 行调用第 13～17 行中定义的 get_data_sample 函数，按 data_sample_rate 的比例随机采样一部分训练数据；第 22～25 行调用 CART 算法，用采样得到的数据训练决策树模型；第 26 行将训练好的模型存入数组 trees。通过 num_trees 次循环就得到了一个包含 num_trees 棵树的森林。

第 28～33 行是随机森林的预测函数。第 30～32 行通过循环对每一条测试数据进行预测。对每一条测试数据，在第 31 行收集森林中每一棵决策树的类别预测投票。第 32 行选出得票率最高的类别作为森林的预测。

例 7.7 墨渍数据分类。

墨渍数据集是 Sklearn 标准库集成的一个常用的分类问题数据集。根据指定的中心数 k，Sklearn 的标准函数 make_blobs 在平面上生成 k 个不同颜色的中心，并在每个中心周围按正态分布生成与中心同色的点，如图 7.27 所示。由于数据采样直观上像是 k 片不同颜色的墨渍，所以将该数据集称为墨渍数据集。墨渍数据分类可以看成一个 k 元分类问题。它的类别预测任务是根据给定点在平面上的位置来预测其颜色。

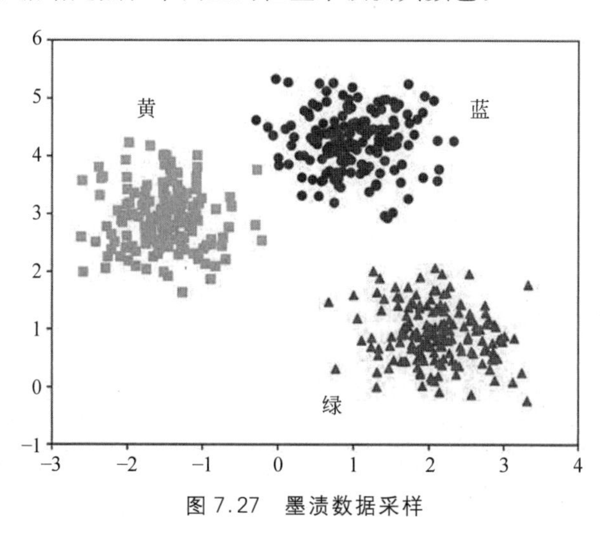

图 7.27 墨渍数据采样

深度为 1 的决策树只有两个叶节点，所以只能将区域分成两部分。当 $k=3$ 时，单棵深度为 1 的决策树必定有至少 1/3 的概率不能正确预测。然而，将一组深度为 1 的决策树组成一个森林却可以获得较高的预测准确率。图 7.28 中的程序生成 1000 条墨渍数据。每条数据有横坐标和纵坐标两个特征。标签是颜色的数字编码的形式。将 1000 条数据随机平分成训练数据和测试数据两部分。在训练数据上分别构建深度为 1 的决策树模型和随机森林模型,并在测试数据上用这两个模型来预测点的颜色。

```
1  from sklearn.datasets import make_blobs
2  from sklearn.model_selection import train_test_split
3  from sklearn.preprocessing import OneHotEncoder
4  from machine_learning.lib.decision_tree_classifier import DecisionTreeClassifier
5  from machine_learning.lib.random_forest_classifier import RandomForestClassifier
6  from sklearn.metrics import accuracy_score
7
8  X, y=make_blobs(n_samples=1000, centers=3, random_state=0, cluster_std=1.0)
9  X_train, X_test, y_train, y_test=train_test_split(X, y, test_size=0.5, random_state=0)
10 encoder=OneHotEncoder()
11 y_train=encoder.fit_transform(y_train.reshape(-1,1)).toarray()
12
13 tree=DecisionTreeClassifier(max_depth=1)
14 tree.fit(X_train, y_train)
15 y_pred=tree.predict(X_test)
16 print("decision tree accuracy={}".format(accuracy_score(y_test, y_pred)))
17
18 forest=RandomForestClassifier(max_depth=1, num_trees=100,
19                               feature_sample_rate=0.5, data_sample_rate=0.1)
20 forest.fit(X_train, y_train)
21 y_pred=forest.predict(X_test)
22 print("random forest accuracy={}".format(accuracy_score(y_test, y_pred)))
```

图 7.28 墨渍数据分类的决策树算法和随机森林算法

运行图 7.28 的程序得到如下结果：决策树算法预测准确率为 63%。而随机森林算法的预测准确率却达到了 80%。图 7.29(a)和(b)分别展示了决策树算法与随机森林算法的预测结果。从该图中可以看到,决策树算法只能区分两个区域,而随机森林算法成功地区分出了 3 个区域。

要理解随机森林算法能够成功区分出 3 个区域的原理,需要深入观察森林中的 100 棵树的生成方式。其中,每一棵决策树的深度都是 1,所以要进行 1 次数据划分。每次数据划分选取 50%的特征,在本例中即为 1 个特征。可见,随机森林中的每棵决策树都可以用横坐标或纵坐标将数据分为两个区域。为简单起见,用随机森林中抽取的 3 棵决策树来说明随机森林的划分原理。图 7.30 展示了这 3 棵决策树的划分结果。其中,图 7.30(a)中的决策树用纵坐标进行数据划分,而图 7.30(b)和(c)中的决策树都用横坐标进行划分。

显然,图 7.30(a)中的决策树只能区分蓝点和绿点,而无法预测黄点;但图 7.30(b)和

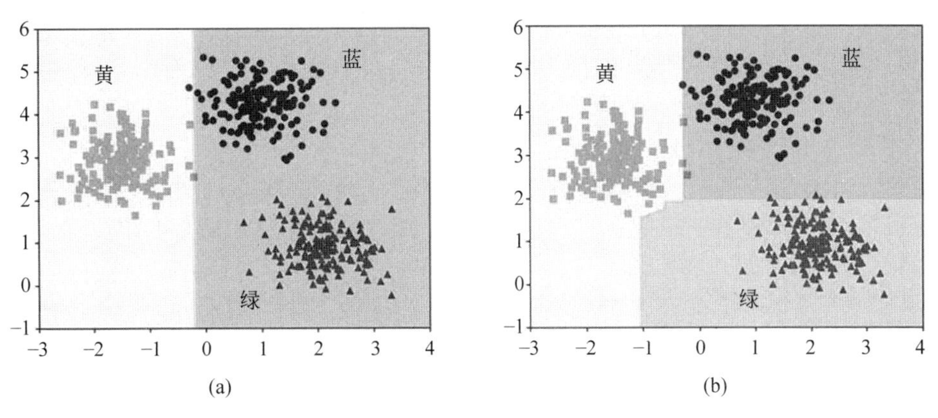

图 7.29　决策树算法与随机森林算法的预测结果比较

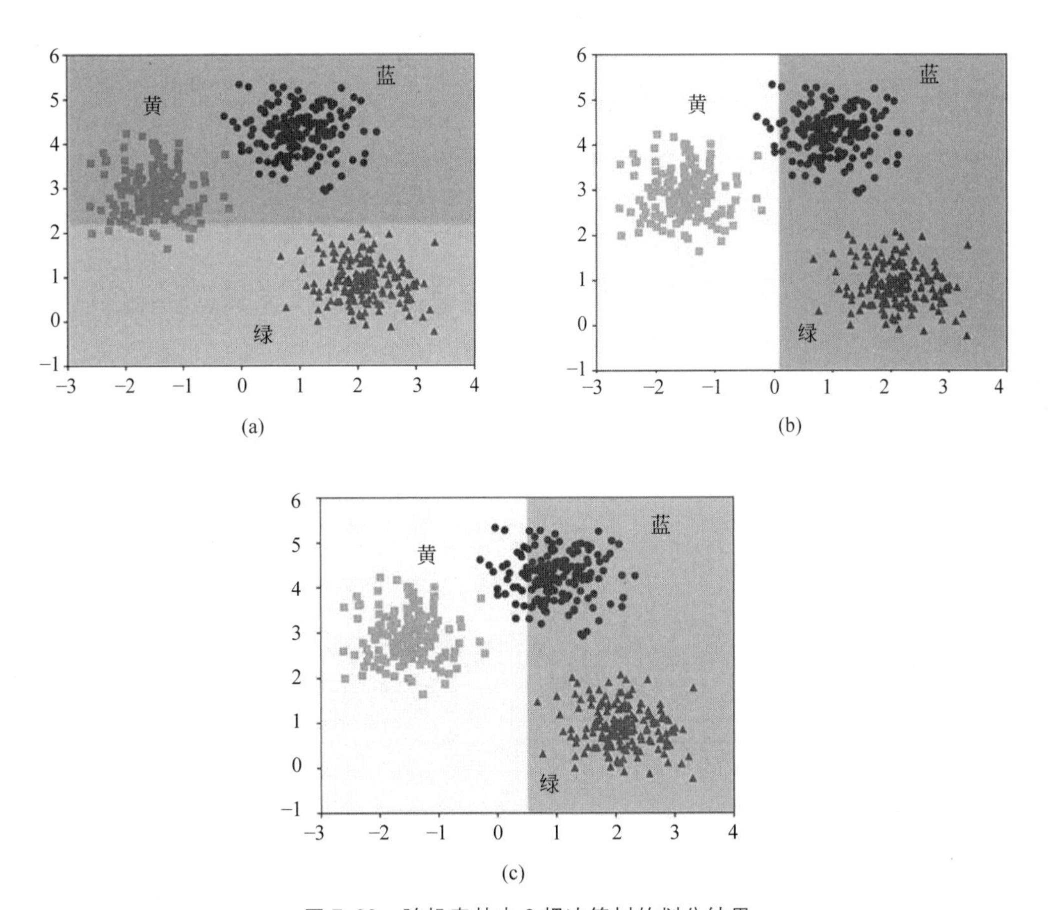

图 7.30　随机森林中 3 棵决策树的划分结果

(c)中的决策树可以区分黄点和非黄点。因此，如果一个黄点被图 7.30(a)中的决策树预测错误，但被图 7.30(b)和(c)中的决策树预测正确，则随机森林就预测该点为黄点，综合后得到正确的预测。类似地，随机森林也能够对蓝点和绿点做出正确的预测。这就是随机森林能够成功分出 3 个区域的基本原理。

例 7.8 发声者性别判断问题的随机森林模型。

在例 7.5 中，采用决策树算法生成一棵深度为 5 的决策树，并根据声音特性来预测发声者的性别，获得了 96.5%的预测准确率。现用与例 7.5 相同的训练数据训练一个深度为 5 的随机森林，并在相同的测试数据上进行预测。求解此问题的算法描述见图 7.31。

```
1  import numpy as np
2  import pandas as pd
3  from sklearn.model_selection import train_test_split
4  from sklearn.preprocessing import OneHotEncoder
5  from machine_learning.lib.decision_tree_classifier import DecisionTreeClassifier
6  from machine_learning.lib.random_forest_classifier import RandomForestClassifier
7  from sklearn.metrics import accuracy_score
8
9  def get_data():
10     df=pd.read_csv("./voice.csv")
11     y=(df['label'].values=='male').astype(np.int)
12     df.drop(['label'], 1, inplace=True)
13     X=df.values
14     return X, y.reshape(-1,1)
15
16 X, y=get_data()
17 X_train, X_test, y_train, y_test=train_test_split(X, y, test_size=0.5, random_state=0)
18 encoder=OneHotEncoder()
19 y_train=encoder.fit_transform(y_train).toarray()
20
21 tree=DecisionTreeClassifier(max_depth=5)
22 tree.fit(X_train, y_train)
23 y_pred=tree.predict(X_test)
24 print("tree accuracy={}".format(accuracy_score(y_test, y_pred)))
25
26 m, n=X.shape
27 forest=RandomForestClassifier(max_depth=5, num_trees=100,
28     feature_sample_rate=1.0/np.sqrt(n), data_sample_rate=0.2)
29 forest.fit(X_train, y_train)
30 y_pred=forest.predict(X_test)
31 print("forest accuracy={}".format(accuracy_score(y_test, y_pred)))
```

图 7.31 发声者性别判断问题的随机森林算法

运行图 7.31 中的算法，得到的随机森林在测试数据上有 97.4%的预测准确率。其预测准确率高于例 7.5 中的单棵决策树的预测准确率。这说明，对发声者性别判断问题，随机森林算法有更好的分类预测能力。

图 7.31 中的随机森林算法采用 $1\sqrt{n}$ 作为 feature_sample_rate 参数的值。其中，n 是特征数。在实际应用中，应当针对不同的问题选取不同的 feature_sample_rate 的值。也可以用尝试的方法对比多个不同的参数值的分类效果，从中选取分类效果最好的那个值作为 feature_sample_rate。同样，还可以用尝试的方法确定 max_depth、num_trees 以及 data_sample_rate 的值，从中选取一个分类效果最好的组合。

7.4.2 随机森林回归算法

随机森林算法也可以应用于回归问题。与随机森林分类算法类似，随机森林回归算法对数据进行重复采样，并基于每一组采样，用决策树回归算法构造一棵决策树。对给定的测试数据，随机森林回归算法计算出随机森林中全体决策树的预测值的平均数，并将其作为随机森林的最终预测结果。重复采样是统计学中降低估计方差的重要方法。通过重复采样，随机森林预测的均方误差，以及发生过度拟合的概率都可能小于单棵决策树。

图 7.32 是随机森林回归算法的实现。它与图 7.26 中的随机森林分类算法只有两个区别。第一个区别是第 22 行中用的是决策树回归算法，而不是图 7.26 中的决策树分类算法。第二个区别在于第 27～29 行中的预测函数，随机森林回归算法以全体决策树的预测值的平均数作为最终预测结果，而图 7.26 中的随机森林分类算法则以投票的方式获得最终预测结果。

```
machine_learning.lib.random_forest_regressor
 1  import numpy as np
 2  from machine_learning.lib.decision_tree_regressor import DecisionTreeRegressor
 3
 4  class RandomForestRegressor:
 5      def __init__(self, num_trees, max_depth, feature_sample_rate,
 6              data_sample_rate, random_state=0):
 7          self.max_depth, self.num_trees=max_depth, num_trees
 8          self.feature_sample_rate=feature_sample_rate
 9          self.data_sample_rate=data_sample_rate
10          self.trees=[]
11          np.random.seed(random_state)
12
13      def get_data_samples(self, X, y):
14          shuffled_indices=np.random.permutation(len(X))
15          size=int(self.data_sample_rate * len(X))
```

图 7.32　随机森林回归算法

```
16          selected_indices=shuffled_indices[:size]
17          return X[selected_indices], y[selected_indices]
18
19      def fit(self, X, y):
20          for t in range(self.num_trees):
21              X_t, y_t=self.get_data_samples(X, y)
22              model=DecisionTreeRegressor(max_depth=self.max_depth,
23                          feature_sample_rate=self.feature_sample_rate)
24              model.fit(X_t, y_t)
25              self.trees.append(model)
26
27      def predict(self,X):
28          preds=np.array([tree.predict(X) for tree in self.trees])
29          return np.average(preds, axis=0)
```

图 7.32 （续）

例 7.9 共享单车问题的随机森林算法。

图 7.33 中的程序用与例 7.4 完全相同的训练数据与测试数据来对比随机森林算法与决策树算法。在第 19～22 行中声明了一个深度为 8 的决策树模型，并对其进行训练与测试。在第 24 行中声明了一个随机森林模型，并指定随机森林中每棵决策树的深度为 8。随机森林中总共有 100 棵决策树。随机森林中的每棵决策树都是基于 20％的训练数据，而且在此问题中不对特征做随机采样。

```
1   import pandas as pd
2   from sklearn.model_selection import train_test_split
3   from machine_learning.lib.decision_tree_regressor import DecisionTreeRegressor
4   from machine_learning.lib.random_forest_regressor import RandomForestRegressor
5   from sklearn.metrics import r2_score
6
7   def get_data():
8       df=pd.read_csv("./bike.csv")
9       df.datetime=df.datetime.apply(pd.to_datetime)
10      df['hour']=df.datetime.apply(lambda x: x.hour)
11      y=df['count'].values
12      df.drop(['datetime','casual','registered','count'], 1, inplace=True)
13      X=df.values
14      return X, y
15
```

图 7.33 共享单车问题的决策树算法和随机森林算法

```
16 X, y=get_data()
17 X_train, X_test, y_train, y_test=train_test_split(X, y, test_size=0.5, random_state=3)
18
19 tree=DecisionTreeRegressor(max_depth=8)
20 tree.fit(X_train, y_train)
21 y_pred=tree.predict(X_test)
22 print("tree r2={}".format(r2_score(y_test, y_pred)))
23
24 forest=RandomForestRegressor(max_depth=8, num_trees=100,
25           feature_sample_rate=1.0, data_sample_rate=0.2)
26 forest.fit(X_train, y_train)
27 y_pred=forest.predict(X_test)
28 print("forest r2={}".format(r2_score(y_test, y_pred)))
```

图 7.33 （续）

运行图 7.33 中的程序，得到的决策树和随机森林的决定系数值分别为 0.77 与 0.82。经过在不同的训练数据与测试数据上重复这个实验，证实了这个结论的稳定性。因此，在这个问题中，随机森林算法优于决策树算法。

在实际问题中，应当通过实践来选取合适的 feature_sample_rate 值。例如，图 7.33 中的随机森林回归算法指定 feature_sample_rate 的值为 1.0。这是通过尝试不同的取值并对比预测效果来决定的。除此之外，也应当采用在实践中尝试的方法选出 max_depth、num_trees 和 data_sample_rate 的最合适的取值组合。

7.5 梯度提升决策树回归算法

本节通过梯度提升决策树算法介绍另一个集成学习的重要方法——提升法。在 7.4 节介绍的自助法中，基于不同数据采样的子模型之间没有依赖关系。例如，随机森林中的每一棵决策树都是一个独立的个体。提升法则与自助法截然不同。在提升法中，集成学习算法在同一数据集上依次训练出一系列弱模型。每一个弱模型的输出都是下一个弱模型的输入。因此，这些模型之间是具有依赖关系的。提升法的思想是：让每个弱模型都能弥补前一个弱模型的不足，从而使得集成模型得到的最终预测结果更加准确。

梯度提升法是最重要的集成学习提升算法之一。本节通过梯度提升决策树回归算法来展示梯度提升法的主要思想。

梯度提升决策树回归算法是针对回归问题的算法。它的基本思想是：不断生成新的决策树来拟合前一棵树的误差，以期所有决策树预测的总和达到良好的效果。具体来说，给定一个回归问题的训练数据 $S=\{(\boldsymbol{x}^{(1)},y^{(1)}),(\boldsymbol{x}^{(2)},y^{(2)})\cdots,(\boldsymbol{x}^{(m)},y^{(m)})\}$。按照惯例，用

$$\boldsymbol{X}=\begin{bmatrix}\boldsymbol{x}^{(1)\mathrm{T}}\\ \boldsymbol{x}^{(2)\mathrm{T}}\\ \vdots\\ \boldsymbol{x}^{(m)\mathrm{T}}\end{bmatrix},\quad \boldsymbol{y}=\begin{bmatrix}y^{(1)}\\ y^{(2)}\\ \vdots\\ y^{(m)}\end{bmatrix}$$

分别表示特征矩阵与标签向量。算法首先训练一棵决策树 T_0 来最小化均方误差 $\|\boldsymbol{y}-T_0(\boldsymbol{X})\|^2$。用 $\boldsymbol{r}_0=\boldsymbol{y}-T_0(\boldsymbol{X})$ 表示决策树 T_0 的预测误差。可以认为，$\boldsymbol{r}_0$ 是 T_0 的不足之处。为了弥补这一不足，梯度提升决策树回归算法再训练一棵决策树 T_1 来拟合误差 $\boldsymbol{r}_0$。因此，T_1 的任务是最小化均方误差 $\|\boldsymbol{r}_0-T_1(\boldsymbol{X})\|^2$。此时，用 $\boldsymbol{r}_1=\boldsymbol{r}_0-T_1(\boldsymbol{X})$ 表示 T_1 的预测误差。由此，梯度提升决策树回归算法又可以再训练一棵决策树 T_2 来拟合误差 $\boldsymbol{r}_1$。这一过程可以不断进行下去，直至决策树的拟合误差接近 0。设 $\boldsymbol{r}_N\approx 0$，上述迭代过程总共生成了 $N+1$ 棵决策树 $T_0,T_1,\cdots,T_N$。根据 $\boldsymbol{r}_0,\boldsymbol{r}_1,\cdots,\boldsymbol{r}_N$ 的定义有

$$\begin{cases}\boldsymbol{r}_0=\boldsymbol{y}-T_0(\boldsymbol{X})\\ \boldsymbol{r}_1=\boldsymbol{r}_0-T_1(\boldsymbol{X})\\ \boldsymbol{r}_2=\boldsymbol{r}_1-T_2(\boldsymbol{X})\\ \qquad\vdots\\ \boldsymbol{r}_N=\boldsymbol{r}_{N-1}-T_N(\boldsymbol{X})\end{cases}\tag{7.20}$$

将式(7.20)中各式相加并消元后，可以得到

$$\boldsymbol{r}_N=\boldsymbol{y}-T_0(\boldsymbol{X})-T_1(\boldsymbol{X})-\cdots-T_N(\boldsymbol{X})\tag{7.21}$$

由于假设 $\boldsymbol{r}_N\approx 0$，式(7.21)保证了

$$\boldsymbol{y}\approx T_0(\boldsymbol{X})+T_1(\boldsymbol{X})+\cdots+T_N(\boldsymbol{X})\tag{7.22}$$

据此，梯度提升决策树回归算法可以用 $T_0(\boldsymbol{X})+T_1(\boldsymbol{X})+\cdots+T_N(\boldsymbol{X})$ 来拟合标签。这就是梯度提升决策树回归算法的基本原理。

基于梯度提升决策树回归算法的基本思想和原理，在图 7.34 中描述了梯度提升决策树回归算法。图中的类 GBDT 是梯度提升决策树的英文 Gradient Boosting Decision Tree 的首字母缩写。类 GBDT 含有 3 个成员。它们分别是决策树的棵数 num_trees、每棵树的深度 max_depth 和数组 trees，用于记录所有由算法生成的决策树 $T_0,T_1,\cdots,T_N$。

machine_learning.lib.gbdt

```
1  import numpy as np
2  from machine_learning.lib.decision_tree_regressor import DecisionTreeRegressor
3
4  class GBDT:
5      def __init__(self, num_trees, max_depth):
6          self.max_depth=max_depth
7          self.num_trees=num_trees
```

图 7.34　梯度提升决策树回归算法

```
8          self.trees=[]
9
10     def fit(self, X, y):
11         r=y
12         for t in range(self.num_trees):
13             model=DecisionTreeRegressor(max_depth=self.max_depth)
14             model.fit(X, r)
15             self.trees.append(model)
16             pred=model.predict(X)
17             r=r-pred
18
19     def predict(self,X):
20         preds=np.array([tree.predict(X) for tree in self.trees])
21         return np.sum(preds, axis=0)
```

图 7.34 （续）

图 7.34 中的第 10～17 行中 fit 函数的功能是训练 GBDT 模型。其中，第 12～17 行的循环实现了式(7.20)所描述的过程。在每一次循环中，都建立一个决策树回归模型，用于修补上一个模型的拟合误差。在第 19～21 行的 predict 函数中，算法对所有决策树关于给定测试数据的预测结果求和，并以此作为最终的预测结果。

图 7.34 中的算法之所以称为“梯度提升”决策树，是因为它是等价于函数空间中的梯度下降算法，每一次对前一棵树的误差的拟合都等价于在函数空间中沿梯度反方向搜索，并以此来提升模型的效果。

例 7.10 房价预测的梯度提升决策树回归算法。

在例 3.3 的房价预测问题中，采用线性回归算法建立了标签的预测模型。在例 3.3 中已经对这个问题的特征和标签作了详细的描述。该例所用的数据集是 Sklearn 工具库中的 california_housing。现考察对这个数据集分别采用决策树回归算法、随机森林回归算法和梯度提升决策树回归算法来构建房价预测模型的预测效果，并计算这 3 个预测模型的决定系数。相应的算法见图 7.35。

运行图 7.35 的程序后，得到 3 个不同的决策树模型。决策树回归算法、随机森林回归算法和梯度提升决策树回归算法在测试数据上的决定系数分别为 0.60、0.65 和 0.69。对图 7.35 中的训练数据用线性回归算法得到的线性回归模型在图 7.35 的测试数据上的决定系数为 0.59。对比线性回归的结果可以看到，决策树回归模型与线性回归模型的效果较为接近。而随机森林回归模型和梯度提升决策树回归模型都明显优于线性回归模型。此外，随机森林回归模型优于决策树回归模型。梯度提升决策树回归模型又优于随机森林回归模型。经过在不同的训练数据与测试数据上的多次重复实验，证实了这个结论的稳定性。这说明，在房价预测问题上，梯度提升决策树回归算法优于线性回归算法、决策树回归算法和随机森林回归算法。

```
1  from sklearn.datasets import fetch_california_housing
2  from sklearn.model_selection import train_test_split
3  from machine_learning.lib.decision_tree_regressor import DecisionTreeRegressor
4  from machine_learning.lib.random_forest_regressor import RandomForestRegressor
5  from machine_learning.lib.gbdt import GBDT
6  from sklearn.metrics import r2_score
7
8  housing=fetch_california_housing()
9  X=housing.data
10 y=housing.target
11 X_train, X_test, y_train, y_test=train_test_split(X, y, test_size=0.5, random_state=0)
12
13 tree=DecisionTreeRegressor(max_depth=5)
14 tree.fit(X_train, y_train)
15 y_pred=tree.predict(X_train)
16 print("tree r2={}".format(get_r2(y_test, y_pred)))
17
18 forest=RandomForestRegressor(max_depth=5, num_trees=100)
19 forest.fit(X_train, y_train)
20 y_pred=forest.predict(X_test)
21 print("forest r2={}".format(r2_score(y_test, y_pred)))
22
23 gbdt=GBDT(max_depth=5, num_trees=2)
24 gbdt.fit(X_train, y_train)
25 y_pred=gbdt.predict(X_test)
26 print("gbdt r2={}".format(get_r2(y_test, y_pred)))
```

图 7.35　房价预测的梯度提升决策树回归算法

通常情况下,在决策树回归算法、随机森林回归算法和梯度提升决策树回归算法这 3 类算法之间并不存在某一类算法总是优于其他类算法的情况。例如,对例 7.9 中的共享单车问题分别用决策树回归算法、随机森林回归算法和梯度提升决策树回归算法求解,得到的结果显示:在这 3 类算法中,随机森林回归算法的预测效果最好。由此可见,在实际应用中,还应当根据具体问题及数据的结构特点,通过实验来选择最合适的求解算法。

小结

本章对监督式学习的决策树算法作了详细介绍。决策树算法十分灵活,既适用于回归问题,也适用于分类问题。对于回归问题而言,线性回归算法适用于处理标签分布与特征之间有整体统一的连续关系的问题,而决策树算法更适用于处理标签分布与特征之间是局部

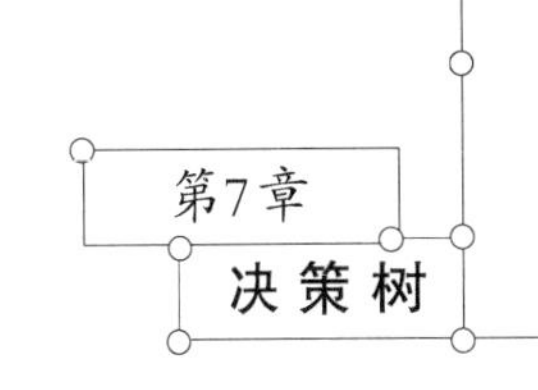

关系的问题。对于分类问题而言,Logistic 回归算法比较适合解决类别之间是线性可分的问题,而决策树算法能够用于类别边界是非线性的且能用矩形来划分特征空间的问题。决策树算法在用于处理分类问题时,其目标任务既可以是概率预测任务,也可以是类别预测任务。除此之外,决策树模型的物理意义也十分明确,可以用文字清晰地描述整个过程。但是,由于无法对目标函数进行正则化,因而,使用决策树算法最大的风险是它可能出现过度拟合。限制树的深度是最常用的预防决策树算法出现过度拟合的方法。

CART 算法是训练决策树模型最常用的算法之一。本章中通过深度为 0 和 1 的决策树模型训练阐述了 CART 算法的基本原理。CART 算法是一个贪心算法。它不断递归地将数据划分成越来越小的区域。在递归的每一步,都选取一个特征及相应阈值将当前区域一分为二。它选取特征和阈值的原则是该特征及阈值能够最大程度地降低目标函数。用这种数据划分方法逐步生成一棵二叉树。对决策树的每一个叶节点,CART 算法用落于该叶节点对应的区域中的所有训练数据标签的平均值作为模型的预测值。完成模型训练后,对于给定的一条测试数据,模型将根据其特征值,从决策树的根节点开始向下搜索,直至决策树的一个叶节点。该叶节点中的预测值就是标签的预测结果。

本章最后介绍了两类集成算法:随机森林算法与梯度提升决策树算法。通过凝聚一组决策树的力量,集成算法能够获得比单个模型更强的预测效果。最后应当指出,集成学习的思想适用于机器学习中的众多模型,并不仅限于决策树的集成。

习题

7.1 请设计一个深度为 2 的决策树模型,使得该模型在图 7.36 中的墨渍数据上的预测结果有 100%的准确率。图 7.36 中的每个点的坐标(x_1,x_2)即为特征组,颜色为标签值。

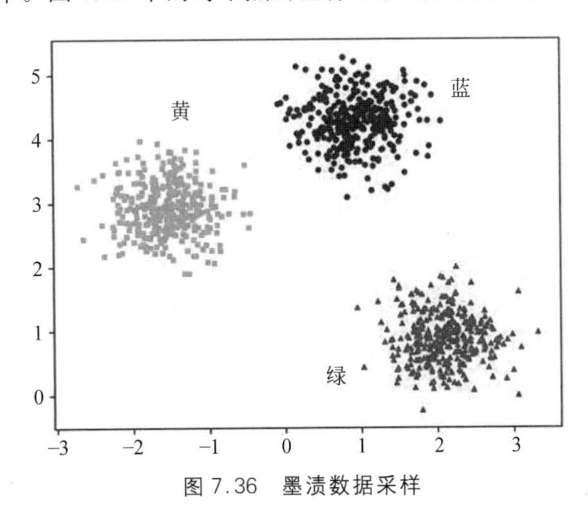

图 7.36 墨渍数据采样

7.2 设 $h:\{0,1\}^d \to \{0,1\}$为一个 d 元布尔函数。请设计一个深度不超过 $d+1$ 的决策树来表示 h。

7.3 在随机森林算法中，森林中树的棵数 num_trees 和每棵树的深度 max_depth 是两个重要的参数。当一个随机森林算法出现过度拟合时，应当如何调整参数 num_trees 及 max_depth 来缓解过度拟合？

7.4 Gini 不纯度。

在一个 k 元分类问题中，假设 S 是一组训练数据。式(7.12)中定义了 k 维向量 Avg(S)。其中，Avg(S)的第 i 位表示 S 中属于类别 i 的数据的比例。由此可定义 S 的 Gini 不纯度为

$$\text{Gini}(S) = 1 - \|\text{Avg}(S)\|^2 \tag{7.23}$$

(1) 请证明：当 S 中数据的类别都相同时，Gini(S)达到最小值 0。当 S 中含有全部 k 个类别的样本，且属于每个类别的样本数均为 $|S|/k$ 时，Gini(S)达到最大值 $1-1/k$。

(2) 请实现以 Gini 不纯度作为分值函数的决策树分类的 CART 算法。

7.5 月亮数据标签预测问题。

月亮数据集是 Sklearn 工具库提供的一个数据集。它常用于分类算法与聚类算法的实践检验。图 7.37 是一组月亮数据的采样。图中的每一点都表示一条数据。其中，坐标 (x_1, x_2) 为特征组，颜色为标签值。

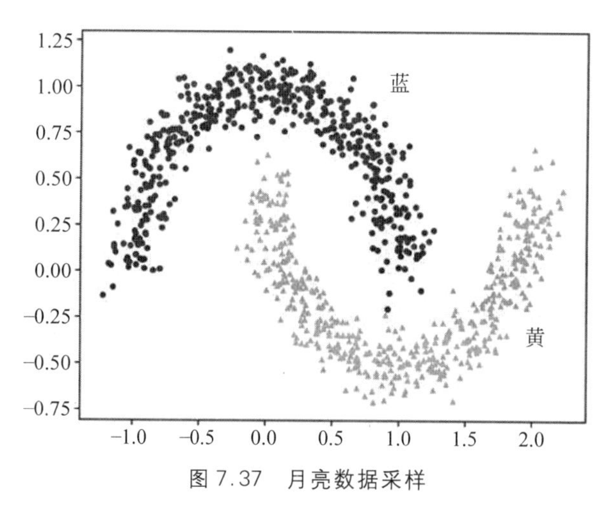

图 7.37 月亮数据采样

图 7.38 是生成图 7.37 中数据采样的程序。请基于图 7.38 中的程序分别实现用决策树算法与随机森林算法完成对标签的预测任务。

```
1  from sklearn.datasets import make_moons
2  import matplotlib.pyplot as plt
3
4  X, y=make_moons(n_samples=1000, noise=0.1)
5  plt.scatter(X[:, 0], X[:, 1], c=y, s=10, cmap='rainbow')
6  plt.show()
```

图 7.38 生成月亮数据采样的程序

7.6 收入预测问题。

收入预测问题的任务是根据一个人的背景预测其收入情况。这实际上是一个二元分类问题。输入预测的数据来源于UCI机器学习数据库①。每一条数据包括一个标签，表明该样本的年收入是否超过5万美元。数据中还包括14个特征：年龄(age)、工作类型(workclass)、样本代表性(fnlwgt)、教育程度(education)、求学年数(education_num)、婚姻状况(marital-status)、职业属性(occupation)、家庭关系(relationship)、种族(race)、性别(sex)、投资收益(capital-gain)、投资损失(capital-loss)、工作强度(hours-per-week)以及国籍(native-country)。

请下载收入预测的数据集audlt.csv，并用决策树算法与随机森林算法完成收入预测任务。

7.7 波士顿房价预测问题。

波士顿房价预测问题是一个回归问题。其任务是预测美国波士顿地区各小区的平均房价。波士顿房价预测问题的数据集已经集成在Sklearn数据库中。数据集中总共有506条售房数据。每条数据有1个标签，即房屋售价。每条数据还有13个特征：小区周边犯罪率(CRIM)、房屋占地面积(ZN)、小区周边非商业用地面积(INDUS)、查尔斯河指数(CHAS)、环保指标(NOX)、房屋房间数(RM)、房龄(AGE)、与市中心的距离(DIS)、交通便利指数(RAD)、地产税(TAX)、教育资源(PTRATIO)、居民种族情况(B)和居民收入情况(LSTAT)。图7.39是获取数据的程序。请基于图7.39中的程序，分别用决策树算法与梯度提升决策树算法完成波士顿房价预测问题。

```
1  from sklearn.datasets import load_boston
2  X, y=load_boston(return_X_y=True)
```

图7.39　获取波士顿房价预测数据的程序

7.8 AdaBoost集成算法。

提升算法通过N轮循环来训练一个集成模型。在每轮循环中，训练一个新的弱模型来弥补之前弱模型的不足。最后，输出这N个弱模型预测的总和作为提升算法的输出。在这类算法中，每一轮的弱模型训练都基于全体训练数据。AdaBoost集成算法是对上述提升算法的一个改进。它的命名来自英文Adaptive Boosting的缩写。AdaBoost集成算法的思想是：在每一轮循环中选取此前的弱模型预测错误的数据，以此来训练新的弱模型。这样一来，算法就能专注于越来越难的数据点，而不必为简单的数据点“分心”。上述思想是通过调整训练数据的采样概率来实现的。

具体来说，在一个采用$\{-1,1\}$标签形式的二元分类问题中，设H是一个弱模型假设。给定训练数据$S=\{(\boldsymbol{x}^{(1)},y^{(1)}),(\boldsymbol{x}^{(2)},y^{(2)}),\cdots,(\boldsymbol{x}^{(m)},y^{(m)})\}$。图7.40中的算法描述了

① 原数据来自UCI机器学习库http://archive.ics.uci.edu/ml/datasets/Adult。也可从GitHub网站的本书页面https://github.com/wanglei18/machine_learning下载。

AdaBoost 算法。初始时，算法均匀地设定每条训练数据的权重 $\boldsymbol{w}$。随后，进行 N 轮循环。在每一轮循环 t 中，以概率 w_i 选取数据 $(\boldsymbol{x}^{(i)},\boldsymbol{y}^{(i)})$，并构成一个 S 的子集 S_t。然后，基于 S_t 训练一个弱模型 h_t。接着，在整条训练数据集 S 上计算模型 h_t 预测错误的概率 r_t，用以确定 h_t 的置信度 α_t。r_t 越大，α_t 就越小，即模型 h_t 的置信度就越低。算法根据模型的置信度 α_t 调整训练数据采样的权重 $\boldsymbol{w}$。增加预测错误的样本的权重，且降低预测正确的样本的权重。最后，返回 $h_1,h_2,\cdots,h_N$ 的以置信度为加权和的提升模型。

AdaBoost 算法

$\boldsymbol{w}=\left(\frac{1}{m},\frac{1}{m},\cdots,\frac{1}{m}\right)\in\mathbb{R}^m$

for $t=1,2,\cdots,N$:

  Sample a subset $S_t\subseteq S$ according to $\boldsymbol{w}$

  train $h_t\in H$ using training data in S_t

  $r_t=\sum_{i=1}^{m}w_i I\{y^{(i)}\neq h_t(\boldsymbol{x}^{(i)})\}$

  $\alpha_t=\frac{1}{2}\log\frac{1-r_t}{r_t}$

  for $i=1,2,\cdots,m$:

    $w_i\leftarrow w_i\,\mathrm{e}^{-\alpha_t y^{(i)}h_t(x^{(i)})}$

  $\boldsymbol{w}\leftarrow\frac{\boldsymbol{w}}{|\boldsymbol{w}|}$

return $h(\boldsymbol{x})=\mathrm{Sign}\left(\sum_{t=1}^{N}\alpha_t h_t(\boldsymbol{x})\right)$

图 7.40 AdaBoost 算法描述

取弱模型假设 H 为深度不超过 d 的决策树模型，请以此实现决策树的 AdaBoost 提升算法。

第8章　神经网络

人类许多重大科技突破的灵感都源于大自然。例如，通过研究鸟儿的飞行方式发明了飞机，通过探索蝙蝠的夜视原理发明了雷达。人工神经网络也是仿生思想在机器学习中的体现。人工神经网络算法是一个模拟人类神经结构的机器学习算法。在工程与学术界，也将人工神经网络简称为神经网络。

神经网络模型的雏形产生于1943年。它是由美国的神经科学家沃伦·麦卡洛克和沃尔特·皮茨基于一种称为阈值逻辑的算法创造的计算模型。一些早期的成功掀起了对神经网络研究的热潮。然而，伴随着数据量的增大，计算机有限的数据处理能力使得神经网络逐渐显现出"力不从心"。20世纪90年代，随着支持向量机等较为简单的机器学习算法的出现，神经网络模型一度淡出了机器学习研究者的视野。近年来，计算机芯片领域的高速发展大幅度提高了计算机的计算能力，这使得训练大型的神经网络模型成为可能，由此带来了一系列重大突破，特别是基于神经网络的深度学习技术展示出其前所未有的威力。神经网络又重新回到了人们关注的中心。

本章详细介绍神经网络算法的相关内容。8.1节介绍神经网络的基本概念，包括模型的基本结构以及计算方法。8.2节介绍反向传播算法，该算法是神经网络中最重要的优化算法之一。8.3节介绍神经网络的具体实现，由此可以加深对反向传播算法的理解。8.4节介绍神经网络的TensorFlow实现。本章的内容也是第9章的深度学习和第12章的强化学习的基础。

8.1　神经网络基本概念

8.1.1　神经网络模型

神经网络算法是模拟人类神经结构的一个机器学习算法。图8.1是人类大脑皮层的神经分布示意图[①]。从图中可以看到，人类的神经呈层状网络分布。它由众多脑神经元构成。每个神经元的结构如图 8.2 所示。

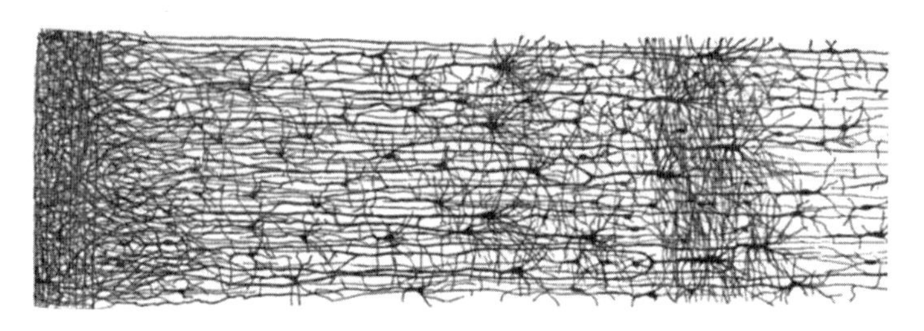

图 8.1 人类大脑皮层的神经分布

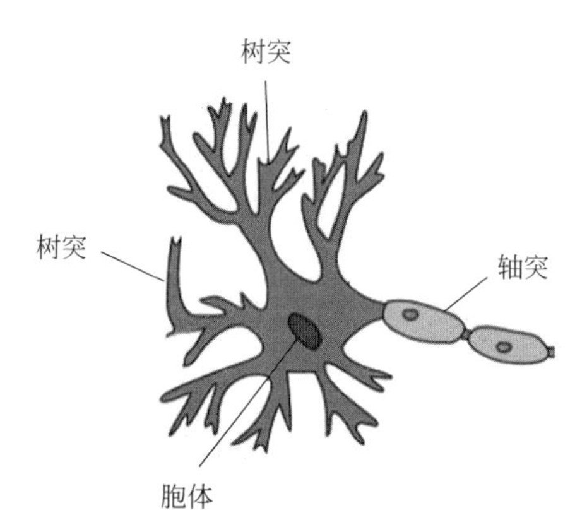

图 8.2 神经元结构

每个神经元具有 3 个最重要的部分：树突、胞体和轴突。树突负责接收从其他神经元传来的信号。胞体对所有树突输入的信号进行处理并生成一个输出信号。轴突负责将胞体生成的输出信号传送至与其相连的所有其他神经元的树突。通过将神经元组织成层状网络结构，人类的大脑能够接收各类外界信息并经过层层加工之后做出反应。这就是人脑工作的基本原理。

神经网络算法正是对上述原理的模拟与抽象。神经网络算法将图 8.2 所示的人脑神经元结构抽象成如图 8.3 所示的计算单元。

图 8.3(a)是抽象出的计算单元的基本结构。它有 3 个要素：①n 个权重 $w_1, w_2, \cdots, w_n \in \mathbb{R}$；②偏置值 $b \in \mathbb{R}$；③激活函数 $\sigma: \mathbb{R} \to \mathbb{R}$。其中，$n$ 个权重 $w_1, w_2, \cdots, w_n$ 分别位于 n 条边之上，每一条边表示一个树突，它可以为神经元输入信息。图 8.3(b)显示了计算单元的工作原理。设神经元接到 n 个输入 $x_1, x_2, \cdots, x_n$，树突将它们传入胞体。胞体首先计算它们的加权和 $\sum_i w_i x_i + b$，然后将激活函数 σ 作用在加权和上。最后，将 $\sigma\left(\sum_i w_i x_i + b\right)$ 作为神经元

① 图片来自维基百科词条 https://en.wikipedia.org/wiki/Cerebral_cortex，由西班牙神经科学家 Santiago Ramon Cajal 绘制。

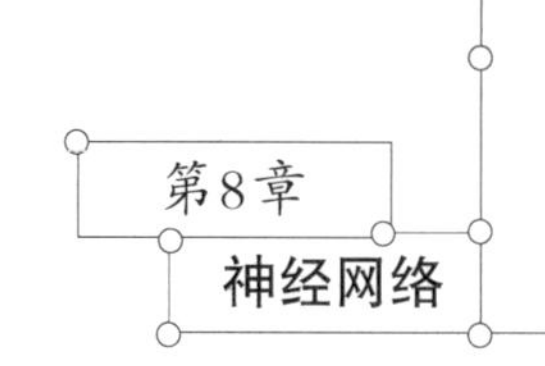

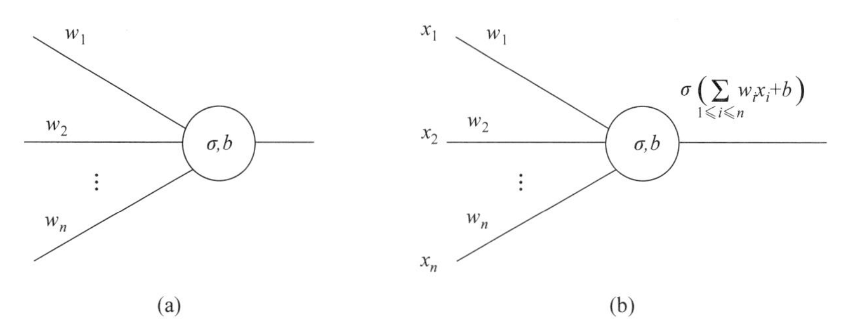

图 8.3　神经网络算法计算单元的基本结构

的输出由轴突传出。

在图 8.3 所示的计算单元中，可以认为计算加权和是胞体对信息的综合，而胞体通过激活函数对信息进行处理与转化。激活函数是对人脑神经元功能的模拟。以下是一些常用的激活函数。

例 8.1　Identity 激活函数有如下形式：

$$\text{identity}(x) = x \tag{8.1}$$

Identity 激活函数对信息不做任何变换而直接输出，其功能是如实地传递信息。

例 8.2　ReLU 激活函数有如下形式：

$$\text{relu}(x) = \max\{0, x\} \tag{8.2}$$

该函数的名字是英文 Rectified Linear Unit(修正线性单元)的缩写，它的函数图像如图 8.4 所示。ReLU 激活函数只激活取值为正数的信息，用于模拟人脑过滤无用信息的功能。

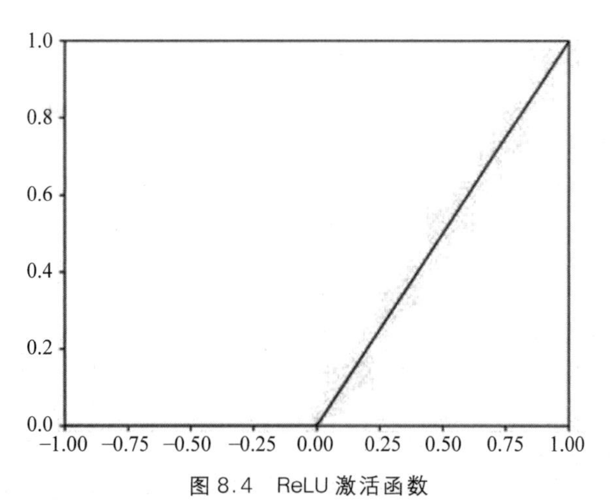

图 8.4　ReLU 激活函数

例 8.3　Sigmoid 激活函数有如下的形式：

$$\text{sigmoid}(x) = \frac{1}{1 + e^{-x}} \tag{8.3}$$

其函数图像如图 8.5 所示。Sigmoid 激活函数取值在[0,1]区间，它的功能是随着信息强度的增强而平滑地激活信息。

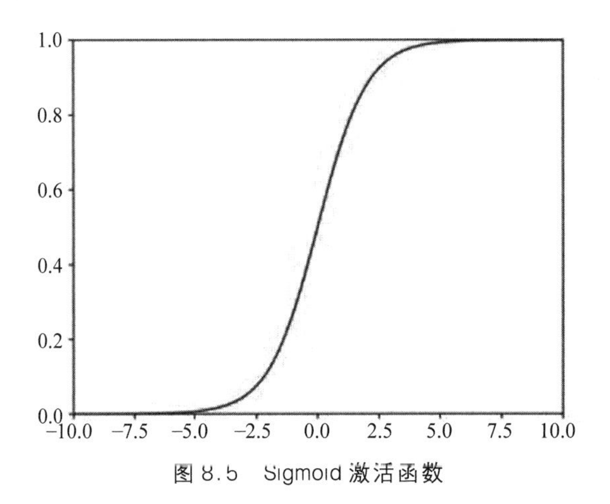

图 8.5　Sigmoid 激活函数

例 8.4　Tanh 激活函数有如下形式：

$$\tanh(x) = \frac{e^x - e^{-x}}{e^x + e^{-x}} \tag{8.4}$$

该函数的图像如图 8.6 所示。Tanh 激活函数的功能与 Sigmoid 激活函数类似，但其取值区间为[−1,1]。它相对于原点对称，有时能简化计算。

以下是一个神经元计算的示例。

例 8.5　考察图 8.7 中的神经元计算单元。计算单元的两条边的权重分别为 $w_1=1$，和 $w_2=3$，偏置值 $b=-4$，激活函数为 ReLU。

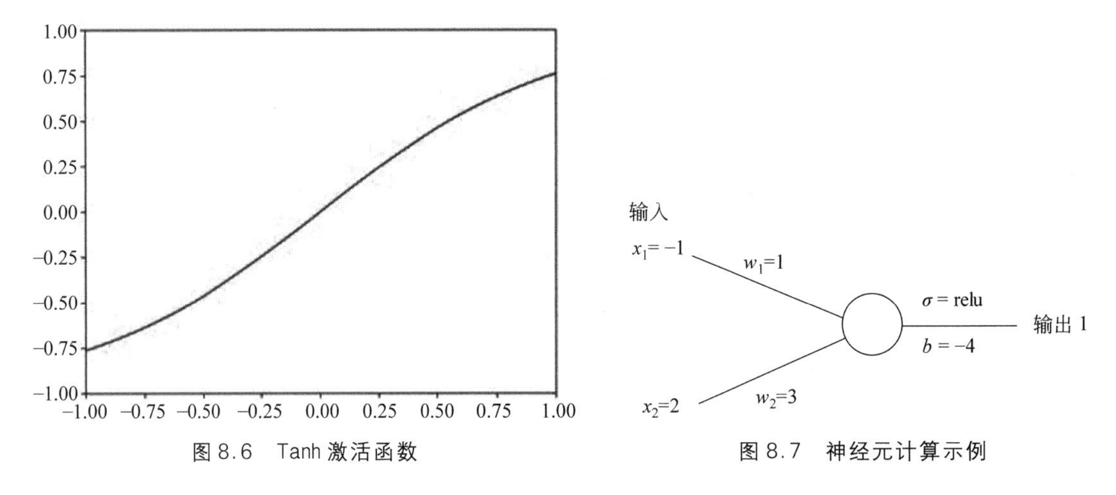

图 8.6　Tanh 激活函数　　图 8.7　神经元计算示例

在图 8.7 中，设输入为 $x_1=-1, x_2=2$，则 $w_1x_1+w_2x_2+b=1$，因而输出 relu(1)=1。类似地，设输入为 $x_1=-1, x_2=1$，则 $w_1x_1+w_2x_2+b=-2$，因而输出 relu(−2)=0。

神经元计算单元之间可以传输信息，即，一个神经元的输出可以作为其他神经元的输入。通过这样的方式，可以将一组神经元计算单元组合在一起完成信息的处理与传递任务。

神经网络模型就是由一组神经元相互连接所构成的。受图 8.1 中的大脑皮层神经网络结构的启发,在神经网络模型中,将模型设置为神经元的层状结构。其思想是:由每一层完成一道信息的过滤与处理,经过层层提炼得到最后的输出。图 8.8 是神经网络模型的示意图。

神经网络的每一层都由神经元组成,且每一层的神经元个数可以不同。每一层中的神经元都与其上一层中的每一个神经元相连。给定 n 个输入 $x_1, x_2, \cdots, x_n$,神经网络第 1 层中的每个神经元都接收这 n 个输入并给出相应的输出,然后第 2 层的每个神经元将第 1 层神经元的输出作为输入。一般情况下,将第 i 层的神经元的输出作为第 $i+1$ 层的神经元的输入。如此层层传递,直至最后一层。若最后一层含有 k 个神经元,则最后一层的这 k 个神经元的输出即为整个神经网络模型的输出,神经网络的最后一层也因此称为输出层。其他各层都称为隐藏层。

从以上的描述中可以看出,同一层的神经元都有相同数量的输入。通常设同一层的神经元有相同的功能,因而同一层的神经元具有相同的激活函数。具体来说,在含有 n 个输入和 R 个层的神经网络中,设第 r 层含有 m_r 个神经元($r=1,2,\cdots,R$),并记 $m_0=n$。神经网络的每一层都由两组参数值来表示。第 r 层的两组参数值如下:

- 一个 $m_r \times m_{r-1}$ 权重矩阵 $W^{(r)}$。$W^{(r)}$ 中的元素 $w_{ij}^{(r)}$ 表示第 r 层的第 i 个神经元与第 $r-1$ 层的第 j 个输出之间的边所带的权重($i=1,2,\cdots,m_r$;$j=1,2,\cdots,m_{r-1}$)。
- 一个 m_r 维偏置向量 $\boldsymbol{b}^{(r)}$。其分量 $b_i^{(r)}$ 表示第 r 层中第 i 个神经元的偏置值($i=1,2,\cdots,m_r$)。

如图 8.9 所示,用 $\boldsymbol{v}^{(r-1)}$ 表示第 $r-1$ 层中所有神经元的输出构成的列向量。设第 r 层的激活函数为 $\sigma^{(r)}$,则第 r 层的第 i 个神经元输出为

$$v_i^{(r)} = \sigma^{(r)}\Big(\sum_{1\leqslant j\leqslant m_{r-1}} w_{ij}^{(r)} v_j^{(r-1)} + b_i^{(r)}\Big), \quad i=1,2,\cdots,m_r \tag{8.5}$$

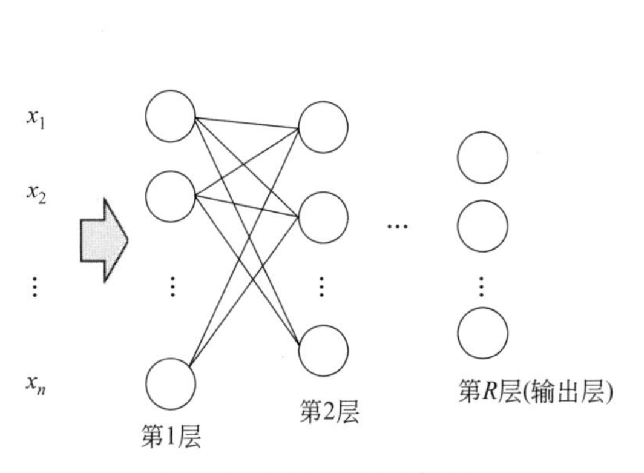

图 8.8 神经网络模型示意

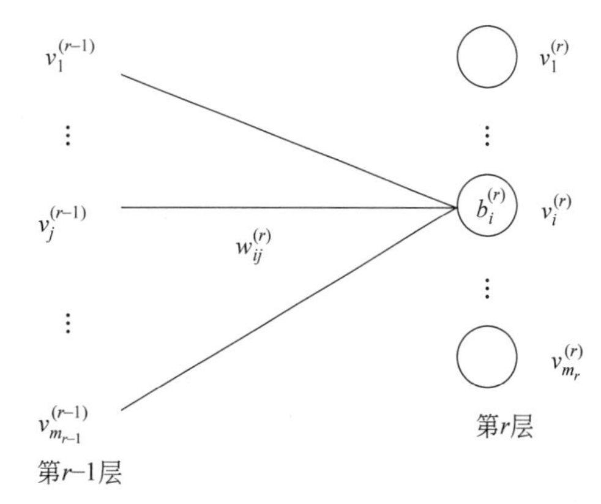

图 8.9 神经网络第 r 层的输入 $\boldsymbol{v}^{(r-1)}$ 与输出 $\boldsymbol{v}^{(r)}$

为了简化记号,定义

$$\boldsymbol{s}^{(r)} = \boldsymbol{W}^{(r)} \boldsymbol{v}^{(r-1)} + \boldsymbol{b}^{(r)} \tag{8.6}$$

则第 r 层中所有神经元的输出可表示为

$$\boldsymbol{v}^{(r)} = \sigma^{(r)}(\boldsymbol{s}^{(r)}) \tag{8.7}$$

其中,$\sigma^{(r)}$ 在向量 $\boldsymbol{s}^{(r)}$ 上的作用 $\sigma^{(r)}(\boldsymbol{s}^{(r)})$ 定义为 $\sigma^{(r)}$ 对 $\boldsymbol{s}^{(r)}$ 的每一个分量分别作用之后得到的

向量。

综上所述,神经网络模型可描述如下：给定一个 R 层的神经网络,设第 r 层的权重矩阵、偏置向量和激活函数分别为 $\boldsymbol{W}^{(r)}$、$\boldsymbol{b}^{(r)}$、$\sigma^{(r)}$,$r=1,2,\cdots,R$。图 8.10 描述了神经网络对任意的输入 $\boldsymbol{x}$ 计算输出 $\boldsymbol{v}^{(R)}$ 的模型。

神经网络模型

$\boldsymbol{v}^{(0)}=\boldsymbol{x}$

for $r=1,2,\cdots,R$:

　　$s^{(r)}=\boldsymbol{W}^{(r)}\boldsymbol{v}^{(r-1)}+\boldsymbol{b}^{(r)}$

　　$\boldsymbol{v}^{(r)}=\sigma^{(r)}(\boldsymbol{s}^{(r)})$

return $\boldsymbol{v}^{(R)}$

图 8.10　神经网络模型

8.1.2　神经网络算法描述

神经网络算法是模型假设为神经网络模型的经验损失最小化算法。它既可以应用于回归问题,也可以应用于分类问题。

一个神经网络模型可以分成两部分：网络结构与模型参数。网络结构包括层数,每一层中神经元的个数和每一层的激活函数。神经网络的层数和每一层中的神经元个数通常是根据经验或多次试验来确定的。模型参数包括每一层的权重矩阵 $\boldsymbol{W}^{(r)}$ 和偏置向量 $\boldsymbol{b}^{(r)}$。对于取定的网络结构,不同的模型参数对应的神经网络模型是不同的。在对实际问题应用神经网络算法时,先由算法设计者设定好网络结构,然后由神经网络算法计算基于此网络结构的最优模型参数。

在含有 n 个特征的回归问题中,神经网络回归算法的模型假设是一个含有 n 个输入以及 1 个输出的网络结构。

设 h 是一个具有如图 8.11 所示的结构的神经网络模型。对任意特征组 $\boldsymbol{x}=(x_1,x_2,\cdots,x_n)$,将 $x_1,x_2,\cdots,x_n$ 作为 h 的 n 个输入,相应的输出 $\boldsymbol{v}$ 就作为模型 h 对 $\boldsymbol{x}$ 的标签预测。神经网络回归算法的损失函数是均方误差。算法的任务是训练模型参数来最小化均方误差。图 8.12 是算法的描述。

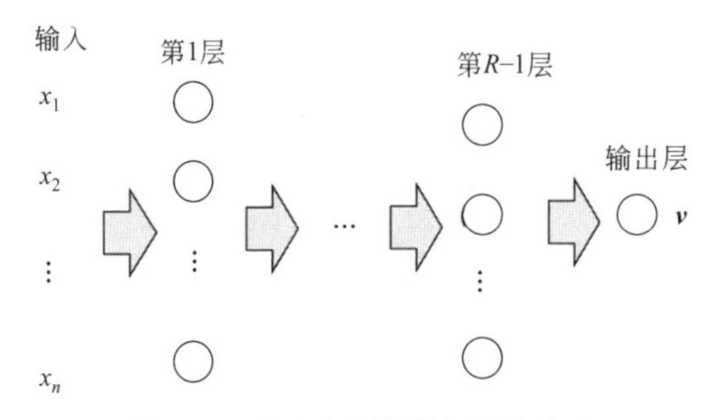

图 8.11　回归问题的神经网络模型

神经网络回归算法

样本空间 $\mathcal{X}\subseteq\mathbb{R}^n$

输入：m 条训练数据 $S=\{(\boldsymbol{x}^{(1)},y^{(1)}),(\boldsymbol{x}^{(2)},y^{(2)}),\cdots,(\boldsymbol{x}^{(m)},y^{(m)})\}$

模型假设 H：一个含有 n 个输入以及 1 个输出的取定的网络结构

任务：

$$\min_{h\in H}\frac{1}{m}\sum_{i=1}^{m}(h(\boldsymbol{x}^{(i)})-y^{(i)})^2$$

图 8.12　神经网络回归算法描述

对于含有 n 个特征的 k 元分类问题，神经网络分类算法的模型假设是含有 n 个输入及 k 个输出的网络结构加上 Softmax 变换。具体来说，对特征组 $\boldsymbol{x}=(x_1,x_2,\cdots,x_n)$，设神经网络输出为 $\boldsymbol{v}=(v_1,v_2,\cdots,v_k)$。由于求解 k 元分类问题的目标是获得具有特征组 $\boldsymbol{x}$ 的样本属于每一个类别的概率预测，因此，为了保证神经网络的 k 个输出符合概率的性质，还需要对 $v_1,v_2,\cdots,v_k$ 进行 Softmax 变换：

$$\mathrm{softmax}(v_i)=\frac{\mathrm{e}^{v_i}}{\sum_j \mathrm{e}^{v_j}},\quad i=1,2,\cdots,k$$

因此，定义模型的输出为

$$h(\boldsymbol{x})=\left(\frac{\mathrm{e}^{v_1}}{\sum_j \mathrm{e}^{v_j}},\frac{\mathrm{e}^{v_2}}{\sum_j \mathrm{e}^{v_j}},\cdots,\frac{\mathrm{e}^{v_k}}{\sum_j \mathrm{e}^{v_j}}\right) \tag{8.8}$$

由式(8.8)定义的 $h(\boldsymbol{x})$ 的每一个分量都在[0,1]区间取值，且

$$\sum_{i=1}^{k}\frac{\mathrm{e}^{v_i}}{\sum_j \mathrm{e}^{v_j}}=1$$

它们分别表示具有特征组 $\boldsymbol{x}$ 的样本属于每一个类别的概率，如图 8.13 所示。

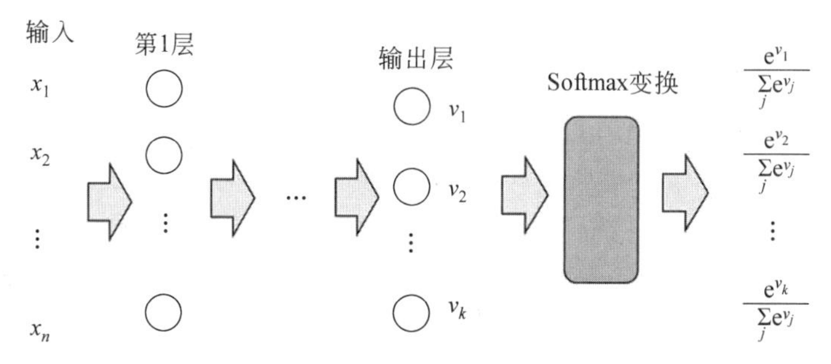

图 8.13　k 元分类问题的神经网络模型

神经网络分类算法的目标函数是 k 元交叉熵。算法的任务是训练模型参数来最小化 k 元交叉熵。相应的算法描述见图 8.14。

神经网络分类算法
样本空间 $X\subseteq\mathbb{R}^n$，标签空间 $Y\subseteq\{0,1\}^k$
输入：m 条训练数据 $S=\{(\boldsymbol{x}^{(1)},\boldsymbol{y}^{(1)}),(\boldsymbol{x}^{(2)},\boldsymbol{y}^{(2)}),\cdots,(\boldsymbol{x}^{(m)},\boldsymbol{y}^{(m)})\}$
模型假设 H：含有 n 个输入以及 k 个输出的取定的网络结构加上 Softmax 变换任务：

$$\min_{h\in H}-\frac{1}{m}\sum_{i=1}^{m}\langle \boldsymbol{y}^{(i)},\log h(\boldsymbol{x}^{(i)})\rangle$$

图 8.14　神经网络分类算法描述

8.2 神经网络优化算法

与线性回归、Logistic 回归等监督式学习算法相同，神经网络的回归算法和分类算法都是经验损失最小化算法，相应的优化问题也都是无约束优化问题。针对这样的优化问题，可以考虑用第 4 章中介绍的随机梯度下降算法进行优化。但是需要注意到：线性回归等算法的优化目标函数是凸函数，因此随机梯度下降算法一定会收敛到全局最优解。而神经网络算法的目标函数往往不是关于模型参数的凸函数，所以随机梯度下降算法可能收敛到局部最优解。尽管如此，在大多数实际应用中，神经网络的局部最优可以近似全局最优。所以随机梯度下降算法依然是十分实用的神经网络优化算法。

在神经网络算法中，给定一个 R 层的神经网络模型。设当前模型参数为 $\boldsymbol{W}^{(r)}$、$\boldsymbol{b}^{(r)}$，$r=1,2,\cdots,R$。用 L 表示模型在训练数据$(\boldsymbol{x},\boldsymbol{y})$上的损失，则 L 是关于网络输出层的输出 $\boldsymbol{v}^{(R)}$ 的函数。具体来说，在回归问题中，

$$L(v^{(R)})=(v^{(R)}-y)^2 \tag{8.9}$$

而在分类问题中，

$$L(\boldsymbol{v}^{(R)})=\langle \boldsymbol{y},\log(\text{softmax}(\boldsymbol{v}^{(R)}))\rangle \tag{8.10}$$

由式(8.7)知 $\boldsymbol{v}^{(R)}$ 是 $\boldsymbol{v}^{(R-1)}$、$\boldsymbol{W}^{(R)}$ 和 $\boldsymbol{b}^{(R)}$ 的函数。而 $\boldsymbol{v}$ $(R-1)$ 又是 $\boldsymbol{v}^{(R-2)}$、$\boldsymbol{W}^{(R-1)}$ 和 $\boldsymbol{b}^{(R-1)}$ 的函数。如此不断递推，最后可知 L 与模型参数 $\boldsymbol{W}^{(1)}$，$\boldsymbol{b}^{(1)}$，$\boldsymbol{W}^{(2)}$，$\boldsymbol{b}^{(2)}$，$\cdots$，$\boldsymbol{W}^{(R)}$，$\boldsymbol{b}^{(R)}$ 之间存在复合函数的关系。随机梯度下降算法在每一轮循环中对随机选取的训练数据$(\boldsymbol{x},\boldsymbol{y})$计算其损失函数的梯度，并沿着梯度的反方向调整模型参数的取值。如果要用随机梯度下降算法，则需要对权重矩阵 $\boldsymbol{W}^{(r)}$ 计算 $\frac{\partial L}{\partial w_{ij}^{(r)}}$，以及对偏置向量 $\boldsymbol{b}^{(r)}$ 计算 $\frac{\partial L}{\partial b_i^{(r)}}$，其中 $j=1,2,\cdots,m_{r-1}$；$i=1,2,\cdots,m_r$；$r=1,2,\cdots,R$。

图 8.15 是神经网络的随机梯度下降优化算法。算法的模型假设为一个结构取定的 R 层神经网络。用随机梯度下降算法来训练网络参数 $\boldsymbol{W}^{(r)}$、$\boldsymbol{b}^{(r)}$，$r=1,2,\cdots,R$。算法用随机数来初始化每个权重矩阵 $\boldsymbol{W}^{(r)}$，并将每一个偏置向量 $\boldsymbol{b}^{(r)}$ 初始化成全 0 向量($r=1,2,\cdots,R$)。

神经网络的随机梯度下降算法

for each r,i,j:

  $w_{ij}^{(r)}=$ random number

  $b_i^{(r)}=0$

for $t=1,2,\cdots,N$:

  Sample$(\boldsymbol{x},\boldsymbol{y})\sim S$

  $\boldsymbol{v}^{(R)}=h_{\boldsymbol{W},\boldsymbol{b}}(\boldsymbol{x})$

  $\left(\frac{\partial L}{\partial w_{ij}^{(r)}},\frac{\partial L}{\partial b_i^{(r)}}\right)_{r,i,j}=\text{BackProp}(\boldsymbol{v}^{(R)},\boldsymbol{y})$

  for each r,i,j:

图 8.15 神经网络的随机梯度下降算法

$$w_{ij}^{(r)} \leftarrow w_{ij}^{(r)} - \eta \frac{\partial L}{\partial w_{ij}^{(r)}}$$

$$b_i^{(r)} \leftarrow b_i^{(r)} - \eta \frac{\partial L}{\partial b_i^{(r)}}$$

return $h_{\boldsymbol{W},\boldsymbol{b}}$

图 8.15 （续）

随机梯度下降算法有两个算法参数：循环的轮数 N 和学习速率 η。在每一轮循环中，算法随机选取一条训练数据$(\boldsymbol{x},\boldsymbol{y})$。首先计算当前参数对应的神经网络模型 $h_{\boldsymbol{W},\boldsymbol{b}}$在 $\boldsymbol{x}$ 上的输出$\boldsymbol{v}^{(R)}$。然后，调用反向传播算法 BackProp，根据$\boldsymbol{v}^{(R)}$和 $\boldsymbol{y}$ 来计算 L 对各个参数的梯度。获得各梯度值之后，算法沿每一个参数的梯度反方向以 η 为步长更新参数值。按照指定搜索步数进行 N 轮循环之后，随机梯度下降算法返回最终的模型。

图 8.15 的随机梯度下降算法在梯度计算时用反向传播算法 BackProp 来计算神经网络模型各参数的梯度。以下详细介绍反向传播算法 BackProp 的原理。

先通过一个单层的网络结构的梯度计算来体会反向传播算法。

例 8.6 在一个回归问题中，考虑如图 8.16 所示的神经网络。这个神经网络只有一层。由于要求解的是回归问题，因此，神经网络只有一个输出。从而权重矩阵 W 是 $1\times n$ 行向量，设为 $\boldsymbol{W}=(w_1,w_2,\cdots,w_n)$。用 b 表示偏置值。

图 8.16 例 8.6 回归问题的神经网络

随机选取一条训练数据$(\boldsymbol{x},y)$。模型的输入是特征组 $\boldsymbol{x}=(x_1,x_2,\cdots,x_n)$。输出为

$$v=\sigma\Big(\sum_{t=1}^{n} w_t x_t + b\Big) \tag{8.11}$$

模型在$(\boldsymbol{x},y)$上的损失为

$$L=(v-y)^2=\Big(\sigma\Big(\sum_{t=1}^{n} w_t x_t + b\Big)-y\Big)^2 \tag{8.12}$$

损失函数 L 对各参数的偏导数计算如下。先计算$\frac{\partial L}{\partial w_j}$。根据求导的链式法则，有

$$\frac{\partial L}{\partial w_j}=\frac{\partial L}{\partial v}\cdot\frac{\partial v}{\partial w_j} \tag{8.13}$$

再由式(8.12)有

$$\frac{\partial L}{\partial v}=2(v-y) \tag{8.14}$$

由 v 的表达式(8.11)有

$$\frac{\partial v}{\partial w_j}=\sigma'(s)x_j \tag{8.15}$$

其中，$s=\sum_{t=1}^{n} w_t x_t + b$。将式(8.14)和式(8.15)代入式(8.13)可以得到

$$\frac{\partial L}{\partial w_j} = 2(v-y)\sigma'(s)x_j \quad j=1,2,\cdots,n \tag{8.16}$$

类似地，可以算出

$$\frac{\partial L}{\partial b} = \frac{\partial L}{\partial v} \cdot \frac{\partial v}{\partial b} = 2(v-y)\sigma'(s) \tag{8.17}$$

以下介绍一般情形下的反向传播算法。用 L 表示当前模型在取定训练数据$(\boldsymbol{x},\boldsymbol{y})$上的经验损失。反向传播算法的任务是计算经验损失 L 对权重矩阵 $\boldsymbol{W}$ 的梯度。

如图 8.9 所示，$w_{ij}^{(r)}$是计算第 r 层第 i 个神经元的输出 $v_i^{(r)}$ 的必要参数：

$$v_i^{(r)} = \sigma(s_i^{(r)}) = \sigma\left(w_{ij}^{(r)} v_j^{(r-1)} + \sum_{t\neq j} w_{it}^{(r)} v_t^{(r-1)}\right) \tag{8.18}$$

式中，$\sigma=\sigma^{(r)}$是第 r 层的激活函数。而 $v_i^{(r)}$ 的值将依次影响第 $r+1,r+2,\cdots,R$ 层的输出。由此可见，L 与 $w_{ij}^{(r)}$之间有间接的函数关系。式(8.18)就是二者之间的纽带。根据链式法则，有

$$\frac{\partial L}{\partial w_{ij}^{(r)}} = \frac{\partial L}{\partial v_i^{(r)}} \cdot \frac{\partial v_i^{(r)}}{\partial w_{ij}^{(r)}} \tag{8.19}$$

并且由式(8.18)可得

$$\frac{\partial v_i^{(r)}}{\partial w_{ij}^{(r)}} = \sigma'(s_i^{(r)}) v_j^{(r-1)} \tag{8.20}$$

由此可见，只需计算出$\frac{\partial L}{\partial v_i^{(r)}}$，就可以结合式(8.20)得出$\frac{\partial L}{\partial w_{ij}^{(r)}}$。

反向传播算法的第一项任务就是计算$\frac{\partial L}{\partial v_i^{(r)}}$，$i=1,2,\cdots,m_r$，$r=1,2,\cdots,R$。从图 8.9 上看，这相当于将计算“边”的梯度转化成为计算“点”的梯度。为了简化记号，定义

$$\boldsymbol{\delta}^{(r)} = \left(\frac{\partial L}{\partial v_1^{(r)}}, \frac{\partial L}{\partial v_2^{(r)}}, \cdots, \frac{\partial L}{\partial v_{m_r}^{(r)}}\right)^{\mathrm{T}} \quad r=1,2,\cdots,R \tag{8.21}$$

反向传播算法用链式法则依次计算$\boldsymbol{\delta}^{(R)}$，$\boldsymbol{\delta}^{(R-1)}$，$\cdots$，$\boldsymbol{\delta}^{(1)}$。

算法的初始步骤就是计算$\boldsymbol{\delta}^{(R)}$。无论在回归问题中还是在分类问题中，$L$ 对网络输出 $\boldsymbol{v}^{(R)}$ 的偏导数都有明确的表达式。

- 在回归问题中，根据式(8.9)有

$$\boldsymbol{\delta}^{(R)} = \frac{\partial L}{\partial \boldsymbol{v}^{(R)}} = 2(v^{(R)} - y) \tag{8.22}$$

- 在分类问题中，通过对式(8.10)计算导数，可以得到

$$\boldsymbol{\delta}^{(R)} = \frac{\partial L}{\partial \boldsymbol{v}^{(R)}} = \mathrm{softmax}(\boldsymbol{v}^{(R)}) - \boldsymbol{y} \tag{8.23}$$

反向传播的思想是：将$\boldsymbol{\delta}^{(R)}$作为第 R 层的“反向”输入，随后层层传播回输入层。基于第 r 层的反向输入$\boldsymbol{\delta}^{(r)}$用链式法则来计算$\boldsymbol{\delta}^{(r-1)}$。如此递推计算，直至算出$\boldsymbol{\delta}^{(1)}$时为止，如图 8.17 所示。

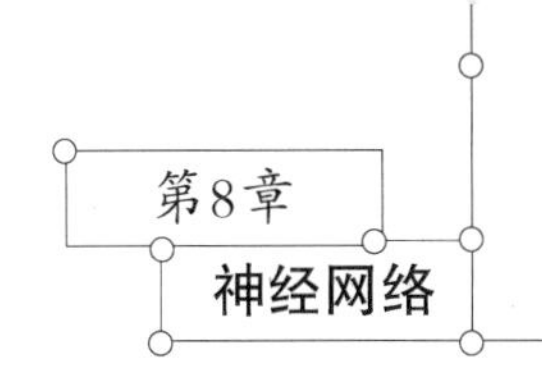

设在神经网络的第 r 层已经计算出 $\boldsymbol{\delta}^{(r)}=\dfrac{\partial L}{\partial \boldsymbol{v}^{(r)}}$，接下来要计算第 $r-1$ 层的 $\boldsymbol{\delta}^{(r-1)}$，即要计算 $\boldsymbol{\delta}^{(r-1)}$ 的每一个分量 $\delta_j^{(r-1)}$。从图 8.18 可以直观地理解 $\delta_j^{(r-1)}$ 的计算过程。

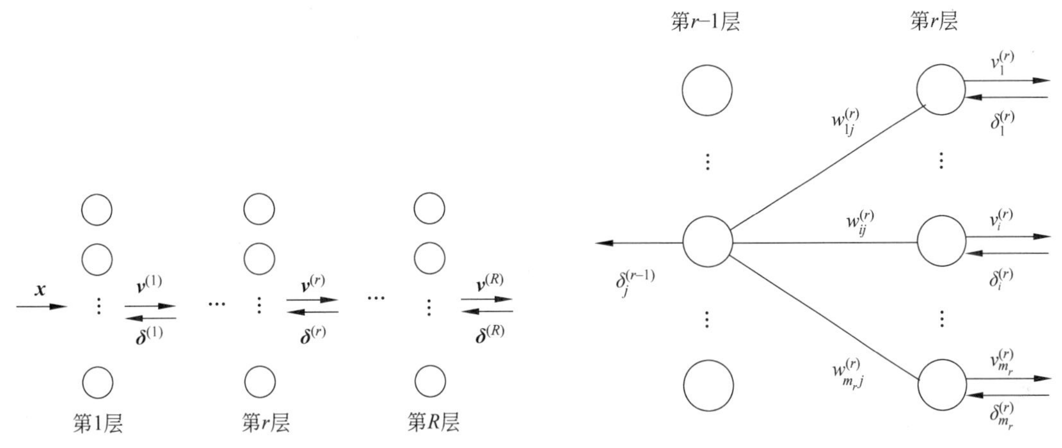

图 8.17　反向传播递推过程示意图

图 8.18　从 $\boldsymbol{\delta}^{(r)}$ 推导 $\boldsymbol{\delta}^{(r-1)}$

考虑第 r 层的第 i 个神经元，根据式(8.5)，有

$$v_i^{(r)}=\sigma(s_i^{(r)})=\sigma\left(w_{ij}^{(r)}v_j^{(r-1)}+\sum_{t\neq j}w_{it}^{(r)}v_t^{(r-1)}+b_i^{(r)}\right) \tag{8.24}$$

因此，$v_i^{(r)}$ 关于 $v_j^{(r-1)}$ 的偏导数有如下形式：

$$\frac{\partial v_i^{(r)}}{\partial v_j^{(r-1)}}=\sigma'(s_i^{(r)})w_{ij}^{(r)} \tag{8.25}$$

根据链式法则，结合式(8.25)可得

$$\delta_j^{(r-1)}=\frac{\partial L}{\partial v_j^{(r-1)}}=\sum_i\frac{\partial L}{\partial v_i^{(r)}}\cdot\frac{\partial v_i^{(r)}}{\partial v_j^{(r-1)}}=\sum_i\delta_i^{(r)}\sigma'(s_i^{(r)})w_{ij}^{(r)},\quad j=1,2,\cdots,m_{r-1} \tag{8.26}$$

式(8.26)就是反向传播算法中基于 $\boldsymbol{\delta}^{(r)}$ 计算 $\boldsymbol{\delta}^{(r-1)}$ 的基本公式。

定义 $\sigma'(\boldsymbol{s}^{(r)})=(\sigma'(s_1^{(r)}),\sigma'(s_2^{(r)}),\cdots,\sigma'(s_{m_r}^{(r)}))^{\mathrm{T}}$，定义 $\boldsymbol{d}^{(r)}$ 为 $\sigma'(\boldsymbol{s}^{(r)})$ 与 $\delta^{(r)}$ 的哈达玛积(附录 A 的定义 A.1.8)：

$$\boldsymbol{d}^{(r)}=\boldsymbol{\delta}^{(r)}\circ\sigma'(\boldsymbol{s}^{(r)}) \tag{8.27}$$

用式(8.27)，可以将式(8.26)表达成向量的形式：

$$\boldsymbol{\delta}^{(r-1)}=\boldsymbol{W}^{(r)\mathrm{T}}\boldsymbol{d}^{(r)} \tag{8.28}$$

在算法计算出初始值 $\boldsymbol{\delta}^{(R)}$ 之后，通过式(8.28)可以层层递推地计算出 $\boldsymbol{\delta}^{(R-1)},\boldsymbol{\delta}^{(R-2)},\cdots,\boldsymbol{\delta}^{(1)}$。

完成上述对“点”的梯度计算之后，反向传播算法开始计算对“边”的梯度。在图 8.9 中，考察连接第 r 层的第 i 个神经元和第 $r-1$ 层中的第 j 个神经元的边。边上的权重值为 $w_{ij}^{(r)}$，反向传播算法要计算 $\dfrac{\partial L}{\partial W_{ij}^{(r)}}$。将 $\boldsymbol{\delta}^{(r)}$ 和式(8.20)代入式(8.19)，就得到

$$\frac{\partial L}{\partial w_{ij}^{(r)}} = \frac{\partial L}{\partial v_i^{(r)}} \cdot \frac{\partial v_i^{(r)}}{\partial w_{ij}^{(r)}} = \delta_i^{(r)} \sigma'(s_i^{(r)}) v_j^{(r-1)} \tag{8.29}$$

同样,也可以将式(8.29)表达成更加紧凑的向量形式。定义 $m_r \times m_{r-1}$ 矩阵

$$\frac{\partial L}{\partial \boldsymbol{W}^{(r)}} = \left(\frac{\partial L}{\partial w_{ij}^{(r)}}\right)_{i,j} \tag{8.30}$$

可以将式(8.29)写成

$$\frac{\partial L}{\partial \boldsymbol{W}^{(r)}} = \boldsymbol{d}^{(r)} \ \boldsymbol{v}^{(r-1)\mathrm{T}} \quad r = 1,2,\cdots,R \tag{8.31}$$

类似地,可以得到损失函数 L 关于第 r 层的偏置向量 $\boldsymbol{b}^{(r)}$ 的偏导数:

$$\frac{\partial L}{\partial \boldsymbol{b}^{(r)}} = \boldsymbol{d}^{(r)} \quad r = 1,2,\cdots,R \tag{8.32}$$

在图 8.19 中,用以向量形式表示的式(8.28)、式(8.31)以及式(8.32)来描述反向传播算法,既简捷又清晰。

反向传播算法

BackProp($\boldsymbol{v}^{(R)}, \boldsymbol{y}$):

  $\boldsymbol{\delta}^{(R)} = \frac{\partial L}{\partial \boldsymbol{v}^{(R)}}$

  for $r=R,R-1,\cdots,1$:

    $\boldsymbol{d}^{(r)} = \boldsymbol{\delta}^{(r)} \circ \sigma'(\boldsymbol{s}^{(r)})$

    $\frac{\partial L}{\partial \boldsymbol{W}^{(r)}} = \boldsymbol{d}^{(r)} \boldsymbol{v}^{(r-1)\mathrm{T}}$

    $\frac{\partial L}{\partial \boldsymbol{b}^{(r)}} = \boldsymbol{d}^{(r)}$

    $\boldsymbol{\delta}^{(r-1)} = \boldsymbol{W}^{(r)\mathrm{T}} \boldsymbol{d}^{(r)}$

  return $\frac{\partial L}{\partial \boldsymbol{W}^{(r)}}, \frac{\partial L}{\partial \boldsymbol{b}^{(r)}}, \quad r=1,2,\cdots,R$

图 8.19 反向传播算法

8.3 神经网络算法实现

神经网络模型是由一系列神经元层组成的。在神经元层中需要记录以下 3 个信息:层中神经元的激活函数、权重矩阵和偏置向量。

首先介绍两个常用的激活函数 Indentity 和 ReLU 的实现。在例 8.1 与例 8.2 中分别定义了激活函数 Indentity 和 ReLU。它们的算法描述见图 8.20。其中,每个激活函数要实现两个成员函数。第一个成员函数是 value,用于计算激活函数值。在正向计算神经网络的输出时需要用到这个激活函数值。第二个成员是 derivative,用于计算激活函数的导数值。在用反向传播算法计算梯度时需要用到这个激活函数的导数值。

```
machine_learning.lib.nn_activators
1  class IdentityActivator:
2     def value(self, s):
3         return s
4
5     def derivative(self, s):
6         return 1
7
8  class ReLUActivator:
9     def value(self, s):
10        return np.maximum(0, s)
11
12    def derivative(self, s):
13        return(s>0).astype(np.int)
```

图 8.20　激活函数

接下来,图 8.21 中的类 Layer 是对神经元层的实现。其中第 4～9 行的构造函数指定每个神经元的输入个数 n_input、层中的神经元数 n_output 以及层的激活函数 activator。激活函数的默认值是 IdentityActivator。在第 5 行将指定的激活函数存储成 Layer 类的成员。第 6 行将偏置向量 $\boldsymbol{b}$ 初始化成全 0 向量。在第 7、8 行初始化权重矩阵 $\boldsymbol{W}$。与偏置向量不同,不能将权重矩阵初始化成全 0 矩阵。这是因为,初始化成全 0 的 $\boldsymbol{W}$ 会导致该层的每个神经元都有相同的输出,这就等同于整层只有一个神经元。由此将影响神经网络的预测效果。在图 8.21 中,对权重矩阵采用的初始化方法如下。先按式(8.33)计算 r 的值:

$$r=\sqrt{\frac{6}{n\_\text{input}+n\_\text{output}}} \tag{8.33}$$

然后,将权重矩阵的每一个元素初始化成$[-r,r]$区间的一个随机数。这样的初始化方法被称为 Xavier 初始化。实践表明这样的随机性对神经网络的训练十分有利。算法的第 9 行生成一个 Layer 类的成员 outputs,用以记录这层神经元的输出。

第 11～14 行的 forward 函数的功能是对给定的输入 inputs,计算层中神经元的输出值,实现的是式(8.6)与式(8.7)。第 12 行将 inputs 记录成 Layer 类的成员,为将来的反向传播算法做准备。第 13 行计算式(8.7)中的加权和。第 14 行中计算激活函数在加权和上的取值作为神经元输出。

第 16～22 行实现反向传播算法 back_propagation。第 17 行计算式(8.27);第 18 行实现式(8.28);第 19、20 行实现式(8.31)及式(8.32),由此计算参数的梯度;第 21、22 行沿梯度反方向更新参数值。

```
machine_learning.lib.nn_layers
1   import numpy as np
2
3   class Layer:
4     def __init__(self, n_input, n_output, activator=IdentityActivator()):
5         self.activator=activator
6         self.b=np.zeros((n_output, 1))
7         r=np.sqrt(6.0/(n_input +n_output))
8         self.W =np.random.uniform(-r, r, (n_output, n_input))
9         self.outputs=np.zeros((n_output, 1))
10
11    def forward(self, inputs):
12        self.inputs=inputs
13        self.sums=self.W.dot(inputs)+self.b
14        self.outputs=self.activator.value(self.sums)
15
16    def back_propagation(self, delta_in, learning_rate):
17        d=self.activator.derivative(self.sums) * delta_in
18        self.delta_out=self.W.T.dot(d)
19        self.W_grad=d.dot(self.inputs.T)
20        self.b_grad=d
21        self.W-=learning_rate * self.W_grad
22        self.b-=learning_rate * self.b_grad
```

图 8.21　神经元层的算法实现

为了运行随机梯度下降算法，还需指定损失函数。图 8.22 实现的是回归问题的损失函数 MSE 和分类问题的损失函数 SoftmaxCrossEntropy。与激活函数类似，这两个类各有两个成员函数，分别是计算损失函数值的 value 函数和计算导数的 derivative。

```
machine_learning.lib.nn_loss
1   import numpy as np
2
3   class MSE:
4     def value(self, y, v):
5         return (v -y) **2
6
7     def derivative(self, y, v):
8         return 2* (v -y)
9
```

图 8.22　神经网络模型的损失函数

```
10 def softmax(v):
11     e=np.exp(v)
12     s=e.sum(axis=0)
13     for i in range(len(s)):
14         e[i]/=s[i]
15     return e
16
17 class SoftmaxCrossEntropy:
18     def value(self, y, v):
19         p=softmax(v)
20         return-(y*np.log(p)).sum()
21
22     def derivative(self, y, v):
23         p=softmax(v)
24         return p -y
```

图 8.22 （续）

有了神经元层和损失函数之后，就可以构造一个完整的神经网络。在图 8.23 中描述了类 NeuralNetwork。神经网络中的层和损失函数都由构造函数传入，这样可以使算法设计者在类外指定灵活的网络结构和损失函数。而 NeuralNetwork 类只负责运行随机梯度下降算法和反向传播算法来对指定的结构寻找最优参数。

图 8.23 中第 8～14 行的 forward 函数对给定的输入计算当前参数所对应的神经网络的最终输出。第 10 行将 input 的初始值设为输入 $\boldsymbol{x}$，随后层层传递。第 12 行调用 Layer 类的成员函数 forward，计算当前层的输出，并将输出 layer.outputs 作为下一层的输入，直至最后一层。

```
machine_learning.lib.neural_network
1   import numpy as np
2
3   class NeuralNetwork:
4       def __init__(self, layers, loss):
5           self.layers=layers
6           self.loss=loss
7
8       def forward(self, x):
9           layers=self.layers
10          inputs=x
11          for layer in layers:
12              layer.forward(inputs)
```

图 8.23　神经网络算法

```
13              inputs=layer.outputs
14          return inputs
15
16      def back_propagation(self, y, outputs, learning_rate):
17          delta_in=self.loss.derivative(y, outputs)
18          for layer in self.layers[::-1]:
19              layer.back_propagation(delta_in, learning_rate)
20              delta_in=layer.delta_out
21
22      def fit(self, X, y, N, learning_rate):
23          for t in range(N):
24              i=np.random.randint(0, len(X))
25              outputs=self.forward(X[i].reshape(-1,1))
26              self.back_propagation(y[i].reshape(-1,1), outputs, learning_rate)
27
28      def predict(self, X):
29          y=[]
30          for i in range(len(X)):
31              v=self.forward(X[i].reshape(-1,1)).reshape(-1)
32              y.append(v)
33          return np.array(y)
```

图 8.23 （续）

第 16～20 行实现反向传播算法。第 17 行将初始的梯度 delta_in 设为损失函数对网络输出的导数，对应于式(8.21)中的 $\boldsymbol{\delta}^{(R)}=\frac{\partial L}{\partial v^{(R)}}$；第 18～20 行通过调用 Layer 类的成员函数 back_propagation 层层反向传播来计算 $\boldsymbol{\delta}^{(R-1)},\boldsymbol{\delta}^{(R-2)},\cdots,\boldsymbol{\delta}^{(1)}$。

第 22～26 行实现模型训练的 fit 函数。其输入是一组训练数据。在 fit 函数中进行 N 轮随机梯度下降搜索。在每一轮中，第 24 行随机选取一条训练数据。随后，第 25 行首先调用 forward 函数正向计算网络的输出。第 26 行再调用 back_propagation 计算反向传播梯度，并对参数进行梯度下降调整。

在第 28～33 行实现了 predict 函数，用于返回神经网络的输出。

例 8.7 房价预测问题的神经网络算法。

在例 3.3 行详细描述了房价预测问题。房价预测问题是一个回归问题。其中，每条数据含有 8 个特征和一个实数标签。在例 7.10 中，分别用线性回归算法、决策树算法、随机森林算法和梯度提升决策树算法求解了房价预测问题。这 4 个算法预测模型的决定系数分别为 0.59、0.60、0.65 和 0.69。图 8.24 中的算法采用图 8.23 中的神经网络模型来重新求解房价预测问题。

```
1   import numpy as np
2   from sklearn.datasets import fetch_california_housing
3   from sklearn.model_selection import train_test_split
4   from sklearn.preprocessing import StandardScaler
5   from sklearn.preprocessing import MinMaxScaler
6   import machine_learning.lib.nn_activators as nn_activators
7   import machine_learning.lib.nn_layers as nn_layers
8   import machine_learning.lib.nn_loss as nn_loss
9   from machine_learning.lib.neural_network import NeuralNetwork
10  from sklearn.metrics import r2_score
11
12  def process_features(X):
13      scaler=StandardScaler()
14      X=scaler.fit_transform(X)
15      scaler=MinMaxScaler(feature_range=(-1,1))
16      X=scaler.fit_transform(X)
17      return X
18
19  def create_layers():
20      n_inputs=8
21      n_hidden1=100
22      n_hidden2=50
23      n_outputs=1
24      layers=[]
25      relu=nn_activators.ReLUActivator()
26      layers.append(nn_layers.Layer(n_inputs, n_hidden1, activator=relu))
27      layers.append(nn_layers.Layer(n_hidden1, n_hidden2, activator=relu))
28      layers.append(nn_layers.Layer(n_hidden2, n_outputs))
29      return layers
30
31  housing=fetch_california_housing()
32  X=housing.data
33  y=housing.target.reshape(-1,1)
34  X_train, X_test, y_train, y_test =train_test_split(X, y, test_size=0.5,
    random_state=0)
35  X_train=process_features(X_train)
36  X_test=process_features(X_test)
37
38  layers=create_layers()
39  loss=nn_loss.MSE()
```

图 8.24　房价预测的神经网络算法

```
40  model=NeuralNetwork(layers, loss)
41  model.fit(X_train, y_train, 100000, 0.01)
42  y_pred=model.predict(X_test)
43  print(r2_score(y_test, y_pred))
```

图 8.24 （续）

在图 8.24 中，第 31～36 行生成训练数据与测试数据。其中，第 35～36 行对特征作标准化与限界处理。第 38 行调用第 19～29 行实现的 create_layers 函数来生成模型的网络结构。本例中的模型有 3 层，如图 8.25 所示。每条训练数据有 8 个特征。所以神经网络含有 8 个输入。随后是分别含有 100 个和 50 个神经元的隐藏层，它们的激活函数都是 ReLU 函数。最后是输出层。因为这是一个回归问题，所以输出层仅含有一个神经元。

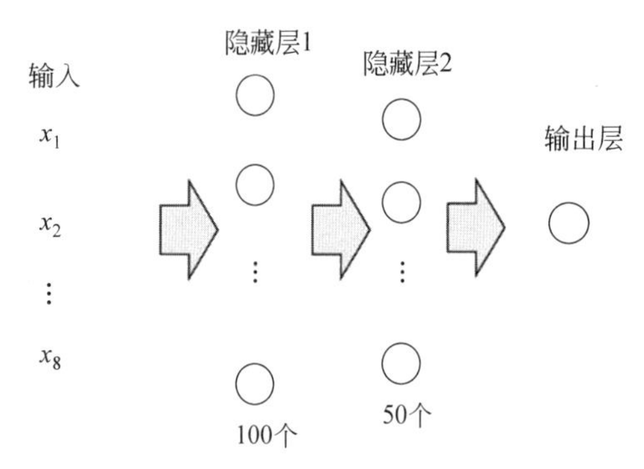

图 8.25 房价预测问题的神经网络模型

第 39 行指定损失函数为图 8.22 中实现的均方误差 MSE。第 40、41 行调用图 8.23 中的神经网络算法来训练模型。进行 100 000 轮随机梯度下降搜索，且学习速率为 0.01。第 42、43 行测试模型。

运行图 8.24 的程序，得到神经网络模型的决定系数为 0.66。这说明对于房价预测问题，神经网络算法的效果优于线性回归算法。

例 8.8 手写数字识别问题的神经网络算法。

例 5.4 详细介绍了手写数字识别问题。手写数字识别是一个十元分类问题。在这个问题中，每一张图片有 784 个灰度特征以及一个表示图片中的数字的标签。预测任务是根据图片灰度特征预测图片的标签值。在例 5.10 中，采用 Softmax 回归算法求解手写数字识别问题，获得了 89%的预测准确率。本例采用图 8.26 中的神经网络算法来重新求解手写数字识别问题。

```
1   import numpy as np
2   from tensorflow.examples.tutorials.mnist import input_data
3   import machine_learning.lib.nn_activators as nn_activators
4   import machine_learning.lib.nn_layers as nn_layer
5   import machine_learning.lib.nn_loss as nn_loss
6   from machine_learning.lib.neural_network import NeuralNetwork
7   from sklearn.metrics import accuracy_score
8
9   def create_layers():
```

图 8.26 手写数字识别问题的神经网络算法

```
10      n_features=28*28
11      n_hidden1=300
12      n_hidden2=100
13      n_classes=10
14      layers=[]
15      relu =nn.ReLUActivator()
16      layers.append(nn.Layer(n_features, n_hidden1, activator =relu))
17      layers.append(nn.Layer(n_hidden1, n_hidden2, activator =relu))
18      layers.append(nn.Layer(n_hidden2, n_classes))
19      return layers
20
21  mnist=input_data.read_data_sets("MNIST_data/", one_hot=True)
22  X_train, y_train=mnist.train.images, mnist.train.labels
23  X_test, y_test=mnist.test.images, mnist.test.labels
24
25  layers=create_layers()
26  loss=nn.SoftmaxCrossEntropy()
27  model=nn.NeuralNetwork(layers, loss)
28  model.fit(X_train, y_train, 50000, 0.01)
29  v=model.predict(X_test)
30  proba=nn.softmax(v)
31  y_pred=np.argmax(proba, axis=1)
32  accuracy=accuracy_score(np.argmax(y_test, axis=1), y_pred)
33  print("accuracy ={}".format(accuracy))
```

图 8.26 （续）

在图 8.26 中，第 21～23 行生成训练数据与测试数据。在第 21 行中，one_hot 参数值设成 True，表明数据的标签采用向量标签形式。第 25 行调用在第 9～19 行中定义的函数 create_layers 生成模型的网络结构。本例中的模型有 3 层，如图 8.27 所示。每个手写数字图片由 28×28=784 个像素点组成，所以神经网络有 784 个输入。随后是分别含有 300 个和 100 个神经元的隐藏层，它们的激活函数都是 ReLU 函数。最后是输出层。因为总共有 10 个类别，所以输出层含有 10 个神经元。

图 8.26 中的第 26 行指定图 8.22 中的 SoftmaxCrossEntropy 为损失函数。第 27、28 行调用图 8.23 中的神经网络算法训练模型。总共进行 50 000 轮随机梯度下降搜索，且学习速率为 0.01。第 29～32 行测试模型。对每一条测试数据，第 29 行计算神经网络的输出，本例是分类问题，因此要对神经网络的输出进行 Softmax 变换才能得到概率预测值；第 30 行对网络的输出进行 Softmax 变换；第 31 行用最大概率分类函数对类别进行预测；第 32 行计算预测的准确率。运行程序后得到的神经网络模型有 96.69%的预测准确率。显然，对于手写数字识别问题，神经网络模型的预测准确率高于 Softmax 回归模型。

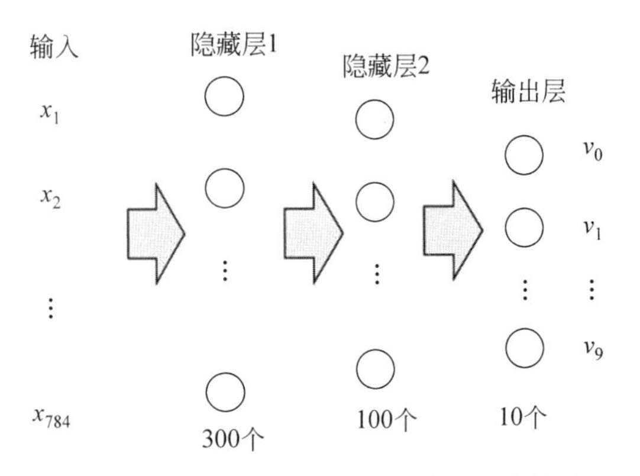

图 8.27　手写数字识别问题的神经网络模型

8.4　神经网络的 TensorFlow 实现

在 8.3 节中介绍了神经网络的算法实现，其目的只是为了展示随机梯度下降算法及反向传播算法的思想，因而这一实现并不包含许多工程实现上的细节功能，例如神经网络的分布式计算、矩阵乘法加速以及与高速图像计算单元 GPU 的对接等。然而，这些功能在许多大型的神经网络算法应用中是必不可少的，例如棋类博弈系统、细致的图片识别系统等。本节要介绍的 TensforFlow 就是一个在工程上实现神经网络算法的强有力工具。

TensorFlow 是 Google 公司在 2017 年 2 月发布的机器学习开源软件库。它支持多服务器分布式计算、GPU 加速以及多操作系统(包括移动计算平台 Android 和 iOS)。TensorFlow 集成于 Python 和 C++ 等常用编程语言的标准库中，可以方便地构建与训练神经网络模型，并且支持卷积神经网络、循环神经网络等深度学习算法。2016 年 3 月击败人类围棋冠军的 AlphaGo 博弈系统就是基于 TensorFlow 平台的。许多重要的工业应用也都是构建在 TensorFlow 之上的。

在附录 B 中详细介绍了 TensorFlow 的基本概念与语法。其中包括“计算图”这一重要的理念。TensorFlow 的程序通常包含两个部分：计算图的构建与计算图的运行。构建计算图时不涉及具体的数据，只搭建计算需要的操作。运行计算图时才要传入具体数据来执行计算。TensorFlow 实现神经网络算法的思路是：首先在计算图构建部分构造神经网络结构以及训练和测试模型需要的操作，然后在计算图的运行部分传入训练数据来执行计算图指定的操作。

本节中以手写数字识别问题为例，详细地介绍神经网络的 TensorFlow 的具体实现。其算法描述见图 8.28。

```
1   import tensorflow as tf
2   import numpy as np
3   from tensorflow.examples.tutorials.mnist import input_data
4
5   n_inputs=28 * 28
6   n_hidden1=300
7   n_hidden2=100
8   n_classes=10
9   X=tf.placeholder(tf.float32, shape=(None, n_inputs))
10  y=tf.placeholder(tf.int64, shape=(None, n_classes))
11  hidden1=tf.layers.dense(X, n_hidden1, activation=tf.nn.relu)
12  hidden2=tf.layers.dense(hidden1, n_hidden2, activation=tf.nn.relu)
13  outputs=tf.layers.dense(hidden2, n_classes)
14  cross_entropy=tf.nn.softmax_cross_entropy_with_logits(labels=y,
    logits=outputs)
15  loss=tf.reduce_mean(cross_entropy)
16  optimizer=tf.train.GradientDescentOptimizer(learning_rate=0.01)
17  train_op=optimizer.minimize(loss)
18  correct=tf.equal(tf.argmax(y, 1), tf.argmax(outputs, 1))
19  accuracy_score=tf.reduce_mean(tf.cast(correct, tf.float32))
20
21  with tf.Session() as sess:
22    tf.global_variables_initializer().run()
23    mnist=input_data.read_data_sets("MNIST_data/", one_hot=True)
24    X_train, y_train=mnist.train.images, mnist.train.labels
25    X_test, y_test=mnist.test.images, mnist.test.labels
26    for t in range(50000):
27        i=np.random.randint(0, len(X_train))
28        X_i=X_train[i].reshape(1, -1)
29        y_i=y_train[i].reshape(1, -1)
30        sess.run(train_op, feed_dict={X : X_i, y : y_i})
31    accuracy=accuracy_score.eval(feed_dict={X : X_test, y : y_test})
32    print("accuracy={}".format(accuracy))
```

图 8.28　TensorFlow 手写数字识别的神经网络

图 8.28 构建了一个与图 8.26 中结构完全相同的神经网络模型。具体网络结构见图 8.27。图 8.28 中的算法分为两部分：第一部分是第 5～19 行的计算图构建，第二部分是第 21～32 行的计算图运行。

在第一部分的计算图构建中，第 9、10 行定义张量 X 和 y，它们分别表示特征和标签。每条数据的标签是向量标签的形式。第 11 行定义神经网络的隐藏层 hidden1。TensorFlow 中通过 layers. dense 类来表示一个层。它的构造函数需要以下 3 个基本信息：与之相连的上一层、层中的神经元数和激活函数（如不指定，则默认为 Identity 激活函数）。在第 11 行中,hidden1 的上一层是输入 X。hidden1 中有 n_hidden1=300 个神经元,激活函数是 ReLU 函数。第 12 行类似地声明隐藏层 hidden2,它的上一层是 hidden1。hidden2 中有 n_hidden2=100 个神经元,激活函数是 ReLU 函数。第 13 行定义输出层 outputs,它的上一层是 hidden2。由于有 10 个类别,所以 outputs 层含有 10 个神经元。outputs 层的激活函数是默认的 Identity 函数。

第 14~17 行构建计算图中与模型训练相关的操作。第 14 行定义交叉熵损失函数。在 TensorFlow 中用 softmax_cross_entropy_with_logits 来计算交叉熵。它需要两个输入:标签值 labels 和神经网络的输出 logits。函数先对神经网络的数据做 Softmax 变换。然后,再对变换后的结果结合标签值计算交叉熵。第 14 行中输入张量 y 作为标签。输入 outputs 作为神经网络输出。在第 15 行对第 14 行的结果取平均值作为最终的目标函数。在第 16 行中定义梯度下降算子 optimizer。在第 17 行中定义操作 train_op,它运用 optimizer 来优化交叉熵损失函数。第 18、19 行是计算图中与模型测试相关的部分。第 18 行用最大概率分类函数来判断类别预测是否正确。第 19 行计算预测准确的比例作为准确率。

在第二部分的计算图运行中,由第 21 行的 with 语法来标识计算图的运行。第 22 行进行变量初始化。第 23 行读入手写数字识别数据。其中将 one_hot 参数值设为 True,使得每条数据的标签都是一个向量。第 24、25 行生成训练数据和测试数据。程序通过第 26~30 行的循环,进行 50 000 轮随机梯度下降搜索。在每一轮中,第 27~29 行随机选取一条训练数据。第 30 行通过运行 train_op 算子对模型进行随机梯度下降搜索。第 31、32 行计算模型在测试数据上的预测准确率。

运行图 8.28 中的程序,模型获得了 96.89%的准确率。它与图 8.26 中的算法殊途同归。

小结

神经网络算法的灵感来源于对人类大脑神经系统的模拟。它是连接机器学习中的经典算法与前沿理论的桥梁。本章深入介绍了神经网络算法的理论与实践。其中的反向传播算法是神经网络模型训练的灵魂。神经网络中的每一条边上都带有权重参数。反向传播算法的思想是:先通过链式法则递归地计算目标函数对每一个神经元的输出值的梯度,然后再次用链式法则计算边上的权重参数的梯度。通过将这一系列操作表示为简练的矩阵运算,本章中提供了神经网络算法的精炼的算法实现。

最后,TensorFlow 是目前十分流行的构建神经网络模型的工具。本章中也介绍了神经网络的 TensorFlow 实现,这也为第 9 章中的深度学习打下了基础。

习题

8.1 请计算图 8.29 中的神经元模型的输出。

8.2 请计算图 8.30 中的神经网络模型的输出。其中,输入 $\boldsymbol{x}=(-1,2)$。

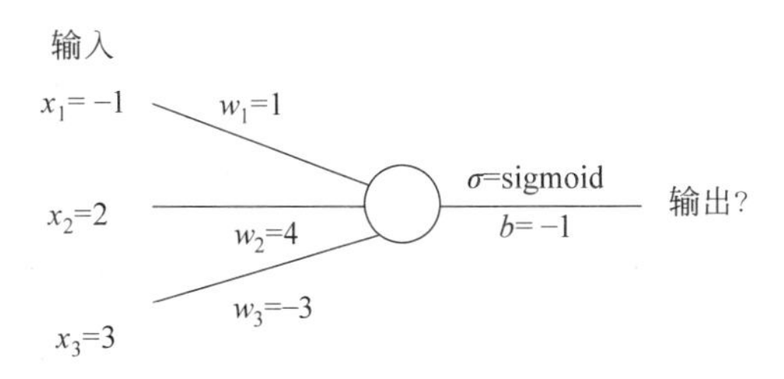

图 8.29　习题 8.1 的神经元模型

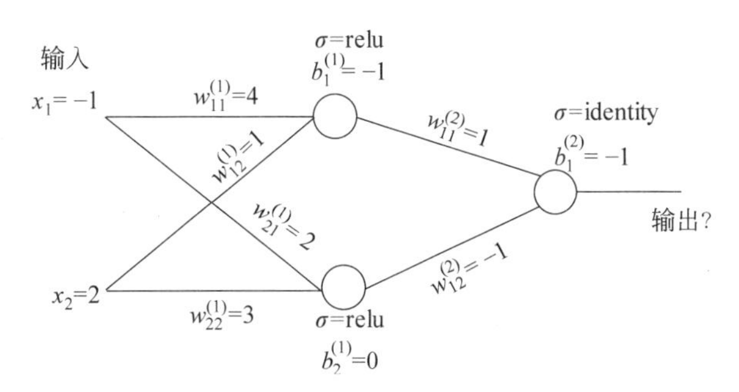

图 8.30　习题 8.2 的神经网络模型

8.3　XOR 函数的神经网络表示。

XOR 函数是一个二元布尔函数 $f:\{0,1\}^2 \to \{0,1\}$。其中，$f(0,0)=f(1,1)=0$，$f(0,1)=f(1,0)=1$。请设计一个神经网络模型 h，使得对任意 $x_1,x_2 \in \{0,1\}$，有 $h(x_1,x_2)=f(x_1,x_2)$。

8.4　许多常用的机器学习模型都是神经网络模型的特殊情况。请分别将线性回归模型、Logistic 回归模型和 Softmax 回归模型表示成神经网络的结构。

8.5　考察图 8.30 中的神经网络模型。设在习题 8.2 中计算出该模型关于样本 $\boldsymbol{x}=(-1,2)$的输出等于 v，并设 $\boldsymbol{x}$ 对应的标签 $y=-6$，损失函数定义为 $L(v)=(v-y)^2$。请用反向传播算法计算 L 对模型的各参数的梯度值。

8.6　在一个 k 元分类问题中，设一个神经网络模型的输出为 $\boldsymbol{v}\in\mathbb{R}^k$。神经网络分类算法的目标函数是对 $\boldsymbol{v}$ 做 Softmax 变换后的交叉熵 $L(\boldsymbol{v})=\langle \boldsymbol{y},\text{softmax}(\boldsymbol{v})\rangle$，其中 $\boldsymbol{y}\in\{0,1\}^k$ 为向量标签。请证明

$$\frac{\partial L}{\partial \boldsymbol{v}} = \log(\text{softmax}(\boldsymbol{v})) - \boldsymbol{y}$$

8.7　在一个含有 n 个特征的二元分类问题中，考察图 8.31 中的神经网络模型。这个神经网络模型只有一层。由于是二元问题，它有两个输出。设对训练数据$(\boldsymbol{x},\boldsymbol{y})$，网络输出 $\boldsymbol{v}=(v_1,v_2)$，并且损失函数是交叉熵 $L(\boldsymbol{v})=\langle \boldsymbol{y},\text{softmax}(\boldsymbol{v})\rangle$。请用反向传播算法计算 L 对模型的各参数的梯度。

8.8　请说明为什么神经网络模型不是一个凸优化问题。

8.9　过度拟合与 Dropout 算法。

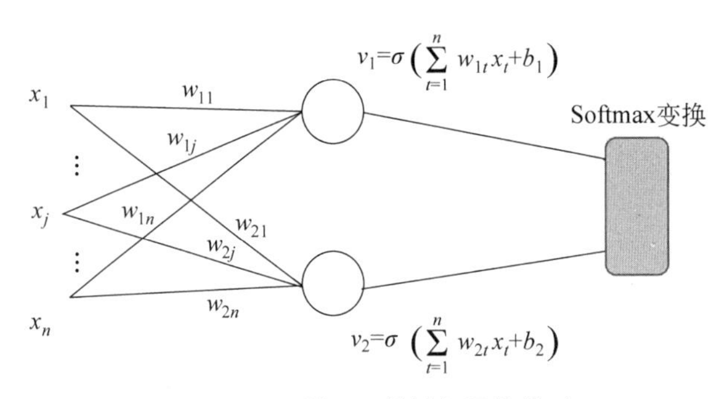

图 8.31　习题 8.7 的神经网络模型

由于神经网络模型含有诸多参数，所以有时它的过度拟合几率较高。Dropout 算法是最常用和有效的预防神经网络过度拟合的方法之一。Dropout 算法的描述如下：取定一个概率值 p。在随机梯度下降算法的每一次循环中，首先对网络中的每一个神经元都以概率 p 将其抹去，获得一个简化的神经网络(如图 8.32 所示)。然后，再对这个简化的神经网络进行网络输出计算和反向传播梯度计算，以更新模型参数。最后，恢复被抹去的神经元，并进入下一轮循环。在训练完成之后，获得权重矩阵 $\boldsymbol{W}^{(1)},\boldsymbol{W}^{(2)},\cdots,\boldsymbol{W}^{(R)}$。由于在训练时每个神经元都以概率 p 被抹去，所以可以近似地认为每条边上的权重 $w_{ij}^{(r)}$ 对最终模型输出的影响被扩大了 $1/p$ 倍。因此，要进行以下的操作来调整每条边上的权重：$w_{ij}^{(r)} \leftarrow p \cdot w_{ij}^{(r)}$。

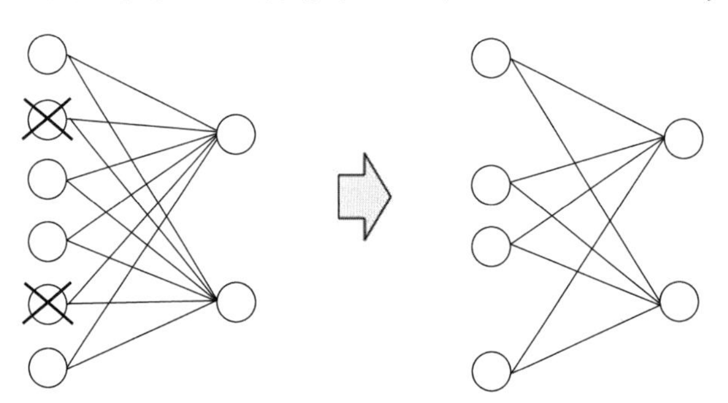

图 8.32　一轮训练中 Dropout 的效果

以上就是 Dropout 算法的描述。在实际应用中，通常取 Dropout 概率 p 为 0.5。请结合图 8.32，实现带有 Dropout 功能的神经网络算法。

8.10　时装类别识别。

时装类别识别问题的任务是预测一张图片中的时装类别。时装类别识别问题的数据来自 Zalando Research①。在时装数据集中，共有 60 000 张时装的图片。每张图片表示一个 28×28 的像素灰度矩阵，并且含有一个属于{0,1,…,9}的标签，用于表明图片

① 本题的数据来自 https://github.com/zalandoresearch/fashion-mnist，也可参见 https://www.kaggle.com/zalando-research/fashionmnist，还可从 GitHub 网站的本书页面 https://github.com/wanglei18/machine_learning 下载。

中所示的时装类别。时装总共有10种类别：T恤衫、长裤、套头衫、连衣裙、外套、高跟鞋、衬衣、休闲鞋、提包以及靴子，对应的类别号为0～9。图8.33是各类别的时装数据采样。

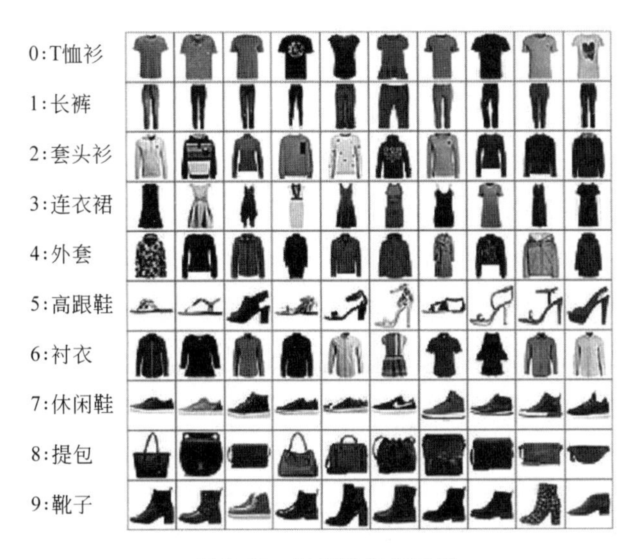

图8.33　时装数据集采样

请下载时装数据fashion-mnist_train.csv至当前目录。用图8.34中的程序读入数据，并设计神经网络算法来完成时装类别预测问题。

```
1  import pandas as pd
2
3  def get_data():
4     df=pd.read_csv("./fashion-mnist_train.csv")
5     y=df['label'].values
6     df.drop(['label'], 1, inplace=True)
7     X=df.values
8     return X, y
```

图8.34　读取时装数据的程序

第9章　深度学习

深度学习算法是一类基于神经网络的机器学习算法。深度学习算法的一个显著特点是它涉及多层结构复杂且功能各异的神经网络。多层次的神经网络通常称为深度网络。因而,基于深度网络的机器学习就称为深度学习。

人脑是一个结构复杂的模型。深度学习算法所涉及的正是结构复杂的神经网络,因而该算法比其他机器学习算法更加接近人脑的模型。在图像识别、自然语言处理等人脑擅长的领域中,深度学习算法往往能够展示出其他机器学习算法所无法比拟的效果。然而,这也不是没有代价的,训练结构复杂的深度网络需要耗费大量的计算资源。近年来,计算机芯片技术的飞速发展为深度学习的成功提供了有力的保障。正因如此,深度学习正处于蓬勃发展的时期,它也是当前机器学习算法研究的前沿领域。

为了展示深度学习的思维方式,本章介绍两类基本的深度学习算法。9.1节介绍卷积神经网络,它是通过模拟人类视觉神经来识别图像的强有力的算法。9.2节介绍循环神经网络,它模拟人脑的记忆功能。它的长处在于处理与时间序列相关的问题,例如股票走势预测、自然语言处理等。在9.2节的最后,还将介绍一类循环神经网络的加强算法——长短时记忆单元,它使得循环神经网络能够选择性地遗忘次要的信息,从而能够专注于更加重要的信息。

卷积神经网络与循环神经网络算法都是深度学习的基本内容,也是对该领域做更深入的研究的基础。

9.1　卷积神经网络

大脑中视觉神经的功能是接收图像的信号,并对其做出反应。图9.1中是两种视觉神经元对图像信号的接收方式。图9.1(a)中的神经元一次性接收了图像中的所有信息,而图9.1(b)中的神经元只接收了图像中一个局部区域的信息。

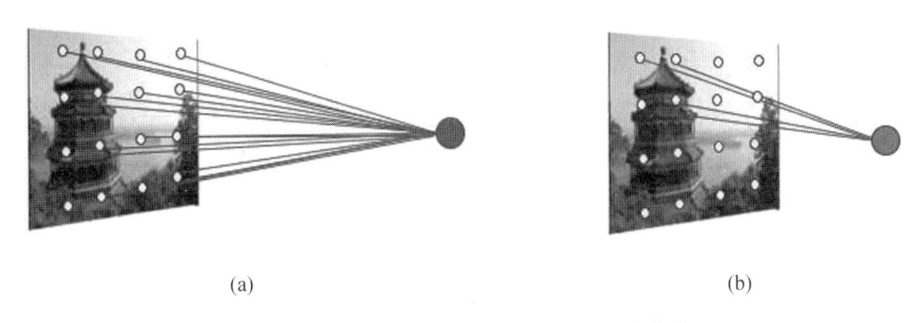

图 9.1 两种视觉神经元对图像信号的接收方式

在 20 世纪 50 年代末，美国的神经学家休贝尔和瑞典的神经学家威塞尔通过对猫和猴子的视觉神经细胞的实验研究发现，每一个视觉神经元都有一个“局部接收域”，该神经元扫过整个图像，大脑就获得了整个图像的信息，如图 9.2 所示。

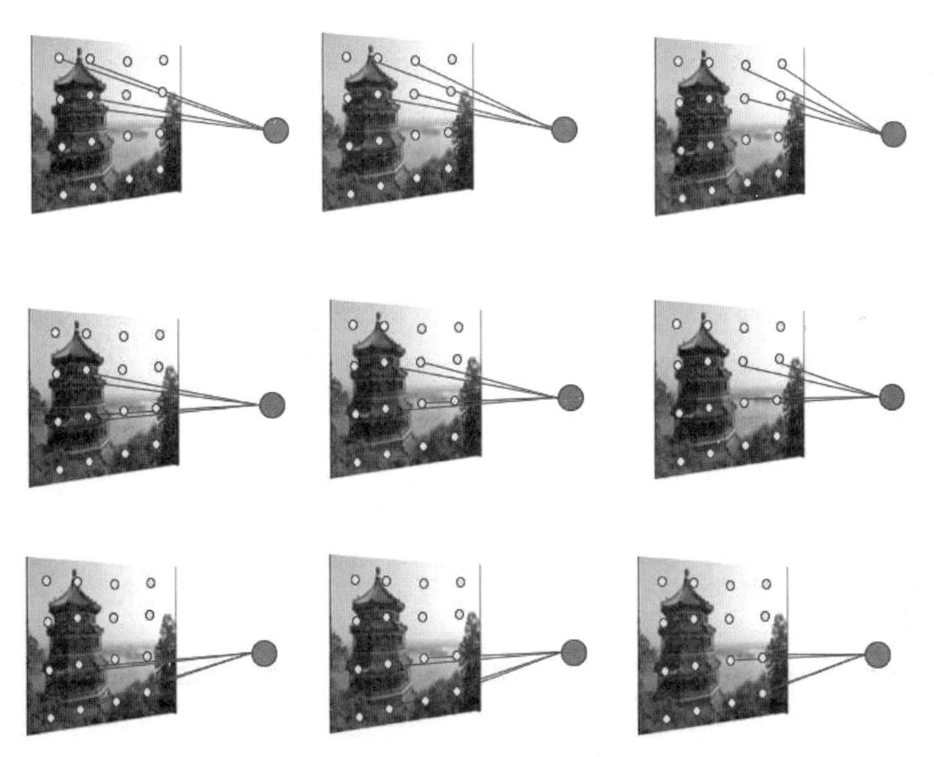

图 9.2 大脑获得完整图像信息的方式

休贝尔和威塞尔还发现，特定的视觉神经元对特定的结构十分敏感。例如，有些神经元擅于检测图像中的线条，有些神经元擅于检测尖点，等等。此外，一些神经元对基础结构较为敏感，而另一些神经元对由基础结构组成复杂结构较为敏感。正是因为这些重要的发现，休贝尔和威塞尔获得了 1981 年的诺贝尔生理学或医学奖。

卷积神经网络来自对上述人类视觉神经的模拟。图 9.3 是一个简单的卷积神经网络示意图。

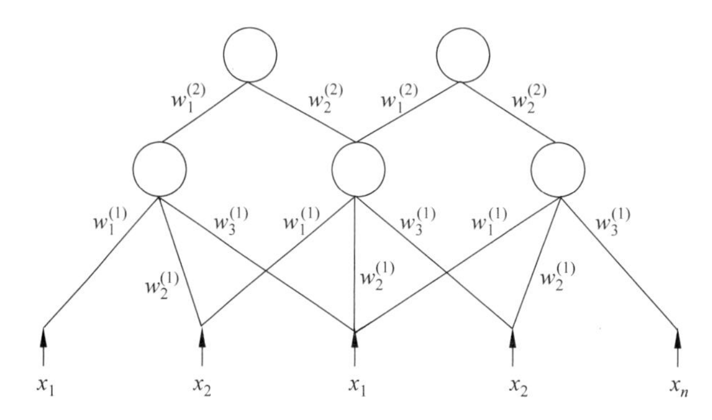

图 9.3　卷积神经网络示意图

图 9.3 中的结构与第 8 章介绍的神经网络结构有两个显著的不同：

(1) 每一层中的神经元只与上一层中的一个局部的神经元相连，这里“局部”定义为一段连续的下标。

(2) 同一层中的神经元有完全相同的结构与权重。

以上两点是卷积神经网络与普通神经网络的本质区别，是对视觉神经进行模拟的产物。首先，每个神经元只与上一层中局部相连是为了模拟图 9.1(b)中的视觉神经具有局部接收域的性质。其次，同一层中的神经元完全相同是模拟图(9.2)中同一个视觉神经扫过整个图像的过程，所以可以认为卷积神经网络的每一层都由同一个神经元的复制组成。最后，较低的层负责如点、线、弧度等基础结构，而较高的层则负责由基础结构组成的复杂结构。卷积神经网络中的每一层都被称为卷积层。

图 9.3 仅是一个卷积神经网络的示意图。实际应用中的卷积神经网络的结构比图 9.3 中的网络结构复杂。这是因为，卷积神经网络建模的对象往往是图片，而图片可以表示成像素矩阵，所以卷积神经网络的每一层的输入与输出都具有矩阵的形式。可以认为实际应用中的卷积神经网络是图 9.3 中的结构在矩阵情形的推广。

9.1.1　滤镜

首先要引入滤镜的概念。简单来说，滤镜的功能是通过模拟视觉神经扫过图片的过程来提取一张图片中的信息。如图 9.4 所示，滤镜将一张图片过滤为另一张图片，称之为镜像。

在卷积神经网络中，一个形状为 $p\times q$ 的滤镜是一个 $p\times q$ 矩阵。一张图片可以用一个 $m\times n$ 像素灰度矩阵 $\boldsymbol{U}$ 来表示。设 $\boldsymbol{W}$ 是一个 $p\times q$ 滤镜。滤镜 $\boldsymbol{W}$ 在图片 $\boldsymbol{U}$ 上的作用定义为一个$(m-p+1)\times(n-q+1)$矩阵 $\boldsymbol{C}$，其元素为

$$c_{ij}=\sum_{s=1}^{p}\sum_{t=1}^{q}u_{i+s-1,j+t-1}w_{s,t}$$
$$1\leqslant i\leqslant m-p+1,\quad 1\leqslant j\leqslant n-q+1 \tag{9.1}$$

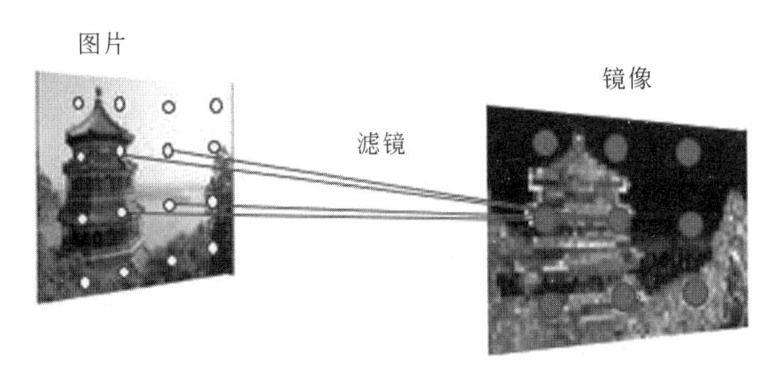

图 9.4　滤镜示意图

将 $\boldsymbol{C}$ 称为滤镜 $\boldsymbol{W}$ 在图片 $\boldsymbol{U}$ 上的镜像。由式(9.1)定义的矩阵 $\boldsymbol{C}$ 就称为 $\boldsymbol{U}$ 与 $\boldsymbol{W}$ 的卷积，记作 $\boldsymbol{C}=\boldsymbol{U}*\boldsymbol{W}$。

例 9.1　设 $\boldsymbol{U}$ 和 $\boldsymbol{W}$ 分别为

$$\boldsymbol{U}=\begin{bmatrix}1 & 2 & 3\\4 & 5 & 6\\7 & 8 & 9\end{bmatrix},\quad \boldsymbol{W}=\begin{bmatrix}1 & 0\\0 & 1\end{bmatrix}$$

图 9.5 是计算卷积 $\boldsymbol{U}*\boldsymbol{W}$ 的过程演示。先将矩阵 $\boldsymbol{W}$ 依次"扫过"矩阵 $\boldsymbol{U}$。在每一个扫到的位置上，计算 $\boldsymbol{U}$ 的 2×2 子矩阵中各分量与 $\boldsymbol{W}$ 中对应分量的乘积之和。然后，把这些乘积之和依次排列成 2×2 矩阵，就得到了卷积 $\boldsymbol{U}*\boldsymbol{W}$。

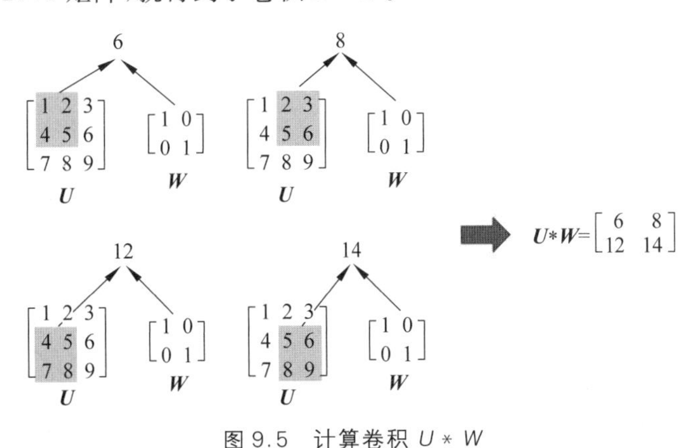

图 9.5　计算卷积 $U*W$

例 9.1 中的 $\boldsymbol{U}$ 与 $\boldsymbol{W}$ 的卷积计算过程就是滤镜 $\boldsymbol{W}$ 扫过图片 $\boldsymbol{U}$ 的过程。卷积生成的镜像表示了滤镜对图片中信息的提取。卷积神经网络的工作原理就是训练合适的滤镜来提取图片中对预测有用的镜像。

例 9.2　图 9.6 是一张颐和园佛香阁的图片，它取自 Sklearn 图片库。

设 $\boldsymbol{U}$ 是颐和园佛香阁图片的 $m\times n$ 像素灰度矩阵。考察如下的 2×1 滤镜：

$$\boldsymbol{W}=\begin{bmatrix}-1\\1\end{bmatrix}\tag{9.2}$$

图 9.6　颐和园佛香阁

按照式(9.1)，卷积矩阵 $\boldsymbol{C}$ 中的各元素为：

$$c_{ij}=u_{i+1,j}-u_{ij}$$
$$1\leqslant i\leqslant m-1,\quad 1\leqslant j\leqslant n$$

由于像素矩阵 $\boldsymbol{U}$ 中的元素 u_{ij} 表示的是图片中对应位置的灰度，因而 c_{ij} 是两个上下相邻位置的灰度值之差。这也表示像素矩阵中的横向线条。因此，卷积 $\boldsymbol{C}=\boldsymbol{U}*\boldsymbol{W}$ 表示图片中物体的横向轮廓线。例如，图 9.6 的一个局部截图的像素矩阵为

$$\boldsymbol{V}=\begin{bmatrix}74 & 45 & 50 & 52\\ 62 & 41 & 47 & 49\\ 119 & 108 & 109 & 112\\ 127 & 111 & 112 & 113\\ 112 & 110 & 113 & 117\end{bmatrix}$$

按照式(9.1)，卷积矩阵为

$$\boldsymbol{C}=\boldsymbol{V}*\boldsymbol{W}=\begin{bmatrix}-8 & -4 & -3 & -3\\ 57 & 67 & 62 & 63\\ 8 & 3 & 3 & 1\\ -15 & -1 & 1 & 4\end{bmatrix}$$

在卷积矩阵 $\boldsymbol{C}$ 中，可以清楚地看到第 2 行的灰度值很高，而其他行的灰度值都较低，这说明镜像的第 2 行呈现出的是这幅局部截图的横向轮廓线。

将式(9.2)的滤镜作用在图 9.6 中的佛香阁图片中，就能得到整个阁楼的横向轮廓，如图 9.7 所示。图 9.7 就是原图的一个镜像。

不同的滤镜将得到不同的镜像。考察 1×2 滤镜 $\boldsymbol{W}=[-1,1]$，由此得到的镜像 $\boldsymbol{C}=\boldsymbol{U}*\boldsymbol{W}$ 就是佛香阁的纵向轮廓，如图 9.8 所示。

9.1.2　卷积层

由于滤镜的镜像依然是一个矩阵，所以一个滤镜可以过滤另一个滤镜的镜像。卷积神

图 9.7 佛香阁的横向轮廓

图 9.8 佛香阁的纵向轮廓

经网络是通过层层的滤镜过滤来不断提取原图片中的有用信息，从而完成预测任务。

一个卷积神经网络是由一个个卷积层相连组成的。而每一个卷积层都由一组形状相同的滤镜组成。在卷积神经网络中，每一个卷积层的功能是对上一个卷积层输出的镜像进行过滤，并将生成的镜像作为下一个卷积层的输入。

一个卷积层的输出可以包含多个镜像。以下是卷积层生成镜像的算法。设上一个卷积层生成了 l 个镜像 $\boldsymbol{U}^{(1)},\boldsymbol{U}^{(2)},\cdots,\boldsymbol{U}^{(l)}$。其中，每个 $\boldsymbol{U}^{(i)}$ 都是 $m\times n$ 矩阵。如果当前层的目标是输出 k 个镜像，则需要 $k\cdot l$ 个形状相同的滤镜 $\boldsymbol{W}^{(i,j)}$。其中，$i=1,2,\cdots,l,j=1,2,\cdots,k$。对任意 $1\leqslant j\leqslant k$，定义

$$\boldsymbol{C}^{(j)} = \sum_{i=1}^{l}\boldsymbol{U}^{(i)} * \boldsymbol{W}^{(i,j)} \tag{9.3}$$

依此定义，$\boldsymbol{C}^{(j)}$ 是 $\boldsymbol{U}^{(1)},\boldsymbol{U}^{(2)},\cdots,\boldsymbol{U}^{(l)}$ 分别被 $\boldsymbol{W}^{(1,j)},\boldsymbol{W}^{(2,j)},\cdots,\boldsymbol{W}^{(l,j)}$ 过滤后产生的镜像的叠加，见图 9.9。

当前层的输出就是 $\boldsymbol{C}^{(1)},\boldsymbol{C}^{(2)},\cdots,\boldsymbol{C}^{(k)}$ 这 k 个镜像，见图 9.10。如果每个滤镜 $\boldsymbol{W}^{(i,j)}$ 都是 $p\times q$ 滤镜，则每个 $\boldsymbol{C}^{(j)}$ 都是一个 $(m-p+1)\times(n-q+1)$ 矩阵。

在将一个卷积层的输出镜像传入下一层之前，可以对其进行处理。池化是一个最常用

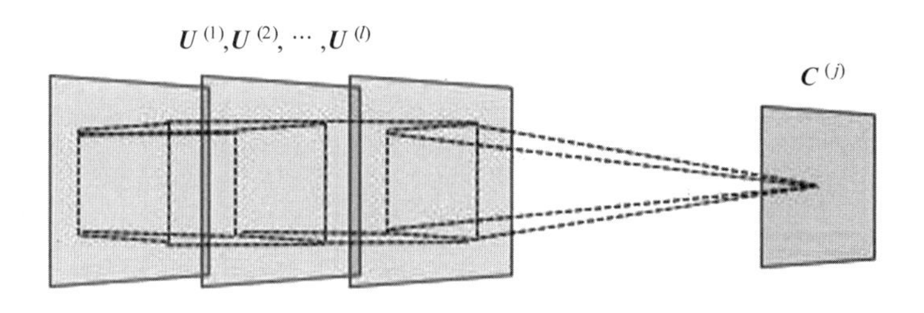

图 9.9　滤镜过滤 $U^{(1)},U^{(2)},\cdots,U^{(l)}$ 后镜像的叠加

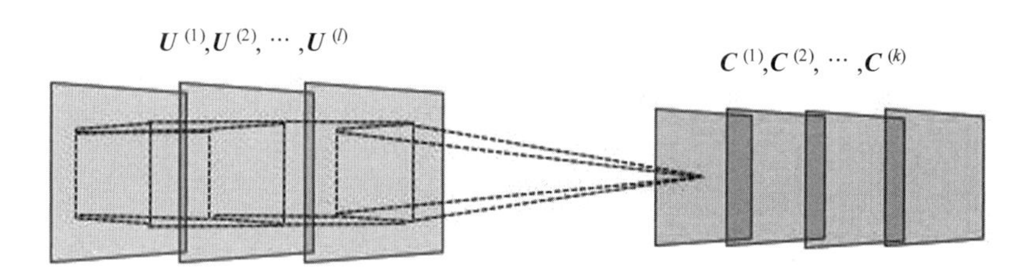

图 9.10　当前层输出的镜像 $C^{(1)},C^{(2)},\cdots,C^{(k)}$

的处理方式。池化的功能是放大重要信息，淡化不重要的信息。最大值池化是最常用的一种池化方法。

定义 9.1（最大值池化）　给定 $m\times n$ 矩阵 $\boldsymbol{C}$ 以及整数 p 和 q。定义 $\boldsymbol{C}$ 的 $p\times q$ 最大值池化 $\mathrm{MaxPool}(\boldsymbol{C})$ 为一个 $(m-p+1)\times(n-q+1)$ 矩阵 $\boldsymbol{D}$。其中

$$d_{ij}=\max_{\substack{1\leqslant s\leqslant p\\1\leqslant t\leqslant q}} c_{i+s-1,j+t-1}$$

$$1\leqslant i\leqslant m-p+1,\quad 1\leqslant j\leqslant n-q+1 \tag{9.4}$$

例 9.3　考察例 9.2 中的镜像 $\boldsymbol{C}$。取 $p=3,q=2$。图 9.11 清晰地演示了如何对镜像构建 $p\times q$ 最大值池化矩阵。用一个 $p\times q$ 的窗口依次扫过整个镜像。在扫过的每个位置，计算窗口中所有元素的最大值。然后，将这些最大值依次排列，就得到镜像的 $p\times q$ 最大值池化矩阵。

最大值池化的效果是放大重要信息。例如，对图 9.7 的特征镜像进行最大值池化之后，其图像效果展示在图 9.12 中。从图 9.12 中可以明显地看到，最大值池化滤去了不重要的非边界轮廓信息，而放大了横向边界轮廓的像素。

设一个卷积层输出 k 个 $m\times n$ 镜像 $\boldsymbol{C}^{(1)},\boldsymbol{C}^{(2)},\cdots,\boldsymbol{C}^{(k)}$。一个 $p\times q$ 最大值池化将这一层的输出转化为 $\boldsymbol{D}^{(1)},\boldsymbol{D}^{(2)},\cdots,\boldsymbol{D}^{(k)}$。其中，$\boldsymbol{D}^{(j)}=\mathrm{MaxPool}(\boldsymbol{C}^{(j)})$ 为 $(m-p+1)\times(n-q+1)$ 矩阵，$j=1,2,\cdots,k$。在意义明确的情况下，也可将卷积层经池化后的输出直接称为该卷积层的输出。

通过池化滤去不重要的信息，是卷积神经网络预防过度拟合的方法之一。池化之后，降低了特征镜像的行数与列数，从而降低了计算复杂度。此外，池化也增强了模型的抗干扰能力，从而能够增强模型的稳定性。

平均值池化是另一类常用的池化方法。平均值池化并不完全滤去不重要的信息，而是

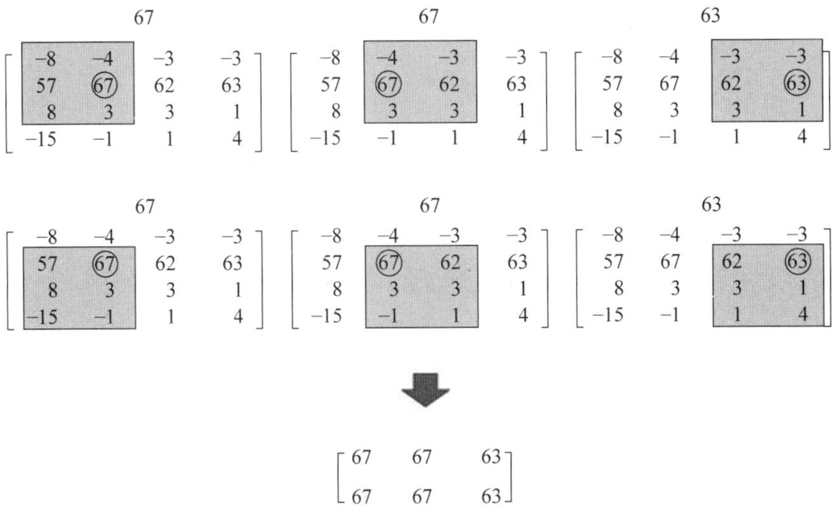

$$\overset{67}{\begin{bmatrix} -8 & -4 & -3 & -3 \\ 57 & 67 & 62 & 63 \\ 8 & 3 & 3 & 1 \\ -15 & -1 & 1 & 4 \end{bmatrix}} \quad \overset{67}{\begin{bmatrix} -8 & -4 & -3 & -3 \\ 57 & 67 & 62 & 63 \\ 8 & 3 & 3 & 1 \\ -15 & -1 & 1 & 4 \end{bmatrix}} \quad \overset{63}{\begin{bmatrix} -8 & -4 & -3 & -3 \\ 57 & 67 & 62 & 63 \\ 8 & 3 & 3 & 1 \\ -15 & -1 & 1 & 4 \end{bmatrix}}$$

$$\overset{67}{\begin{bmatrix} -8 & -4 & -3 & -3 \\ 57 & 67 & 62 & 63 \\ 8 & 3 & 3 & 1 \\ -15 & -1 & 1 & 4 \end{bmatrix}} \quad \overset{67}{\begin{bmatrix} -8 & -4 & -3 & -3 \\ 57 & 67 & 62 & 63 \\ 8 & 3 & 3 & 1 \\ -15 & -1 & 1 & 4 \end{bmatrix}} \quad \overset{63}{\begin{bmatrix} -8 & -4 & -3 & -3 \\ 57 & 67 & 62 & 63 \\ 8 & 3 & 3 & 1 \\ -15 & -1 & 1 & 4 \end{bmatrix}}$$

$$\Downarrow$$

$$\begin{bmatrix} 67 & 67 & 63 \\ 67 & 67 & 63 \end{bmatrix}$$

图 9.11 最大值池化过程

图 9.12 最大值池化后佛香阁的横向边界轮廓

通过取窗口中元素平均值的方式来强化重要信息,淡化不重要信息。

定义 9.2(平均值池化) 给定 $m\times n$ 矩阵 $\boldsymbol{C}$ 以及整数 p 和 q。定义 $\boldsymbol{C}$ 的 $p\times q$ 平均值池化 AvgPool($\boldsymbol{C}$)为一个$(m-p+1)\times(n-q+1)$矩阵 $\boldsymbol{D}$。其中

$$d_{ij}=\frac{1}{pq}\sum_{s=1}^{p}\sum_{t=1}^{q}c_{i+s-1,j+t-1}$$
$$1\leqslant i\leqslant m-p+1,\quad 1\leqslant j\leqslant n-q+1 \tag{9.5}$$

图 9.13 是对图 9.7 的镜像进行平均值池化的效果展示。从图 9.13 中可以看到横向边界轮廓像素被放大了,但是也没有完全滤去非边界轮廓线的信息。这说明平均值池化比最大值池化更加平滑。

经过多个卷积层的层层过滤之后,原始图片就转化成了一组镜像。为了完成最终的预测任务,还需将这组镜像转化为指定形式的输出。如果是回归问题,则应当输出一个一维向量;如果是 k 元分类问题,则应当输出一个 k 维的概率向量。卷积神经网络通过全连接层来实现这一目的。一个全连接层就是在第 8 章中介绍的普通的神经网络。设最后一个卷积层

图 9.13　平均值池化后佛香阁的横向边界轮廓

的输出为 l 个 $m\times n$ 镜像 $\boldsymbol{U}^{(1)}, \boldsymbol{U}^{(2)}, \cdots, \boldsymbol{U}^{(l)}$，则全连接层必须接受 $l\cdot m\cdot n$ 个输入。全连接层可以有多个隐藏层。这由算法设计者指定。全连接层的输出层必须按照指定形式输出神经元。如果是回归问题，则含有一个神经元；如果是 k 元分类问题，则应含有 k 个神经元。

综上所述，图 9.14 是一个整体的卷积神经网络结构示意图。卷积神经网络可以含有多个卷积层。每个卷积层的输出可以在池化之后再输出给下一个卷积层。各个卷积层对图像的处理可以认为是对图像特征的提取。提取出的特征可以作为全连接层的输入进行最后的模型预测。

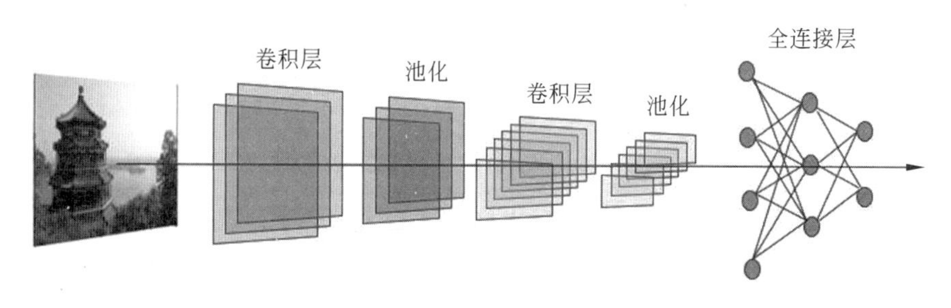

图 9.14　卷积神经网络的结构

与普通的神经网络相同，卷积神经网络的结构必须由算法设计者指定，其中包括层数、每个卷积层中的滤镜个数以及滤镜的形状。卷积神经网络算法负责训练所有滤镜的权重。

9.1.3　卷积神经网络的实现

在第 8 章中介绍了机器学习开源软件库 TensorFlow。它不仅可以构建与训练神经网络模型，也可以构建与训练卷积神经网络模型。

图 9.15 中的算法是在 TensorFlow 中实现卷积层，并用最大值池化来处理例 9.2 中的佛香阁图片。

```
1   import tensorflow as tf
2   import numpy as np
3   import matplotlib.pyplot as plt
4   from sklearn.datasets import load_sample_image
5
6   china=load_sample_image("china.jpg")
7   height, width, channels=china.shape
8   images=china.reshape(1, height, width, channels)
9   plt.figure(9.7)
10  plt.imshow(china)
11
12  X=tf.placeholder(tf.float32, shape=[1, height, width, channels]))
13  filters =np.zeros(shape= (2, 1, 3, 1), dtype =np.float32)
14  filters[0, :, :, :]=-1
15  filters[1, :, :, :]=1
16  convolution=tf.nn.conv2d(X, filters, strides=[1,1,1,1], padding =
    'VALID')
17  max_ pool=tf.nn.max_ pool(convolution, ksize=[1,10,10,1],
18                            strides=[1,10,10,1], padding='SAME')
19
20  with tf.Session() as sess:
21     conv_output=sess.run(convolution, feed_dict={X : images})
22     pool_output=sess.run(max_ pool, feed_dict={X : images})
23     plt.figure(9.8)
24     plt.imshow(conv_output[0, :, :, 0], cmap="gray")
25     plt.figure(9.12)
26     plt.imshow(pool_output[0, :, :, 0], cmap="gray")
```

图 9.15　卷积层与池化算法

该算法的第 6～10 行导入例 9.2 中的佛香阁图片。彩色图片通常都是 RGB 图片。RGB 图片中的每一种颜色都可以用红(R)、绿(G)、蓝(B)这三原色按一定的比例调和得到，因此，RGB 图片中的每个点都需要用 3 个灰度值来表示。这 3 个灰度值分别表示在该点处红、绿、蓝三原色的比例。所以一张 RGB 彩色图片可以表示成 3 个灰度矩阵，将这 3 个灰度矩阵分别称为图片的红、绿、蓝 3 个镜像，或者称为 3 个频道。第 6 行读出的图片 china 就是这样的 3 个频道。第 7 行是它的形状描述，height 和 weight 是每个频道的行数和列数，channels 是频道数(此处的值等于 3)。第 8 行按 TensorFlow 的要求将训练数据存储为 1×height×width×3 的张量格式。其中，第一个维度表明只有一张图片。第 12 行定义输入张量 $\boldsymbol{X}$。它的格式与第 8 行中的 images 相同，这是因为在运行计算图时将把 $\boldsymbol{X}$ 赋值为 images。

第 13～18 行中声明了一个卷积层。这一卷积层的输入为含有 3 个镜像(或者说频道)

的 $\boldsymbol{X}$。它输出的是一个镜像。卷积层的输出经过了最大值池化。以下分别介绍。首先，在第 13 行声明了一组滤镜 filters。在 TensorFlow 中，一组滤镜是由一个 $p \times q \times l \times k$ 的张量表示的。其中 $p \times q$ 是每个滤镜的形状，l 是输入镜像的个数，k 是输出镜像的个数。第 13 行中的 filters 是一个 $2 \times 1 \times 3 \times 1$ 的张量，表明每个滤镜是 2×1 的，有 3 个镜像输入和 1 个镜像输出。在第 14、15 行中，filters 中的每个滤镜均按式(9.2)中的形式赋值。

第 16 行用 nn.conv2d 定义一个卷积层。此处的 nn.conv2d 需要以下信息：卷积层输入 $\boldsymbol{X}$、一组滤镜 filters、步长 strides、填充 padding。其中，输入 $\boldsymbol{X}$ 和滤镜组 filters 已经介绍过，以下介绍步长和填充。

式(9.1)已给出了卷积的计算方法。带有步长的卷积计算是对式(9.1)的推广。按式(9.1)的卷积计算公式，窗口每次向右移动一列，到了末列之后向下移动一行。步长的概念提供了更加一般的卷积操作。在一个步长为 $s \times t$ 的卷积计算中，窗口每次可以向右移动 s 列，到了末列之后向下移动 t 行。由此可看出，式(9.1)中的卷积是步长为 1×1 的卷积。

例 9.4 设 $\boldsymbol{U}$ 和 $\boldsymbol{W}$ 分别为

$$\boldsymbol{U} = \begin{bmatrix} 1 & 2 & 3 & 4 \\ 5 & 6 & 7 & 8 \\ 9 & 0 & 1 & 2 \\ 3 & 4 & 5 & 6 \end{bmatrix}, \quad \boldsymbol{W} = \begin{bmatrix} 1 & 0 \\ 0 & 1 \end{bmatrix}$$

则 $\boldsymbol{U}$ 和 $\boldsymbol{W}$ 的步长为 2×2 的卷积等于

$$\begin{bmatrix} 7 & 11 \\ 13 & 7 \end{bmatrix}$$

第 16 行中的 strides 是一个 4 元数组。根据 TensorFlow 的指定格式，数组中的第一与第四位元素必须取值为 1，中间的两位元素的值才是需要指定的。为了计算步长为 $s \times t$ 的卷积，只需将数组 strides 的中间两位分别设成 s 与 t 即可。在第 16 行中，将 s 与 t 均设为 1，也就是使用式(9.1)的普通卷积操作。

填充是对式(9.1)中的卷积计算的另一个推广。在式(9.1)中，当右边缘触及末列之后，窗口就向下移动至下一行。带填充的卷积计算通过填充全 0 列的方式，使得当窗口右边缘触及末列之后可以继续向右移动窗口，直至左边缘触及末列；并且通过填充全 0 行的方式，使得窗口下边缘触及末行之后可以继续向下移动窗口，直至上边缘触及末行。

例 9.5 考察例 9.1 中的矩阵 $\boldsymbol{U}$ 和 $\boldsymbol{W}$。图 9.16 展示了带填充功能的卷积计算过程。

在算法的第 16 行中，将 padding 的值设成 VALID，即不采用填充功能。如果要采用填充的功能，只需将 padding 的值设成 SAME 即可。

第 17、18 行通过 nn.max_pool 对卷积层的输出进行 10×10 的最大值池化。与卷积计算类似，也可以通过步长与填充来推广定义 9.1 中的最大值池化。在第 17、18 行中，池化的步长为 10×10，并且采用了填充功能。

第 20～26 行是计算图的运行部分。通过将 $\boldsymbol{X}$ 赋值为第 8 行中生成的 images，卷积神经网络完成了对图片的过滤。运行该算法，可得到图 9.7 与图 9.12 中的镜像。

图 9.15 给出的算法用 nn.conv2d 实现了卷积层。在 nn.conv2d 中，要求通过 filters 参数来指定一组滤镜。在已知某组滤镜能够带来好的效果时，可以直接用 nn.conv2d 来指定。

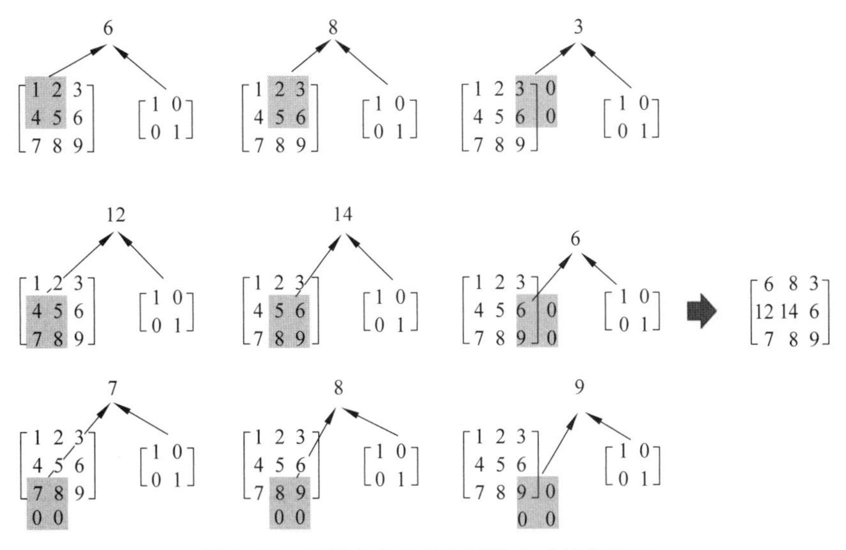

图 9.16　用填充全 0 行和列的方式计算卷积

但是，在通常情况下，算法设计者只指定滤镜的形状，而滤镜的具体取值由算法训练得出。在这种情况下，就需要用到 TensorFlow 中的另一种卷积层的实现——layers. conv2d。在 layers. conv2d 中，只需指定滤镜的形状，由算法来计算指定形状的最优滤镜取值。

例 9.6　猫和狗图片的识别。[①]

对人类而言，区分一张图片中的动物是猫还是狗，并不是一项复杂的任务。然而，计算机要完成这项任务，就需要依据一个合适的模型。在猫和狗图片的识别问题中，训练数据是近 4000 张猫和狗的图片。本例的任务是预测任意图片中的动物是猫还是狗。图 9.17 中的 4 张猫和狗的图片是训练数据集中的 4 个采样。

图 9.17　训练数据集中的图片采样

① 原数据来自 Kaggle 竞赛官方网站 https://www. kaggle. com/c/dogs-vs-cats，也可从 GitHub 网站的本书页面 https://github. com/wanglei18/machine_learning 下载。

图 9.18 中的程序读入图片，并且存储成卷积神经网络可接受的格式。第 14 行读入图片文件并表示成张量的形式。第 15 行将图片统一调整成 image_size×image_size 的形状。灰度矩阵的每个元素都是 0～255 的一个整数，其数值越大，表示颜色的灰度越高。为了避免在模型训练时出现过大的整数，第 16 行将灰度矩阵中的元素统一压缩成[0,1]的小数。第 18～20 行生成标签。

machine_learning.cnn.cats_and_dogs.data_reader

```
1   import numpy as np
2   import cv2
3   import os
4   import glob
5
6   def load_data(data_path, image_size, classes):
7      images=[]
8      labels=[]
9      for c in classes:
10         index=classes.index(c)
11         path=os.path.join(data_path, c+'*.jpg')
12         files=glob.glob(path)
13         for file in files:
14            image=cv2.imread(file)
15             image= cv2.resize(image, (image_size, image_size), 0, 0,
               cv2.INTER_LINEAR)
16            image=np.multiply(image, 1.0/255.0)
17            images.append(image)
18            label=np.zeros(len(classes))
19            label[index]=1
20            labels.append(label)
21      return np.array(images), np.array(labels)
```

图 9.18　读入图片并调整其存储格式的程序

图 9.19 中的算法构建了一个卷积神经网络，以解决猫和狗图片识别问题。第 5～31 行是计算图构建部分。第 33～54 行是计算图运行部分。

```
1   import tensorflow as tf
2   from sklearn.model_selection import train_test_split
3   from machine_learning.cnn.cats_and_dogs.data_reader import load_data
4
5   n_classes=2
6   img_size=128
```

图 9.19　构建图片识别问题的卷积神经网络的程序

```
7  n_channels=3
8  X = tf. placeholder (tf. float32, shape = [None, img _ size, img _ size, n _
   channels])
9  y=tf.placeholder(tf.float32, shape=[None, n_classes])
10 conv1=tf.layers.conv2d(X, filters=32, kernel_size=[3,3],
11                          strides=[1,1], padding='SAME')
12 conv1_pool=tf.nn.max_pool(conv1, ksize=[1,2,2,1],
13                          strides=[1,2,2,1], padding='SAME')
14 conv2=tf.layers.conv2d(conv1_ pool, filters=32, kernel_size=[3, 3],
15                          strides=[1,1], padding='SAME')
16 conv2_ pool=tf.nn.max_ pool(conv2, ksize=[1,2,2,1],
17                          strides=[1,2,2,1], padding='SAME')
18 conv3=tf.layers.conv2d(conv2_ pool, filters=64, kernel_size=[3,3],
19                          strides=[1,1], padding ='SAME')
20 conv3_ pool=tf.nn.max_ pool(conv3, ksize=[1,2,2,1],
21                          strides=[1,2,2,1], padding='SAME')
22 n_features=conv3_ pool.get_shape()[1:4].num_elements()
23 conv_flat=tf.reshape(conv3_ pool, [-1, n_features])
24 fc1=tf.layers.dense(conv_flat, 128, activation=tf.nn.relu)
25 fc2=tf.layers.dense(fc1, n_classes)
26 cross _entropy= tf. nn. softmax _cross _entropy _with _logits (logits= fc2,
   labels=y)
27 cost=tf.reduce_mean(cross_entropy)
28 optimizer=tf.train.AdamOptimizer(learning_rate=1e-4).minimize(cost)
29 y_pred=tf.nn.softmax(fc2)
30 correct_ prediction=tf.equal(tf.argmax(y_pred, axis=1), tf.argmax(y,
   axis=1))
31 accuracy=tf.reduce_mean(tf.cast(correct_prediction, tf.float32))
32
33 saver=tf.train.Saver()
34 with tf.Session() as sess:
35     tf.global_variables_initializer().run()
36     data_ path='./ cats_and_dogs'
37     images, labels=load_data(data_path, img_size, ['dog','cat'])
38     image_train, image_test, label_train, label_test=train_test_split(
39              images, labels, test_size=0.1, random_state=0)
40     n_epoches=20
41     batch_size=32
42     best_accuracy=0
43     for epoch in range(n_epoches):
```

图 9.19 （续）

```
44         for batch in range(len(image_train)// batch_size):
45             start=batch * batch_size
46             end= (batch +1) * batch_size
47             X_batch=image_train[start:end]
48             y_batch=label_train[start:end]
49             sess.run(optimizer, feed_dict={X:X_batch, y:y_batch})
50          test_accuracy= accuracy.eval (feed_dict= {X: image_test, y:label_
            test})
51         print("epoch {}: test accuracy= {}".format(epoch, test_accuracy))
52         if test_accuracy>best_accuracy:
53             saver.save(sess, "./cats_and_dogs_model/cats_and_dogs.ckpt")
54             best_accuracy=test_accuracy
```

图 9.19 （续）

在这个例子中，只有猫和狗两个类别。所以，第 5 行将 n_classes 设为 2。第 6 行指定图片均为 128×128 的灰度矩阵。第 7 行指定每张图片有红、绿、蓝 3 个频道。第 8、9 行分别定义表示特征的张量 $\boldsymbol{X}$ 和表示标签的张量 $\boldsymbol{y}$。

接下来，在第 10～21 行定义卷积层。本例设置 3 个卷积层，每个卷积层的输出都带有一个最大值池化。第 10、11 行用 layers. conv2d 来定义第一层卷积层。此处的 layers. conv2d 需要以下信息：

- 卷积层输入 $\boldsymbol{X}$。
- 卷积层的输出镜像个数 filters。在第 10 行定义的卷积层有 32 个输出镜像。
- 每个滤镜的形状 kernel_size。在第 10 行定义的滤镜的形状是 3×3 滤镜。
- 步长 strides。与 nn. conv2d 的步长意义相同。但此处只是一个二元数组。其元素分别表示向右与向下移动的步长。
- 填充 padding。与 nn. conv2d 的填充定义相同。本例中采用了填充功能。

定义了第一个卷积层之后，接下来在第 12、13 行对第一个卷积层的输出进行 2×2 的最大值池化，步长也取为 2×2，并且采用了填充功能。第 14～21 行以同样方式定义第二个和第三个卷积层。

第 22、23 行将经过了 3 个卷积层的镜像作为最后的全连接层的输入。先将其扁平化成向量的形式。将第三个池化层 conv3_pool 的 64 个输出镜像的各行依次首尾相连来构成一个向量。第 22 行计算这个向量的元素个数。第 23 行生成这个向量。第 24、25 行将扁平化之后的向量传入两个全连接层构成的普通神经网络。第一层有 128 个输出，第二层有 2 个输出(因为是二元分类问题)。

第 26～28 行指定计算图中的模型训练操作。第 26 行定义交叉熵为每条训练数据上的损失。第 27 行定义模型的目标函数为所有训练数据上的交叉熵的平均值。第 28 行定义梯度下降算子，对模型运行梯度下降算法。在此用到了 AdamOptimizer，它是对随机梯度下降算法的加强算法，但其本质依然是随机梯度下降算法。

第 29～31 行定义了模型的度量。第 29 行通过对神经网络的输出，用 softmax 函数得到概率预测 y_pred。第 30 行通过最大概率分类函数给出类别预测，并判断预测正确与否。第 31 行计算预测的准确率。

第 33～54 行是计算图运行部分。第 33 行定义了 saver。稍后将用它来保存训练好的模型。第 36、37 行调用图 9.18 中实现的 load_data 函数读入图片。第 38、39 行将数据分成训练数据与测试数据两部分。第 40～54 行进行 20 轮小批量随机梯度下降搜索。在每一轮中批量读入训练数据，每批数据的规模指定为 32。当一轮训练结束时，第 50 行计算在测试数据上度量模型的准确率。第 52～54 行保存测试数据上准确率最高的模型参数。

运行图 9.19 中的算法，可以得到猫和狗的概率预测和类别预测，同时输出这个模型的预测准确率。输出结果显示，模型在训练数据上的预测准确率达到 76%。用图 9.19 的算法对图 9.17 中的 4 条测试数据做概率预测，结果见图 9.20。对于图 9.20 中的图片(a)和(d)，模型预测图中的动物是狗的概率分别为 72%和 99%，预测图中的动物是猫的概率分别为 28%和 1%；而对于图片(b)和(c)，模型预测图中的动物是狗的概率分别为 1%和 47%，预测图中的动物是猫的概率分别为 99%和 53%。

图 9.20　卷积神经网络对 4 条测试数据的概率预测

图 9.19 的模型结构比较简单，有利于展示卷积神经网络的基本概念和用法。如果在实际问题中对预测准确率有更高要求，则可以采用结构更加复杂的卷积神经网络。有兴趣的读者可以参阅相关参考文献。

9.2　循环神经网络

许多重要的机器学习算法的应用都涉及时间序列型信息。例如，用模型预测未来的股票价格时，不仅要考虑当前的股价，还要结合过去一段时期内的股价变动趋势。而一系列依时间顺序排列的股价就是一个时间序列型信息。在用模型处理自然语言时,"完形填空"是一项重要的课题。例如,在句子"我生长在中国,所以我会说____。"的留空处最合适填入的词语应该是"中文"。显然,在构建一个模型来预测留空处的词语时,需要结合上下文的语义。而按照先后顺序排列的语句也是一个时间序列型的信息。

循环神经网络就是一类针对时间序列型信息的机器学习算法。循环神经网络的思想起源于20世纪80年代。随着算法技术的发展,循环神经网络已经在语音识别、自然语言处理以及机器实时翻译等领域取得了重大的进展。

9.2.1 循环神经网络基本概念

在一些监督式学习问题中,数据样本$(\boldsymbol{x},\boldsymbol{y})$中的特征$\boldsymbol{x}$是具有时间序列的形式,即$\boldsymbol{x}$是一个时长为$R$的时间序列:

$$\boldsymbol{x}=\{\boldsymbol{x}(0),x(1),\cdots,x(R-1)\} \tag{9.6}$$

其中,$\boldsymbol{x}(r)\in\mathbb{R}^n$是特征组在$r$时刻的取值,$r=0,1,\cdots,R-1$。标签$\boldsymbol{y}$是时间序列$\boldsymbol{x}$在时刻$R$的取值$\boldsymbol{x}(R)$。

例9.7 考察如下的监督式学习问题。给定时间序列$\{f(0),f(1),f(2),\cdots\}$,其中

$$f(r)=(r/10)\cdot\sin(r/10),\quad r=0,1,2,\cdots \tag{9.7}$$

设$\boldsymbol{x}=\{x(0),x(1),\cdots,x(29)\}$为式(9.7)的时间序列中的一段时长为$R=30$的连续子序列,其中

$$x(r)=f(r_0+r),\quad r=0,1,\cdots,29 \tag{9.8}$$

对由式(9.8)给定的$\boldsymbol{x}$,其标签的取值为$y=f(r_0+30)$。

在式(9.8)中,r_0是子序列的起始时间点。不同的r_0对应于不同的子序列。因此,由不同的r_0可以得到不同的数据样本$(\boldsymbol{x},y)$。例如,对于图9.21中的时间序列f,在图9.21(a)和(b)中分别描述了f的起点是$r_0=20$和$r_0=50$且时长均为$R=30$的子序列$\boldsymbol{x}^{(1)}$和$\boldsymbol{x}^{(2)}$。

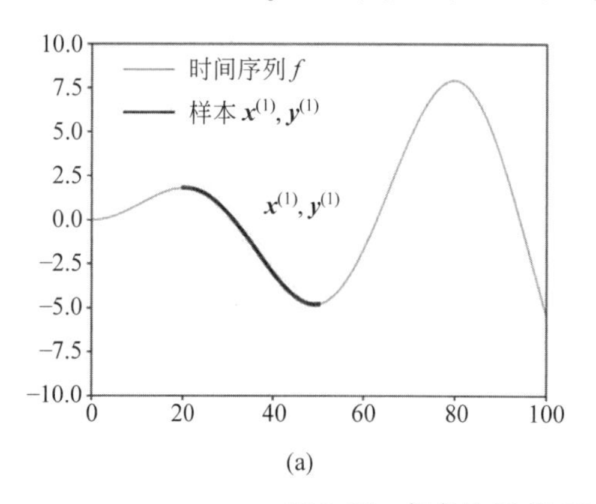

(a)

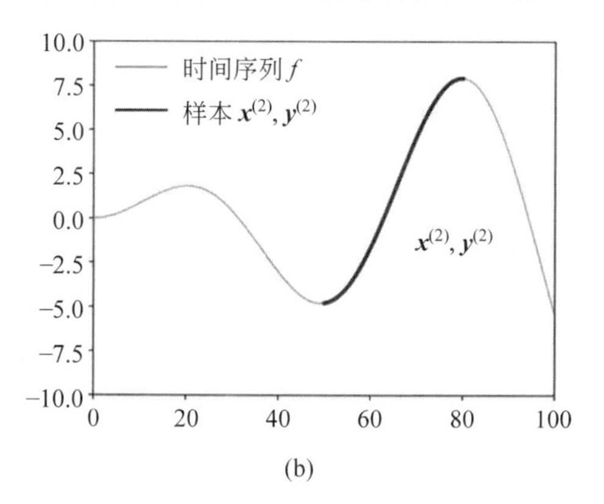

(b)

图9.21 起点是20和50的两个长度为30的时间序列

在时间序列的数据样本$(\boldsymbol{x},\boldsymbol{y})$中,$\boldsymbol{x}$的时长$R$是一个常数。其值需要根据实际问题来确定。

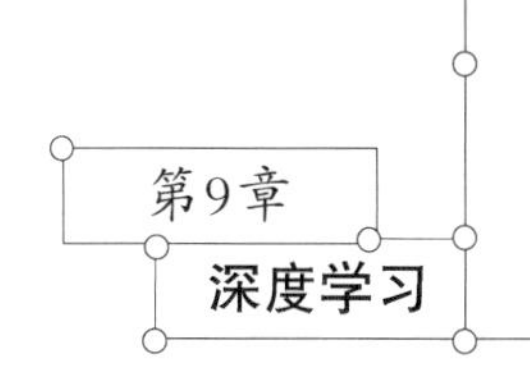

在时间序列分析领域中，将特征是时间序列数据的标签预测问题称为时间序列的自回归。循环神经网络是一个有效的时间序列自回归算法。

记忆单元是循环神经网络中的基本单元。记忆单元是一个由 m 个神经元组成的全连接神经网络层。层中的每个神经元有 $m+n$ 个输入，如图 9.22 所示。在 $m+n$ 个输入中，前 m 个输入对应一个 m 维向量 $\boldsymbol{s}$，称为状态向量；后 n 个输入对应特征组 $\boldsymbol{x}$。

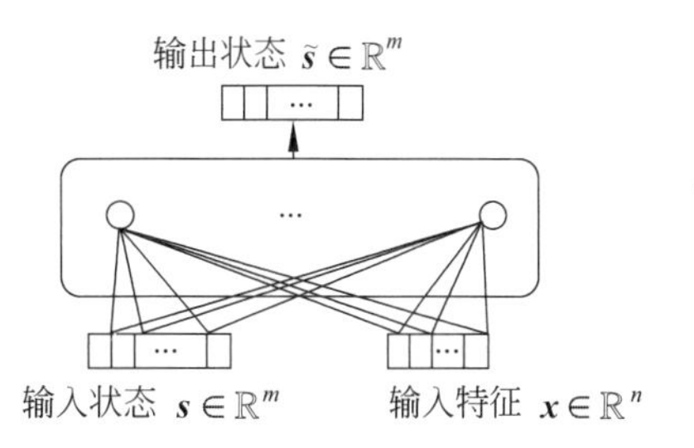

图 9.22　记忆单元的示意图

由于层中有 m 个神经元，所以记忆单元的输出 $\tilde{\boldsymbol{s}}$ 是一个 m 维列向量。若这层神经元的权重矩阵为 $\boldsymbol{W}$，偏置项为 $\boldsymbol{b}$，激活函数为 σ，则记忆单元的输出为

$$\tilde{\boldsymbol{s}}=\sigma\left(\boldsymbol{W}\cdot\begin{bmatrix}\boldsymbol{s}\\\boldsymbol{x}\end{bmatrix}+\boldsymbol{b}\right)\tag{9.9}$$

式中，$\begin{bmatrix}\boldsymbol{s}\\\boldsymbol{x}\end{bmatrix}$是 $m+n$ 维列向量，$\boldsymbol{W}$ 是一个 $m\times(m+n)$ 矩阵，$\boldsymbol{b}$ 是 m 维列向量。

时长为 R 的时间序列数据所对应的循环神经网络由 R 个完全相同的记忆单元相连组成，如图 9.23 所示。循环神经网络通过传递状态向量 $\boldsymbol{s}(1),\boldsymbol{s}(2),\cdots,\boldsymbol{s}(R)$ 来实现“记忆”的功能。

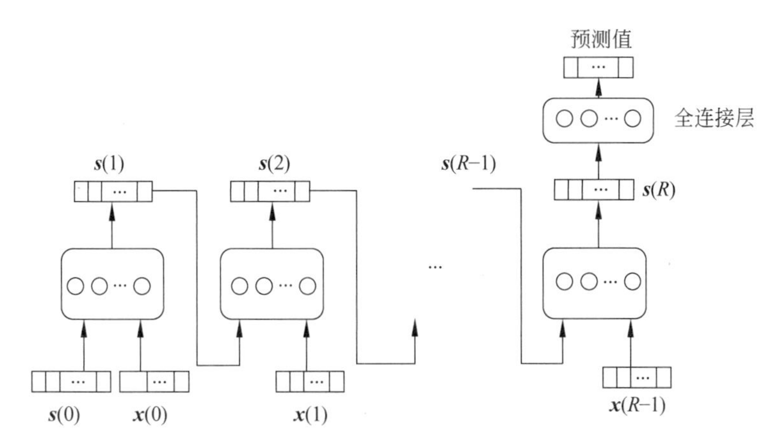

图 9.23　循环神经网络的结构示意图

在图 9.23 中，$\boldsymbol{x}=\{\boldsymbol{x}(0),\boldsymbol{x}(1),\cdots,\boldsymbol{x}(R-1)\}$是一个时长为 R 的时间序列数据。其中，$\boldsymbol{x}(r)\in\mathbb{R}^n$是特征组在时刻 r 的取值($r=0,1,\cdots,R-1$)。$\boldsymbol{s}(0)$是一个 m 维向量，称为初始状态向量。通常可将 $\boldsymbol{s}(0)$设置为全 0 向量，也可以将它设置为一个 m 维随机向量，这应视实际问题而定。状态向量的维度 m 是模型的结构参数，m 的值由算法设计者指定。

在图 9.23 所示的循环神经网络中，取定初始状态向量 $\boldsymbol{s}(0)$之后，将 $\boldsymbol{s}(0)$与 $\boldsymbol{x}(0)$作为图 9.22 中的记忆单元的输入，得到 m 维输出状态向量$\boldsymbol{s}(1)$。随后，再将 $\boldsymbol{s}(1)$与 $\boldsymbol{x}(1)$作为下一个记忆单元的输入，得到 m 维输出状态向量 $\boldsymbol{s}(2)$。如此循环，直至第 R 步。此时，将

$\boldsymbol{s}(R-1)$与$\boldsymbol{x}(R-1)$作为最后一个记忆单元的输入，得到m维输出状态向量$\boldsymbol{s}(R)$。

循环神经网络最后输出的形式应当视标签而定。如果是回归问题，则输出应当是一个一维向量；如果是k元分类问题，则输出应当是一个k维向量。因此，在得到m维输出状态向量$\boldsymbol{s}(R)$之后，还需要将其转换为指定维度的向量输出。循环神经网络算法通过一个全连接的神经网络层来实现这一转换。如果是回归问题，则用一个只含有一个神经元的全连接层，该神经元以m维状态向量$\boldsymbol{s}(R)$为输入，并输出一个实数作为回归问题的标签预测；如果是k元分类问题，则用一个含有k个神经元的全连接层将m维状态向量$\boldsymbol{s}(R)$转换为k维向量，然后再通过 Softmax 函数将这个k维向量转化为k维概率向量。

由于图 9.23 的循环神经网络是由R个完全相同的记忆单元相连组成的，其中包括权重矩阵$\boldsymbol{W}$、偏置项$\boldsymbol{b}$和激活函数σ，因此，

$$\boldsymbol{s}(r+1)=\sigma\left(\boldsymbol{W}\begin{bmatrix}\boldsymbol{s}^{(r)}\\ \boldsymbol{x}^{(r)}\end{bmatrix}+\boldsymbol{b}\right),\quad r=0,1,\cdots R-1 \tag{9.10}$$

由此可见，需要训练的循环神经网络的参数有以下两个：①式(9.10)中的$m\times(m+n)$矩阵$\boldsymbol{W}$和m维列向量$\boldsymbol{b}$；②将$\boldsymbol{s}(R)$转化为预测值的全连接层的权重矩阵和偏置项。这里需要明确指出的是，循环神经网络中的R个记忆单元共享相同的权重矩阵$\boldsymbol{W}$和偏置项$\boldsymbol{b}$，所以在训练模型时，模型参数的更新将影响到每一个记忆单元的输出。

图 9.23 是一个单层的循环神经网络。为了模拟人类大脑分层处理信息的功能，也可以构建多层的循环神经网络。图 9.24 是多层循环神经网络的结构示意图。

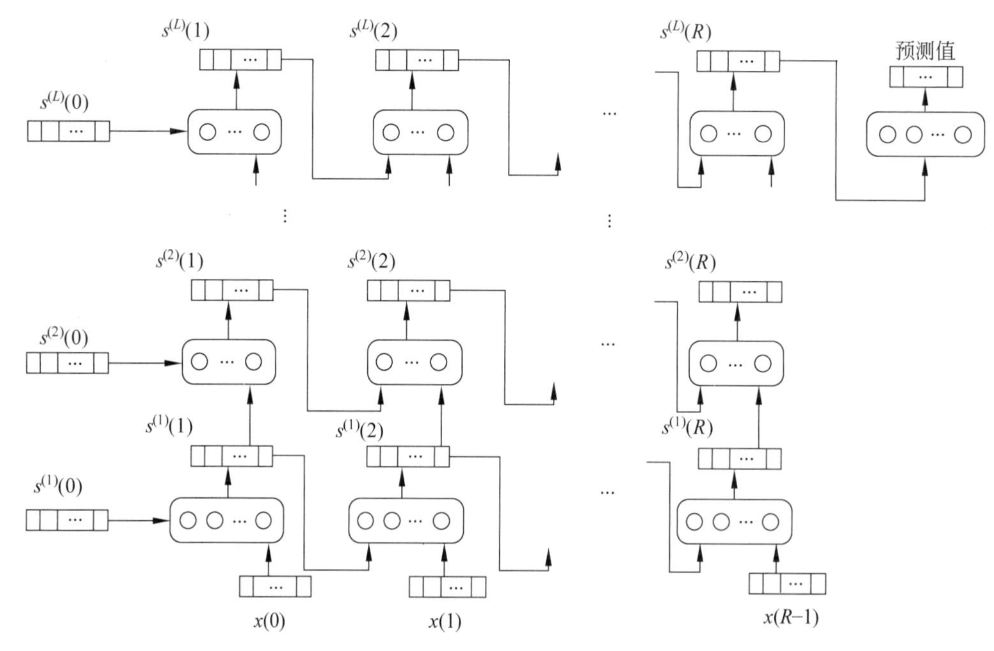

图 9.24 多层循环神经网络的结构

对于时长为R的时间序列数据，多层循环神经网络的每一层都由R个完全相同的记忆

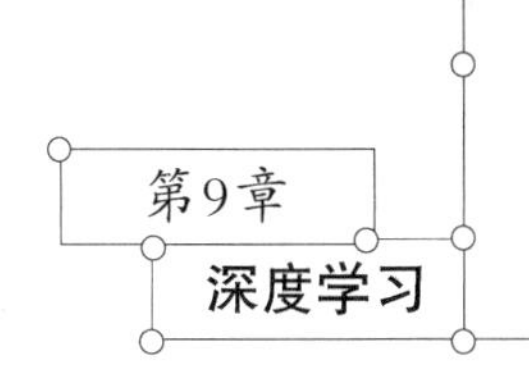

单元组成。设第 l 层的每个记忆单元中有 $m^{(l)}$ 个神经元，如图 9.25 所示，在任一时刻 r，第 l 层的记忆单元都有 $m^{(l)}+m^{(l-1)}$ 个输入。其中，前 $m^{(l)}$ 个输入是 $r-1$ 时刻第 l 层的输出状态 $\boldsymbol{s}^{(l)}(r-1)$，后 $m^{(l-1)}$ 个输入是 r 时刻第 $l-1$ 层的输出状态 $\boldsymbol{s}^{(l-1)}(r)$。

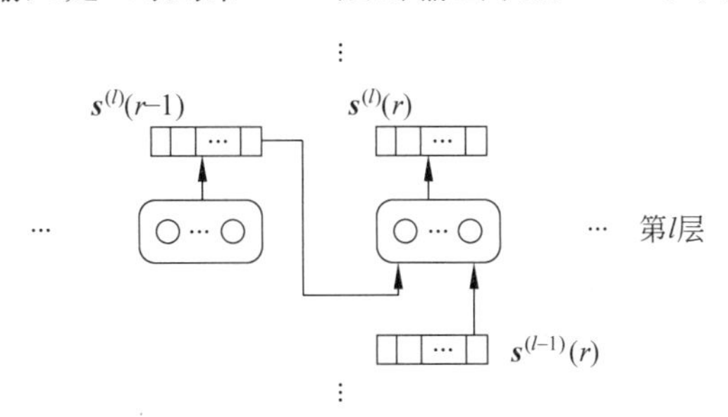

图 9.25　多层循环神经网络的第 l 层示意图

由于第 l 层的记忆单元有 $m^{(l)}+m^{(l-1)}$ 个输入，因此，第 l 层记忆单元的权重矩阵 $\boldsymbol{W}^{(l)}$ 应当是一个 $m^{(l)}\times(m^{(l)}+m^{(l-1)})$ 矩阵。偏置项 $\boldsymbol{b}^{(l)}$ 应当是一个 $m^{(l)}$ 维列向量。设激活函数为 σ，则第 l 层的第 r 个记忆单元的输出应当为

$$\boldsymbol{s}^{(l)}(r)=\sigma\left(\boldsymbol{W}^{(l)}\begin{bmatrix}\boldsymbol{s}^{(l)}(r-1)\\ \boldsymbol{s}^{(l-1)}(r)\end{bmatrix}+\boldsymbol{b}^{(l)}\right),\quad r=1,2,\cdots,R \tag{9.11}$$

其中，$\boldsymbol{s}^{(l)}(0)$ 为初始状态向量（或为全 0 向量，或为随机向量），$\boldsymbol{s}^{(0)}(r)=\boldsymbol{x}(r-1)$ 为特征组 $\boldsymbol{x}$ 在时刻 $r-1$ 的取值。

9.2.2　循环神经网络的实现

对于例 9.7 中给出的时间序列自回归问题，可以通过 TensorFlow 实现，构建一个单层的循环神经网络来求解该问题。图 9.26 是 TensorFlow 对例 9.7 的问题构建单层的循环神经网络并求解的算法描述。第 4～13 行是用于生成数据的两个函数。第 15～24 行是计算图的构建部分。第 26～35 行是计算图的运行部分。

```
1   import tensorflow as tf
2   import numpy as np
3
4   def time_series(r):
5      return r/10.0 * np.sin(r/10.0)
6
7   def get_samples(n_samples, r_max, R):
8      r0=np.random.rand(n_samples, 1) * (r_max - R)
9      r=r0 +np.arange(0, R +1)
10     f=time_series(r)
```

图 9.26　时间序列自回归问题的循环神经网络算法

```
11     x=f[:, 0:R].reshape(-1, R, 1)
12     y=f[:, R].reshape(-1, 1)
13     return x, y
14
15  n_inputs=1
16  n_outputs=1
17  X=tf.placeholder(tf.float32, [None, 30, n_inputs])
18  y=tf.placeholder(tf.float32, [None, n_outputs])
19  cell=tf.contrib.rnn.BasicRNNCell(num_units=50, activation=tf.nn.relu)
20  states, final_state=tf.nn.dynamic_rnn(cell, X, dtype=tf.float32)
21  preds=tf.layers.dense(final_state, n_outputs)
22  loss=tf.reduce_mean(tf.square(preds-y))
23  optimizer=tf.train.AdamOptimizer(learning_rate=0.001)
24  training_op=optimizer.minimize(loss)
25
26  with tf.Session() as sess:
27     tf.global_variables_initializer().run()
28     R, rmax=30, 100
29     X_train, y_train=get_samples(100, r_max, R)
30     X_test, y_test=get_samples(100, r_max, R)
31     for iteration in range(1000):
32         sess.run(training_op, feed_dict={X: X_train, y: y_train})
33         if iteration%100 ==0:
34             mse=loss.eval(feed_dict={X: X_test, y: y_test})
35             print("iteration {} : MSE={}".format(iteration, mse))
```

图 9.26 （续）

在图 9.26 所示的算法中，第 4、5 行实现式(9.7)中的时间序列。第 7～13 行实现 get_samples 函数来生成样本时间序列。此处需要的参数是以下 3 个：①样本时间序列的个数 n_samples；②样本时间序列的最大可能时间 r_{max}；③样本时间序列的长度 R。第 8 行对每个样本时间序列都生成一个起始时间 r_0。由于序列的结束时间 r_0+R-1 不能超过 r_{max}，因此，这些 r_0 都应当在$[0,r_{max}-R)$区间。第 9 行生成序列 $r_0,r_0+1,\cdots,r_0+R$。第 10 行用 f 表示式(9.7)中的时间序列在 $r_0,r_0+1,\cdots,r_0+R$ 的部分。第 11 行对每个 r_0 生成一个样本时间序列 $\boldsymbol{x}=\{x(0),x(1),\cdots,x(R-1)\}$，其中 $x(r)=f(r_0+r)$，$r=0,1,\cdots,R-1$。第 12 行对每个样本时间序列生成对应的标签 $y=f(r_0+R)$。

第 15～24 行构建循环神经网络的计算图。第 17、18 行声明表示特征与标签的张量 $\boldsymbol{X}$ 和 $\boldsymbol{y}$。第 19 行中的 BasicRNNCell 是 TensorFlow 对记忆单元的实现。BaiscRNNCell 需要两个输入参数：①记忆单元中的神经元个数 n_units，这也是该记忆单元的输出向量的维度；②激活函数 σ。声明了一个记忆单元之后，TensorFlow 通过第 20 行中的 nn.dynamic_rnn

循环地计算并输出每条训练数据，这一过程称为循环神经网络的展开。nn.dynamic_rnn 需要 3 个参数：①第 25 行声明的记忆单元；②输入 $\boldsymbol{X}$；③数据的类型，这一信息用于生成初始状态向量。nn.dynamic_rnn 有两个输出：第一个输出 states 是每一个时刻的输出状态 $\boldsymbol{s}(1),\boldsymbol{s}(2),\cdots,\boldsymbol{s}(R)$，第二个输出 final_state 是最终的输出状态 $\boldsymbol{s}(R)$。在第 21 行通过一个全连接层对其做出变换，将其转换为一维向量作为回归问题的输出。在计算图的最后，第 22～24 行定义损失函数为均方误差损失，并用随机梯度下降算子来优化均方误差。

定义了计算图之后，接下来，在算法的第 26～35 行运行这个计算图，进行模型的训练与测试。其中，第 28～30 行调用第 7 行实现的 get_samples 函数分别生成 100 条训练数据与 100 条测试数据。运行图 9.26 中的程序，在经过 1000 轮随机梯度下降之后，模型在测试数据上的均方误差低至 0.0001。用该模型对起始时间 r_0 分别是 0,1,…,49 的 50 个样本时间序列的标签 $f(30),f(31),\cdots,f(79)$ 进行预测，结果见图 9.27。从图 9.27 可以看出，模型预测值十分接近标签实际取值。

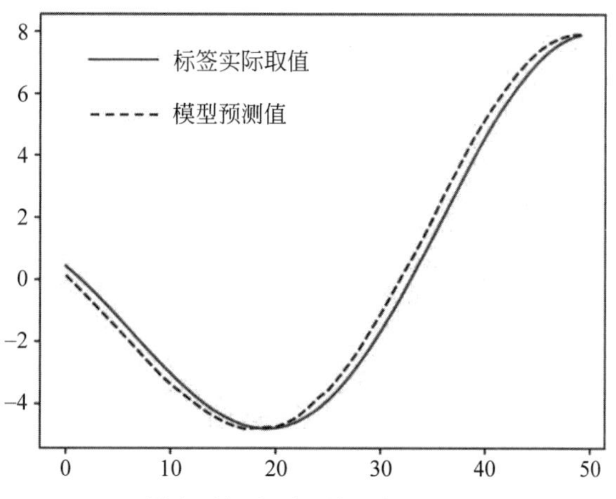

图 9.27　样本时间序列标签的实际取值与预测值

多层循环神经网络也可用于求解例 9.7 的时间序列自回归问题。在图 9.28 所示的算法中，TensorFlow 构建了一个两层的循环神经网络来解决时间序列预测问题。它与图 9.26 中的单层循环神经网络的唯一区别在于图 9.28 中的第 19～25 行。图 9.28 的第 19 行定义了一个 layers 数组，用于存储第 20、21 行中生成的两个循环神经网络层。这两个循环神经网络层中分别有 50 和 20 个神经元。第 24 行中的 MultiRNNCell 是 TensorFlow 对多层循环神经网络的实现，只需在声明时指定一个包含多个层的数组即可，在第 24 行指定数组为第 19 行中生成的 layers。第 25 行通过 dynamic_rnn 展开循环神经网络。与单层循环神经网络类似，dynamic_rnn 展开之后有两个返回值：states 和 final_state。在一个 L 层的时长为 R 的循环神经网络展开中，states 包含各层各时刻的状态输出 $\boldsymbol{s}^{(l)}(r),l=1,2,\cdots,L,r=1,2,\cdots,R$。final_state 只包含最后时刻 R 的各层状态输出 $\boldsymbol{s}^{(l)}(R),l=1,2,\cdots,L$。在这个例子中，只需要最后一层在最后时刻的输出 $\boldsymbol{s}^{(L)}(R)$，即 final_state 的最后一行。所以，第 26 行中将 final_state[−1]作为全连接层的输入，并将其转换成一个实数输出。

```
1   import tensorflow as tf
2   import numpy as np
3
4   def time_series(r):
5       return r/10.0 * np.sin(r/10.0)
6
7   def get_samples(n_samples, r_max, R):
8       r0=np.random.rand(n_samples, 1) * (r_max -R)
9       r=r0+np.arange(0, R +1)
10      f=time_series(r)
11      x=f[:, 0:R].reshape(-1, R, 1)
12      y=f[:, R].reshape(-1, 1)
13      return x, y
14
15  n_inputs=1
16  n_outputs=1
17  X=tf.placeholder(tf.float32, [None, R, n_inputs])
18  y=tf.placeholder(tf.float32, [None, n_outputs])
19  layers =[]
20  layer_1=tf.contrib.rnn.BasicRNNCell(num_units=50, activation=tf.nn.
    relu)
21  layer_2=tf.contrib.rnn.BasicRNNCell(num_units=20, activation=tf.nn.
    relu)
22  layers.append(layer_1)
23  layers.append(layer_2)
24  multi_layer_cell=tf.contrib.rnn.MultiRNNCell(layers)
25  states, final_state=tf.nn.dynamic_rnn(multi_layer_cell, X, dtype=tf.
    float32)
26  preds=tf.layers.dense(final_state[-1], n_outputs)
27  loss=tf.reduce_mean(tf.square(preds-y))
28  optimizer=tf.train.AdamOptimizer(learning_rate=0.001)
29  training_op=optimizer.minimize(loss)
30
31  with tf.Session() as sess:
32      tf.global_variables_initializer().run()
33      R, r_max=30, 100
34      X_train, y_train=get_samples(100, r_max, R)
35      X_test, y_test=get_samples(100, r_max, R)
36      for iteration in range(1000):
37          sess.run(training_op, feed_dict={X: X_train, y: y_train})
38          if iteration %100==0:
39              mse =loss.eval(feed_dict={X: X_test, y: y_test})
40              print("iteration {} : MSE={}".format(iteration, mse))
```

图 9.28　时间序列自回归问题的多层循环神经网络算法

用图 9.28 中的多层循环神经网络模型对起始时间 $\boldsymbol{r}_0$ 分别是 0,1,…,49 的 50 个样本时间序列的标签 $f(30),f(31),\cdots,f(79)$进行预测,得到的结果类似于图 9.27。在例 9.7 这样简单的例子中,多层循环神经网络的预测效果与单层循环神经网络类似。然而在更加复杂的问题中,多层循环神经网络可能比单层循环神经网络更具预测优势。

9.2.3 时间反向传播算法

图 9.26 和图 9.28 的循环神经网络算法都使用随机梯度下降算法来训练模型。在计算损失函数对每一个参数的梯度时,循环神经网络采用的算法被称作时间反向传播算法。时间反向传播算法是第 8 章中的神经网络反向传播算法在循环神经网络中的推广。

反向传播算法的思想是:将损失函数 L 对神经网络的最后一层输出 $\boldsymbol{v}^{(R)}$ 的梯度 $\boldsymbol{\delta}^{(R)}=\frac{\partial L}{\partial \boldsymbol{v}^{(R)}}$ 层层传播至每一层,得到 L 对每一层的导数 $\boldsymbol{\delta}^{(r)}=\frac{\partial L}{\partial \boldsymbol{v}^{(r)}}$。随后,再根据链式法则计算出 L 对权重矩阵 $\boldsymbol{W}^{(r)}$ 和偏置项 $\boldsymbol{b}^{(r)}$ 的梯度。

将反向传播算法的思想用到循环神经网络中,每一个时间所对应的记忆单元可以看成是神经网络的一层,这个记忆单元输出的状态可以看成是该层的输出,而损失函数 L 可以看成是最后一层的输出 $\boldsymbol{s}(R)$的函数。图 9.29 是上述思想的一个示意图。

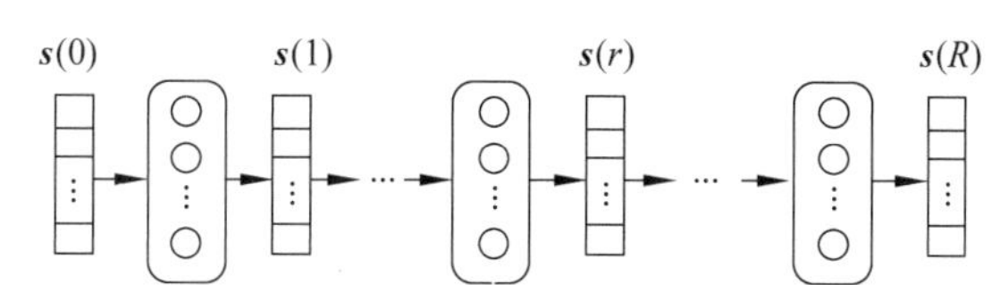

图 9.29 循环神经网络中的反向传播算法

图 9.29 中,时刻 $r=0$ 对应的记忆单元是神经网络的第一层,该层的输出是 $\boldsymbol{s}(1)$。时刻 $r=1$ 对应的记忆单元是神经网络的第二层,该层的输出是 $\boldsymbol{s}(2)$。以此类推,时刻 $r=R-1$ 对应的记忆单元是神经网络的第 R 层,该层的输出是 $\boldsymbol{s}(R)$。因此,可以用与反向传播算法类似的方法来计算 L 对各个参数的梯度。由于在循环神经网络中,每个时间对应神经网络中的一个层,因而,将 L 对各参数梯度的计算方法称为时间反向传播算法。

在一个循环神经网络中,如果记忆单元有 m 个神经元,特征组是 n 维列向量,则权重矩阵 $\boldsymbol{W}$ 是一个 $m\times(m+n)$矩阵。为了叙述方便,将 $\boldsymbol{s}(r)$和 $\boldsymbol{x}(r)$分别简记成 $\boldsymbol{s}_r$ 和 $\boldsymbol{x}_r$,并将 $\boldsymbol{W}$ 表示为 $\boldsymbol{W}=(\boldsymbol{W}_s,\boldsymbol{W}_x)$。其中,$\boldsymbol{W}_s$ 和 $\boldsymbol{W}_x$ 分别表示 $\boldsymbol{W}$ 的前 m 列和后 n 列。设激活函数为 σ,则第 r 个时刻的记忆单元的输出为

$$\boldsymbol{s}_r=\sigma(\boldsymbol{W}_s\cdot\boldsymbol{s}_{r-1}+\boldsymbol{W}_x\cdot\boldsymbol{x}_{r-1}+\boldsymbol{b}),\quad r=1,2,\cdots,R \tag{9.12}$$

假设循环神经网络的损失函数为 L。在回归问题中,L 是均方误差;在分类问题中,L 是交叉熵。因此,需要计算的梯度是 $\frac{\partial L}{\partial W_s}$、$\frac{\partial L}{\partial W_x}$ 和 $\frac{\partial L}{\partial b}$。

时间反向传播算法首先要计算梯度 $\boldsymbol{\delta}^{(R)}=\frac{\partial L}{\partial s_R}$。循环神经网络将 $\boldsymbol{s}_R$ 传入一个全连接层,

由全连接层将其转换为指定维度的输出向量。如果用 $\boldsymbol{U}$ 表示该全连接层的权重矩阵，则模型输出的是 $\boldsymbol{U}\cdot\boldsymbol{s}_R$。在回归问题中，损失函数是均方误差，因此有 $L=(\boldsymbol{U}\cdot\boldsymbol{s}_R-y)^2$，此时 $\boldsymbol{\delta}^{(R)}=2\boldsymbol{U}^{\mathrm{T}}(\boldsymbol{U}\cdot\boldsymbol{s}_R-y)$；在分类问题中，可以计算出 $\boldsymbol{\delta}^{(R)}=\boldsymbol{U}^{\mathrm{T}}(\boldsymbol{U}\cdot\boldsymbol{s}_R-y)$。

计算出 $\boldsymbol{\delta}^{(R)}$ 之后，时间反向传播算法就可以反向递推地，对 $r=R-1,R-2,\cdots,1$ 计算出相应的 $\boldsymbol{\delta}^{(r)}$。与反向传播算法完全类似，如果用 $\boldsymbol{\sigma}'_{r-1}=\sigma'(\boldsymbol{W}_s\cdot\boldsymbol{s}_{r-1}+\boldsymbol{W}_x\cdot\boldsymbol{x}_{r-1}+\boldsymbol{b})$ 表示激活函数 σ 在 $\boldsymbol{W}_s\cdot\boldsymbol{s}_{r-1}+\boldsymbol{W}_x\cdot\boldsymbol{x}_{r-1}+\boldsymbol{b}$ 处的导数，则根据链式法则可以得出

$$\boldsymbol{\delta}^{(r-1)}=\boldsymbol{W}_s^{\mathrm{T}}(\boldsymbol{\delta}^{(r)}\circ\boldsymbol{\sigma}'_{r-1}) \tag{9.13}$$

上式中的符号 $\circ$ 是哈达玛乘积。

接下来，再根据链式法则计算 $\frac{\partial L}{\partial \boldsymbol{W}_s}$。在这一步中，时间反向传播算法与反向传播算法略有不同。在循环神经网络中，所有记忆单元共享同一组参数。所以，每一时刻都有相同的权重矩阵 $\boldsymbol{W}_s$。将损失函数 L 看作是 $\boldsymbol{s}_1,\boldsymbol{s}_2,\cdots,\boldsymbol{s}_R$ 的函数。根据链式法则

$$\frac{\partial L}{\partial \boldsymbol{W}_s}=\sum_{r=1}^{R}(\boldsymbol{\delta}^{(r)}\circ\boldsymbol{\sigma}'_{r-1})\boldsymbol{s}_{r-1}^{\mathrm{T}} \tag{9.14}$$

同样地可以计算出

$$\frac{\partial L}{\partial \boldsymbol{W}_x}=\sum_{r=1}^{R}(\boldsymbol{\delta}^{(r)}\circ\boldsymbol{\sigma}'_{r-1})\boldsymbol{x}_{r-1}^{\mathrm{T}} \tag{9.15}$$

$$\frac{\partial L}{\partial b}=\sum_{r=1}^{R}(\boldsymbol{\delta}^{(r)}\circ\boldsymbol{\sigma}'_{r-1}) \tag{9.16}$$

式(9.14)至式(9.16)就是时间反向传播算法对各参数的梯度计算公式。

9.2.4 长短时记忆基本概念

在例 9.7 中，只用循环神经网络就取得了理想的效果。然而，在一些时长 R 较大的问题中，基本的循环神经网络的效果可能不够理想。其主要的原因是梯度消逝现象。

进行随机梯度下降时，循环神经网络是通过时间反向传播算法来计算损失函数对各参数的梯度。在时间反向传播算法中，关键的步骤是对任意时刻 r 计算 $\boldsymbol{\delta}^{(r)}=\frac{\partial L}{\partial \boldsymbol{s}_r}$。根据式(9.13)，有

$$\begin{aligned}\boldsymbol{\delta}^{(r)}&=\boldsymbol{W}_s^{\mathrm{T}}(\boldsymbol{\delta}^{(r+1)}\circ\boldsymbol{\sigma}'_r)=(\boldsymbol{W}_s^{\mathrm{T}})^2(\boldsymbol{\delta}^{(r+2)}\circ\boldsymbol{\sigma}'_{r+1}\circ\boldsymbol{\sigma}'_r)\\&=\cdots=(\boldsymbol{W}_s^{\mathrm{T}})^{R-r}(\boldsymbol{\delta}^{(R)}\circ\boldsymbol{\sigma}'_{R-1}\circ\boldsymbol{\sigma}'_{R-2}\circ\cdots\circ\boldsymbol{\sigma}'_r)\end{aligned} \tag{9.17}$$

从式(9.17)可以看到，$\boldsymbol{\delta}^{(r)}$ 的计算式中含有连续的哈达玛积 $\boldsymbol{\sigma}'_{R-1}\circ\boldsymbol{\sigma}'_{R-2}\circ\cdots\circ\boldsymbol{\sigma}'_r$。许多常用的激活函数的导数都恒小于 1。例如，当 σ 是 Sigmoid 激活函数时，它在任意点处的导数 σ' 都不超过 1/4；当 σ 是 TanH 激活函数时，它在任意点处的导数 σ' 都严格小于 1。当时长 R 的值很大时，如果 r 较小，则多个哈达玛积 $\boldsymbol{\sigma}'_{R-1}\circ\boldsymbol{\sigma}'_{R-2}\circ\cdots\circ\boldsymbol{\sigma}'_r$ 的值就会接近于 0，从而导致 $\boldsymbol{\delta}^{(r)}$ 非常小。这就是所谓的梯度消逝现象。在一个时长 R 较大的时间序列中，梯度消逝现象导致循环神经网络忽略时间序列早期的信息，从而影响模型的效果。

为了解决梯度消逝的问题，在循环神经网络中引入长短时记忆单元的功能。长短时记

忆单元简称为 LSTM，是其英文名 Long-Short Term Memory 的首字母缩写。LSTM 是对图 9.22 中的记忆单元的加强。一个长短时记忆单元的状态输入包括两部分：一个向量 $\boldsymbol{c}\in\mathbb{R}^m$ 称为长时记忆，另一个向量 $\boldsymbol{h}\in\mathbb{R}^m$ 称为短时记忆。除此之外，特征组 $\boldsymbol{x}\in\mathbb{R}^n$ 是另一部分输入。通过一系列操作，长短时记忆单元输出一个新的长时记忆 $\tilde{\boldsymbol{c}}\in\mathbb{R}^m$ 和一个新的短时记忆 $\tilde{\boldsymbol{h}}\in\mathbb{R}^m$。将状态向量分成长时记忆与短时记忆两部分，是长短时记忆单元解决梯度消逝问题的核心思想。长时记忆能够选择性地记录时间序列在各个时段的信息。尽管时间序列的时长可能很长，长时记忆能够将有价值的早期信息传承至时间序列的后期，从而提高循环神经网络的效果。

图 9.30 是长短时记忆单元的内部结构的示意图。在长短时记忆单元内部有 4 个门。每个门都是一个含有 m 个神经元的全连接层，它们与短时记忆 $\boldsymbol{h}$ 和特征组 $\boldsymbol{x}$ 相连。这 4 个门的作用如下：

- 信号门：类似于一个普通的记忆单元中的层。综合短时记忆 $\boldsymbol{h}$ 和当前的特征组 $\boldsymbol{x}$ 得到当前的信息。
- 载入门：决定信号门的输出中应当载入长时记忆 $\boldsymbol{c}$ 以长期保留的信息。
- 遗忘门：根据短时记忆 $\boldsymbol{h}$ 和当前特征组 $\boldsymbol{x}$ 决定应当遗忘的长时记忆 $\boldsymbol{c}$ 中的信息。
- 载出门：根据新的长时记忆 $\tilde{\boldsymbol{c}}$ 生成新的短时记忆 $\tilde{\boldsymbol{h}}$，为下一时刻做准备。

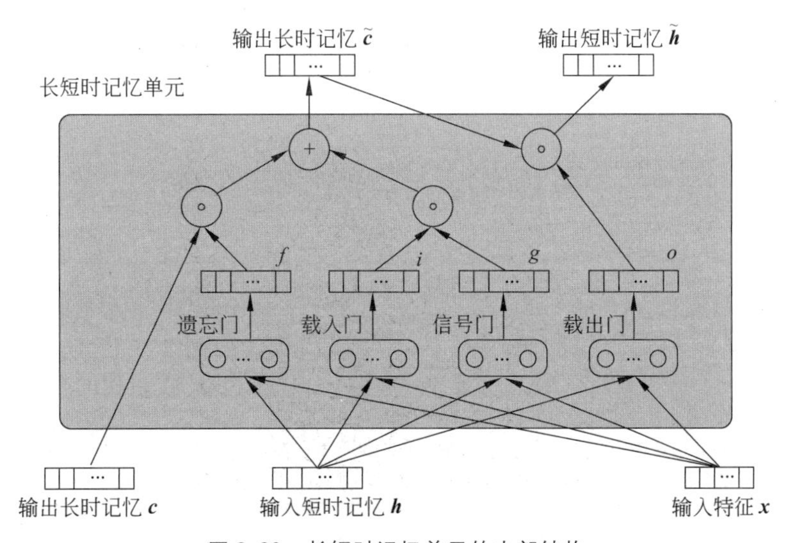

图 9.30 长短时记忆单元的内部结构

信号门的激活函数是 TanH 函数，其余 3 个门的激活函数都是 Sigmoid 函数。设信号门、载入门、遗忘门与载出门的权重矩阵与偏置项分别为 $(\boldsymbol{W}_g,\boldsymbol{b}_g)$、$(\boldsymbol{W}_i,\boldsymbol{b}_i)$、$(\boldsymbol{W}_f,\boldsymbol{b}_f)$ 和 $(\boldsymbol{W}_o,\boldsymbol{b}_o)$，则它们的输出分别为

$$\boldsymbol{g}=\tanh\left(\boldsymbol{W}_g\begin{bmatrix}\boldsymbol{h}\\\boldsymbol{x}\end{bmatrix}+\boldsymbol{b}_g\right)\tag{9.18}$$

$$\boldsymbol{i} = \mathrm{sigmoid}\left(\boldsymbol{W}_i \begin{bmatrix} \boldsymbol{h} \\ \boldsymbol{x} \end{bmatrix} + \boldsymbol{b}_i\right) \tag{9.19}$$

$$\boldsymbol{f} = \mathrm{sigmoid}\left(\boldsymbol{W}_f \begin{bmatrix} \boldsymbol{h} \\ \boldsymbol{x} \end{bmatrix} + \boldsymbol{b}_f\right) \tag{9.20}$$

$$\boldsymbol{o} = \mathrm{sigmoid}\left(\boldsymbol{W}_o \begin{bmatrix} \boldsymbol{h} \\ \boldsymbol{x} \end{bmatrix} + \boldsymbol{b}_o\right) \tag{9.21}$$

其中，$\boldsymbol{W}_g$、$\boldsymbol{W}_i$、$\boldsymbol{W}_f$、$\boldsymbol{W}_o$均为$m\times(m+n)$矩阵，$\boldsymbol{b}_g$、$\boldsymbol{b}_i$、$\boldsymbol{b}_f$、$\boldsymbol{b}_o$均为m维列向量。

在式(9.20)中，由于遗忘门的激活函数是Sigmoid函数，所以f的每一个分量的取值都在(0,1)区间之内。因此，哈达玛乘积$\boldsymbol{f}\circ\boldsymbol{c}$可以达到遗忘不重要的长时记忆的效果。例如，设$\boldsymbol{c}=(1,2,3)$，$\boldsymbol{f}=(0.01,0.99,0.99)$，则$\boldsymbol{f}\circ\boldsymbol{c}=(0.01,1.98,2.97)$。可以认为，$\boldsymbol{c}$的第一位被遗忘了。类似地，$\boldsymbol{i}\circ\boldsymbol{g}$可以达到选出信号门输出$\boldsymbol{g}$中的重要信息的功能。所以，新的长时记忆$\tilde{\boldsymbol{c}}$有如下的计算公式：

$$\tilde{\boldsymbol{c}} = \boldsymbol{f}\circ\boldsymbol{c} + \boldsymbol{i}\circ\boldsymbol{g} \tag{9.22}$$

新的短时记忆$\tilde{\boldsymbol{h}}$由载出门从新的长时记忆$\tilde{\boldsymbol{c}}$中节选生成，它的计算公式为

$$\tilde{\boldsymbol{h}} = \boldsymbol{o}\circ\tilde{\boldsymbol{c}} \tag{9.23}$$

图9.31是一个含有长短时记忆单元的循环神经网络示意图。图中用长短时记忆单元代替了图9.23中的普通记忆单元。最后，将时刻R的短时记忆$\boldsymbol{h}(R)$输入一个全连接层，并将其转换为指定维度的模型预测。设时刻r的长短时记忆单元中的信号门、载入门、遗忘门与载出门的输出分别为$\boldsymbol{g}^{(r)}$、$\boldsymbol{i}^{(r)}$、$\boldsymbol{f}^{(r)}$与$\boldsymbol{o}^{(r)}$，则

$$\boldsymbol{c}^{(r+1)} = \boldsymbol{f}^{(r)}\circ\boldsymbol{c}^{(r)} + \boldsymbol{i}^{(r)}\circ\boldsymbol{g}^{(r)} \tag{9.24}$$

$$\boldsymbol{h}^{(r+1)} = \boldsymbol{o}^{(r)}\circ\boldsymbol{c}^{(r+1)} \tag{9.25}$$

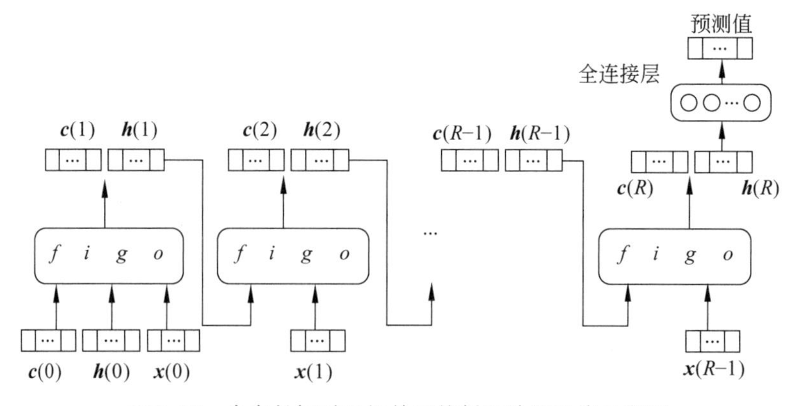

图9.31　含有长短时记忆单元的循环神经网络示意图

长短时记忆单元的功能，是解决梯度消逝问题。在一个带长短时记忆单元的循环神经网络中，用L表示模型的损失函数。用$\boldsymbol{c}_r$和$\boldsymbol{h}_r$分别简记r时刻的长时记忆输出$\boldsymbol{c}(r)$和短时记忆输出$\boldsymbol{h}(r)$。时间反向传播算法的关键步骤是，计算L对每一时刻的输出状态的梯度。

对应于长短时时记忆单元，就是计算

$$\boldsymbol{\delta}_c^{(r)}=\frac{\partial L}{\partial \boldsymbol{c}_r} \tag{9.26}$$

$$\boldsymbol{\delta}_h^{(r)}=\frac{\partial L}{\partial \boldsymbol{h}_r} \tag{9.27}$$

根据式(9.25)，有

$$\boldsymbol{\delta}_h^{(r)}=\boldsymbol{o}^{(r-1)}\circ\boldsymbol{\delta}_c^{(r)} \tag{9.28}$$

所以只要能确保对任意时刻 r 都有足够大的$\boldsymbol{\delta}_c^{(r)}$，就能解决梯度消逝问题。

以下用$\boldsymbol{\delta}^{(r)}$简记$\boldsymbol{\delta}_c^{(r)}$。根据式(9.24)和链式法则，有

$$\begin{aligned}\boldsymbol{\delta}^{(r)}&=\boldsymbol{f}^{(r)}\circ\boldsymbol{\delta}^{(r+1)}=\boldsymbol{f}^{(r)}\circ\boldsymbol{f}^{(r+1)}\circ\boldsymbol{\delta}^{(r+2)}=\cdots\\&=\boldsymbol{f}^{(r)}\circ\boldsymbol{f}^{(r+1)}\circ\cdots\circ\boldsymbol{f}^{(R-1)}\circ\boldsymbol{\delta}^{(R)}\end{aligned} \tag{9.29}$$

从式(9.29)中可以看到，如果从时刻 r 到 R 的过程中，遗忘门都决定应当保留长时记忆 $\boldsymbol{c}$ 的某一位 i，则 $\boldsymbol{f}^{(r)},\boldsymbol{f}^{(r+1)},\cdots,\boldsymbol{f}^{(R)}$ 的第 i 位的取值都较大。从而$\boldsymbol{\delta}^{(r)}$与$\boldsymbol{\delta}^{(R)}$的第 i 位就十分接近。换句话说，在重要的长时记忆 $\boldsymbol{c}$ 的分量上，梯度消逝问题得到了解决。对于遗忘门选择要遗忘的分量，梯度消逝问题依然存在。但由于这是要被遗忘的分量，所以在那些分量上的梯度消逝对模型效果没有影响。这就是长短时记忆解决梯度消逝问题的原理。

9.2.5 长短时记忆的实现

在 TensorFlow 中实现了长短时记忆单元。图 9.32 中的算法构建了一个含有长短时记忆单元的循环神经网络，来解决例 9.7 的时间序列预测问题。

```
1  import tensorflow as tf
2  import numpy as np
3
4  def time_series(r):
5     return r/10.0 * np.sin(r/10.0)
6
7  def get_samples(n_samples, r_max, R):
8     r0=np.random.rand(n_samples, 1) * (r_max-R)
9     r=r0+np.arange(0.0, R+1)
10    f=time_series(r)
11    x=f[:, 0:R].reshape(-1, R, 1)
12    y=f[:, R].reshape(-1, 1)
13    return x, y
14
15  n_inputs=1
16  n_outputs=1
```

图 9.32 含有长短时记忆单元的循环神经网络算法

```
17  num_units =50
18  X=tf.placeholder(tf.float32, [None, R, n_inputs])
19  y=tf.placeholder(tf.float32, [None, n_outputs])
20  lstm_cell=tf.contrib.rnn.BasicLSTMCell(num_units)
21  states, final_state=tf.nn.dynamic_rnn(lstm_cell, X, dtype=tf.float32)
22  preds=tf.layers.dense(final_state.h, n_outputs)
23  loss=tf.reduce_mean(tf.square(preds-y))
24  optimizer=tf.train.AdamOptimizer(learning_rate=0.001)
25  training_op=optimizer.minimize(loss)
26
28  with tf.Session() as sess:
29    tf.global_variables_initializer().run()
30    R, r_max=30, 100
31    X_train, y_train=get_samples(100, r_max, R)
32    X_test, y_test=get_samples(100, r_max, R)
33    for iteration in range(1000):
34        sess.run(training_op, feed_dict={X: X_train, y: y_train})
35        if iteration %100==0:
36            mse=loss.eval(feed_dict={X: X_test, y: y_test})
37            print("iteration {} : MSE ={}".format(iteration, mse))
```

图 9.32 （续）

与图 9.26 中的算法对比，图 9.32 中算法的不同之处在于第 20～22 行。在第 20 行中，声明了一个 BasicLSTMCell。这就是 TensorFlow 对长短时记忆单元的实现。在声明时，只需指定每个门中的神经元个数即可。这也是长时记忆向量 $\boldsymbol{c}$ 和短时记忆向量 $\boldsymbol{h}$ 的维度。在本例中，指定 50 个神经元。第 21 行通过 dynamic_rnn 来展开循环神经网络。展开的结果依旧是各时刻的状态输出 states 以及最终状态输出 final_state。与图 9.26 中的展开结果不同的是：states 中的每一时刻的输出都包含长时记忆向量 $\boldsymbol{c}$ 和短时记忆向量 $\boldsymbol{h}$。同样，final_state 也包含这两部分，可以通过 final_state.c 与 final_state.h 分别获得长时与短时记向量的取值。在第 28 行中，将 final_state.h 作为全连接层的输入，并转换为最终的模型预测。

除了上述的不同之处，图 9.32 的算法的其余部分都与图 9.26 相同。运行图 9.32 中的算法，可以得到与图 9.26 的算法相似的时间序列预测效果。

小结

深度学习是人工智能领域的前沿课题，也是许多重大科技突破的源动力。在本章中，介绍了两类最基本的深度学习算法——卷积神经网络与循环神经网络。

卷积神经网络与普通的神经网络的区别在于，它的每一个神经元都只与前一层中的一个局部相连，并且同一层中的神经元共享同一个滤镜。这一机制是模拟人类视觉神经观察图像的原理。正因如此，卷积神经网络特别擅长处理与图像相关的机器学习任务。

上下文处理是人类大脑的另一项重要功能。例如，通过语境，人们可以预测一段对话中可能出现的下一句话。通过上下文，人们还可以将一段含有遗失文字的记录补齐。将这样的任务抽象成数学概念，就是对时间序列的预测。循环神经网络就是一类针对时间序列型任务的有效算法。通过状态向量，循环神经网络保留了一个时间序列早期的记忆，从而能够根据上下文对时间序列作出预测。本章中还介绍了循环神经网络的一个加强算法——长短时记忆单元。它的核心功能是为循环神经网络增加遗忘的功能，从而略去次要的信息，更好地保留重要的信息。

最后应当指出，深度学习正处在蓬勃发展的阶段。本章介绍的内容只是最基本的深度学习算法。对深度学习有兴趣的读者可以本章的知识为基础，进一步学习更加前沿的深度学习理论。

习题

9.1 考察如下两个矩阵：

$$\boldsymbol{V}=\begin{bmatrix}1&1&1&1\\1&10&10&1\\1&10&10&1\\1&1&1&1\end{bmatrix},\quad \boldsymbol{W}=\begin{bmatrix}2&-1\\-1&0\end{bmatrix}$$

(1) 计算 $\boldsymbol{V}$ 与 $\boldsymbol{W}$ 的卷积 $\boldsymbol{V}*\boldsymbol{W}$。

(2) 计算 $\boldsymbol{V}$ 与 $\boldsymbol{W}$ 的步长为 2×2 的卷积。

(3) 计算 $\boldsymbol{V}$ 与 $\boldsymbol{W}$ 的带填充的卷积。

(4) 对(1)中的卷积计算结果进行 2×2 的最大值池化。

(5) 对(3)中的卷积计算结果进行 2×2 的平均值池化。

(6) 用 TensorFlow 验证(1)～(5)中的计算。

9.2 考察如下结构的卷积神经网络：第一层是一个含有两个 2×2 的滤镜的卷积层。其中的两个滤镜分别为$\begin{bmatrix}1&0\\0&-1\end{bmatrix}$和$\begin{bmatrix}0&-1\\1&0\end{bmatrix}$。采用填充功能，对滤镜输出进行 2×2 的最大值池化层，池化时不采用填充功能。第二层是一个含有两组 1×2 的滤镜的卷积层。对上一层输出的两个特征镜像，第一组滤镜分别为$[1,0]$和$[-1,0]$，第二组滤镜分别为$[0,1]$和$[0,-1]$。如果上述卷积神经网络的输入为

$$\boldsymbol{X}=\begin{bmatrix}6&9&8\\1&3&7\\2&4&5\end{bmatrix}$$

(1) 计算相应的输出。

(2) 在 TensorFlow 中实现本题中的卷积神经网络,并验证 TensorFlow 的计算结果是否与(1)中的结果一致。

9.3 图 9.19 中的算法构建了一个卷积神经网络来解决猫和狗图片识别问题。算法的每个输入是一个 128×128×3 的张量 $\boldsymbol{X}$,表示一张含有 3 个频道的 128×128 的像素矩阵。网络含有 4 个卷积层。每个卷积层输出 32 个镜像。每个滤镜是 3×3 的滤镜,并且采用了填充功能。每个卷积层输出都进行 2×2 的最大值池化,步长是 2×2,并且池化时采用了填充功能。在将第 4 个卷积层的输出池化后,在输入全连接层时,需要对其进行扁平化。请计算扁平化得到的向量维数。

9.4 花卉识别问题。

花卉识别问题的任务是判断图片中花卉的品种。在花卉识别问题的数据集中①,有 210 张图片。数据集涵盖 10 种不同的花卉种类:夹竹桃(0)、玫瑰(1)、金盏花(2)、鸢尾花(3)、大滨菊(4)、桔梗花(5)、紫罗兰(6)、金光菊(7)、牡丹(8)、梦幻草(9)。图 9.33 是数据集中的 4 张图片采样。

图 9.33 花卉数据集采样

下载数据文件夹 flower_images 至当前目录,并通过图 9.34 中的程序读取数据。请基于图 9.34 中的程序构建一个卷积神经网络模型来完成花卉品种识别任务。

① 原数据来自 https://www.kaggle.com/olgabelitskaya/the-dataset-of-flower-images/data ,也可从 GitHub 网站的本书页面下载。

```
1   import numpy as np
2   import pandas as pd
3   import cv2
4
5   def get_data():
6      df=pd.read_csv("./flower_images/flower_labels.csv")
7      files=df['file']
8      labels=df['label'].values
9      images=[]
10      for file in files:
11          image=cv2.imread("./flower_images/"+file)
12          image=cv2.resize(image, (128, 128), 0, 0, cv2.INTER_LINEAR)
13          image=np.multiply(image, 1.0/255.0)
14          images.append(image)
15      return np.array(images), labels
```

图 9.34 读取花卉数据的程序

9.5 设 σ 是一个循环神经网络的激活函数。证明：

(1) σ 是 Sigmoid 激活函数时，它在任意点处的导数 σ' 都不超过 1/4。

(2) σ 是 TanH 激活函数时，它在任意点处的导数 σ' 都严格小于 1。

9.6 考察图 9.35 中的记忆单元。

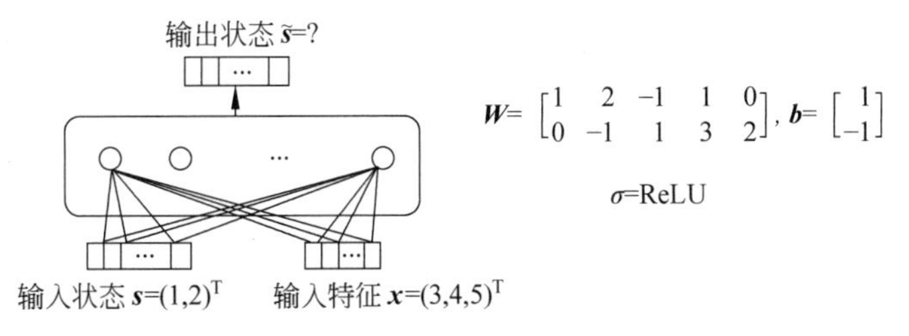

图 9.35 习题 9.6 中的记忆单元

其中，激活函数 σ 为 ReLU，权重矩阵 $\boldsymbol{W}$ 与偏置项 $\boldsymbol{b}$ 分别为

$$\boldsymbol{W}=\begin{bmatrix}1 & 2 & -1 & 1 & 0\\ 0 & -1 & 1 & 3 & 2\end{bmatrix},\quad \boldsymbol{b}=\begin{bmatrix}1\\ -1\end{bmatrix}$$

现给定输入状态 $\boldsymbol{s}=(1,2)^{\mathrm{T}}$ 以及输入特征 $\boldsymbol{x}=(3,4,5)^{\mathrm{T}}$。

(1) 计算该记忆单元的输出 $\tilde{\boldsymbol{s}}$。

(2) 用 TensorFlow 验证(1)中的计算。

9.7 考察图 9.36 的循环神经网络。

该循环神经网络包含两个记忆单元。激活函数 σ 为 ReLU。权重矩阵 $\boldsymbol{W}$ 与偏置项 $\boldsymbol{b}$ 分别为

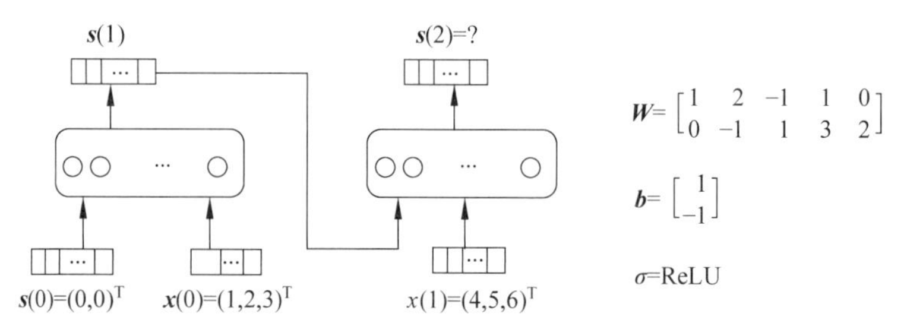

图 9.36 习题 9.7 中的循环神经网络

$$\boldsymbol{W}=\begin{bmatrix}1 & 2 & -1 & 1 & 0\\0 & -1 & 1 & 3 & 2\end{bmatrix},\quad \boldsymbol{b}=\begin{bmatrix}1\\-1\end{bmatrix}$$

现给定初始输入状态 $\boldsymbol{s}(0)=(0,0)^{\mathrm{T}}$，输入特征 $\boldsymbol{x}$ 在时刻 0 与时刻 1 的取值如下：$\boldsymbol{x}(0)=(1,2,3)^{\mathrm{T}}$，$\boldsymbol{x}(1)-(4,5,6)^{\mathrm{T}}$。

(1) 计算循环神经网络在时刻 1 的输出 $\boldsymbol{s}(2)$。

(2) 用 TensorFlow 验证(1)中的计算。

9.8 设在一个长短时记忆单元中，信号门、载入门、遗忘门和载出门分别有如下权重矩阵与偏置项：

$$\boldsymbol{W}_g=\begin{bmatrix}1 & 1 & 0\\1 & 0 & 1\end{bmatrix},\quad \boldsymbol{b}_g=\begin{bmatrix}0\\0\end{bmatrix}$$

$$\boldsymbol{W}_i=\begin{bmatrix}0 & 1 & 0\\1 & 0 & 1\end{bmatrix},\quad \boldsymbol{b}_i=\begin{bmatrix}1\\0\end{bmatrix}$$

$$\boldsymbol{W}_f=\begin{bmatrix}1 & 0 & 0\\1 & 1 & 1\end{bmatrix},\quad \boldsymbol{b}_f=\begin{bmatrix}0\\1\end{bmatrix}$$

$$\boldsymbol{W}_o=\begin{bmatrix}1 & 0 & 0\\0 & 1 & 1\end{bmatrix},\quad \boldsymbol{b}_o=\begin{bmatrix}1\\1\end{bmatrix}$$

现给定输入长时记忆 $\boldsymbol{c}=(1,2)^{\mathrm{T}}$。输入短时记忆 $\boldsymbol{h}=(3,4)^{\mathrm{T}}$ 以及输入特征 $\boldsymbol{x}=1$。请计算该长短时记忆单元的输出长时记忆 $\tilde{\boldsymbol{c}}$ 与输出短时记忆 $\tilde{\boldsymbol{h}}$。

9.9 PM2.5 指数预测。

PM2.5 指数是衡量空气质量的重要指标。PM2.5 指数预测问题的任务是：根据过去一段时期内的 PM2.5 指数和天气状况，预测下一时刻的 PM2.5 指数。这一问题的原始数据[①]来自北京地区 2012—2017 年每一时刻的 PM2.5 指数和天气状况记录。其中，天气状况包含以下 7 个信息：露水、气温、气压、风向、风速、降雪以及降雨。

文件 pollution_seriers.csv 是原始数据的时间序列形式。文件中的每一行数据有 10 列，第 1 列表示当前时刻 t，第 2～9 列分别表示时刻 $t-1$ 对应的 PM2.5 指数以及 7 个天气

① 原数据来自 UCI 机器学习数据库 https://archive.ics.uci.edu/ml/datasets/Beijing+PM2.5+Data，本题已将原数据转化成了时间序列的形式，可从 GitHub 网站的本书页面 https://github.com/wanglei18/machine_learning 下载。

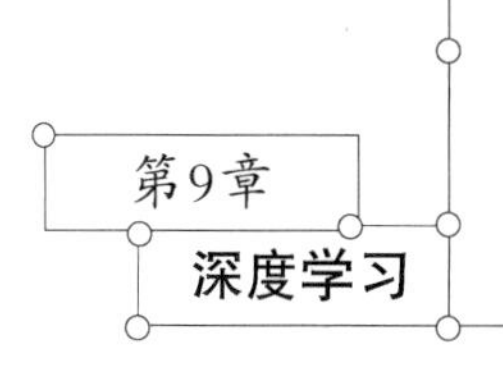

信息，第 10 列表示时刻 t 对应的 PM2.5 指数。所以，每条数据的第 2～9 列是特征值，第 10 列是标签值。图 9.37 是读取 pollution_seriers.csv 的程序。

```
1  from pandas import read_csv
2
3  df=read_csv("./pollution_series.csv")
4  values=df.values
5  n_train_hours=365 * 24
6  train=values[:n_train_hours, 1:]
7  test=values[n_train_hours:, 1:]
8  X_train, y_train=train[:, :-1], train[:, -1]
9  X_test, y_test=test[:, :-1], test[:, -1]
```

图 9.37　读取 PM2.5 指数原始数据的程序

请基于图 9.37 中的程序，设计带有长短时记忆单元的循环神经网络来完成 PM2.5 指数预测任务。

第10章　降维算法

在第2～9章中已经系统地介绍了监督式学习算法。在一个监督式学习问题中，每个数据样本都含有特征组和标签，学习的任务是寻找特征组与标签之间的关系。然而，在无监督学习问题中，每个数据样本都仅含有特征组，却并不带有标签，例如，按照样本特征组呈现的聚群结构将样本分类，对高维的样本特征组进行降维，等等。在实际应用中，无监督学习常常与监督式学习相互配合来完成任务。在一个带有标签的机器学习问题中，可以先将数据样本的标签隐去，通过无监督学习对特征进行加工和处理。然后，再基于加工过的特征组，结合标签进行监督式学习。

本章介绍一类重要的无监督学习算法——降维算法。降维算法的主要任务是对高维的特征组做低维近似。高维的特征组不仅耗费大量的存储空间，而且还会降低机器学习算法的时间与空间效率。在降维的过程中，如何尽量保留原特征组所携带的重要信息，是降维算法设计的主要考量。

10.1节介绍主成分分析法。它是最常用的降维算法之一。10.2节介绍主成分分析的核方法。它是主成分分析法的一个加强，其目的是将主成分分析法应用到某些非线性的数据分布上。10.3节介绍线性判别分析法。该算法实际上属于监督式学习的范畴。它是结合标签信息进行降维的算法，其目的依然是对特征组降维，因而在本章中介绍该方法。10.4节介绍流形降维算法，它适用于d维流形数据的降维问题。10.5节介绍自动编码器，它是深度学习在降维算法中的应用。

10.1　主成分分析法

10.1.1　算法思想

在一个降维问题中，训练数据为m个n维向量$\boldsymbol{x}^{(1)},\boldsymbol{x}^{(2)},\cdots,\boldsymbol{x}^{(m)}\in\mathbb{R}^n$。对指定的维度$d<n$，一个降维模型是从$\mathbb{R}^n$到$\mathbb{R}^d$的映射$h$。其模型输出为$\boldsymbol{h}(\boldsymbol{x}^{(1)}),\boldsymbol{h}(\boldsymbol{x}^{(2)}),\cdots,\boldsymbol{h}(x^{(m)})\in\mathbb{R}^d$。

对降维模型的度量方式是十分灵活多样的，不同的度量方式将引导出不同的降维算法。

本节介绍的主成分分析法就是一个降维算法。它以降维后数据的方差作为模型的度量。主成分分析法又称为PCA算法。这是它的英文名Principle Components Analysis的首字母缩写。主成分分析法将数据投影至低维空间，并使其投影方差尽可能大。由于方差能表示一组数据的信息量，因此，主成分分析法能够最大程度地保留原始数据的信息量。

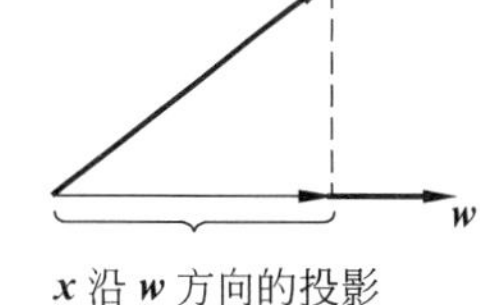

图 10.1　x 沿 w 方向的投影

在详细介绍这一算法之前，需要一些数学上的准备。给定两个 n 维向量 $\boldsymbol{x}$ 和 $\boldsymbol{w}$。设 $\boldsymbol{w}$ 是一个单位向量，即 $\|\boldsymbol{w}\|=1$。在几何上可以定义 $\boldsymbol{x}$ 沿 $\boldsymbol{w}$ 方向的投影为 $\boldsymbol{x}$ 向 $\boldsymbol{w}$ 的垂线的垂足所对应的向量，如图10.1所示。

在图中，设 $\boldsymbol{x}$ 与 $\boldsymbol{w}$ 的夹角为 θ。根据解析几何知识可知

$$\cos\theta = \frac{\langle \boldsymbol{x}, \boldsymbol{w} \rangle}{\|\boldsymbol{x}\| \cdot \|\boldsymbol{w}\|} = \frac{\langle \boldsymbol{x}, \boldsymbol{w} \rangle}{\|\boldsymbol{x}\|}$$

所以，$\boldsymbol{x}$ 的投影长度应为 $\|\boldsymbol{x}\|\cos\theta = \langle \boldsymbol{x}, \boldsymbol{w} \rangle$。在意义明确的前提下，术语"$\boldsymbol{x}$ 沿 $\boldsymbol{w}$ 方向的投影"也可用于表示投影长度 $\langle \boldsymbol{x}, \boldsymbol{w} \rangle$。

给定一组 n 维向量 $\boldsymbol{x}^{(1)}, \boldsymbol{x}^{(2)}, \cdots, \boldsymbol{x}^{(m)} \in \mathbb{R}^n$ 以及一个单位向量 $\boldsymbol{w} \in \mathbb{R}^n$。定义 $z_t = \langle \boldsymbol{x}^{(t)}, \boldsymbol{w} \rangle$ 为 $\boldsymbol{x}^{(t)}$ 沿 $\boldsymbol{w}$ 方向的投影，并将 $z_1, z_2, \cdots, z_m$ 的方差

$$\sigma^2 = \frac{1}{m} \sum_{t=1}^{m} (z_t - \mu)^2 \tag{10.1}$$

定义为 $\boldsymbol{x}^{(1)}, \boldsymbol{x}^{(2)}, \cdots, \boldsymbol{x}^{(m)}$ 沿 $\boldsymbol{w}$ 方向的投影方差。在式(10.1)中，

$$\mu = \frac{1}{m} \sum_{t=1}^{m} z_t$$

为 $z_1, z_2, \cdots, z_m$ 的平均值。

在一个降维问题中，主成分分析法按投影方差最大的原则将 m 个 n 维向量组成的训练数据 $\boldsymbol{x}^{(1)}, \boldsymbol{x}^{(2)}, \cdots, \boldsymbol{x}^{(m)}$ 投影至指定的 d 维($d<n$)空间。具体步骤是：首先计算一个 n 维单位向量 $\boldsymbol{w}^{(1)}$，使得 $\boldsymbol{x}^{(1)}, \boldsymbol{x}^{(2)}, \cdots, \boldsymbol{x}^{(m)}$ 沿 $\boldsymbol{w}^{(1)}$ 方向的投影方差是所有投影方向中最大的。然后，算法依次计算单位向量 $\boldsymbol{w}^{(2)}, \boldsymbol{w}^{(3)}, \cdots, \boldsymbol{w}^{(d)}$，使得对任意 $2 \leqslant r \leqslant d$，$\boldsymbol{w}^{(r)}$ 与 $\boldsymbol{w}^{(1)}, \boldsymbol{w}^{(2)}, \cdots, \boldsymbol{w}^{(r-1)}$ 都正交，并且 $\boldsymbol{x}^{(1)}, \boldsymbol{x}^{(2)}, \cdots, \boldsymbol{x}^{(m)}$ 沿 $\boldsymbol{w}^{(r)}$ 方向的投影方差是所有与 $\boldsymbol{w}^{(1)}, \boldsymbol{w}^{(2)}, \cdots, \boldsymbol{w}^{(r-1)}$ 都正交的投影方向中最大的。最后，算法将每个 $\boldsymbol{x}^{(t)}$ 映射成一个 d 维向量：

$$\boldsymbol{h}(\boldsymbol{x}^{(t)}) = (\langle \boldsymbol{x}^{(t)}, \boldsymbol{w}^{(1)} \rangle, \langle \boldsymbol{x}^{(t)}, \boldsymbol{w}^{(2)} \rangle, \cdots, \langle \boldsymbol{x}^{(t)}, \boldsymbol{w}^{(d)} \rangle), \quad t = 1, 2, \cdots, m$$

由于算法将 $\boldsymbol{w}^{(1)}, \boldsymbol{w}^{(2)}, \cdots, \boldsymbol{w}^{(d)}$ 取为相互正交的向量，因此，它们是互相独立的。这使得 $\boldsymbol{w}^{(1)}, \boldsymbol{w}^{(2)}, \cdots, \boldsymbol{w}^{(d)}$ 互相之间没有重复的信息，从而能够最大程度地对数据的不同方面进行编码。

以下具体介绍如何选取 $\boldsymbol{w}^{(1)}, \boldsymbol{w}^{(2)}, \cdots, \boldsymbol{w}^{(d)}$。为了简化计算，不妨设 $\boldsymbol{x}^{(1)}, \boldsymbol{x}^{(2)}, \cdots, \boldsymbol{x}^{(m)}$ 的平均值为全0向量，即

$$\frac{1}{m} \sum_{t=1}^{m} \boldsymbol{x}^{(t)} = \boldsymbol{0} \tag{10.2}$$

如不满足此条件,则可以通过平移使得式(10.2)成立,即,计算 $\boldsymbol{x}^{(1)},\boldsymbol{x}^{(2)},\cdots,\boldsymbol{x}^{(m)}$ 的平均值向量$\boldsymbol{\mu}$,然后按式(10.3)将各向量平移:

$$\boldsymbol{x}^{(t)} \leftarrow \boldsymbol{x}^{(t)} - \boldsymbol{\mu}, \quad t = 1,2,\cdots,m \tag{10.3}$$

易知,平移之后的 m 个向量的平均值为全 0 向量。

算法首先计算 $\boldsymbol{w}^{(1)}$。$\boldsymbol{w}^{(1)}$ 应当是使得 $\boldsymbol{x}^{(1)},\boldsymbol{x}^{(2)},\cdots,\boldsymbol{x}^{(m)}$ 的投影方差最大的单位向量。所以,$\boldsymbol{w}^{(1)}$ 是以下带约束的最优化问题的最优解:

$$\begin{aligned} &\max_{\boldsymbol{w}\in\mathbb{R}^n} \frac{1}{m}\sum_{t=1}^{m}\langle \boldsymbol{x}^{(t)},\boldsymbol{w}\rangle^2 \\ &\text{约束:}\ \|\boldsymbol{w}\|^2 = 1 \end{aligned} \tag{10.4}$$

用 $\boldsymbol{X}$ 表示如下 $m\times n$ 的矩阵:

$$\boldsymbol{X} = \begin{bmatrix} \boldsymbol{x}^{(1)\mathrm{T}} \\ \boldsymbol{x}^{(2)\mathrm{T}} \\ \vdots \\ \boldsymbol{x}^{(m)\mathrm{T}} \end{bmatrix}$$

则式(10.4)等价于

$$\begin{aligned} &\max_{\boldsymbol{w}} \boldsymbol{w}^{\mathrm{T}}\boldsymbol{X}^{\mathrm{T}}\boldsymbol{X}\boldsymbol{w} \\ &\text{约束:}\ \boldsymbol{w}^{\mathrm{T}}\boldsymbol{w} = 1 \end{aligned} \tag{10.5}$$

设 $\lambda\in\mathbb{R}$ 是约束条件 $\boldsymbol{w}^{\mathrm{T}}\boldsymbol{w}=1$ 对应的拉格朗日乘子,则式(10.5)的拉格朗日函数为

$$L(\boldsymbol{w},\lambda) = \boldsymbol{w}^{\mathrm{T}}\boldsymbol{X}^{\mathrm{T}}\boldsymbol{X}\boldsymbol{w} - \lambda\boldsymbol{w}^{\mathrm{T}}\boldsymbol{w} + \lambda$$

根据 KKT 定理(附录 A 推论 A.3.14),式(10.5)的最优解必须满足 KKT 条件:

$$\nabla L(\boldsymbol{w},\lambda) = 2\boldsymbol{X}^{\mathrm{T}}\boldsymbol{X}\boldsymbol{w} - 2\lambda\boldsymbol{w} = 0 \tag{10.6}$$

$$\boldsymbol{w}^{\mathrm{T}}\boldsymbol{w} = 1 \tag{10.7}$$

并且,当式(10.6)和式(10.7)得到满足时,式(10.5)的目标函数满足

$$\boldsymbol{w}^{\mathrm{T}}\boldsymbol{X}^{\mathrm{T}}\boldsymbol{X}\boldsymbol{w} = \lambda \tag{10.8}$$

式(10.6)表明,$\boldsymbol{X}^{\mathrm{T}}\boldsymbol{X}\boldsymbol{w}=\lambda\boldsymbol{w}$。结合式(10.7)可得,$\lambda$ 必是矩阵 $\boldsymbol{X}^{\mathrm{T}}\boldsymbol{X}$ 的一个特征根,而 $\boldsymbol{w}$ 必是 λ 所对应的单位特征向量。式(10.8)表明,式(10.5)的最优值应当等于 $\boldsymbol{X}^{\mathrm{T}}\boldsymbol{X}$ 的最大特征根的值。基于上述分析,主成分分析法应当以如下方式选取 $\boldsymbol{w}^{(1)}$:计算 $\boldsymbol{X}^{\mathrm{T}}\boldsymbol{X}$ 的特征根与特征向量。设最大的特征根为 λ_1,将 λ_1 对应的单位特征向量取为 $\boldsymbol{w}^{(1)}$,将 $\boldsymbol{X}\boldsymbol{w}^{(1)}$ 称为 $\boldsymbol{X}$ 的第一主成分。

计算出第一主成分之后,接着在第二步计算 $\boldsymbol{w}^{(2)}$。$\boldsymbol{w}^{(2)}$ 必须与 $\boldsymbol{w}^{(1)}$ 正交,且 $\boldsymbol{x}^{(1)},\boldsymbol{x}^{(2)},\cdots,\boldsymbol{x}^{(m)}$ 沿 $\boldsymbol{w}^{(2)}$ 方向的投影方差应是所有与 $\boldsymbol{w}^{(1)}$ 正交的方向中最大的,所以 $\boldsymbol{w}^{(2)}$ 是以下带约束最优化问题的最优解:

$$\begin{aligned} &\max_{\boldsymbol{w}} \boldsymbol{w}^{\mathrm{T}}\boldsymbol{X}^{\mathrm{T}}\boldsymbol{X}\boldsymbol{w} \\ &\text{约束:}\ \boldsymbol{w}^{\mathrm{T}}\boldsymbol{w} = 1 \\ &\qquad\ \ \boldsymbol{w}^{\mathrm{T}}\boldsymbol{w}^{(1)} = 0 \end{aligned} \tag{10.9}$$

用λ和β分别表示与约束条件$\boldsymbol{w}^{\mathrm{T}}\boldsymbol{w}=1$和$\boldsymbol{w}^{\mathrm{T}}\boldsymbol{w}^{(1)}=0$对应的拉格朗日乘子。式(10.9)的最优解应当满足KKT条件：

$$\boldsymbol{X}^{\mathrm{T}}\boldsymbol{X}\boldsymbol{w}-\lambda\boldsymbol{w}-\beta\boldsymbol{w}^{(1)}=0 \tag{10.10}$$

$$\boldsymbol{w}^{\mathrm{T}}\boldsymbol{w}=1 \tag{10.11}$$

$$\boldsymbol{w}^{(1)^{\mathrm{T}}}\boldsymbol{w}=0 \tag{10.12}$$

在式(10.10)等号的两端同时乘以$\boldsymbol{w}^{(1)^{\mathrm{T}}}$，得到

$$0=\boldsymbol{w}^{(1)^{\mathrm{T}}}(\boldsymbol{X}^{\mathrm{T}}\boldsymbol{X}\boldsymbol{w}-\lambda\boldsymbol{w}-\beta\boldsymbol{w}^{(1)})=\boldsymbol{w}^{(1)^{\mathrm{T}}}\boldsymbol{X}^{\mathrm{T}}\boldsymbol{X}\boldsymbol{w}-\lambda\boldsymbol{w}^{(1)^{\mathrm{T}}}\boldsymbol{w}-\beta\boldsymbol{w}^{(1)^{\mathrm{T}}}\boldsymbol{w}^{(1)} \tag{10.13}$$

由于$\boldsymbol{w}^{(1)}$是$\boldsymbol{X}^{\mathrm{T}}X$的特征根$\lambda_1$所对应的特征向量，因而$\boldsymbol{w}^{(1)^{\mathrm{T}}}\boldsymbol{X}^{\mathrm{T}}\boldsymbol{X}=\lambda_1\boldsymbol{w}^{(1)^{\mathrm{T}}}$。再根据式(10.11)和式(10.12)，有

$$\begin{aligned}\boldsymbol{w}^{(1)^{\mathrm{T}}}\boldsymbol{X}^{\mathrm{T}}\boldsymbol{X}\boldsymbol{w}-\lambda\boldsymbol{w}^{(1)^{\mathrm{T}}}\boldsymbol{w}-\beta\boldsymbol{w}^{(1)^{\mathrm{T}}}\boldsymbol{w}^{(1)}&=\lambda_1\boldsymbol{w}^{(1)^{\mathrm{T}}}\boldsymbol{w}-\lambda\boldsymbol{w}^{(1)^{\mathrm{T}}}\boldsymbol{w}-\beta\boldsymbol{w}^{(1)^{\mathrm{T}}}\boldsymbol{w}^{(1)}\\&=-\beta\end{aligned} \tag{10.14}$$

结合式(10.13)与式(10.14)就得到$\beta=0$。因此，由式(10.10)得

$$\boldsymbol{X}^{\mathrm{T}}\boldsymbol{X}\boldsymbol{w}=\lambda\boldsymbol{w} \tag{10.15}$$

式(10.15)说明，λ是$\boldsymbol{X}^{\mathrm{T}}\boldsymbol{X}$的特征根，$\boldsymbol{w}$是$\lambda$所对应的特征向量。

由式(10.15)和式(10.11)可得，式(10.9)的目标函数满足$\boldsymbol{w}^{\mathrm{T}}\boldsymbol{X}^{\mathrm{T}}\boldsymbol{X}\boldsymbol{w}=\lambda\boldsymbol{w}^{\mathrm{T}}\boldsymbol{w}=\lambda$。这表明，式(10.9)的目标函数的最大值是$\boldsymbol{X}^{\mathrm{T}}\boldsymbol{X}$的特征根$\lambda$，并且$\lambda$所对应的特征向量应当与$\boldsymbol{w}^{(1)}$正交。由于$\boldsymbol{X}^{\mathrm{T}}\boldsymbol{X}$是一个对称矩阵，根据对称矩阵的正交分解定理，$\boldsymbol{X}^{\mathrm{T}}\boldsymbol{X}$有$n$个实数特征根$\lambda_1\geqslant\lambda_2\geqslant\cdots\geqslant\lambda_n$，且$\lambda_1,\lambda_2,\cdots,\lambda_n$所对应的$n$个特征向量相互正交。基于这一结论，式(10.9)的最优值应当等于$\boldsymbol{X}^{\mathrm{T}}\boldsymbol{X}$的第二大特征根$\lambda_2$，因而$\boldsymbol{w}^{(2)}$应取为$\lambda_2$对应的单位特征向量。将$\boldsymbol{X}\boldsymbol{w}^{(2)}$称为$\boldsymbol{X}$的第二主成分。

依此类推，将$\boldsymbol{w}^{(i)}$取为$\boldsymbol{X}^{\mathrm{T}}\boldsymbol{X}$的第$i$大特征根$\lambda_i$对应的特征向量($i=3,4,\cdots,d$)。$\boldsymbol{X}\boldsymbol{w}^{(i)}$称为$\boldsymbol{X}$的第$i$个主成分。

综上所述，主成分分析法选取$\boldsymbol{X}^{\mathrm{T}}\boldsymbol{X}$的前$d$个特征根$\lambda_1,\lambda_2,\cdots,\lambda_d$所对应的单位特征向量$\boldsymbol{w}^{(1)},\boldsymbol{w}^{(2)},\cdots,\boldsymbol{w}^{(d)}$，作为$\boldsymbol{x}^{(1)},\boldsymbol{x}^{(2)},\cdots,\boldsymbol{x}^{(m)}$的$d$个投影的方向。这是最大化投影方差的投影方式。

基于上述思想，记$n\times d$矩阵$\boldsymbol{W}=(\boldsymbol{w}^{(1)},\boldsymbol{w}^{(2)},\cdots,\boldsymbol{w}^{(d)})$。主成分分析法对输入矩阵$\boldsymbol{X}$的降维结果是$\boldsymbol{Z}=\boldsymbol{X}\boldsymbol{W}$，其中

$$\boldsymbol{Z}=\begin{bmatrix}\boldsymbol{z}^{(1)^{\mathrm{T}}}\\\boldsymbol{z}^{(2)^{\mathrm{T}}}\\\vdots\\\boldsymbol{z}^{(m)^{\mathrm{T}}}\end{bmatrix}$$

是一个$m\times d$矩阵。$\boldsymbol{Z}$的第j列由$\boldsymbol{X}$的第j主成分组成，$1\leqslant j\leqslant d$。也就是说，对任何$1\leqslant t\leqslant m$，$\boldsymbol{z}^{(t)}$是对$\boldsymbol{x}^{(t)}$的降维结果。

图10.2是主成分分析法的算法描述。算法的求解目标是将一组给定的n维向量$\boldsymbol{x}^{(1)},\boldsymbol{x}^{(2)},\cdots,\boldsymbol{x}^{(m)}$降至$d$维。

主成分分析法

$\boldsymbol{\mu}=\frac{1}{m}\sum_{t=1}^{m}\boldsymbol{x}^{(t)}$

for $t=1,2,\cdots,m$:

  $\boldsymbol{x}^{(t)}\leftarrow\boldsymbol{x}^{(t)}-\boldsymbol{\mu}$

$\boldsymbol{X}=\begin{bmatrix}\boldsymbol{x}^{(1)^{\mathrm{T}}}\\\boldsymbol{x}^{(2)^{\mathrm{T}}}\\\vdots\\\boldsymbol{x}^{(m)^{\mathrm{T}}}\end{bmatrix}$

compute eigenvalues of $\boldsymbol{X}^{\mathrm{T}}\boldsymbol{X}$: $\lambda_1\geqslant\lambda_2\geqslant\cdots\geqslant\lambda_n$

Let $\boldsymbol{w}^{(1)},\boldsymbol{w}^{(2)},\cdots,\boldsymbol{w}^{(n)}$ be the corresponding eigenvectors

$\boldsymbol{W}=(\boldsymbol{w}^{(1)},\boldsymbol{w}^{(2)},\cdots,\boldsymbol{w}^{(d)})$

return $\boldsymbol{Z}=\boldsymbol{X}\boldsymbol{W}$

图 10.2　主成分分析法的算法描述

为了评价主成分分析法的降维效果，可将降维后的数据再投影回原来的高维空间，这种投影称为数据重构。通过数据重构可以度量降维的效果。重构后的数据越接近原始数据，降维的效果越好。

设 $\boldsymbol{w}^{(1)},\boldsymbol{w}^{(2)},\cdots,\boldsymbol{w}^{(d)}\in\mathbb{R}^n$ 为 d 个相互正交的 n 维单位向量。在线性代数中，将这样一组向量称为 d 维标准正交基。它们张成一个 $\mathbb{R}^n$ 的 d 维线性子空间：

$$\mathrm{Span}(\boldsymbol{w}^{(1)},\boldsymbol{w}^{(2)},\cdots,\boldsymbol{w}^{(d)})=\{z_1\boldsymbol{w}^{(1)}+z_2\boldsymbol{w}^{(2)}+\cdots+z_d\boldsymbol{w}^{(d)}:z_1,z_2,\cdots,z_d\in\mathbb{R}\}$$

因此，$\mathrm{Span}(\boldsymbol{w}^{(1)},\boldsymbol{w}^{(2)},\cdots,\boldsymbol{w}^{(d)})$ 中的每个 n 维向量都可以用一个 d 维向量 $\boldsymbol{z}=(z_1,z_2,\cdots,z_d)$ 来唯一表示。

主成分分析法选出的 $\boldsymbol{w}^{(1)},\boldsymbol{w}^{(2)},\cdots,\boldsymbol{w}^{(d)}$ 是一组标准正交基。算法将每个 n 维向量 $\boldsymbol{x}$ 投影成 d 维向量 $\boldsymbol{z}=(z_1,z_2,\cdots,z_d)$。其中，$z_r=\langle\boldsymbol{x},\boldsymbol{w}^{(r)}\rangle$，$r=1,2,\cdots,d$。可见，$\boldsymbol{z}$ 对应于 $\mathrm{Span}(\boldsymbol{w}^{(1)},\boldsymbol{w}^{(2)},\cdots,\boldsymbol{w}^{(d)})$ 中的 n 维向量 $\tilde{\boldsymbol{x}}=z_1\boldsymbol{w}^{(1)}+z_2\boldsymbol{w}^{(2)}+\cdots+z_d\boldsymbol{w}^{(d)}$。也就是说，可以将 $\tilde{\boldsymbol{x}}$ 看成是 $\boldsymbol{x}$ 的降维后的向量 $\boldsymbol{z}$ 在原空间中的重构。

主成分分析法的数据重构算法可描述如下。设主成分分析法将数据 $\boldsymbol{x}^{(1)},\boldsymbol{x}^{(2)},\cdots,\boldsymbol{x}^{(m)}\in\mathbb{R}^n$ 降维成 $\boldsymbol{z}^{(1)},\boldsymbol{z}^{(2)},\cdots,\boldsymbol{z}^{(m)}\in\mathbb{R}^d$。定义

$$\tilde{\boldsymbol{x}}^{(t)}=\boldsymbol{W}\boldsymbol{z}^{(t)},\quad 1\leqslant t\leqslant m \tag{10.16}$$

则 $\tilde{\boldsymbol{x}}^{(1)},\tilde{\boldsymbol{x}}^{(2)},\cdots,\tilde{\boldsymbol{x}}^{(m)}$ 是对 $\boldsymbol{x}^{(1)},\boldsymbol{x}^{(2)},\cdots,\boldsymbol{x}^{(m)}$ 的重构。如果定义

$$\tilde{\boldsymbol{X}}=\begin{bmatrix}\tilde{\boldsymbol{x}}^{(1)^{\mathrm{T}}}\\\tilde{\boldsymbol{x}}^{(2)^{\mathrm{T}}}\\\vdots\\\tilde{\boldsymbol{x}}^{(m)^{\mathrm{T}}}\end{bmatrix}$$

则式(10.16)等价于 $\tilde{\boldsymbol{X}}=\boldsymbol{Z}\boldsymbol{W}^{\mathrm{T}}$。

10.1.2 算法实现

图 10.3 是对图 10.2 中算法的实现。在类 PCA 的构造函数中指定数据需要降低到的维度 d。第 7～15 行的 fit_transform 函数，是主成分分析法的主体部分。其中，第 8、9 行平移各向量，使得它们的均值为 0。第 10 行计算$\boldsymbol{X}^{\mathrm{T}}\boldsymbol{X}$ 的特征根和特征向量。第 12、13 行对特征根进行排序，同时相应地调整特征向量的次序。第 14 行计算矩阵 $\boldsymbol{W}$。第 15 行计算 $\boldsymbol{Z}=\boldsymbol{XW}$。在第 17、18 行中实现数据重构功能。

```
machine_learning.lib.pca
1  import numpy as np
2
3  class PCA:
4      def __init__(self, n_components):
5          self.d=n_components
6
7      def fit_transform(self, X):
8          self.mean=X.mean(axis =0)
9          X=X-self.mean
10         eigen_values, eigen_vectors=np.linalg.eig(X.T.dot(X))
11         n=len(eigen_values)
12         pairs=[(eigen_values[i], eigen_vectors[:, i]) for i in range(n)]
13         pairs=sorted(pairs, key=lambda pair: pair[0], reverse=True)
14         self.W=np.array([pairs[r][1] for r in range(self.d)]).T
15         return X.dot(self.W)
16
17     def inverse_transform(self, Z):
18         return Z.dot(self.W.T) +self.mean
```

图 10.3 主成分分析法的实现

例 10.1 手写数字图片的数据降维。

在例 5.10 中，对手写数字识别问题的数据集 MNIST 做过描述。MNIST 数据集中有 70 000 张 0～9 的数字图片。每一张图片对应的是该图片的 28×28 的像素灰度矩阵。因此，MNIST 中的每一条数据样本都是一个 28×28=784 维的向量。本例中采用 PCA 法将它们降维。采用图 10.3 中的主成分分析法，将手写数字图片数据从 784 维的向量降维成为 100 维的向量。具体的算法描述见图 10.4。

```
1  import matplotlib.pyplot as plt
2  from tensorflow.examples.tutorials.mnist import input_data
3  from machine_learning.lib.pca import PCA
```

图 10.4 手写数字图片降维的主成分分析法

```
4
5  mnist=input_data.read_data_sets("MNIST_data/", one_hot=False)
6  X, Y=mnist.train.images, mnist.train.labels
7  model=PCA(n_components=100)
8  Z=model.fit_transform(X)
9  X_recovered=model.inverse_transform(Z).astype(int)
10
11  plt.figure(0)
12  plt.imshow(X[0].reshape(28,28))
13  plt.figure(1)
14  plt.imshow(X_recovered[0].reshape(28,28))
15  plt.figure(2)
16  plt.scatter(Z[:,0], Z[:,1], c=Y)
17  plt.show()
```

图 10.4 （续）

在图 10.4 的算法中，第 7 行声明一个 PCA 类，其目标是将数据降成 100 维。第 8 行获得降维之后的向量。第 9 行用数据重构算法将数据还原成 784 维向量。第 11～14 行打印一张数字图片以及它降维后再还原的图片，见图 10.5。从图 10.5 中容易分辨出图片上的数字。这说明，经过降维之后再还原的图片保留了图片中的重要信息。但与原图对比，还原后的图片不可避免地损失了部分信息。

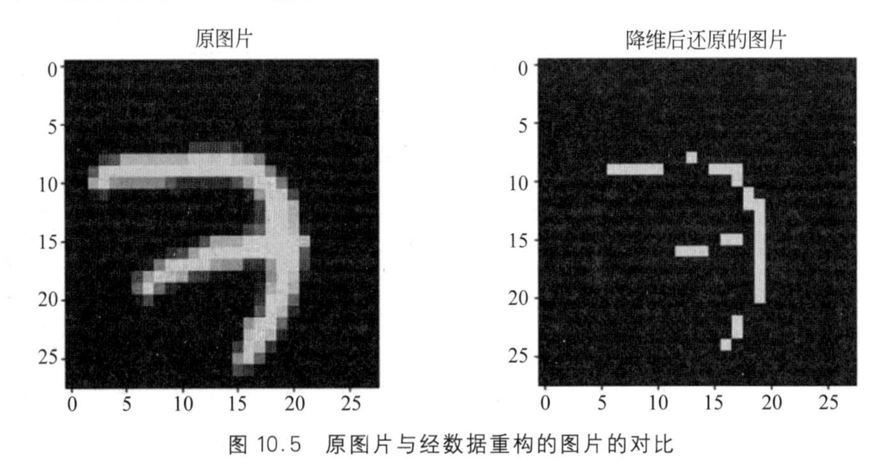

图 10.5 原图片与经数据重构的图片的对比

数据可视化是降维算法的另一个重要应用。人类的视觉只能观察不超过三维的数据。将高维数据降至三维空间或者二维空间中的点，可以辅助算法设计者对数据的观察。在图 10.4 的第 16 行中，生成手写数字数据集中的 784 维向量的第一和第二主成分构成的点集，见图 10.6。图 10.6 中的每个点表示一张手写数字图片，而点的颜色表示图片上的数字。从图 10.6 中可以看到，有相同数字的图片经降维之后依然聚集在一起。这说明，前两个主成分已经包含了图片的主要信息。

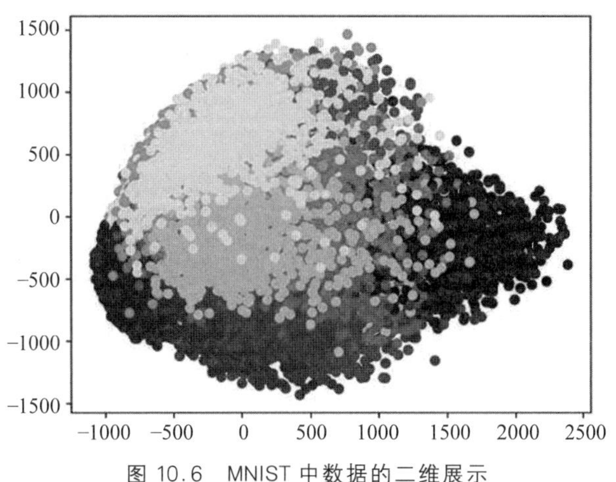

图 10.6　MNIST 中数据的二维展示

应用主成分分析法将 n 维数据降为 d 维时，d 值的大小对降维的效果有重要影响。在实际问题中，d 值一般要依据 $\boldsymbol{X}^{\mathrm{T}}\boldsymbol{X}$ 的特征根信息来确定。设 $\boldsymbol{X}^{\mathrm{T}}\boldsymbol{X}$ 的 n 个特征根为 $\lambda_1 \geqslant \lambda_2 \geqslant \cdots \geqslant \lambda_n$。定义

$$\frac{\sum_{i=1}^{k}\lambda_i}{\sum_{i=1}^{n}\lambda_i}$$

为前 k 个特征根的累计方差贡献率（$k=1,2,\cdots,n$）。它表示 k 个主成分所能包含的 $\boldsymbol{x}^{(1)}$，$\boldsymbol{x}^{(2)},\cdots,\boldsymbol{x}^{(m)}$ 的信息量的比例。确定 d 值时，可以采用以下方法：以累计方差贡献率达到85%的最少特征根数作为 d 的值。

10.1.3　奇异值分解

奇异值分解（Singular Value Decomposition，SVD）是线性代数中的一种重要的矩阵分解算法。矩阵奇异值分解与主成分分析法有着紧密的联系。由奇异值分解算法可以得到主成分分析法的另一种实现方法。

定义 10.1（奇异值和奇异向量）　设 $\boldsymbol{X}$ 是一个 $m\times n$ 矩阵，$\boldsymbol{u}$ 是一个 m 维单位列向量，$\boldsymbol{v}$ 是一个 n 维单位列向量。如果存在实数 σ，使得

$$\boldsymbol{X}\boldsymbol{v} = \sigma\boldsymbol{u} \tag{10.17}$$

$$\boldsymbol{X}^{\mathrm{T}}\boldsymbol{u} = \sigma\boldsymbol{v} \tag{10.18}$$

则称 σ 为 $\boldsymbol{X}$ 的一个奇异值。向量 $\boldsymbol{u}$ 和 $\boldsymbol{v}$ 分别称为左奇异向量和右奇异向量。

定理 10.1（奇异值与特征根的关系）　设 $\boldsymbol{X}$ 是一个 $m\times n$ 矩阵。如果 σ 为 $\boldsymbol{X}$ 的一个奇异值，且 $\boldsymbol{u}$ 和 $\boldsymbol{v}$ 分别为左奇异向量和右奇异向量，则 σ^2 必为 $\boldsymbol{X}^{\mathrm{T}}\boldsymbol{X}$ 的特征根，且 $\boldsymbol{v}$ 是其相应的特征向量；同时，σ^2 也必为 $\boldsymbol{X}\boldsymbol{X}^{\mathrm{T}}$ 的特征根，且 $\boldsymbol{u}$ 是其相应的特征向量。

证明：根据式（10.17）和式（10.18），有

$$\boldsymbol{X}^{\mathrm{T}}\boldsymbol{X}\boldsymbol{v}=\boldsymbol{X}^{\mathrm{T}}(\boldsymbol{X}\boldsymbol{v})=\boldsymbol{X}^{\mathrm{T}}(\sigma\boldsymbol{u})=\sigma\boldsymbol{X}^{\mathrm{T}}\boldsymbol{u}=\sigma^2\boldsymbol{v}$$

$$\boldsymbol{X}\boldsymbol{X}^{\mathrm{T}}\boldsymbol{u}=\boldsymbol{X}(\boldsymbol{X}^{\mathrm{T}}\boldsymbol{u})=\boldsymbol{X}(\sigma\boldsymbol{v})=\sigma\boldsymbol{X}\boldsymbol{v}=\sigma^2\boldsymbol{u}$$

这就证明了定理 10.1 的结论。

由定理 10.1 可知，如果能求出矩阵 $\boldsymbol{X}$ 的奇异值和对应的右奇异向量，就可以间接地计算出 $\boldsymbol{X}^{\mathrm{T}}\boldsymbol{X}$ 的特征根与特征向量。定理 10.2 中的矩阵奇异值分解就是一个计算奇异值和奇异向量的方法。

定理 10.2（矩阵奇异值分解） 设 $\boldsymbol{X}$ 是一个 $m\times n$ 矩阵且 $\mathrm{rank}(\boldsymbol{X})=r$，则一定存在 $m\times r$ 矩阵 $\boldsymbol{U}$、$r\times r$ 对角矩阵 $\boldsymbol{D}$ 以及 $n\times r$ 矩阵 $\boldsymbol{V}$，使得

$$\boldsymbol{X}=\boldsymbol{U}\boldsymbol{D}\boldsymbol{V}^{\mathrm{T}} \tag{10.19}$$

其中，对角阵 $\boldsymbol{D}$ 的 r 个对角线元素 $\sigma_1,\sigma_2,\cdots,\sigma_r$ 为 $\boldsymbol{X}$ 的全部正奇异值，并且 $\boldsymbol{U}$ 的各列相互正交，$\boldsymbol{V}$ 的各列也相互正交，即

$$\boldsymbol{U}^{\mathrm{T}}\boldsymbol{U}=\boldsymbol{I}_m \tag{10.20}$$

$$\boldsymbol{V}^{\mathrm{T}}\boldsymbol{V}=\boldsymbol{I}_n \tag{10.21}$$

式中，$\boldsymbol{I}_m$ 和 $\boldsymbol{I}_n$ 分别为 $m\times m$ 和 $n\times n$ 单位矩阵。

设 $\boldsymbol{X}=\boldsymbol{U}\boldsymbol{D}\boldsymbol{V}^{\mathrm{T}}$ 为 $\boldsymbol{X}$ 的奇异值分解。在式(10.19)等号两端的右侧同时乘以 $\boldsymbol{V}$，再结合式(10.21)可知

$$\boldsymbol{X}\boldsymbol{V}=\boldsymbol{U}\boldsymbol{D}\boldsymbol{V}^{\mathrm{T}}\boldsymbol{V}=\boldsymbol{U}\boldsymbol{D} \tag{10.22}$$

在式(10.19)等号两端的左侧同时乘以 $\boldsymbol{U}^{\mathrm{T}}$，再结合式(10.20)可知

$$\boldsymbol{U}^{\mathrm{T}}\boldsymbol{X}=\boldsymbol{U}^{\mathrm{T}}\boldsymbol{U}\boldsymbol{D}\boldsymbol{V}^{\mathrm{T}}=\boldsymbol{D}\boldsymbol{V}^{\mathrm{T}} \tag{10.23}$$

对式(10.23)等号两端同时进行转置操作可得

$$\boldsymbol{X}^{\mathrm{T}}\boldsymbol{U}=\boldsymbol{V}\boldsymbol{D}^{\mathrm{T}}=\boldsymbol{V}\boldsymbol{D} \tag{10.24}$$

结合式(10.22)和式(10.24)可以得到以下的推论。

推论 10.3 在式(10.19)的奇异值分解中，$\boldsymbol{U}=(\boldsymbol{u}^{(1)},\boldsymbol{u}^{(2)},\cdots,\boldsymbol{u}^{(r)})$ 的第 i 列为 σ_i 的左奇异向量，$\boldsymbol{V}=(\boldsymbol{v}^{(1)},\boldsymbol{v}^{(2)},\cdots,\boldsymbol{v}^{(r)})$ 的第 i 列为 σ_i 的右奇异向量。

综合定理 10.1、定理 10.2 和推论 10.3，可以得到如下结论：如果 $\boldsymbol{X}$ 的秩 $\mathrm{rank}(\boldsymbol{X})=r$，则 $\boldsymbol{X}$ 恰有 r 个正的奇异值 $\sigma_1,\sigma_2,\cdots,\sigma_r$，并且 $\boldsymbol{X}\boldsymbol{X}^{\mathrm{T}}$ 与 $\boldsymbol{X}^{\mathrm{T}}\boldsymbol{X}$ 有相同的非 0 特征根 $\sigma_1^2,\sigma_2^2,\cdots,\sigma_r^2$。$\boldsymbol{u}^{(i)}$ 是 σ_i^2 关于 $\boldsymbol{X}\boldsymbol{X}^{\mathrm{T}}$ 的单位特征向量，$\boldsymbol{v}^{(i)}$ 是 σ_i^2 关于 $\boldsymbol{X}^{\mathrm{T}}\boldsymbol{X}$ 的单位特征向量($i=1,2,\cdots,r$)。

基于上述结论，如果有奇异值分解 $\boldsymbol{X}=\boldsymbol{U}\boldsymbol{D}\boldsymbol{V}^{\mathrm{T}}$，则主成分分析法只需取出 $\boldsymbol{V}$ 的前 d 列即可。图 10.7 是采用矩阵奇异值分解的主成分分析法的实现。

```
machine_learning.lib.pca_svd
1  import numpy as np
2
3  class PCA:
4    def __init__(self, n_components):
```

图 10.7 矩阵奇异值分解的 PCA 法

```
5         self.d=n_components
6
7     def fit_transform(self, X):
8         self.mean=X.mean(axis=0)
9         X=X-self.mean
10        U, D, VT=np.linalg.svd(X)
11        self.W=VT[0: self.d].T
12        return X.dot(self.W)
13
14     def inverse_transform(self, Z):
15         return Z.dot(self.W.T)+self.mean
```

图 10.7 （续）

在图 10.7 中，第 10 行计算矩阵 $\boldsymbol{X}$ 的奇异值分解，返回 $\boldsymbol{U}$、$\boldsymbol{D}$ 和 $\boldsymbol{V}^{\mathrm{T}}$。第 11 行将 $\boldsymbol{V}^{\mathrm{T}}$ 的前 d 行的转置取为 $\boldsymbol{W}$。这等价于取 $\boldsymbol{V}$ 的前 d 列。算法其余的部分均与图 10.3 中的算法实现相同。

10.2 主成分分析的核方法

主成分分析法是用线性投影的方式实现数据降维。它适用于高维空间中的数据近似地分布于某个低维线性子空间的情形。从统计学上看，当数据样本的 n 个特征之间存在线性相关关系时，用主成分分析法将 n 维数据降至 d 维效果较好；如果数据样本的 n 个特征之间不存在线性相关关系，则主成分分析法降维的效果往往就不理想了。本节中的核方法是对主成分分析法的一个加强。在数据的 n 个特征之间无线性相关关系的情况下，主成分分析的核方法对数据降维的效果往往优于主成分分析法。

10.2.1 主成分分析法的等价形式

为了将核函数与主成分分析法有机结合，需要采用矩阵奇异值分解对 PCA 的基本形式作等价变换。

设 $\boldsymbol{X}=\boldsymbol{U}\boldsymbol{D}\boldsymbol{V}^{\mathrm{T}}$ 是输入矩阵 $\boldsymbol{X}$ 的奇异值分解。由 $\boldsymbol{U}^{\mathrm{T}}\boldsymbol{U}=\boldsymbol{I}_m$，可知

$$\boldsymbol{V} = \boldsymbol{X}^{\mathrm{T}}\boldsymbol{U}\boldsymbol{D}^{-1} \tag{10.25}$$

设 $\lambda_1, \lambda_2, \cdots, \lambda_r$ 是 $\boldsymbol{X}\boldsymbol{X}^{\mathrm{T}}$ 的全部非 0 特征根。根据定理 10.1 和推论 10.3，$\boldsymbol{U}$ 的每一列都是 $\boldsymbol{X}\boldsymbol{X}^{\mathrm{T}}$ 的特征向量。所以有

$$\boldsymbol{X}\boldsymbol{X}^{\mathrm{T}}\boldsymbol{U} = \boldsymbol{U}\begin{bmatrix} \lambda_1 & & & \\ & \lambda_2 & & \\ & & \ddots & \\ & & & \lambda_r \end{bmatrix} \tag{10.26}$$

结合式(10.25)与式(10.26)可知

$$XV = XX^{\mathrm{T}}UD^{-1} = U\begin{bmatrix} \lambda_1 & & & \\ & \lambda_2 & & \\ & & \ddots & \\ & & & \lambda_r \end{bmatrix}D^{-1} = U\begin{bmatrix} \sqrt{\lambda_1} & & & \\ & \sqrt{\lambda_2} & & \\ & & \ddots & \\ & & & \sqrt{\lambda_r} \end{bmatrix} \tag{10.27}$$

式(10.27)中用到了如下结论：D 的对角线元素是 XX^{T} 的特征根的平方根，即

$$D = \begin{bmatrix} \sqrt{\lambda_1} & & & \\ & \sqrt{\lambda_2} & & \\ & & \ddots & \\ & & & \sqrt{\lambda_r} \end{bmatrix}$$

主成分分析法的输出是矩阵 XV 的前 d 列。设 $U=(u^{(1)},u^{(2)},\cdots,u^{(r)})$，其中 $u^{(1)}$，$u^{(2)},\cdots,u^{(d)}$ 为 XX^{T} 的对应于 $\lambda_1,\lambda_2,\cdots,\lambda_d$ 的特征向量。根据式(10.27)，XV 的前 d 列恰为

$$\sqrt{\lambda_1}u^{(1)},\quad \sqrt{\lambda_2}u^{(2)},\quad \cdots,\quad \sqrt{\lambda_d}u^{(d)}$$

因此主成分分析法的一个等价描述如图 10.8 所示。

PCA 法的等价描述

$\mu = \frac{1}{m}\sum_{t=1}^{m} x^{(t)}$

for $t=1,2,\cdots,m$:

  $x^{(t)} \leftarrow x^{(t)} - \mu$

$X = \begin{bmatrix} x^{(1)\mathrm{T}} \\ x^{(2)\mathrm{T}} \\ \vdots \\ x^{(m)\mathrm{T}} \end{bmatrix}$

compute eigenvalues of XX^{T}: $\lambda_1 \geqslant \lambda_2 \geqslant \cdots \geqslant \lambda_m$

let $u^{(1)},u^{(2)},\cdots,u^{(m)}$ be the corresponding eigenvectors

return $Z = (\sqrt{\lambda_1}u^{(1)},\sqrt{\lambda_2}u^{(2)},\cdots,\sqrt{\lambda_d}u^{(d)})$

图 10.8 主成分分析法的等价描述

10.2.2 核方法算法描述

在第 6 章中介绍了核方法在支持向量机中的应用。主成分分析法是核方法的另一个重要的应用场合。设待降维的数据为 m 个向量 $x^{(1)},x^{(2)},\cdots,x^{(m)} \in \mathbb{R}^n$。核方法通过定义一个映射 $\phi:\mathbb{R}^n \to \mathbb{R}^N$ 将一个 n 维向量映射为一个 N 维向量，使得 $\phi(x^{(1)}),\phi(x^{(2)}),\cdots,\phi(x^{(m)})$ 近似地分布在 $\mathbb{R}^N$ 的某个低维线性子空间中，从而可以对 $\phi(x^{(1)}),\phi(x^{(2)}),\cdots,\phi(x^{(m)})$ 进行主成分分析降维。在上述过程中，核方法的关键点是它无须涉及映射 ϕ 的具体形式，而只需要如

式(6.46)所定义的核函数的信息。因此,只要核函数具有便于计算的形式,尽管映射 ϕ 可能十分复杂,也不会增加计算的复杂度。

设降维的目标是将 n 维数据降至 d 维。取定一个映射 $\phi:\mathbb{R}^n\rightarrow\mathbb{R}^N$ 及其核函数 K_ϕ。在$\mathbb{R}^N$中用主成分分析法对 $\phi(\boldsymbol{x}^{(1)}),\phi(\boldsymbol{x}^{(2)}),\cdots,\phi(\boldsymbol{x}^{(m)})$ 降维时,先不妨假设

$$\frac{1}{m}\sum_{t=1}^{m}\phi(\boldsymbol{x}^{(t)})=\boldsymbol{0} \tag{10.28}$$

按照惯例,定义

$$\phi(\boldsymbol{X})=\begin{bmatrix}\phi(\boldsymbol{x}^{(1)})^{\mathrm{T}}\\ \phi(\boldsymbol{x}^{(2)})^{\mathrm{T}}\\ \vdots\\ \phi(\boldsymbol{x}^{(m)})^{\mathrm{T}}\end{bmatrix}$$

以及

$$\boldsymbol{K}=\phi(\boldsymbol{X})\phi(\boldsymbol{X})^{\mathrm{T}} \tag{10.29}$$

可以通过核函数计算出矩阵 $\boldsymbol{K}$ 中的元素。$\boldsymbol{K}$ 中第 t 行第 s 列的元素为

$$K_{t,s}=\phi(\boldsymbol{x}^{(t)})^{\mathrm{T}}\phi(\boldsymbol{x}^{(s)})=K_\phi(\boldsymbol{x}^{(t)},\boldsymbol{x}^{(s)}),\quad t,s=1,2,\cdots,m \tag{10.30}$$

由此,按照图 10.8 的算法,基于核的主成分分析法先按式(10.30)构造矩阵 $\boldsymbol{K}$,然后计算 $\boldsymbol{K}$ 的按值从大到小排列的前 d 个特征根 $\lambda_1,\lambda_2,\cdots,\lambda_d$ 及其对应的特征向量 $\boldsymbol{u}^{(1)},\boldsymbol{u}^{(2)},\cdots,\boldsymbol{u}^{(d)}$,最后输出 $\boldsymbol{Z}=(\sqrt{\lambda_1}\boldsymbol{u}^{(1)},\sqrt{\lambda_2}\boldsymbol{u}^{(2)},\cdots,\sqrt{\lambda_d}\boldsymbol{u}^{(d)})$作为降维的结果。

如果 $\phi(\boldsymbol{x}^{(1)}),\phi(\boldsymbol{x}^{(2)}),\cdots,\phi(\boldsymbol{x}^{(m)})$不满足式(10.28),就需要对其按式(10.31)平移。

$$\hat{\phi}(\boldsymbol{x}^{(i)})=\phi(\boldsymbol{x}^{(i)})-\frac{1}{m}\sum_{t=1}^{m}\phi(\boldsymbol{x}^{(t)}),\quad i=1,2,\cdots,m \tag{10.31}$$

显然,平移变换后的 $\hat{\phi}(\boldsymbol{x}^{(1)}),\hat{\phi}(\boldsymbol{x}^{(2)}),\cdots,\hat{\phi}(\boldsymbol{x}^{(m)})$满足式(10.28)。由于平移调整了映射 ϕ,所以要对矩阵 $\boldsymbol{K}$ 做出相应的调整。此时,定义 $m\times m$ 矩阵 $\hat{\boldsymbol{K}}=(\hat{K}_{t,s})_{1\leqslant t,s\leqslant m}$。矩阵 $\hat{\boldsymbol{K}}$ 中第 t 行第 s 列的元素为

$$\begin{aligned}\hat{K}_{t,s}&=\hat{\phi}(\boldsymbol{x}^{(t)})^{\mathrm{T}}\hat{\phi}(\boldsymbol{x}^{(s)})\\&=\left(\phi(\boldsymbol{x}^{(t)})-\frac{1}{m}\sum_{l=1}^{m}\phi(\boldsymbol{x}^{(l)})\right)^{\mathrm{T}}\left(\phi(\boldsymbol{x}^{(s)})-\frac{1}{m}\sum_{l=1}^{m}\phi(\boldsymbol{x}^{(l)})\right)\\&=K_{t,s}-\frac{1}{m}\sum_{l=1}^{m}K_{t,l}-\frac{1}{m}\sum_{l=1}^{m}K_{l,s}+\frac{1}{m^2}\sum_{l=1}^{m}\sum_{p=1}^{m}K_{l,p}\end{aligned}$$

因此有

$$\hat{\boldsymbol{K}}=\boldsymbol{K}-\boldsymbol{JK}-\boldsymbol{KJ}+\boldsymbol{JKJ} \tag{10.32}$$

其中,$\boldsymbol{J}$ 是所有元素均为 1 的 $m\times m$ 矩阵。

图 10.9 对上述主成分分析的核方法给出了算法描述。

主成分分析的核方法

for $t,s=1,2,\cdots,m$:

$K_{t,s}=K_{\phi}(\boldsymbol{x}^{(t)},\boldsymbol{x}^{(s)})$

$\hat{\boldsymbol{K}}=\boldsymbol{K}-\boldsymbol{JK}-\boldsymbol{KJ}+\boldsymbol{JKJ}$

compute eigenvalues of $\hat{\boldsymbol{K}}$: $\lambda_1\geqslant\lambda_2\geqslant\cdots\geqslant\lambda_m$

let $\boldsymbol{u}^{(1)},\boldsymbol{u}^{(2)},\cdots,\boldsymbol{u}^{(m)}$ be the corresponding eigenvectors

return $\boldsymbol{Z}=(\sqrt{\lambda_1}\boldsymbol{u}^{(1)},\sqrt{\lambda_2}\boldsymbol{u}^{(2)},\cdots,\sqrt{\lambda_d}\boldsymbol{u}^{(d)})$

图 10.9　主成分分析的核方法描述

10.2.3　核方法算法实现

图 10.10 是对图 10.9 中算法的实现。图 10.10 中的第 3、4 行定义恒等映射的核函数作为默认的核函数。第 6 行定义 KernelPCA 类。在第 7～9 行的构造函数中，指定降维的目标维度 d=n_components，并指定核函数；如果没有指定核函数，则采用默认核函数，即恒等映射的核函数。采用恒等映射核函数的 KernelPCA 算法就是主成分分析法。

第 11～23 行的 fit_transform 函数是核方法降维的主要部分。在第 12～16 行中，用式(10.30)和核函数来计算矩阵 $\boldsymbol{K}$；第 17、18 行用式(10.32)来计算矩阵 $\hat{\boldsymbol{K}}$。第 19～21 行计算 $\hat{\boldsymbol{K}}$ 的前 d 个特征根 $\lambda_1\geqslant\lambda_2\geqslant\cdots\geqslant\lambda_d$ 及其对应的特征向量 $\boldsymbol{u}^{(1)},\boldsymbol{u}^{(2)},\cdots,\boldsymbol{u}^{(d)}$；第 22、23 行输出 $\boldsymbol{Z}=(\sqrt{\lambda_1}\boldsymbol{u}^{(1)},\sqrt{\lambda_2}\boldsymbol{u}^{(2)},\cdots,\sqrt{\lambda_d}\boldsymbol{u}^{(d)})$。

```
machine_learning.lib.kernel_pca
1  import numpy as np
2
3  def default_kernel(x1, x2):
4      return x1.dot(x2.T)
5
6  class KernelPCA:
7      def __init__(self, n_components, kernel=default_kernel):
8          self.d=n_components
9          self.kernel=kernel
10
11     def fit_transform(self, X):
12         m,n=X.shape
13         K=np.zeros((m,m))
14         for s in range(m):
15             for r in range(m):
16                 K[s][r]=self.kernel(X[s],X[r])
```

图 10.10　主成分分析的核方法

```
17        J=np.ones((m,m)) * (1.0/m)
18        K=K-J.dot(K)-K.dot(J)+J.dot(K).dot(J)
19        eigen_values, eigen_vectors =np.linalg.eig(K)
20        pairs=[(eigen_values[i], eigen_vectors[:,i]) for i in range(m)]
21        pairs=sorted(pairs, key=lambda pair: pair[0], reverse=True)
22        Z=np.array([pairs[i][1] * np.sqrt(pairs[i][0]) for i in
          range(self.d)]).T
23        return Z
```

图 10.10 （续）

例 10.2 月亮数据集的降维。

Sklearn 数据库中的月亮数据集常用于测试处理非线性数据的各类机器学习算法。月亮数据集中的每一条数据都是平面上的一个点。数据点带有蓝色或者黄色,两种颜色的数据呈交错的月芽状分布。图 10.11 是数据集中的 500 条数据采样。

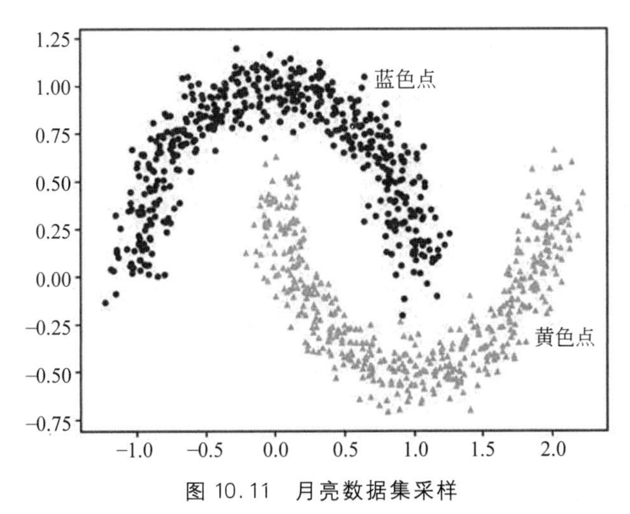

图 10.11 月亮数据集采样

月亮数据集中的每一条数据都是一个二维向量。如果将数据降至一维,理想的降维算法应当将蓝色点和黄色点区分开。图 10.12 中的程序分别用主成分分析法和带核函数的主成分分析法对图 10.11 的数据采样并降维。第 7～9 行实现了高斯核函数。第 11～14 行生成数据采样。第 16～19 行分别调用图 10.3 和 10.10 中的算法进行降维。第 21～25 行展示降维的效果。

```
1  import numpy as np
2  from sklearn.datasets import make_moons
3  import matplotlib.pyplot as plt
4  from machine_learning.lib.kernel_pca import KernelPCA
```

图 10.12 月亮数据降维的主成分分析法和带核函数的主成分分析法

```
5  from machine_learning.lib.pca import PCA
6
7  def rbf_kernel(x1, x2):
8      sigma=1.0 / 15
9      return np.exp(-np.linalg.norm(x1 -x2, 2) **2/sigma)
10
11 np.random.seed(0)
12 X, y=make_moons(n_samples=500, noise=0.01)
13 plt.figure(0)
14 plt.scatter(X[:, 0], X[:, 1], c=y, cmap='rainbow')
15
16 pca =PCA(n_components=1)
17 X_pca=pca.fit_transform(X).reshape(-1)
18 kpca=KernelPCA(n_components=1, kernel=rbf_kernel)
19 X_kpca =kpca.fit_transform(X).reshape(-1)
20
21 plt.figure(1)
22 plt.scatter(X_pca, np.ones(X_pca.shape), c=y, cmap='rainbow')
23 plt.figure(2)
24 plt.scatter(X_kpca, np.ones(X_kpca.shape), c=y, cmap='rainbow')
25 plt.show()
```

图 10.12 （续）

运行图 10.12 中的程序，可以得到图 10.13 所示的结果。图 10.13(a)和(b)分别是主成分分析法和带核函数的主成分分析法的降维结果。从图 10.13(a)中可以看到，主成分分析法将原来在平面上按颜色明确分开的两类点降至一维之后，它们之间就没有明确的分界线了。而在图 10.13(b)中，用主成分分析的核方法降维后，两种颜色的点仍然保留着明确的分界线。由此可见，在月亮数据集上，主成分分析的核方法在降维的过程中更好地保留了数

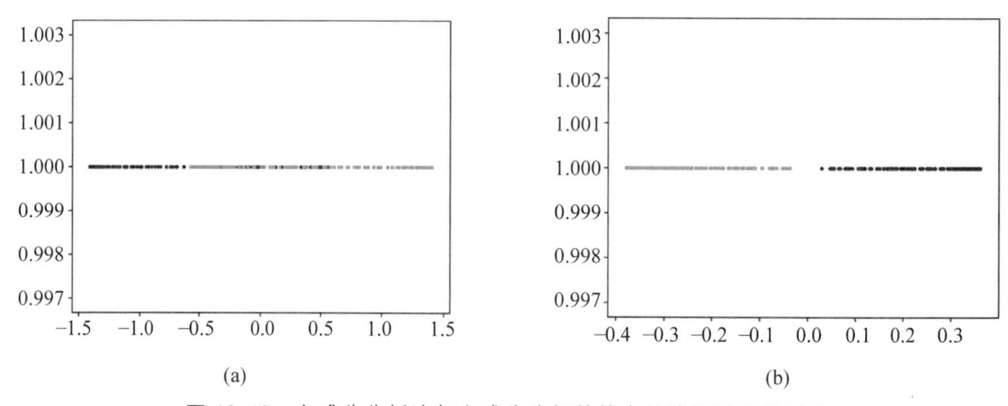

图 10.13 主成分分析法与主成分分析的核方法降维结果的对比

据所携带的信息。

根据具体问题的数据形式,选用合适的核函数是使用主成分分析的核方法的关键。在实际应用中,可以通过算法设计者的经验来选取核函数,也可以通过对比多种不同的核函数的效果选出最合适的一种核函数。

10.3 线性判别分析法

主成分分析法及其核方法都属于无监督学习算法,即算法对样本的数据特征进行降维时不需要样本的标签信息。然而在许多实际问题中,需要降维的数据样本是带有标签信息的。在这样的情况下,如果能够结合标签信息对数据样本特征进行降维,效果可能会优于主成分分析法等完全不用标签的降维算法。线性判别分析法就是一种结合类别标签的信息对数据样本特征进行降维的算法。由于它所涉及的数据样本带有类别标签,因而线性判别分析法属于监督式学习算法。

10.3.1 算法思想

线性判别分析法又称为 LDA 算法,它是其英文名 Linear Discriminant Analysis 的首字母缩写。它的雏形是由英国的统计学家罗纳德·费舍尔于 1936 年首先提出的。线性判别分析法适用于对分类问题的样本特征数据进行降维。它的基本思想是:计算一个低维投影,使得投影的类间区别尽可能大,而类内区别尽可能小。这样的低维投影能最好地区分各个不同的类。以下具体介绍这一思想在算法设计中的应用。

设一个 k 元分类问题有 m 条训练数据 $(\boldsymbol{x}^{(1)},y^{(1)}),(\boldsymbol{x}^{(2)},y^{(2)}),\cdots,(\boldsymbol{x}^{(m)},y^{(m)})$。对任意 $1\leqslant t\leqslant m$,$\boldsymbol{x}^{(t)}\in\mathbb{R}^n$ 以及 $y^{(t)}\in\{1,2,\cdots,k\}$,目标任务是将 $\boldsymbol{x}^{(1)},\boldsymbol{x}^{(2)},\cdots,\boldsymbol{x}^{(m)}$ 分别降维成 d 维。

以 C_i 表示 m 个数据样本中标签是第 i 类的样本的集合,即

$$C_i=\{\boldsymbol{x}^{(t)}:y^{(t)}=i,1\leqslant t\leqslant m\},\quad 1\leqslant i\leqslant k$$

设 C_i 中的元素个数为 $m_i=|C_i|$,则 C_i 中样本特征的平均值向量 $\boldsymbol{\mu}_i\in\mathbb{R}^n$ 定义为

$$\boldsymbol{\mu}_i=\frac{1}{m_i}\sum_{x\in C_i}\boldsymbol{x},\quad 1\leqslant i\leqslant k$$

定义 $\boldsymbol{\mu}\in\mathbb{R}^n$ 为全体数据样本 $\boldsymbol{x}^{(1)},\boldsymbol{x}^{(2)},\cdots,\boldsymbol{x}^{(m)}$ 的平均值向量,即

$$\boldsymbol{\mu}=\frac{1}{m}\sum_{t=1}^{m}\boldsymbol{x}^{(t)}$$

定义 10.2(类间散度矩阵) 将 $n\times n$ 矩阵

$$\boldsymbol{S}_b=\sum_{i=1}^{k}m_i(\boldsymbol{\mu}_i-\boldsymbol{\mu})(\boldsymbol{\mu}_i-\boldsymbol{\mu})^{\mathrm{T}}\tag{10.33}$$

称为 $\boldsymbol{x}^{(1)},\boldsymbol{x}^{(2)},\cdots,\boldsymbol{x}^{(m)}$ 的类间散度矩阵。

定义 10.3(类内散度矩阵) 将 $n\times n$ 矩阵

$$\boldsymbol{S}_w = \sum_{i=1}^{k}\sum_{\boldsymbol{x}\in C_i}(\boldsymbol{x}-\boldsymbol{\mu}_i)(\boldsymbol{x}-\boldsymbol{\mu}_i)^{\mathrm{T}} \tag{10.34}$$

称为$\boldsymbol{x}^{(1)},\boldsymbol{x}^{(2)},\cdots,\boldsymbol{x}^{(m)}$的类内散度矩阵。

对一个给定的n维向量$\boldsymbol{w}$，$\langle \boldsymbol{w},\boldsymbol{x}^{(t)}\rangle=\boldsymbol{w}^{\mathrm{T}}\boldsymbol{x}^{(t)}$为$\boldsymbol{x}^{(t)}$沿方向$\boldsymbol{w}$的投影($1\leqslant t\leqslant m$)。因此，$\boldsymbol{w}^{\mathrm{T}}\boldsymbol{\mu}$等于全体样本的投影平均值，且$\boldsymbol{w}^{\mathrm{T}}\boldsymbol{\mu}_i$等于$C_i$中样本的投影平均值($1\leqslant i\leqslant k$)。$C_i$中样本的投影平均值与全体样本的投影平均值之间的差异为$(\boldsymbol{w}^{\mathrm{T}}\boldsymbol{\mu}_i-\boldsymbol{w}^{\mathrm{T}}\boldsymbol{\mu})^2$。以$C_i$中的样本数$m_i$为权重，则$C_1,C_2,\cdots,C_k$中的样本投影平均值与全体样本投影平均值差异的加权和为

$$\sum_{i=1}^{k} m_i(\boldsymbol{w}^{\mathrm{T}}\boldsymbol{\mu}_i-\boldsymbol{w}^{\mathrm{T}}\boldsymbol{\mu})^2 = \boldsymbol{w}^{\mathrm{T}}\boldsymbol{S}_b\boldsymbol{w} \tag{10.35}$$

将式(10.35)称为样本沿方向$\boldsymbol{w}$的投影的类间散度。类间散度衡量类别不同的样本经投影后的区别。因此，$\boldsymbol{w}$的选择应当使类间散度的取值尽可能大。

根据方差的定义，C_i中样本的投影方差为

$$\frac{1}{m_i}\sum_{\boldsymbol{x}\in C_i}(\boldsymbol{w}^{\mathrm{T}}\boldsymbol{x}-\boldsymbol{w}^{\mathrm{T}}\boldsymbol{\mu}_i)^2$$

以C_i中的样本数m_i为权重，则$C_1,C_2,\cdots,C_k$中的每一个类的投影方差加权和为

$$\sum_{i=1}^{k} m_i\cdot\frac{1}{m_i}\sum_{\boldsymbol{x}\in C_i}(\boldsymbol{w}^{\mathrm{T}}\boldsymbol{x}-\boldsymbol{w}^{\mathrm{T}}\boldsymbol{\mu}_i)^2 = \boldsymbol{w}^{\mathrm{T}}\boldsymbol{S}_w\boldsymbol{w} \tag{10.36}$$

式(10.36)称为样本沿方向$\boldsymbol{w}$的投影的类内散度。类内散度衡量同一类中的样本经投影后的区别。因此，$\boldsymbol{w}$的选择应当使类内散度的取值尽可能小。

线性判别分析法是一个同时兼顾投影的类间散度$\boldsymbol{w}^{\mathrm{T}}\boldsymbol{S}_b\boldsymbol{w}$最大化和类内散度$\boldsymbol{w}^{\mathrm{T}}\boldsymbol{S}_w\boldsymbol{w}$最小化的降维算法。线性判别分析法的目标函数为

$$J(w)=\frac{\boldsymbol{w}^{\mathrm{T}}\boldsymbol{S}_b\boldsymbol{w}}{\boldsymbol{w}^{\mathrm{T}}\boldsymbol{S}_w\boldsymbol{w}} \tag{10.37}$$

从式(10.37)可以看出：类间散度$\boldsymbol{w}^{\mathrm{T}}\boldsymbol{S}_b\boldsymbol{w}$越大，$J(\boldsymbol{w})$越大；类内散度$\boldsymbol{w}^{\mathrm{T}}\boldsymbol{S}_w\boldsymbol{w}$越小，$J(\boldsymbol{w})$越大。因此，通过最大化$J(\boldsymbol{w})$得到的$\boldsymbol{w}$，可以使样本沿$\boldsymbol{w}$方向的投影最好地区分$k$个类。

线性判别分析算法确定d个投影方向的基本思想是：首先选出一个使$J(\boldsymbol{w})$达到最大值的向量$\boldsymbol{w}^{(1)}$。然后，依次计算向量$\boldsymbol{w}^{(2)},\boldsymbol{w}^{(3)},\cdots,\boldsymbol{w}^{(d)}$。$\boldsymbol{w}^{(r)}(2\leqslant r\leqslant d)$的选取必须满足与$\boldsymbol{w}^{(1)},\boldsymbol{w}^{(2)},\cdots,\boldsymbol{w}^{(r-1)}$都正交，并且是在所有与$\boldsymbol{w}^{(1)},\boldsymbol{w}^{(2)},\cdots,\boldsymbol{w}^{(r-1)}$都正交的投影方向中使$J(\boldsymbol{w})$值达到最大的向量。

根据上述算法的基本思想，$\boldsymbol{w}^{(1)}$应当为以下优化问题的最优解：

$$\max_{\boldsymbol{w}\in\mathbb{R}^n} J(\boldsymbol{w})=\frac{\boldsymbol{w}^{\mathrm{T}}\boldsymbol{S}_b\boldsymbol{w}}{\boldsymbol{w}^{\mathrm{T}}\boldsymbol{S}_w\boldsymbol{w}} \tag{10.38}$$

引理 10.4 设$\boldsymbol{w}^*$是以下优化问题的一个最优解：

$$\max_{\boldsymbol{w}\in\mathbb{R}^n} F(\boldsymbol{w}) = \boldsymbol{w}^{\mathrm{T}}\boldsymbol{S}_b\boldsymbol{w}$$

$$\text{约束：}\boldsymbol{w}^{\mathrm{T}}\boldsymbol{S}_w\boldsymbol{w} = 1 \tag{10.39}$$

则$\boldsymbol{w}^*$一定是式(10.38)的一个最优解。

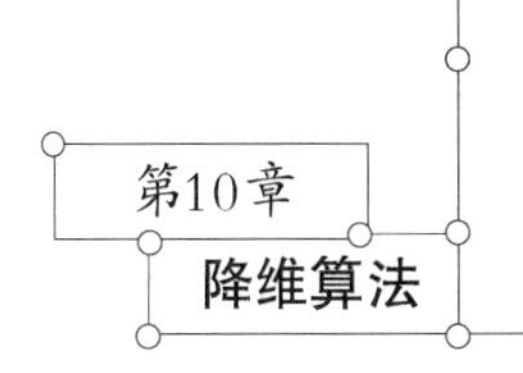

证明：设 $\hat{w}$ 是式(10.38)的一个最优解。取

$$\tilde{w}=\frac{\hat{w}}{\sqrt{\hat{w}^{\mathrm{T}}\boldsymbol{S}_w\hat{w}}}$$

则有$\tilde{w}^{\mathrm{T}}\boldsymbol{S}_w\tilde{w}=1$,即 $\tilde{w}$ 是式(10.39)的一个可行解。因此,必然有 $F(\tilde{w})\leqslant F(\boldsymbol{w}^*)$。但是容易看出 $F(\tilde{w})=J(\tilde{w})=J(\hat{w})$且 $F(\boldsymbol{w}^*)=J(\boldsymbol{w}^*)$,所以有 $J(\hat{w})\leqslant J(\boldsymbol{w}^*)$。由于 $\hat{w}$ 是式(10.38)的最优解,所以必然有 $J(\hat{w})=J(\boldsymbol{w}^*)$。换句话说,$\boldsymbol{w}^*$ 一定也是式(10.38)的一个最优解。

根据引理 10.4 的结论,优化式(10.38)的问题就转化为优化式(10.39)的问题。用 λ 表示约束条件$\boldsymbol{w}^{\mathrm{T}}\boldsymbol{S}_w\boldsymbol{w}=1$ 对应的拉格朗日乘子,则式(10.39)的拉格朗日函数为 $L(\boldsymbol{w},\lambda)=\boldsymbol{w}^{\mathrm{T}}\boldsymbol{S}_b\boldsymbol{w}-\lambda\boldsymbol{w}^{\mathrm{T}}\boldsymbol{S}_w\boldsymbol{w}$。因此,最优的 $\boldsymbol{w}$ 与 λ 必须满足 KKT 条件:

$$\nabla L(\boldsymbol{w},\lambda)=2\boldsymbol{S}_b\boldsymbol{w}-2\lambda\boldsymbol{S}_w\boldsymbol{w}=0 \tag{10.40}$$

$$\boldsymbol{w}^{\mathrm{T}}\boldsymbol{S}_w\boldsymbol{w}=1 \tag{10.41}$$

由式(10.40)知 $\boldsymbol{S}_b\boldsymbol{w}=\lambda\boldsymbol{S}_w\boldsymbol{w}$,即

$$\boldsymbol{S}_w^{-1}\boldsymbol{S}_b\boldsymbol{w}=\lambda\boldsymbol{w} \tag{10.42}$$

式(10.42)说明,λ 是矩阵 $\boldsymbol{S}_w^{-1}\boldsymbol{S}_b$的特征根,且 $\boldsymbol{w}$ 为相应的特征向量。此外,当式(10.40)和式(10.41)满足时,有

$$F(\boldsymbol{w})=\boldsymbol{w}^{\mathrm{T}}(\boldsymbol{S}_b\boldsymbol{w})=\boldsymbol{w}^{\mathrm{T}}(\lambda\boldsymbol{S}_w\boldsymbol{w})=\lambda\boldsymbol{w}^{\mathrm{T}}\boldsymbol{S}_w\boldsymbol{w}=\lambda$$

因此,式(10.39)的最优值是 $\boldsymbol{S}_w^{-1}S_b$ 的最大特征根。所以,线性判别分析法将 $\boldsymbol{S}_w^{-1}\boldsymbol{S}_b$的最大特征根对应的特征向量取为 $\boldsymbol{w}^{(1)}$。

与主成分分析法类似,接下来,线性判别分析法以 $\boldsymbol{S}_w^{-1}\boldsymbol{S}_b$的第 r 大的特征根对应的特征向量作为 $\boldsymbol{w}^{(r)}$,$r=2,3,\cdots,d$。

10.3.2 算法实现

图 10.14 是线性判别分析法的算法描述。

线性判别分析法
compute eigenvalues of $\boldsymbol{S}_w^{-1}\boldsymbol{S}_b$: $\lambda_1\geqslant\lambda_2\geqslant\cdots\geqslant\lambda_n$
let $\boldsymbol{w}^{(1)},\boldsymbol{w}^{(2)},\cdots,\boldsymbol{w}^{(n)}$ be the corresponding eigenvectors
$\boldsymbol{W}=(\boldsymbol{w}^{(1)},\boldsymbol{w}^{(2)},\cdots,\boldsymbol{w}^{(d)})$
return $\boldsymbol{Z}=\boldsymbol{X}\boldsymbol{W}$

图 10.14 线性判别分析法的算法描述

图 10.15 是对图 10.14 中的算法的实现。在图 10.15 中,第 8~17 行生成两个哈希表 sums 和 counts。这两个哈希表的键值是类别号,表值分别是类中的样本总和和样本数目。第 18 行中的 X_mean 表示全部样本的平均值向量 $\boldsymbol{\mu}$。第 19~27 行按照式(10.33)和式(10.34)来计算类间散度矩阵 $\boldsymbol{S}_b$ 和类内散度矩阵 $\boldsymbol{S}_w$。第 28~32 行计算$\boldsymbol{S}_w^{-1}\boldsymbol{S}_b$的从大到小排列的前$d$ 个特征根对应的特征向量 $\boldsymbol{w}^{(1)},\boldsymbol{w}^{(2)},\cdots,\boldsymbol{w}^{(d)}$,并生成 $\boldsymbol{W}=(\boldsymbol{w}^{(1)},\boldsymbol{w}^{(2)},\cdots,\boldsymbol{w}^{(d)})$。最后,在第 33 行输出 $\boldsymbol{X}\boldsymbol{W}$。

```
machine_learning.lib.lda
1   import numpy as np
2
3   class LDA:
4       def __init__(self, n_components):
5           self.d =n_components
6
7       def fit_transform(self, X, y):
8           sums=dict()
9           counts=dict()
10          m,n=X.shape
11          for t in range(m):
12              i=y[t]
13              if i not in sums:
14                  sums[i]=np.zeros((1,n))
15                  counts[i]=0
16              sums[i]+=X[t].reshape(1,n)
17              counts[i]+=1
18          X_mean=np.mean(X, axis=0).reshape(1,n)
19          S_b=np.zeros((n,n))
20          for i in counts:
21              v=X_mean-1.0 * sums[i]/counts[i]
22              S_b+=counts[i] * v.T.dot(v)
23          S_w=np.zeros((n,n))
24          for t in range(m):
25              i=y[t]
26              u=X[t].reshape(1,n)-1.0 * sums[i]/counts[i]
27              S_w+=u.T.dot(u)
28          A=np.linalg.pinv(S_w).dot(S_b)
29          values, vectors=np.linalg.eig(A)
30          pairs=[(values[j], vectors[:, j]) for j in range(len(values))]
31          pairs=sorted(pairs, key=lambda pair: pair[0], reverse=True)
32          W=np.array([pairs[j][1] for j in range(self.d)]).T
33          return X.dot(W)
```

图 10.15 线性判别分析法的算法实现

对手写数字数据集 MNIST 中的 784 维数据采用线性判别分析法降维，结果如图 10.16 所示，其中的每个点表示一张手写数字图片，用点的颜色表示图片上的数字。与图 10.6 中的主成分分析法降维的结果对比，图 10.16 对不同数字的区分度更高一些。这说明，在手写数字数据集这个例子中，同样是将 784 维的手写数字图片数据降至二维时，结合标签信息的降维算法比主成分分析法有更好的降维效果。

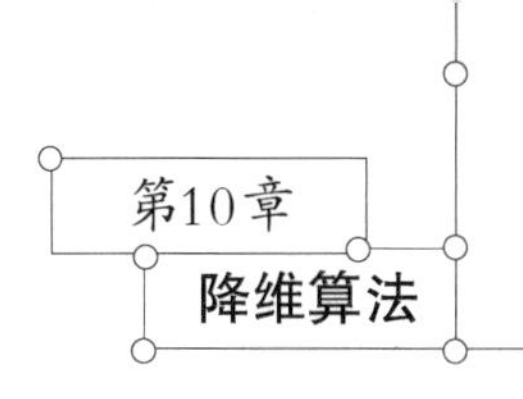

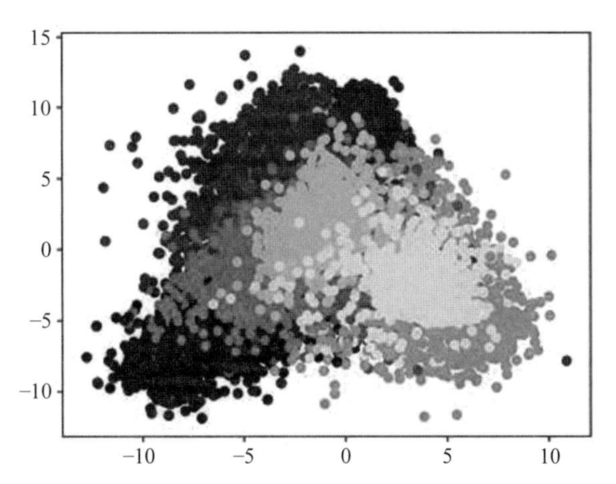

图 10.16　手写数字数据的线性判别分析法降维效果

10.4　流形降维算法

前几节中介绍的降维算法都有一个共同的假设，即待降维的高维空间中的数据分布于某个低维线性子空间。即便是主成分分析的核方法，也假设经过映射后的数据满足这一条件。本节介绍另一类降维算法，这类算法不要求满足上述线性子空间条件。这类算法被称为流形降维算法，它们特别适合如图 10.17 所示的数据的降维问题。

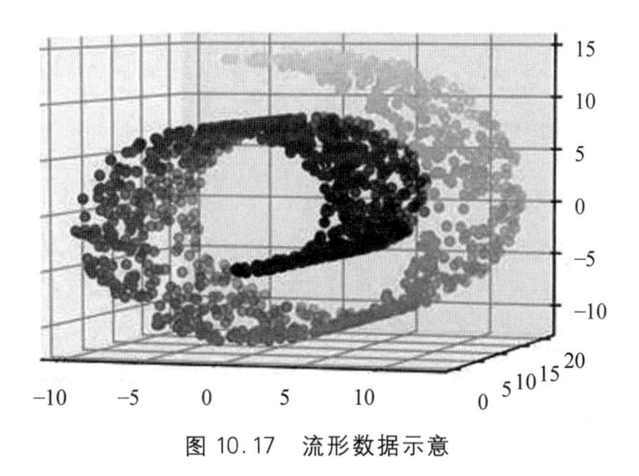

图 10.17　流形数据示意

图 10.17 中的三维数据是由一个二维平面“卷”成的。这样的结构在拓扑学和物理学上被称为一个二维流形。在 n 维空间中，将一个由 d 维子空间通过拓扑同胚变换得到的结构称为一个 d 维流形。这里所说的拓扑同胚变换，简单来说，就是对物体进行连续的延展和弯曲变形。

本节着重介绍两个流形降维算法：局部线性嵌入法和多维缩放法。这两个流形算法的共同点是它们都致力于保持数据样本之间的某种关系经降维后不发生改变。

10.4.1 局部线性嵌入法

局部线性嵌入法(Locally Linear Embedding,LLE)的思想是保持样本点之间的局部线性关系经降维后不被改变。

给定一组 n 维向量 $\boldsymbol{x}^{(1)},\boldsymbol{x}^{(2)},\cdots,\boldsymbol{x}^{(m)}\in\mathbb{R}^n$,假定需要将它们降至 d 维。局部线性嵌入法的降维过程分为两步。在第一步中,算法对每一个样本与其他样本之间的局部线性关系进行编码。在第二步中,算法计算一组 d 维向量 $\boldsymbol{z}^{(1)},\boldsymbol{z}^{(2)},\cdots,\boldsymbol{z}^{(m)}\in\mathbb{R}^d$,使得这组向量最好地保持第一步中计算出的局部线性关系编码。

局部线性嵌入法需要一个由算法设计者指定的参数 k。在第一步中,算法选取与样本 $\boldsymbol{x}^{(i)}(i=1,2,\cdots,m)$距离最近的 k 个样本$\boldsymbol{x}^{(i_1)},\boldsymbol{x}^{(i_2)},\cdots,\boldsymbol{x}^{(i_k)}$作为其他样本的代表,将样本之间的距离定义为欧几里得距离,即 $\boldsymbol{x}^{(i)}$与$\boldsymbol{x}^{(j)}$的距离为$\|\boldsymbol{x}^{(i)}-\boldsymbol{x}^{(j)}\|$。然后,算法计算一组权重 $w_1^{(i)},w_2^{(i)},\cdots,w_k^{(i)}\in\mathbb{R}$,它们必须满足 $w_1^{(i)}+w_2^{(i)}+\cdots+w_k^{(i)}=1$,并且它们与 k 个样本的线性组合 $w_1^{(i)}\boldsymbol{x}^{(i_1)}+w_2^{(i)}\boldsymbol{x}^{(i_2)}+\cdots+w_k^{(i)}\boldsymbol{x}^{(i_k)}$尽可能地接近 $\boldsymbol{x}^{(i)}$。可见,需要求解如下的优化问题:

$$\min_{\boldsymbol{w}\in\mathbb{R}^k}\|w_1\boldsymbol{x}^{(i_1)}+w_2\boldsymbol{x}^{(i_2)}+\cdots+w_k\boldsymbol{x}^{(i_k)}-\boldsymbol{x}^{(i)}\|^2$$

$$\text{约束:}\ w_1+w_2+\cdots+w_k=1 \tag{10.43}$$

可以认为,式(10.43)的最优解 $\boldsymbol{w}^{(i)}=(w_1^{(i)},w_2^{(i)},\cdots,w_k^{(i)})$最好地对 $\boldsymbol{x}^{(i)}$与其他样本之间的局部线性关系进行了编码。式中的约束条件 $w_1^{(i)}+w_2^{(i)}+\cdots+w_k^{(i)}=1$ 是一个正规化条件,它是为了保证不同的样本有同样数量级的编码。

在第二步中,设对 $\boldsymbol{x}^{(i)}(i=1,2,\cdots,m)$都已经得到了与其距离最近的 k 个样本的编号 i_1, $i_2,\cdots,i_k$以及 $\boldsymbol{w}^{(i)}=(w_1^{(i)},w_2^{(i)},\cdots,w_k^{(i)})$。算法计算一组相互正交的 d 维单位向量$\boldsymbol{z}^{(1)}$, $\boldsymbol{z}^{(2)},\cdots,\boldsymbol{z}^{(m)}\in\mathbb{R}^d$,使得 $\boldsymbol{w}^{(i)}=(w_1^{(i)},w_2^{(i)},\cdots,w_k^{(i)})$能够尽可能好地对 $\boldsymbol{z}^{(i)}$与 $\boldsymbol{z}^{(i_1)},\boldsymbol{z}^{(i_2)},\cdots,\boldsymbol{z}^{(i_k)}$之间的局部线性关系进行编码,即求解如下优化问题:

$$\min_{\boldsymbol{z}^{(1)},\boldsymbol{z}^{(2)},\cdots,\boldsymbol{z}^{(m)}\in\mathbb{R}^d}\sum_{i=1}^{m}\|w_1^{(i)}\boldsymbol{z}^{(i_1)}+w_2^{(i)}\boldsymbol{z}^{(i_2)}+\cdots+w_k^{(i)}\boldsymbol{z}^{(i_k)}-\boldsymbol{z}^{(i)}\|^2 \tag{10.44}$$

式(10.44)的最优解 $\boldsymbol{z}^{(1)},\boldsymbol{z}^{(2)},\cdots,\boldsymbol{z}^{(m)}$就是算法对$\boldsymbol{x}^{(1)},\boldsymbol{x}^{(2)},\cdots,\boldsymbol{x}^{(m)}$的降维结果。

为了实现局部线性嵌入法,以下从数学上推导出式(10.43)与式(10.44)的最优解。首先推导式(10.43)的最优解。对任意的 $1\leqslant i\leqslant m$,由约束条件 $w_1+w_2+\cdots+w_k=1$ 可知,式(10.43)的目标函数可以写成

$$\begin{aligned}&\|w_1\boldsymbol{x}^{(i_1)}+w_2\boldsymbol{x}^{(i_2)}+\cdots+w_k\boldsymbol{x}^{(i_k)}-\boldsymbol{x}^{(i)}\|^2\\ =&\|w_1\boldsymbol{x}^{(i_1)}+w_2\boldsymbol{x}^{(i_2)}+\cdots+w_k\boldsymbol{x}^{(i_k)}-(w_1+w_2+\cdots+w_k)\boldsymbol{x}^{(i)}\|^2\\ =&\|w_1(\boldsymbol{x}^{(i_1)}-\boldsymbol{x}^{(i)})+w_2(\boldsymbol{x}^{(i_2)}-\boldsymbol{x}^{(i)})+\cdots+w_k(\boldsymbol{x}^{(i_k)}-\boldsymbol{x}^{(i)})\|^2\end{aligned}$$

定义 $k\times n$ 矩阵

$$\boldsymbol{U}=\begin{bmatrix}\boldsymbol{x}^{(i_1)\mathrm{T}}-\boldsymbol{x}^{(i)\mathrm{T}}\\ \boldsymbol{x}^{(i_2)\mathrm{T}}-\boldsymbol{x}^{(i)\mathrm{T}}\\ \vdots\\ \boldsymbol{x}^{(i_k)\mathrm{T}}-\boldsymbol{x}^{(i)\mathrm{T}}\end{bmatrix}$$

则式(10.43)等价于以下优化问题：

$$\min_{w\in\mathbb{R}^k} \boldsymbol{w}^{\mathrm{T}}\boldsymbol{U}\boldsymbol{U}^{\mathrm{T}}\boldsymbol{w}$$

$$约束：\boldsymbol{w}^{\mathrm{T}}\mathbf{1}_k = 1 \tag{10.45}$$

式中，$\mathbf{1}_k$ 是元素全为 1 的 k 维列向量。

取 λ 为约束条件 $\boldsymbol{w}^{\mathrm{T}}\mathbf{1}_k=1$ 所对应的拉格朗日乘子。根据 KKT 条件，其最优解必须满足

$$\boldsymbol{U}\boldsymbol{U}^{\mathrm{T}}\boldsymbol{w} = \lambda\mathbf{1}_k \tag{10.46}$$

$$\boldsymbol{w}^{\mathrm{T}}\mathbf{1}_k = 1 \tag{10.47}$$

取 $\boldsymbol{v}=(\boldsymbol{U}\boldsymbol{U}^{\mathrm{T}})^{-1}\mathbf{1}_k$，则从式(10.46)可得

$$\boldsymbol{w} = \lambda(\boldsymbol{U}\boldsymbol{U}^{\mathrm{T}})^{-1}\mathbf{1}_k = \lambda\boldsymbol{v} \tag{10.48}$$

结合式(10.47)有 $\boldsymbol{w}^{\mathrm{T}}\mathbf{1}_k=\lambda\boldsymbol{v}^{\mathrm{T}}\mathbf{1}_k=1$。由此可得

$$\lambda = \frac{1}{\boldsymbol{v}^{\mathrm{T}}\mathbf{1}_k}$$

将其代入式(10.48)，得到

$$\boldsymbol{w} = \frac{\boldsymbol{v}}{\boldsymbol{v}^{\mathrm{T}}\mathbf{1}_k} \tag{10.49}$$

式(10.49)中的 $\boldsymbol{w}$ 即为式(10.45)的最优解，从而也是式(10.43)的最优解。

以下推导式(10.44)的最优解。定义一个 $m\times m$ 矩阵 $\boldsymbol{W}=(w_{i,j})_{1\leqslant i,j\leqslant m}$。对任意的 $1\leqslant i\leqslant m$，令

$$w_{i,i_1} = w_1^{(i)}, \quad w_{i,i_2} = w_2^{(i)}, \quad \cdots \quad ,w_{i,i_k} = w_k^{(i)}$$

而对 $j\notin\{i_1,i_2,\cdots,i_k\}$，令 $w_{i,j}=0$。如果再定义 $m\times m$ 矩阵

$$\boldsymbol{M} = (\boldsymbol{I}-\boldsymbol{W})^{\mathrm{T}}(\boldsymbol{I}-\boldsymbol{W})$$

其中 $\boldsymbol{I}$ 是 $m\times m$ 单位矩阵。通过朗格朗日乘子方法可以得出以下结论：式(10.44)的最优解 $\boldsymbol{z}^{(1)},\boldsymbol{z}^{(2)},\cdots,\boldsymbol{z}^{(m)}$ 构成的 $m\times d$ 矩阵

$$\boldsymbol{Z} = \begin{bmatrix} \boldsymbol{z}^{(1)\mathrm{T}} \\ \boldsymbol{z}^{(2)\mathrm{T}} \\ \vdots \\ \boldsymbol{z}^{(m)\mathrm{T}} \end{bmatrix}$$

的每一列都是 $\boldsymbol{M}$ 的特征向量。而且由于式(10.44)是一个最小化问题，$\boldsymbol{Z}$ 的 d 列应当为 $\boldsymbol{M}$ 的从大到小排列的后 d 个特征根对应的特征向量。

以上是局部线性嵌入法的基本形式。可以注意到，$\boldsymbol{M}$ 最小的特征根等于 0。这是因为，根据矩阵 $\boldsymbol{W}$ 的定义有 $\boldsymbol{W}\mathbf{1}_m=\mathbf{1}_m$，其中 $\mathbf{1}_m$ 是 m 维全 1 列向量。所以

$$\boldsymbol{M}\mathbf{1}_m = (\boldsymbol{I}-\boldsymbol{W})^{\mathrm{T}}(\boldsymbol{I}-\boldsymbol{W})\mathbf{1}_m = (\boldsymbol{I}-\boldsymbol{W})^{\mathrm{T}}(\mathbf{1}_m-\boldsymbol{W}\mathbf{1}_m) = 0$$

这说明 0 是 $\boldsymbol{M}$ 最小的特征根。一般认为与特征根 0 所对应的特征向量并不携带信息，所以对算法作一些细节上的改进：在局部线性嵌入法的第二步中，取 $\boldsymbol{M}$ 的第 2 到第 $d+1$ 小的特征根对应特征向量构成的矩阵作为输出。

综合以上分析，可以得到局部线性嵌入法的算法描述，见图 10.18。

局部线性嵌入法

for $i=1,2,\cdots,m$:

  pick k nearest neighbors of $\boldsymbol{x}^{(i)}$: $\boldsymbol{x}^{(i_1)},\boldsymbol{x}^{(i_2)},\cdots,\boldsymbol{x}^{(i_k)}$

$$\boldsymbol{U}=\begin{bmatrix}\boldsymbol{x}^{(i_1)\mathrm{T}}-\boldsymbol{x}^{(i)\mathrm{T}}\\ \boldsymbol{x}^{(i_2)\mathrm{T}}-\boldsymbol{x}^{(i)\mathrm{T}}\\ \vdots\\ \boldsymbol{x}^{(i_k)\mathrm{T}}-\boldsymbol{x}^{(i)\mathrm{T}}\end{bmatrix}$$

$$\boldsymbol{v}=(\boldsymbol{U}\boldsymbol{U}^{\mathrm{T}})^{-1}\mathbf{1}_k$$

$$\boldsymbol{w}^{(i)}=\frac{\boldsymbol{v}}{\boldsymbol{v}^{\mathrm{T}}\mathbf{1}_k}$$

$$\boldsymbol{W}=(w_{i,j})_{1\leqslant i,j\leqslant m}=\mathbf{0}$$

for $i=1,2,\cdots,m$:

  for $t=1,2,\cdots,k$:

    $w_{i,i_t}=w_t^{(i)},1\leqslant t\leqslant k$

$\boldsymbol{M}=(\boldsymbol{I}-\boldsymbol{W})^{\mathrm{T}}(\boldsymbol{I}-\boldsymbol{W})$

compute eigenvalues of $\boldsymbol{M}$: $\lambda_1\geqslant\lambda_2\geqslant\cdots\geqslant\lambda_m$

let $\boldsymbol{v}^{(1)},\cdots,\boldsymbol{v}^{(m)}$ be the corresponding eigenvectors

return $\boldsymbol{Z}=(\boldsymbol{v}^{(m-d)},\boldsymbol{v}^{(m-d-1)},\cdots,\boldsymbol{v}^{(m-1)})$

图 10.18 局部线性嵌入法的算法描述

图 10.19 中的 LLE 类是图 10.18 中算法的具体实现。在图 10.19 中,第 5～7 行的构造函数中指定了降维的目标维度 d 以及算法中为每个样本选取的最接近点的个数 k。第 24～34 行的 fit_transform 函数是算法的主体。第 26 行声明了一个 Sklearn 工具库中的 NearestNeighbors 类,它的功能是为每个样本选取距离最近的 k 个样本(也称为邻居)。对于给定样本,NearestNeighbors 总是把该样本本身算成一个距离为 0 的邻居。所以,第 27 行的 kneighbors 函数为每一条训练数据选出 $k+1$ 个邻居,并返回一个 $m\times(k+1)$ 矩阵,该矩阵的第 i 行包含样本 $x^{(i)}$ 的 $k+1$ 个邻居的编号,并且第一个总是 i 本身,即第 i 行为 $i,i_1,i_2,\cdots,i_k$ 这 $k+1$ 个编号。在第 27 行中,将 kneighbors 函数返回的矩阵的第一列删去,构成一个 $m\times k$ 矩阵 knn。它的第 i 行为样本 $\boldsymbol{x}^{(i)}$ 最接近的 k 个其他样本的编号 $i_1,i_2,\cdots,i_k$。

选出 $\boldsymbol{x}^{(i)}(i=1,2,\cdots,m)$ 的 k 个最接近样本 $i_1,i_2,\cdots,i_k$ 之后,在第 28 行调用第 9～22 行中的 get_weights 函数来为 $\boldsymbol{x}^{(i)}$ 计算 $\boldsymbol{w}^{(i)}$,并返回下一步中要用到的矩阵 $\boldsymbol{W}$。在 get_weights 函数中,第 13～16 行计算矩阵 $\boldsymbol{U}$,第 17～19 行按照式(10.49)计算 $\boldsymbol{w}^{(i)}$,第 20、21 行构造矩阵 $\boldsymbol{W}$。

在 fit_transform 函数中,在第 29 行计算矩阵 $\boldsymbol{M}$;第 30～32 行计算 $\boldsymbol{M}$ 的特征根和对应的特征向量;第 33、34 行取出 $\boldsymbol{M}$ 的第 2 到第 $d+1$ 小的特征根对应的特征向量 $\boldsymbol{v}^{(m-d)},\cdots,\boldsymbol{v}^{(m-d-1)},\cdots,\boldsymbol{v}^{(m-1)}$,生成并输出矩阵 $\boldsymbol{Z}=(\boldsymbol{v}^{(m-d)},\boldsymbol{v}^{(m-d-1)},\cdots,\boldsymbol{v}^{(m-1)})$。

machine_learning.lib.lle

```
1   import numpy as np
2   from sklearn.neighbors import NearestNeighbors
3
4   class LLE:
```

图 10.19 局部线性嵌入法的算法实现

```
5       def __init__(self, n_components, n_neighbors):
6           self.d=n_components
7           self.k=n_neighbors
8
9       def get_weights(self, X, knn):
10          m, n=X.shape
11          W=np.zeros((m,m))
12          for i in range(m):
13              U=X[knn[i]].reshape(-1,n)
14              k=len(U)
15              for t in range(k):
16                  U[t]-=X[i]
17              C=U.dot(U.T)
18              w=np.linalg.inv(C).dot(np.ones((k,1)))
19              w/=w.sum(axis=0)
20              for t in range(k):
21                  W[i][knn[i][t]]=w[t]
22          return W
23
24      def fit_transform(self,X):
25          m, n=X.shape
26          model=NearestNeighbors(n_neighbors=self.k +1).fit(X)
27          knn=model.kneighbors(X, return_distance=False)[:, 1:]
28          W=self.get_weights(X, knn)
29          M=(np.identity(m)-W).T.dot(np.identity(m)-W)
30          eigen_values, eigen_vectors=np.linalg.eig(M)
31          pairs=[(eigen_values[i], eigen_vectors[:, i]) for i in range(m)]
32          pairs=sorted(pairs, key =lambda pair: pair[0])
33          Z=np.array([pairs[i+1][1] for i in range(self.d)]).T
34          return Z
```

图 10.19 （续）

例 10.3 瑞士卷数据降维。

瑞士卷数据集是 Sklearn 数据库中的一个常用的数据集。图 10.17 就是一组瑞士卷数据样本。由于该数据集的数据分布类似瑞士卷蛋糕，因此它被形象地称为瑞士卷数据集。瑞士卷数据集中的数据分布于三维空间。本例用局部线性嵌入法将其数据降维为二维。

由于瑞士卷数据是二维平面卷成的，所以这是一个经典的流形降维问题。在图 10.20 的算法中，第 7 行导入瑞士卷数据。为了展示算法的降维效果，赋予每个样本点一个颜色。第 8、9 行用图 10.19 中的局部线性嵌入法进行降维。第 10、11 行直观展示降维效果。在第 10 行中，每个样本点在降维前后的颜色保持不变。

```
1   import numpy as np
2   from sklearn import datasets
3   import matplotlib.pyplot as plt
4   from machine_learning.lib.lle impor LLE
5
6   np.random.seed(0)
7   X, color=datasets.samples_generator.make_swiss_roll(n_samples=1500)
8   model=LLE(n_components=2, n_neighbors=12)
9   Z=model.fit_transform(X)
10  plt.scatter(Z[:, 0], Z[:, 1], c=color)
11  plt.show()
```

图 10.20 瑞士卷数据降维的局部线性嵌入

图 10.20 的运行结果如图 10.21 所示。从图 10.21 中可以看出，局部线性嵌入的效果是保持样本之间的局部线性关系，将高维流形“展平”至低维空间。

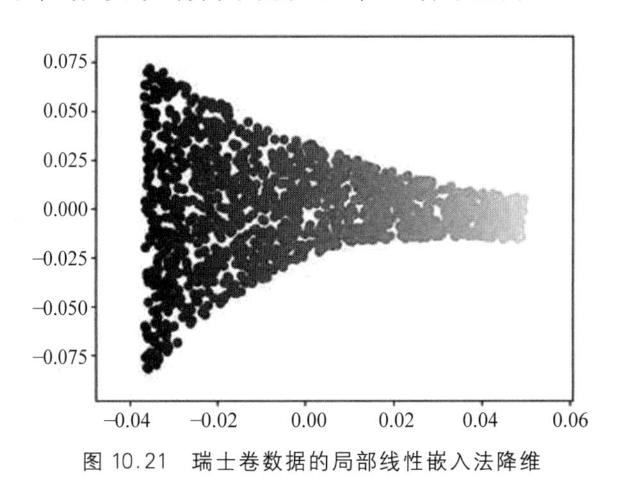

图 10.21 瑞士卷数据的局部线性嵌入法降维

10.4.2 多维缩放法

多维缩放法(Multi-Dimension Scaling，MDS)的基本思想是保持样本点之间的距离经降维后不改变。给定一组 n 维向量 $\boldsymbol{x}^{(1)},\boldsymbol{x}^{(2)},\cdots,\boldsymbol{x}^{(m)}\in\mathbb{R}^n$，需要将它们降至 d 维。多维缩放法的目标是，计算一组 $\boldsymbol{z}^{(1)},\boldsymbol{z}^{(2)},\cdots,\boldsymbol{z}^{(m)}\in\mathbb{R}^d$，使得对任意的 $1\leqslant i,j\leqslant m$，有

$$\|\boldsymbol{z}^{(i)}-\boldsymbol{z}^{(j)}\| = \|\boldsymbol{x}^{(i)}-\boldsymbol{x}^{(j)}\| \tag{10.50}$$

为了阐述多维缩放法的思路及具体计算步骤，首先介绍算法的理论依据。对任意的 $1\leqslant i,j\leqslant m$，设 $d_{ij}=\|\boldsymbol{x}^{(i)}-\boldsymbol{x}^{(j)}\|$，$b_{ij}=\langle\boldsymbol{x}^{(i)},\boldsymbol{x}^{(j)}\rangle=\boldsymbol{x}^{(i)\mathrm{T}}\boldsymbol{x}^{(j)}$。

定理 10.5 对于一组 n 维向量 $\boldsymbol{x}^{(1)},\boldsymbol{x}^{(2)},\cdots,\boldsymbol{x}^{(m)}\in\mathbb{R}^n$，如果它们满足 $\frac{1}{m}\sum_{t=1}^{m}\boldsymbol{x}^{(t)}=\mathbf{0}$，则对任意的 $1\leqslant i,j\leqslant m$ 都有

$$b_{ij}=-\frac{1}{2}\left(d_{ij}^2-\frac{1}{m}\sum_{s=1}^{m}d_{is}^2-\frac{1}{m}\sum_{s=1}^{m}d_{sj}^2+\frac{1}{m^2}\sum_{s=1}^{m}\sum_{t=1}^{m}d_{st}^2\right) \tag{10.51}$$

证明：为了简化叙述，首先定义一些记号。

- 对任意 $1\leqslant t\leqslant m$，定义 D_t 为 $\boldsymbol{x}^{(t)}$ 与 m 个向量的距离平方的平均值：

$$D_t=\frac{1}{m}\sum_{s=1}^{m}d_{st}^2=\frac{1}{m}\sum_{s=1}^{m}d_{ts}^2 \tag{10.52}$$

- 定义 D 为 m 个向量的两两距离平方的平均值：

$$D=\frac{1}{m}\sum_{t=1}^{m}D_t=\frac{1}{m^2}\sum_{s=1}^{m}\sum_{t=1}^{m}d_{st}^2 \tag{10.53}$$

- 定义 β 为 m 个向量与自身内积的和：

$$\beta=\sum_{t=1}^{m}b_{tt} \tag{10.54}$$

根据 d_{ij} 的定义，对任意的 $1\leqslant i,j\leqslant m$，有

$$\begin{aligned}d_{ij}^2&=(\boldsymbol{x}^{(i)}-\boldsymbol{x}^{(j)})^{\mathrm{T}}(\boldsymbol{x}^{(i)}-\boldsymbol{x}^{(j)})\\&=\boldsymbol{x}^{(i)\mathrm{T}}\boldsymbol{x}^{(i)}+\boldsymbol{x}^{(j)\mathrm{T}}\boldsymbol{x}^{(j)}-2\,\boldsymbol{x}^{(i)\mathrm{T}}\boldsymbol{x}^{(j)}\\&=b_{ii}+b_{jj}-2b_{ij}\end{aligned} \tag{10.55}$$

在式(10.55)中对下标 i 求和，可得

$$\sum_{i=1}^{m}d_{ij}^2=\sum_{i=1}^{m}b_{ii}+m\,b_{jj}-2\sum_{i=1}^{m}b_{ij}$$

由于 $\frac{1}{m}\sum_{t=1}^{m}\boldsymbol{x}^{(t)}=0$，所以 $\sum_{i=1}^{m}b_{ij}=0$。因此有

$$\sum_{i=1}^{m}d_{ij}^2=\sum_{i=1}^{m}b_{ii}+m\,b_{jj}=\beta+mb_{jj} \tag{10.56}$$

同理，在式(10.55)中对下标 j 求和，可得

$$\sum_{j=1}^{m}d_{ij}^2=\sum_{j=1}^{m}b_{jj}+m\,b_{ii}=\beta+m\,b_{ii} \tag{10.57}$$

在式(10.57)中再对下标 i 求和，可得

$$\sum_{i=1}^{m}\sum_{j=1}^{m}d_{ij}^2=m\beta+\sum_{i=1}^{m}m\,b_{ii}=2m\beta \tag{10.58}$$

综合式(10.53)和式(10.58)，可得

$$\beta=\frac{m}{2}D \tag{10.59}$$

将式(10. 59)代入式(10.56)，可得

$$b_{jj}=\frac{1}{m}\sum_{i=1}^{m}d_{ij}^2-\frac{1}{m}\beta=D_j-\frac{1}{m}\beta=D_j-\frac{D}{2} \tag{10.60}$$

将式(10.59)代入式(10.57)，可得

$$b_{ii}=\frac{1}{m}\sum_{j=1}^{m}d_{ij}^2-\frac{1}{m}\beta=D_i-\frac{1}{m}\beta=D_i-\frac{D}{2} \tag{10.61}$$

最后,结合式(10.55)、式(10.60)和式(10.61),可得

$$b_{ij}=-\frac{1}{2}(d_{ij}^2-b_{ii}-b_{jj})=-\frac{1}{2}(d_{ij}^2-D_i-D_j+D)$$

这就完成了定理10.5的证明。

若向量 $\boldsymbol{x}^{(1)},\boldsymbol{x}^{(2)},\cdots,\boldsymbol{x}^{(m)}$ 不满足定理10.5中的条件 $\frac{1}{m}\sum_{t=1}^{m}\boldsymbol{x}^{(t)}=\boldsymbol{0}$,则可以通过平移向量使这个条件得到满足。

定理10.5表明了,两个向量的内积可由它们之间的距离唯一确定。因此,如果任意两个向量 $\boldsymbol{z}^{(i)}$ 与 $\boldsymbol{z}^{(j)}$ 的距离都等于 $\boldsymbol{x}^{(i)}$ 与 $\boldsymbol{x}^{(j)}$ 的距离 d_{ij},则 $\boldsymbol{z}^{(i)}$ 与 $\boldsymbol{z}^{(j)}$ 的内积就等于 $\boldsymbol{x}^{(i)}$ 与 $\boldsymbol{x}^{(j)}$ 的内积 b_{ij}。记

$$\boldsymbol{B}=(b_{ij})_{1\leqslant i,j\leqslant m},\quad \boldsymbol{X}=\begin{bmatrix}\boldsymbol{x}^{(1)\mathrm{T}}\\ \boldsymbol{x}^{(2)\mathrm{T}}\\ \vdots\\ \boldsymbol{x}^{(m)\mathrm{T}}\end{bmatrix},\quad \boldsymbol{Z}=\begin{bmatrix}\boldsymbol{z}^{(1)\mathrm{T}}\\ \boldsymbol{z}^{(2)\mathrm{T}}\\ \vdots\\ \boldsymbol{z}^{(m)\mathrm{T}}\end{bmatrix}$$

根据定理10.5,有 $\boldsymbol{B}=\boldsymbol{X}\boldsymbol{X}^{\mathrm{T}}=\boldsymbol{Z}\boldsymbol{Z}^{\mathrm{T}}$。

依据上述的理论推导,多维缩放法首先根据 $\boldsymbol{X}$ 计算 $\boldsymbol{B}=\boldsymbol{X}\boldsymbol{X}^{\mathrm{T}}$,然后构造 $m\times d$ 维矩阵 $\boldsymbol{Z}$,使得 $\boldsymbol{Z}\boldsymbol{Z}^{\mathrm{T}}\approx\boldsymbol{B}$。以下介绍构造 $\boldsymbol{Z}$ 的具体方式。

由于 $\boldsymbol{B}$ 是一个 $m\times m$ 半正定对称矩阵,所以 $\boldsymbol{B}$ 有 m 个非负特征根 $\lambda_1\geqslant\lambda_2\geqslant\cdots\geqslant\lambda_m\geqslant 0$,并且有如下的特征值分解:

$$\boldsymbol{B}=\boldsymbol{V}\boldsymbol{E}\boldsymbol{V}^{\mathrm{T}}\tag{10.62}$$

其中,$\boldsymbol{E}$ 是一个 $m\times m$ 对角阵。其对角线元素为 $\lambda_1,\lambda_2,\cdots,\lambda_m$。$\boldsymbol{V}$ 的第 i 列为 λ_i 对应的单位特征向量($i=1,2,\cdots,m$),且 $\boldsymbol{V}$ 的各列相互正交,即 $\boldsymbol{V}^{\mathrm{T}}\boldsymbol{V}=\boldsymbol{I}$。定义

$$\widetilde{\boldsymbol{Z}}=\boldsymbol{V}\begin{pmatrix}\sqrt{\lambda_1} & & & \\ & \sqrt{\lambda_2} & & \\ & & \ddots & \\ & & & \sqrt{\lambda_m}\end{pmatrix}$$

则根据式(10.62),可得

$$\boldsymbol{B}=\widetilde{\boldsymbol{Z}}\widetilde{\boldsymbol{Z}}^{\mathrm{T}}\tag{10.63}$$

式(10.63)中的 $\widetilde{\boldsymbol{Z}}$ 是一个 $m\times m$ 矩阵。多维缩放法的任务是:计算一个 $m\times d$ 的矩阵 $\boldsymbol{Z}$,使得 $\boldsymbol{Z}\boldsymbol{Z}^{\mathrm{T}}$ 近似等于 $\boldsymbol{B}$。因此,多维缩放法只选取 $\widetilde{\boldsymbol{Z}}$ 中最重要的 d 列来构造 $\boldsymbol{Z}$。具体的做法是:选取 $\boldsymbol{B}$ 的按从大到小排列的前 d 个特征根 $\lambda_1\geqslant\lambda_2\geqslant\cdots\geqslant\lambda_d$ 及其对应的特征向量,即 $\boldsymbol{V}$ 的前 d 列 $\boldsymbol{v}^{(1)},\boldsymbol{v}^{(2)},\cdots,\boldsymbol{v}^{(d)}$。构造 $\boldsymbol{Z}$ 为如下的 $m\times d$ 矩阵:

$$\boldsymbol{Z}=(\boldsymbol{v}^{(1)},\boldsymbol{v}^{(2)},\cdots,\boldsymbol{v}^{(d)})\begin{pmatrix}\sqrt{\lambda_1} & & & \\ & \sqrt{\lambda_2} & & \\ & & \ddots & \\ & & & \sqrt{\lambda_d}\end{pmatrix}=(\sqrt{\lambda_1}\boldsymbol{v}^{(1)},\sqrt{\lambda_2}\boldsymbol{v}^{(2)},\cdots,\sqrt{\lambda_d}\boldsymbol{v}^{(d)})$$

如此得出的 $\boldsymbol{ZZ}^{\mathrm{T}}$ 是 $\boldsymbol{B}$ 的最佳近似。图 10.22 是按照这个思路的多维缩放法描述。

多维缩放法

$$\boldsymbol{\mu}=\frac{1}{m}\sum_{t=1}^{m}\boldsymbol{x}^{(t)}$$

for $t=1,2,\cdots,m$:

  $\boldsymbol{x}^{(t)}\leftarrow\boldsymbol{x}^{(t)}-\boldsymbol{\mu}$

$$\boldsymbol{X}=\begin{bmatrix}\boldsymbol{x}^{(1)\mathrm{T}}\\ \boldsymbol{x}^{(2)\mathrm{T}}\\ \vdots\\ \boldsymbol{x}^{(m)\mathrm{T}}\end{bmatrix}$$

compute eigenvalues of $\boldsymbol{B}=\boldsymbol{XX}^{\mathrm{T}}$: $\lambda_1\geqslant\lambda_2\geqslant\cdots\geqslant\lambda_m$

let $\boldsymbol{v}^{(1)},\boldsymbol{v}^{(2)},\cdots,\boldsymbol{v}^{(m)}$ be the corresponding eigenvectors

return $\boldsymbol{Z}=(\sqrt{\lambda_1}\boldsymbol{v}^{(1)},\sqrt{\lambda_2}\boldsymbol{v}^{(2)},\cdots,\sqrt{\lambda_d}\boldsymbol{v}^{(d)})$

图 10.22　多维缩放法的算法描述

观察图 10.22 中的算法,可以看出,它实际上就是图 10.8 中主成分分析法的等价形式,两种不同的降维思想殊途同归。

图 10.23 是对图 10.22 中算法的具体实现。

```
machine_learning.lib.mds
1  import numpy as np
2
3  class MDS:
4      def __init__(self, n_components):
5          self.d =n_components
6
7      def fit_transform(self, X):
8          m, n=X.shape
9          self.mean=X.mean(axis=0)
10         X=X-self.mean
11         B=X.dot(X.T)
12         eigen_values, eigen_vectors=np.linalg.eig(B)
13         pairs=[(eigen_values[i], eigen_vectors[:,i]) for i in range(m)]
14         pairs=sorted(pairs, key=lambda pair: pair[0], reverse=True)
15         Z=np.array([pairs[i][1] * np.sqrt(pairs[i][0]) for i in
           range(self.d)]).T
16         return Z
```

图 10.23　多维缩放法的算法实现

在瑞士卷数据集上,用图 10.23 中的多维缩放法降维,得到图 10.24 中的结果。通过与图 10.21 对比,可以看出多维缩放法与局部线性嵌入法的不同之处。多维缩放法通过保持

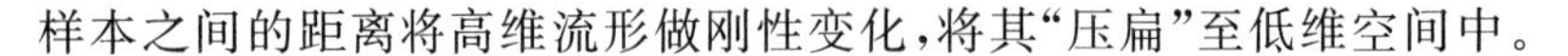
样本之间的距离将高维流形做刚性变化，将其“压扁”至低维空间中。

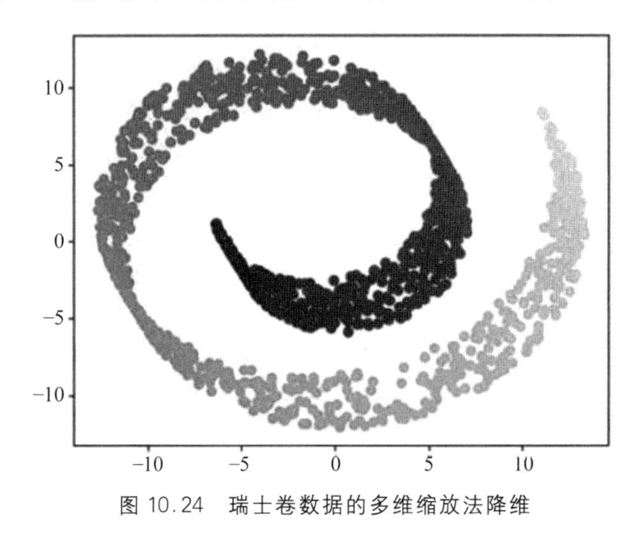

图 10.24　瑞士卷数据的多维缩放法降维

10.5　自动编码器

自动编码器是神经网络在降维问题中的应用。自动编码器的理论较为简单，它主要借助于神经网络的强大威力来进行降维。

自动编码器由编码器和解码器两部分组成。首先，通过一组多层的神经网络来提取样本中的重要信息，这一组神经网络就称为编码器，编码器的输出称为编码。然后，再通过编码器的镜像来重构数据。编码器的镜像也称为解码器，它是与编码器结构相同但反向分布的神经网络，解码器的输出就称为重构。图 10.25 展示了自动编码器的结构。

在一个降维问题中，如果将编码器的最后一层的神经元个数设为降维的目标维度 d，则编码器的输出 $\boldsymbol{z}\in\mathbb{R}^d$ 就是自动编码器对输入样本 $\boldsymbol{x}\in\mathbb{R}^n$ 的降维结果。由于解码器是编码器的镜像，因此，解码器的输出 $\tilde{\boldsymbol{x}}$ 是一个 n 维向量。将 $\tilde{\boldsymbol{x}}$ 与 $\boldsymbol{x}$ 的距离的平方 $\|\tilde{\boldsymbol{x}}-\boldsymbol{x}\|^2$ 定义为重构误差。自动编码器算法的目标是：训练编码器与解码器，使得重构误差最小。

下面以例 5.10 中介绍的手写数字数据集 MNIST 为例，介绍自动编码器的降维算法。为了将 784 维的手写数字图片数据降至二维，构造一个如图 10.26 所示的自动编码器。在图 10.26 的自动编码器结构中，编码器含有两个隐藏层 hidden1 和 hidden2，这两层中分别有 300 个和 100 个神经元。编码器的输出层 encoder_outputs 中含有两个神经元，这一层的输出即为降维的结果。随后的解码器部分是编码器的镜像，它含有两个隐藏层 hidden3 和 hidden4，这两层中分别有 100 个和 300 个神经元。最后，解码器的输出层 decoder_outputs 中含有 784 个神经元，其输出结果是对数据的重构。

图 10.27 是手写数字数据降维的自动编码器算法。在图 10.27 中，第 5～19 行按图 10.26 中的结构来构造自动编码器。在第 21 行，定义损失函数为重构误差 recover_loss。第 25～

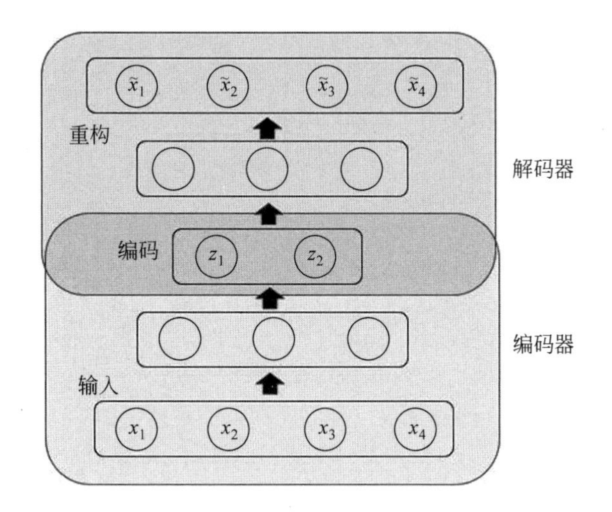

图 10.25 自动编码器结构

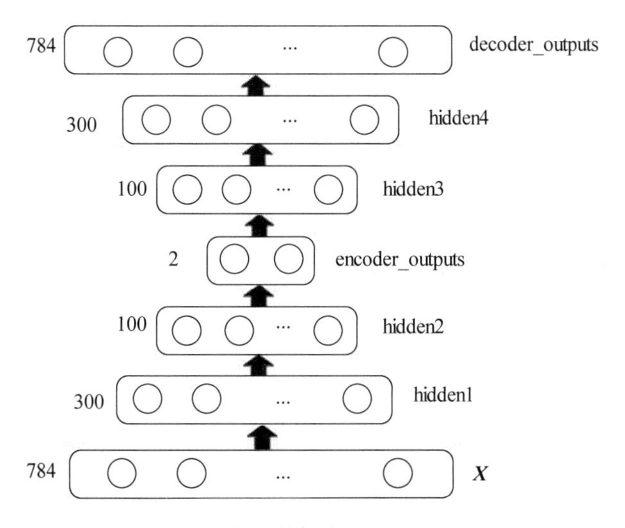

图 10.26 手写数字数据降维的自动编码器结构

33 行通过小批量梯度下降算法来训练模型。第 35 行取出降维的结果 encoder_outputs。第 36、37 行将降维后的数据展示在二维平面上。

```
1  import tensorflow as tf
2  from tensorflow.examples.tutorials.mnist import input_data
3  import matplotlib.pyplot as plt
4
5  n_features=28 * 28
6  n_hidden1=300
```

图 10.27 手写数字数据降维的自动编码器算法

```
7   n_hidden2=100
8   n_encoder_outputs =2
9   n_hidden3=n_hidden2
10  n_hidden4=n_hidden1
11  n_decoder_ouputs=n_features
12
13  X=tf.placeholder(tf.float32, shape=(None, n_features))
14  hidden1=tf.layers.dense(X, n_hidden1, activation =tf.nn.relu)
15  hidden2=tf.layers.dense(hidden1, n_hidden2, activation=tf.nn.relu)
16  encoder_outputs =tf.layers.dense(hidden2, n_encoder_outputs)
17  hidden3=tf.layers.dense(encoder_outputs, n_hidden3, activation=tf.nn.
    relu)
18  hidden4=tf.layers.dense(hidden3, n_hidden4, activation=tf.nn.relu)
19  decoder_outputs=tf.layers.dense(hidden4, n_decoder_ouputs)
20
21  recover_loss=tf.reduce_mean(tf.square(decoder_outputs-X))
22  optimizer=tf.train.AdamOptimizer(learning_rate=1e-4)
23  train_op=optimizer.minimize(recover_loss)
24
25  with tf.Session() as sess:
26     tf.global_variables_initializer().run()
27     mnist=input_data.read_data_sets("MNIST_data/", one_hot=False)
28     n_epoches=10
29     batch_size=150
30     for epoch in range(n_epoches):
31        for batch in range(mnist.train.num_examples//batch_size):
32           X_batch, _=mnist.train.next_batch(batch_size)
33           sess.run(train_op, feed_dict={X: X_batch})
34
35     Z=sess.run(encoder_outputs, feed_dict={X:mnist.train.images})
36     plt.scatter(Z[:,0], Z[:,1], c=mnist.train.labels)
37     plt.show()
```

图 10.27 (续)

运行图 10.27 中的算法,就可得到如图 10.28 所示的降维结果直观展示。其中,不同的颜色表示不同的数字。与图 10.6 中的主成分分析法的降维结果相比,自动编码器算法的降维结果对不同数字的区分度更高一些。这说明,在手写数字数据集这个例子中,同样是将 784 维的手写数字图片数据降至二维,自动编码器算法的降维效果优于主成分分析法。

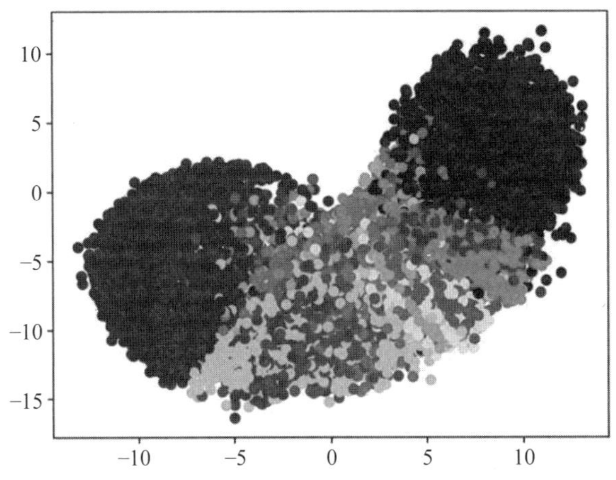

图 10.28 自动编码器算法对手写数字数据的降维效果

小结

降维算法是一类重要的特征组处理算法。对高维特征组进行降维，不仅能提高机器学习算法的运行效率，也可以节省存储空间，还能够降低过度拟合的概率。

本章介绍了两类主流的降维算法。第一类是基于投影的算法。主成分分析法是这类算法的典型代表。主成分分析法的思想是：计算一条数据的低维投影，使得其投影方差最大化。用带约束优化的 KKT 理论，投影方差最大化问题可以转化成对矩阵特征根和特征向量的计算。得益于一系列完美的理论推导，主成分分析法的算法描述简炼，而且实现容易。正因如此，主成分分析法是最为常用的降维算法之一。

使用主成分分析法对样本特征组降维有一个重要的前提条件，即样本特征组中存在线性相关关系。核方法的引入突破了这一限制。核方法的思想是：将数据变换至更高维的空间中，使得经过变换后的数据近似地分布于某个低维线性子空间。在使用核方法时，要求算法只涉及向量内积的计算。用矩阵奇异值分解理论可以得出主成分分析法的一个只涉及内积计算的等价描述，从而顺利地支持了核方法。除了第 6 章中的支持向量机算法以外，主成分分析法是核方法的另一个重要应用场合。

如果一个降维问题中的样本数据带有标签，则可以利用标签信息更好地降维。线性判别分析法就是一个针对带有标签的降维问题的算法。通过近似地最大化样本投影后的类间散度以及最小化类内散度，带有相同标签的样本经降维后聚在一起，而带有不同标签的样本经降维后则被区分开来。

第二类降维算法是基于流形的算法。本章介绍了两个常用的流形降维算法：局部线性嵌入法与多维缩放法。局部线性嵌入法的思想是保留数据的局部线性关系，因而它的效果是将高维流形展平。多维缩放法保持数据的距离不变,所以它的效果是将高维流形刚性地压扁至低维空间。

最后,本章还介绍了自动编码器降维算法。用深度神经网络进行降维是机器学习前沿算法为经典领域注入的新思路。

习题

10.1 设有两个三维样本向量：$\boldsymbol{x}^{(1)}=(2,2,0)$,$\boldsymbol{x}^{(2)}=(0,2,2)$。试用主成分分析法将它们降至二维。

10.2 设有两个三维样本向量：$\boldsymbol{x}^{(1)}=(2,2,0)$,$\boldsymbol{x}^{(2)}=(0,2,2)$。试用多维缩放法将它们降至二维。

10.3 考察如下带标签的降维问题：

$$\begin{aligned}\boldsymbol{x}^{(1)} &= (1,1,0), \quad y^{(1)} = 0\\ \boldsymbol{x}^{(2)} &= (0,1,1), \quad y^{(2)} = 0\\ \boldsymbol{x}^{(3)} &= (1,0,1), \quad y^{(3)} = 1\\ \boldsymbol{x}^{(4)} &= (0,1,0), \quad y^{(4)} = 1\end{aligned}$$

试用线性判别分析法将上述数据降至二维。

10.4 鸢尾花数据降维。

鸢尾花数据集中的每一条数据都含有 4 个特征：花瓣长、花瓣宽、花萼长、花萼宽。每条数据有一个取值属于{0,1,2}的标签,表示鸢尾花的种属。

基于图 10.29 中的程序,分别用主成分分析法、主成分分析的核方法以及线性判别分析法将数据降至二维,并比较这 3 个算法的降维效果。

```
1  from sklearn import datasets
2  iris=datasets.load_iris()
3  X=iris.data
4  y=iris.target
```

图 10.29 获取鸢尾花数据的程序

10.5 同心圆数据降维。

Sklearn 数据库中提供了同心圆数据集。在同心圆数据集中,每个数据都是一个二维向量,表示平面上的一个点。数据集中共含有两类数据,一类数据的分布形成平面上一个大圆,另一类数据的分布形成平面上一个小圆。图 10.30 是同心圆数据集的一组数据采样的例子。

图 10.31 中的程序生成一组同心圆数据采样。第 2 行生成数据的特征 $\boldsymbol{X}$ 和标签 y。其中,y 的值为 0 的数据属于大圆,y 的值为 1 的数据属于小圆。

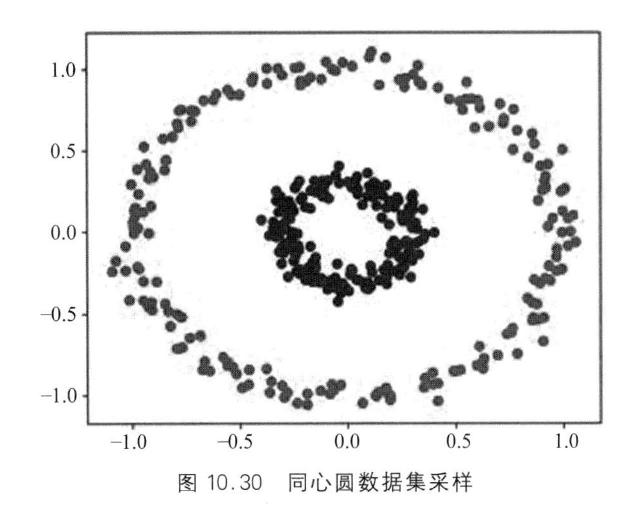

图 10.30 同心圆数据集采样

```
1  from sklearn.datasets import make_circles
2  X, y=make_circles(n_samples=400, factor=.3, noise=.05)
```

图 10.31 生成同心圆数据采样的程序

基于图 10.31 中的程序，分别用主成分分析法、主成分分析的核方法以及线性判别分析法将数据降至一维，并比较这 3 个算法的降维效果。

10.6 S形流形降维。

在 Sklearn 工具库中集成了 S 形流形数据集。该数据集中的每条数据都是三维空间中的一个点，并且带有颜色。数据的分布呈 S 形。图 10.32 是 S 形流形数据集的一组数据采样。

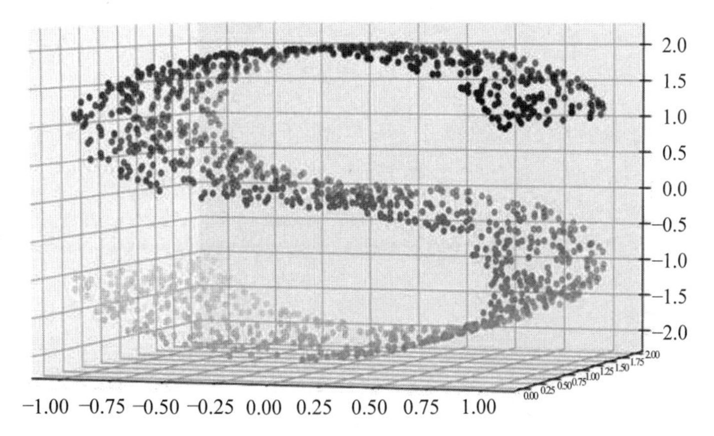

图 10.32 S 形数据集采样

图 10.33 中的程序生成 S 形数据采样。基于图 10.33 中的程序，分别用局部线性嵌入法和多维缩放法将数据降至二维，并比较两种算法的降维效果。

```
1  from sklearn import datasets
2  import matplotlib.pyplot as plt
3  from mpl_toolkits.mplot3d import Axes3D
4
5  X, color=datasets.samples_generator.make_s_curve(n_samples=1500)
6  ax=plt.axes(projection='3d')
7  ax.scatter(X[:, 0], X[:, 1], X[:, 2], c=color)
8  ax.view_init(4, -72)
9  plt.show()
```

图 10.33 生成 S 形流形数据的程序

10.7 Yale 人脸数据降维。

Yale 人脸数据集①是一个常用的测试人脸识别算法的数据集。该数据集中含有来自 15 个人的 165 张照片。数据集中的每个人都有 11 张照片。照片分别有如下主题：正面光照、左面光照、右面光照、戴眼镜、不戴眼镜、正常、快乐、悲伤、疲倦、惊讶、眨眼。图 10.34 是 Yale 人脸数据集的一组数据采样。

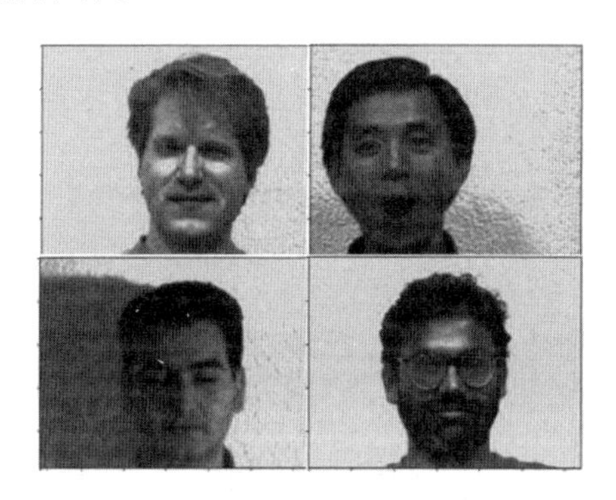

图 10.34 Yale 人脸数据集采样

将 Yale 人脸数据集下载至当前目录后，可用图 10.35 中的程序读入数据集中的图片。第 11 行的 images 为图片的像素灰度矩阵。第 12 行的 labels 为人物编号。第 13 行的 subjects 为照片的主题。

```
1  import numpy as np
2  from skimage import io
3  import os
4  import matplotlib.pyplot as plt
5
```

图 10.35 读取 Yale 人脸数据集的程序

① 原数据来自 http://vision.ucsd.edu/content/yale-face-database，也可从 GitHub 网站本书页面下载。

```
6  def read_face_images(data_folder):
7     image_paths=[os.path.join(data_folder, item) for item in os.listdir(data
      _folder)]
8     images, labels, subjects=[], [], []
9     for image_path in image_ paths:
10        im=io.imread(image_ path,as_grey=True)
11        images.append(np.array(im, dtype='uint8'))
12        labels.append(int(os.path.split(image_path)[1].split(".")[0].
          replace("subject", "")))
13        subjects.append(os.path.split(image_ path)[1].split(".")[1])
14     return np.array(images), np.array(labels), np.array(subjects)
15
16  data_folder="./yalefaces"
17  images, labels, subjects=read_face_images(data_folder)
18  plt.imshow(images[1])
19  plt.show()
```

图 10.35 （续）

（1）基于图 10.35 中的程序，用自动编码器算法对 Yale 人脸图片进行降维。

（2）将数据降至二维，并将降维的结果可视化。要求不同主题的图片对应的点采用不同的颜色。

10.8 主成分分析法与自动编码器算法。

主成分分析法的指导思想是最大化投影方差，而自动编码器算法的指导思想是最小化还原误差。尽管看似不同，实际上，这两个指导思想所产生的算法殊途同归。以下分步证明：不含有隐藏层的自动编码器算法就是主成分分析法。

给定 m 个 n 维向量 $\boldsymbol{x}^{(1)},\boldsymbol{x}^{(2)},\cdots,\boldsymbol{x}^{(m)}$，要将它们降至 d 维。不含隐藏层的自动编码器算法的任务是计算 $n\times d$ 矩阵 $\boldsymbol{W}$ 以及 $d\times n$ 矩阵 $\boldsymbol{U}$，使得

$$\sum_{i=1}^{m}\|\boldsymbol{x}^{(i)}-\boldsymbol{U}^{\mathrm{T}}\boldsymbol{W}^{\mathrm{T}}\boldsymbol{x}^{(i)}\|^{2} \tag{10.64}$$

最小化。

（1）证明：如果 $\boldsymbol{W}$ 和 $\boldsymbol{U}$ 使式(10.64)最小化，则必然有 $\boldsymbol{U}=\boldsymbol{W}^{\mathrm{T}}$ 且 $\boldsymbol{W}^{\mathrm{T}}\boldsymbol{W}=\boldsymbol{I}$。由此可知，优化式(10.64)等价于以下带约束的优化问题：

$$\min\sum_{i=1}^{m}\|\boldsymbol{x}^{(i)}-\boldsymbol{W}\boldsymbol{W}^{\mathrm{T}}\boldsymbol{x}^{(i)}\|^{2}$$

$$\text{约束：}\boldsymbol{W}^{\mathrm{T}}\boldsymbol{W}=\boldsymbol{I} \tag{10.65}$$

（2）定义

$$\boldsymbol{X}=\begin{bmatrix}\boldsymbol{x}^{(1)\mathrm{T}}\\ \boldsymbol{x}^{(2)\mathrm{T}}\\ \vdots\\ \boldsymbol{x}^{(m)\mathrm{T}}\end{bmatrix}$$

证明：式(10.65)中的优化问题等价于

$$\max \ \mathrm{Tr}(\boldsymbol{W}^{\mathrm{T}}\boldsymbol{X}^{\mathrm{T}}\boldsymbol{X}\boldsymbol{W})$$
$$\text{约束：} \boldsymbol{W}^{\mathrm{T}}\boldsymbol{W} = \boldsymbol{I} \tag{10.66}$$

其中，Tr(·)是方阵的迹函数。

(3) 设 $\lambda_1,\lambda_2,\cdots,\lambda_d$ 是 $\boldsymbol{X}^{\mathrm{T}}\boldsymbol{X}$ 的最大的 d 个特征根，且$\boldsymbol{w}^{(1)},\boldsymbol{w}^{(2)},\cdots,\boldsymbol{w}^{(d)}$是其相应的相互正交的单位特征向量。证明：$\boldsymbol{W}=(\boldsymbol{w}^{(1)},\boldsymbol{w}^{(2)},\cdots,\boldsymbol{w}^{(d)})$是式(10.66)的最优解。

由以上步骤就证明了不含有隐藏层的自动编码器算法就是主成分分析法。

第11章　聚类算法

聚类分析是对未知分类的事物按物以类聚的思想对其进行分类的一种算法。它是依据一种能客观反映事物之间亲疏关系的指标将事物分成若干类，并使同一类中的事物具有相似或相近的特征或性质，不同类的事物具有不同的特征或性质。

聚类分析最早用于生物学分类。生物学家根据各种生物的特征，将它们归属于不同的界、门、纲、目、科、属、种之中。随着社会经济的发展，在自然科学和社会科学的各个领域中都出现了大量的分类研究问题。因而，聚类分析在这些领域中也已经有了广泛的应用。例如，在经济研究中，将城镇划分为不同的类型，以研究居民的收入及消费状况；在金融领域中，通过客户特征检测来防范信用卡欺诈；在工业生产中，根据产品指标特征来识别残次品；在临床医学研究中，根据症状特征对病人分型，以便提高疗效；等等。

聚类分析也可以用于监督式学习问题的数据特征处理。在一个监督式学习问题中，可以先通过聚类算法给每个样本赋一个类别值。这一类别值编码了样本之间的相似度，它可以作为一个额外的特征输入给监督式学习算法。当数据量十分庞大时，可以先将数据聚类，然后选出每一类的代表作为监督式学习算法的数据输入。这样做，可以降低数据占用的空间并提高算法的运行速度。

由于聚类分析是对无标签信息的数据样本，根据其特征来进行分类，因而它是一个无监督学习算法。聚类算法有3个常用的分类准则，分别是基于划分的聚类、基于层级的聚类以及基于密度的聚类。体现这3个分类准则的代表性算法分别是 k 均值算法、合并聚类算法和 DBSCAN 算法。

11.1　k 均值算法

给定 m 个数据样本 $\boldsymbol{x}^{(1)},\boldsymbol{x}^{(2)},\cdots,\boldsymbol{x}^{(m)}\in\mathbb{R}^n$。每个数据样本可以看作 n 维空间中的一个点。假设需要将 m 个数据样本聚成 k 个类。k 均值算法的基本思想是：选取 $\mathbb{R}^n$ 中的 k 个点

$\boldsymbol{c}^{(1)},\boldsymbol{c}^{(2)},\cdots,\boldsymbol{c}^{(k)}$作为中心，并将每个数据样本分配至与其距离最近的中心，使得所有样本到分配到的中心的距离之和最小。这样一来，分配到同一中心的样本就聚成一类。采用这种方法，就可以将 m 个样本聚成 k 个类。

按照上述思想，算法的关键之处是选取数据样本的 k 个中心。然而，在计算复杂性理论中已经证明，k 中心问题是一个 NP 难(NP-hard)的问题。在这种情况下，k 均值算法就采用迭代的方式逐步实现聚类的目标。即，先随机选取 k 个点作为初始中心，并以它们为基础进行样本的初始分类。然后，通过迭代的方式不断调整中心的位置以及样本的分类，从而不断降低全体样本与中心之间距离的总和。按这种迭代方式来寻找数据样本的 k 个中心，得到的是 k 中心问题的一个近似解。因此，k 均值算法是一个近似算法。尽管如此，k 均值算法在许多实际应用中都能够快速收敛并有效地将数据聚类。

图 11.1 是对 k 均值算法的描述。算法的输入是 m 个样本 $\boldsymbol{x}^{(1)},\boldsymbol{x}^{(2)},\cdots,\boldsymbol{x}^{(m)}\in\mathbb{R}^n$。求解目标是计算 k 个中心 $\boldsymbol{c}^{(1)},\boldsymbol{c}^{(2)},\cdots,\boldsymbol{c}^{(k)}\in\mathbb{R}^n$。中心的个数 k 和循环的轮数 N 是算法的两个参数。k 均值算法初始时随机选取 k 个点作为类中心。然后，循环地执行以下的两步：样本归类与中心调整。在样本归类这一步中，算法将每一个样本划归到当前选取的 k 个中心中离该样本最近的那个中心所属的类中。全部样本归类结束之后，样本就聚成了 k 类。接着，转入中心调整，在这一步中，算法计算出每一类中样本的平均值，并将其选为该类新的中心。

k 均值算法

pick $\boldsymbol{c}^{(1)},\boldsymbol{c}^{(2)},\cdots,\boldsymbol{c}^{(k)}$ at random

for $t=1,2,\cdots,N$

1. assign to centers

   $\boldsymbol{C}_1,\boldsymbol{C}_2,\cdots,\boldsymbol{C}_k=\varnothing$

   for $i=1,2,\cdots,m$:

   $$j^*=\underset{1\leqslant j\leqslant k}{\operatorname{argmin}}\|\boldsymbol{x}^{(i)}-\boldsymbol{c}^{(j)}\|$$

   $$\boldsymbol{C}_{j^*}\leftarrow\boldsymbol{C}_{j^*}\cup\{\boldsymbol{x}^{(i)}\}$$

2. adjust centers

   for $j=1,2,\cdots,k$:

   $$\boldsymbol{c}^{(j)}\leftarrow\frac{1}{|\boldsymbol{C}_j|}\sum_{\boldsymbol{x}\in\boldsymbol{C}_j}\boldsymbol{x}$$

return $\boldsymbol{c}^{(1)},\boldsymbol{c}^{(2)},\cdots,\boldsymbol{c}^{(k)}$

图 11.1 k 均值算法描述

在图 11.1 的算法的每一轮循环中，样本归类的计算时间复杂度是 $O(mnk)$，中心调整的时间复杂度是 $O(mnk)$。所以，k 均值算法的整体时间复杂度为 $O(mnkN)$。

图 11.2 是图 11.1 中算法的具体实现。在图 11.2 中，定义了 KMeans 类。在第 4～7 行中的构造函数，指定所需聚类的类数 k 和循环轮数 N。

第 9～14 行定义了样本归类函数 assign_to_centers。在第 10 行声明了一个 assignments 数组。对 $1\leqslant i\leqslant m$，用 assignments[i]记录样本 $\boldsymbol{x}^{(i)}$ 被归入类的中心的编号。在

第 11～13 行的循环中，对 $1\leqslant i\leqslant m$，第 12 行计算 $\boldsymbol{x}^{(i)}$ 与 k 个中心的欧几里得距离。在第 13 行，将第 12 行计算出的 k 个距离中的最小值所对应的中心的编号赋予 assignments[i]。这就完成了样本的归类步骤。

在第 16～21 行中，定义了中心调整函数 adjust_centers。第 19 行构造 C_j。第 20 行计算新的中心。

第 23～29 行中的 fit_transform 函数是算法的主体执行部分。第 24～25 行随机选取 k 个样本点作为初始中心。第 26～28 行执行 N 步循环。在循环体中执行样本归类函数 assign_to_centers 和中心调整函数 adjust_centers。

```
machine_learning.clustering.lib.kmeans
1  import numpy as np
2
3  class KMeans:
4      def __init__(self, n_clusters=1, max_iter=300, random_state=0):
5          self.k=n_clusters
6          self.N=max_iter
7          np.random.seed(random_state)
8
9      def assign_to_centers(self, centers, X):
10         assignments=[]
11         for i in range(len(X)):
12             distances=[np.linalg.norm(X[i]-centers[j], 2) for j in
               range(self.k)]
13             assignments.append(np.argmin(distances))
14         return assignments
15
16     def adjust_centers(self, assignments, X):
17         new_centers=[]
18         for j in range(self.k):
19             cluster_j=[X[i] for i in range(len(X)) if assignments[i]==j]
20             new_centers.append(np.mean(cluster_j, axis=0))
21         return new_centers
22
23     def fit_transform(self, X):
24         idx=np.random.randint(0, len(X), self.k)
25         centers=[X[i] for i in idx]
26         for t in range(self.N):
27             assignments=self.assign_to_centers(centers, X)
28             centers=self.adjust_centers(assignments, X)
29         return np.array(centers), np.array(assignments)
```

图 11.2　k 均值算法实现

例 11.1 墨渍数据的聚类。

在例 7.7 中，对墨渍数据集已有过详细的介绍。墨渍数据集中的每一个数据样本都是平面上的一个点。图 11.3 是墨渍数据集中的 300 个数据样本采样。图 11.4 中的程序用 k 均值算法将这些数据样本聚为 3 类。

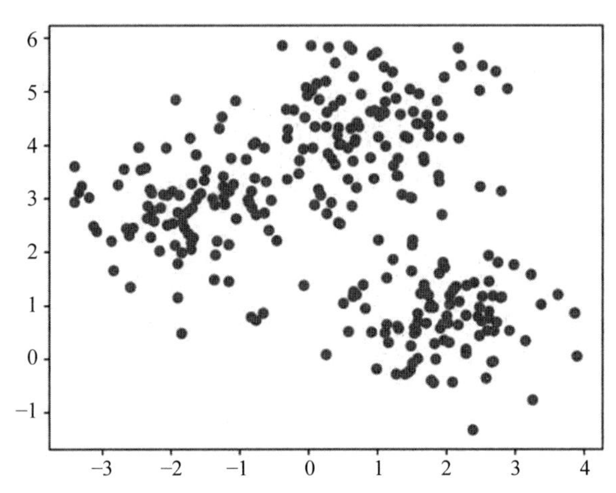

图 11.3 墨渍数据集中的 300 个不显示标签的数据样本

在图 11.4 中，第 4 行导入图 11.2 中的算法。第 6 行导入 300 个分布于 3 个区域的墨渍数据。第 7 行声明一个 KMeans 类的实例，并指定将数据聚成 3 类，共循环 10 轮。第 10～12 行绘图展示聚类的效果。

```
1   import numpy as np
2   import matplotlib.pyplot as plt
3   from sklearn.datasets import make_blobs
4   from machine_learning.clustering.lib.kmeans import KMeans
5
6   X, y=make_blobs(n_samples=300, centers=3, cluster_std=0.8)
7   model=KMeans(n_clusters=3, max_iter=10)
8   centers, assignments=model.fit_transform(X)
9
10  plt.scatter(X[:, 0], X[:, 1], c=assignments)
11  plt.scatter(centers[:, 0], centers[:, 1], c ='b')
12  plt.show()
```

图 11.4 墨渍数据聚类的 k 均值算法

运行图 11.4 中的程序，得到如图 11.5 中的结果。k 均值算法将图 11.3 的墨渍数据按 3 个中心 $\boldsymbol{c}^{(1)}$、$\boldsymbol{c}^{(2)}$ 和 $\boldsymbol{c}^{(3)}$ 分类。

在本例中，k 均值算法运行了指定的 10 轮的循环。但实际上，在第 5 轮循环之后，算法

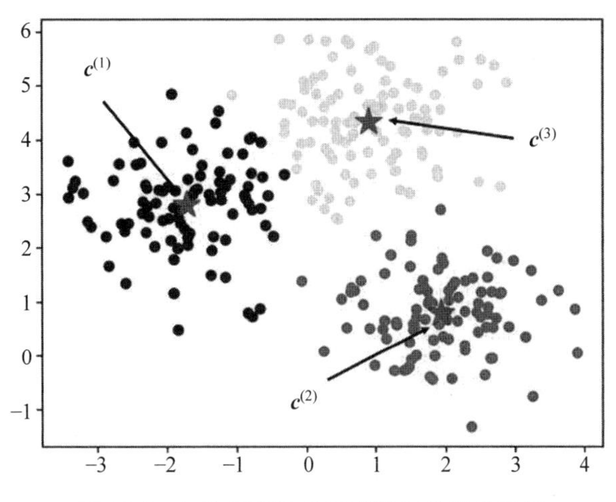

图 11.5　k 均值算法对墨渍数据的聚类结果

就不再继续调整中心的位置了，这是因为此时选出的 3 个中心已经是最优解了。因此，在 5 轮循环之后，无须再对它们做出任何调整，此时就称 k 均值算法收敛了。图 11.6 显示出了算法的收敛轨迹。

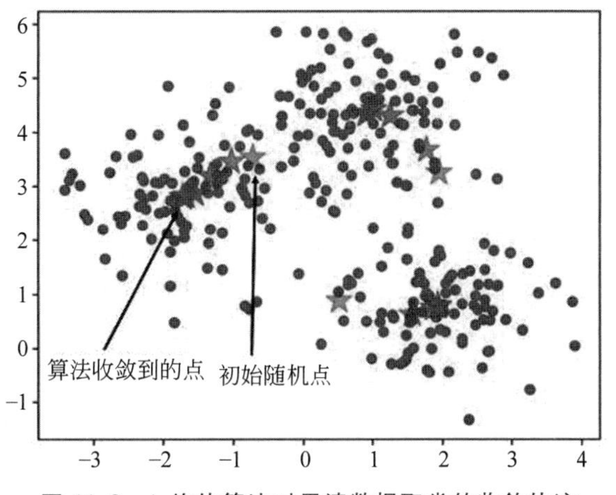

图 11.6　k 均值算法对墨渍数据聚类的收敛轨迹

图 11.7 是对 k 均值算法运行过程的进一步剖析。从图 11.7 中可以看出，随着算法对中心位置的不断调整，逐渐收敛到最佳的中心选择。

k 均值算法并不适用于所有的聚类问题。如果每个类中的数据都构成凸集，即任意类中两点的连线都完全属于该类，k 均值算法就有较好的效果，而且其收敛速度快。然而，当数据的分布不满足上述条件时，k 均值算法可能得不到理想的分类结果。这一点将会在例 11.3 中看到。除此之外，该算法还要求预先确定聚类的类数 k，这也是 k 均值算法的另一个不足之处。在许多聚类问题中，并不能预先确定数据能够被聚成几类。在这种情况下，如果还要使用 k 均值算法，则需要尝试多个不同的 k 值，然后结合样本特征确定一个合理的 k 值。

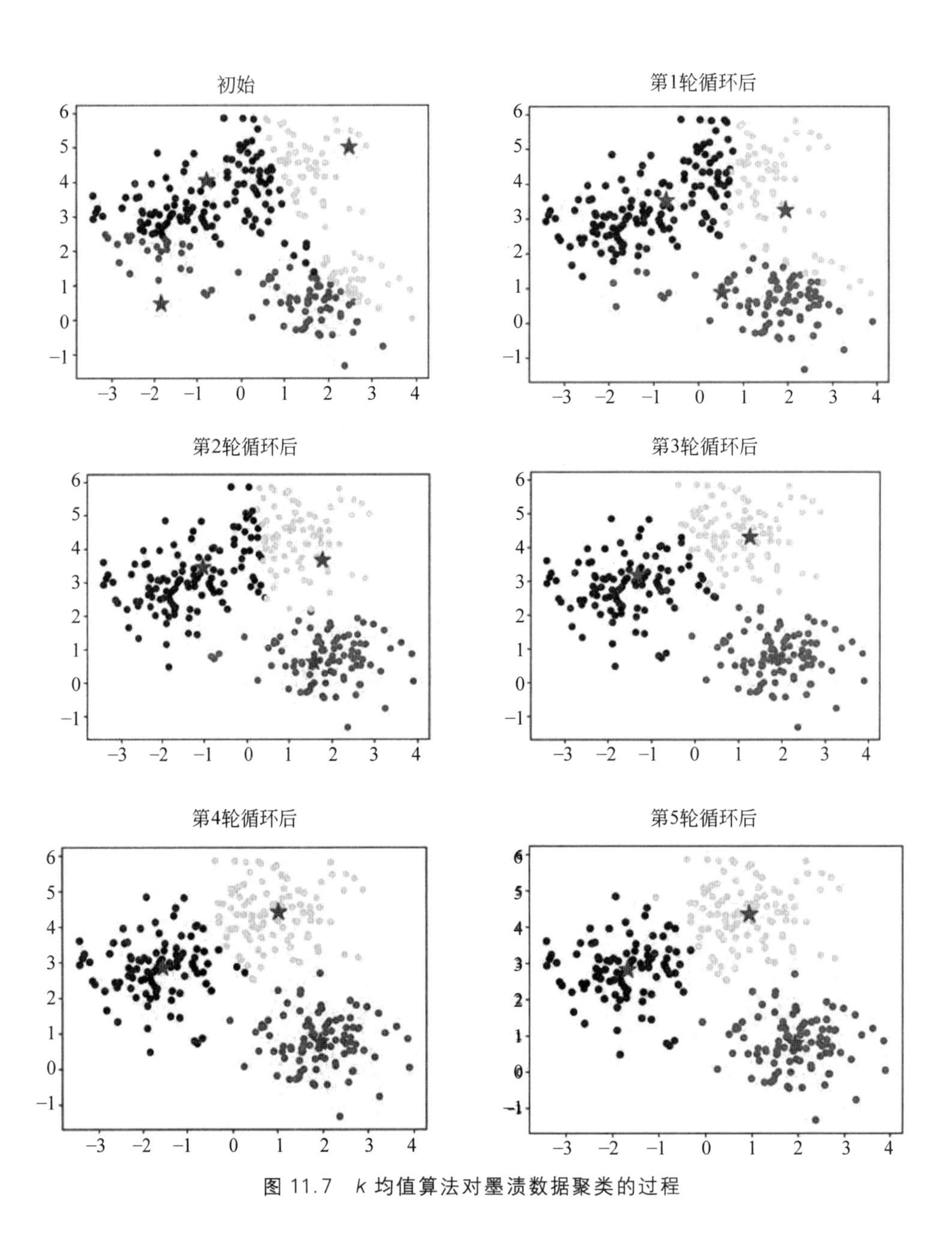

图 11.7　k 均值算法对墨渍数据聚类的过程

11.2　合并聚类算法

合并聚类算法是经典的层级聚类算法。合并聚类算法是一个贪心算法。它的思想类似于经典图算法中计算最小支撑树的 Kruskal 算法。它也与著名的赫夫曼编码算法有异曲同工之妙。设需要将 m 个数据样本聚为 k 个类。用合并聚类算法聚类时，先将每一个数据样本自成一类，随后每一步都合并距离最近的两个类，直至将 m 个数据样本聚为 k 个类时为止。

图 11.8 直观展示了合并聚类算法将 5 个数据样本聚为 2 类的过程。图 11.8(a)是最初的 5 个数据样本。在第一步时，先将 5 个数据样本各自看成一类。然后，计算 5 个类的两两类间距离。类间距离定义为两类的中心之间的欧几里得距离。类的中心定义为类中样本的平均值。图 11.8(b)是聚类的第二步。此时，将距离最近的 1 类和 2 类合并。合并后的新类编号为 6。经此步并类后，5 个类就减少为 4 个类。然后，计算当前这 4 个类的两两距离。图 11.8(c)是聚类的第三步。此时，将距离最近的 3 类和 4 类中的数据样本合并，并将合并后的新类编号为 7。经此步并类后，4 个类就减少为 3 个类。接着，计算当前这 3 个类的两两类间距离。图 11.8(d)是聚类的第四步。此时，将距离最近的 6 类和 7 类合并，并将合并后的新类定义为 8 类。这一步并类后，3 个类就减少为 2 个类。此时，已经满足聚为 2 类的聚类要求，算法结束并类。

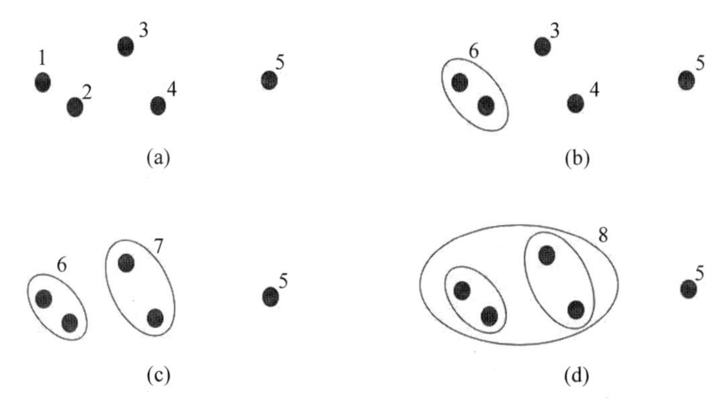

图 11.8 合并聚类算法将 5 个数据样本聚为 2 类的过程

图 11.9 是合并聚类算法的描述。算法的输入为 m 个样本 $\boldsymbol{x}^{(1)},\boldsymbol{x}^{(2)},\cdots,\boldsymbol{x}^{(m)}\in\mathbb{R}^n$。聚类的类数 k 是算法的一个参数。用 $\mathscr{C}$ 表示当前聚成的类组成的集合。在初始时，每个样本各自成为一类。第 i 个样本 $\boldsymbol{x}^{(i)}$ 是类 C_i。也就是说，初始时 $\mathscr{C}$ 中包含 m 个类。随后，算法以迭代的方式依次合并 $\mathscr{C}$ 中的类。在每一个迭代循环中，算法选取 $\mathscr{C}$ 中类间距离最近的两个类 C_{i_1} 和 C_{i_2} 进行合并。在循环的过程中，new_id 是当前未被使用过的最小的可用的类编号。算法将 C_{i_1} 和 C_{i_2} 合并生成的新类的编号定为 new_id，并将 new_id 的值增 1，为下一轮循环做准备。生成新类 $C_{\text{new\_id}}$ 之后，算法将 C_{i_1} 和 C_{i_2} 从 $\mathscr{C}$ 中删除，并将 $C_{\text{new\_id}}$ 加入 $\mathscr{C}$ 中。经此次并类，$\mathscr{C}$ 中类的个数减 1。以此类推，经过 $m-k$ 轮循环之后，$\mathscr{C}$ 中就只含有 k 个类。此时，算法输出这 k 个类作为合并聚类的结果。

在图 11.9 所示的合并聚类算法的循环体内，$\mathscr{C}$ 中有 $O(m)$ 个类。如果用穷举的方式选出距离最近的两个类 C_{i_1} 和 C_{i_2}，则每一轮循环需耗时 $O(m^2)$。由于算法要进行 $m-k$ 轮循环，因此，整个算法的时间复杂度为 $O(m^3)$。

合并聚类算法
for $i=1,2,\cdots,m$: $C_i=\{\boldsymbol{x}^{(i)}\}$
$\mathscr{C}=\{C_1,C_2,\cdots,C_m\}$
new_id$=|C|+1$
while $|\mathscr{C}|>k$:
    pick the closest two clusters $C_{i_1},C_{i_2}\in\mathscr{C}$
    $C_{\text{new\_id}}=C_{i_1}\cup C_{i_2}$
    $\mathscr{C}\leftarrow\mathscr{C}-C_{i_1}-C_{i_2}+C_{\text{new\_id}}$
  new_id←new_id+1
return $\mathscr{C}$

图 11.9 合并聚类算法描述

为了能够更加高效地实现图 11.9 中的算法,可以将 $\mathscr{C}$ 中的 $\binom{|\mathscr{C}|}{2}-O(m^2)$ 个类对 (C_i,C_j) 存入一个优先队列 H 中。类对 (C_i,C_j) 键值就是 C_i 与 C_j 之间的距离。根据优先队列的性质,H 的队首元素就是 $\mathscr{C}$ 中类间距离最近的类对 (C_{i_1},C_{i_2})。优先队列的插入和删除运算均可在 $O(\log m)$ 时间内完成,且取出队首元素只需 $O(1)$ 时间。当算法将 C_{i_1}、C_{i_2} 合并成 $C_{\text{new\_id}}$ 后,就从优先队列 H 中删去所有 C_{i_1} 与 $\mathscr{C}$ 中其他的类构成的类对,同时也删去所有 C_{i_2} 与 $\mathscr{C}$ 中其他的类构成的类对。每一次删除运算需耗时 $O(\log m)$。在最坏情况下,要进行 $O(m)$ 次删除运算。因此,优先队列 H 的所有删除运算共耗时 $O(m\log m)$。最后,还需将所有 $C_{\text{new\_id}}$ 与 $\mathscr{C}$ 中其他的类构成的类对加入优先队列 H 中。在优先队列 H 中插入一个类对需耗时 $O(\log m)$。在最坏情况下,要插入 $O(m)$ 个类对。因此,优先队列 H 的所有插入运算共耗时 $O(m\log m)$。综上所述,如果使用优先队列,则循环体耗时 $O(m\log m)$。由此可见,用优先队列实现的合并聚类算法耗时减至 $O(m^2\log m)$。

图 11.10 中的 AgglomerativeClustering 类是用优先队列实现的图 11.9 中的合并聚类算法。在第 5、6 行的构造函数中,指定了聚类的类数 k。第 8～37 行的 fit_transform 函数是算法的主体。第 10 行声明了一个哈希表 C,用来记录当前聚成的所有类。C 的键值是类的编号,对应的表值是以键值为编号的类中的全体样本的编号。第 10 行还类似地声明了哈希表 centers,用来记录当前各类的中心。其键值是类的编号,对应的表值是以键值为编号的类的中心。第 11 行声明了一个数组 assignments,用来记录每个样本所属类的编号。第 12～15 行将每一个样本初始化成一个类。第 16 行声明了一个用作优先队列的数组 H。初始时,总共有 m 个类,从而有 $\binom{m}{2}$ 个类对。在第 17～20 行中,将这 $\binom{m}{2}$ 个类对存入初始优先队列 H 之中。H 中的每一个元素是一个类对中的两个类的编号 (i,j),对应的键值是类 C_i 与 C_j 之间的距离。

```
machine_learning.clustering.lib.agglomerative_clustering
1   import numpy as np
2   import heapq
3
4   class AgglomerativeClustering:
5       def __init__(self, n_clusters=1):
6           self.k=n_clusters
7
8       def fit_transform(self, X):
9           m, n=X.shape
10          C, centers={}, {}
11          assignments=np.zeros(m)
12          for id in range(m):
13              C[id]=[id]
14              centers[id]=X[id]
15              assignments[id]=id
16          H=[]
17          for i in range(m):
18              for j in range(i+1, m):
19                  d=np.linalg.norm(X[i]-X[j], 2)
20                  heapq.heappush(H, (d, [i, j]))
21          new_id=m
22          while len(C)>self.k:
23              distance, [id1, id2]=heapq.heappop(H)
24              if id1 not in C or id2 not in C:
25                  continue
26              C[new_id]=C[id1]+C[id2]
27              for i in C[new_id]:
28                  assignments[i]=new_id
29              del C[id1], C[id2], centers[id1], centers[id2]
30              new_center=sum(X[C[new_id]])/len(C[new_id])
31              for id in centers:
32                  center=centers[id]
33                  d=np.linalg.norm(new_center-center, 2)
34                  heapq.heappush(H, (d, [id, new_id]))
35              centers[new_id]=new_center
36              new_id+=1
37          return np.array(list(centers.values())), assignments
```

图 11.10 合并聚类的优先队列算法

第 21 行声明 new_id，它是当前未被使用过的最小的类编号。第 23 行取出优先队列 H 的队首类对(C_{id1}，C_{id2})，它们是当前类间距离最小的一对类。在第 24 行做了一个检验。如果 id1 或 id2 不属于 C，则说明 C_{id1} 或 C_{id2} 在此前的循环中已被合并了，所以不予考虑，直接转入下一轮循环。正因为在每次循环中都有此检验，所以在合并了两个类之后，不必立即将与其相关的类对从优先队列中删除。如果 id1 和 id2 都属于 C，则说明 C_{id1} 和 C_{id2} 都是 C 中的类。在第 26 行将它们合并，并生成新的类 C_{new_id}。第 27、28 行更新样本所属类的编号。第 29 行将 C_{id1} 和 C_{id2} 从 C 中删除，并将它们的中心从 center 中删除。第 30 行计算 C_{new_id} 的中心 new_center。第 31～34 行将 C_{new_id} 与 C 中其他各类构成的类对插入优先队列 H 中。第 35 行将 new_center 加入哈希表 centers 中。第 36 行将 new_id 的值增 1，为下一轮循环做准备。

如此迭代循环，直至 C 中只剩下 k 个类。算法最后输出 centers 中的 k 个中心。由于 centers 是一个哈希表，所以，第 37 只输出 centers. values()，而省略了其键值。

例 11.2 图 11.11 中的数据样本由 3 部分组成。第一部分是以(0,0)为圆心，以 1 为半径的圆内的 100 个均匀采样(B_1)。第二部分是以(0,2)为圆心，以 1 为半径的圆内的 100 个均匀采样(B_2)。第三部分是以(5,1)为圆心，以 0.5 为半径的圆内的 10 个均匀采样(B_3)。

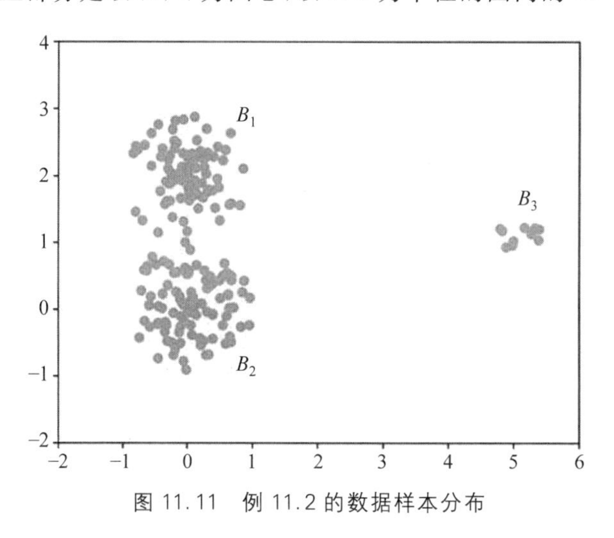

图 11.11　例 11.2 的数据样本分布

图 11.12 中的程序，分别采用 k 均值聚类算法和合并聚类算法将图 11.11 中的数据样本聚为两类。在图 11.12 中，第 5～13 行的 generate_ball 函数生成以 $\boldsymbol{x}$ 为圆心，以 radius 为半径的圆中的 m 个均匀分布的采样。生成采样的方式采用极坐标形式，即以到圆心的距离 r 和与横轴的夹角 θ 来表示圆中的一个点($r \cdot \sin\theta, r \cdot \cos\theta$)。第 6 行在区间[0, radius]中随机生成 m 个到圆心的距离 r。第 8 行在[0,2π)中随机生成 m 个夹角 θ。第 9～12 行按照极坐标形式生成圆内的 m 个均匀分布的采样。

第 15～18 行调用 generate_ball 函数生成 B_1、B_2 和 B_3，共 3 个圆形数据样本。第 20、21 行调用图 11.2 中的 k 均值算法计算两个中心。第 22、23 行调用图 11.10 中的合并聚类算法计算两个中心。

```
1  import numpy as np
2  import machine_learning.lib.kmeans as km
3  import machine_learning.clustering.lib.agglomerative_clustering as ac
4
5  def generate_ball(x, radius, m):
6     r=radius * np.random.rand(m)
7     pi=3.14
8     theta=2 * pi * np.random.rand(m)
9     B =np.zeros((m,2))
10    for i in range(m):
11        B[i][0]=x[0]+r[i] * np.cos(theta[i])
12        B[i][1]=x[1]+r[i] * np.sin(theta[i])
13    return B
14
15 B1=generate_ball([0,0], 1, 100)
16 B2=generate_ball([0,2], 1, 100)
17 B3=generate_ball([5,1], 0.5, 10)
18 X =np.concatenate((B1, B2, B3), axis=0)
19
20 kmeans=km.KMeans(n_clusters =2)
21 print("k means centers: {}".format(kmeans.fit_transform(X)))
22 agg=ac.AgglomerativeClustering(n_clusters=2)
23 print("agglomerative centers: {}".format(agg.fit_transform(X)))
```

图 11.12 例 11.2 中数据样本的聚类分析程序

图 11.13 是图 11.12 中程序运行结果的直观展示。在图 11.13 中,用★表示算法选出的类中心。图 11.13(a)展示出 k 均值算法选出的两个类的中心点位置。图 11.13(b)展示出合并聚类算法选出的两个类的中心点位置。对比两种算法的计算结果可以看出,k 均值算法的出发点是优化样本到中心的距离总和。因此,它致力于区分样本数较多的 B_1 和 B_2 这两部分。这是因为 B_1 和 B_2 是影响样本到中心距离总和的主要部分;而 B_3 部分的样本数较少,不足以对距离总和造成实质性影响。合并聚类算法的出发点则是最大化两个中心之间的距离,使得两类被尽可能地区分开。所以,它选择将 B_1 和 B_2 聚成一类,而将与 B_1 和 B_2 较远的 B_3 聚成了另一类。

在一般情况下,这两种聚类方法都可以应用于数据样本的聚类。但是,当数据样本中存在异常数据时,如果不希望小部分异常数据影响聚类结果,则可以采用 k 均值算法。如果聚类的目的是为了发现异常值,则采用合并聚类算法可能更合适。

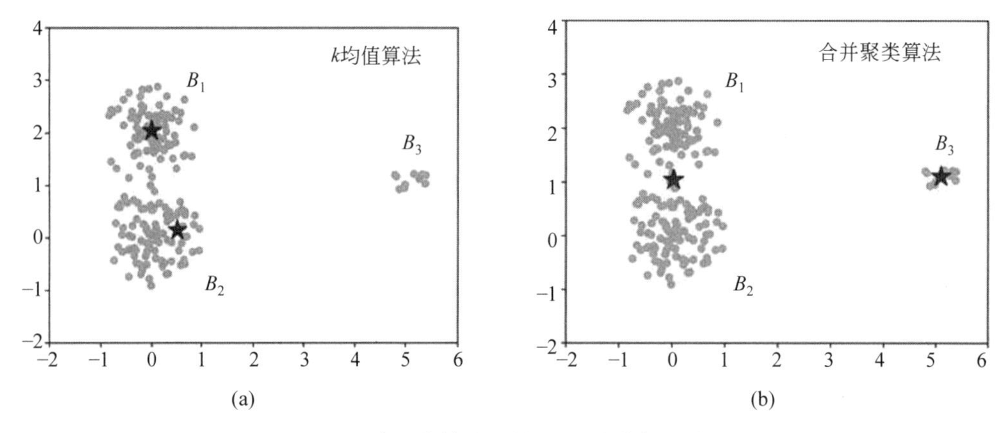

图 11.13　两种聚类算法对例 11.2 的数据的聚类结果

11.3　DBSCAN 算法

DBSCAN 算法的英文全称为 Density Based Spatial Clustering of Applications with Noise。顾名思义，DBSCAN 是基于密度的概念对数据样本进行聚类的算法。

DBSCAN 的算法思想类似于图算法中计算连通分支的算法。简单来说，算法首先从任意一个样本点开始向外扩充出一个类。扩充的方法类似于广度优先搜索。算法不断地将类中样本的 ε 邻域加入到类中，直至没有新的样本可以加入其中为止。一个样本的 ε 邻域定义为与该样本距离不超过 ε 的样本的集合。ε 的取值由算法设计者指定。这样就生成了第一个类。然后，算法再任选一个不属于第一个类的样本点，重复上述过程，生成第二个类。如此重复，直到所有的样本都被归类完毕为止。图 11.14 是 DBSCAN 算法通过邻域扩充生成一个类的过程示意图。

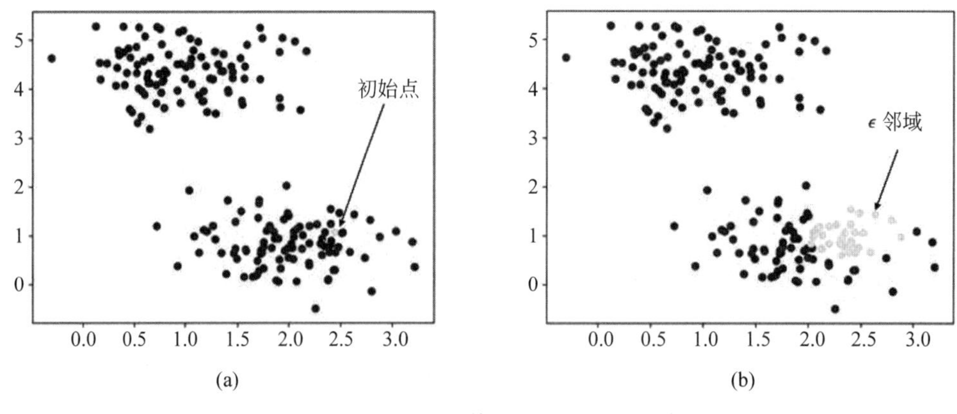

图 11.14　DBSCAN 算法生成一个类的过程

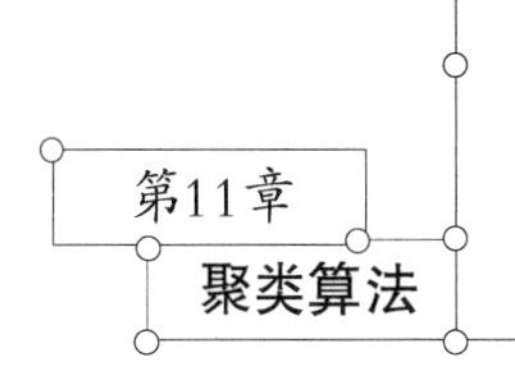

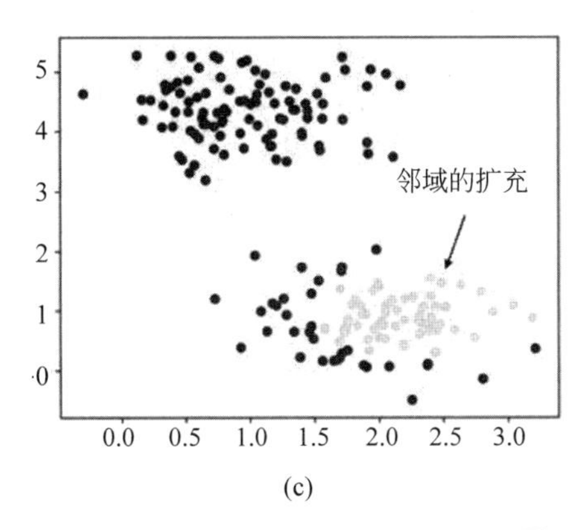

(c)

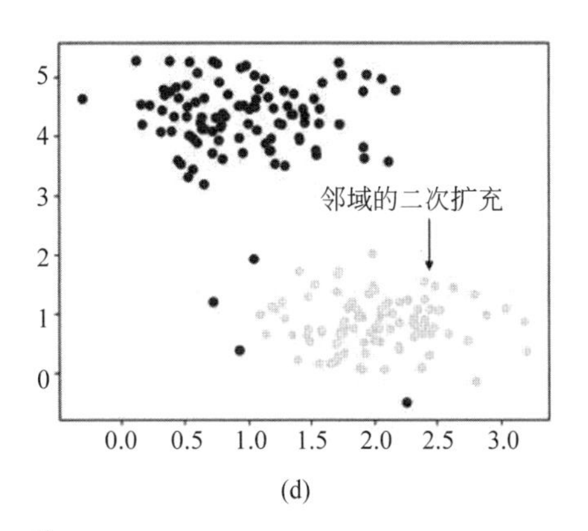

(d)

图 11.14 （续）

以上只是对算法的粗略描述。实际上，DBSCAN 算法还有一些细节需要考虑。当一个样本的 ε 邻域中含有多于指定数目的样本时，将该邻域称作一个稠密邻域。DBSCAN 算法生成类时，只将稠密邻域中的样本加入类中，而忽略非稠密邻域中的样本，这是因为非稠密邻域中的样本可能是数据噪音。

图 11.15 是 DBSCAN 算法的描述。算法需要两个参数：搜索邻域的半径 ε 和稠密邻域的样本数下限 min_sample。只有当一个邻域中的样本数多于 min_sample 时，才将该邻域当作稠密邻域。搜索邻域的半径 ε 和样本数下限是由算法设计者根据实际问题和经验确定的。

DBSCAN 算法

for $i=1,2,\cdots,m$：assignments$(i)=0$
$id=1$
for $i=1,2,\cdots,m$：
　　if assignments$(i)=0$ and $|N(\boldsymbol{x}^{(i)},\varepsilon)|>$min_sample：
　　　　GrowCluster(i,id,assignments)
　　　　id←id+1
return assignments

图 11.15 DBSCAN 算法描述

给定 m 个样本 $\boldsymbol{x}^{(1)},\boldsymbol{x}^{(2)},\cdots,\boldsymbol{x}^{(m)}\in\mathbb{R}^n$ 作为输入，算法用数组 assignments 来记录每个样本所属类的编号。数组 assignments 被初始化为全 0 数组。如果一个样本 i 对应的 assignments$(i)=0$，则说明该样本尚未归入任何一个类。合法的类编号值 id 从 1 开始。随后，算法开始通过循环逐一扫描样本 $\boldsymbol{x}^{(1)},\boldsymbol{x}^{(2)},\cdots,\boldsymbol{x}^{(m)}$。当扫描到一个未被归类的样本 $\boldsymbol{x}^{(i)}$ 时，算法判断 $\boldsymbol{x}^{(i)}$ 的 ε 邻域是否为稠密邻域。如果它是稠密邻域，则从 $\boldsymbol{x}^{(i)}$ 开始调用图 11.16 中的 GrowCluster 函数，生成一个以当前 id 值为编号的类。同时将 id 值增 1，为生成下一个类做准备。

图 11.16 中的 GrowCluster 函数是类的生成算法。首先，将 $\boldsymbol{x}^{(i)}$ 归入以 id 为编号的类

中。然后，算法用一个先进先出的队列 Q 来扩充这个类。先将所有 $\boldsymbol{x}^{(i)}$ 的 ε 邻域 $N(\boldsymbol{x}^{(i)},\varepsilon)$ 中的样本放入 Q 中。接着，只要队列 Q 非空，就让队首元素 j 出队。如果样本 $\boldsymbol{x}^{(j)}$ 尚未被归类，则将其归入当前类。此时，如果 $\boldsymbol{x}^{(j)}$ 的 ε 邻域 $N(\boldsymbol{x}^{(j)},\varepsilon)$ 是稠密的，则将 $N(\boldsymbol{x}^{(j)},\varepsilon)$ 中的样本全都加入队列 Q 中。这个循环持续至队列 Q 已清空。此时，已经没有可选择的新样本可以加入类中了。至此，算法成功地生成了一个以 id 为编号的类。

```
GrowCluster(i,id,assignments)
    assignments(i)←id
    Q=N(x^(i),ε)
    while|Q|>0:
      j=Q.pop()
      if assignments(j)=0:
            assignments(j)←id
            if|N(x^(j),ε)|>min_sample:
                Q.push(N(x^(j),ε))
  return
```

图 11.16　类的生成算法描述

从图 11.15 描述的算法中可以看到，DBSCAN 算法对数据样本聚类时，不需要预先指定聚类的类别数，算法会自动地根据样本分布的密度将数据聚类。

图 11.17 中的 DBSCAN 类是图 11.15 和图 11.16 中算法的具体实现。在图 11.17 中，第 4～6 行的构造函数指定算法的参数 ε 和 min_sample。第 27～37 行的 fit_transform 函数是算法的主体部分。第 28 行声明并初始化 assignments 数组为全 0 数组。第 29 行将类的初始编号 id 取成 1。第 30～36 行实现图 11.15 中的循环。如果扫描到一个尚未归类的样本 $\boldsymbol{x}^{(i)}$，并且 $\boldsymbol{x}^{(i)}$ 的 ε 邻域是稠密的，则从 $\boldsymbol{x}^{(i)}$ 开始，以邻域扩充的方式生成一个以 id 为编号的类。其中，第 33 行调用第 8～12 行实现的 get_neighbors 函数计算 $\boldsymbol{x}^{(i)}$ 的 ε 邻域，第 35 行调用第 14～25 行实现的 grow_cluster 函数生成一个类。

在 grow_cluster 函数中，第 15 行将 $\boldsymbol{x}^{(i)}$ 归入以 id 为编号的类中。第 16 行将 $\boldsymbol{x}^{(i)}$ 的 ε 邻域放入队列 Q 中。第 17 行中的 t 是队首元素在 Q 中的下标。只要 t 的值还没有超出 Q 的长度，则队列非空。此时，算法让队首元素 j 出队。这里的“出队”，是通过在第 20 行将队首元素下标增 1 来实现的。在第 21 行，判断 $\boldsymbol{x}^{(j)}$ 是否尚未归类。如果是，则在第 22 行将其归入当前类，并且在第 24 行中判断 $\boldsymbol{x}^{(j)}$ 的 ε 邻域 $N(\boldsymbol{x}^{(j)},\varepsilon)$ 是否稠密。如果是，则在第 25 行将 $N(\boldsymbol{x}^{(j)},\varepsilon)$ 中的样本全都加入队列 Q 中。

```
machine_learning.clustering.lib.dbscan
1  import numpy as np
2
3  class DBSCAN:
4      def __init__(self, eps=0.5, min_sample=5):
```

图 11.17　DBSCAN 算法

```
5        self.eps=eps
6        self.min_sample=min_sample
7
8     def get_neighbors(self, X, i):
9        m=len(X)
10       distances=[np.linalg.norm(X[i]-X[j], 2) for j in range(m)]
11       neighbors_i=[j for j in range(m) if distances[j]<self.eps]
12       return neighbors_i
13
14    def grow_cluster(self, X, i, neighbors_i, id):
15       self.assignments[i]=id
16       Q=neighbors_i
17       t=0
18       while t<len(Q):
19          j=Q[t]
20          t+=1
21          if self.assignments[j]==0:
22             self.assignments[j]=id
23             neighbors_j=self.get_neighbors(X, j)
24             if len(neighbors_j)>self.min_sample:
25                Q+=neighbors_j
26
27    def fit_transform(self, X):
28       self.assignments=np.zeros(len(X))
29       id=1
30       for i in range(len(X)):
31          if self.assignments[i]!=0:
32             continue
33          neighbors_i=self.get_neighbors(X, i)
34          if len(neighbors_i)>self.min_sample:
35             self.grow_cluster(X, i, neighbors_i, id)
36             id+=1
37       return self.assignments
```

图 11.17 （续）

例 11.3 同心圆数据聚类

Sklearn 数据库中提供了同心圆数据集。在同心圆数据集中，每一条数据表示平面上的一个点。数据集中共含有两类数据，一类数据的分布形成平面上的一个大圆，另一类数据的分布形成平面上的一个小圆，大圆和小圆同心，如图 11.18 所示。

在图 11.19 的程序中，分别用 DBSCAN 算法和 k 均值算法对图 11.18 中的 400 个同心圆数据采样进行聚类。在第 16 行与第 18 行分别以图形的方式输出两种算法的最后聚类结

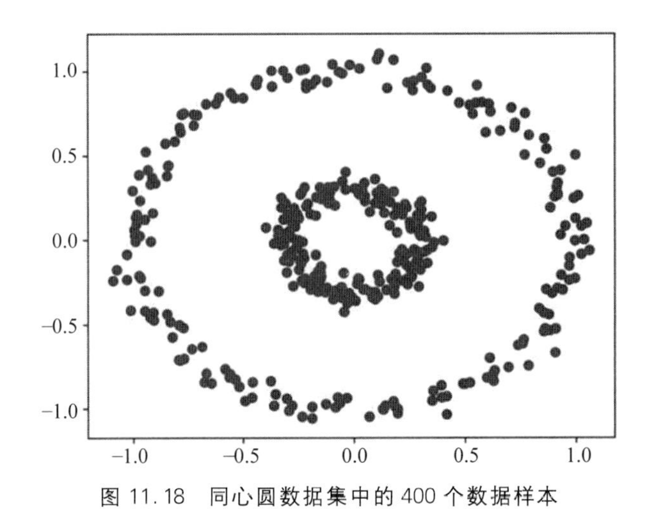

图 11.18　同心圆数据集中的 400 个数据样本

果,并用不同的颜色表示不同的类,以直观展示两种算法的聚类效果。

```
1  import numpy as np
2  import matplotlib.pyplot as plt
3  from sklearn.datasets import make_circles
4  from machine_learning.clustering.lib.dbscan import DBSCAN
5  from machine_learning.clustering.lib.kmeans import KMeans
6
7  np.random.seed(0)
8  X, y=make_circles(n_samples=400, factor=.3, noise=.05)
9
10  dbscan=DBSCAN(eps =0.5, min_sample =5)
11  db_assignments=dbscan.fit_transform(X)
12  kmeans=KMeans(n_clusters=2)
13  km_centers, km_assignments =kmeans.fit_transform(X)
14
15  plt.figure(1)
16  plt.scatter(X[:, 0], X[:,1], c=db_assignments)
17  plt.figure(2)
18  plt.scatter(X[:, 0], X[:,1], c=km_assignments)
19  plt.show()
```

图 11.19　用 DBSCAN 算法和 k 均值算法完成同心圆数据聚类的程序

运行图 11.19 中的算法,输出 DBSCAN 算法和 k 均值算法的最后聚类结果,如图 11.20 所示。图 11.20(a)是 DBSCAN 算法的聚类结果,图 11.20(b)是 k 均值算法的聚类结果。从图中可以看到,DBSCAN 算法成功地区分出了大圆和小圆两部分数据样本。但是 k 均值

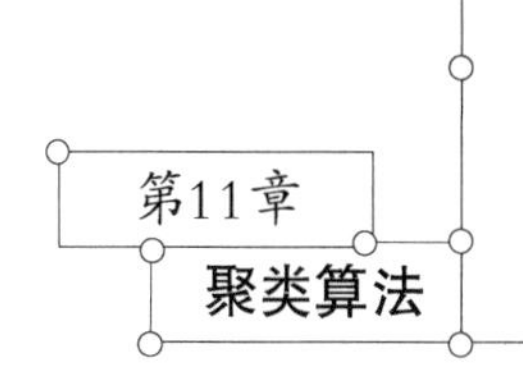

算法却无法区分出大圆和小圆的数据样本。

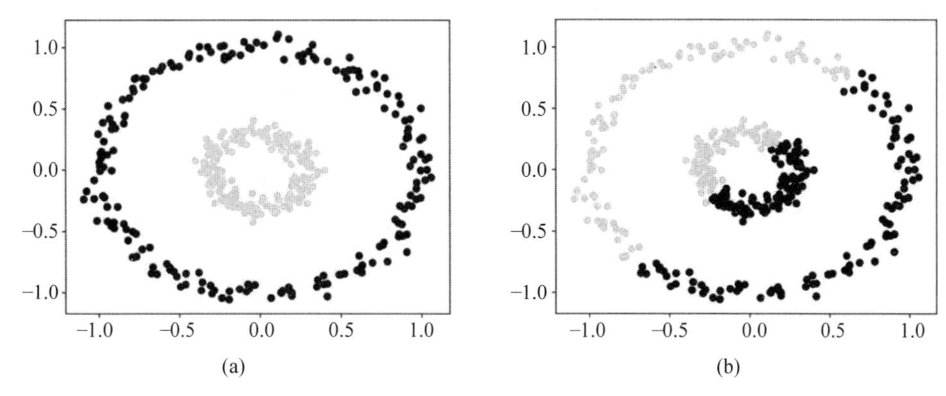

图 11.20　两种算法的聚类结果

这个例子说明，当每个类中的数据都不是凸集时，k 均值算法不能保证有合理的聚类结果。而 DBSCAN 算法则不同，它可以处理任何不规则的数据分布，这是 DBSCAN 算法的一个优势。除此之外，DBSCAN 算法不需要预先指定聚类的类别数。它可以根据数据分布的密度自行决定，这是 DBSCAN 算法的另一个优势。

DBSCAN 算法主要有两点不足之处。第一，它要求各类的密度接近，否则不易选取合适的 ε 参数的值。第二，当数据的维度很高时，一个数据点的 ε 邻域可能十分稀疏，此时，DBSCAN 算法可能无法获得有效的聚类。

小结

聚类算法是除降维算法之外的另一类重要的无监督学习算法。本章着重介绍了 3 类主流的聚类算法：基于划分的聚类、基于层级的聚类以及基于密度的聚类。

k 均值算法是基于划分的聚类算法的代表。通过选取 k 个中心，并将样本分配到与其最近的中心，算法将样本聚成 k 个类。它选取中心的原则是最小化全体样本到最近中心的距离总和。k 均值算法通过不断执行样本归类与中心调整来近似地达到这一目的。k 均值算法的优势是收敛速度快。它的不足之处是对含有非凸的类的数据聚类效果不佳。

合并聚类是基于层级的聚类算法的代表。它十分类似于图算法中计算最小支撑树的 Kruskal 算法。通过不断地合并距离最近的类，合并聚类算法将数据聚成 k 个类。合并聚类算法的优势是能够对小部分异常数据进行聚类。其不足之处是算法时间复杂度比其他聚类算法高。

DBSCAN 算法是基于密度的聚类算法的代表。它十分类似于图算法中计算连通分支的广度优先搜索算法。DBSCAN 算法每次选取一个样本点来向外扩充出一个类。扩充的方式是：不断地将类中样本的 ε 邻域加入类中，直至没有新的样本可以被加入为止。DBSCAN 算法的优势是无须预先指定聚类的类数 k。而它的不足之处是要求各类密度均匀，且在高维数据集中的聚类效果不如其他聚类算法。

从以上描述可以看出，每个算法都有其长处与短处。在实际的聚类应用中，应当根据具体情况选择合适的聚类算法。

习题

11.1 给定一组平面上的点：

$$\boldsymbol{x}^{(1)}=(1,1),\quad \boldsymbol{x}^{(2)}=(0,1),\quad \boldsymbol{x}^{(3)}=(-1,1),\quad \boldsymbol{x}^{(4)}=(2,0),\quad \boldsymbol{x}^{(5)}=(-1,0)$$

考察平面上的两个中心：$\boldsymbol{c}^{(1)}=(0,0)$，$\boldsymbol{c}^{(2)}=(1,0)$。请用 k 均值算法将 $\boldsymbol{x}^{(1)},\boldsymbol{x}^{(2)},\cdots,\boldsymbol{x}^{(5)}$ 分别归入距离最近的中心，并计算出新中心的位置。

11.2 考察 9 条一维数据：$x^{(i)}=i^2,i=1,2,\cdots,9$。用合并聚类算法将这组数据聚成 3 类。

11.3 分别用 DBSCAN 算法和合并聚类算法对例 11.1 中的墨渍数据集进行聚类。

11.4 请用合并聚类算法，对例 11.3 中的同心圆数据集进行聚类。

11.5 分别用 k 均值算法、合并聚类算法与 DBSCAN 算法对鸢尾花数据集进行聚类，并检验聚类的结果是否与数据的标签一致。

11.6 小批量 k 均值算法。

k 均值算法的计算时间复杂度为 $O(mnkN)$。其中，m 是训练数据的个数。由此可见，当 m 较大时，k 均值算法需要较长的运行时间。因此，许多实际问题都采用 k 均值算法的一个变形——小批量 k 均值算法。

小批量 k 均值算法分 N 轮循环进行。在每一轮循环中，都进行样本归类和中心调整两步。在循环开始前，随机选取 k 个中心。在每一轮循环中，算法读取 b 条训练数据采样。其中，b 是算法参数，由算法设计者指定。在样本归类这一步中，将这 b 条数据中的每一条数据归入距其最近的中心。在中心调整这一步中，将每个中心调整为两部分点的平均值，第一部分是当前 b 条数据中归入该中心的点，第二部分是所有在以往的循环中被归入该中心的点。在 N 轮循环之后，算法返回得到的 k 个中心。

(1) 分析小批量 k 均值算法的时间复杂度。

(2) 实现小批量 k 均值算法。

(3) 分别用 k 均值算法和小批量 k 均值算法对手写数字识别数据集进行聚类。检验聚类的结果是否与数据的标签一致，并比较两个算法的运行时间。

11.7 均值漂移算法。

均值漂移算法是一个基于划分的聚类算法。给定一组数据，均值漂移算法通过迭代来调整每个数据点的位置，使得每一点都朝着该点邻域内密度较高的区域漂移，以完成聚类。图 11.21 是均值漂移算法的聚类过程演示。在图 11.21 中，通过将每个点朝密度较高的区域漂移，所有的点逐渐聚成了 3 类。

以下是均值漂移算法的具体描述。给定 m 条数据 $\boldsymbol{x}^{(1)},\boldsymbol{x}^{(2)},\cdots,\boldsymbol{x}^{(m)}\in\mathbb{R}^n$。算法分 N 轮

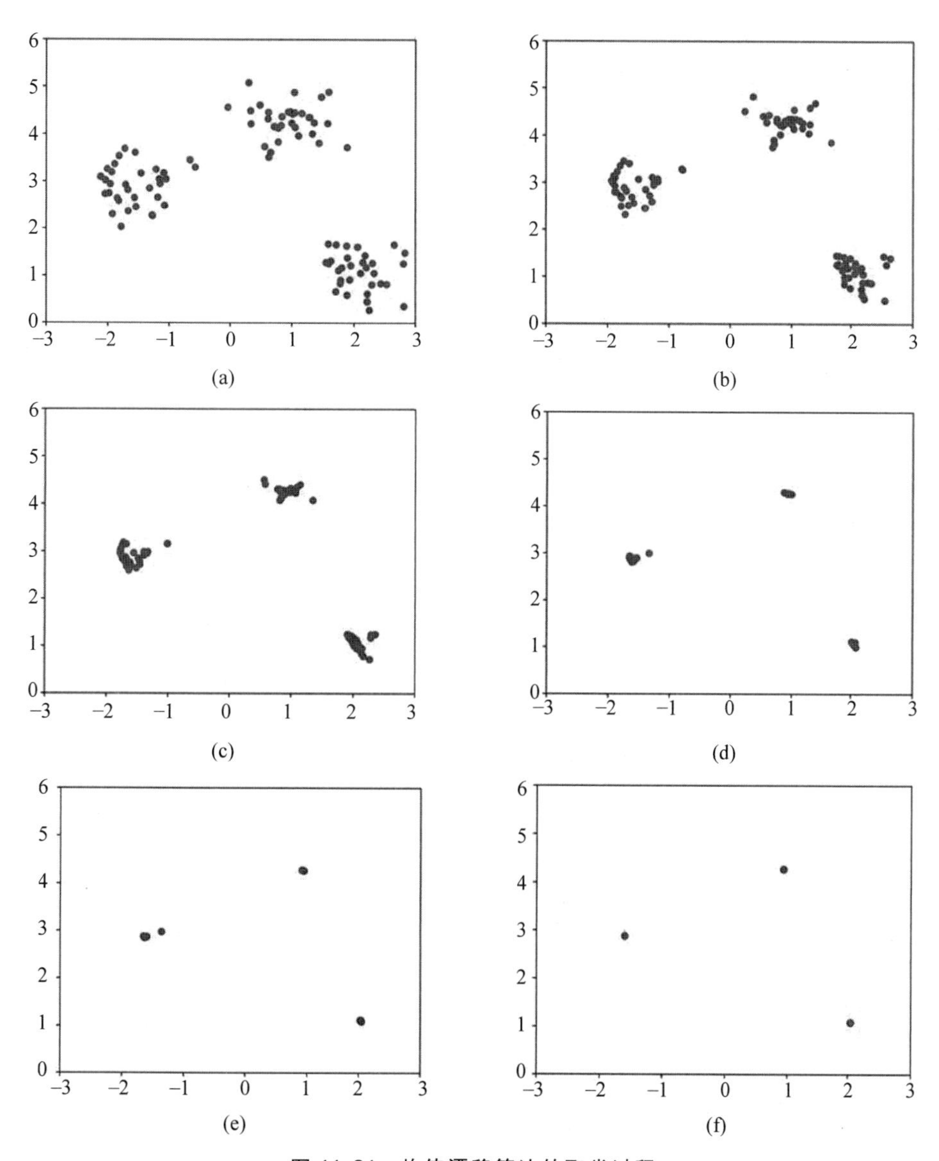

图 11.21 均值漂移算法的聚类过程

循环进行。在每一轮的循环中，算法首先为每一个点 $\boldsymbol{x}^{(i)}$，计算它的 ε 邻域

$$N_i = \{j: \| \boldsymbol{x}^{(j)} - \boldsymbol{x}^{(i)} \| \leqslant \varepsilon, 1 \leqslant j \leqslant m\}, \quad 1 \leqslant i \leqslant m$$

其中，ε 是一个算法参数，由算法设计者指定。然后，对每个 $1 \leqslant i \leqslant m$，计算

$$\boldsymbol{z}^{(i)} = \frac{\sum_{j \in N_i} K(\boldsymbol{x}^{(i)}, \boldsymbol{x}^{(j)}) \cdot \boldsymbol{x}^{(j)}}{\sum_{j \in N_i} K(\boldsymbol{x}^{(i)}, \boldsymbol{x}^{(j)})}$$

其中，$K(\cdot,\cdot)$是一个核函数，一般取为高斯核函数

$$K(\boldsymbol{x},\boldsymbol{z}) = \mathrm{e}^{-\frac{\|\boldsymbol{x}-\boldsymbol{z}\|^2}{2\sigma^2}}, \quad \boldsymbol{x},\boldsymbol{z} \in \mathbb{R}^n$$

函数中的 σ 是一个算法参数。最后,对每个 $1 \leqslant i \leqslant m$,调整 $\boldsymbol{x}^{(i)}$ 的位置至 $\boldsymbol{z}^{(i)}$,即,$\boldsymbol{x}^{(i)} \leftarrow \boldsymbol{z}^{(i)}$。

(1) 实现上述均值漂移算法。

(2) 图 11.22 中的程序用于生成图 11.21(a)中的数据采样。请基于图 11.22 中的程序,采用(1)中实现的均值漂移算法,调试合适的算法参数 ε 和 σ,完成数据聚类。

```
1  from sklearn.datasets import make_blobs
2  X, y=make_blobs(n_samples=100, centers=3,random_state=0, cluster_std=0.4)
```

图 11.22 生成图 11.21(a)中的数据采样的程序

第12章 强化学习

强化学习是现代人工智能的重要研究课题。近年来,强化学习算法在理论和实践创新中取得了一个又一个重大突破。AlphaGo 智能博弈系统战胜人类围棋世界冠军,就是强化学习与深度学习相结合所取得的代表性成就。除此之外,强化学习也是机器人自动控制、无人驾驶汽车、人机交互等智能研究与应用领域的重要学术基础。可以毫不夸张地说,强化学习加上深度学习是未来人工智能发展的一个必然趋势。

在自然界中,"趋利避害"是任何一种智能生物的本能。强化学习的灵感正是来自对这一自然本能的模拟。一个强化学习算法在其学习的过程中不断根据环境状态采取行动,并根据行动结果是"利"还是"害"来相应地提高或降低将来再次采取该行动的概率。以博弈系统为例,如果在对弈过程中走出一记妙手,则强化学习算法能够记住当前的盘面,从而在将来遇到类似盘面时能够"故技重施";然而,如果遇到一招不慎而导致满盘皆输的情况,强化学习算法也能接受教训,确保将来不再"重蹈覆辙"。

那么,强化学习究竟是如何运作的呢?本章将通过介绍强化学习领域中的基本算法来揭开其神秘面纱的一角。强化学习任务可以分为两大类。一类任务是算法可以完全掌握环境信息。动态规划型算法就是用于求解此类任务的典型算法。另一类任务是算法必须自发探索环境来获取所需信息。时序差分型算法与策略梯度型算法是用于求解此类任务的两种代表性算法。

在本章中,除了实现上述各类算法,还将在 OpenAI 虚拟环境中运行这些算法。例如,运用深度 Q 神经网络来控制一辆小车,使其能平衡在车上竖直放置的小木棒。通过这样的实践,能够对强化学习算法有更深的体会。

12.1 强化学习基本概念

12.1.1 马尔可夫环境模型

在一个强化学习的应用场合中，强化学习算法控制一个智能玩家在给定的环境中通过一系列行动来完成指定任务。例如，在博弈系统中，智能玩家就是计算机软件控制的虚拟棋手，环境是棋盘上的盘面局势，其任务是赢棋；在无人驾驶汽车系统中，智能玩家就是控制车辆行驶的虚拟驾驶员，环境是无人驾驶汽车的路况，其任务是从出发点开始安全操纵无人驾驶汽车到达指定目的地。强化学习算法的任务是根据环境的状态制定智能玩家的行动策略。

为了设计强化学习算法，必须将环境、状态、行动等概念抽象成合适的数学模型。马尔可夫模型是一个最常用的强化学习环境模型。一个马尔可夫模型由以下 4 个要素组成：

- 状态集 S。S 中的每一个元素 s 表示一个环境状态。例如，在围棋博弈系统中，每个可能的盘面都对应一个状态。尽管在现实环境中可能有无限种状态，但总是可以通过近似或者离散化等方法，将状态转化为有限集。因此，在本章中总是假设状态集 S 是有限集。
- 行动集 A。A 中的每一个元素 a 都对应一个智能玩家的行动。例如，在围棋博弈系统中，在棋盘的任一位置落子，都对应一个行动。与状态集类似，总可以假设行动集 A 是有限集。
- 转移函数 T。行动可以改变状态。转移函数 T 是一个从 $S\times A$ 映射到 S 的函数。对任意 $s\in S$ 和 $a\in A$，用 $T(s,a)$ 表示在状态 s 发出行动 a 将达到的新状态。例如，在当前围棋盘面的某一处落子，将产生一个新的盘面。
- 奖励函数 R。环境对每个行动给予一个反馈。反馈函数 R 是一个从 $S\times A$ 映射到实数 $\mathbb{R}$ 的函数。对任意 $s\in S$ 和 $a\in A$，用 $R(s,a)$ 表示在状态 s 发出行动 a 将获得的奖励值。$R(s,a)$ 的值有可能是负数，此时的奖励实际上就是惩罚。例如，在围棋博弈系统中，如果走出一步好棋，提掉了对方的大片的棋子，则获得一个正的奖励；反之，如果被对方提子，则获得一个负的奖励。奖励函数的设计不属于强化学习算法的任务范畴，它是由环境提供的。

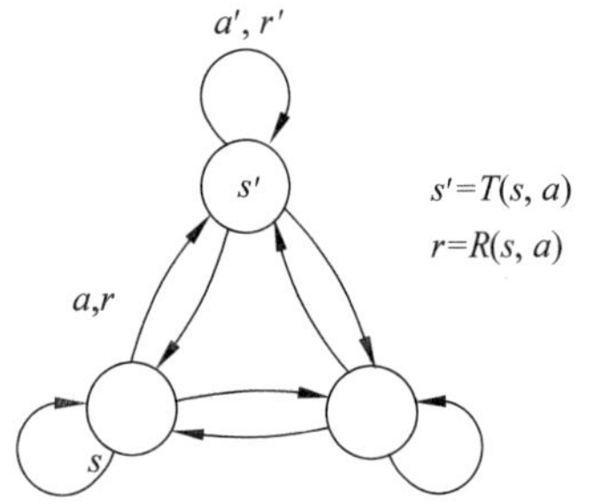

图 12.1 马尔可夫模型的状态图

根据以上 4 个要素，可以将一个马尔可夫模型描述为一个有向图，如图 12.1 所示。在图 12.1 中，在状态 s 下发出行动 a，获得了奖励 $r=R(s,a)$，并将状态改变为 $s'=T(s,a)$。像图 12.1 这样的有向图就称为状态图。

并非每一个行动都会改变状态。例如，在图 12.1 中，在状态 s' 下发出行动 a' 后的状态依然是 s'，即，一个行动也可以不改变状态。

在一个强化学习任务中，状态集 S 中通常存在一个表示终止的环境状态，即终止状态。例如，在围棋博弈系统中，以一方获胜为终止状态。在无人驾驶汽车系统中，以无人驾驶汽车到达目的地为终止状态；在机器人控制系统中，以机器人完成指定任务为终止状态。马尔可夫环境模型的终止状态是由一个不被任何行动改变的状态来表示的。例如，图 12.2 中的状态 s 就是一个终止状态。在本章中，总假设状态集 S 中一定含有一个终止状态。

在马尔可夫环境模型中，如果从一个状态 s 开始，连续地发出 n 个行动 $a_1, a_2, \cdots, a_n$，就得到一条长度为 n 的状态路径，如图 12.3 所示。在图 12.3 中，如果定义 $s_0 = s$，则可以将图中各状态的关系统一表示为 $s_i = T(s_{i-1}, a_i)$，$r_i = R(s_{i-1}, a_i)$，$i = 1, 2 \cdots, n$。

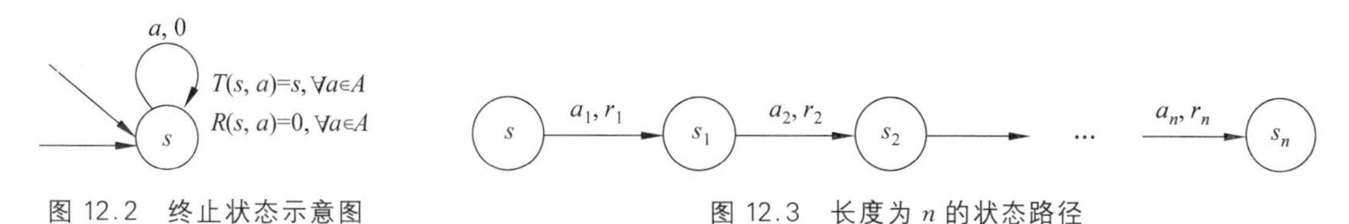

图 12.2　终止状态示意图

图 12.3　长度为 n 的状态路径

取定一个常数折扣值 $0 \leqslant \gamma \leqslant 1$，定义状态 s 关于行动 $a_1, a_2, \cdots, a_n$ 的折扣奖励为

$$G(s, a_1, a_2, \cdots, a_n) = r_1 + \gamma r_2 + \gamma^2 r_3 + \cdots + \gamma^{n-1} r_n \tag{12.1}$$

即，折扣奖励是 s 经 n 步行动之后带来的奖励值的加权和。由于距离状态 s 越远的行动对 s 的影响越弱，因而相应的奖励值的权重就越低。从 s 开始的 n 次连续行动 $a_1, a_2, \cdots, a_n$ 得到的折扣奖励值 $G(s, a_1, a_2, \cdots, a_n)$ 越高，对这 n 次连续行动的评价就越高。

对任意正整数 n，用 $G_n(s)$ 表示从状态 s 开始全部可能的 n 次连续行动所对应的折扣奖励值的最大值，即

$$G_n(s) = \max_{a_1, a_2, \cdots, a_n} G(s, a_1, a_2, \cdots, a_n) \tag{12.2}$$

因此，从状态 s 开始，进行不超过 n 步的连续行动之后，可能获得的最大折扣奖励为

$$V_n(s) = \max_{1 \leqslant i \leqslant n} G_i(s) \tag{12.3}$$

$V_n(s)$ 的意义在于，它能衡量状态 s 的价值。$V_n(s)$ 的值越大，对达到状态 s 的评价就越高。

由 $V_n(s)$ 的定义可知，$V_n(s) \leqslant V_{n+1}(s)$。为了防止 $V_n(s)$ 的值随着 n 的增大而趋于无穷，需要对状态图中的圈形路径做出折扣奖励的假设。在图 12.3 中，如果有 $s_n = s$，则该状态路径构成了一个圈，如图 12.4 所示。

如果状态图中的状态路径存在一个折扣奖励 $G(s, a_1, a_2, \cdots, a_n) > 0$ 的圈，则可以选择不断在圈中循环行动以增大 $V_n(s)$ 的值。将这样的圈称为一个正奖励圈。当状态图中含有正奖励圈时，随着 n 的增大，$V_n(s)$ 的值将趋于无穷。因此，一个合理的奖励函数不应当造成正奖励圈，否则智能玩家可能会为持续获取奖励值而陷入圈中"无法自拔"，从而无法完成最终的任务。因此，在本章中，假设状态图中不含有正奖励圈。

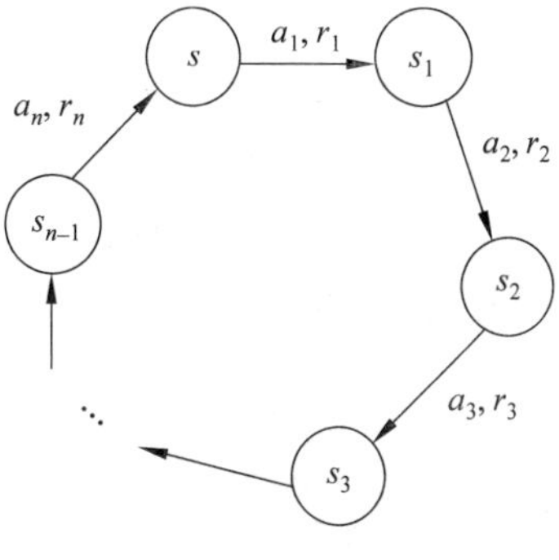

图 12.4　形成一个圈的状态路径

引理 12.1 设环境中不含有正奖励圈，并且状态集 S 是一个含有终止状态的有限集，则对任意状态 s，必定存在一个正整数 N，使得

$$V_0(s) \leqslant V_1(s) \leqslant \cdots \leqslant V_N(s) = V_{N+1}(s) = \cdots \tag{12.4}$$

证明：由于环境中不含有正奖励圈，所以任何一组能够获得最大折扣奖励的行动生成的路径都不应当含有圈。又由于状态集 S 为有限集，且状态集中含有终止状态，所以，一条足够长的不含有圈的路径一定会终止。由此可知，式(12.4)成立。

根据引理 12.1，$\lim\limits_{n\to\infty} V_n(s)$一定存在且有限。所以，可以定义

$$V(s) = \lim_{n\to\infty} V_n(s) \tag{12.5}$$

$V(s)$是智能玩家在状态 s 处可能取得的最大折扣奖励值。将 $V(s)$称为状态 s 的环境 V 值。

与 V 值紧密相关的是 Q 值的概念。对任意状态 s 和行动 a，定义 $Q_n(s,a)$为从状态 s 发出行动 a 及随后不超过 $n-1$ 步行动之后，可能获得的最大折扣奖励。即

$$Q_n(s,a) = \max_{1\leqslant i\leqslant n} \max_{a_2,a_3,\cdots,a_i} G_s(a,a_2,\cdots,a_i) \tag{12.6}$$

引理 12.2 设环境中不含有正奖励圈，并且状态集 S 是一个含有终止状态的有限集，则对任意状态 s 和行动 a，一定存在一个正整数 N，使得

$$Q_0(s,a) \leqslant Q_1(s,a) \leqslant \cdots \leqslant Q_N(s,a) = Q_{N+1}(s,a) = \cdots \tag{12.7}$$

引理 12.2 的证明与引理 12.1 类似。由引理 12.2 可定义

$$Q(s,a) = \lim_{n\to\infty} Q_n(s,a) \tag{12.8}$$

将 $Q(s,a)$称为 s 基于 a 的环境 Q 值。

对任意状态 s 及行动 a，状态 s 的环境 V 值和 Q 值具有以下的性质：

$$Q_n(s,a) = R(s,a) + \gamma V_{n-1}(T(s,a)) \tag{12.9}$$

$$V_n(s) = \max_{a\in A} Q_n(s,a) \tag{12.10}$$

$$Q(s,a) = R(s,a) + \gamma V(T(s,a)) \tag{12.11}$$

$$V(s) = \max_{a\in A} Q(s,a) \tag{12.12}$$

式(12.9)的意义十分明确：状态 s 经行动 a 转移至了状态 $T(s,a)$，并获得了奖励 $R(s,a)$。此后，从 $T(s,a)$开始的不超过 $n-1$ 步行动可以获得的最大折扣奖励为 $V_{n-1}(T(s,a))$。如果从状态 s 开始计算最大折扣奖励，则 $V_{n-1}(T(s,a))$还要再乘以折扣 γ。这就是式(12.9)。式(12.10)的意义也十分明确。由于 $Q_n(s,a)$是第一步采取行动 a 及随后不超过 $n-1$ 步行动的最大折扣奖励，所以 $V_n(s)$应当等于所有 $Q_n(s,a)$中的最大值，这就是式(12.10)。式(12.11)和式(12.12)实际上是对式(12.9)和式(12.10)取极限的结果。

强化学习的目标是：制定一种策略，使得智能玩家在任意状态下都能取得与该状态的 V 值相接近的折扣奖励。

12.1.2 策略

策略是一个根据环境状态来选择行动的规则。策略可以是确定性的。确定性策略在每

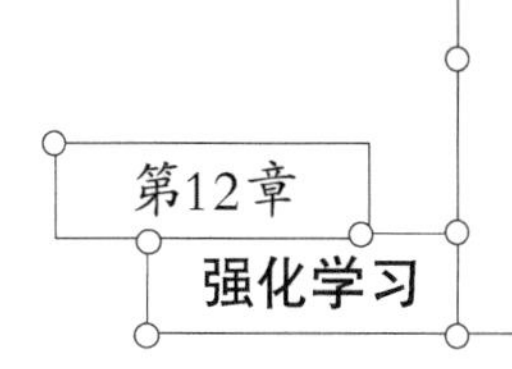

个状态下只选择唯一的一个行动。策略也可以是随机的。随机策略在每个状态下可以根据一个概率分布来随机选取一个策略。在一个马尔可夫环境模型中，策略是一个映射 $\pi: S \to A$。$\pi(s)$表示策略 π 在处于状态 s 时命令智能玩家采取的行动。如果是随机策略，则 $\pi(s)$是一个随机变量。用 $\pi(s,a)$表示智能玩家决定采取行动 a 的概率，即，$\pi(s,a)=\Pr(\pi(s)=a)$。对全部行动的集合 A，有

$$\sum_{a\in A}\pi(s,a) = 1$$

给定一个策略 π，设智能玩家处于状态 s。从状态 s 开始，按照策略 π，连续地发出 n 个行动，就得到状态图中一条长为 n 的路径，如图 12.5 所示。如果定义$s_0=s$，则可将图中各状态的关系统一地表示为 $s_i=T(s_{i-1},\pi(s_{i-1}))$，$r_i=R(s_{i-1},\pi(s_{i-1}))$，$i=1,2,\cdots,n$。

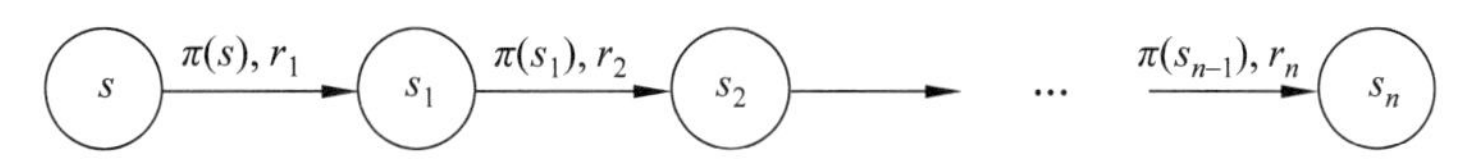

图 12.5　策略 π 从状态 s 发出的 n 个行动的状态图

由于策略 π 可能是随机策略，所以，图 12.5 中的 $r_1,r_2,\cdots,r_n$都是随机变量。取定常数折扣值 $0\leqslant\gamma\leqslant 1$。用 $G_i^\pi(s)$表示$r_1,r_2,\cdots,r_i$的加权和的期望值，即

$$G_i^\pi(s) = E[r_1+\gamma r_2+\gamma^2 r_3+\cdots+\gamma^{i-1}r_i],\quad i=1,2,\cdots,n \tag{12.13}$$

则从 s 开始，按策略 π 执行不超过 n 步行动后所能获得的最大折扣奖励为

$$V_n^\pi(s) = \max_{0\leqslant i\leqslant n} G_i^\pi(s) \tag{12.14}$$

从式(12.14)可知，对任意 n，有$V_n^\pi(s)\leqslant V_{n+1}^\pi(s)$。

引理 12.3　设环境中不含有正奖励圈，并且状态集 S 是一个含有终止状态的有限集，则对任意策略 π，一定存在一个正整数 N，使得对任意状态 s，有

$$V_0^\pi(s)\leqslant V_1^\pi(s)\leqslant\cdots\leqslant V_N^\pi(s) = V_{N+1}^\pi(s) = \cdots \tag{12.15}$$

引理 12.3 的证明与引理 12.1 完全类似。由引理 12.3 可定义

$$V^\pi(s) = \lim_{n\to\infty} V_n^\pi(s) \tag{12.16}$$

$V^\pi(s)$是策略 π 在状态 s 下可能获得的最大折扣奖励。将 $V^\pi(s)$称为策略 π 在状态 s 处的 V 值。

对任意状态 s 和行动 a，定义 $Q_n^\pi(s,a)$为 s 经过行动 a 之后，再按照策略 π 进行不超过 $n-1$ 步行动后可能获得的最大折扣奖励。

引理 12.4　设环境中不含有正奖励圈，并且状态集 S 是一个含有终止状态的有限集，则对任意策略 π，一定存在一个正整数 N，使得对任意 s 及 a，有

$$Q_0^\pi(s,a)\leqslant Q_1^\pi(s,a)\leqslant\cdots\leqslant Q_N^\pi(s,a) = Q_{N+1}^\pi(s,a) = \cdots = Q^\pi(s,a) \tag{12.17}$$

由引理 12.4 可定义

$$Q^\pi(s,a) = \lim_{n\to\infty} Q_n^\pi(s,a) \tag{12.18}$$

$Q^\pi(s,a)$称为策略 π 在 s 处基于行动 a 的 Q 值。

取定策略 π，对任意 s 和 a，策略 π 在状态 s 处的 V 值与 Q 值具有以下的性质：

$$Q_n^\pi(s,a) = R(s,a) + \gamma V_{n-1}^\pi(T(s,a)) \tag{12.19}$$

$$V_n^\pi(s) = E[Q_n^\pi(s,\pi(s))] = \sum_{a \in A} \pi(s,a) Q_n^\pi(s,a) \tag{12.20}$$

$$Q^\pi(s,a) = R(s,a) + \gamma V^\pi(T(s,a)) \tag{12.21}$$

$$V^\pi(s) = E[Q^\pi(s,\pi(s)] = \sum_{a \in A} \pi(s,a) Q^\pi(s,a) \tag{12.22}$$

如果是确定性策略，则式(12.20)和式(12.22)可以分别简化为

$$V_n^\pi(s) = Q_n^\pi(s,\pi(s)) \tag{12.23}$$

$$V^\pi(s) = Q^\pi(s,\pi(s)) \tag{12.24}$$

由于$V(s)$是智能玩家在状态s处可能取得的最大折扣奖励值，而$V^\pi(s)$只是策略π在状态s处可能获得的最大折扣奖励，由此自然有

$$V^\pi(s) \leqslant V(s), \quad \forall s \in S \tag{12.25}$$

类似地，可以论证

$$Q^\pi(s,a) \leqslant Q(s,a) \tag{12.26}$$

上述两个表达式表明，环境V值和环境Q值分别是策略V值和策略Q值的上界。如果一个策略π的V值与环境V值相等，即对任意状态s，都有$V^\pi(s)=V(s)$，就称策略π为一个最优策略。

强化学习算法的任务就是计算最优策略。强化学习的任务形式可以分为两类。第一类任务中，智能玩家完全掌握环境模型的信息，这类任务就称为有模型的强化学习。在有模型的强化学习中，对任意状态s和任意行动a，算法能明确地知道采取行动a之后会转移到何种状态$T(s,a)$以及获得多大的奖励$R(s,a)$。由于掌握了全部的环境信息，所以，可以采用动态规划算法得到最优策略。第二类任务中，智能玩家没有环境的具体信息，这类任务就称为免模型的强化学习。在免模型的强化学习中，在状态s处，为了获取某一未尝试过的行动a的效果，智能玩家只能通过尝试该行动来获得该行动所产生的结果，从而记录它所转移到的状态$T(s,a)$以及获得的奖励值$R(s,a)$。由此可见，与有模型的强化学习相比，免模型的强化学习算法因其需要探索环境而面临着更大的挑战，但它的应用场合比有模型的强化学习算法更加广泛。

12.2 动态规划型算法

动态规划型算法的适用对象是有模型的强化学习。在有模型的强化学习任务中，任意状态s及任意行动a对应的转移函数$T(s,a)$和$R(s,a)$都是已知的。因此，算法可以在所有的行动开始之前就预先算出最优策略。

本节介绍两个基于动态规划的算法：第一个是值迭代算法，第二个是策略迭代算法。它们都是获得有模型强化学习最优策略的算法。它们制定的最优策略都是确定性策略。

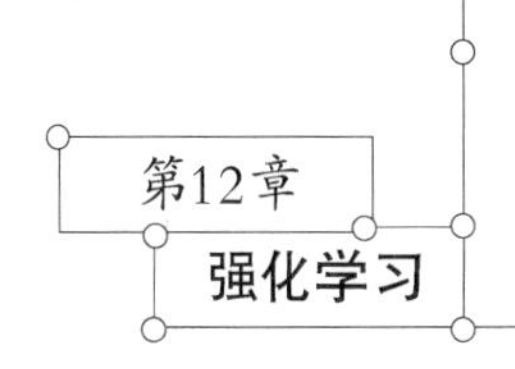

12.2.1 值迭代算法

值迭代算法的基本思想是：首先用动态规划算法计算出环境 V 值和 Q 值。然后，再根据环境 Q 值制定出最优策略。

定理 12.5 在一个无正奖励圈的强化学习环境中，最优策略 π 一定存在。它是一个满足如下条件的确定性策略：对任意 $s\in S$，有

$$\pi(s) = \underset{a\in A}{\operatorname{argmax}}\, Q(s,a) \tag{12.27}$$

证明：将式(12.9)代入式(12.10)，可以得到以下的递推关系：

$$V_n(s) = \max_{a\in A}\{R(s,a) + \gamma V_{n-1}(T(s,a))\} \tag{12.28}$$

由于不做行动就没有任何奖励，因而，对任意 s，都有 $V_0(s)=0$。此递推关系又称为 Bellman 等式。

如果定义如下的策略 π_n：对任意状态 s，有

$$\pi_n(s) = \underset{a\in A}{\operatorname{argmax}}\{R(s,a) + \gamma V_{n-1}(T(s,a))\} = \underset{a\in A}{\operatorname{argmax}} Q_n(s,a)$$

则可以对 n 采用数学归纳法，得到以下结论：

$$V_n^{\pi_n}(s) = V_n(s) \tag{12.29}$$

根据引理 12.1 和引理 12.2，当 n 充分大时，对任意状态 s 及任意行动 a，有 $V(s)=V_n(s)$ 和 $Q(s,a)=Q_n(s,a)$。此时，从式(12.29)可得 $V_n^{\pi_n}(s)=V(s)$。根据引理 12.3，$V^{\pi_n}(s)\geqslant V_n^{\pi_n}(s)$，所以

$$V^{\pi_n}(s) \geqslant V(s) \tag{12.30}$$

另一方面，由于 $V(s)$ 是所有的策略在 s 上取得的折扣奖励中的最大值，所以必然有 $V^{\pi_n}(s)\leqslant V(s)$。结合式(12.30)可知 $V^{\pi_n}(s)=V(s)$。这意味着 π_n 是一个最优策略。又由于 $Q(s,a)=Q_n(s,a)$，所以 $\pi_n(s)=\underset{a\in A}{\operatorname{argmax}}\, Q(s,a)$。这恰是式(12.27)所描述的策略。

根据定理 12.5，最优策略的计算可以转化为计算环境 Q 值。根据式(12.9)，如果能计算出环境 V 值，就可以计算出环境 Q 值。在所有的 $R(s,a)$ 与 $T(s,a)$ 均为已知的情况下，结合式(12.28)与 $V_0(s)=0$，就可以用动态规划算法计算出 $V_n(s)$，从而计算出 $Q_n(s,a)$。根据引理 12.1，当 n 足够大时，必然有 $V_{n-1}(s)=V_n(s)=\cdots=V(s)$。此时，动态规划算法计算出的 $V_n(s)$ 和 $Q_n(s,a)$ 就是环境 V 值与环境 Q 值。计算出环境 Q 值之后，再根据式(12.27)就可以计算出最优策略。以上算法是通过迭代的方式来计算 Q 值，因而又称其为值迭代算法。

图 12.6 是值迭代算法的描述。值迭代算法的关键部分是计算 Q 值的动态规划算法 Compute_environment_Q_value。初始时设 $V_0=0$。然后，按照式(12.9)与式(12.10)循环迭代地计算出 $Q_1,V_1,Q_2,V_2,\cdots$，直至出现某个 n，使得对任意状态 s 都有 $V_{n-1}(s)=V_n(s)$。此时，动态规划算法收敛。当算法收敛时，停止循环并输出环境 Q 值。

值迭代算法

Compute _environment_Q _value(S,A,T,R,γ):
  for all $s\in S$: $V_0(s)=0$
  $n=0$
  while true:
    $n\leftarrow n+1$
    for all $s\in S$:
      for all $a\in A$:
        $Q_n(s,a)=R(s,a)+\gamma V_{n-1}(T(s,a))$
    for all $s\in S$:
      $V_n(s)=\max\limits_{a\in A} Q_n(s,a)$
    if for all $s\in S$: $V_n(s)=V_{n-1}(s)$:
      break
  return Q_n

Value_Iteration(S,A,T,R,γ):
  Q = Compute_environment_Q_value (S,A,T,R,γ)
  for all $s\in S$:
    $\pi(\mathrm{s})=\operatorname{argmax}\limits_{a\in A} Q(s,a)$
  return π

图 12.6 值迭代算法描述

以下介绍图 12.6 的值迭代算法的具体实现。首先,用一个 Environment 类来表示抽象的环境模型,见图 12.7。Environment 类是一个基类。在具体的应用场合中,通过继承该基类来生成相应的子类环境。在 Environment 类中包含环境模型的状态集 S、行动集 A、转移函数 T、奖励函数 R 以及终止状态集 S_end。这些成员的值将由子类确定。Environment 类只提供接口功能。在图 12.7 中的第 10、11 行中定义了一个重置接口 reset。在有些环境中需要初始状态,reset 接口就用于输出初始状态。

machine_learning.reinforcement_learning.environment

```
1   import numpy as np
2
3   class Environment:
4       S=[]
5       A=[]
6       T=[]
7       R=[]
8       S_end={}
9
10      def reset(self):
11          s_start =np.random.randint(0, len(self.S))
12          return s_start
```

图 12.7 Environment 类

图 12.8 是值迭代算法的具体实现。在图 12.8 中,第 3～17 行实现了图 12.6 中的动态规划算法。第 3 行中的 compute_environment_Q_values 函数共有 5 个输入,分别是状态集 S、行动集 A、转移函数 T、奖励函数 R 以及奖励折扣 γ。第 4、5 行初始化 V 值和 Q 值为全 0 的数组。第 6～16 行通过循环递归地更新环境 V 值和环境 Q 值。第 7～9 行依照式(12.9)更新 Q 值。在第 10 行定义了一个逻辑变量 converge,它用于判断当前循环是否满足收敛条件。初始时,将 converge 的值设为 True。根据式(12.10),新一轮的 V 值应当等于 np.max($Q[s]$)。一旦有某一个状态 s 使得新一轮的 V 值不等于当前 V 值,则可以判断出算法尚未收敛。此时,在第 13 行将 converge 的值设成 False。第 14 行更新 V 值。如果在整个过程中 converge 的值都未变成 False,则认为算法已经收敛。此时,在第 16 行跳出循环。同时,在第 17 行返回 Q 值。第 19～22 行定义的 value_iteration 实现了图 12.6 中的算法。函数 value_iteration 有两个输入。一个输入是图 12.7 中的环境模型 env,另一个输入是折扣常数 γ。在第 20 行中,算法从 env 中读出各环境参数。第 21 行调用 compute_environment_Q_values 函数计算出环境 Q 值。第 22 行按照式(12.27)计算出最优策略。

```
machine_learning.reinforcement_learning.value_iteration
1  import numpy as np
2
3  def compute_environment_Q_values(S, A, T, R, gamma):
4      V=np.zeros(len(S))
5      Q=np.zeros((len(S), len(A)))
6      while True:
7          for s in S:
8              for a in A:
9                  Q[s][a]=R[s][a]+gamma * V[int(T[s][a])]
10         converge=True
11         for s in S:
12             if np.max(Q[s])!=V[s]:
13                 converge=False
14             V[s]=np.max(Q[s])
15         if converge:
16             break
17     return Q
18
19 def value_iteration(env, gamma):
20     S,A,T,R=env.S, env.A, env.T, env.R
21     Q=compute_environment_Q_values(S, A, T, R, gamma)
22     pi=np.argmax(Q, axis=1)
23     return pi
```

图 12.8 值迭代算法

例 12.1 地雷与宝藏游戏。

在一条长为 m(单位为米)的隧道某处,有一个智能小机器人。它每次可以向左移动 1m,或者向右移动 1m。隧道的左边尽头与右边尽头处各埋藏着一箱宝藏,在隧道中距左尽头 d(单位为米)处埋有一颗地雷,如图 12.9 所示。小机器人触发地雷或者觅得宝藏时游戏结束;踩到地雷将受到 1000 分的惩罚,而觅得宝藏将获得 1000 分的奖励。

图 12.9 地雷与宝藏游戏

在这个游戏中,状态是小机器人所处的位置,即状态集合 $S=\{0,1,\cdots,m-1\}$。游戏中有两种可能的行动,即 $A=\{0,1\}$。其中,行动 0 表示左移 1m,行动 1 表示右移 1m。在 S 中有 3 个终止状态。它们分别是 $0,d,m-1$。如果小机器人走到位置 0 或 $m-1$,则觅得了宝藏,游戏结束;如果小机器人走到了位置 d,则不幸触雷,游戏也结束。因此,转移函数 T 可以定义为:对任意 $s\notin\{0,d,m-1\}$,有

$$T(s,a)=\begin{cases}s-1, & a=0\\ s+1, & a=1\end{cases}$$

当 $s\in\{0,d,m-1\}$时,$T(s,a)=s$。

再来看奖励函数 R。在小机器人处于状态 1 时,如果再往左移 1m,则觅得宝藏,因此 $R(1,0)=1000$;同样,在小机器人处于状态 $m-2$ 时,再往右移 1m,也将觅得宝藏,因此 $R(m-2,1)=1000$;然而,在小机器人处于位置 $d-1$ 时,如果再往右移 1m 则触雷,因此 $R(d-1,1)=-1000$;同样,在小机器人处于位置 $d+1$ 时,如果再往左移 1m 则触雷,因此 $R(d+1,0)=-1000$。小机器人在其余的各状态下采取任何行动的奖励值均为 0。

图 12.10 中的程序通过继承图 12.7 中的 Environment 基类,将上述环境写成 Environment 类的一个子类。

machine_learning.reinforcement_learning.landmine_and_treasure

```
1   import numpy as np
2   from machine_learning.reinforcement_learning.environment import Environment
3
4   class LandmineAndTreasure(Environment):
5      def __init__(self, m, d):
6           n_states=m
7           n_actions=2
8           S=range(n_states)
9           S_end={0, d, n_states -1}
10          A=range(n_actions)
11          R=np.zeros((n_states, n_actions))
```

图 12.10 生成 LandmineAndTreasure 子环境的算法

```
12        R[n_states -2][1]=1000
13        R[1][0]=1000
14        R[d+1][0]=-1000
15        R[d-1][1]=-1000
16        T=np.zeros((n_states, n_actions))
17        for s in S:
18            T[s][0]=s-1
19            T[s][1]=s+1
20            if s in S_end:
21                T[s][0]=s
22                T[s][1]=s
23        self.S, self.A, self.T, self.R, self.S_end =S, A, T, R, S_end
```

图 12.10 (续)

图 12.11 中的程序用值迭代算法为小机器人指定一个最优的行走策略。该算法中的第 4 行创建了一个地雷与宝藏游戏。其中,隧道长 100m,且在距隧道左边尽头 30m 处有地雷。第 5 行调用图 12.8 中的值迭代算法计算最优策略。奖励折扣 γ 取为 0.95。

```
1  from machine_learning.reinforcement_learning.value_iteration import
   value_iteration
2  import machine_learning.reinforcement_learning.landmine_and_treasure as game
3
4  env=game.LandmineAndTreasure(m =100, d =30)
5  pi=value_iteration(env, 0.95)
6  print(pi)
```

图 12.11 小机器人的最优行走策略的值迭代算法

运行图 12.11 中程序后,可得到小机器人的最优行走策略 π,它有以下的形式:

$$\pi(s) = \begin{cases} 0, & s \leqslant 30 \\ 1, & s > 30 \end{cases}$$

即,如果小机器人处于地雷左侧,则应当往左移;如果小机器人处于地雷右侧,则应当往右移。显而易见,这是一个最优策略。

在这个例子中,由于算法预先知道了地雷与宝藏的位置,所以可以直接设计出最优策略。这是有模型的强化学习。在 12.3 节中,从免模型强化学习的角度再来玩一个类似的游戏。在免模型强化学习中,算法预先并不知道地雷与宝藏的具体位置。它必须控制小机器人通过多轮游戏反复探测,并从中逐渐探索出最优策略。

12.2.2 策略迭代算法

强化学习算法的最终目的是计算策略。在值迭代算法中,要等待 V 值和 Q 值收敛之后才能计算策略。然而在有些情况下,可能需要多次循环才能使 V 值收敛。此时,值迭代算法就显得效率较低。此时,可采用策略迭代算法。它是一个直接对策略进行迭代的算法,在迭代过程中,算法一旦发现策略已经满足收敛条件,则立即输出该策略。

对于一个确定性策略 π,设 V^π、Q^π 分别是策略 π 的 V 值与 Q 值。定义

$$\pi'(s) = \arg\max_a Q^\pi(s,a) \tag{12.31}$$

定理 12.6 对任意 s,有 $V^\pi(s) \leqslant V^{\pi'}(s)$。

证明:设从 s 开始执行策略 π',生成以下的序列:

$$s, a'_1, r'_1 \to s'_1, a'_2, r'_2 \to \cdots \to s'_{n-1}, a'_n, r'_n \to \cdots \tag{12.32}$$

在式(12.32)中,如果令 $s'_0 = s$,则对任意 n,有

$$a'_n = \pi(s'_{n-1}), \quad s'_n = T(s'_{n-1}, \quad a'_n), \quad r'_n = R(s'_{n-1}, a'_n) \tag{12.33}$$

根据式(12.31)中 π' 的定义,有

$$V^\pi(s) = Q^\pi(s, \pi(s)) \leqslant Q^\pi(s, \pi'(s)) = r'_1 + \gamma V^\pi(s'_1) \tag{12.34}$$

类似地可以证明,对任意 n,有

$$V^\pi(s'_{n-1}) = Q^\pi(s'_{n-1}, \pi(s'_{n-1})) \leqslant Q^\pi(s'_{n-1}, \pi'(s'_{n-1})) = r'_n + \gamma V^\pi(s'_n) \tag{12.35}$$

从式(12.34)开始不断将式(12.35)代入,可得

$$\begin{aligned}
V^\pi(s) &\leqslant r'_1 + \gamma V^\pi(s'_1) \\
&\leqslant r'_1 + \gamma r'_2 + \gamma^2 V^\pi(s'_2) \\
&\leqslant r'_1 + \gamma r'_2 + \gamma^2 r'_3 + \gamma^3 V^\pi(s'_3) \\
&\ \ \vdots \\
&\leqslant r'_1 + \gamma r'_2 + \gamma^2 r'_3 + \gamma^3 r'_4 + \cdots \\
&= V^{\pi'}(s)
\end{aligned}$$

这就证明了定理 12.6 的结论。

从以上的推导过程可以看出,如果能够计算出一个给定策略 π 的 Q 值 Q^π,则可以根据 Q^π,将该策略改进为由式(12.31)所定义的策略 π';然后,可以对 π' 进行同样的操作,对其作出进一步改进。如此不断循环,直至无法继续改进时为止,此时的策略就是一个最优策略。据此,求解最优策略的问题就转化为如何计算给定策略的 Q 值的问题。根据式(12.21),可以通过计算策略的 V 值来得到策略的 Q 值,而策略的 V 值可以用动态规划算法计算得到。

由于算法所制定的策略都是确定性策略,将式(12.23)代入式(12.19),可以得到如下关于 $V_n^\pi(s)$ 的递推式:

$$V_n^\pi(s) = R(s, \pi(s)) + \gamma V_{n-1}^\pi(T(s, \pi(s))) \tag{12.36}$$

基于式(12.36),就可以用动态规划计算出给定策略 π 的 V 值和 Q 值。

图 12.12 是策略迭代算法的描述。首先,Compute_policy_Q_value 计算给定策略 Q 值。它与环境 Q 值的计算方法十分类似。当 n 足够大,以致于对任意 s 都有 $V_n^\pi(s) = V_{n-1}^\pi(s)$ 时,认为算法收敛。此时,$V_n^\pi = V^\pi$ 且 $Q_n^\pi = Q^\pi$。

```
策略迭代算法
Compute_policy_Q_value (S,A,T,R,γ,π):
  for all s∈S:V_0^π(s)=0
  n=1
  while true:
    n←n+1
    for all s∈S:
      for all a∈A:
        Q_n^π(s,a)=R(s,a)+γV_{n-1}^π(T(s,a))
    for all s∈S:
      V_n^π(s)=Q_n^π(s,π(s))
    if V_n^π=V_{n-1}^π:
        break
  return Q_n^π

Policy_Iteration(S,A,T,R,γ):
  for all s∈S:
    π_0(s)=argmax_{a∈A} R(s,a)
  n=0
  while true:
    Q^{π_n} = Compute_policy_Q_value (S,A,T,R,γ,π_n)
    for all s∈S:
      π_{n+1}(s)=argmax_{a∈A} Q^{π_n}(s,a)
  if π_{n+1}=π_n:
      break
  n←n+1
return π_n
```

图 12.12 策略迭代算法描述

随后的 Policy_Iteration 是策略迭代算法的主体部分。算法先取定一个初始策略 π_0。此处定义初始策略为 $\pi_0(s)=\max\limits_{a\in A}R(s,a)$。一般情况下，初始策略 π_0 的定义方法对算法的最终结果没有影响。因此，实际中可以有多种初始策略的定义方式。但如果定义的初始策略是合适的，则可以加快算法的收敛。取定初始策略 π_0 之后，算法通过循环来逐步改进策略。在每一次循环中，首先用图 12.12 中的动态规划算法计算 Q^{π_n}，然后按照式(12.31)计算出一个改进策略 π_{n+1}。如果 $\pi_{n+1}=\pi_n$，则无法继续改进策略了。此时，算法收敛至最优策略，停止循环迭代，并输出最优策略。

图 12.13 是图 12.12 中的策略迭代算法的具体实现。在图 12.13 中的第 3～17 行实现了图 12.12 中计算策略 Q 值的动态规划算法。在第 19～31 行实现了图 12.12 中的策略迭代算法。算法的实现技巧也与图 12.8 中的值迭代算法实现相似，在此不再赘述。

```
machine_learning.reinforcement_learning.policy_iteration
1   import numpy as np
2
3   def compute_policy_Q_values(S, A, T, R, gamma, pi):
4       V=np.zeros(len(S))
5       Q=np.zeros((len(S), len(A)))
6       while true:
7           for s in S:
8               for a in A:
9                   Q[s][a]=R[s][a] +gamma * V[int(T[s][a])]
10          converge =True
11          for s in S:
12              if Q[s][pi[s]]!=V[s]:
13                  converge=False
14              V[s]=Q[s][pi[s]]
15          if converge:
16              break
17      return Q
18
19  def policy_iteration(env, gamma):
20      S,A,T,R=env.S, env.A, env.T, env.R
21      pi=np.argmax(R, axis=1)
22      while true:
23          Q=compute_policy_Q_values(S, A, T, R, gamma, pi)
24          converge=True
25          for s in S:
26              if np.argmax(Q[s])!=pi[s]:
27                  converge=False
28              pi[s]=np.argmax(Q[s])
29          if converge:
30              break
31      return pi
```

图 12.13　策略迭代算法

策略迭代算法与值迭代算法在最坏情况下有相同的时间复杂度。但有时策略迭代算法的收敛速度比值迭代算法更快一些。尤其是当初始策略π_0本身比较接近最优策略时，策略迭代算法可能会快速收敛。在实际应用中，可以通过实验进行比较，以选择较为合适的迭代算法。

12.3 时序差分型算法

时序差分型算法的应用对象是免模型的强化学习。在免模型的强化学习任务中，环境模型的转移函数 T 与奖励函数 R 都是未知的，因此，算法必须自发探索环境以获得所需的转移函数 T 和奖励函数 R 的信息。

时序差分型算法的思想类似于值迭代算法。它们都是先计算环境 Q 值，再按式(12.27)计算最优策略。但二者是有区别的。值迭代算法是有模型的强化学习算法。因而，它可以预先获知转移函数 T 与奖励函数 R 的信息，这使得算法可以直接应用动态规划来计算环境 Q 值。时序差分型算法并不能预先知道环境模型的转移函数 T 与奖励函数 R 的信息，因此，它必须通过一系列的探索行动来估计环境 Q 值。本节介绍两个重要的时序差分型算法：Sarsa 算法和 Q 学习算法。

Sarsa 算法和 Q 学习算法十分相似，但又有重要的区别。这两个算法的相似之处在于它们都是通过对下一步行动的预测来更新对环境 Q 值的估计。两个算法的区别在于：Sarsa 算法对下一步行动的预测就是当前探索策略要采取的下一步的行动，而 Q 学习算法则用当前 Q 值所对应的最优策略作为下一步行动的预测。换句话说，Q 学习算法的下一步行动并不一定就是算法所预测的下一步行动。像 Sarsa 算法这样的强化学习算法称为同策略算法，而像 Q 学习算法这样的算法则称为异策略算法。

虽然这两个算法之间只存在细微的区别，但 Sarsa 算法和 Q 学习算法的效果却完全不同。Sarsa 算法更擅长于“避害”，而 Q 学习算法则是更迫切地“趋利”。在后面的例 12.2 中会演示这两个算法的特性。

Sarsa 算法和 Q 学习算法都必须通过探索环境来获得环境 Q 值。一个最简单的环境探索方法是：在每个状态 s 下随机地选取一个行动 a，并观察与记录 $T(s,a)$ 和 $R(s,a)$ 的值。按照这样的探索方法进行多次反复探索，就能用已经记录的 $T(s,a)$ 和 $R(s,a)$ 的值来计算环境 Q 值。这一探索方法的优点在于各种不同的行动都可能被选中，从而其探索结果较全面。其不足之处是可能会尝试许多明显没有价值的行动。

如果目前已有一个对环境 Q 值的估计 $\widetilde{Q}$，则另一种环境探索方法是：在任意状态 s 下，采取基于 $\widetilde{Q}$ 的最优行动 $\underset{a\in A}{\operatorname{argmax}}\widetilde{Q}(s,a)$。通过选取不同的初始状态 s，并执行上述探索策略，算法也能观察与记录环境信息。在这种探索方式中，如果 $\widetilde{Q}$ 比较接近真实 Q 值，则探索的行动会比较接近真实的最优策略可能采取的行动，从而可以避免许多不必要的探索。但是，如果 $\widetilde{Q}$ 与真实 Q 值相差甚远，则上述探索策略则可能被 $\widetilde{Q}$“误导”，而忽略了真正最优的行动。

为了兼顾上述两种探索方法的长处，强化学习采取一种称为 ε 贪心策略的探索策略。设 $\widetilde{Q}$ 是一个对环境 Q 值的估计。取定 $0<\varepsilon<1$。在任意状态 s 下，以概率 ε 随机选择一个行

动，并以概率 $1-\varepsilon$ 选择一个基于 $\tilde{Q}$ 的最优行动 $\arg\max_{a\in A}\tilde{Q}(s,a)$。从直觉上看，如果 $\tilde{Q}$ 已经比较接近真实的环境 Q 值，则 ε 贪心策略至少有 $1-\varepsilon$ 的概率探索到比较接近最优策略的行动。而如果 $\tilde{Q}$ 与真实的环境 Q 值相距甚远，则 ε 贪心策略至少有 ε 的概率选中一个随机的行动，而不至于完全忽视 $\tilde{Q}$ 之外的行动。图 12.14 是 ε 贪心策略算法的描述。

```
ε贪心策略算法

Epsilon_greedy (Q̃,s,A,ε):
  r=random number ∈[0,1)
  if r<ε:
    return random a∈A
  else:
    return argmax_{a∈A} Q̃(s,a)
```

图 12.14　ε 贪心策略算法描述

Saras 算法就是一个采用 ε 贪心策略的典型算法。算法在初始时生成一个全 0 的环境 Q 值估计 $\tilde{Q}$。显然，不能保证这是一个准确的估计。随后，算法不断地采取 ε 贪心策略来探索环境，并据此更新 Q 值的估计 $\tilde{Q}$。通过这样的探索，$\tilde{Q}$ 就逐渐地接近真实的 Q 值。当探索的次数足够多之后，算法基于 $\tilde{Q}$，按照式(12.27)输出一个策略。图 12.15 是 Sarsa 算法描述。

```
Sarsa 算法
Sarsa(S,A,T,R,N,γ,ε,η):
  for all s∈S,a∈A: Q̃(s,a)=0
  for i=1,2,…,N:
    s_cur=initial state in S
    while s_cur ∉ {terminalstates of S}:
      a_cur=Epsilon_greedy(Q̃,s_cur,A,ε)
      s_next=T(s_cur,a_cur)
      a_next=Epsilon_greedy(Q̃,s_next,A,ε)
      Q̃(s_cur,a_cur)←(1−η)Q̃(s_cur,a_cur)+η(R(s_cur,a_cur)+γQ̃(s_next,a_next))
      s_cur=s_next
  for all s∈S:
    π(s)=argmax_{a∈A} Q̃(s,a)
return π
```

图 12.15　Sarsa 算法描述

在图 12.15 的算法描述中，Sarsa 算法除了环境参数之外，还需要以下 4 个参数：循环的轮数 N、折扣常数 γ、ε 贪心策略的探索概率 ε 和学习速率 η。初始时，Sarsa 将环境 Q 值的估计 $\tilde{Q}$

取为全0估计。随后进行 N 轮循环。每一轮循环的初始状态设置成环境的初始状态。然后，不断地用 ε 贪心策略进行环境探索，直至到达某个环境终止状态。接着，再进入下一轮循环。

在每一步环境探索中，设 s_{cur} 为当前状态。首先，依照 ε 贪心策略生成一个行动 a_{cur}，并真实地执行该行动。然后，获取 $T(s_{cur},a_{cur})$ 和 $R(s_{cur},a_{cur})$ 的信息。用 s_{next} 表示执行过行动 a_{cur} 后到达的下一个状态。此时，已经获得了 $R(s_{cur},a_{cur})$ 的信息，接着应该更新对环境 Q 值的估计 $\widetilde{Q}$。

设 $Q(s_{next},a)$ 为状态 s_{next} 下行动 a 的真实环境 Q 值，a^* 为 s_{next} 下的真实最优行动，即

$$a^* = \underset{a \in A}{\operatorname{argmax}}\, Q(s_{next},a) \tag{12.37}$$

对 $\widetilde{Q}$ 的更新应当采用以下的方法：

$$\widetilde{Q}(s_{cur},a_{cur}) \leftarrow R(s_{cur},a_{cur}) + \widetilde{Q}(s_{next},a^*) \tag{12.38}$$

但是由于 a^* 是未知的，因此，在更新 $\widetilde{Q}$ 之前，需要先对 a^* 进行预测。Sarsa 算法通过 ε 贪心策略来预测 a^*，即，假定在状态 s_{next} 下，通过 ε 贪心策略获得的行动 a_{next} 近似地等于 a^*。于是，Sarsa 算法用 a_{next} 来代替式(12.38)中的 a^*。由于 a_{next} 只是 a^* 的近似，所以算法采用较为保守的方式来更新 $\widetilde{Q}$，即，用一个取定的学习速率 $\eta(0<\eta<1)$ 来控制对 $\widetilde{Q}$ 的更新力度。具体的更新 $\widetilde{Q}$ 的方案为

$$\widetilde{Q}(s_{cur},a_{cur}) \leftarrow (1-\eta)\widetilde{Q}(s_{cur},a_{cur}) + \eta(R(s_{cur},a_{cur}) + \gamma\widetilde{Q}(s_{next},a_{next})) \tag{12.39}$$

式(12.39)就是图 12.15 的算法描述中的更新 $\widetilde{Q}$ 的方案。

在完成 N 轮探索后，算法输出 $\pi(s)=\underset{a \in A}{\operatorname{argmax}}\widetilde{Q}(s,a)$ 作为近似最优策略。

可以注意到，在上述探索过程中，每一步都真实地执行了一次 ε 贪心策略。而且，在预测 a^* 时又第二次执行了 ε 贪心策略。这样做的目的是为了得到在下一个状态 s_{next} 处应当采取的行动 a_{next}。由于 Sarsa 算法在下一个状态处仍然执行 ε 贪心策略，因此，Sarsa 算法对下一步的预测行动是与下一步的真实行动一致的。可见，它是一个同策略学习算法。

Sarsa 算法在每一步中都要依次用到状态(state)、行动(action)、奖励(reward)、下一个状态(state)和下一个行动(action)这 5 个信息。因而，该算法以上述 5 个英文单词的首字母命名。

图 12.16 是图 12.14 中 ε 贪心策略算法的实现。Sarsa 算法和 Q 学习算法都要用到图 12.16 中的函数 epsilon_greedy。

```
machine_learning.reinforcement_learning.epsilon_greedy
1  import numpy as np
2
3  def epsilon_greedy(Q_s, n_actions, epsilon):
4    if np.random.rand()<epsilon:
5        return np.random.randint(n_actions)
6    else:
7        return np.argmax(Q_s)
```

图 12.16 ε 贪心策略算法的实现

图 12.17 是 Sarsa 算法的具体实现。图中第 4 行的 sarsa 函数需要如下输入参数：环境模型 env、循环的轮数 N、折扣常数 γ、ε 贪心策略的探索概率 ε 和学习速率 η。第 7 行初始化环境 Q 值估计。第 8～17 行进行 N 轮探索。在每一轮探索中，在第 9、10 行初始化状态值；第 11～17 行不断地探索环境，直至到达某个终止状态。在每一步探索中，第 12、13 行执行一次 ε 贪心策略指示的行动 a_cur，进入状态 s_next，并获得相应奖励。第 14 行用 ε 贪心策略进行下一步的行动预测 a_next。第 15 行按照式(12.39)来更新 Q 值估计。第 18 行按照式(12.27)返回一个近似最优的策略。

machine_learning.reinforcement_learning.sarsa

```
1   import numpy as np
2   from machine_learning.reinforcement_learning.epsilon_greedy import
    epsilon_greedy
3
4   def sarsa(env, N, gamma, epsilon, eta):
5       S, A, T, R = env.S, env.A, env.T, env.R
6       n_states, n_actions = len(S), len(A)
7       Q = np.zeros((n_states, n_actions))
8       for iter in range(N):
9           env.reset()
10          s_cur = env.s_start
11          while s_cur not in env.S_end:
12              a_cur = epsilon_greedy(Q[s_cur], n_actions, epsilon)
13              s_next = int(T[s_cur][a_cur])
14              a_next = epsilon_greedy(Q[s_next], n_actions, epsilon)
15              q = (1 - eta) * Q[s_cur][a_cur] + eta * (R[s_cur][a_cur] + gamma * Q[s
                _next][a_next])
16              Q[s_cur][a_cur] = q
17              s_cur = s_next
18      return np.argmax(Q, axis = 1)
```

图 12.17　Sarsa 算法的实现

Q 学习算法与 Sarsa 算法十分相似。它们的不同之处是，Q 学习算法在每一步探索中并不采用 ε 贪心策略来预测下一步的行动。图 12.18 是 Q 学习算法的描述。对比图 12.15 中的 Sarsa 算法，可以看到，两个算法只是在预测下一步行动 a_{next} 的方式上有所不同。在图 12.15 中，$a_{\text{next}} = \text{Epsilon\_greedy}(\widetilde{Q}, s_{\text{next}}, A, \varepsilon)$；而在图 12.18 中，$a_{\text{next}} = \underset{a \in A}{\operatorname{argmax}} \widetilde{Q}(s_{\text{next}}, a)$。

Q 学习算法

Q_learning $(S,A,T,R,N,\gamma,\varepsilon,\eta)$:

  for all $s\in S,a\in A$: $\widetilde{Q}(s,a)=0$

  for $i=1,2,\cdots,N$:

    s_{cur} = initial state in S

    while $s_{cur}\notin$ {terminal states of S}:

      $a_{cur}=\text{Epsilon\_greedy}(\widetilde{Q},s_{cur},A,\varepsilon)$

      $s_{next}=T(s_{cur},a_{cur})$

      $a_{next}=\underset{a\in A}{\text{argmax}}\widetilde{Q}(s_{next},a)$

      $\widetilde{Q}(s_{cur},a_{cur})\leftarrow(1-\eta)\widetilde{Q}(s_{cur},a_{cur})+\eta(R(s_{cur},a_{cur})+\gamma\widetilde{Q}(s_{next},a_{next}))$

      $s_{cur}=s_{next}$

For all $s\in S$:

  $\pi(s)=\underset{a\in A}{\text{argmax}}\widetilde{Q}(s,a)$

return π

图 12.18 Q 学习算法描述

因为两个算法对下一步行动的预测方式不同,所以 Q 学习算法与 Sarsa 算法的效果也完全不同。Q 学习算法的理念是,相信当前的 Q 值估计 $\widetilde{Q}$ 已经足够接近真实环境 Q 值。所以,算法的每一步探索都用基于 $\widetilde{Q}$ 的最优行动 $\underset{a\in A}{\text{argmax}}\widetilde{Q}(s_{next},a)$ 来近似式(12.37)中的 a^*。正因如此,当 Q 学习算法中的 $\widetilde{Q}$ 确实接近真实环境 Q 值时,Q 学习算法就采取最直接地获取最大 Q 值的行动,而不考虑在后续的行动中还要采取 ε 贪心策略,因而还有 ε 的概率导致惩罚。而 Sarsa 算法则不同。Sarsa 算法总是用 ε 贪心策略作为下一步行动的预测,所以它在制定策略时,会将未来的行动过程中的探索因素考虑在内,因此 Sarsa 算法的策略更加保守。

图 12.19 是 Q 学习算法的实现。除了在第 14 行预测下一步的行动 a_{next} 的方式不同,图 12.19 的 Q 学习算法与图 12.17 的 Sarsa 算法是完全相同的,在此不再赘述。

machine_learning.reinforcement_learning.q_learning

```
1  import numpy as np
2  from machine_learning.reinforcement_learning.epsilon_greedy import
   epsilon_greedy
3
4  def q_learning(env, N, gamma, epsilon, eta):
5      S, A, T, R=env.S, env.A, env.T, env.R
6      n_states, n_actions=len(S), len(A)
7      Q=np.zeros((n_states, n_actions))
8      for iter in range(N):
```

图 12.19 Q 学习算法

```
9        env.reset()
10        s_cur=env.s_start
11        while s_cur not in env.S_end:
12            a_cur=epsilon_greedy(Q[s_cur], n_actions, epsilon)
13            s_next=int(T[s_cur][a_cur])
14            a_next=np.argmax(Q[s_next])
15            q=(1-eta)*Q[s_cur][a_cur]+eta*(R[s_cur][a_cur]+gamma*Q
              [s_next][a_next])
16            Q[s_cur][a_cur]=q
17            s_cur=s_next
18    return np.argmax(Q, axis=1)
```

图 12.19 （续）

例 12.2 地雷与宝藏Ⅱ。

在一块长为 m、宽为 n(单位均为米)的沼泽地的右上角处埋有一箱宝藏。在这箱宝藏旁边的沼泽地的一个边缘布满了地雷。图 12.20 是一个 $m=4$ 和 $n=4$ 的埋有一箱宝藏的沼泽地示意图。在沼泽地的某处，有一个小机器人。它每次可以沿上、下、左、右之一的方向移动 1m，但它不能越出沼泽地。在每轮游戏的初始，小机器人被随机地放置在沼泽地中的一个位置。它的任务是寻找到沼泽地中埋藏的宝藏。触发地雷或者觅得宝藏，则该轮游戏结束。触发地雷将受到 1000 分的惩罚，而觅得宝藏则获得 100 分的奖励。

图 12.20 埋藏着宝藏的沼泽地

在这个例子中，算法预先并不知道地雷与宝藏的位置，它需要自发探索。可见，这是一个免模型的强化学习问题。

图 12.21 中的类 LandmineAndTreasure2d 是本例的环境模型的实现。构造函数有两个参数，分别是沼泽地的长 m 与宽 n。小机器人在沼泽地的位置由 (i,j) 表示($0\leqslant i\leqslant m-1$，$0\leqslant j\leqslant n-1$)。每一个位置都对应一个状态。因此，总共有 $m\times n$ 个状态。对任意 $0\leqslant i\leqslant m-1$ 及 $0\leqslant j\leqslant n-1$，第 (i,j) 个状态的编号为 $n\times i+j$。图 12.21 中的第 9 行设置终止状态集合 S_end。由于地雷与宝藏的位置都在沼泽地的第一行，因此第一行的所有状态 $(0,j)$ 都是终止状态($0\leqslant j\leqslant n-1$)，它们对应的状态编号为 $0,1,\cdots,n-1$。

小机器人沿上、下、左、右 4 个方向移动，所以共有 4 个行动。依顺时针次序，分别用 0、1、2、3 表示上、右、下、左 4 个方向的行动编号。

图 12.21 中的第 11～14 行设置奖励函数 R。在沼泽地的第 2 行中，第 0 到第 $n-2$ 个状态所对应的编号为 $n,n+1,\cdots,2n-2$。在这些编号的状态下，只要往上移动 1m 就会触雷。因此，在程序第 13 行中，这些状态下的上移行动(行动编号 0)所对应的奖励值是 -1000。在

沼泽地第2行的最后一个状态(状态编号为 $2n-1$),向上移动1m就可以得到宝藏。因此,在第14行,将状态 $2n-1$ 处的上移行动的奖励值设为100。

在第15～25行设置转移函数 T。在第19～22行中,分别定义了行动0、1、2、3对状态的改变。其中,小机器人不能超出边界。例如,如果小机器人已经处于位置 $(i,0)$, $1\leqslant i\leqslant m-1$,则左移行动将使小机器人停留在原地。第23～25行确保在终止状态下,任何行动都不能继续改变小机器人的状态。

```
machine_learning.reinforcement_learning.landmine_and_treasure_2d
1   import numpy as np
2   from machine_learning.reinforcement_learning.environment import Environment
3
4   class LandmineAndTreasure2d(Environment):
5       def __init__(self, m, n):
6           n_states=m * n
7           n_actions=4
8           S=range(n_states)
9           S_end=range(n)
10          A=range(n_actions)
11          R=np.zeros((n_states, n_actions))
12          for j in range(n-1):
13              R[n+j][0]=-1000
14          R[2 * n-1][0]=100
15          T=np.zeros((n_states, n_actions))
16          for i in range(m):
17              for j in range(n):
18                  s=n * i+j
19                  T[s][0]=s-n if i>0 else s
20                  T[s][1]=s+1 if j<n -1 else s
21                  T[s][2]=s+n if i<m -1 else s
22                  T[s][3]=s-1 if j>0 else s
23          for s in S_end:
24              for a in A:
25                  T[s][a]=s
26          self.S, self.A, self.T, self.R, self.S_end =S, A, T, R, S_end
```

图 12.21 地雷与宝藏游戏的环境模型

图12.22中的程序分别用Sarsa算法和 Q 学习算法学习寻找宝藏的最优策略。算法的第5～7行生成一个长与宽都为4m的沼泽地。第8～9行分别用Sarsa算法和 Q 学习算法计算寻宝的最优行动策略。在第11～15行,以矩阵形式来形象地展示这两个算法所得到的最优行动策略。

```
1  from machine_learning.reinforcement_learning.td.sarsa import sarsa
2  from machine_learning.reinforcement_learning.td.q_learning import
   q_learning
3  import machine_learning.reinforcement_learning.landmine_and_treasure_2d
   as game
4
5  m=4
6  n=4
7  env=game.LandmineAndTreasure2d(m, n)
8  pi_sarsa=sarsa(env, 1000, 0.95, 0.2, 0.1)
9  pi_q=q_learning(env, 1000, 0.95, 0.2, 0.1)
10
11  map={0: "U", 1: "R", 2: "D", 3: "L"}
12  for i in range(m):
13      print([map[pi_sarsa[s]] for s in range(i * n, (i+1) * n)])
14  for i in range(m):
15      print([map[pi_q[s]] for s in range(i * n, (i+1) * n)])
```

图 12.22 Sarsa 算法和 Q 学习算法求解寻宝最优策略的程序

运行图 12.22 中的程序，可以得到两个算法的最优行动策略为

$$\pi_{\text{sarsa}}=\begin{bmatrix} \text{U} & \text{U} & \text{U} & \text{U} \\ \text{D} & \text{D} & \text{R} & \text{U} \\ \text{R} & \text{R} & \text{R} & \text{U} \\ \text{R} & \text{U} & \text{U} & \text{U} \end{bmatrix},\quad \pi_{\text{q}}=\begin{bmatrix} \text{U} & \text{U} & \text{U} & \text{U} \\ \text{R} & \text{R} & \text{R} & \text{U} \\ \text{R} & \text{R} & \text{R} & \text{U} \\ \text{R} & \text{R} & \text{R} & \text{U} \end{bmatrix}$$

在以上的两个矩阵中，第(i,j)位的元素表示小机器人在沼泽的第(i,j)位置时应当移动的方向。其中，U 表示上移，R 表示右移，D 表示下移，L 表示左移。从输出结果可以看到，Sarsa 算法和 Q 学习算法都成功地为每个位置计算出了最优的寻宝路线。但 Sarsa 算法选择了一条远离地雷的路线，并为此绕道而行，如图 12.23(a)所示；而 Q 学习算法则选择了直达目的地的路线，如图 12.23(b)所示。

导致这两个算法的行动策略差别的原因是：Sarsa 算法在每一步选择行动时都会考虑后续行动的探索概率。由于后续行动的探索策略可能会决定向上移动 1m，因此 Sarsa 算法倾向于选择远离地雷的路线。这样的选择可以保证即使探索策略决定上移也不至于触雷。而 Q 学习算法在每一步选择行动时并不考虑将来的探索行动。当算法发现高奖励的行动时，会选择径直朝目标方向前进。这样设计的好处是可以更快速地到达目的地；但是，如果在后续的行动中探索策略决定上移，则小机器人就会触雷。

在实际应用中，可以根据问题的特性选择合适的算法。如果希望制定较为保守的策略，可以采用 Sarsa 算法，否则可以采用 Q 学习算法。

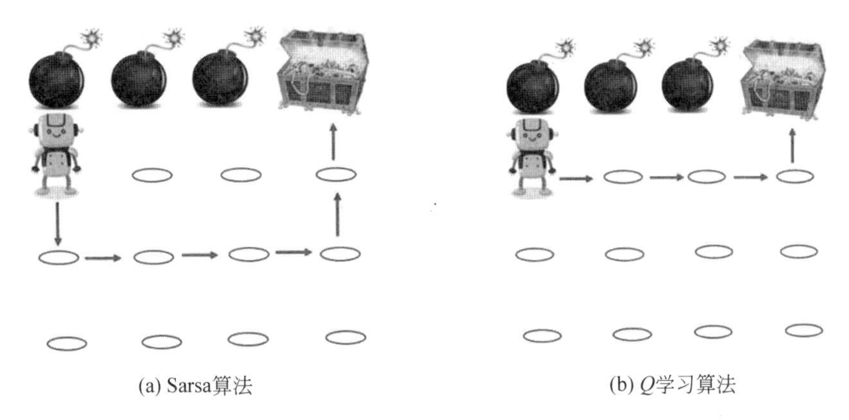

(a) Sarsa算法　　(b) Q学习算法

图 12.23　两个算法选择的寻宝路线

12.4　深度 Q 神经网络

当环境较为简单时，可以将每个状态和每个行动都编码成一个整数，然后用数组来存储对环境 Q 值的估计。Sarsa 算法和 Q 学习算法都是如此处理的。但是，在一些较为复杂的环境中，状态可能是由一组特征来表示的。例如，在无人驾驶汽车问题中，环境状态是由路况和汽车仪表盘读数等特征来共同表示的。在这种情况下，用数组来记录环境 Q 值是不现实的。解决这一问题的有力工具是深度 Q 神经网络(Deep Q-Network，DQN)算法。

DQN 算法是深度学习与强化学习相结合的产物。它也是工业界许多著名应用中的算法原型。许多智能游戏平台的核心技术也是 DQN 算法。值得一提的是，闻名于世的 AlphaGo 围棋博弈系统就是构建在 DQN 算法基础之上的。

假设环境中的每个状态 s 都可以表示成一个 n 元特征组 $\boldsymbol{s}=(x_1,x_2,\cdots,x_n)$，并设行动集为 $\boldsymbol{A}=\{a_1,a_2,\cdots,a_k\}$。DQN 算法的思想是用一个神经网络来输出对环境 Q 值的估计。具体来说，DQN 模型是一个有 n 个输入和 k 个输出的神经网络。将状态的特征组 $\boldsymbol{s}=(x_1,x_2,\cdots,x_n)$作为模型的输入，模型的输出是状态 $\boldsymbol{s}$ 下的每个行动的 Q 值估计。图 12.24 是 DQN 模型的示意图。

如果用 DQN 模型来估计环境 Q 值，DQN 算法就可以根据式(12.27)输出最优策略。因此，问题转化为如何训练一个 DQN 模型。DQN 算法在探索环境的过程中使用随机梯度下降算法来训练 DQN 模型。DQN 算法探索环境的过程与 Q 学习算法十分类似。从一个初始状态开始，算法不断地采取 ε 贪心策略指示的行动来探索环境，并更新 DQN 模型的参数，直至到达某个终止状态。然后，再开始新一轮的探索。

用 DQN(s,a)表示 DQN 模型对状态 s 下行动 a 的 Q 值估计。在算法的每一步探索中，设当前状态为s_{cur}，ε 贪心策略指示的行动为a_{cur}，则算法采取行动 a_{cur} 并获得转移后的状态 $s_{\text{next}}=T(s_{\text{cur}},a_{\text{cur}})$和奖励值 $R(s_{\text{cur}},a_{\text{cur}})$。然后，算法进行模型参数更新。与 Q 学习算法类似，DQN 算法从式(12.40)获得对下一步行动 a_{next}的预测：

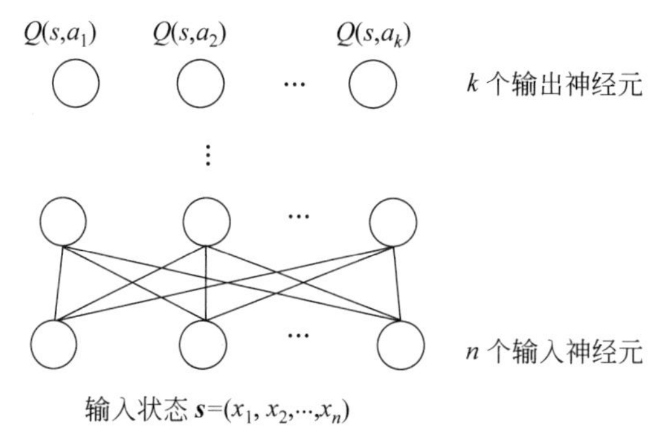

图 12.24　DQN 模型

$$a_{\text{next}} = \underset{a \in A}{\operatorname{argmax}} \operatorname{DQN}(s_{\text{next}}, a) \tag{12.40}$$

由此可以得到状态 s_{cur} 下行动 a_{cur} 的 Q 值的一个更加精确的估计：

$$R(s_{\text{cur}}, a_{\text{cur}}) + \gamma \operatorname{DQN}(s_{\text{next}}, a_{\text{next}}) \tag{12.41}$$

由此可知，DQN 模型在 $Q(s_{\text{cur}}, a_{\text{cur}})$ 时，有如下的预测误差：

$$(R(s_{\text{cur}}, a_{\text{cur}}) + \gamma \operatorname{DQN}(s_{\text{next}}, a_{\text{next}}) - \operatorname{DQN}(s_{\text{cur}}, a_{\text{cur}}))^2 \tag{12.42}$$

DQN 算法通过反向传播算法来更新神经网络模型的参数。对 DQN 算法的完整描述见图 12.25。

DQN 算法

```
Deep_Q_Network (S,A,T,R,N,γ,ε):
    DQN=initial DQN model
    for i=1,2,…,N:
        s_cur=initial state of S
        while s_cur ∉ {terminalstates of S}:
            a_cur= Epsilon_greedy(DQN,s_cur,A,ε)
            s_next=T(s_cur,a_cur)
            a_next= argmax_{a∈A} DQN(s_next,a)
            loss= (R(s_cur,a_cur)+γ DQN(s_next,a_next)-DQN(s_cur,a_cur))^2
            BackProp(DQN,loss)
            s_cur=s_next
  for all s∈S:
    π(s)=argmax_{a∈A} DQN(s,a)
return π
```

图 12.25　DQN 算法描述

为了实现 DQN 算法并在一个场景中展示算法的效果，需要用到 OpenAI 虚拟环境。OpenAI 是最为常用的开发与测试强化学习算法的虚拟环境平台，它提供了许多门类的虚拟环境，例如，游戏类的吃豆子、太空大战等一系列 Atari 电子游戏，还有机器人智能类的抬箱子、取物品等任务环境，以及控制类的如木杆平衡、小车爬山等任务环境。

以下通过 OpenAI 中的木杆平衡环境来展示如何使用 OpenAI 环境，并介绍 DQN 算法的实现。在木杆平衡问题的环境中，一个小车上放置一根小木杆。在环境的状态集 S 中，每个状态由 4 个特征表示：小车位置、小车速度、木杆角度与木杆角速度，见图 12.26。

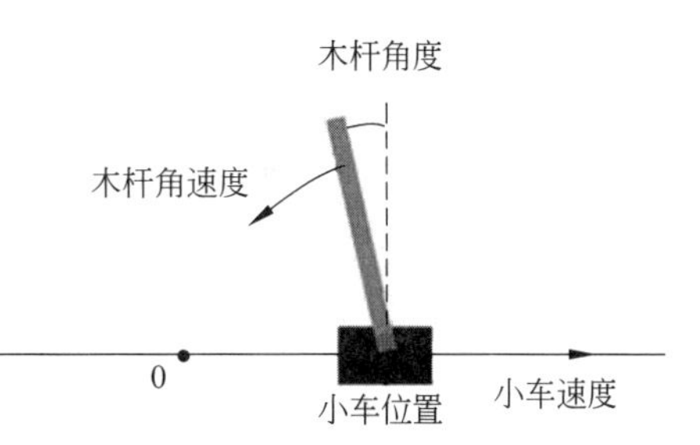

图 12.26　木杆平衡环境的状态包含的特征

环境中的行动集 $A=\{0,1\}$，即有两个可能的行动：0 表示令小车向左加速，1 表示向右加速。环境的转移函数 T 将根据物理定律模拟现实世界中小车速度变化对状态的改变。如果控制小车不当，则当木杆角度超过 15°后就会倾倒。这时认为到达了一个终止状态。

在木杆平衡问题中，算法的任务是通过学习获得一个控制小车的策略，使得木杆能保持平衡而不倒下。基于这一目标，环境的奖励函数 R 有如下形式：只要当前的行动没有使木杆倒下，则获得 1 分的奖励，否则获得 −100 分的惩罚。

图 12.27 展示了如何使用 OpenAI 中的木杆平衡环境。OpenAI 将其环境库称为“健身房”(gym)。图 12.27 中的第 1 行导入环境库 gym。第 3 行导入木杆平衡环境 CartPole-v0。在第 4 行中，将状态 state 设成环境初始状态，这是一个随机状态。如果此时打印 state 的值，会看到它是一个 4 元数组 [0.016, 0.045, 0.012, 0.006]，数组中的每个分量分别代表小车位置、小车速度、木杆角度与木杆角速度这 4 个特征。第 5 行定义 action 为向右加速行动。第 6～10 行不断地令小车向右加速，直至木杆即将倒下。其中，第 7 行中的 env.step 是 OpenAI 定义的采取行动的函数，它用指定的行动作为输入。算法的输出含有如下 4 个信息：①采取该行动后转移至的状态 state；②该行动获得的奖励值 reward；③逻辑变量 done，用于表示是否已到达终止状态，即木杆角度是否已经超过阈值；④报错信息 info，正常情况下都是空值。第 8 行是 OpenAI 提供的可视化接口函数，可以展示当前木杆的状态。

```
1   import gym
2
3   env=gym.make("CartPole-v0")
4   state=env.reset()
5   action=1
6   while True:
7      state, reward, done, info=env.step(action)
8      env.render(mode="rgb_array")
9      if done:
10          break
```

图 12.27　OpenAI 中的木杆平衡环境

运行图 12.27 中的程序,就可以看到木杆从初始的竖直状态到角度超过 15°而即将倒下的整个过程,图 12.28 是这个过程中的 3 幅截图。

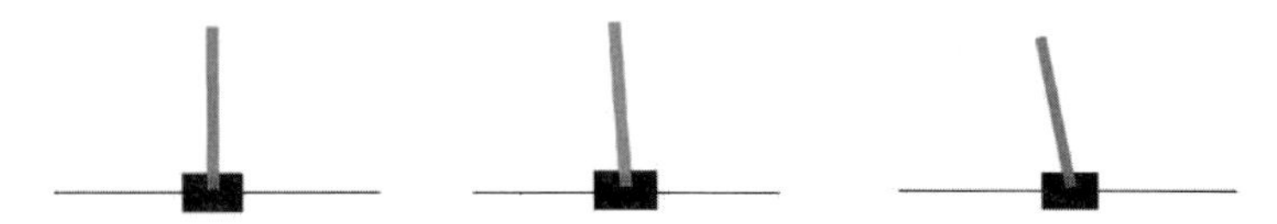

图 12.28　木杆状态变化过程

木杆平衡环境是 OpenAI 中最简单也最常用的虚拟环境。关于 OpenAI 中更加复杂的虚拟环境的使用方法,可参见 OpenAI 官方网站。

图 12.29 是木杆平衡环境中的 DQN 算法实现。第 6~13 行定义了 DQN 模型的神经网络结构。木杆平衡环境的每个状态由 4 个特征表出,因此第 10 行定义一个含有 4 个神经元的输入层 State。第 11、12 行定义了两个隐藏层,它们各有 24 个神经元。由于有两个不同的行动,所以第 13 行定义了一个含有两个神经元的输出层 Q_values,层中每个神经元的输出表示 DQN 模型对相应行动的环境 Q 值估计。

```
1  import numpy as np
2  import gym
3  import tensorflow as tf
4  import machine_learning.reinforcement_learning.epsilon_greedy as eg
5
6  state_size=4
7  n_hidden1=24
8  n_hidden2=24
9  n_actions=2
10 State=tf.placeholder(tf.float32, shape=[None, state_size])
11 hidden1=tf.layers.dense(State, n_hidden1, activation=tf.nn.relu)
12 hidden2=tf.layers.dense(hidden1, n_hidden2, activation=tf.nn.relu)
13 Q_values=tf.layers.dense(hidden2, n_actions)
14
15 Target=tf.placeholder(tf.float32)
16 Action=tf.placeholder(tf.int32)
17 Q_value=tf.reduce_sum(Q_values * tf.one_hot(Action, n_actions))
18 loss=tf.reduce_mean(tf.square(Target-Q_value))
19 optimizer=tf.train.AdamOptimizer(learning_rate=0.001)
20 training_op=optimizer.minimize(loss)
21
22 env=gym.make("CartPole-v0")
23 gamma=0.95
24 n_iterations=1000
25 epsilon_max=1.0
```

图 12.29　木杆平衡环境的 DQN 算法的实现

```
26 epsilon_min=0.01
27 epsilon_decay=0.99
28 stop_penalty=-100
29 with tf.Session() as sess:
30   tf.global_variables_initializer().run()
31   epsilon=epsilon_max
32   for iteration in range(n_iterations):
33      state=env.reset()
34      done=False
35      steps=0
36      while not done:
37         steps+=1
38         s_cur=state.reshape(1, state_size)
39         Q_s_cur=Q_values.eval(feed_dict={State: s_cur})
40         a_cur=eg.epsilon_greedy(Q_s_cur, n_actions, epsilon)
41         if epsilon>epsilon_min:
42            epsilon *=epsilon_decay
43         state, reward, done, info=env.step(action)
44         s_next=state.reshape(1, state_size)
45         if done:
46            target=stop_penalty
47            feed_dict={State: s_cur, Action: a_cur, Target: target}
48            sess.run(training_op, feed_dict=feed_dict)
49            print(steps)
50               break
51         else:
52            Q_s_next=Q_values.eval(feed_dict={State: s_next})
53            target=reward +gamma * np.max(Q_s_next, axis=1)
54            feed_dict={State: s_cur, Action: a_cur, Target: target}
55            sess.run(training_op, feed_dict=feed_dict)
56 env.close()
```

图 12.29 （续）

第 15～20 行按照式(12.42)定义 DQN 模型的目标函数。首先，定义一个张量 Target。它的功能是在通过环境探索进行模型训练时记录式(12.41)中的新的 Q 值估计。第 16 行定义了另一个张量 Action。它的功能是用于记录每一步探索中的当前行动，即图 12.25 中的 a_{cur}。第 17 行定义的 Q_value 变量用于计算 DQN 模型对行动 Action 的环境 Q 值估计。第 18 行用 tf.one_hot(Action, n_actions)将 Action 进行了向量化，行动 0 对应于(1,0)，行动 1 对应于(0,1)。DQN 模型的输出 Q_values 是一个二维向量。它的第一个分量对应于行动 0 的 Q 值估计，第二个分量对应于行动 1 的 Q 值估计。因而，向量 Q_values 与 Action 对应的向量的内积就是模型对 Action 的 Q 值估计。第 18 行依照式(12.42)计算预测误差。第 19、20 行用随机梯度下降算法更新模型参数。

第 22～56 行是 TensorFlow 计算图的运行部分。第 22 行导入木杆平衡虚拟环境。第 23～28 行定义一系列算法的参数。在第 23 行和第 24 行中，分别定义折扣常数为 0.95，并指定环境探索 1000 轮。第 25～27 行定义了 3 个常数，分别是 epsilon_max、epsilon_min 和 epsilon_decay。这 3 个常数各有其意义。在用 ε 贪心探索策略时，随着对 Q 值的估计越来越准确，可以逐渐降低探索概率 ε。因此，在初始时，DQN 算法将探索概率 ε 设为 epsilon_max，见算法第 31 行。接下来，在每一步使用 ε 贪心之后，将 ε 的值乘以一个小于 1 的衰减因子 epsilon_decay，直至 ε 的值减小到 epsilon_min 时就停止，不再继续减小。接下来，在第 28 行定义木杆倒下的惩罚为－100。

第 32 行开始 1000 轮环境探索。在每一轮探索的开始，第 33 行初始化当前状态值 state。第 34 行定义逻辑变量 done 来表示是否已到达终止状态，开始时将其设为 False。第 35 行定义一个变量 steps 来记录本轮探索中小车保持木杆平衡的步数。第 36 行开始本轮探索，只要木杆不倒就一直继续这一轮的探索。在每一步中，第 38 行将当前状态 state 转化为神经网络指定的输入格式 s_cur。第 39 行运行神经网络获得 s_cur 下各行动的环境 Q 值估计 Q_s_cur。第 40 行按照 ε 贪心策略生成当前状态 s_cur 下的行动 a_cur。执行过一步 ε 贪心探索以后，在第 41、42 行按照计划降低探索概率 ε 的取值。第 43 行获取下一个状态和当前步的奖励 reward 的信息。第 44 行将下一个状态转化成神经网络输入的格式 s_next。至此，有以下两种可能的情况：

(1) 如果在 s_next 下木杆即将倒下，则 s_cur 下行动 a_cur 的环境 Q 值为－100。第 46 行将用于存储新的 Q 值估计的变量 Target 的值设成－100。然后，在第 47～50 行运行随机梯度下降算法来更新神经网络参数并打印本轮探索运行的步骤。此后，结束本轮探索。

(2) 如果在 s_next 下木杆依然不倒，则在第 52、53 行按照式(12.42)计算预测误差，并运行随机梯度下降算法，更新神经网络参数。

运行图 12.29 中的算法之后，得到了控制小车的策略以及图 12.30 的输出。从图中可以看到：在探索 200 轮时，木杆不到 100 步就倒了。但随着环境探索轮数的增加，保持木杆平衡的步数也在增加。到探索轮数超过 800 时，保持木杆平衡的步数就稳定在 190 步左右。

工业界的许多强化学习应用都是在图 12.25 的 DQN 算法基础之上再做一些稳定性的加强而形成的。比较常用的有以下两类加强方式。

第一类加强称为经验池算法。在图 12.25 的 DQN 算法中，可以将每一步探索的结果看作一条 DQN 模型的训练数据。由于这些训练数据出现的顺序不是随机的，而是由环境的转移函数决定的，所以图 12.25 中算法并不是真正意义上的随机梯度下降算法。经验池算法的做法是：将这些训练数据存入一个称为经验池的数组中，然后，每次从该数组中随机选取一条经验数据来进行梯度下降。这种做法能使模型的训练更加忠实于原始的随机梯度下降的思想。

第二类加强称为双模型 DQN 算法。图 12.25 的 DQN 算法按照式(12.42)计算预测误

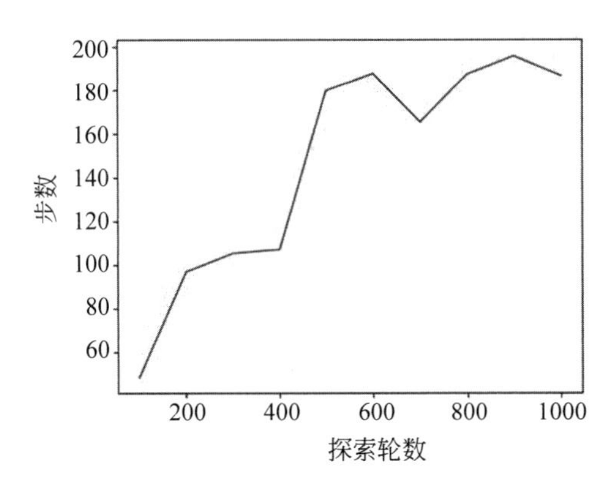

图 12.30　DQN 算法环境探索轮数与保持木杆平衡的步数的关系

差。式中的 $\mathrm{DQN}(s_{\mathrm{cur}},a_{\mathrm{cur}})$ 可看成是模型的预测值，$R(s_{\mathrm{cur}},a_{\mathrm{cur}})+\gamma\mathrm{DQN}(s_{\mathrm{next}},a_{\mathrm{next}})$ 可看作标签值。因此，这个预测误差可看作均方误差。但在通常意义上的标签值应该是一个客观事实，不能由模型预测来决定。而 $R(s_{\mathrm{cur}},a_{\mathrm{cur}})+\gamma\mathrm{DQN}(s_{\mathrm{next}},a_{\mathrm{next}})$ 的值是与模型在 s_{next} 上的预测 $\mathrm{DQN}(s_{\mathrm{next}},a_{\mathrm{next}})$ 有关的，将其作为标签可能会使模型陷入"自以为是"的处境。也就是说，如果模型预测是失真的，基于这个模型预测所获得的训练数据标签仍然可以使式(12.42)的损失函数取值较小，由此将会进一步误导模型的训练。双模型 DQN 算法的思想是：用两个 DQN 模型 DQN_1 和 DQN_2 相互配合，共同完成训练任务。在每一步探索中，都更新 DQN_1 的参数。而每完成一个 100 轮的探索时，才将 DQN_2 的参数更新成最新的 DQN_1 的参数。在每一步探索中，都用 $R(s_{\mathrm{cur}},a_{\mathrm{cur}})+\gamma\mathrm{DQN}_2(s_{\mathrm{next}},a_{\mathrm{next}})$ 作为训练数据标签来更新 DQN_1 的参数，即定义 DQN_1 模型的预测误差为

$$R(s_{\mathrm{cur}},a_{\mathrm{cur}})+\gamma\mathrm{DQN}_2(s_{\mathrm{next}},a_{\mathrm{next}})-\mathrm{DQN}_1(s_{\mathrm{cur}},a_{\mathrm{cur}}) \tag{12.43}$$

按式(12.43)定义的标签值 $R(s_{\mathrm{cur}},a_{\mathrm{cur}})+\gamma\mathrm{DQN}_2(s_{\mathrm{next}},a_{\mathrm{next}})$，不再与 DQN_1 有关，因此，双模型的 DQN 算法避免了因标签值与模型预测有关而可能导致的问题。

12.5　策略梯度型算法

Sarsa 算法、Q 学习算法和深度 Q 神经网络算法都是基于对环境 Q 值学习的时序差分型算法。本节要介绍的策略梯度型算法是另一类免模型的强化学习算法。其中，最具代表性的是 REINFORCE 算法和 Actor-Critic 算法。它们的风格完全不同于对环境 Q 值学习的算法。策略梯度型算法与时序差分型算法是两类最常用的免模型强化学习算法。

策略梯度型算法的特点是直接对随机策略建模。如果策略是随机的，则 $\pi(s)$ 是一个随机变量，且 $\pi(s,a)$ 是状态 s 下采取行动 a 的概率。策略梯度型算法采用参数化的模型 $h_{\boldsymbol{W}}(s)$ 来计算 $\pi(s,a)$。通常情况下，$h_{\boldsymbol{W}}(s)$ 的形式可定义为 Softmax 模型。假定每个状态 s 都可以由 n 个特征表达，即 $\boldsymbol{s}=(x_1,x_2,\cdots,x_n)$，并且状态 $\boldsymbol{s}$ 下共有 k 个可能的行动，即行动集 $A=\{1,2,\cdots,k\}$。计算 $\pi(\boldsymbol{s},a)(1\leqslant a\leqslant k)$ 的 Softmax 模型为

$$h_{\boldsymbol{W}}(\boldsymbol{s}) = \left(\frac{\mathrm{e}^{\langle \boldsymbol{w}_1, \boldsymbol{s} \rangle}}{\sum_{t=1}^{k} \mathrm{e}^{\langle \boldsymbol{w}_t, \boldsymbol{s} \rangle}}, \frac{\mathrm{e}^{\langle \boldsymbol{w}_2, \boldsymbol{s} \rangle}}{\sum_{t=1}^{k} \mathrm{e}^{\langle \boldsymbol{w}_t, \boldsymbol{s} \rangle}}, \cdots, \frac{\mathrm{e}^{\langle \boldsymbol{w}_k, \boldsymbol{s} \rangle}}{\sum_{t=1}^{k} \mathrm{e}^{\langle \boldsymbol{w}_t, \boldsymbol{s} \rangle}} \right) \tag{12.44}$$

式中，$\boldsymbol{w}_a \in \mathbb{R}^n$ 为 n 维向量（$1 \leqslant a \leqslant k$）。定义 $h_{\boldsymbol{W}}(\boldsymbol{s})$ 的第 a 个分量表示模型在状态 $\boldsymbol{s}$ 下采取行动 a 的概率，即

$$\pi(\boldsymbol{s}, a) = h_{\boldsymbol{W}}(\boldsymbol{s}, a) = \frac{\mathrm{e}^{\langle \boldsymbol{w}_a, \boldsymbol{s} \rangle}}{\sum_{t=1}^{k} \mathrm{e}^{\langle \boldsymbol{w}_t, \boldsymbol{s} \rangle}}, \quad 1 \leqslant a \leqslant k \tag{12.45}$$

由此可知，通过估计出在状态 $\boldsymbol{s}$ 下模型的 $n \times k$ 参数矩阵 $\boldsymbol{W} = (\boldsymbol{w}_1, \boldsymbol{w}_2, \cdots, \boldsymbol{w}_k)$，就可以由模型计算出在状态 $\boldsymbol{s}$ 下采取行动 $1, 2, \cdots, k$ 的概率。这就是策略梯度型算法的基本思想。

12.5.1 REINFORCE 算法

REINFORCE 算法是直接对随机策略建模的策略梯度型算法。REINFORCE 的基本思想是：在探索环境的过程中，用策略模型指定的概率分布来选择行动。如果发现了一个奖励值高的行动，则更新模型参数以增大后续的探索中再次选中该行动的概率。

REINFORCE 算法以式(12.44)的 Softmax 模型为随机策略模型。它巧妙地借助了交叉熵来实现上述思想。第 5 章中介绍过 Softmax 回归算法。在一个 k 元分类问题中，通过最小化交叉熵可以增大 Softmax 模型正确预测样本 $\boldsymbol{x}$ 的标签的概率。借助这一思想，在 REINFORCE 算法中，设总共有 k 种不同的行动，并设 $h_{\boldsymbol{W}}$ 为一个策略模型。于是对任意状态 $\boldsymbol{s}$，$h_{\boldsymbol{W}}(\boldsymbol{s}) \in [0,1]^k$ 表示采取各个行动的概率。对于一个特定的行动 a，如果希望更新参数 $\boldsymbol{W}$，使得将来 $h_{\boldsymbol{W}}$ 能以更高的概率选出行动 a，则可以构造一个样本 $(\boldsymbol{s}, \boldsymbol{y})$。其中，标签 $\boldsymbol{y} \in \{0,1\}^k$ 的第 a 位是 1，其余位是 0。然后，通过最小化交叉熵的方式来更新 $\boldsymbol{W}$，使得 $h_{\boldsymbol{W}}(\boldsymbol{s})$ 更加接近标签 $\boldsymbol{y}$。换句话说，策略将以更大的概率输出 a。

根据随机梯度下降公式，假定 η 为学习速率，如果希望增大行动 a 将来再次被选中的概率，则应当按以下的方法更新参数 $\boldsymbol{W}$：

$$\boldsymbol{W} \leftarrow \boldsymbol{W} + \eta \cdot \nabla \langle \boldsymbol{y}, \log h_{\boldsymbol{W}}(\boldsymbol{s}) \rangle = \boldsymbol{W} + \eta \cdot \nabla \log h_{\boldsymbol{W}}(\boldsymbol{s}, a) \tag{12.46}$$

在式(12.46)中，$\log h_{\boldsymbol{W}}(\boldsymbol{s}, a)$ 是关于 $\boldsymbol{W}$ 的实函数，式中所计算的梯度是 $\log h_{\boldsymbol{W}}(\boldsymbol{s}, a)$ 关于 $\boldsymbol{W}$ 的梯度。

可以注意到，REINFORCE 算法只希望增大能够带来高奖励的行动的概率。因此，需要对式(12.46)做出修改。设当前状态 $\boldsymbol{s}$ 是一轮探索的第 t 步。采取行动 a 之后，获得奖励 $r = R(\boldsymbol{s}, a)$，因此行动 a 可获得的折扣奖励就是 $\gamma^t \cdot r$。REINFORCE 算法在式(12.46)的基础上用折扣奖励值 $\gamma^t \cdot r$ 作为梯度的权重，它的参数更新公式如下：

$$\boldsymbol{W} \leftarrow \boldsymbol{W} + \eta \cdot \gamma^t \cdot r \cdot \nabla \log h_{\boldsymbol{W}}(\boldsymbol{s}, a) \tag{12.47}$$

采用这样的权重，REINFORCE 算法的参数更新自然地引导模型增大高奖励行动的概率。

综合以上分析，可以对 REINFORCE 算法作出完整描述，如图 12.31 所示。在算法的开始时，先随机生成模型参数 $\boldsymbol{W}$，然后进行 N 轮环境探索。每一轮探索都从环境初始状态开始，不断依照模型输出的策略行动，并根据获得的折扣奖励值，按照式(12.47)更新模型参

数，直至到达某个终止状态。

REINFORCE 算法

REINFORCE (S,A,T,R,N,γ,η)：
$\boldsymbol{W}$= random initial model parameters
for $i=1,2,\cdots,N$：
    $\boldsymbol{s}_{cur}$ = initial state in S
    $t=0$
    while $\boldsymbol{s}_{cur} \notin$ {terminalstates of S}：
        $a_{cur} \sim h_{\boldsymbol{W}}(\boldsymbol{s}_{cur})$
        $\boldsymbol{s}_{next} = T(\boldsymbol{s}_{cur}, a_{cur})$
        $\boldsymbol{W} \leftarrow \boldsymbol{W} + \eta \cdot \gamma^t \cdot R(\boldsymbol{s}_{cur}, a_{cur}) \nabla \log h_{\boldsymbol{W}}(\boldsymbol{s}_{cur}, a_{cur})$
        $\boldsymbol{s}_{cur} = \boldsymbol{s}_{next}$
        $t \leftarrow t+1$
return $h_{\boldsymbol{W}}$

图 12.31　REINFORCE 算法描述

图 12.32 实现了 REINFORCE 算法来解决木杆平衡问题。该算法采用 Softmax 模型作为策略模型。第 9～30 行是算法的主体部分。第 10 行随机地初始化模型参数。第 11 行开始进行 n_iter 轮环境探索。在每一轮探索中，第 19 行计算 Softmax 模型在当前状态 $\boldsymbol{s}$ 下各行动的概率 probs。第 20 行按照 probs 随机选取一个行动 a。第 21 行执行行动 a，以获得下一个状态的信息以及 $\boldsymbol{s}$ 下行动 a 的奖励值信息。第 22～24 行计算标签值 $\boldsymbol{y}$，这是一个 n_actions 维的{0,1}向量。n_actions 等于行动的个数。$\boldsymbol{y}$ 向量中的第 a 个分量取值 1，其余的分量都取值 0。第 25 行按式(12.48)计算交叉熵的梯度：

$$\nabla \log h_{\boldsymbol{W}}(\boldsymbol{s},a) = -\boldsymbol{s}^{\mathrm{T}}(h_{\boldsymbol{W}}(\boldsymbol{s}) - \boldsymbol{y}) \tag{12.48}$$

这里 $\boldsymbol{s}$ 是一个行向量。第 26～28 行判断木杆是否已经倒下。如果木杆已经倒下，则将奖励值设为 −100，并打印在这轮探索中总共持续的步数。第 29 行按照式(12.47)更新模型参数。

```
1   import numpy as np
2   import gym
3
4   def softmax(scores):
5      e=np.exp(scores)
6      s=e.sum()
7      return e/s
8
9   def REINFORCE(env, state_size, n_actions, n_iter, gamma, eta):
10      W=np.random.rand(state_size, n_actions)
11      for iter in range(n_iter):
```

图 12.32　木杆平衡问题的 REINFORCE 算法的实现

```
12          state=env.reset()
13          done=False
14          discount=1
15          steps=0
16          while not done:
17              steps+=1
18              s=state.reshape(1, state_size)
19              probs=softmax(s.dot(W))
20              a=np.random.choice(n_actions, p=probs.reshape(-1))
21              state, reward, done, info=env.step(a)
22              y=np.zeros(n_actions)
23              y[a]=1
24              y=y.reshape(1, n_actions)
25              gradient=-s.T.dot(probs-y)
26              if done:
27                  reward=-100
28                  print("iteration {} lasts for {} steps".format(iter, steps))
29              W=W+eta*discount*reward*gradient
30              discount*=gamma
31
32  env=gym.make("CartPole-v0")
33  REINFORCE(env, 4, 2, 3000, 0.95, 0.1)
```

图 12.32 (续)

运行图 12.32 中的算法之后,可以从输出的图 12.33 中看到探索轮数与保持木杆平衡的步数之间的关系。在探索轮数低于 600 轮时,木杆平衡的步数随着探索轮数的增加而增加;当探索轮数超过 600 时,保持木杆平衡的步数呈现出先增后减的变化态势;在探索了约 700 轮时,保持木杆平衡的步数接近 180 步。

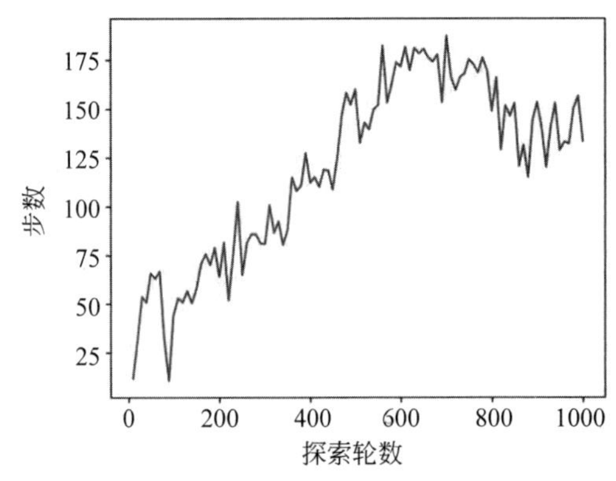

图 12.33 REINFORCE 算法探索轮数与保持木杆平衡的步数的关系

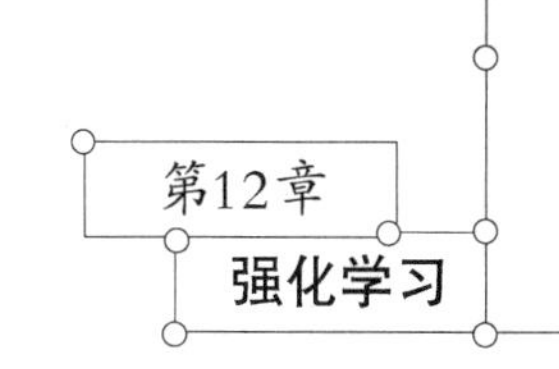

12.5.2 Actor-Critic 算法

Actor-Critic 算法是另一个经典的策略梯度型算法。该算法中含有两个模型,分别是策略模型和状态的环境 V 值模型。策略模型决定行动的概率分布,这个模型又被形象地称为演员(Actor)模型。环境 V 值模型用于估计状态的环境 V 值,它指导演员模型的更新,因此,这个模型又被形象地称为评论家(Critic)模型。

在算法中,演员模型就是 REINFORCE 算法中的策略模型,不再赘述。对任意状态 $\boldsymbol{s}$,评论家模型 $V_{\boldsymbol{u}}(\boldsymbol{s})\in\mathbb{R}$,用于估计 $\boldsymbol{s}$ 的环境 V 值。其中,$\boldsymbol{u}$ 是模型参数。

线性模型是一个常用的评论家模型。假设每个状态 $\boldsymbol{s}$ 可以由 n 个特征表示,即 $\boldsymbol{s}\in\mathbb{R}^n$。线性评论家模型具有如下形式:

$$V_{\boldsymbol{u}}(\boldsymbol{s})=\langle\boldsymbol{s},\boldsymbol{u}\rangle \tag{12.49}$$

其中,模型参数 $\boldsymbol{u}\in\mathbb{R}^n$。

图 12.34 是 Actor-Critic 算法的描述。它与 REINFORCE 算法的结构类似。它通过 N 轮探索来训练演员模型 $h_{\boldsymbol{W}}$ 和评论家模型 $V_{\boldsymbol{u}}$。开始时,算法随机地初始化演员模型的参数 $\boldsymbol{W}$ 和评论家模型的参数 $\boldsymbol{u}$。然后,在每一轮探索中,不断按照演员模型生成的策略采取行动,直至到达某个终止状态。在探索的每一步中,假定当前状态是 $\boldsymbol{s}_{\text{cur}}$,根据演员模型 $h_{\boldsymbol{W}}(\boldsymbol{s}_{\text{cur}})$选择行动 a_{cur},从而获得下一个状态 $\boldsymbol{s}_{\text{next}}$ 的信息以及 a_{cur} 获得的奖励值 $R(\boldsymbol{s}_{\text{cur}},a_{\text{cur}})$。通过这一步探索,算法有了新的环境 V 值的估计 $R(\boldsymbol{s}_{\text{cur}},a_{\text{cur}})+\gamma V_{\boldsymbol{u}}(\boldsymbol{s}_{\text{next}})$。用 δ 表示新的 V 值估计与当前 V 值估计的差值:

$$\delta=R(\boldsymbol{s}_{\text{cur}},a_{\text{cur}})+\gamma V_{\boldsymbol{u}}(\boldsymbol{s}_{\text{next}})-V_{\boldsymbol{u}}(\boldsymbol{s}_{\text{cur}}) \tag{12.50}$$

Actor-Critic 算法更新演员模型的参数,使得具有较大 δ 值的行动的概率加大。从直觉上看,差值 δ 越大,则行动越有价值,同时对改进评论家模型也越有帮助。基于这一思想,Actor-Critic 算法采用与 REINFORCE 算法类似的技巧,通过对交叉熵的加权梯度来实现上述思想。因此,Actor-Critic 算法采用以下的参数更新公式:

$$\boldsymbol{W}\leftarrow\boldsymbol{W}+\eta_{\boldsymbol{W}}\cdot\gamma^t\cdot\delta\cdot\nabla\log h_{\boldsymbol{W}}(\boldsymbol{s}_{\text{cur}},a_{\text{cur}}) \tag{12.51}$$

其中,$\eta_{\boldsymbol{W}}$是学习速率。

在对演员模型进行更新之后,接下来就要更新评论家模型的参数 $\boldsymbol{u}$。Actor-Critic 算法采取的更新参数 $\boldsymbol{u}$ 的方式为

$$\boldsymbol{u}\leftarrow\boldsymbol{u}+\eta_{\boldsymbol{u}}\cdot\gamma^t\cdot\delta\cdot\nabla V_{\boldsymbol{u}}(\boldsymbol{s}_{\text{cur}}) \tag{12.52}$$

记更新参数 $\boldsymbol{u}$ 之后的环境 V 值估计为 $V_{\boldsymbol{u}+\eta_{\boldsymbol{u}}\cdot\gamma^t\cdot\delta\cdot\nabla V_{\boldsymbol{u}}(\boldsymbol{s}_{\text{cur}})}(\boldsymbol{s}_{\text{cur}})$。根据微分中值定理,有

$$\begin{aligned}V_{\boldsymbol{u}+\eta_{\boldsymbol{u}}\cdot\gamma^t\cdot\delta\cdot\nabla V_{\boldsymbol{u}}(\boldsymbol{s}_{\text{cur}})}(\boldsymbol{s}_{\text{cur}})-V_{\boldsymbol{u}}(\boldsymbol{s}_{\text{cur}})&\approx\eta_{\boldsymbol{u}}\cdot\gamma^t\cdot\delta\cdot\|\nabla V_{\boldsymbol{u}}(\boldsymbol{s}_{\text{cur}})\|^2\\&=c\cdot\delta\end{aligned} \tag{12.53}$$

其中,$c=\eta_{\boldsymbol{u}}\cdot\gamma^t\cdot\|\nabla V_{\boldsymbol{u}}(\boldsymbol{s}_{\text{cur}})\|^2\in\mathbb{R}$ 为一个实数。从式(12.53)可以看出,在按式(12.52)更新参数之后,模型的 V 值估计与原先的估计 $V_{\boldsymbol{u}}(\boldsymbol{s}_{\text{cur}})$之间的差值并不是 δ,而是 δ 的某个倍数。这说明,Actor-Critic 算法对 V 值估计采取的是较为保守的调整方式。

Actor-Critic 算法

Actor_Critic $(S,A,T,R,N,\gamma,\eta_u,\eta_W)$:

  $\boldsymbol{W},\boldsymbol{u}$=random initial model parameters

  for $i=1,2,\cdots,N$:

    $\boldsymbol{s}_{\text{cur}}$=initial state in S

    $t=0$

    while $\boldsymbol{s}_{\text{cur}} \notin$ {terminal states of S}:

      $a_{\text{cur}} \sim h_W(\boldsymbol{s}_{\text{cur}})$

      $\boldsymbol{s}_{\text{next}} = T(\boldsymbol{s}_{\text{cur}}, a_{\text{cur}})$

      $\delta = R(\boldsymbol{s}_{\text{cur}}, a_{\text{cur}}) + \gamma V_{\boldsymbol{u}}(\boldsymbol{s}_{\text{next}}) - V_{\boldsymbol{u}}(\boldsymbol{s}_{\text{cur}})$

      $\boldsymbol{W} \leftarrow \boldsymbol{W} + \eta_W \cdot \gamma^t \cdot \delta \cdot \nabla \log h_W(\boldsymbol{s}_{\text{cur}}, a_{\text{cur}})$

      $\boldsymbol{u} \leftarrow \boldsymbol{u} + \eta_u \cdot \gamma^t \cdot \delta \cdot \nabla V_{\boldsymbol{u}}(\boldsymbol{s}_{\text{cur}})$

      $\boldsymbol{s}_{\text{cur}} = \boldsymbol{s}_{\text{next}}$

      $t \leftarrow t+1$

图 12.34　Actor-Critic 算法描述

图 12.35 是解决木杆平衡问题的 Actor-Critic 算法的具体实现。图中的算法采用 Softmax 模型作为演员模型，采用式(12.49)的线性模型作为评论家模型。在算法的第 26、29 行中，根据式(12.50)来计算 δ。当 $V_{\boldsymbol{u}}$ 是线性模型时，有 $\nabla V_{\boldsymbol{u}}(\boldsymbol{s}_{\text{cur}}) = \boldsymbol{s}_{\text{cur}}^{\text{T}}$，因此，第 35、36 行正是对式(12.52)的实现。第 33、34 行是对式(12.51)的实现。算法实现的其余部分都与 REINFORCE 算法实现相同，在此不再赘述。

```
1   import numpy as np
2   import gym
3
4   def softmax(scores):
5       e=np.exp(scores)
6       s=e.sum()
7       return e/s
8
9   def actor_critic(env, state_size, n_actions, n_iter, gamma, eta_u, eta_W):
10      W=np.random.rand(state_size, n_actions)
11      u=np.random.rand(state_size, 1)
12      for iter in range(n_iter):
13          state=env.reset()
14          done=False
15          discount=1
16          steps=0
17          while not done:
18              steps+=1
19              s_cur=state.reshape(1, state_size)
```

图 12.35　木杆平衡问题的 Actor-Critic 算法的实现

```
20            probs=softmax(s_cur.dot(W))
21            a_cur=np.random.choice(n_actions, p=probs.reshape(-1))
22            state, reward, done, info =env.step(a_cur)
23            if done:
24                print("iteration {} lasts for {} steps".format(iter, steps))
25                reward=-100
26                delta=reward-s_cur.dot(u)
27            else:
28                s_next=state.reshape(1, state_size)
29                delta=reward +gamma * s_next.dot(u)-s_cur.dot(u)
30            y=np.zeros(n_actions)
31            y[a_cur]=1
32            y=y.reshape(1, n_actions)
33            gradient_W=s_cur.T.dot(probs-y)
34            W=W-eta_W * discount * delta * gradient_W
35            gradient_u=s_cur.T
36            u=u+eta_u * discount * delta * gradient_u
37            discount * =gamma
38
39    env=gym.make("CartPole-v0")
40    actor_critic(env, 4, 2, 1000, 0.95, 0.1, 0.1)
```

图 12.35 （续）

图 12.36 直观展示了图 12.35 算法的效果。与图 12.33 相比，图 12.36 中木杆平衡的步数在探索轮数增加的过程中有较大的波动。但从总体上看，当探索轮数超过 800 之后，Actor-Critic 算法保持木杆平衡的步数接近于 REINFORCE 算法。

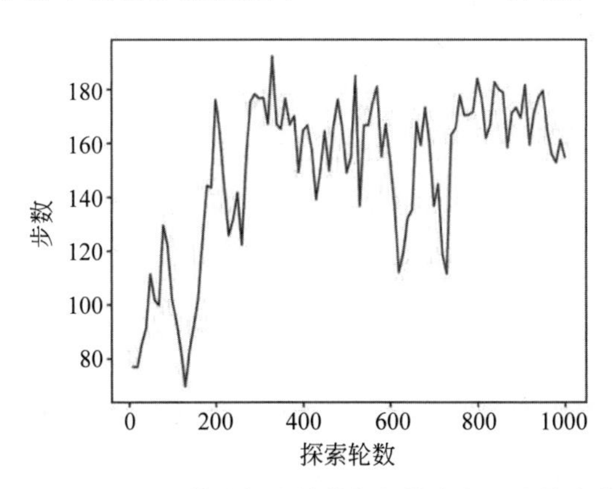

图 12.36　Actor-Critic 算法探索轮数与保持木杆平衡的步数的关系

本节只是采用最简单的模型来展示策略梯度型算法的思想。在实际应用中，策略梯度往往与深度学习相结合，即采用深度学习模型作为策略模型。在较为复杂的环境中，结合深度学习来设计策略梯度型算法是现代机器学习的前沿研究课题之一。

小结

强化学习采用马尔可夫模型对环境建模。在马尔可夫环境中，V 值和 Q 值是两个重要的概念，它们分别度量了状态和行动的价值。类似地，可以定义一个策略的 V 值和 Q 值。在任意一个状态下，策略 V 值总不超过环境 V 值。如果一个策略在任意状态下的 V 值都等于环境 V 值，则称该策略是一个最优策略。计算最优策略是强化学习的主要任务。

强化学习有两种形式。

第一种是有模型强化学习。在有模型强化学习中，环境的转移函数和奖励函数都是已知的，因此可以用动态规划算法预先算出最优策略。值迭代算法和策略迭代算法是动态规划型算法的两个典型代表。值迭代算法先用动态规划算法计算出环境 Q 值，再根据环境 Q 值得出最优策略。策略迭代算法则不同，它从一个随机的初始策略开始，不断地用动态规划算法计算出当前策略的 Q 值，并调整策略，直至算法收敛。这两种动态规划型算法各有其特点。在实际应用中，可根据需要选择合适的算法。

第二种是免模型强化学习。在免模型强化学习中，算法需要自发地探索环境来获得转移函数和奖励函数的信息。时序差分型算法和策略梯度型算法是两类风格迥异的免模型强化学习算法。

时序差分型算法的思想起源于动态规划型算法。它采用 ϵ 贪心策略探索环境，同时获得对环境 Q 值的估计。Sarsa 算法和 Q 学习算法是两个典型的时序差分型算法。这两个算法的区别在于：Sarsa 算法是一个同策略学习算法，而 Q 学习算法是一个异策略学习算法。这一区别使得两个算法的效果完全不同。Sarsa 算法会选取较为保守的策略，而 Q 学习算法则更为激进。除了 Sarsa 算法和 Q 学习算法之外，深度 Q 神经网络算法是另一个重要的时序差分型算法。深度 Q 神经网络算法是深度学习与强化学习相结合的产物。深度 Q 神经网络算法的核心思想是用一个深度神经网络来学习环境 Q 值。当状态特征数目较大时，深度 Q 神经网络算法是较 Sarsa 算法或 Q 学习算法更合适的算法。

策略梯度型算法的思想是直接对策略建模。REINFORCE 算法和 Actor-Critic 算法是策略梯度型算法的代表。REINFORCE 算法的思想是训练模型参数以增大折扣奖励高的行动的概率。Actor-Critic 算法同时对策略和环境 V 值建模。在训练策略模型时，算法训练模型参数的目标是增大对环境 V 值的估计带来较大提升的行动的概率。

强化学习是人工智能领域的前沿研究课题。将强化学习与深度学习相结合是解决许多人工智能难题的强有力的手段。本章的介绍为进一步探索强化学习算法打下了基础。对强化学习有兴趣的读者可进一步参阅相关专著。

习题

12.1 地雷与宝藏Ⅲ。

地雷与宝藏Ⅲ的游戏规则与例12.2相同。在图12.37所示3m×3m的沼泽地中,有一个小机器人。它每次可以沿向上、下、左、右之一的方向移动1m,但不能越出沼泽地。若触发地雷或者觅得宝藏,则该轮游戏结束。触发地雷将受到1000分的惩罚,而觅得宝藏将获得100分的奖励。

图12.37 地雷与宝藏Ⅲ

(1) 绘制游戏的马尔可夫状态图。

(2) 设折扣值$\gamma=0.5$,计算每个状态的环境V值。

(3) 设折扣值$\gamma=0.5$,计算图12.37中小机器人在所处位置上各行动的环境Q值。

(4) 设环境模型已知。分别用值迭代算法和策略迭代算法计算游戏的最优策略,并计算最优策略的V值。

(5) 设环境模型未知。分别用Sarsa算法和Q学习算法探索游戏的最优策略。

12.2 拉斯维加斯赌徒。

拉斯维加斯是著名的赌城。城中有一名赌徒,他携50个金币参加一场赌局。赌局的规则如下:赌局分轮进行。每轮赌局抛一次硬币。赌徒可以对每轮赌局下注。假设当前他有s个金币。他可以用0到s之间任意数量的金币下注。如果抛硬币的结果是正面,则赌徒赢得与他下注金币等量的金币数;否则,他输掉他下注的金币。这样一轮轮进行下去,直到赌徒输光所有的金币,或他手中的金币数达到100。假设赌局中抛出硬币正面的概率是p。

(1) 如果p值已知,分别设计值迭代算法与策略迭代算法计算赌徒的最优下注策略。

(2) 如果p值未知,分别设计Sarsa算法、Q学习算法与深度Q神经网络算法计算赌徒的最优下注策略。

12.3 在图12.29的基础上,用TensorFlow实现深度Q神经网络的经验池算法加强。

12.4 在习题12.3的基础上,实现双模型深度Q神经网络算法。

12.5 图12.32中的REINFORCE算法采用了Softmax模型对策略建模。请用TensorFlow实现采用神经网络作为策略模型的REINFORCE算法。

12.6 图12.35中的Actor-Critic算法采用了Softmax模型对策略建模。请用TensorFlow实现采用神经网络作为策略模型的Actor-Critic算法。

12.7 蒙特卡洛算法。

蒙特卡洛算法是一个免模型强化学习算法。与时序差分算法的思想类似,蒙特卡洛算法也是在探索环境的同时更新策略。但是与时序差分算法不同的是,蒙特卡洛算法并不是每一步探索之后都更新策略,而是经过一组探索之后再统一更新策略。

图 12.38 是折扣为 γ 的蒙特卡洛算法描述。算法初始时随机制定一个策略，随后分 N 轮循环来更新策略。在每一轮循环中，算法进行一组 T 个回合的探索，并记录探索过程中每一步 t 的状态 s_t、行动 a_t 和获得的奖励值 R_t。这些记录用于计算每一步 t 的折扣奖励 G_t。随后，对任意一个状态 s 和行动 a，将探索过程中满足 $s_t=s$ 且 $a_t=a$ 的 G_t 的平均值作为对 $Q(s,a)$ 的估计。最后更新策略 $\pi(s)=\underset{a\in A}{\operatorname{argmax}}\,Q(s,a)$，并进入下一轮循环。

蒙特卡洛算法

$\pi=$ random strategy

for $i=1,2,\cdots,N$:

  $s_1=$ initial state in S

  for $t=1,2,\cdots,T$:

    $a_t=\pi(s_t)$

    $s_{t+1}=T(s_t,a_t)$

    $R_t=R(s_t,a_t)$

  for $t=1,2,\cdots,T$: $G_t=\sum_{k=0}^{T-t-1}\gamma^k R_{t+k+1}$

  for all $s\in S$ and all $a\in A$:

$$Q(s,a)=\frac{\sum_{t=1}^{T}1\{s_t=s,a_t=a\}G_t}{\sum_{t=1}^{T}1\{s_t=s,a_t=a\}}$$

  for all $s\in S$:

    $\pi(s)=\underset{a\in A}{\operatorname{argmax}}\,Q(s,a)$

return π

图 12.38 蒙特卡洛算法描述

(1) 与时序差分算法比较，描述蒙特卡洛算法的优势与不足之处。

(2) 实现蒙特卡洛算法。

(3) 用蒙特卡洛算法计算例 12.2 中的游戏地雷与宝藏 Ⅱ 的最优策略。

12.8 吃豆人游戏。

吃豆人是一款经典的 Atari 游戏。游戏的任务是控制主人公 Pacman 在一个迷宫中吃掉所有的豆子，同时躲避魔鬼的追逐。图 12.39 是一个游戏环境的截图。

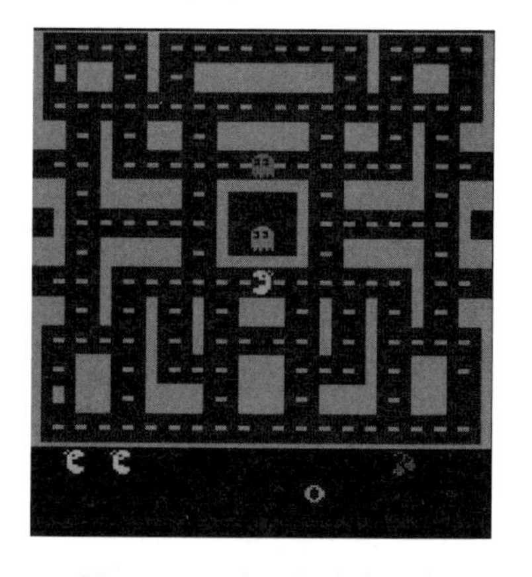

图 12.39 吃豆人游戏环境

OpenAI 中集成了吃豆人游戏的虚拟环境。图 12.40 中的程序创建一个吃豆人游戏环境。在第 4 行导入环境，该环境的状态为一个游戏的局面。第 5～7 行打印初始状态(得到图 12.39)。游戏的行动集合是 $A=\{0,1,\cdots,8\}$，其中的数字分别表示左上、正上、右上、正左、原地、正右、左下、正下以及右下这 9 个移动方式。Pacman 吃光所有的豆子，或 Pacman 被魔鬼吃掉，则游戏结束。

```
1  import gym
2  import matplotlib.pyplot as plt
3
4  env=gym.make("MsPacman-v0")
5  obs=env.reset()
6  plt.imshow(obs)
7  plt.show()
8  print(env.action_space)
```

图 12.40　导入吃豆人 OpenAI 环境的程序

请基于图 12.40 中的程序设计一个强化学习算法，找出吃豆人游戏的最优策略。

附录 A　机器学习数学基础

机器学习是一门涉及数学、统计学与计算机科学的交叉学科。本书的主题是机器学习算法。而要学好算法，需要有扎实的数学基础。在介绍算法原理时常常涉及许多基本的数学知识。纵观全书，需要准备的数学基础主要有 4 部分：线性代数、微积分、优化理论与概率论。本附录分别用 4 节来介绍这些内容，并力求在不断章取义的基础上选取与机器学习算法直接相关的内容，从而使读者能够有的放矢地掌握相关的数学知识。各节的内容中都会涵盖有关的基本定义以及重要的引理与定理。除此之外，还会介绍一些重要定理的简洁且有助于理解结论的数学推导与证明。

A.1　线性代数

1. 向量

一个 n 维向量 $\boldsymbol{v}$ 由 n 个实数 $v_1, v_2, \cdots, v_n$ 构成，记作 $\boldsymbol{v}=(v_1, v_2, \cdots, v_n)$。用 $\mathbb{R}^n$ 表示全体 n 维实数向量。

定义 A.1.1（向量加法与数乘）　假设 $\boldsymbol{u}=(u_1, u_2, \cdots, u_n)$，$\boldsymbol{v}=(v_1, v_2, \cdots, v_n)$ 为两个 n 维向量，α 为一个实数。定义向量加法与数乘为

$$\boldsymbol{u}+\boldsymbol{v}=(u_1+v_1, u_2+v_2, \cdots, u_n+v_n) \tag{A.1.1}$$

$$\alpha\boldsymbol{u}=(\alpha u_1, \alpha u_2, \cdots, \alpha u_n) \tag{A.1.2}$$

定义 A.1.2（向量的内积）　假设 $\boldsymbol{u}=(u_1, u_2, \cdots, u_n)$，$\boldsymbol{v}=(v_1, v_2, \cdots, v_n)$ 为两个 n 维向量，定义 $\boldsymbol{u}$ 与 $\boldsymbol{v}$ 的内积为

$$\langle\boldsymbol{u}, \boldsymbol{v}\rangle=u_1v_1+u_2v_2+\cdots+u_nv_n \tag{A.1.3}$$

向量的内积有以下的基本性质：

- 对称性。设 $\boldsymbol{u}$、$\boldsymbol{v}$ 为两个 n 维向量，有 $\langle\boldsymbol{u}, \boldsymbol{v}\rangle=\langle\boldsymbol{v}, \boldsymbol{u}\rangle$。
- 线性性。设 $\boldsymbol{u}$、$\boldsymbol{v}$ 与 $\boldsymbol{w}$ 是 n 维向量，α 为一个实数，有

$$\langle \boldsymbol{u}+\boldsymbol{v},\boldsymbol{w}\rangle=\langle \boldsymbol{u},\boldsymbol{w}\rangle+\langle \boldsymbol{v},\boldsymbol{w}\rangle$$
$$\langle \alpha\boldsymbol{u},\boldsymbol{v}\rangle=\langle \boldsymbol{u},\alpha\boldsymbol{v}\rangle=\alpha\langle \boldsymbol{u},\boldsymbol{v}\rangle$$

定义 A.1.3（向量的范数） 以 $|\boldsymbol{v}|$ 和 $\|\boldsymbol{v}\|$ 分别表示 n 维向量 $\boldsymbol{v}=(v_1,v_2,\cdots,v_n)$ 的 L_1 范数和 L_2 范数：

$$|\boldsymbol{v}|=|v_1|+|v_2|+\cdots+|v_n| \tag{A.1.4}$$

$$\|\boldsymbol{v}\|=\sqrt{\langle \boldsymbol{v},\boldsymbol{v}\rangle}=\sqrt{v_1^2+v_2^2+\cdots+v_n^2} \tag{A.1.5}$$

在解析几何中，向量的内积可以用于表示一个超平面。n 维空间内的一个超平面可以表示为 $w_1x_1+w_2x_2+\cdots+w_nx_n+b=0$。式中，$x_1,x_2,\cdots,x_n$ 是变量，$w_1,w_2,\cdots,w_n\in\mathbb{R}$ 是各变量对应的系数，$b\in\mathbb{R}$ 是常数项。以向量形式表示：$\boldsymbol{x}=(x_1,x_2,\cdots,x_n)$，$\boldsymbol{w}=(w_1,w_2,\cdots,w_n)$，则可以将超平面方程表示为向量内积的形式：

$$\langle \boldsymbol{w},\boldsymbol{x}\rangle+b=0 \tag{A.1.6}$$

定义 A.1.4（点到平面的距离） 设 n 维空间中的一个平面 S 的方程为 $\langle \boldsymbol{w},\boldsymbol{x}\rangle+b=0$。$\mathbb{R}^n$ 中任意一点 $\boldsymbol{x}^*$ 到 S 的距离定义为

$$d(\boldsymbol{x}^*,S)=\frac{|\langle \boldsymbol{w},\boldsymbol{x}^*\rangle+b|}{\|\boldsymbol{w}\|} \tag{A.1.7}$$

定义 A.1.5（线性空间） 设 $\boldsymbol{v}^{(1)},\boldsymbol{v}^{(2)},\cdots,\boldsymbol{v}^{(k)}\in\mathbb{R}^n$ 是 k 个 n 维向量。由 $\boldsymbol{v}^{(1)},\boldsymbol{v}^{(2)},\cdots,\boldsymbol{v}^{(k)}$ 张成的线性空间定义为

$$\mathrm{Span}(\boldsymbol{v}^{(1)},\boldsymbol{v}^{(2)},\cdots,\boldsymbol{v}^{(k)})=\{\lambda_1\boldsymbol{v}^{(1)}+\lambda_2\boldsymbol{v}^{(2)}+\cdots+\lambda_k\boldsymbol{v}^{(k)}:\lambda_1,\lambda_2,\cdots,\lambda_k\in\mathbb{R}\} \tag{A.1.8}$$

定义 A.1.6（线性相关与线性独立） 设 $\boldsymbol{v}^{(1)},\boldsymbol{v}^{(2)},\cdots,\boldsymbol{v}^{(k)}\in\mathbb{R}^n$ 是 k 个 n 维向量。如果存在一组不全为 0 的实数 $\lambda_1,\lambda_2,\cdots,\lambda_k$，使得 $\lambda_1\boldsymbol{v}^{(1)}+\lambda_2\boldsymbol{v}^{(2)}+\cdots+\lambda_k\boldsymbol{v}^{(k)}=\boldsymbol{0}$，则称向量组 $\boldsymbol{v}^{(1)},\boldsymbol{v}^{(2)},\cdots,\boldsymbol{v}^{(k)}$ 线性相关；否则称这 k 个向量是线性独立的。

如果向量组 $\boldsymbol{v}^{(1)},\boldsymbol{v}^{(2)},\cdots,\boldsymbol{v}^{(k)}$ 线性相关，则 k 个向量中必定有某一个向量可以被其他 $k-1$ 个向量线性表出。不妨假设 $\lambda_k\neq0$，则由式(A.1.10)可得

$$\boldsymbol{v}^{(k)}=\frac{\lambda_1}{\lambda_k}\boldsymbol{v}^{(1)}+\frac{\lambda_2}{\lambda_k}\boldsymbol{v}^{(2)}+\cdots+\frac{\lambda_{k-1}}{\lambda_k}\boldsymbol{v}^{(k-1)} \tag{A.1.9}$$

由于 $\boldsymbol{v}^{(k)}$ 可以由 $\boldsymbol{v}^{(1)},\boldsymbol{v}^{(2)},\cdots,\boldsymbol{v}^{(k-1)}$ 线性表示，因此可以将线性空间 $\mathrm{Span}(\boldsymbol{v}^{(1)},\boldsymbol{v}^{(2)},\cdots,\boldsymbol{v}^{(k)})$ 表示为 $\mathrm{Span}(\boldsymbol{v}^{(1)},\boldsymbol{v}^{(2)},\cdots,\boldsymbol{v}^{(k-1)})$。

设 $\boldsymbol{v}^{(1)},\boldsymbol{v}^{(2)},\cdots,\boldsymbol{v}^{(k)}\in\mathbb{R}^n$ 是 k 个线性相关的 n 维向量。如果以式(A.1.9)的方式依次将可以由其他向量线性表示的 $\boldsymbol{v}^{(i)}$ 去掉，则可以获得一组线性独立的向量。不妨设这一组线性独立的向量为 $\boldsymbol{v}^{(1)},\boldsymbol{v}^{(2)},\cdots,\boldsymbol{v}^{(r)}$，则有

$$S=\mathrm{Span}(\boldsymbol{v}^{(1)},\boldsymbol{v}^{(2)},\cdots,\boldsymbol{v}^{(k)})=\mathrm{Span}(\boldsymbol{v}^{(1)},\boldsymbol{v}^{(2)},\cdots,\boldsymbol{v}^{(r)})$$

线性独立的向量组 $\boldsymbol{v}^{(1)},\boldsymbol{v}^{(2)},\cdots,\boldsymbol{v}^{(r)}$ 就称为 S 的一组基。r 被称为 S 的秩，记作 $\mathrm{rank}(S)$。

2. 矩阵

一个 $m\times n$ 矩阵 $\boldsymbol{A}$ 表示将 $m\times n$ 个实数排列成的 m 行 n 列的阵列：

$$\boldsymbol{A}=\begin{bmatrix} a_{11} & a_{12} & \cdots & a_{1n} \\ a_{21} & a_{22} & \cdots & a_{2n} \\ \vdots & \vdots & \ddots & \vdots \\ a_{m1} & a_{m2} & \cdots & a_{mn} \end{bmatrix}$$

通常称为 m 行 n 列矩列，简称 $m\times n$ 矩阵。矩阵 $\boldsymbol{A}$ 也常简记为 $\boldsymbol{A}=(a_{ij})_{1\leqslant i\leqslant m,1\leqslant j\leqslant n}$。

一个 n 维向量 $\boldsymbol{v}=(v_1,v_2,\cdots,v_n)$既可以看成是一个 $1\times n$ 矩阵 $\boldsymbol{v}=[v_1,v_2,\cdots,v_n]$，也可以看成是 $n\times 1$ 矩阵

$$\boldsymbol{v}=\begin{bmatrix} v_1 \\ v_2 \\ \vdots \\ v_n \end{bmatrix}$$

只有一行的矩阵称为行向量。只有一列的矩阵称为列向量。按照惯例，当一个运算中既含有向量又含有矩阵时，向量均以列向量的形式表示。

列向量的另一种表示法是 $\boldsymbol{v}=(v_1,v_2,\cdots,v_n)^{\mathrm{T}}$，其右上角的符号 T 称为转置运算。

定义 A.1.7(转置)　设 $\boldsymbol{A}=(a_{ij})_{1\leqslant i\leqslant m,1\leqslant j\leqslant n}$ 为 $m\times n$ 矩阵，$\boldsymbol{A}$ 的转置矩阵记为 $\boldsymbol{A}^{\mathrm{T}}$，它是如下的 $n\times m$ 矩阵：$\boldsymbol{A}^{\mathrm{T}}=(a_{ji})_{1\leqslant j\leqslant n,1\leqslant i\leqslant m}$。

定义 A.1.8(矩阵加法、哈达玛乘积与数乘)　设 α 为一个实数，$\boldsymbol{A}$ 与 $\boldsymbol{B}$ 均为 $m\times n$ 矩阵：$\boldsymbol{A}=(a_{ij})_{1\leqslant i\leqslant m,1\leqslant j\leqslant n}$，$\boldsymbol{B}=(b_{ij})_{1\leqslant i\leqslant m,1\leqslant j\leqslant n}$。可以定义 $\boldsymbol{A}$ 与 $\boldsymbol{B}$ 的如下运算：

- $\boldsymbol{A}$ 与 $\boldsymbol{B}$ 的和 $\boldsymbol{A}+\boldsymbol{B}=(a_{ij}+b_{ij})_{1\leqslant i\leqslant m,1\leqslant j\leqslant n}$。
- $\boldsymbol{A}$ 与 $\boldsymbol{B}$ 的哈达玛乘积 $\boldsymbol{A}\circ\boldsymbol{B}=(a_{ij}b_{ij})_{1\leqslant i\leqslant m,1\leqslant j\leqslant n}$。
- α 与 $\boldsymbol{A}$ 的数乘 $\alpha\boldsymbol{A}=\boldsymbol{A}\alpha=(\alpha a_{ij})_{1\leqslant i\leqslant m,1\leqslant j\leqslant n}$。

矩阵的乘法与常规运算略有不同。两个矩阵 $\boldsymbol{A}$ 与 $\boldsymbol{B}$ 可乘的前提是矩阵 $\boldsymbol{A}$ 的列数等于矩阵 $\boldsymbol{B}$ 的行数。

定义 A.1.9(矩阵乘法)　假定 $\boldsymbol{A}$ 是一个 $m\times n$ 矩阵，$\boldsymbol{B}$ 是一个 $n\times p$ 矩阵，定义 $\boldsymbol{C}=\boldsymbol{AB}$ 为一个 $m\times p$ 矩阵，其中 $\boldsymbol{C}$ 的第 i 行与第 k 列的元素为

$$c_{ik}=a_{i1}b_{1k}+a_{i2}b_{2k}+\cdots+a_{in}b_{nk}=\sum_{j=1}^{n}a_{ij}b_{jk},\quad 1\leqslant i\leqslant m,1\leqslant k\leqslant p \tag{A.1.10}$$

根据定义 A.1.9，向量的内积也可以表示为矩阵乘法的形式。假设 $\boldsymbol{u},\boldsymbol{v}\in\mathbb{R}^n$是两个 n 维列向量，则它们的内积$\langle\boldsymbol{u},\boldsymbol{v}\rangle$可以表示为 $\boldsymbol{u}^{\mathrm{T}}\boldsymbol{v}$，也可以表示为$\boldsymbol{v}^{\mathrm{T}}\boldsymbol{u}$。这 3 种向量内积的表示方式没有本质区别，可以按照方便叙述的原则选择其中之一作为向量的内积表示方式。

引理 A.1.1　设 $\boldsymbol{A}$ 是一个 $m\times n$ 矩阵，$\boldsymbol{B}$ 是一个 $n\times p$ 矩阵，$\boldsymbol{C}$ 是一个 $p\times q$ 矩阵，则

$$(\boldsymbol{AB})\boldsymbol{C}=\boldsymbol{A}(\boldsymbol{BC}) \tag{A.1.11}$$

$$(\boldsymbol{AB})^{\mathrm{T}}=\boldsymbol{B}^{\mathrm{T}}\boldsymbol{A}^{\mathrm{T}} \tag{A.1.12}$$

将行数与列数相同的 $n\times n$ 矩阵称为一个 n 阶矩阵或 n 阶方阵。如果 n 阶方阵中的主对角线位置上的元素均为 1，其他位置上的元素均为 0，则称这样的 n 阶方阵为 n 阶单位阵。以 $\boldsymbol{I}_n$表示 n 阶单位阵：

$$I_n = \begin{bmatrix} 1 & 0 & \cdots & 0 \\ 0 & 1 & \cdots & 0 \\ \vdots & \vdots & \ddots & \vdots \\ 0 & 0 & \cdots & 1 \end{bmatrix} \tag{A.1.13}$$

引理 A.1.2 设 $\boldsymbol{A}$ 是一个 n 阶方阵，则 $\boldsymbol{AI}_n = \boldsymbol{I}_n\boldsymbol{A} = \boldsymbol{A}$。

定义 A.1.10（方阵的逆） 设 $\boldsymbol{A}$ 是 n 阶方阵。如果存在另一个 n 阶方阵 $\boldsymbol{B}$ 满足 $\boldsymbol{AB} = \boldsymbol{BA} = \boldsymbol{I}_n$，则称 $\boldsymbol{A}$ 是一个可逆方阵。此时称 $\boldsymbol{B}$ 是 $\boldsymbol{A}$ 的逆，记作 $\boldsymbol{B} = \boldsymbol{A}^{-1}$。

定义 A.1.11（行列式） 设 $\boldsymbol{A} = (a_{ij})_{1 \leqslant i,j \leqslant n}$ 是一个 n 阶方阵。定义 $\boldsymbol{A}$ 的行列式为

$$\det \boldsymbol{A} = \sum_{j_1, j_2, \cdots, j_n} (-1)^{\tau(j_1, j_2, \cdots, j_n)} a_{1j_1} a_{2j_2} \cdots, a_{nj_n} \tag{A.1.14}$$

式中的求和取遍 $1,2,\cdots,n$ 的所有排列。$\tau(j_1, j_2, \cdots, j_n)$ 是排列 $j_1, j_2, \cdots, j_n$ 的奇偶性函数：

$$\tau(j_1, j_2, \cdots, j_n) = \begin{cases} 0, & \text{如果 } j_1, j_2, \cdots, j_n \text{ 是偶排列} \\ 1, & \text{如果 } j_1, j_2, \cdots, j_n \text{ 是奇排列} \end{cases} \tag{A.1.15}$$

定理 A.1.3 假设 $\boldsymbol{A}$ 是一个 n 阶方阵，则 $\boldsymbol{A}$ 可逆的充分必要条件为 $\det \boldsymbol{A} \neq 0$ 且当 $\det \boldsymbol{A} \neq 0$ 时有

$$\boldsymbol{A}^{-1} = \frac{1}{\det \boldsymbol{A}} \boldsymbol{A}^* \tag{A.1.16}$$

其中，$\boldsymbol{A}^*$ 是方阵 $\boldsymbol{A}$ 的伴随方阵，$\boldsymbol{A}^*$ 的第 i 行第 j 列元素 a_{ij}^* 等于 $(-1)^{i+j}$ 乘以将 $\boldsymbol{A}$ 的第 j 行与第 i 列去掉所得到的子方阵的行列式。

$\boldsymbol{A}$ 中线性独立的列数称为 $\boldsymbol{A}$ 的列秩，记为 $\text{rank}^{\text{C}}(\boldsymbol{A})$。$\boldsymbol{A}$ 中线性独立的行数称为 $\boldsymbol{A}$ 的行秩，记为 $\text{rank}^{\text{R}}(\boldsymbol{A})$。

定理 A.1.4 设 $\boldsymbol{A}$ 是一个 $m \times n$ 矩阵，$\boldsymbol{A}$ 的列秩为 $\text{rank}^{\text{C}}(\boldsymbol{A})$，$\boldsymbol{A}$ 的行秩为 $\text{rank}^{\text{R}}(\boldsymbol{A})$，则 $\text{rank}^{\text{C}}(\boldsymbol{A}) = \text{rank}^{\text{R}}(\boldsymbol{A})$。

基于定理 A.1.4，可以将矩阵 $\boldsymbol{A}$ 的行秩与列秩的公共值定义为矩阵 $\boldsymbol{A}$ 的秩 $\text{rank}(\boldsymbol{A})$。在 $\boldsymbol{A}$ 是 n 阶方阵时，$\boldsymbol{A}$ 可逆的充分必要条件为 $\text{rank}(\boldsymbol{A}) = n$。此时也称 $\boldsymbol{A}$ 为一个满秩方阵。

定理 A.1.5 设 $\boldsymbol{A}$ 是一个 $m \times n$ 矩阵，则 $\boldsymbol{A}^{\text{T}}\boldsymbol{A}$ 是一个 n 阶方阵，且

$$\text{rank}(\boldsymbol{A}^{\text{T}}\boldsymbol{A}) = \min\{\text{rank}^{\text{C}}(\boldsymbol{A}), \text{rank}^{\text{R}}(\boldsymbol{A})\} \tag{A.1.17}$$

根据定理 A.1.5，如果 $\boldsymbol{A}$ 的列是线性相关的，则有 $\text{rank}^{\text{C}}(\boldsymbol{A}) < n$，从而有 $\text{rank}(\boldsymbol{A}^{\text{T}}\boldsymbol{A}) < n$。这说明 $\boldsymbol{A}^{\text{T}}\boldsymbol{A}$ 不可逆。

3. 对称方阵

定义 A.1.12（对称方阵） 假设 $\boldsymbol{A}$ 是一个 n 阶方阵，如果 $\boldsymbol{A} = \boldsymbol{A}^{\text{T}}$，则称 $\boldsymbol{A}$ 为一个对称 n 阶方阵。

根据矩阵转置的定义，如果 $\boldsymbol{A}$ 是一个对称方阵，则对任意的 $1 \leqslant i, j \leqslant n$，有 $a_{ij} = a_{ji}$，即对称方阵中的元素在对角线两侧呈镜像分布。

定义 A.1.13（特征根与特征向量） 设 $\boldsymbol{A}$ 是一个 n 阶方阵，如果存在实数 λ 与 n 维非 0 向量 $\boldsymbol{v}$ 满足 $\boldsymbol{Av} = \lambda \boldsymbol{v}$，则称 λ 为 $\boldsymbol{A}$ 的一个特征根，$\boldsymbol{v}$ 为 λ 对应的特征向量。

将长度(范数)为 1 的特征向量称为单位特征向量。从定义 A.1.13 可以看出,如果 $\boldsymbol{v}$ 是一个特征向量,则 $\boldsymbol{v}/\|\boldsymbol{v}\|$ 也是特征向量,并且 $\boldsymbol{v}/\|\boldsymbol{v}\|$ 的长度是 1。由此可知,如果一个方阵有特征向量,则可以将其转化成与之等价的单位特征向量。

定理 A.1.6 如果 $\boldsymbol{A}$ 是一个 n 阶对称方阵,则 $\boldsymbol{A}$ 一定有 n 个实特征根 $\lambda_1,\lambda_2,\cdots,\lambda_n$,并且存在一组相互正交的单位特征向量 $\boldsymbol{v}^{(1)},\boldsymbol{v}^{(2)},\cdots,\boldsymbol{v}^{(n)}$。

证明: 根据定义 A.1.13,特征向量 $\boldsymbol{v}$ 是线性方程组 $(\boldsymbol{A}-\lambda\boldsymbol{I})\boldsymbol{v}=\boldsymbol{0}$ 的非 0 解,而该方程有非 0 解的充分必要条件为

$$\det(\boldsymbol{A}-\lambda\boldsymbol{I})=0 \tag{A.1.18}$$

式(A.1.18)等号左边是关于 λ 的 n 次多项式。它一定有 n 个复数根 $\lambda_1,\lambda_2,\cdots,\lambda_n$。现要证明当 $\boldsymbol{A}$ 是对称方阵时,$\lambda_1,\lambda_2,\cdots,\lambda_n$ 均为实数。

对任意 λ_i,令 $\boldsymbol{v}\in\mathbb{C}^n$ 为 $(\boldsymbol{A}-\lambda_i\boldsymbol{I})\boldsymbol{v}=\boldsymbol{0}$ 的复向量解。用 $\bar{\boldsymbol{v}}$ 表示 $\boldsymbol{v}$ 的复共轭,则

$$\bar{\boldsymbol{v}}^{\mathrm{T}}\boldsymbol{A}\boldsymbol{v}=\bar{\boldsymbol{v}}^{\mathrm{T}}(\boldsymbol{A}\boldsymbol{v})=\bar{\boldsymbol{v}}^{\mathrm{T}}\lambda_i\boldsymbol{v}=\lambda_i\|\boldsymbol{v}\|^2 \tag{A.1.19}$$

而另一方面,由于 $\boldsymbol{A}$ 是实对称方阵,所以 $\boldsymbol{A}=\bar{\boldsymbol{A}}^{\mathrm{T}}$。由此可得

$$\bar{\boldsymbol{v}}^{\mathrm{T}}\boldsymbol{A}\boldsymbol{v}=\bar{\boldsymbol{v}}^{\mathrm{T}}\bar{\boldsymbol{A}}^{\mathrm{T}}\boldsymbol{v}=\overline{(\boldsymbol{A}\boldsymbol{v})}^{\mathrm{T}}\boldsymbol{v}=\bar{\lambda}_i\bar{\boldsymbol{v}}^{\mathrm{T}}\boldsymbol{v}=\bar{\lambda}_i\|\boldsymbol{v}\|^2 \tag{A.1.20}$$

结合式(A.1.19)与式(A.1.20)可得 $\lambda_i=\bar{\lambda}_i$。这说明 λ_i 是一个实数。

设 $\boldsymbol{v}^{(1)},\boldsymbol{v}^{(2)},\cdots,\boldsymbol{v}^{(n)}$ 分别为 $\lambda_1,\lambda_2,\cdots,\lambda_n$ 对应的单位特征向量。以下证明,对于 $\lambda_i\neq\lambda_j$,$\boldsymbol{v}^{(i)}$ 与 $\boldsymbol{v}^{(j)}$ 必然相互正交,即 $\langle\boldsymbol{v}^{(i)},\boldsymbol{v}^{(j)}\rangle=\boldsymbol{v}^{(i)\mathrm{T}}\boldsymbol{v}^{(j)}=0$。事实上,有

$$\boldsymbol{v}^{(i)\mathrm{T}}\boldsymbol{A}\boldsymbol{v}^{(j)}=\boldsymbol{v}^{(i)\mathrm{T}}(\boldsymbol{A}\boldsymbol{v}^{(j)})=\lambda_j\boldsymbol{v}^{(i)\mathrm{T}}\boldsymbol{v}^{(j)} \tag{A.1.21}$$

而另一方面,由于 $\boldsymbol{A}=\boldsymbol{A}^{\mathrm{T}}$,所以有

$$\boldsymbol{v}^{(i)\mathrm{T}}\boldsymbol{A}\boldsymbol{v}^{(j)}=\boldsymbol{v}^{(i)\mathrm{T}}\boldsymbol{A}^{\mathrm{T}}\boldsymbol{v}^{(j)}=(\boldsymbol{A}\boldsymbol{v}^{(i)})^{\mathrm{T}}\boldsymbol{v}^{(j)}=\lambda_i\boldsymbol{v}^{(i)\mathrm{T}}\boldsymbol{v}^{(j)} \tag{A.1.22}$$

结合式(A.1.21)与式(A.1.22)可以得到

$$\lambda_j\boldsymbol{v}^{(i)\mathrm{T}}\boldsymbol{v}^{(j)}=\lambda_i\boldsymbol{v}^{(i)\mathrm{T}}\boldsymbol{v}^{(j)} \tag{A.1.23}$$

由 $\lambda_i\neq\lambda_j$ 和式(A.1.23)可知 $\boldsymbol{v}^{(i)\mathrm{T}}\boldsymbol{v}^{(j)}=0$。

基于定理 A.1.6 中的术语,如果定义矩阵 $\mathbf{V}=(\boldsymbol{v}^{(1)},\boldsymbol{v}^{(2)},\cdots,\boldsymbol{v}^{(n)})$,则有

$$\boldsymbol{A}\mathbf{V}=\mathbf{V}\boldsymbol{\Lambda} \tag{A.1.24}$$

此处 $\boldsymbol{\Lambda}$ 是一个 n 阶对角方阵,它的对角线元为 $\lambda_1,\lambda_2,\cdots,\lambda_n$:

$$\boldsymbol{\Lambda}=\begin{bmatrix}\lambda_1 & \cdots & 0\\ \vdots & \ddots & \vdots\\ 0 & \cdots & \lambda_n\end{bmatrix}$$

因为 $\boldsymbol{v}^{(1)},\boldsymbol{v}^{(2)},\cdots,\boldsymbol{v}^{(n)}$ 均为单位向量,且两两正交,所以有

$$\mathbf{V}^{\mathrm{T}}\mathbf{V}=\boldsymbol{I}_n$$

在式(A.1.24)等号两端同时右乘 V^{T} 可得

$$\boldsymbol{A}=\mathbf{V}\boldsymbol{\Lambda}\mathbf{V}^{\mathrm{T}} \tag{A.1.25}$$

式(A.1.25)就是著名的对称方阵正交分解。

定义 A.1.14(半正定方阵) 设 $\boldsymbol{A}$ 是一个 n 阶对称方阵,如果对任意 n 维向量 $\boldsymbol{v}$ 都有

$\boldsymbol{v}^{\mathrm{T}}\boldsymbol{A}\boldsymbol{v}\geqslant 0$,则称 $\boldsymbol{A}$ 是一个半正定方阵,记作 $\boldsymbol{A}\geqslant 0$。

定理 A.1.7 假设 $\boldsymbol{A}$ 是一个 n 阶对称方阵,则以下命题相互等价:

(1) $\boldsymbol{A}$ 是一个半正定方阵。

(2) $\boldsymbol{A}$ 的所有特征根均非负。

(3) 存在 n 阶方阵 $\boldsymbol{W}$,使得 $\boldsymbol{A}=\boldsymbol{W}^{\mathrm{T}}\boldsymbol{W}$。

证明:以下按照(1)⇒(2),(2)⇒(3),最后(3)⇒(1)的次序来证明(1)、(2)、(3)是相互等价的。

(1)⇒(2):设 $\boldsymbol{A}$ 是一个半正定方阵。任取 $\boldsymbol{A}$ 的一个特征根 λ。设 $\boldsymbol{v}$ 是 λ 对应的特征向量,即 $\boldsymbol{A}\boldsymbol{v}=\lambda\boldsymbol{v}$。根据半正定方阵的定义,有 $\boldsymbol{v}^{\mathrm{T}}\boldsymbol{A}\boldsymbol{v}\geqslant 0$。然而,

$$\boldsymbol{v}^{\mathrm{T}}\boldsymbol{A}\boldsymbol{v} = \boldsymbol{v}^{\mathrm{T}}(\boldsymbol{A}\boldsymbol{v}) = \lambda\, \boldsymbol{v}^{\mathrm{T}}\boldsymbol{v} = \lambda \|\boldsymbol{v}\|^2$$

这表明 $\lambda\geqslant 0$。由此证明了 $\boldsymbol{A}$ 的所有特征根均非负。

(2)⇒(3):设 $\boldsymbol{A}$ 的所有特征根 $\lambda_1,\lambda_2,\cdots,\lambda_n$ 均非负。定义

$$\boldsymbol{\Lambda}^{1/2}=\begin{bmatrix}\sqrt{\lambda_1} & \cdots & 0\\ \vdots & \ddots & \vdots \\ 0 & \cdots & \sqrt{\lambda_n}\end{bmatrix}$$

根据式(A.1.25)中的对称方阵正交分解,如果定义 $\boldsymbol{W}=\boldsymbol{\Lambda}^{1/2}\boldsymbol{V}^{\mathrm{T}}$,则 $\boldsymbol{A}=\boldsymbol{W}^{\mathrm{T}}\boldsymbol{W}$。

(3)⇒(1):设 $\boldsymbol{A}=\boldsymbol{W}^{\mathrm{T}}\boldsymbol{W}$,则对任意 n 维向量 $\boldsymbol{v}$,有

$$\boldsymbol{v}^{\mathrm{T}}\boldsymbol{A}\boldsymbol{v} = \boldsymbol{v}^{\mathrm{T}}\boldsymbol{W}^{\mathrm{T}}\boldsymbol{W}\boldsymbol{v} = (\boldsymbol{W}\boldsymbol{v})^{\mathrm{T}}(\boldsymbol{W}\boldsymbol{v}) = \|\boldsymbol{W}\boldsymbol{v}\|^2 \geqslant 0$$

这说明 $\boldsymbol{A}$ 是一个半正定方阵。

定理 A.1.7 提供了两种判断方阵半正定性的法则。第一,如果 $\boldsymbol{A}$ 的最小的特征根非负,则 $\boldsymbol{A}$ 半正定。第二,如果方阵 $\boldsymbol{A}$ 可以写成 $\boldsymbol{W}^{\mathrm{T}}\boldsymbol{W}$ 的形式,则 $\boldsymbol{A}$ 半正定。

推论 A.1.8 设 $\boldsymbol{A}$、$\boldsymbol{B}$ 为两个半正定 n 阶方阵,$\alpha>0$ 为一个正实数,则

(1) $\boldsymbol{A}+\boldsymbol{B}$ 也是半正定方阵。

(2) $\alpha\boldsymbol{A}$ 也是半正定方阵。

定义 A.1.15(严格正定方阵) 假设 $\boldsymbol{A}$ 是一个 n 阶对称方阵,如果对任意非 0 的 n 维向量 $\boldsymbol{v}$ 都有 $\boldsymbol{v}^{\mathrm{T}}\boldsymbol{A}\boldsymbol{v}>0$,则称 $\boldsymbol{A}$ 是一个严格正定方阵,简称正定方阵,记作 $\boldsymbol{A}>0$。

定理 A.1.9 一个对称方阵 $\boldsymbol{A}$ 是正定方阵的充分必要条件是 $\boldsymbol{A}$ 的所有特征根均严格大于 0。

推论 A.1.10 如果 $\boldsymbol{A}$ 是一个严格正定方阵,$\boldsymbol{B}$ 是一个半正定方阵,$\alpha>0$ 为正实数,则

(1) $\boldsymbol{A}+\boldsymbol{B}$ 是一个严格正定方阵。

(2) $\alpha\boldsymbol{A}$ 是一个严格正定方阵。

A.2 微积分

1. 一元微积分

定义 A.2.1(导数) 假设 $F:\mathbb{R}\to\mathbb{R}$ 是一个实函数。对 $x^*\in\mathbb{R}$,如果极限

$$\lim_{z\to x^*}\frac{F(z)-F(x^*)}{z-x^*} \tag{A.2.1}$$

存在且有限，则称 F 在 x^* 处可导，也称为可微，并将式(A.2.1)中的极限值记作 $F'(x^*)$，称其为 F 在 x^* 处的导数。通常也将 $F'(x^*)$ 记作 $\frac{\mathrm{d}F}{\mathrm{d}x}(x^*)$，并称其为 F 在 x^* 处的微分。

如果对任意 $x^*\in\mathbb{R}$，F 都在 x^* 处可导，则称 F 是一个可导函数。此时 F' 也是一个实函数，称为 F 的导数函数。在意义明确的前提下也简称为 F 的导数。

引理 A.2.1 设 $F:\mathbb{R}\to\mathbb{R}$，$G:\mathbb{R}\to\mathbb{R}$ 是两个可导函数，则有

$$(F(x)+G(x))' = F'(x)+G'(x) \tag{A.2.2}$$

$$(F(x)G(x))' = F'(x)G(x)+F(x)G'(x) \tag{A.2.3}$$

$$\left(\frac{F(x)}{G(x)}\right)' = \frac{F'(x)G(x)-F(x)G'(x)}{G(x)^2} \tag{A.2.4}$$

定义 A.2.2(复合函数) 设 $F,G:\mathbb{R}\to\mathbb{R}$ 是两个实函数，定义 F 和 G 的复合函数为

$$H(x) = G(F(x)) \tag{A.2.5}$$

F 和 G 的复合函数 H 记作 $H=G\circ F$。

定理 A.2.2(链式法则) 设 $F,G:\mathbb{R}\to\mathbb{R}$ 是两个可导函数，$H=G\circ F$ 为 G 与 F 的复合函数，则

$$H'(x) = G'(F(x))F'(x) \tag{A.2.6}$$

证明：根据定义 A.2.1，对任意 $x^*\in\mathbb{R}$，

$$\begin{aligned}
H'(x^*) &= \lim_{z\to x^*}\frac{G(F(z))-G(F(x^*))}{z-x^*} \\
&= \lim_{z\to x^*}\frac{G(F(z))-G(F(x^*))}{F(z)-F(x^*)}\cdot\frac{F(z)-F(x^*)}{z-x} \\
&= \lim_{z\to x^*}\frac{G(F(z))-G(F(x^*))}{F(z)-F(x^*)}\cdot\lim_{z\to x^*}\frac{F(z)-F(x^*)}{z-x^*} \\
&= \lim_{z\to x^*}\frac{G(F(z))-G(F(x^*))}{F(z)-F(x^*)}\cdot F'(x^*)
\end{aligned} \tag{A.2.7}$$

由于 F 是可导函数，从而也是连续函数。如果做变量代换 $u=F(z)$，$v=F(x^*)$，则

$$\lim_{z\to x^*}\frac{G(F(z))-G(F(x^*))}{F(z)-F(x^*)} = \lim_{u\to v}\frac{G(u)-G(v)}{u-v} = G'(v) = G'(F(x^*)) \tag{A.2.8}$$

结合式(A.2.7)与式(A.2.8)可得 $H'(x^*)=G'(F(x^*))F'(x^*)$。

在式(A.2.6)中，$G'(F(x))$ 表示函数 G 的导数在 $F(x)$ 处的取值。所以计算 $G'(F(x))$ 时是先对 G 求导，得到 G' 的表达式，再将 $F(x)$ 代入 G' 的表达式。

导数的几何意义是函数的切线斜率。如果一个函数在某一区间内导数均非负，则切线斜率均为正，函数单调递增；反之，如果导数均非正，则切线斜率均为负，函数单调递减。

定理 A.2.3 设 $I=[a,b]$ 为一个区间。如果对任意 $x\in I$ 都有 $F'(x)\geqslant 0$，则对任意 $y,z\in I$ 且 $y\leqslant z$ 有 $F(y)\leqslant F(z)$。

导数的几何意义的另一个应用是函数的线性近似。对任意 $x^* \in \mathbb{R}$，由于导数表示的是切线斜率，所以函数 F 在 x^* 处的切线方程为

$$L(x) = F(x^*) + F'(x^*)(x - x^*) \tag{A.2.9}$$

切线 $L(x)$可以作为 $F(x)$在 x^* 附近的线性近似。

定义 A.2.3(二阶导数) 设函数 F 处处可导。对任意 $x^* \in \mathbb{R}$，如果 F'在 x^* 处可导，则定义 F'在x^* 处的导数为 F 在 x^* 处的二阶导数，记作 $F''(x^*)$，也记作 $F^{(2)}(x^*)$。此时称 F 在 x^* 处二阶可导。

二阶导数可以推广成更一般的 n 阶导数：对任意 $x^* \in \mathbb{R}$，如果 $F^{(n-1)}$ 在 x^* 处可导，则定义 $F^{(n)}(x^*) = F^{(n-1)\prime}(x^*)$。

定理 A.2.4(泰勒展开) 设 F 是一个 $n+1$ 阶可导函数，且 F 的各阶导数均有界，则对任意 $x^* \in \mathbb{R}$，

$$F(x) = F(x^*) + F'(x^*)(x - x^*) + \frac{F''(x^*)}{2}(x - x^*)^2 + \cdots + \frac{F^{(n)}(x^*)}{n!}(x - x^*)^n + o((x - x^*)^n) \tag{A.2.10}$$

定理 A.2.4 中的 $o((x-x^*)^n)$表示在 $x \to x^*$ 的过程中比 $(x-x^*)^n$更快收敛到 0 的项，即

$$\lim_{x \to x^*} \frac{o((x - x^*)^n)}{(x - x^*)^n} = 0$$

定理 A.2.4 给出了用 n 次多项式在 x^* 的邻域内近似一个函数 F 的公式：

$$F(x) \approx F(x^*) + F'(x^*)(x - x^*) + \frac{F''(x^*)}{2}(x - x^*)^2 + \cdots + \frac{F^{(n)}(x^*)}{n!}(x - x^*)^n \tag{A.2.11}$$

当 $F(x)$是复杂的函数时，用式(A.2.10)作为 $F(x)$在 x^* 附近的线性近似不够精确，可以用式(A.2.11)来简化 $F(x)$。

2. 多元微积分

定义 A.2.4(偏导数) 设 $F:\mathbb{R}^n \to \mathbb{R}$ 是一个 n 元实函数。对任意 $\boldsymbol{x}^* = (x_1^*, x_2^*, \cdots, x_n^*) \in \mathbb{R}^n$，如果极限

$$\lim_{z \to x_i^*} \frac{F(x_1^*, x_2^*, \cdots, x_{i-1}^*, z, x_{i+1}^*, \cdots, x_n^*) - F(\boldsymbol{x}^*)}{z - x_i^*} \tag{A.2.12}$$

存在且有限，则称 F 关于第 i 个分量可导，并将式(A.2.12)中的极限值称为 F 在 $\boldsymbol{x}^*$ 处的第 i 个偏导数，记作$\frac{\partial F}{\partial x_i}(\boldsymbol{x}^*)$。

定义 A.2.5(梯度) 设 $F:\mathbb{R}^n \to \mathbb{R}$ 是一个 n 元实函数，且 F 在 $\boldsymbol{x}^* = (x_1^*, x_2^*, \cdots, x_n^*) \in \mathbb{R}^n$处可导。定义 F 在 $\boldsymbol{x}^*$ 处的梯度为如下的向量：

$$\nabla F(\boldsymbol{x}^*) = \left(\frac{\partial F}{\partial x_1}(\boldsymbol{x}^*), \frac{\partial F}{\partial x_2}(\boldsymbol{x}^*), \cdots, \frac{\partial F}{\partial x_n}(\boldsymbol{x}^*)\right) \tag{A.2.13}$$

引理 A.2.5 设 $F,G:\mathbb{R}^n\to\mathbb{R}$ 是两个 n 元实函数，则

$$\nabla(F(\boldsymbol{x})+G(\boldsymbol{x}))=\nabla F(\boldsymbol{x})+\nabla G(\boldsymbol{x}) \tag{A.2.14}$$

$$\nabla(F(\boldsymbol{x})\cdot G(\boldsymbol{x}))=G(\boldsymbol{x})\cdot\nabla F(\boldsymbol{x})+F(\boldsymbol{x})\cdot\nabla G(\boldsymbol{x}) \tag{A.2.15}$$

$$\nabla\left(\frac{F(\boldsymbol{x})}{G(\boldsymbol{x})}\right)=\frac{G(\boldsymbol{x})\cdot\nabla F(\boldsymbol{x})-F(\boldsymbol{x})\cdot\nabla G(\boldsymbol{x})}{G(\boldsymbol{x})^2} \tag{A.2.16}$$

引理 A.2.6 设 $F:\mathbb{R}^n\to\mathbb{R}$ 是一个 n 元实函数，$G:\mathbb{R}\to\mathbb{R}$ 是一个一元实函数，$H=G\circ F$，则

$$\nabla H(\boldsymbol{x})=G'(F(\boldsymbol{x}))\cdot\nabla F(\boldsymbol{x}) \tag{A.2.17}$$

假设 $F:\mathbb{R}^n\to\mathbb{R}$ 是一个处处可导的 n 元实函数。对任意 $1\leqslant i\leqslant n$，可以将$\frac{\partial F}{\partial x_i}(\boldsymbol{x})$看作一个 n 元实函数。对 $1\leqslant j\leqslant n$，如果$\frac{\partial F}{\partial x_i}(\boldsymbol{x})$关于 x_j 可导，则将它关于 x_j 的偏导数记作$\frac{\partial^2 F}{\partial x_j\partial x_i}(\boldsymbol{x})$，称为 F 关于 x_i 与 x_j 的二阶偏导数。

引理 A.2.7 设 $F:\mathbb{R}^n\to\mathbb{R}$ 是一个处处二阶可导的 n 元实函数，如果对任意 i,j，$\frac{\partial^2 F}{\partial x_j\partial x_i}(\boldsymbol{x})$都是连续函数，则有

$$\frac{\partial^2 F}{\partial x_j\partial x_i}(\boldsymbol{x})=\frac{\partial^2 F}{\partial x_i\partial x_j}(\boldsymbol{x}) \tag{A.2.18}$$

引理 A.2.7 中的结论是通过交换求极限的顺序得到的，而对函数二阶偏导的连续性要求正是交换极限合法性的保证。

定义 A.2.6（Hessian 方阵） 设 $F:\mathbb{R}^n\to\mathbb{R}$ 是处处二阶可导的 n 元实函数，将 n 阶方阵

$$\nabla^2 F(\boldsymbol{x})=\left(\frac{\partial F}{\partial x_j\partial x_i}(\boldsymbol{x}^*)\right)_{1\leqslant i,j\leqslant n}$$

称为 F 的 Hessian 方阵。

引理 A.2.7 的一个直接推论是：当 F 有连续的二阶偏导数时，它的 Hessian 方阵是一个对称方阵。

定理 A.2.8 设 $F:\mathbb{R}^n\to\mathbb{R}$ 是一个处处三阶可导的 n 元实函数，则对任意的 $\boldsymbol{x}^*\in\mathbb{R}^n$，有

$$F(\boldsymbol{x})=F(\boldsymbol{x}^*)+(\boldsymbol{x}-\boldsymbol{x}^*)^{\mathrm{T}}\nabla F(\boldsymbol{x}^*)+\frac{1}{2}(\boldsymbol{x}-\boldsymbol{x}^*)^{\mathrm{T}}\nabla^2 F(\boldsymbol{x}^*)(\boldsymbol{x}-\boldsymbol{x}^*)+ o(\|\boldsymbol{x}-\boldsymbol{x}^*\|^2) \tag{A.2.19}$$

根据定理 A.2.8，如果要用线性函数在 $\boldsymbol{x}^*$ 的邻域内近似 n 元实函数 F，则可以采用

$$F(\boldsymbol{x})\approx F(\boldsymbol{x}^*)+(\boldsymbol{x}-\boldsymbol{x}^*)^{\mathrm{T}}\nabla F(\boldsymbol{x}^*) \tag{A.2.20}$$

如果要用二次函数在 $\boldsymbol{x}^*$ 的邻域内近似 n 元实函数 F，则可以采用

$$F(\boldsymbol{x})\approx F(\boldsymbol{x}^*)+(\boldsymbol{x}-\boldsymbol{x}^*)^{\mathrm{T}}\nabla F(\boldsymbol{x}^*)+\frac{1}{2}(\boldsymbol{x}-\boldsymbol{x}^*)^{\mathrm{T}}\nabla^2 F(\boldsymbol{x}^*)(\boldsymbol{x}-\boldsymbol{x}^*) \tag{A.2.21}$$

定义 A.2.7（向量值函数） 如果 $\boldsymbol{F}$ 是一个从 $\mathbb{R}^n$ 映射到 $\mathbb{R}^m$ 的函数，则称 $\boldsymbol{F}$ 是一个 n 元 m 维向量函数。对任意 $\boldsymbol{x}\in\mathbb{R}^n$，有 $\boldsymbol{F}(\boldsymbol{x})=(F_1(\boldsymbol{x}),F_2(\boldsymbol{x}),\cdots,F_m(\boldsymbol{x}))$。$F(\boldsymbol{x})$中的每一个

$F_i(\boldsymbol{x})$都是一个 n 元实函数。称 $F_i(\boldsymbol{x})$为 $\boldsymbol{F}(\boldsymbol{x})$的第 i 个分量。

定义 A.2.8(向量值函数的梯度) 设 $\boldsymbol{F}$ 是一个 n 元 m 维向量函数,则定义 $n\times m$ 矩阵 $\nabla\boldsymbol{F}(\boldsymbol{x})=(\nabla F_1(\boldsymbol{x}),\nabla F_2(\boldsymbol{x}),\cdots,\nabla F_m(\boldsymbol{x}))$为 $\boldsymbol{F}$ 的梯度,其中每个$\nabla F_i(\boldsymbol{x})$都是一个列向量,即 n 元实函数 $F_i(\boldsymbol{x})$的梯度。

定理 A.2.9(向量值复合函数链式法则) 设 $\boldsymbol{F}:\mathbb{R}^n\to\mathbb{R}^m$是一个 n 元 m 维向量值函数,$\boldsymbol{G}:\mathbb{R}^m\to\mathbb{R}^p$是一个 m 元 p 维向量值函数,$\boldsymbol{H}=\boldsymbol{G}\circ\boldsymbol{F}$ 为 $\boldsymbol{F}$ 与 $\boldsymbol{G}$ 的复合函数,即 $\boldsymbol{H}(\boldsymbol{x})=\boldsymbol{G}(\boldsymbol{F}(\boldsymbol{x}))$。则

$$\nabla\boldsymbol{H}(\boldsymbol{x})=\nabla\boldsymbol{F}(\boldsymbol{x})\cdot\nabla\boldsymbol{G}(\boldsymbol{F}(\boldsymbol{x}))\tag{A.2.22}$$

在式(A.2.22)中,$\nabla\boldsymbol{F}(\boldsymbol{x})$是 $\boldsymbol{F}$ 的梯度在 $\boldsymbol{x}$ 处的取值,是一个 $n\times m$ 矩阵;$\nabla\boldsymbol{G}(\boldsymbol{F}(\boldsymbol{x}))$是 $\boldsymbol{G}$ 的梯度在 $\boldsymbol{F}(\boldsymbol{x})$处的取值,是一个 $m\times p$ 矩阵;它们的乘积是 $n\times p$ 矩阵$\nabla\boldsymbol{H}(\boldsymbol{x})$。

A.3 优化理论

A.3.1 凸函数的定义及判定

定义 A.3.1(凸函数) 设 $F:\mathbb{R}^n\to\mathbb{R}$ 是一个 n 元实函数。如果对任意 $\boldsymbol{u}$、$\boldsymbol{v}$ 以及任意 $0\leqslant\alpha\leqslant1$,有 $F(\alpha\boldsymbol{u}+(1-\alpha)\boldsymbol{v})\leqslant\alpha F(\boldsymbol{u})+(1-\alpha)F(\boldsymbol{v})$,则称 F 是一个凸函数。

引理 A.3.1 设 $F:\mathbb{R}\to\mathbb{R}$ 处处二阶可导,则 F 为凸函数的充分必要条件是,对任意 $x\in\mathbb{R}$ 有二阶导数 $F''(x)\geqslant0$。

引理 A.3.1 的凸函数判定法则可以推广到高维。

定理 A.3.2 设函数 $F:\mathbb{R}^n\to\mathbb{R}$ 处处 n 阶可导,则 F 为凸函数的充分必要条件是,对任意 $\boldsymbol{x}\in\mathbb{R}^n$有$\nabla^2F(\boldsymbol{x})\geqslant0$。

引理 A.3.3

(1) 如果 $F:\mathbb{R}^n\to\mathbb{R}$ 为凸函数,则对任意实数 $\alpha>0$,αF 也是凸函数。

(2) 如果 $F:\mathbb{R}^n\to\mathbb{R}$ 与 $G:\mathbb{R}^n\to\mathbb{R}$ 均为凸函数,则 $F+G$ 也是凸函数。

(3) 如果 $F:\mathbb{R}^n\to\mathbb{R}$ 为凸函数,$G:\mathbb{R}\to\mathbb{R}$ 为单调递增凸函数,那么 $G\circ F$ 也为凸函数。

证明:(1)与(2)的证明均可直接由定理 A.3.2 直接推出。以下证明(3)。用 H 简记 $G\circ F$。

首先来看 $n=1$ 的情形。此时根据定理 A.2.2 及引理 A.2.1,有

$$H''(x)=G''(F(x))F'(x)^2+G'(F(x))F''(x)\tag{A.3.1}$$

由于 F 和 G 是凸函数,所以 $F''(x)\geqslant0$,$G''(F(x))\geqslant0$。又由于 G 是一个单调递增函数,所以 $G'(F(x))\geqslant0$。由此可知,式(A.3.1)中的各项均非负,从而 $H''(x)\geqslant0$。这证明了 $H=G\circ F$ 是一个凸函数。

再来看 $n>1$ 的情形。对任意 $\boldsymbol{x}\in\mathbb{R}^n$,根据引理 A.2.6 中的多元复合函数链式法则,$\nabla H(\boldsymbol{x})=G'(F(\boldsymbol{x}))\nabla F(\boldsymbol{x})$。此处$\nabla H(\boldsymbol{x})$是一个向量值函数。根据定义 A.2.8 中关于向量值函数梯度的定义,再结合引理 A.2.7 可得

$$\nabla^2 H(\boldsymbol{x}) = G''(F(\boldsymbol{x}))\cdot \nabla F(\boldsymbol{x})\cdot \nabla F(\boldsymbol{x})^{\mathrm{T}} + G'(F(\boldsymbol{x}))\cdot \nabla^2 F(\boldsymbol{x}) \tag{A.3.2}$$

由于对任意 $\boldsymbol{v}\in\mathbb{R}^n$，都有 $\boldsymbol{v}^{\mathrm{T}}\nabla F(\boldsymbol{x})\cdot\nabla F(\boldsymbol{x})^{\mathrm{T}}\boldsymbol{v}=(\nabla F(\boldsymbol{x})^{\mathrm{T}}\boldsymbol{v})^2\geqslant 0$，因此根据定义 A.1.14，$\nabla F(\boldsymbol{x})\cdot\nabla F(\boldsymbol{x})^{\mathrm{T}}$ 是一个半正定方阵。由于 $G''(F(\boldsymbol{x}))\geqslant 0$，可知 $G''(F(\boldsymbol{x}))\cdot\nabla F(\boldsymbol{x})\cdot\nabla F(\boldsymbol{x})^{\mathrm{T}}$ 是一个半正定方阵。又因为 F 是凸函数，所以 $\nabla^2 F(\boldsymbol{x})$ 是半正定方阵。由于 $G'(F(\boldsymbol{x}))\geqslant 0$，可知 $G'(F(\boldsymbol{x}))\cdot\nabla^2 F(\boldsymbol{x})$ 是一个半正定方阵。结合这两方面可知，式(A.3.2)中 $\nabla^2 H(\boldsymbol{x})$ 是两个半正定方阵的和，所以 $\nabla^2 H(\boldsymbol{x})$ 也是半正定方阵。这证明了 $H=G\circ F$ 是一个凸函数。

A.3.2 无约束凸优化问题

一个最小化问题有如下形式：

$$\begin{aligned}&\min F(\boldsymbol{x})\\&\text{约束：} H_i(\boldsymbol{x})\leqslant 0,\quad i=1,2,\cdots,m\end{aligned} \tag{A.3.3}$$

其中，F 是一个 n 元实函数，称为该最小化问题的目标函数。$H_1,H_2,\cdots,H_m$ 都是 n 元实函数，称为最小化问题的约束函数。一个最小化问题的任务是在满足全部 m 个约束的点集中寻找使目标函数值达到最小的点。

类似地可以定义最大化问题：

$$\begin{aligned}&\max F(\boldsymbol{x})\\&\text{约束：} H_i(\boldsymbol{x})\leqslant 0,\quad i=1,2,\cdots,m\end{aligned}$$

一个最大化问题的任务是在满足全部 m 个约束的点集中寻找使得目标函数值达到最大的点。

最小化问题和最大化问题统称为优化问题。通过最小化 $-F(\boldsymbol{x})$ 可达到最大化 $F(\boldsymbol{x})$ 的目的。因此以下只讨论最小化问题。

优化问题可以按其约束条件分为两类：无约束优化和带约束优化。无约束优化问题中没有约束条件，其任务是在整个空间中寻找使目标函数达到最小的点。

定义 A.3.2(全局最优解) 给定 $\boldsymbol{x}\in\mathbb{R}^n$，如果对任意 $\boldsymbol{u}\in\mathbb{R}^n$，有 $F(\boldsymbol{u})\geqslant F(\boldsymbol{x})$，则称 $\boldsymbol{x}$ 为 F 的一个全局最优解，$F(\boldsymbol{x})$ 是全局最优值。

定义 A.3.3(局部最优解) 给定 $\boldsymbol{x}\in\mathbb{R}^n$。如果存在 $\delta>0$ 使得任意满足 $\|\boldsymbol{u}-\boldsymbol{x}\|\leqslant\delta$ 的 $\boldsymbol{u}$ 都有 $F(\boldsymbol{u})\geqslant F(\boldsymbol{x})$，则称 $\boldsymbol{x}$ 为 F 的一个局部最优解，$F(\boldsymbol{x})$ 是局部最优值。

局部最优值是目标函数在一个小邻域内的最小值。显然，全局最优一定是局部最优，而局部最优却未必是全局最优。根据定义 A.3.2，优化问题的任务就是寻找目标函数的全局最优解。然而，如果不对目标函数做任何假设，大多数优化算法都只能保证输出局部最优解。如果目标函数在可行域上只有一个局部最优值，则这个局部最优值必定是全局最优值。由于凸函数只有唯一局部最优值，因此当目标函数是凸函数时，优化算法获得全局最优值。

定义 A.3.4(凸优化) 如果一个无约束优化问题的目标函数 F 是一个凸函数，则称其为无约束凸优化问题。如果一个带约束优化问题的目标函数 F 是一个凸函数，且约束函数 $H_i(\boldsymbol{x})$ 均为凸函数时($1\leqslant i\leqslant m$)，称其为一个带约束凸优化问题。

定理 A.3.4 无约束凸优化问题存在唯一的局部最优值，从而无约束凸优化问题的任何局部最优解都是全局最优解。

证明：对给定的凸目标函数 F，设 $\boldsymbol{u}$、$\boldsymbol{v}$ 均为 F 的局部最优解。以下证明 $F(\boldsymbol{u})=F(\boldsymbol{v})$。用反证法，不妨设 $F(\boldsymbol{u})<F(\boldsymbol{v})$。由于 $\boldsymbol{v}$ 是一个局部最优解，根据局部最优解的定义，存在 $\delta>0$，使得对任意满足 $\|\boldsymbol{w}-\boldsymbol{v}\|\leqslant\delta$ 的 w 都有 $F(\boldsymbol{w})\geqslant F(\boldsymbol{v})$。又因为 $\lim\limits_{\alpha\to 0}[\alpha\boldsymbol{u}+(1-\alpha)\boldsymbol{v}]=\boldsymbol{v}$，所以一定存在一个足够小的 α^*，使得 $\|\alpha^*\boldsymbol{u}+(1-\alpha^*)\boldsymbol{v}-\boldsymbol{v}\|\leqslant\delta$。取 $\boldsymbol{w}=\alpha^*\boldsymbol{u}+(1-\alpha^*)\boldsymbol{v}$，可得 $\|\boldsymbol{w}-\boldsymbol{v}\|\leqslant\delta$。根据 $\boldsymbol{v}$ 是局部最优解的假设，必有 $F(\boldsymbol{w})\geqslant F(\boldsymbol{v})$。又由于 F 为凸函数，所以

$$F(\boldsymbol{w})\leqslant\alpha^* F(\boldsymbol{u})+(1-\alpha^*)F(\boldsymbol{v})<\alpha^* F(\boldsymbol{v})+(1-\alpha^*)F(\boldsymbol{v})=F(\boldsymbol{v})$$

这是一个矛盾。因此一定有 $F(\boldsymbol{u})=F(\boldsymbol{v})$。

引理 A.3.5 设 $F:\mathbb{R}\to\mathbb{R}$ 为一个一元可导凸函数。则 $x\in\mathbb{R}$ 为 F 的最优解的充分必要条件为 $F'(x)=0$。

证明：首先看条件的必要性。设 x 为 F 的最优解，则对任意 $u>x$ 都有

$$\frac{F(u)-F(x)}{u-x}\geqslant 0 \tag{A.3.4}$$

在式(A.3.4)中令 u 从右侧趋于 x，可得右导数 $F'_+(x)\geqslant 0$。然而对任意 $u<x$ 又有

$$\frac{F(u)-F(x)}{u-x}\leqslant 0 \tag{A.3.5}$$

在式(A.3.5)中令 u 从左侧趋于 x，可得左导数 $F'_-(x)\leqslant 0$。因为 F 可导，所以 $F'_-(x)=F'_+(x)=F'(x)$，即 $F'(x)=0$。

再来看条件的充分性。假定 $F'(x)=0$。因为 F 为凸函数，所以对任意的 u、x，都有 $F(u)\geqslant F(x)+F'(x)(u-x)$。由此可知，当 $F'(x)=0$ 时，必有 $F(u)\geqslant F(x)$。也就是说，x 为 F 的最优解。

引理 A.3.5 的结论可以推广到高维。

定理 A.3.6 对于一个 n 元可微凸函数 $F:\mathbb{R}^n\to\mathbb{R}$，$\boldsymbol{x}\in\mathbb{R}^n$ 为 F 最优解的充分必要条件为 $\nabla F(\boldsymbol{x})=\boldsymbol{0}$。其中，$\boldsymbol{0}$ 表示各分量均为 0 的 n 维向量。

目标函数的凸性保证了最优值的唯一性，但是并不保证最优解的唯一性。

定义 A.3.5(严格凸函数) 设 F 为一个凸函数。如果对任意 $\boldsymbol{u},\boldsymbol{v}\in\mathbb{R}^n$ 及 $0<\alpha<1$，有 $F(\alpha\boldsymbol{u}+(1-\alpha)\boldsymbol{v})<\alpha F(\boldsymbol{u})+(1-\alpha)F(\boldsymbol{v})$，则称 F 为一个严格凸函数。

定理 A.3.7 设 F 为一个严格凸函数，则 $\min F(\boldsymbol{x})$ 有唯一最优解。

证明：用反证法。如果结论不成立，则至少存在两个最优解 $\boldsymbol{u}$、$\boldsymbol{v}$。根据定理 A.3.4 的结论，$F(\boldsymbol{u})=F(\boldsymbol{v})$。设 $\boldsymbol{w}=\boldsymbol{u}/2+\boldsymbol{v}/2$。由 F 为严格凸函数，可知

$$F(\boldsymbol{w})<\frac{1}{2}F(\boldsymbol{u})+\frac{1}{2}F(\boldsymbol{v})=F(\boldsymbol{u})$$

这与 $\boldsymbol{u}$ 是最优解矛盾。

引理 A.3.8 设 $F:\mathbb{R}\to\mathbb{R}$ 处处二阶可微，则 F 为严格凸函数的充分必要条件是对任意 $x\in\mathbb{R}$ 有 $F''(x)>0$。

定理 A.3.9 设函数 $F:\mathbb{R}^n\to\mathbb{R}$ 处处二阶可微，则 F 为凸函数的充分必要条件是对任意

$\boldsymbol{x}\in\mathbb{R}^n$，有$\nabla^2 F(\boldsymbol{x})>0$。

推论 A.3.10 如果$F:\mathbb{R}^n\to\mathbb{R}$是一个严格凸函数，$G:\mathbb{R}^n\to\mathbb{R}$是一个凸函数，$\alpha>0$是一个正实数，则有

(1) $F+G$是一个严格凸函数。

(2) αF是一个严格凸函数。

A.3.3 带约束凸优化问题

定义 A.3.6(拉格朗日函数) 给定式(A.3.3)中的带约束优化问题，对给定$\boldsymbol{x}\in\mathbb{R}^n$以及$\boldsymbol{\lambda}=(\lambda_1,\lambda_2,\cdots,\lambda_m)\in\mathbb{R}^m$，$\lambda_1,\lambda_2,\cdots,\lambda_m\geqslant 0$，定义

$$L(\boldsymbol{x},\boldsymbol{\lambda})=F(\boldsymbol{x})+\sum_{i=1}^{m}\lambda_i H_i(\boldsymbol{x}) \tag{A.3.6}$$

为关于F的拉格朗日函数。称λ_i为与约束条件$H_i(\boldsymbol{x})\leqslant 0$对应的拉格朗日乘子。

定义 A.3.7(对偶函数) 定义$G(\boldsymbol{\lambda})=\min\limits_{\boldsymbol{x}\in\mathbb{R}^n}L(\boldsymbol{x},\boldsymbol{\lambda})$为$F$的对偶函数。

定义 A.3.8(对偶优化问题) 称如下优化问题

$$\begin{aligned}&\max_{\boldsymbol{\lambda}} G(\boldsymbol{\lambda})\\&\text{约束}:\lambda_i\geqslant 0,\quad i=1,2,\cdots,m\end{aligned} \tag{A.3.7}$$

为式(A.3.3)中凸优化问题的对偶优化问题。式(A.3.3)中的问题称为原始问题。

引理 A.3.11(弱对偶理论) 设$\boldsymbol{x}^*$为原始问题的最优解，$\boldsymbol{\lambda}^*$为对偶问题的最优解。令$f^*=F(\boldsymbol{x}^*)$，$g^*=G(\boldsymbol{\lambda}^*)$，则$g^*\leqslant f^*$。

证明：根据g^*的定义，对任意$\boldsymbol{x}$，有$g^*=G(\boldsymbol{\lambda}^*)\leqslant L(\boldsymbol{x},\boldsymbol{\lambda}^*)$。因此有

$$g^*\leqslant L(\boldsymbol{x}^*,\boldsymbol{\lambda}^*) \tag{A.3.8}$$

又由于$\boldsymbol{x}^*$与$\boldsymbol{\lambda}^*$分别为原始问题的可行解与对偶问题的可行解，所以对任意i都有$\lambda_i^* H_i(\boldsymbol{x}^*)\leqslant 0$。因此

$$L(\boldsymbol{x}^*,\boldsymbol{\lambda}^*)=F(\boldsymbol{x}^*)+\sum_{i=1}^{m}\lambda_i^* H_i(\boldsymbol{x}^*)\leqslant F(\boldsymbol{x}^*)=f^* \tag{A.3.9}$$

综合式(A.3.8)和式(A.3.9)，可得$g^*\leqslant f^*$。

定理 A.3.12(强对偶理论) 若存在$\boldsymbol{x}\in\mathbb{R}^n$使得$H_i(\boldsymbol{x})<0$，$i=1,2,\cdots,m$，则对偶问题最优值$g^*$与原始问题最优值$f^*$满足$g^*=f^*$。

定理 A.3.12 中的条件被称为 Slater 条件，它是以证明这一定理的数学家命名的。如果 Slater 条件得到满足，即可行域包含至少一个内点，则原始问题与对偶问题有完全相同的最优值。绝大多数实际应用中的凸优化问题都满足 Slater 条件，从而定理 A.3.12 中的结论都成立。

这一定理的意义如下：若原始问题中的约束条件使得求解困难，而相应的对偶问题较易求解，且已知对偶问题的最优解$\boldsymbol{\lambda}^*$，则可以将问题转化为求解无约束优化问题：$\min\limits_{\boldsymbol{x}\in\mathbb{R}^n}L(\boldsymbol{x},\boldsymbol{\lambda}^*)$。根据定义 A.3.7 和$g^*$的定义可知：$\min\limits_{\boldsymbol{x}\in\mathbb{R}^n}L(\boldsymbol{x},\boldsymbol{\lambda}^*)$的值等于$G(\boldsymbol{\lambda}^*)=g^*$。再根据定

理 A. 3. 12,此解恰为原始问题带约束的最优解。

定理 A. 3. 13(KKT 条件) 设原始问题满足 Slater 条件,假设 $\boldsymbol{x}^*$ 与 $\boldsymbol{\lambda}^*$ 分别为原始问题与对偶问题的可行解,则它们是最优解的充分必要条件如下:

(1) 稳定性:$\nabla F(\boldsymbol{x}^*) + \sum_{i=1}^{m} \lambda_i^* \nabla H_i(\boldsymbol{x}^*) = 0$。

(2) 互补松弛性:$\lambda_i^* H_i(\boldsymbol{x}^*) = 0, i = 1,2,\cdots,m$。

证明:首先证明 KKT 条件的必要性,即如果 $\boldsymbol{x}^*$ 与 $\boldsymbol{\lambda}^*$ 分别为原始问题与对偶问题最优解,则它们满足 KKT 条件。令 $L(\boldsymbol{x},\boldsymbol{\lambda})$ 为 F 的拉格朗日函数,$G(\boldsymbol{\lambda})$ 为对偶函数,并令 $f^* = F(\boldsymbol{x}^*)$ 及 $g^* = G(\boldsymbol{\lambda}^*)$。由于 Slater 条件成立,所以根据定理 A. 3. 12 有 $f^* = g^*$。又根据 g^* 的定义,有:

$$g^* = G(\boldsymbol{\lambda}^*) = \min L(\boldsymbol{x},\boldsymbol{\lambda}^*) \leqslant L(\boldsymbol{x}^*,\boldsymbol{\lambda}^*) \leqslant F(\boldsymbol{x}^*) = f^* \tag{A.3.10}$$

因此,式(A. 3. 10)中所有的小于或等于号均应为等号。由此可知:

$$\min_{\boldsymbol{x} \in \mathbb{R}^n} L(\boldsymbol{x},\boldsymbol{\lambda}^*) = L(\boldsymbol{x}^*,\boldsymbol{\lambda}^*) \tag{A.3.11}$$

$$L(\boldsymbol{x}^*,\boldsymbol{\lambda}^*) = F(\boldsymbol{x}^*) \tag{A.3.12}$$

式(A. 3. 11)说明 $\boldsymbol{x}^*$ 是无约束优化问题 $\min L(\boldsymbol{x},\boldsymbol{\lambda}^*)$ 的最优解。根据定理 A. 3. 4,$\boldsymbol{x}^*$ 应当满足 $\nabla L(\boldsymbol{x}^*,\boldsymbol{\lambda}^*) = \boldsymbol{0}$。展开 $\nabla L(\boldsymbol{x}^*,\boldsymbol{\lambda}^*)$ 得

$$\boldsymbol{0} = \nabla L(\boldsymbol{x}^*,\boldsymbol{\lambda}^*) = \nabla F(\boldsymbol{x}^*) + \sum_{i=1}^{m} \lambda_i^* \nabla H_i(\boldsymbol{x}^*) \tag{A.3.13}$$

再来看式(A. 3. 12)。因为 $L(\boldsymbol{x}^*,\boldsymbol{\lambda}^*) = F(\boldsymbol{x}^*) + \sum_{i=1}^{m} \lambda_i^* H_i(\boldsymbol{x}^*)$,且对任意 i 均有 $\lambda_i^* H_i(\boldsymbol{w}^*) \leqslant 0$,所以式(A. 3. 12)成立的唯一可能性是对任意 i 均有 $\lambda_i^* H_i(\boldsymbol{w}^*) = 0$。

再证明 KKT 条件的充分性。假定 $\boldsymbol{x}^*$ 与 $\boldsymbol{\lambda}^*$ 满足 KKT 条件,只需证明 $f^* = g^*$。根据条件(1)以及定理 A. 3. 6 可知,$\boldsymbol{x}^*$ 必为无约束优化问题 $\min_{\boldsymbol{x} \in \mathbb{R}^n} L(\boldsymbol{x},\boldsymbol{\lambda}^*)$ 的最优解,从而

$$L(\boldsymbol{x}^*,\boldsymbol{\lambda}^*) = G(\boldsymbol{\lambda}^*) = g^* \tag{A.3.14}$$

另一方面,根据条件(2),有 $\sum_{i=1}^{m} \lambda_i^* H_i(\boldsymbol{x}^*) = 0$,从而

$$L(\boldsymbol{x}^*,\boldsymbol{\lambda}^*) = F(\boldsymbol{x}^*) + \sum_{i=1}^{m} \lambda_i^* H_i(\boldsymbol{x}^*) = F(\boldsymbol{x}^*) = f^* \tag{A.3.15}$$

综合式(A. 3. 14)与式(A. 3. 15)就得到 $f^* = g^*$。

式(A. 3. 16)中带等式约束条件的优化问题是一类特殊的带约束优化问题。

$$\begin{aligned} & \min F(\boldsymbol{x}) \\ \text{约束:} & H_i(\boldsymbol{x}) \leqslant 0, \quad i = 1,2,\cdots,m \\ & E_j(\boldsymbol{x}) = 0, \quad j = 1,2,\cdots,k \end{aligned} \tag{A.3.16}$$

假设约束 $H_i(\boldsymbol{x}) \leqslant 0$ 对应的拉格朗日乘子为 $\lambda_i (i=1,2,\cdots,m)$,约束 $E_j(\boldsymbol{x}) = 0$ 对应的拉格朗日乘子为 $\beta_j (j=1,2,\cdots,k)$,则式(A. 3. 16)的拉格朗日函数有如下形式:

$$L(\boldsymbol{x},\boldsymbol{\lambda},\boldsymbol{\beta})=F(\boldsymbol{x})+\sum_{i=1}^{m}\lambda_i H_i(\boldsymbol{x})+\sum_{j=1}^{k}\beta_j E_j(\boldsymbol{x})$$

定义 $G(\boldsymbol{\lambda},\boldsymbol{\beta})=\min_{x\in\mathbb{R}^n} L(\boldsymbol{x},\boldsymbol{\lambda},\boldsymbol{\beta})$，则式(A.3.16)的对偶问题为

$$\max_{\boldsymbol{\lambda},\boldsymbol{\beta}} G(\boldsymbol{\lambda},\boldsymbol{\beta})$$
$$\text{约束：}\lambda_i \geqslant 0,\quad i=1,2,\cdots,m \tag{A.3.17}$$

在式(A.3.17)中，原始问题的不等式约束条件对应的拉格朗日乘子 λ_i 必须非负，而等式约束条件的拉格朗日乘子 β_j 不受约束。

推论 A.3.14(带等式约束的 KKT 条件) 设原始问题式(A.3.16)满足 Slater 条件，假设 $\boldsymbol{x}^*$ 与 $(\boldsymbol{\lambda}^*,\boldsymbol{\beta}^*)$ 分别为原始问题与式(A.3.17)中的对偶问题的可行解，则它们是最优解的充分必要条件是

(1) 稳定性：$\nabla F(\boldsymbol{x}^*)+\sum_{i=1}^{m}\lambda_i^*\nabla H_i(\boldsymbol{x}^*)+\sum_{j=1}^{k}\beta_j^*\nabla E_j(\boldsymbol{x}^*)=0$。

(2) 互补松弛性：$\lambda_i^* H_i(\boldsymbol{x}^*)=0, i=1,2,\cdots,m$。

A.4 概率论简介

1. 概率论基本概念

定义 A.4.1(样本空间) 随机试验中的每一个可能出现的试验结果称为这个试验的一个样本点。全体样本点组成的集合称为这个试验的样本空间，记作 Ω。

定义 A.4.2(随机事件) 样本空间 Ω 的任一子集 A 称为随机事件，简称事件。出现属于事件 A 的样本点时则称事件 A 发生。

定义 A.4.3(事件的概率) 对任意样本点 $\omega\in\Omega$，用 $\Pr(\omega)$ 表示 ω 出现的概率。对任意事件 $A\subseteq\Omega$，定义 A 的概率为

$$\Pr(A)=\sum_{\omega\in A}\Pr(\omega) \tag{A.4.1}$$

引理 A.4.1 设 Ω 为样本空间。

(1) $\Pr(\varnothing)=0, \Pr(\Omega)=1$。

(2) 设 A 和 B 是两个事件，则 $\Pr(A\cup B)=\Pr(A)+\Pr(B)-\Pr(A\cap B)$。

推论 A.4.2 设 A 和 B 是两个事件，$A\cap B=\varnothing$，则 $\Pr(A\cup B)=\Pr(A)+\Pr(B)$。

定义 A.4.4(条件概率) 设 A 和 B 是两个事件，在事件 B 发生的条件下发生事件 A 的概率称为 A 基于 B 的条件概率，记为 $\Pr(A|B)$，且

$$\Pr(A\mid B)=\frac{\Pr(A\cap B)}{\Pr(B)} \tag{A.4.2}$$

定义 A.4.5(独立事件) 设 A 和 B 是两个事件。如果 $\Pr(A|B)=\Pr(A)$，则称 A 和 B 是相互独立的事件。

推论 A.4.3 设 A 和 B 是两个相互独立的事件，则 $\Pr(A\cap B)=\Pr(A)\cdot\Pr(B)$。

2. 随机变量与分布

定义 A.4.6(随机变量) 设随机试验的样本空间为 Ω。若对任意样本点 $\omega\in\Omega$,都有一个实数 $\xi(\omega)$ 与之对应,就可以得到一个定义在 Ω 上的样本点的实函数 $\xi(\omega)$,称 $\xi(\omega)$ 为随机变量,简记为 ξ。

定义 A.4.7(随机变量数乘) 设 ξ 是一个随机变量。$a\in\mathbb{R}$ 为实数。定义一个新的随机变量 η,其中对任意样本 ω,有 $\eta(\omega)=a\xi(\omega)$,称其为 ξ 关于 a 的数乘,记作 $\eta=a\xi$。

定义 A.4.8(随机变量的加法) 设 ξ_1 与 ξ_2 是两个随机变量。如果对任意样本 ω,随机变量 η 都满足 $\eta(\omega)=\xi_1(\omega)+\xi_2(\omega)$,则称其为 ξ_1 与 ξ_2 的和,记作 $\eta=\xi_1+\xi_2$。

定义 A.4.9(随机变量的乘法) 如果对任意样本 ω,随机变量 η 满足 $\eta(\omega)=\xi_1(\omega)\cdot\xi_2(\omega)$,则称其为 ξ_1 与 ξ_2 的积,记作 $\eta=\xi_1\xi_2$。

取值均为非负整数(可数集)的随机变量称为离散型随机变量。设 ξ 是一个离散型随机变量。定义 $p_\xi(k)=\Pr(\xi(\omega)=k)$,并将序列 $\{p_\xi(0),p_\xi(1),p_\xi(2),\cdots\}$ 称为 ξ 的概率分布。

以下是常用的离散型随机变量的分布。

- 伯努利分布。设在一次试验中,事件 A 发生的概率为 p。定义随机变量 ξ 为一次试验中事件 A 发生的次数,则 ξ 的取值或者为 0,或者为 1。随机变量 ξ 的概率分布为 $\{1-p,p\}$。将这样的试验称为伯努利试验。随机变量 ξ 的概率分布称为伯努利分布。
- 二项分布。设在一个伯努利试验中,事件 A 发生的概率为 p。独立重复该伯努利试验 n 次,并定义随机变量 ξ 为事件 A 发生的次数。ξ 的可能取值为 $0,1,\cdots,n$。对应的概率由二项分布给出:

$$p_\xi(k)=\binom{n}{k}p^k(1-p)^{n-k},\quad k=0,1,\cdots,n$$

  随机变量 ξ 的概率分布称为二项分布,记为 $B_{n,p}$。
- 泊松分布。若随机变量 ξ 可取一切非负整数值,且

$$p_\xi(k)=\frac{\mathrm{e}^{-\lambda}\lambda^k}{k!},\quad k=0,1,2,\cdots\cdots$$

  随机变量 ξ 的概率分布称为泊松分布,记为 Poisson_λ。

设 ξ 是一个离散型随机变量,且其概率分布为 p_ξ。以 $\mathbb{Z}^+$ 表示非负整数集。对任意实数 x,将 $F_\xi(x)=\sum\limits_{k\in\mathbb{Z}^+,k\leqslant x}p_\xi(k)$ 称为离散型随机变量 ξ 的分布函数。

取值为连续实数的随机变量称为连续型随机变量。

定义 A.4.10(分布函数) 设 ξ 是一个连续型随机变量,定义 ξ 的分布函数 $F_\xi:\mathbb{R}\to[0,1]$ 如下:对任意 $x\in\mathbb{R}$,定义 $F_\xi(x)=\Pr(\xi(w)\leqslant x)$。

分布函数 F_ξ 是随机变量 ξ 的取值落于区间 $(-\infty,x]$ 的概率,所以有

$$F_\xi(x)=\int_{-\infty}^{x}\Pr(\xi(w)=x)\tag{A.4.3}$$

根据式(A.4.3),可以近似地认为 $\Pr(\xi(w)=x)=F'_{\xi}(x)\mathrm{d}x$。这里 $\mathrm{d}x$ 是一个无穷小量。

定义 A.4.11(密度函数) 设 ξ 是一个连续型随机变量,F_{ξ} 是 ξ 的分布函数,定义 $f_{\xi}(x)=F'_{\xi}(x)$ 为连续型随机变量 ξ 的密度函数。

以下是常用的连续型随机变量的分布:

- 均匀分布。设 a 和 b 为两个有限实数且 $a<b$。密度函数

$$f(x)=\begin{cases}\dfrac{1}{b-a}, & x\in[a,b]\\ 0, & x\notin[a,b]\end{cases}$$

  对应的随机变量 x 取值为区间 $[a,b]$ 上的每一点的可能性都相同。这样的分布称为区间 $[a,b]$ 上的均匀分布。

- 正态分布。服从正态分布的随机变量 x 的取值区间为 $(-\infty,+\infty)$,密度函数为

$$f(x)=\frac{1}{\sqrt{2\pi\sigma}}\mathrm{e}^{-\frac{(x-\mu)^2}{2\sigma^2}}$$

  其中 μ 与 σ 为常数。正态分布记作 $N(\mu,\sigma)$。

3. 期望、方差与协方差

定义 A.4.12(离散型随机变量的期望) 设 ξ 是一个离散型随机变量,并设 p_{ξ} 是它的概率分布。定义 ξ 的期望为

$$E[\xi]=\sum_{k=0}^{\infty}k\cdot p_{\xi}(k) \tag{A.4.4}$$

在式(A.4.4)中,求和的每一项 $k\cdot p_{\xi}(k)$ 是 ξ 的取值乘以 ξ 取该值的概率,由此可见,期望是随机变量的平均取值。

定义 A.4.13(连续型随机变量的期望) 设 ξ 是一个连续型随机变量,并设 f_{ξ} 是它的密度函数。定义 ξ 的期望为

$$E[\xi]=\int_{-\infty}^{\infty}xf_{\xi}(x)\mathrm{d}x \tag{A.4.5}$$

定理 A.4.1(期望的线性性质)

(1) 设 ξ 是一个随机变量,$a\in\mathbb{R}$ 为实数,则 $E[a\xi]=aE[\xi]$。

(2) 设 ξ_1 与 ξ_2 是两个随机变量,则 $E[\xi_1+\xi_2]=E[\xi_1]+E[\xi_2]$。

定义 A.4.14(独立随机变量) 设 ξ_1 和 ξ_2 为两个随机变量,如果对任意 $x_1,x_2\in\mathbb{R}$,事件 $A_1=\{\omega:\xi_1(\omega)\leqslant x_1\}$ 和事件 $A_2=\{\omega:\xi_2(\omega)\leqslant x_2\}$ 都是独立的,则称 ξ_1 和 ξ_2 为独立的随机变量。

定理 A.4.2 设 ξ_1 与 ξ_2 是两个独立的随机变量,则 $E[\xi_1\xi_2]=E[\xi_1]\cdot E[\xi_2]$。

定义 A.4.15(方差与标准差) 设 ξ 是一个随机变量,定义 ξ 的方差为 $\mathrm{Var}(\xi)=E[(\xi-E[\xi])^2]$,并定义 ξ 的标准差为 $\sigma(\xi)=\sqrt{\mathrm{Var}(\xi)}$。

$(\xi-E[\xi])^2$ 描述的是 ξ 的取值与期望的偏离度,而方差则是该偏离度的期望值。

定理 A.4.3 设 ξ_1 与 ξ_2 是两个独立的随机变量,则 $\mathrm{Var}(\xi_1+\xi_2)=\mathrm{Var}(\xi_1)+\mathrm{Var}(\xi_2)$。

以下是常用的随机变量分布的期望和方差。

- 伯努利分布的期望和方差。如果随机变量 ξ 的概率分布是伯努利分布 B_p,则

$$E[\xi]=0\cdot(1-p)+1\cdot p=p$$
$$\mathrm{Var}(\xi)=(0-p)^2(1-p)+(1-p)^2p=p(1-p)$$

- 二项分布的期望和方差。若 $\xi_1,\xi_2,\cdots,\xi_n$ 是 n 个独立的服从伯努利分布 B_p 的随机变量,则 $\xi=\xi_1+\xi_2+\cdots+\xi_n$ 是服从二项分布 $B_{n,p}$ 的随机变量。因此有

$$E[\xi]=\sum_{i=1}^{n}E(\xi_i)=np$$

$$\mathrm{Var}(\xi)=\sum_{i=1}^{n}\mathrm{Var}(\xi_i)=np(1-p)$$

- 均匀分布的期望和方差。如果随机变量 ξ 的分布为区间 $[a,b]$ 上的均匀分布,则

$$E[\xi]=\frac{a+b}{2}$$

$$\mathrm{Var}(\xi)=\frac{(b-a)^2}{12}$$

- 正态分布的期望和方差。如果随机变量 ξ 服从正态分布 $N(\mu,\sigma)$,则

$$E[\xi]=\mu$$
$$\mathrm{Var}[\xi]=\sigma^2$$

定义 A.4.16(协方差) 设 ξ_1 与 ξ_2 为两个随机变量。定义

$$\mathrm{Cov}(\xi_1,\xi_2)=E[(\xi_1-E[\xi_1])(\xi_2-E[\xi_2])] \tag{A.4.6}$$

为 ξ_1 与 ξ_2 的协方差,并定义

$$\eta(\xi_1,\xi_2)=\frac{\mathrm{Cov}(\xi_1,\xi_2)}{\sqrt{\mathrm{Var}(\xi_1)\mathrm{Var}(\xi_2)}} \tag{A.4.7}$$

为 ξ_1 与 ξ_2 的相关系数。

如果 ξ_1 增大时 ξ_2 也相应增大,则 $\eta(\xi_1,\xi_2)>0$;如果 ξ_1 增大时 ξ_2 相应减小,则 $\eta(\xi_1,\xi_2)<0$。

定理 A.4.4 设 ξ_1 与 ξ_2 为两个随机变量,$\eta(\xi_1,\xi_2)$ 为它们的相关系数,则 $-1\leqslant\eta(\xi_1,\xi_2)\leqslant1$,并且有

(1) $\eta(\xi_1,\xi_2)=0$ 的充分必要条件为 ξ_1 与 ξ_2 独立。

(2) $\eta(\xi_1,\xi_2)=1$ 的充分必要条件为 $\xi_1=\xi_2$。

(3) $\eta(\xi_1,\xi_2)=-1$ 的充分必要条件为 $\xi_1=-\xi_2$。

4. Hoeffding 不等式

定理 A.4.5(Hoeffding 不等式) 设 $\theta_1,\theta_2,\cdots,\theta_m$ 为 m 个独立同分布的随机变量。假设对任意 i 有 $E[\theta_i]=\mu$ 以及 $\Pr(0\leqslant\theta_i\leqslant1)=1$,则对任意正实数 c 有

$$\Pr\left(\left|\frac{1}{m}\sum_{i=1}^{m}\theta_i-\mu\right|>c\right)\leqslant 2\mathrm{e}^{-2mc^2} \tag{A.4.8}$$

可以用语言来描述 Hoeffding 不等式如下:m 个独立同分布随机变量的平均值与期望值之间的差别大于 c 的概率随着 c 和 m 的增大以指数级减小。Hoeffding 不等式是许多应用中用平均值来近似期望值的理论依据。

附录B　Python 语言与机器学习工具库

Python 是一种面向对象的解释型程序设计语言。因其具有简洁性、易读性以及可扩展性的特点，目前是最受欢迎的程序设计语言之一。由于 Python 是人工智能技术框架的基础语言，支持许多机器学习工具库，例如算法库 Sklearn、神经网络算法平台 TensorFlow 和 OpenAI 虚拟现实平台，因而本书中的全部算法都用 Python 语言来描述。B.1 介绍 Python 的基本语法与功能。

SciPy 是 Python 中的科学计算工具库，其中有 3 个最常用的工具包：一是 NumPy 工具包，提供方便的数组操作；二是 Matplotlib，提供作图功能；三是 Pandas，提供各项数据观察与处理功能。B.2 介绍 SciPy 的基本知识。

Sklearn 是 Python 中的机器学习工具库，包含绝大多数机器学习算法以及大量经典数据集。本书中的算法实现采用与 Sklearn 工具库中同名的类与接口，对算法的调用方式与 Sklearn 工具库的使用完全一致。B.3 介绍 Sklearn 工具库。

Sklearn 工具库中不包括神经网络的相关算法。TensorFlow 是目前最常用的神经网络学习平台之一。本书在深度学习与强化学习的章节中都采用了 TensorFlow 平台。B.4 介绍 TensorFlow 的基本设计理念。

B.1　Python 语言基础

1. Python 程序与 IDE

在计算机上安装 Python 后，在命令行提示符 $ 后输入 python，将直接进入 Python。在命令行 Python 提示符>>>后输入 print('Hello World! ')，可以看到，屏幕上输出“Hello World!”，其中 print 是 Python 的一个常用函数，其功能就是输出括号中的字符串。

编写 Python 程序是使用 Python 的另一个常用方法。用文本编辑器编写一个.py 后缀的文件，例如 hello.py。在 hello.py 中写入如图 B.1 所示的程序并保存。

```
1  print('Hello World!')
```

图 B.1 打印"Hello World!"的 Python 程序

退出文本编辑器，并在命令行提示符 $ 后输入 python hello.py 来运行该程序，可以看到屏幕上输出"Hello World!"，这就是一个最简单的 Python 程序。

有许多集成的开发编辑器可用于方便地编辑和调试 Python 程序。Eclipse 和 Jupyter 的 IPython Notebook 是最常用的 Python 编辑器。除此之外，还有 Windows 上的 Visual Studio 和 Mac OS 上的 Xcode。读者可以选用自己喜欢的编辑器来编写和调试 Python 程序。

2. 变量与基本运算

Python 中的变量与其他程序设计语言中的变量类似，都对应一段内存单元，可以用于存储任何类型的数据。常用的变量类型有整型、浮点型、字符串型与逻辑型 4 种。Python 中无须显式声明变量的数据类型。解释器会在对变量赋值时自动判断变量应当具有的类型。

变量之间可以进行各类运算。常用的运算分为两类：算术运算与逻辑运算。算术运算包括加、减、乘、除、乘方等，逻辑运算包括与、或和非运算。

Python 中具有自加、自乘与自除等运算方式。例如 a+=1 就是一个自加运算，等价于 a=a+1。

逻辑表达式是与逻辑运算紧密相连的概念。一个逻辑表达式的取值可以是真或者假。常用的逻辑表达式有相等(==)、不等(!=)、大于(>)、大于或等于(>=)、小于(<)以及小于或等于(<=)。

3. 数组

数组是一段连续的内存空间，用于存储类型相同的一组数据。数组的特点是可以通过下标来索引数组中的数据。用 A[-1]表示数组 A 的最后一个元素是 Python 特有的索引方式。运行图 B.2 中的 Python 程序可得 b=1，c=2，d=3，e=3。

```
1  A=[1, 2, 3]
2  b, c, d=A[0], A[1], A[2]
3  e=A[-1]
4  print(b, c, d, e)
```

图 B.2 Python 中的数组应用示例程序

Python 可以对数组进行切片操作，即获取数组中下标连续的一段数据。语句 $A[i:j]$ 对数组 A 进行了切片操作。这一语句返回数组 A 中下标为 $i, i+1, \cdots, j-1$ 的数据。

数组中元素个数又称为数组的长度。用 len 函数可以计算数组长度。用 append 函数可以向数组的末尾添加元素。用+可以将两个数组连接成一个数组。

在 Python 中,可以用赋值号=对数组进行浅复制。赋值号=将一个数组 A 浅复制成另一个数组 B。浅复制操作实质上只是给数组 A 起了另外一个名字 B,相当于 A 的一个“别名”。数组 B 与数组 A 表示的是同一段内存空间,因而是同一个数组。对数组 B 的操作等同于对数组 A 的操作。要实际复制一个数组,需要深复制操作。Python 标准库提供了深复制函数 deepcopy。在 Python 语言中,正确理解深复制与浅复制的区别十分重要。

二维数组是一维数组的推广,它对应数学上的矩阵。二维数组的每一个元素都是一个数组,它的索引是一维数组索引的推广。如果 A 是一个二维数组,则 $A[i][j]$表示 A 中的第 i 个数组的第 j 个元素。

4. 函数

函数是一个完成某项任务的程序块。函数的用途在于提高程序的模块化与可重用性。Python 中的函数用 def 关键字、return 关键字加上函数体缩进的方式来表示。

图 B.3 是 Python 中的函数的示例。

```
1  def f(a, b):
2     c= (a+b) * (a-b)
3     return c
4
5  s=f(1,2)
6  print(s)
```

图 B.3 Python 中的函数的示例

可以指定函数输入参数的默认值。如果指定了函数某个输入参数的默认值,则在调用函数时可以不必指出该参数的值。函数将自动使用默认值。即使函数指定了某个输入参数的默认值,在调用这个函数时也可以再指定该参数的值,此时函数将忽视默认值而使用指定值。

函数的参数可以是整型、浮点型、字符串型及逻辑型 4 种基本类型,也可以是数组、哈希表、类的对象等复合类型。

如果函数的参数是基本类型,则 Python 采用值传递的方式来传递参数。采用值传递时,函数体中对参数所做的改变不会反映到函数体之外。当函数的参数是非基本类型的参数时,Python 则采用地址传递的方式来传递参数,此时在函数体内对参数的修改将保留在参数中。

5. 条件语句

条件语句 if…else…的功能是根据逻辑表达式的取值来确定程序的走向。在 Python 中用缩进来表明条件判断后执行的代码块。用缩进来标明成块的代码是 Python 鲜明的特色。如果在条件语句中还嵌套着条件判断,则可采用 elif 关键字。elif 的全称为 else if。

图 B.4 是 Python 中条件语句的示例。

```
1  def abs(x):
2    if x>0:
3        print("positive")
4        return x
5    else:
6        print("negative")
7        return -x
```

图 B.4　Python 中条件语句的示例

6. 循环语句

Python 中有两种循环方式。第一种循环是 for 循环。图 B.5 是利用 for 循环对 0～9 求和的示例

```
1  sum=0
2  for i in range(10):
3     sum+=i
4  print(sum)
```

图 B.5　使用 for 对 0～9 求和的示例

第二种循环是 while 循环。在 while 循环中,只要 while 之后的逻辑表达式的值为真,则重复执行 while 循环体的函数块。图 B.6 是 while 循环的示例。

```
1  a=1
2  while a<100:
3     a*=2
4  print(a)
```

图 B.6　while 循环的示例

在 for 循环和 while 循环中,可以用 break 语句跳出整个循环,用 continue 语句跳过当前一轮循环并进入下一轮循环。

7. 类与对象

Python 是面向对象的程序设计语言。所谓"面向对象",就是将一组数据以及对数据的操作封装在一个类中。在图 B.7 的第 1 行中用 class 关键字声明了一个类。第 2～8 行以缩进方示定义了类的结构。其中,第 2～4 行的函数是类的构造函数,必须使用函数名_ _init_ _,且可带参数。构造函数的功能是定义类的成员以及成员初始化,第一个参数必须是 self,用前缀"self."标识类的成员。

```
1   class C:
2     def __init__(self, a, b):
3         self.a=a
4         self.b=b
5
6     def f(self, x):
7         s=self.a * x +self.b
8         return s
9
10  c=C(2,3)
11  s=c.f(1)
12  print(s)
```

图 B.7　定义和使用类的示例

Python 的类可以继承。如果类 D 继承了类 C,则 D 自动拥有 C 中的公有成员和成员函数。D 还可以重写 C 中的成员函数,使之成为 D 的特有实现,也可以增加 C 中没有的成员函数。

B.2　SciPy 工具库

SciPy 是 Python 中的数值计算工具库。其中 NumPy、Matplotlib 和 Pandas 是 3 个与机器学习应用的关系最密切的工具包。

B.2.1　NumPy 简介

NumPy 的全称是 Numerical Python,是用 Python 进行科学计算时的一个重要基础模块。NumPy 提供了一系列快速计算数组的例程,包括数学运算、逻辑运算、形状操作、排序、选择、I/O、离散傅里叶变换、基本线性代数、基本统计运算、随机模拟等。

1. 数组与矩阵

NumPy 中有 3 种常用的数组生成函数：zeros 生成全 0 数组,ones 生成全 1 数组,random. rand 生成随机数组。此外,用 array 函数可以将普通的 Python 数组转化为 NumPy 数组。图 B. 8 是上述函数的应用示例。

```
1  import numpy as np
2
3  m=3
4  X=np.zeros(m)
5  Y=np.ones(m)
```

图 B.8　NumPy 数组函数的应用示例

```
6  Z=np.random.rand(m)
7  A=[1, 2, 3, 4]
8  W=np.array(A)
```

图 B.8 （续）

NumPy数组也可以看作向量。用NumPy函数可以实现NumPy数组的加法、数乘与内积等向量运算。图B.9是NumPy数组的向量运算的示例。

```
1  import numpy as np
2
3  X=np.array([1, 2, 3])
4  Y=np.array([4, 5, 6])
5  Z=X+Y
6  U=X.dot(Y)
7  a=0.5
8  W=a*X
```

图 B.9　NumPy数组的向量运算的示例

除了向量运算外，NumPy还提供了许多关于数组的统计函数，例如求和(sum)、求平均值(mean)、求最大值(max)、求最大值对应的下标(argmax)等。图B.10是NumPy数组的统计函数的示例。

```
1  import numpy as np
2
3  X=np.array([2, 3, 1])
4  s=X.sum()
5  a=X.mean()
6  b=X.max()
7  i=X.argmax()
```

图 B.10　NumPy数组的统计函数的示例

通过指定形状shape，NumPy可以直接生成一些常用矩阵。此外，普通的二维数组也可以通过array函数转化为NumPy数组。图B.11是将普通的二维数组转化为NumPy数组的示例。

```
1  import numpy as np
2
3  m, n=2, 3
4  X=np.zeros((m, n))
```

图 B.11　将普通的二维数组转化为NumPy数组的示例

```
5  Y=np.ones((m, n))
6  Z=np.random.rand(m, n)
7  A=[[1, 2, 3],
4      [4, 5, 6]]
5  W=np.array(A)
```

图 B.11 （续）

NumPy 中实现了二维矩阵切片功能。如果 $\boldsymbol{X}$ 是一个 $m\times n$ 矩阵，对任意 $0\leqslant i<j\leqslant m-1$ 以及 $0\leqslant p<q\leqslant n-1$，NumPy 的切片功能可以方便地取出 $\boldsymbol{X}$ 的第 i 行到第 $j-1$ 行和第 p 列到第 $q-1$ 列构成的子矩阵，注意，此处下标从 0 开始。图 B.12 是 NumPy 矩阵切片的示例。

```
1  import numpy as np
2
3  X=np.array([[ 1, 2, 3, 4],
4              [ 5, 6, 7, 8],
5              [ 9, 10, 11, 12],
6              [13, 14, 15, 16]])
7  i, j=1, 3
8  p, q=1, 3
9  Y=X[i:j, p:q]
```

图 B.12 NumPy 矩阵切片

与普通数组的切片类似，起始下标默认为 0，终止下标默认为最后一个元素的下标。如果起始下标与终止下标都省略，则切片操作默认为取出所有元素。

2. 矩阵变形

矩阵变形的命令是 reshape。它可以在保持元素个数不变的前提下将一个矩阵变成任意形状的矩阵。图 B.13 是 NumPy 矩阵变形的示例。

```
1  import numpy as np
2
3  X=np.array([[1, 2, 3],
4              [4, 5, 6]])
5  Y=X.reshape(1,6)
6  Z=X.reshape(3,2)
7  W=X.reshape(6,1)
```

图 B.13 NumPy 矩阵变形的示例

图 B.13 中，为 reshape 函数指定了变形之后的行数和列数。实际上也可以只指定变形后矩阵的行数，因为列数可以由行数推算出来；类似地，也可以只指定变形后矩阵的列数。

在 NumPy 中向量与矩阵可以相互转换。

3. 矩阵运算

在 NumPy 中通过推广内积计算的 dot 函数来实现矩阵相乘的功能。图 B. 14 是 NumPy 矩阵乘法的示例。

```
1  import numpy as np
2
3  m, n, k=3, 2, 4
4  X=np.random.rand(m, n)
5  Y=np.random.rand(n, k)
6  Z=X.dot(Y)
```

图 B. 14　NumPy 矩阵乘法的示例

可以用 X. T 表示一个矩阵 X 的转置。图 B. 15 是 NumPy 矩阵转置的示例。

```
1  import numpy as np
2
3  m, n=2, 3
4  X=np.random.rand(m, n)
5  Y=X.T
```

图 B. 15　NumPy 矩阵转置的示例

NumPy 线性代数库 linalg 中的 inv 函数接口可用于方阵求逆。图 B. 16 是 NumPy 矩阵求逆的示例。

```
1  import numpy as np
2
3  m=3
4  X=np.random.rand(m, m)
5  Y=np.linalg.inv(X)
```

图 B. 16　NumPy 矩阵求逆的示例

定义在实数域上的任何函数都可以拓展到矩阵上。设 f 为定义在实数域上的函数，$\boldsymbol{X}$ 为 $m\times n$ 矩阵：

$$\boldsymbol{X}=\begin{bmatrix} x_{11} & x_{12} & \cdots & x_{1n} \\ x_{21} & x_{22} & \cdots & x_{2n} \\ \vdots & \vdots & \ddots & \vdots \\ x_{m1} & x_{m2} & \cdots & x_{mn} \end{bmatrix}$$

将 f 作用到矩阵 $\boldsymbol{X}$ 上：

$$f(\boldsymbol{X})=\begin{bmatrix} f(x_{11}) & f(x_{12}) & \cdots & f(x_{1n}) \\ f(x_{21}) & f(x_{22}) & \cdots & f(x_{2n}) \\ \vdots & \vdots & \ddots & \vdots \\ f(x_{m1}) & f(x_{m2}) & \cdots & f(x_{mn}) \end{bmatrix}$$

关于 NumPy 向量的运算也都可以拓展到 NumPy 矩阵上。一个矩阵有 0 和 1 两个 axis 值，分别表示矩阵的两个维度。通过指定 axis 的值，可以对矩阵的行或列实施向量运算。

B.2.2 Matplotlib 简介

Matplotlib 是 SciPy 中用于作图的工具包。散点图与函数图像是机器学习中最常用的两类制图方法。

首先介绍散点图。散点图十分有利于数据的观察。给定一系列点坐标，Matplotlib 的散点图制图功能可以将这些点在平面上表示出来。图 B.17 是最基本的散点图制图程序。第 7 行中的 scatter 函数是 Matplotlib 工具库制作散点图的方式。在 scatter 函数中需要两个参数。假设要画 m 个点，则两个参数都是长为 m 的数组，分别表示这 m 个点的横坐标与纵坐标。在本例中有 $m=100$ 个点，它们的横坐标是 X 的第一列，纵坐标是 X 的第二列。第 7 行中制作的散点图存储在内存中，第 8 行中的 show 函数将内存中的散点图显示出来。

```
1  import numpy as np
2  import matplotlib.pyplot as plt
3
4  np.random.seed(0)
5  X=np.random.rand(100, 2)
6  plt.figure(0)
7  plt.scatter(X[:, 0], X[:, 1])
8  plt.show()
```

图 B.17　绘制散点图

运行图 B.17 中的程序可得如图 B.18 所示的散点图。

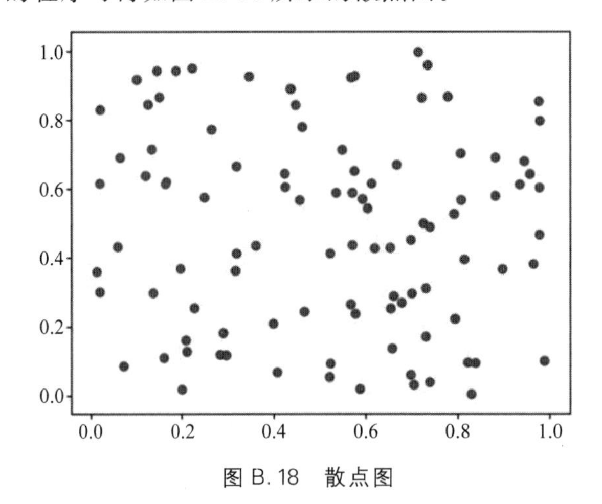

图 B.18　散点图

再介绍函数图像。图 B.19 是绘制 sin x 函数图像的例子。第 7 行中用 plot 函数绘制 sin x 函数图像。在 plot 函数中需要两个长度相同的数组,分别表示函数的输入值和输出值。指定了这两个参数后,Matplotlib 会自动将这些离散的值连接起来,得到函数图像。

```
1  import numpy as np
2  import matplotlib.pyplot as plt
3
4  X=np.linspace(-5, 5, 100)
5  Y=np.sin(X)
6  plt.figure(0)
7  plt.plot(X, Y)
8  plt.show()
```

图 B.19　绘制 sin x 函数图像

运行图 B.19 中的程序可得到如图 B.20 所示的函数图像。

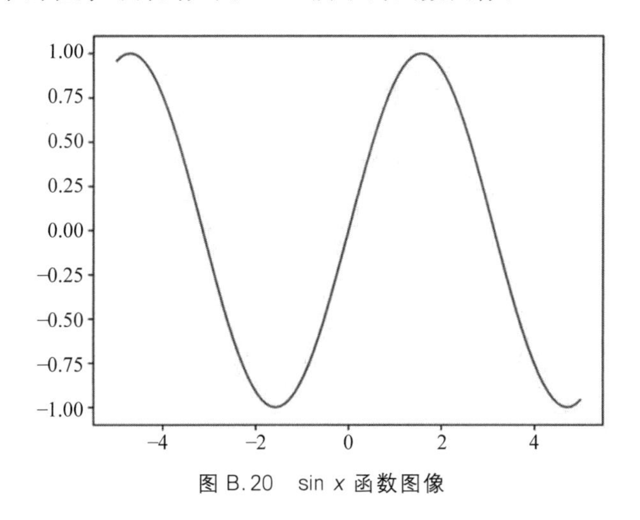

图 B.20　sin x 函数图像

B.2.3　Pandas 简介

Pandas 工具库是 SciPy 的数据读取和处理工具,是机器学习实践必不可少的工具包之一。它的主要功能是读取一个文件中的数据,并对数据进行观察与处理。

Pandas 可以读取 csv 格式的数据文件,相应的函数是 read_csv。Pandas 也可以读取带分隔符的数据文件,相应的函数是 read_table。

Pandas 将读取的数据存储成 DataFrame 结构。DataFrame 结构的内核是一个 NumPy 数组。可以通过一个 DataFrame 结构的 value 成员获取内核数组。DataFrame 结构提供了许多对内核数组进行操作的函数。表 B.1 是 DataFrame 的常用函数。

表 B.1 DataFrame 的常用函数

函　　数	功　　能	函　　数	功　　能
drop	删除一列	corr	计算相关性系数
dropna	删除缺失数据	head	输出前 n 条数据
copy	深度复制	sample	采样 n 条数据
info	输出数据信息	to_csv	将数据保存成 csv 文件
hist	输出数据直方图	plot	作图
sort_values	排序		

DataFrame 还有许多其他功能,具体可参见 SciPy 的相关文献。

B.3 Sklearn 简介

Sklearn 工具库的全称是 Scikit-learn。它是 Google 公司在 2007 年开发的集成于 Python 中的机器学习工具库。第一个公开版本于 2010 年 1 月下旬发布。除了提供大量的常用数据集之外,Sklearn 还通过定义统一的 Python 接口,实现了一系列重要的数据处理功能和机器学习算法。

1. 数据集

Sklearn 工具库中包含许多简单实用的数据集,表 B.2 中是 5 个例子。这些数据集的特征数都不多,且数据量都不大,可以用作简单的算法效果测试。

表 B.2 简单数据集

数　据　集	导 入 函 数	数　据　集	导 入 函 数
波士顿房价数据集	load_boston	乳腺癌数据集	load_breast_cancer
鸢尾花数据集	load_iris	糖尿病数据集	load_diabetes
红酒数据集	load_wine		

如果需要更大规模的数据,则需要从外部数据库获取。Sklearn 还包括一些获取数据集的函数,表 B.3 中是 3 个例子。

表 B.3 获取外部数据集的函数

数　据　集	获取数据集的函数
加州房价数据集	fetch_california_housing
人脸数据集	fetch_olivetti_faces
政治家脸谱数据集	fetch_lfw_people

以上都是基于真实问题的数据集。有时为了测试算法的效果,还可以人为制造具有特殊结构的数据集。Sklearn 也提供了许多生成数据集的函数,表 B.4 中是 5 个例子。

表 B.4　生成数据集的函数

数　据　集	生 成 函 数
墨渍数据集	make_blobs
同心圆数据集	make_circles
月亮数据集	make_moons
瑞士卷数据集	make_swiss_roll
S 形数据集	make_s_curve

2. 设计理念

Sklearn 工具库中的各项数据处理功能以及各种算法实现都是通过 Python 的类来完成的。Sklearn 的设计理念是通过 3 个基类指定所有子类统一的接口函数。这 3 个基类如下:

- Estimator 类:提取并记录数据信息,它提供 fit 接口函数。
- Transformer 类:数据变换,它提供 transform 接口函数。
- Predictor 类:预测与输入数据相关的某项指标,它提供 predict 接口函数。

如果一个子类既继承了 Estimator,又继承了 Transformer,则该子类还必须实现一个 fit_transform 接口函数。该函数的效果等价于先执行fit 函数再执行 transform 函数。

3. 数据处理

在运用机器学习算法之前,通常要先对数据进行处理。Sklearn 中绝大多数用于数据处理的类继承 Estimator 和 Transformer,所以它们都是通过实现 fit_transform 函数来完成数据处理的。

表 B.5 是 Sklearn 中最常用的 4 个数据处理的类。

表 B.5　数据处理的类

类　　名	功　　能
Imputer	填充缺失数据
OneHotEncoder	向量化
MinMaxScaler	特征限界
StandardScaler	特征标准化

除了 Sklearn 工具库中提供类之外,用户还可以通过继承 Estimator 和 Transformer 来编写个性化的数据处理类。

训练数据与测试数据的分离是另一项重要功能。Sklearn 提供了 train_test_split 函数来实现这一功能。通过指定测试数据的比例,train_test_split 将给定数据随机地分成训练与测试两部分。

4. 机器学习算法

Sklearn 提供了相当全面的机器学习基本算法，既包括监督式学习算法，也包括无监督学习算法。

表 B.6 是常用的监督式学习算法类。

表 B.6　常用的监督式学习算法

算　法	类　名	算　法	类　名
线性回归	LinearRegression	支持向量机	SVM
岭回归	Ridge	决策树	DecisionTree
Lasso 回归	Lasso	随机森林	RandomForest
Logistic 回归	LogisticRegression		

表 B.7 是常用的无监督学习算法。

表 B.7　常用的无监督学习算法

算　法	类　名	算　法	类　名
主成分分析法	PCA	k 均值算法	KMeans
线性判别分析法	LDA	合并聚类算法	AggomerativeClustering
局部线性嵌入法	LLE	DBSCAN 算法	DBSCAN
多维缩放算法	MDS		

这些算法类都继承 Estimator 和 Predictor。它们都通过 fit 函数来训练模型，且通过 predict 函数来测试模型。为了深化读者对这些算法的理解，本书中实现了这些算法，而且采用了与 Sklearn 一致的接口函数 fit 与 predict。

除了实现算法之外，Sklearn 工具库中还实现了算法度量的函数。针对回归问题，Sklearn 实现了均方误差函数 mean_squared_error 和决定系数函数 r2_score。针对分类问题，Sklearn 实现了准确率函数 accuracy_score、函数精确率 precision_score 和召回率函数 recall_score。

5. Sklearn 工具库应用实例

图 B.21 是运用 Sklearn 工具库中的各项功能解决房价预测问题的完整程序。第 1～6 行导入工具库中相关的类和函数。第 8～11 行的 process_feature 函数用于处理数据。第 13～18 行读取数据库中的数据，将数据分成训练与测试两部分，并分别进行数据处理。第 20、21 行用线性回归算法训练模型。第 22 行用训练好的模型对测试数据进行预测。第 23～25 行度量模型在测试数据上的效果。

```
1  from sklearn.datasets import fetch_california_housing
2  from sklearn.model_selection import train_test_split
3  from sklearn.preprocessing import StandardScaler
4  from sklearn.linear_model import LinearRegression
5  from sklearn.metrics import mean_squared_error
6  from sklearn.metrics import r2_score
7
8  def process_features(X):
9      scaler=StandardScaler()
10     X=scaler.fit_transform(X)
11     return X
12
13 housing=fetch_california_housing()
14 X=housing.data
15 y =housing.target
16 X_train, X_test, y_train, y_test =train_test_split(X, y, test_size=0.2,
   random_state=0)
17 X_train=process_features(X_train)
18 X_test=process_features(X_test)
19
20 model=LinearRegression()
21 model.fit(X_train, y_train)
22 y_pred=model.predict(X_test)
23 mse=mean_squared_error(y_test, y_pred)
24 r2=r2_score(y_test, y_pred)
25 print("mse={}; r2 ={}".format(mse, r2))
```

图 B.21　解决房价预测问题的完整程序

图 B.21 展示了运用 Sklearn 工具库的一般流程，求解其他问题可以“依葫芦画瓢”。

B.4　TensorFlow 简介

TensorFlow 是 Google 公司在 2017 年 2 月发布的机器学习开源软件库。它支持多服务器分布式计算、GPU 加速以及多操作系统（包括移动计算平台 Android 和 iOS），而且集成于 Python 和 C++ 等常用编程语言的标准库中。这个名称源于其运行原理。Tensor（张量）意味着 n 维数组。Flow（流）意味着基于数据流图的计算。TensorFlow 意为张量从数据流图的一端流动到另一端的计算过程。TensorFlow 是将复杂的数据结构传输至人工智能神经网中进行分析和处理的系统。

计算图是 TensorFlow 中最基本的概念。例如，如图 B.22 所示，有 3 个带初始值的变量节点 a=1,b=2,d=4 以及两个操作节点+和×。将 a、b 输入+节点得到变量 c,变量 c 再与变量 d 一起输入×节点得到变量 e。

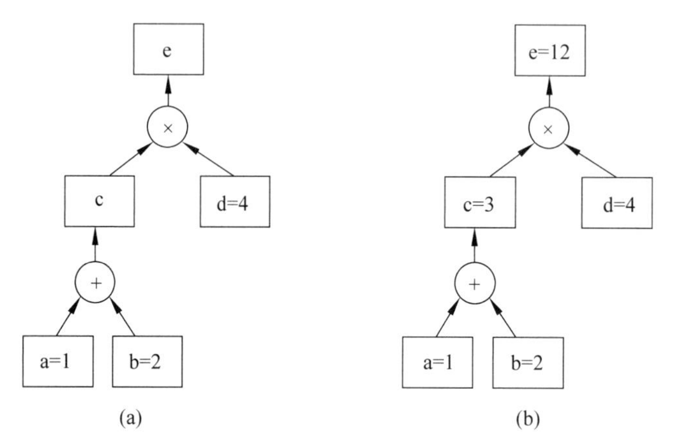

图 B.22　计算图与其运行结果

图 B.22(a)的计算图并不计算变量 c 和 e 的值。为了计算它们的值,必须运行这个计算图。将计算图的构造和运行分开正是 TensorFlow 的独特设计。图 B.22(b)是运行计算图的结果。

图 B.23 的 TensorFlow 程序实现的是图 B.22 中计算图的构建与运行。第 3~7 行构建计算图。第 9~11 行运行计算图。第 9 行的语句是 TensorFlow 开始运行计算图的标识。

```
1   import tensorflow as tf
2
3   a=tf.Variable(1)
4   b=tf.Variable(2)
5   c=a +b
6   d=tf.Variable(4)
7   e=c * d
8
9   with tf.Session() as sess:
10      tf.global_variables_initializer().run()
11      sess.run(e)
```

图 B.23　TensorFlow 构建并运行计算图

一些计算图中需要的变量的值可以在运行计算图时提供。TensorFlow 中用 placeholder 型变量表示这样的变量。图 B.24 是一个 placeholder 型变量的例子。第 4 行中的变量 b 就是一个 placeholder 型的变量。第 11 行在运行计算图时通过 feed_dict 对其赋值 2。运行图 B.24 中的程序,得到与图 B.23 中的程序完全一致的结果。

```
1  import tensorflow as tf
2
3  a=tf.Variable(1)
4  b=tf.placeholder(dtype=tf.int32, shape=None)
5  c=a +b
6  d=tf.Variable(4)
7  e=c * d
8
9  with tf.Session() as sess:
10     tf.global_variables_initializer().run()
11     print(sess.run(e, feed_dict={b: 2}))
```

图 B.24　placeholder 型变量的例子

TensorFlow 用张量来统一表示变量和数组。在图 B.23 的程序中，a、b、c、d、e 实际上都是 0 维张量，也称为标量。向量是一维张量，矩阵是二维张量。图 B.25 是二维张量的例子。

```
1  import tensorflow as tf
2
3  A=tf.Variable([[1, 2], [3, 4]])
4  B=tf.Variable([[5, 6],[7, 8]])
5  C=tf.matmul(A, B)
6
7  with tf.Session() as sess:
8     tf.global_variables_initializer().run()
9     print(sess.run(C))
```

图 B.25　TensorFlow 中的二维张量的例子

训练神经网络模型是 TensorFlow 最重要的功能。图 B.26 是运用 TensorFlow 来构建与训练神经网络模型的例子。第 4～8 行实现了一个生成回归问题训练数据的函数。第 10～21 行是计算图的构建部分。第 23～30 行是计算图的运行部分。

```
1  import numpy as np
2  import tensorflow as tf
3
4  def generate_samples(m):
5     X=2 * (np.random.rand(m, 2)-0.5)
6     w=np.array([1,2]).reshape(-1,1)
7     y=X.dot(w)+1 +np.random.normal(0, 0.1, (m,1))
8     return X,y
```

图 B.26　用 TensorFlow 构建与训练神经网络模型的例子

```
9
10  n_features=2
11  n_hidden1=300
12  n_hidden2=100
13  n_outputs=1
14  X=tf.placeholder(tf.float32, shape=(None, n_features))
15  y=tf.placeholder(tf.float32, shape=(None))
16  hidden1=tf.layers.dense(X, n_hidden1, activation=tf.nn.relu)
17  hidden2=tf.layers.dense(hidden1, n_hidden2, activation=tf.nn.relu)
18  outputs=tf.layers.dense(hidden2, n_outputs)
19  mse=tf.reduce_mean(tf.square(outputs -y))
20  optimizer=tf.train.GradientDescentOptimizer(learning_rate=0.01)
21  training_op=optimizer.minimize(mse)
22
23  with tf.Session() as sess:
24    tf.global_variables_initializer().run()
25    X_train, y_train=generate_samples(100)
26    for epoch in range(3000):
27        sess.run(training_op, feed_dict={X: X_train, y: y_train})
28    X_test, y_test=generate_samples(100)
29    MSE=sess.run(mse, feed_dict={X: X_test, y: y_test})
30    print("mse ={}".format(MSE))
```

图 B.26 （续）

在图 B.26 的第 14、15 行分别声明表示特征与标签的张量 X 和 y。第 16、17 行分别声明两个隐藏层。第 18 行声明输出层。第 19 行定义均方误差目标函数。第 20 行声明随机梯度下降算子。第 21 行定义均方误差最小化操作。随后是计算图的运行部分。第 25 行生成 100 条训练数据。第 26、27 行进行 3000 轮随机梯度下降循环。第 28 行生成测试数据。第 29 行进行模型测试。以上就是 TensorFlow 训练神经网络模型的基本流程。

附录 C　本书使用的数据集

[1] Bike Sharing Demand, Hadi Fanaee and Joao Gama, 2013, Event labeling combining ensemble detectors and background knowledge, Progress in Artificial Intelligence pp. 1-15, Springer Berlin Heidelberg, availabvle from Kaggle website https://www.kaggle.com/c/bike-sharing-demand.

[2] Gender Recognition byVioce, Kory Becker, available from Kaggle website: https://www.kaggle.com/primaryobjects/voicegender.

[3] Adult Data Set, Ronny Kohavi and Barry Becker, 1996, Data Mining and Visualization, Silicon Graphics, available from UCI Machine Learning Repository: http://archive.ics.uci.edu/ml/datasets/Adult.

[4] Dogs vs. Cats,Jeremy Elson, John R. Douceur, Jon Howell, Jared Saul, Asirra: A CAPTCHA that Exploits Interest-Aligned Manual Image Categorization, in Proceedings of 14th ACM Conference on Computer and Communications Security (CCS), Association for Computing Machinery, Inc., Oct. 2007, available from Kaggle website: https://www.kaggle.com/c/dogs-vs-cats.

[5] The Dataset of Flower Images, Olga Belitskaya, 2017, available from Kaggle website: https://www.kaggle.com/olgabelitskaya/the-dataset-of-flower-images/data.

[6] Beijing PM2.5 Data Set, Song Xichen, 2017, available from UCI Machine Learning Repository: https://archive.ics.uci.edu/ml/datasets/Beijing+PM2.5+Data.

[7] Yale Face Database, Athinodoros Georghiades et al., 2002, Center for computational Vision and Control at Yale University, available from http://cvc.cs.yale.edu/cvc/projects/yalefaces/yalefaces.html.

[8] Fashion-MNIST dataset, Han Xiao,Kashif Rasul, Roland Vollgraf, 2017, Fashion-MNIST: a Novel Image Dataset for Benchmarking Machine Learning Algorithms, available from Kaggle website: https://www.kaggle.com/zalando-research/fashionmnist/home.

参考文献

[1] Geron A. Hands-on Machine Learning with Scikit-Learn &TensorFlow[M]. O'Reilly, 2017.

[2] Shalev-Shwartz S, Ben-David S. Understanding Machine Learning: from Theory to Algorithms[M]. Cambridge Press, 2014.

[3] Goodfelow I, Bengio Y, Courville A. Deep Learning[M]. MIT Press, 2016.

[4] Boyd S, Vandenberghe L. Convex Optimization[M]. Cambridge Press, 2004.

[5] Sutton R, Barto A. Reinforcement Learning: an Introduction[M]. 2nd ed. MIT Press, 2018.

[6] Boneh D, Ng A. CS229: Machine Learning[EB/OL]. [2017-09-01]. http://cs229. stanford. edu/.

[7] Pedregosa F, Varoquaux G, Gramfort A, et al. Scikit-Learn: Machine Learning in Python[J]. JMLR, 2011(12): 2825-2830.

[8] Abadi M, Agarwal A, Barham P, et al. TensorFlow: Large-Scale Machine Learning on Heterogeneous Systems [EB/OL]. [2015-11-09]. http://download. tensorflow. org/paper/whitepaper2015. pdf.

[9] Jones E, Oliphant T, Peterson P. SciPy: Open Source Scientific Tools for Python[EB/OL]. [2001-09-01]. https://www. researchgate. net/publication/213877848_SciPy_Open_Source_Scientific_Tools_for_Python.

[10] Brockman G. OpenAI Gym[EB/OL]. [2016-08-11]. https://gym. openai. com/.

[11] 王晓东. 算法设计与分析[M]. 4 版. 北京：清华大学出版社，2018.

[12] 周志华. 机器学习[M]. 北京：清华大学出版社，2016.

[13] 李贤平. 概率论基础[M]. 2 版. 北京：高等教育出版社，1997.

[14] 张贤科，许甫华. 高等代数学[M]. 2 版. 北京：清华大学出版社，2004.

[15] 张筑生. 数学分析新讲[M]. 北京：北京大学出版社，1990.